工程结构
数值分析及应用

李元松　宋伟俊　郭运华　编著

WUHAN UNIVERSITY PRESS
武汉大学出版社

图书在版编目(CIP)数据

工程结构数值分析及应用/李元松,宋伟俊,郭运华编著.—武汉:武汉大学出版社,2019.9(2020.10 重印)
ISBN 978-7-307-20995-4

Ⅰ.工⋯　Ⅱ.①李⋯　②宋⋯　③郭⋯　Ⅲ.工程结构—有限元分析—应用软件　Ⅳ.TU3-39

中国版本图书馆 CIP 数据核字(2019)第 132236 号

责任编辑:胡　艳　　责任校对:李孟潇　　版式设计:马　佳

出版发行:**武汉大学出版社**　(430072　武昌　珞珈山)
(电子邮箱:cbs22@whu.edu.cn 网址:www.wdp.com.cn)
印刷:广东虎彩云印刷有限公司
开本:787×1092　1/16　印张:28.25　字数:667 千字　插页:1
版次:2019 年 9 月第 1 版　　2020 年 10 月第 2 次印刷
ISBN 978-7-307-20995-4　　定价:56.00 元

序

自 20 世纪 50 年代以来，以有限元法为代表的工程结构数值分析方法已应用于科学研究，在工程结构设计、施工，以及试验仿真模拟等众多学科领域，相关数值分析软件不仅数量繁多，而且功能日益完善。多年来，有关工程结构数值分析的理论和软件介绍方面的书籍为数众多，且各有特色。本书作者在长期从事工程结构数值分析的应用和教学过程中，深感目前市面上尚没有一本完全针对工科硕士研究生及工程结构分析技术人员在应用中所关心问题的、较全面且精简实用的教材或参考书。因此，本书力图紧扣工程实际的需要，尽可能全面介绍适用于各种实际工程结构的单元的形成原理、应用方法及其计算程序的实现技术，删减繁杂的数学论证与理论推导，简明扼要地介绍目前较流行的几种分析软件的操作要领。

本书从编写思维逻辑上分为基础和应用两个部分。基础部分介绍结构分析有限单元法、有限差分法的基本原理，包括结构分析中应用最普遍的各种单元的形成原理，例如各种典型的平面和空间连续体单元、桁架和刚架单元形成原理。其目的是让读者在了解工程结构数值分析基本原理的基础上，能够更合理地构建分析模型，更专业地分析工程结构应用中出现的问题，并有效地解决问题，避免盲目性。和其他任何技术一样，对工程结构数值分析技术，只有理解它，才能更好地掌握它。为了让非工程力学专业的工科硕士研究生或工程技术人员能更好、更深入地理解工程结构数值分析技术，本书沿用传统的 FORTRAN 语言设计各主要单元类型的计算程序，并结合实例，详尽介绍其使用功能与方法。这部分主要是在参考文献的基础上，根据编者在应用和教学中体会到的需要，经过取舍精简，整理编写完成。

应用部分介绍目前几种主要流行的工程结构数值分析软件，包括 ANSYS、MIDAS 和 FLAC 3D 等，结合工程实例，详尽地说明了软件的操作方法。这些例子虽然不能涉及软件所有的分析功能，但是能让读者熟悉软件的主要界面、菜单结构和基本操作步骤，使读者触类旁通，容易入门。同时，书中典型案例是团队成员多年从事工程结构分析过程中积累的代表性成果，其中关于边坡潜滑面的搜索、深基坑支护结构的力学特性、大跨径自锚式悬索桥的分析方法，值得相关工程领域从事科学研究、应用技术开发及工程设计与施工技术人员参考。这部分的编写立足于目前常用的几个工程结构数值分析软件在实际应用过程中的心得体会，并参阅了相关参考文献，通过若干工程实例，详细讲解了相关软件的具体使用步骤和方法。在此向所有参考文献作者表示感谢！

本书得到武汉工程大学研究生教材建设基金、中国铁建大桥局合作项目经费资助。在编写过程中，得到了武汉工程大学土木工程系各位同仁的大力支持，硕士研究生祁超、杨恒、姜成潼、司马丹琪、何泉、段力、汤新能、袁本、余再富、王玉等参与了计算程序的调试，以及算例验算、插图绘制与相关文字处理等工作。在此，对在本书编写过程中给予大力支持的相关人员致以诚挚的谢意！

因编者水平所限，书中错漏在所难免，诚恳希望读者指正。

编 者
2019 年 3 月

目　　录

绪　论 ·· 1

　0.1　概述 ·· 1

　0.2　工程结构数值计算方法的分类 ·· 4

　0.3　有限单元法基本思想 ··· 5

　0.4　工程结构数值分析的发展概况 ·· 8

　0.5　学习要求和方法 ··· 9

第 1 章　弹性力学基本方程及能量原理 ·· 10

　1.1　弹性力学基本方程 ·· 10

　1.2　两类平面问题 ·· 14

　1.3　弹性体的变形能与能量原理 ·· 16

第 2 章　平面杆系结构的有限单元法 ·· 19

　2.1　杆系结构的离散化 ·· 19

　2.2　单元坐标系中的单元刚度矩阵 ·· 23

　2.3　结构坐标系中的单元刚度矩阵 ·· 26

　2.4　结构的整体刚度矩阵 ··· 29

　2.5　结构的整体节点荷载列阵 ·· 34

　2.6　引入支承条件 ·· 39

　2.7　求解单元内力 ·· 41

　2.8　杆系结构的计算步骤及算例 ·· 42

　2.9　平面杆系结构计算程序及使用说明 ·· 47

　2.10　程序 PFSAP 的扩展功能 ·· 58

第 3 章　空间杆系结构的有限单元法 ·· 65

　3.1　局部坐标系下的单元分析 ·· 66

　3.2　节点力及节点位移的坐标转换 ·· 67

　3.3　整体坐标单元刚度矩阵 ··· 70

　3.4　整体刚度矩阵与等效节点荷载 ·· 71

　3.5　单元杆端内力与支座反力计算 ·· 72

　3.6　空间杆系结构程序及使用说明 ·· 73

第 4 章　有限差分法 ……………………………………………………… 93

4.1　有限差分法的基本概念 ……………………………………………… 93

4.2　有限差分格式的建立 ………………………………………………… 97

4.3　弹性平面问题有限差分方程 ……………………………………… 100

4.4　三维问题有限差分法方程 ………………………………………… 105

第 5 章　平面弹性问题有限单元法 …………………………………… 107

5.1　连续体离散化 ………………………………………………………… 107

5.2　三角形常量单元的位移函数及形函数 ………………………… 110

5.3　单元刚度矩阵 ………………………………………………………… 114

5.4　结构整体分析 ………………………………………………………… 118

5.5　单元等效节点荷载的计算 ………………………………………… 123

5.6　单元应力计算 ………………………………………………………… 126

5.7　有限元位移法的计算步骤及算例 ……………………………… 127

5.8　三节点常应变单元程序设计 ……………………………………… 133

第 6 章　平面问题的高次单元和等参数单元 ……………………… 147

6.1　四节点矩形单元 ……………………………………………………… 147

6.2　四节点四边形等参数单元 ………………………………………… 155

6.3　八节点曲边四边形等参数单元 …………………………………… 164

6.4　平面等参单元程序(PIEP. FOR) ………………………………… 169

第 7 章　空间问题有限单元法 ………………………………………… 199

7.1　概述 …………………………………………………………………… 199

7.2　四节点四面体常应变单元 ………………………………………… 199

7.3　八节点六面体等参数单元 ………………………………………… 203

7.4　二十节点六面体等参数单元 ……………………………………… 205

7.5　空间二十节点单元程序(SIEP) …………………………………… 208

第 8 章　非线性问题有限单元法 ……………………………………… 243

8.1　非线性问题的基本解法 …………………………………………… 243

8.2　弹塑性问题的解法 …………………………………………………… 254

8.3　几何非线性问题求解 ………………………………………………… 258

8.4　双重非线性问题 ……………………………………………………… 260

第 9 章　ANSYS 建模方法与应用实例 ……………………………… 262

9.1　ANSYS 简介 ………………………………………………………… 262

9.2　ANSYS 模型的建立 ………………………………………………… 268

9.3　ANSYS 结构分析基础 …………………………………………………… 275

9.4　ANSYS 建筑工程建模实例 ……………………………………………… 304

第 10 章　FLAC 3D 建模方法与应用实例 …………………………………… 313

10.1　FLAC 程序概述 ………………………………………………………… 313

10.2　FLAC 3D 建模技术 ……………………………………………………… 325

10.3　FLAC 3D 在基坑工程中的应用 ………………………………………… 340

10.4　FLAC 3D 在边坡工程中的应用 ………………………………………… 358

第 11 章　MIDAS 建模方法与应用实例 …………………………………… 373

11.1　MIDAS CIVIL 简介 ……………………………………………………… 373

11.2　MIDAS/CIVIL 建模功能 ………………………………………………… 378

11.3　边界条件 ………………………………………………………………… 395

11.4　MIDAS/CIVIL 用于桥梁施工过程分析 ………………………………… 402

11.5　自锚式悬索桥模拟分析实例 …………………………………………… 406

参考文献 ………………………………………………………………………… 438

绪　论

0.1　概述

0.1.1　工程结构数值分析的目的与任务

工程结构数值分析是许多工程设计与施工，包括建筑、桥梁、机械、船舶、航空、水利、地下空间和矿山等工程设计与施工必不可少的环节。结构分析的首要目的是保证所设计的工程结构能在强度、刚度、稳定性和动力学性能上满足功能要求，保证大型构件的安装、定位，达到结构理想受力状态，不会在各种工作荷载作用下发生失效。工程结构分析也用于工程结构的施工监控、健康检测、故障诊断或失效分析，以指导复杂结构的施工，评价大型结构的健康状况，分析故障或失效的原因。同时，随着计算机技术的进步，工程结构数值试验已成为新型材料以及新型结构静、动力学特性研究的有效方法与技术手段。

工程结构分析的主要任务包括：结构静力分析、结构动力分析、结构稳定性分析、施工过程仿真模拟、结构的热-应力耦合分析、流-固耦合分析，以及一些材料、几何与接触非线性分析等。依据工程结构的工作特点和载荷环境的需要，可进行上述分析的一种或几种。

0.1.2　工程结构数值分析研究的主要内容

工程结构数值分析所研究的内容十分复杂且范围深广，但概括起来，它主要解决以下四个方面的问题：

（1）离散化方法问题。客观力学量都是空间和时间的连续量，为了能用计算机处理，必须变为离散量，即把描述力学过程的微分方程转化为代数方程组。在这方面，20世纪50—60年代出现的，随后广泛应用的有限元法，是离散化最优秀的代表之一。

（2）算法。对于同一个力学问题，有不同的算法，良好的算法不仅省时、省存储，而且结果还很精确。一个好的算法的产生和推广往往能够大大提高解决问题的效率。例如稀疏矩阵的消去法、波前算法、QR方法、超矩阵算法和对非线性问题的同伦算法等，都是适用于计算机的行之有效的算法。

（3）软件。即程序编制工作，从20世纪60年代开始，人们逐渐开发用于求解力学问题的通用程序，从事这种工作的人很多，形成了一个重要的方向。它包括有限元分析软件以及前后处理，图形显示以及各种人机对话式的计算机辅助设计软件等。到20世纪80年代初，国际上较大的结构分析通用有限元程序已发展到几百种，其中著名的有 NASTRAN，

1

MARC，SAP-NONSAP，ADINA，ANSYS，SAP2000，MIDAS，ABAQUS，等等。

（4）应用技术。工程结构因应用领域不同，其力学特性迥异。这种特性差异必须有相应的单元和数值处理技术来模拟。近年来，各种商用软件竞相推出功能强大的复合型单元，以满足模拟复杂实际工程特性的需要。比如节理单元、界面单元、混凝土压溃、预应力锚索单元、只受压单元等，仅 ANSYS 就有 200 多种单元，很多单元还有多种状态参数设置。

工程结构数值分析是计算机科学、计算数学与力学学科相结合的产物。随着计算机软硬件技术的快速发展，工程结构数值分析也得到了迅速发展，成为力学工作者和工程技术人员解决自然科学和工程实践中力学问题的重要手段。它是根据力学中的理论，利用计算机和各种数值方法，解决力学中的实际问题的一门新兴学科。工程结构数值分析横贯力学的各个分支，不断扩大各个领域中力学的研究和应用范围，同时也在逐渐发展自身的理论和方法。其应用范围已扩大到固体力学、岩土力学、水力学、流体力学和生物力学等多个领域。

0.1.3　结构分析在土木工程中的作用

土木工程是建造各类工程设施的科学技术的总称。它涉及人类生活、生产活动有关的各类工程设施，如建筑工程、公路与城市道路工程、铁路工程、桥梁工程和隧道工程等，它在任何一个国家的国民经济中都占有重要的地位。

土木工程结构可根据其用途分为许多种类，包括民用建筑、飞机场、工业厂房、公路、桥梁、港口、铁路、冷却塔、输电塔、电视塔、隧道、边坡、深基坑、海洋平台、大坝、管线等。设计和建造这些结构是复杂而长期的工作，从初始设计到最终完工所花费的时间往往以年计算，有的可能长达数年。

设计过程的第一阶段是初步设计。该阶段的任务是确定结构类型、结构布置及其选用的材料。完成这项任务需要综合考虑材料、工程造价、结构性能、施工方法及场地条件等因素。如果设计合理，结构将具有经济、安全、实用、耐久及美观的特点。然而，为了保证所提出的方案在结构上是可行的，在初步设计阶段，还必须进行结构分析，但此时只对结构进行较为粗略的计算，设计者只需知道构件尺寸、基础沉降及挠度等参数的近似值等。

一旦初步设计完成，则需要对结构进行详细的分析，以确保结构具有足够的强度和刚度。校核强度的目的则是为了保证结构在承受预期最大荷载时不致倒塌，而刚度校核的目的则是为了避免在正常使用条件下产生过大变形。此外，在这一阶段还需对结构的动力特性、稳定性、基础沉降及混凝土开裂等性能进行分析，从而最终确定构件尺寸（如截面几何特性）、配筋、节点方案及基础尺寸等。在进行详细分析和结构设计时，往往要针对不同的结构类型和材料采用相应的规范，以便对设计的各个环节给予指导。

因此，结构分析是结构设计过程中必不可少的一个重要环节。严格地讲，结构分析是结构设计的理论基础和重要前提条件，它为结构设计提供必要的数据，如位移和内力。结构设计则是通过各种条件（如强度条件、刚度条件和稳定条件等）验算结构分析所给出的内力和位移是否满足规范要求。由此可见，结构分析所采用的计算模型必须符合实际结构的主要特征，如约束条件及所承担的荷载等。过去，在计算手段比较落后的情况下，结构分析主要依靠人工计算完成，但因仅限于简单的结构或需对结构过分简化，致使对许多复杂的实际问题难以解决。目前，随着计算机技术的迅速发展及广泛应用，计算机已在土木工程结构的分析中发挥着重要作用。传统的计算手段和方法已逐步被快速、准确的计算机所代替，并出现了大量的计算机软件，如著名的 ANSYS、ABAQUS、SAP2000 及 MIDAS等，可用于各种结构的静、动力线性、非线性分析及结构的设计计算。

设计完成的建(构)筑物，必须制定技术先进、方法科学、经济合理，并考虑安全与环保的施工方案，经相当复杂的施工过程，才能实现最终设计目标。这一复杂过程的每一环节都需进行详细的结构分析计算。

第一，现代建筑的复杂多样性、大规模投资、快速建设等特点，客观上对设计和施工提出了新的要求。结构设计以最终的构形为基本原则，要实现最终结构以及相当复杂的施工过程，将涉及各种各样的时变问题，要充分考虑材料非线性、几何非线性、状态非线性以及路径相关性等。如果不考虑施工过程的力学变化机理和结构变形，不仅会造成直接成本的极大投入，还会导致构件的严重变形、失稳等质量与安全事故问题的发生。更有甚者，有些奇特建筑，施工过程中结构构件的受力和变形与设计图纸给定结构构件的受力和变形有相当大的差距，出现应力重分布。对有些非线性问题，如果不考虑施工过程的力学机理和变化，将难以实现设计者的愿望。这其中直接涉及随时间变异的结构物及其相关各种工程实体的力学多变性和复杂性，不论在理论上还是工程实践活动中，其重要性十分明显，已逐渐引起工程界的重视。

第二，随着建设的发展，建筑施工空间越来越受限制，周围环境对施工现场的要求越来越严格。建设者必须认真研究施工过程对周围的影响和风险的控制办法。一方面还要保证复杂工程结构体系的形成，另一方面还要严格控制本身的施工不对其他已有建筑物、周围环境造成破坏。

第三，近几年来，风险管理和风险控制逐渐引入大型复杂工程建设。在国内外，许多大型工程，尤其是新、奇、特类型的工程，施工者必须事先强化自己的风险意识，制定出让业主可信赖的风险控制策略和具体操作程序。因此对施工过程的深入研究、施工力学的应用越来越受到重视。

第四，对于同样一个复杂工程，不同的施工操作办法、不同的施工组织，其中间过程的措施费差别甚大。近几年，在大型施工承包商的投标过程中，已经利用 BIM 技术，将每个过程事先进行了多种工序的力学分析，从而寻找最优化施工路径，这样不仅提高了施工过程质量和安全管理，最明显效果是节省了大量中间措施费，经济效益明显。

由此可以看出，现代社会工程建设新形势要求设计者不仅要深入分析最终建筑物的结构构形，同时也应考虑施工的可实施性和各中间过程关键环节的施工工艺，以及不同的施工方法的时变问题及其相互影响。不同施工过程和不同的施工措施，其建筑结构物本身及与其相关各种辅助构件、材料介质，形成了新时代工程建设的新课题，即施工力学问题。施工力学是随着近代科学与技术发展而提出的，主要研究和分析随时间变化的物体，及其相关介质的力学规律与现象，是现代力学的新学科。现代工程建设中，施工力学分析是设计者和施工者共同考虑的问题，是中间过程不可缺少的重要环节。

除此之外，土木工程科研人员在注重试验研究的同时，也进行大量的数值仿真理论及应用的研究。数值仿真是利用各种数值理论对工程结构物理变化过程进行逼真的模拟，分析结构各个阶段所处的物理状态。数值仿真的实现，使土木工程科研人员在无需进行大型的试验条件下，根据以往研究成果，通过计算机仿真，为土木工程设计、防灾减灾提供理论分析依据和设计方案。随着土木工程理论研究和数值模拟仿真研究的深入，使数值分析技术和计算机图形、图像技术、可视化等技术相结合得到了发展，为土木工程的理论分析提供了可视化分析平台和应用空间。利用数值模拟技术替代结构整体试验了解结构受力性能，已成为经济、可靠的捷径。

近年来，BIM(building information modelling)技术在土木工程中应用得越来越多，已经成为土木工程界最关注的技术和概念之一，也是工程信息化的重要举措。现阶段，一些企业正尝试应用 BIM，努力发掘 BIM 的价值。BIM 核心内容是结构的设计、施工信息的共享与协同，而这都离不开精确的数值分析作为支撑。由此可见，工程结构数值分析已经与现代土木工程紧密地联系在一起，对土木工程学科的发展和工程应用有着非常重要的影响。

0.2　工程结构数值计算方法的分类

这里所说的数值计算方法，是指以连续介质力学为基础，已广泛应用于工程结构的设计、试验研究、施工控制和参数优化的确定性计算方法。连续介质分析方法主要有有限单元法(finite element method，FEM)、边界元法(boundary element method，BEM)、有限差分法(finite difference method，FDM)和无单元法(element-free method)等。

(1)有限单元法，在 20 世纪 70 年代发展较快。有限单元法的理论基础是虚功原理和基于最小势能的变分原理，它将研究域离散化，对位移场和应力场的连续性进行物理近似。从选择基本未知量的角度来看，有限元法分为位移法、应力法和混合法。位移法具有通用性强、步骤规则和易于实现程序化的优点，应用范围最更广。位移法主要采用区域变分的方式，在每一小单元中确定形函数和变形模式，进行离散化处理，建立刚度矩阵，引入边界条件求解。有限单元法适用性广，从理论上讲，对任何问题都适用，但计算速度相对较慢，特别是在解算高度非线性问题时，需要多次迭代求解。近年来，随着高性能计算机的问世和并行算法的出现，以及采用 GPU 代替 CPU 计算模式，计算精度和速度都有了很大的提高和改善。

(2)有限差分法，可能是解算给定初值和(或)边值微分方程组的最古老的数值方法。在有限差分法中，基本方程组和边界条件(一般均为微分方程)近似地改用差分方程(代数方程)来表示，即由空间离散点处的场变量(应力、位移)的代数表达式代替。这些变量在单元内是非确定的，从而把求解微分方程的问题改换成求解代数方程的问题。该方法适合求解非线性大变形问题，在岩土力学计算中有广泛的应用。

有限差分法和有限单元法都产生一组待解方程组。尽管这些方程是通过不同方式推导出来的，但两者产生的方程是一致的。另外，有限单元程序通常要将单元矩阵组合成大型整体刚度矩阵，而有限差分则无需如此，因为它相对高效地在每步计算重新生成有限差分方程。在有限单元法中，常采用"隐式"、矩阵解算方法，而有限差分法则通常采用"显式"、时间递步法解算代数方程。

20世纪80年代以来，有限差分方法在岩土工程计算中得以广泛应用，其中以FLAC软件为代表。FLAC采用显示快速拉格朗日算法获得模型全部运动方程(包括内变量)的时间步长解，根据计算对象的形状，将计算区域划分成离散网格，每个单元在外载和边界约束条件下，按照约定的线性或非线性应力——应变关系产生力学响应，非常适合计算岩石力学和岩土工程问题，包括：边坡稳定、地基基础、采矿与隧道开掘、岩土体锚固、重力坝、地震和岩爆、爆破动力响应、地下渗流以及热力效应。

(3)边界元法，在20世纪80年代发展较快。边界元法的理论基础是Betti功互等定理和Kelvin基本解，它只需要离散求解域的边界，因而得到离散代数方程组中的未知量也只是边界上的量。边界元法化微分方程为边界积分方程，离散划分少，可以考虑远场应力，有降低维数的优点，可以用较少的内存解决较大的问题，便于提高计算速度。边界元法分直接法和间接法，其关键是要预先知道基本解，主要用于小边界和大的半无限问题，如巷道、地基问题，但是在求解非均匀、非线性问题时，需要在域内补画网格，其单元数少的优势将逐渐消失，这也是边界单元法没有进一步推广的原因之一。

(4)其他方法，如加权残数法、半解析法、反分析法、无限元法、有限单元线法等。

本书以有限单元法为主，重点介绍有限元法的基本理论、程序设计技术以及常用软件的应用方法。此外，对有限差分法理论及其对应数值分析软件FLAC3D的操作要领做简要介绍。其他工程结构分析方法可参考相关书籍。

0.3　有限单元法基本思想

首先，将复杂结构体假想成由有限个单元组成，每个单元只在"节点"处连接并构成整体(见图0-1)，求解过程是先建立每个单元的平衡方程；然后，按单元间的连接方式组集成整体，形成整体方程组，再引入边界条件，求解整体方程组，最终获得原型在"节点"及"单元"内的未知量(位移或应力)。

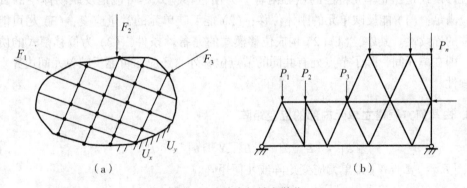

图0-1　连续求解域离散化

有限单元法作为数值分析方法有以下两个重要特点：

（1）离散化。将连续的求解区域离散为一组有限个，且按一定方式相互联结在一起的单元组合体。由于单元能按不同的联结方式进行组合，单元本身又可以有不同的形状和力学性质，因此，可以将模型划分成几何形状复杂、力学性质各异的求解域，即有限单元的含义。

（2）数值解。利用在每一个单元内假设的近似函数来分片地表示求解域上待求的未知场函数。单元内的近似函数通常由未知场函数式及其导数在单元的各个节点的数值和插值函数表示。这样，在一个问题的有限单元分析中，未知场函数式及其导数在各个节点上的数值就成为新的未知量，从而使一个连续的无限自由度问题变成离散的有限自由度问题。一经求解这些未知量，就可以通过插值函数计算出各个单元内场函数的近似值，从而得到整个求解域上的近似解，即数值解的含义。

有限单元法的分析步骤：

1. 离散化

将待分析的连续体用一些假想的线或面进行划分，使其成为具有选定形状的有限个单元体。这些单元体被认为只有在节点处相互连接，这些点称为节点。从而用单元的集合体代替原结构体或连续体。

以位移法为例，取每个单元的若干节点位移作为基本未知量，即

$$\{u\}^e = [u_i \; v_i \; w_i \; \cdots \; u_j \; v_j \; w_j \; \cdots \;]^{\mathrm{T}} \tag{0-1}$$

2. 选取位移模式

为了对任意单元特性进行分析，必须对该单元中任意一点的位移分布做出假设，即在单元内建立位移模式或位移函数：

$$\{f\} = [N]\{u\}^e \tag{0-2}$$

式中，$[N]$ 为形态函数矩阵；$\{u\}^e$ 为单元节点位移矩阵。

位移模式是建立单元特性的核心内容。为使位移模式尽可能地反映物体中的真实位移，应满足：（1）能反映单元的刚体位移；（2）能反映单元的常量应变；（3）尽可能地反映位移的连续性。其中，（1）（2）构成位移模式的完备性条件，（3）为位移模式的协调性条件。即在单元间，除了节点处有共同的节点位移外，还应尽可能反映单元间边界上位移的连续性。

3. 由几何方程建立单元内部的应变矩阵

$$\{\varepsilon\} = [L]\{u\} = [L][N]\{u\}^e = [B]\{u\}^e \tag{0-3}$$

记 $[B] = [L][N]$ 为单元应变矩阵或几何矩阵。

4. 根据物理方程建立单元内的应力矩阵

$$\{\sigma\} = [D]\{\varepsilon\} = [D][B]\{u\}^e = [S]\{u\}^e \tag{0-4}$$

记 $[S] = [D][B]$ 为应力矩阵。

5. 根据虚功原理求出单元上的节点力

$$\{F\}^e = [K]^e \{u\}^e \tag{0-5}$$

式中，$[K]^e$ 为单元刚度矩阵，即

$$\{K\}^e = \int_{v_e} [B]^T [D][B] \mathrm{d}V$$

6. 应用虚功原理将单元上载荷等效变换成节点荷载

$$\{Q\}^e = [N]^T \{P\} = \int_{\Gamma_\sigma} [N]^T [\bar{P}] \mathrm{d}S + \int_{v_e} [N]^T [F] \mathrm{d}v \tag{0-6}$$

式中，$\{Q\}^e$ 为单元节点载荷列阵；$\{P\}$ 为作用在单元上的集中力；$[\bar{P}]$ 为作用在单元上的面力；$[F]$ 为作用在单元上的体力。

7. 对每个节点 i 建立平衡方程式

$$\sum_e \{F_i\} = \sum_e \{Q_i\} \tag{0-7}$$

8. 联立所有节点的方程得总体平衡方程式

$$[K]\{u\} = \{R\} \tag{0-8}$$

式中，$[K]$ 为总体刚度矩阵；$\{u\}$ 为总体位移列阵；$\{R\}$ 为整体结构的节点载荷列阵。

9. 引入边界条件修正整体平衡方程及总体刚度矩阵

位移法求解遇到的边界条件有以下两类：

（1）位移边界条件。可将已知位移条件

$$u|_{\Gamma_u} = \bar{u}\{u, \ v, \ w\} \quad （在 \ \Gamma_u \ 上） \tag{0-9}$$

直接转换为位移约束条件，即

$$u_i = \bar{u}_i \{u, \ v, \ w\} \quad （在 \ \Gamma_u \ 上） \tag{0-10}$$

（2）面力边界条件。将每个单元的面力边界条件转化为单元节点上的等效载荷，即按式(0-6)，化面力为节点等效载荷。

$$\{Q\}^e = \int_{\Gamma_\sigma} [N]^T [\bar{P}] \mathrm{d}S$$

10. 求解总方程组获得节点、单元未知量

由式(0-8)求出节点位移$\{u_i\}$($i = 1, \ 2, \ \cdots, \ n$)；由式(0-3)求出单元应变$\{\varepsilon_i\}$($i =$

1，2，…，n）；由式(0-4)求出各单元的应力$\{\sigma_i\}$（$i=1$，2，…，n）和由各应力分析求主应力。

0.4　工程结构数值分析的发展概况

近代力学的基本理论和基本方程在 19 世纪末 20 世纪初已基本完备，后来大多致力于寻求各种具体问题的解。

1943 年，Courant 第一个假设翘曲函数在一个人为划分的三角形单元集合体的每个单元上为简单的线性函数，求得了 St. Venant 扭转问题的近似解，从而提出有限单元法的基本思想。

20 世纪 60 年代出现了大型通用数字电子计算机，使复杂的数字运算不再成为障碍，为工程结构数值分析的形成奠定了物质基础。

与此同时，适用于计算机的各种数值方法，如矩阵运算、线性代数、数学规划等，也得到相应的发展；椭圆型、抛物型和双曲型微分方程的差分格式和稳定性理论研究也相继取得进展。

1956 年，Turner、Clough 等在进行飞机结构分析时，完善和发展了有限单元法：将结构矩阵位移法的原理和方法推广应用于弹性力学平面问题，将一个弹性连续体假想地划分为一系列三角形单元，将每个单元角点的位移作为优先解决的未知量，在满足一定条件的情况下，对整个求解域构造分片连续的位移场，使建立位移场困难的问题得到解决。他们的研究工作成为有限单元法的第一个成功尝试。之后，单元节点力和节点位移之间单元特性问题（单元刚度矩阵）也获得了解决，用三角形单元可求得平面应力问题的近似解。

1960 年，Clough 进一步处理了平面弹性问题，并第一次提出了"有限单元法"（finite element method，FEM）的名称。

1963—1964 年，Besseling、Melosh 等基于虚功原理，建立了更为灵活、适应性更强、计算精度更高的有限单元法。新的有限元模型–混合元、杂交元、非调元、广义协调元等相继出现。

20 世纪 60 年代末，建立了基于加权余量的有限单元法。此外，网格划分的自动化、自适应得到基本解决，并且分析对象的范围、适用的领域极大地扩展。

早期的有限单元法建立在虚位移原理或最小势能原理的基础上，有清晰的物理概念，但由于受当时计算技术的制约，这种方法还难以应用到工程实际，在应用上有很大的局限性。到 20 世纪 60 年代以后，随着计算机硬件技术和计算理论的飞速进步，有限单元法才得以逐步完善和提高，在计算方法和实用性方面都获得了长足的发展。应用范围很快从简单的杆、板结构推广到复杂的空间组合结构，使过去不可能进行的一些大型复杂结构的静力分析变成了常规的计算，固体力学中的动力问题和各种非线性问题也有了各种相应的解决途径。

另一种有效的计算方法——有限差分方法也差不多同时在流体力学领域内得到新的发展，有代表性的工作是美国哈洛等人提出的一套计算方法，尤其是其中的质点网格法（PIC 方法）。这些方法往往来源于对实际问题所做的物理观察与考虑，然后再采用计算机做数值模拟，而不讲究数学上的严格论证。

无论是有限元法还是有限差分方法，它们的离散化概念都具有非常直观的意义，很容易被工程师们接受，而且在数学上又都有便于计算机处理的计算格式。工程结构数值分析就是在高速计算机产生的基础上，随着这些新的概念和方法的出现而形成的。工程结构数值分析也为实际工程项目开辟了优化设计的前景。过去，工程师们虽有追求最优化设计的愿望，但是力不从心；现在，由于有了强有力的结构分析方法和工具，便有条件研究改进设计的科学方法，逐步形成计算力学的一个重要分支——结构优化设计。计算力学在应用中也提出了不少理论问题，如稳定性分析、误差估计、收敛性等，吸引许多数学家研究，从而推动了数值分析理论的发展。

除此之外，工程结构数值分析还从单纯结构力学计算推广到优化设计、工程预测；从航空领域推广到机械、水电、交通、采矿、土木、生物、医学等。可见，工程结构数值方法作为一种具有坚实的理论基础并且广泛有效的数学力学分析手段，将在各学科领域发挥巨大的作用。

0.5 学习要求和方法

本书分为两部分：基础部分主要讲授有限单元法的基本原理、计算公式与程序设计，对有限差分方法只做一般性介绍；应用部分则从建模方法和应用分析两个方面重点介绍了目前广泛使用的工程结构数值计算分析软件，包括有限单元法 ANSYS、MIDAS，有限差分法 FLAC3D 的基本使用和建模方法，并给出典型工程应用实例。读者可以根据计算对象的几何与力学特点，有选择地学习和使用相关软件。

初学者应具备线性代数、弹性力学、结构力学、岩土力学等知识和计算机应用能力，尤其应具有程序设计的基本技能。学习完成后，应能够独立建立有限单元基本方程，熟悉求解步骤、边界条件，了解数值方法的基本原理和过程，建模、求解和结果整理。

◎ **习题与思考题**

1. 数值计算的特点是什么？
2. 数值计算有哪些方法？其适用条件是什么？
3. 有限单元方法的基本思想是什么？
4. 简述连续弹性体有限单元计算方法的基本过程。

第1章 弹性力学基本方程及能量原理

弹性力学是研究弹性体受外力或温度变化引起的应力、变形与位移的一门学科，其总体解题思路大致遵循如下步骤：

(1)将研究对象假设为连续、均匀、完全弹性与各向同性的理想弹性介质体，并且在小变形条件下工作；

(2)从变形体中取出微元体，进行平衡分析，建立平衡微分方程；

(3)从变形体中线段和互相垂直两线段间夹角的改变进行分析，建立应变和位移之间的几何方程；

(4)利用广义胡克定律，建立应力和应变之间关系的物理方程；

(5)从上述方程出发，在满足给定的变形体边界受力、位移条件的基础上，进行数学求解，获得变形体的受力和变形解答。

上述研究线弹性体问题求解过程中，所建立的微元体的平衡条件、几何关系和应力应变关系方程等，统称为弹性力学的基本方程。

弹性力学基本方程建立以后，这些方程在各种问题的边界条件下如何求解，一直是数学家与力学家研究的内容。但对于实际的工程问题，由于荷载及边界条件较为复杂，并没有能够得出函数式的解析解。因此，弹性力学问题的各种数值解法便具有重要的意义。推导与证明这类数值方法的理论依据就是能量原理。比如能量守恒原理、虚功原理和最小势能原理等。

1.1 弹性力学基本方程

设弹性体 V 受体力作用，如图 1-1 所示，$F = [F_x, F_y, F_z]$，它的整个边界 Γ 可以分解成已知面力边界 Γ_σ 和已知位移边界 Γ_u 两部分。

在 Γ_σ 上有给定面力 $\bar{P} = [\bar{P}_x, \bar{P}_y, \bar{P}_z]^\mathrm{T}$；在 Γ_u 上有给定的位移 $\{\bar{u}\} = [\bar{u}, \bar{v}, \bar{w}]^\mathrm{T}$。

(1)在外力作用下，弹性体的变形状态可用体内各点位移列阵 $\{u\}$ 表示：

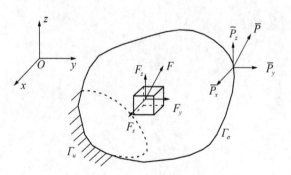

图 1-1 弹性体的受力与约束状态

$$\{u\} = \begin{bmatrix} u & v & w \end{bmatrix}^{\mathrm{T}} = \begin{Bmatrix} u \\ v \\ w \end{Bmatrix} \tag{1-1}$$

（2）弹性体的应力状态可用体内各点应力列阵 $\{\sigma\}$ 表示：

$$\{\sigma\} = \begin{bmatrix} \sigma_x & \sigma_y & \sigma_z & \tau_{xy} & \tau_{yz} & \tau_{zx} \end{bmatrix}^{\mathrm{T}} \tag{1-2}$$

其中，单元体上一点的应力状态如图 1-2 所示，弹性体的应力状态可用体内各点应力列阵 $\{\sigma\}$ 表示。

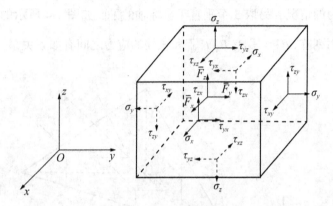

图 1-2　单元体的受力状态

（3）弹性体内任意一点的应变状态可用列阵 $\{\varepsilon\}$ 表示：

$$\{\varepsilon\} = \begin{bmatrix} \varepsilon_x & \varepsilon_y & \varepsilon_z & \gamma_{xy} & \gamma_{yz} & \gamma_{zx} \end{bmatrix}^{\mathrm{T}} \tag{1-3}$$

对于处于平衡状态的受荷弹性体，$\varepsilon - u$，$\sigma - \varepsilon$，$\sigma - (F, P)$ 之间存在一定的关系，将这些关系统称为弹性力学的基本方程，附加给定的边界条件，构成求解弹性力学问题的基础。

1.1.1　平衡微分方程

对于存在体力的情形，在受力弹性体内取一微小六面体，分析其受力如图 1-3 所示。据此可建立弹性体内外力的平衡微分方程：

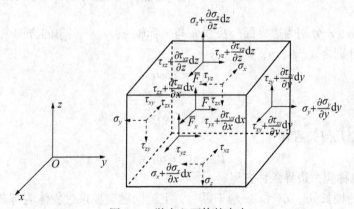

图 1-3　微小六面体的内力

$$\frac{\partial \sigma_x}{\partial x} + \frac{\partial \tau_{yx}}{\partial y} + \frac{\partial \tau_{zx}}{\partial z} + F_x = 0$$

$$\frac{\partial \tau_{xy}}{\partial x} + \frac{\partial \sigma_y}{\partial y} + \frac{\partial \tau_{xy}}{\partial z} + F_y = 0 \qquad (1\text{-}4)$$

$$\frac{\partial \tau_{xz}}{\partial x} + \frac{\partial \tau_{yz}}{\partial y} + \frac{\partial \sigma_z}{\partial z} + F_z = 0$$

其中，F_x、F_y、F_z 为物体的体力分量。

对于承受面力的情况，另取 3 个垂直于坐标轴的平面如图 1-4 所示的四面体，作用在弹性边界上的面力列阵 $\{\bar{P}\} = [\bar{P}_x \ \bar{P}_y \ \bar{P}_z]$ 和该处的应力之间有如下关系：

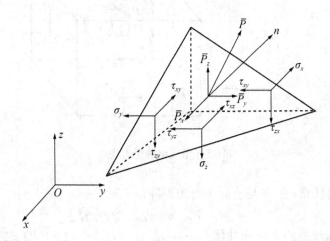

图 1-4 单元体的内力与外力

$$\{P\} = \left\{ \begin{array}{c} \bar{P}_x \\ \bar{P}_y \\ \bar{P}_z \end{array} \right\} = \left\{ \begin{array}{c} l\sigma_x + m\tau_{xy} + n\tau_{xz} \\ l\tau_{yx} + m\sigma_y + n\tau_{yz} \\ l\tau_{zx} + m\tau_{zy} + n\sigma_z \end{array} \right\} \qquad (1\text{-}5)$$

式中，l、m、n 分别为边界面外法线 n 与坐标轴 x、y、z 夹角的方向余弦。

若其夹角分别为 α、β、γ，则

$$\left\{ \begin{array}{l} l = \cos\alpha \\ m = \cos\beta \\ n = \cos\gamma \end{array} \right.$$

另外，根据几何关系有

$$l^2 + m^2 + n^2 = 1$$

式(1-5) 也称应力边界条件方程。

在四面体的棱长 $\mathrm{d}x$，$\mathrm{d}y$ 和 $\mathrm{d}z$ 趋于零时，上述问题变成求过物体内部某点而又不与任何坐标面平行的任意斜面上的应力，也就是一点的应力状态。

如果将式(1-5)视为对弹性体内部某一点的应力的描述，它给出了过该点的任意斜面上的全应力投影，只要斜面方向确定，则斜面上正应力投影应力为

$$\sigma_N = \bar{P}_x l + \bar{P}_y m + \bar{P}_z n \tag{1-6}$$

将式(1-5)式代入上式，得

$$\sigma_N = \sigma_x l^2 + \sigma_y m^2 + \sigma_z n^2 + 2\tau_{xy} lm + 2\tau_{yz} mn + 2\tau_{zx} nl \tag{1-7}$$

斜面上的剪应力为

$$\tau_N = \bar{P}_x^2 + \bar{P}_y^2 + \bar{P}_z^2 - \sigma_N^2 \tag{1-8}$$

1.1.2 几何方程

在线弹性、小变形条件下，应变和位移是线性关系：

$$\begin{cases} \varepsilon_x = \dfrac{\partial u}{\partial x}, \varepsilon_y = \dfrac{\partial v}{\partial y}, \varepsilon_z = \dfrac{\partial w}{\partial z} \\ \gamma_{xy} = \dfrac{\partial v}{\partial x} + \dfrac{\partial u}{\partial y}, \gamma_{yz} = \dfrac{\partial w}{\partial y} + \dfrac{\partial v}{\partial z}, \gamma_{xz} = \dfrac{\partial u}{\partial z} + \dfrac{\partial w}{\partial x} \end{cases} \tag{1-9}$$

用矩阵表示：

$$\{\varepsilon\} = \begin{Bmatrix} \varepsilon_x \\ \varepsilon_y \\ \varepsilon_z \\ \gamma_{xy} \\ \gamma_{yz} \\ \gamma_{xz} \end{Bmatrix} = \begin{bmatrix} \dfrac{\partial}{\partial x} & 0 & 0 & \dfrac{\partial}{\partial y} & 0 & \dfrac{\partial}{\partial z} \\ 0 & \dfrac{\partial}{\partial y} & 0 & \dfrac{\partial}{\partial x} & \dfrac{\partial}{\partial z} & 0 \\ 0 & 0 & \dfrac{\partial}{\partial z} & 0 & \dfrac{\partial}{\partial y} & \dfrac{\partial}{\partial x} \end{bmatrix}^T \begin{Bmatrix} u \\ v \\ w \end{Bmatrix} \tag{1-10}$$

简写为

$$\{\varepsilon\} = [L]\{u\}$$

式中，$[L]$ 为微分算子。

1.1.3 物理方程

对于线性各向同性材料，由广义胡克定律可以给出弹性体任意点应力与应变之间的关系。

$$\varepsilon_x = \frac{1}{E}[\sigma_x - \mu(\sigma_y + \sigma_z)] \qquad \gamma_{yz} = \frac{2(1+\mu)}{E}\tau_{yz}$$

$$\varepsilon_y = \frac{1}{E}[\sigma_y - \mu(\sigma_z + \sigma_x)] \qquad \gamma_{zx} = \frac{2(1+\mu)}{E}\tau_{zx} \tag{1-11}$$

$$\varepsilon_z = \frac{1}{E}[\sigma_z - \mu(\sigma_x + \sigma_y)] \qquad \gamma_{xy} = \frac{2(1+\mu)}{E}\tau_{xy}$$

式中，E 为弹性模量，μ 为泊松比。

简写为
$$\{\varepsilon\} = [C]\{\sigma\} \tag{1-12}$$

式中，$[C]$ 为弹性矩阵，有

$$[C] = \frac{1}{E} \begin{bmatrix} 1 & -\mu & -\mu & 0 & 0 & 0 \\ -\mu & 1 & -\mu & 0 & 0 & 0 \\ -\mu & -\mu & 1 & 0 & 0 & 0 \\ 0 & 0 & 0 & 2(1+\mu) & 0 & 0 \\ 0 & 0 & 0 & 0 & 2(1+\mu) & 0 \\ 0 & 0 & 0 & 0 & 0 & 2(1+\mu) \end{bmatrix}$$

工程计算中,常用应变表达应力,上式改写为

$$\{\sigma\} = [D]\{\varepsilon\} \tag{1-13}$$

式中,$[D] = [C]^{-1}$。

$$[D] = \frac{E(1-\mu)}{(1+\mu)(1-2\mu)} \begin{bmatrix} 1 & \frac{\mu}{1-\mu} & \frac{\mu}{1-\mu} & 0 & 0 & 0 \\ \frac{\mu}{1-\mu} & 1 & \frac{\mu}{1-\mu} & 0 & 0 & 0 \\ \frac{\mu}{1-\mu} & \frac{\mu}{1-\mu} & 1 & 0 & 0 & 0 \\ 0 & 0 & 0 & \frac{1-2\mu}{2(1-\mu)} & 0 & 0 \\ 0 & 0 & 0 & 0 & \frac{1-2\mu}{2(1-\mu)} & 0 \\ 0 & 0 & 0 & 0 & 0 & \frac{1-2\mu}{2(1-\mu)} \end{bmatrix}$$

1.2 两类平面问题

1.2.1 平面应力

如图 1-5 所示等厚度薄板,承受平行于板面并且不沿厚度变化的面力,同时体力也平行于板面,且不沿厚度变化。平面内的应力不为零,平面外的应力为零,即 $\sigma_z = 0$,$\tau_{zx} = 0$,$\tau_{zy} = 0$,且 σ_x,σ_y,τ_{xy} 仅为 x、y 坐标的函数,与坐标 z 无关。称这种问题为平面应力问题。

平面应力状态的平衡微分方程为

$$\frac{\partial \sigma_x}{\partial x} + \frac{\partial \tau_{yx}}{\partial y} + F_x = 0$$

$$\frac{\partial \sigma_y}{\partial y} + \frac{\partial \tau_{xy}}{\partial x} + F_y = 0 \tag{1-14}$$

平面应力状态的几何方程为

$$\varepsilon_x = \frac{\partial u}{\partial x}$$

$$\varepsilon_y = \frac{\partial v}{\partial y}$$

$$\gamma_{xy} = \frac{\partial v}{\partial x} + \frac{\partial u}{\partial y}$$

平面应力状态的物理方程为

$$\varepsilon_x = \frac{1}{E}(\sigma_x - \mu\sigma_y)$$

$$\varepsilon_y = \frac{1}{E}(\sigma_y - \mu\sigma_x)$$

（1-15）

$$\gamma_{xy} = \frac{1}{G}\tau_{xy}$$

$$\varepsilon_z = -\frac{\mu}{E}(\sigma_x + \sigma_y)$$

写成矩阵形式为

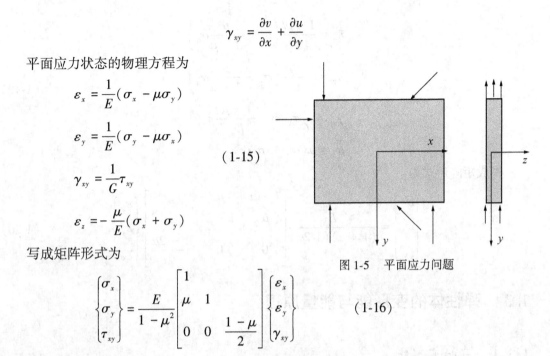

图 1-5　平面应力问题

$$\begin{Bmatrix} \sigma_x \\ \sigma_y \\ \tau_{xy} \end{Bmatrix} = \frac{E}{1-\mu^2} \begin{bmatrix} 1 & & \\ \mu & 1 & \\ 0 & 0 & \dfrac{1-\mu}{2} \end{bmatrix} \begin{Bmatrix} \varepsilon_x \\ \varepsilon_y \\ \gamma_{xy} \end{Bmatrix} \qquad (1\text{-}16)$$

1.2.2　平面应变

如图 1-6 所示的结构体,在柱面上承受平行于板面,且不沿长度变化的面力,同时体力也平行于板面,且不沿长度变化。此时,$\varepsilon_z = 0$,$\tau_{zx} = 0$,$\tau_{zy} = 0$,一般 σ_z 不等于零。此类问题称为平面应变问题。

平面应变状态的平衡微分方程为

$$\frac{\partial \sigma_x}{\partial x} + \frac{\partial \tau_{yx}}{\partial y} + F_x = 0$$

（1-17）

$$\frac{\partial \sigma_y}{\partial y} + \frac{\partial \tau_{xy}}{\partial x} + F_y = 0$$

平面应变状态的几何方程为

$$\varepsilon_x = \frac{\partial u}{\partial x}$$

$$\varepsilon_y = \frac{\partial v}{\partial y}$$

（1-18）

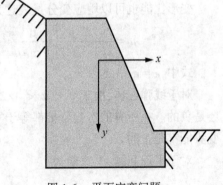

$$\gamma_{xy} = \frac{\partial v}{\partial x} + \frac{\partial u}{\partial y}$$

图 1-6　平面应变问题

平面应变状态的物理方程为

$$\varepsilon_x = \frac{1 - \mu^2}{E}\left(\sigma_x - \frac{\mu}{1 - \mu}\sigma_y\right)$$

$$\varepsilon_y = \frac{1 - \mu^2}{E}\left(\sigma_y - \frac{\mu}{1 - \mu}\sigma_x\right) \tag{1-19}$$

$$\gamma_{xy} = \frac{1}{G}\tau_{xy} = \frac{2(1 + \mu)}{E}\tau_{xy}$$

$$\sigma_z = \mu(\sigma_x + \sigma_y)$$

写成矩阵形式为

$$
\begin{Bmatrix} \sigma_x \\ \sigma_y \\ \tau_{xy} \end{Bmatrix} = \frac{E}{(1 + \mu)(1 - 2\mu)}
\begin{bmatrix} 1 - \mu & \mu & \\ \mu & 1 - \mu & \\ 0 & 0 & \frac{1 - 2\mu}{2} \end{bmatrix}
\begin{Bmatrix} \varepsilon_x \\ \varepsilon_y \\ \gamma_{xy} \end{Bmatrix} \tag{1-20}
$$

1.3　弹性体的变形能与能量原理

1.3.1　弹性变形能

设弹性体某点 6 个应力分量 σ_x、σ_y、σ_z、τ_{xy}、τ_{yz}、τ_{zx} 不全为零,则积累在弹性体的变形势能密度称为变形比能为

$$u = \frac{1}{2}(\sigma_x\varepsilon_x + \sigma_y\varepsilon_y + \sigma_z\varepsilon_z + \tau_{xy}\gamma_{xy} + \tau_{yz}\gamma_{yz} + \tau_{zx}\gamma_{zx}) \tag{1-21}$$

变形比能可以用应力分量表达为

$$u = \frac{1}{2E}\left[(\sigma_x^2 + \sigma_y^2 + \sigma_z^2 - 2\mu(\sigma_x\sigma_y + \sigma_y\sigma_z + \sigma_z\sigma_x) + 2\mu(\tau_{xy}^2 + \tau_{yz}^2 + \tau_{zx}^2)\right] \tag{1-22}$$

变形比能也可以用应变分量表达为

$$u = \frac{E}{2(1 + \mu)}\left[\frac{\mu}{1 - 2\mu}e^2 + \varepsilon_x^2 + \varepsilon_y^2 + \varepsilon_z^2 + \frac{1}{2}(\gamma_{xy}^2 + \gamma_{yz}^2 + \gamma_{zx}^2)\right] \tag{1-23}$$

式中,$e = \varepsilon_x + \varepsilon_y + \varepsilon_z$。

对于线弹性体,由于 $0 < \mu < 1/2$,由上式可见,不论变形如何,弹性体的变形比能总不会是负的。在所有的形变分量都等于零的情况下,形变势能才等于零;相应于任何变形,形变势能都是正的。

对于平面问题,上式变为

$$u = \frac{1}{2}(\sigma_x\varepsilon_x + \sigma_y\varepsilon_y + \tau_{xy}\gamma_{xy}) \tag{1-24}$$

在一般平面问题中,弹性体各部分的受力并非均匀,各个应力分量和形变分量都是坐标 x、y 的函数,因而变形势能密度 u 一般也是坐标 x 和 y 的函数。由此可得,某一区域 A 内积累的弹性变形能为:

$$U = \iint\limits_{A} u \mathrm{d}x\mathrm{d}y = \frac{1}{2}\iint\limits_{A}(\sigma_x \varepsilon_x + \sigma_y \varepsilon_y + \tau_{xy}\gamma_{xy})\mathrm{d}x\mathrm{d}y \tag{1-25}$$

形变势能密度可以单用形变分量表示,如将平面应力问题的物理方程代入式(1-24),得

$$u = \frac{E}{2(1-\mu^2)}\left[\varepsilon_x^2 + \varepsilon_Y^2 + 2\varepsilon_x\varepsilon_Y + \frac{1-\mu}{2}\gamma_{xy}^2\right] \tag{1-26}$$

将式(1-24)分别对 $\varepsilon_x, \varepsilon_y, \gamma_{xy}$ 求导,可得

$$\frac{\partial u}{\partial \varepsilon_x} = \sigma_x, \frac{\partial u}{\partial \varepsilon_y} = \sigma_y, \frac{\partial u}{\partial \gamma_{xy}} = \tau_{xy} \tag{1-27}$$

上式表明,弹性体每单位体积中的形变势能对于任一变形分量的改变率,等于相应的应力分量。同时可以证明:弹性体每单位体积中的形变势能对于任一应力分量的改变率,等于相应的应变分量。

若弹性体受体力和面力作用,平面区域 A 内的体力分量为 F_x, F_y, S_σ 边界上的面力分量为 P_x, P_y,则外力在实际位移上所做的功称为外力功 W,其数学表达式为

$$W = \iint\limits_{A}(F_x u + F_y v)\mathrm{d}x\mathrm{d}y + \int\limits_{S_\sigma}(\bar{P}_x u + \bar{P}_y v)\mathrm{d}s \tag{1-28}$$

取 $u = v = 0$(或 $\varepsilon_x = \varepsilon_y = \gamma_{xy} = 0$)的自然状态下外力的功和势能为零。由于外力做功,消耗了外力势能,因此,在发生实际位移时,弹性体的外力势能是

$$V = -W = -\iint\limits_{A}(F_x u + F_y v)\mathrm{d}x\mathrm{d}y - \int\limits_{S_\sigma}(\bar{P}_x u + \bar{P}_y v)\mathrm{d}s \tag{1-29}$$

1.3.2 虚位移原理

虚位移是指一种约束允许的无限微小的可能位移,它在弹性体内是连续的,在边界上满足位移边界条件。如果弹性体在外力作用下处于平衡状态,则从任何平衡位置开始的虚位移,外力在其上所做的虚功(δW)等于该虚位移在弹性体内所引起的虚应变能(δU);反之,若有虚功等于虚应变能,则弹性体在外力作用下是平衡的,这就是虚位移原理。

将虚位移原理用数学形式表示,得虚功方程:

$$\delta U = \delta W \tag{1-30}$$

式中,δW 是外力在虚位移上做的虚功,其计算式为

$$\delta W = \iiint\limits_{V}(F_x\delta u + F_y\delta v + F_z\delta w)\mathrm{d}V + \iint\limits_{\Gamma}(\bar{P}_x\delta u + \bar{P}_y\delta v + \bar{P}_z\delta w)\mathrm{d}S \tag{1-31}$$

δU 是弹性体由于虚位移引起的虚应变能,其计算式为

$$\delta U = \iiint\limits_{V}(\sigma_x\delta\varepsilon_x + \sigma_y\delta\varepsilon_y + \sigma_z\delta\varepsilon_z + \tau_{xy}\delta\gamma_{xy} + \tau_{yz}\delta\gamma_{yz} + \tau_{zx}\delta\gamma_{zx})\mathrm{d}V \tag{1-32}$$

虚功方程的矩阵形式为

$$\iiint\limits_{V}\{\delta\varepsilon_x\}^{\mathrm{T}}\{\sigma\}\mathrm{d}V = \iiint\limits_{V}\{\delta u\}^{\mathrm{T}}\{F\}\mathrm{d}V + \iint\limits_{\Gamma}\{\delta u\}^{\mathrm{T}}\{\bar{P}\}\mathrm{d}S \tag{1-33}$$

式中,$\{\delta\varepsilon\}$ 是虚应变列阵,$\{\delta u\}$ 是虚位移列阵,$\{\sigma\}$ 是应力列阵,$\{F\}$ 是体力列阵,$\{\bar{P}\}$

是面力列阵。

对于平面应力问题,虚功方程的矩阵形式为

$$\iint_A \{\delta\varepsilon_x\}^T\{\sigma\}\,t\mathrm{d}A = \iint_A \{\delta u\}^T\{F\}\,t\mathrm{d}A + \int_S \{\delta u\}^T\{\bar{P}\}\,t\mathrm{d}S \tag{1-34}$$

对于平面应变问题,虚功方程的矩阵形式与上式相同,只是将相关公式中的弹性系数做如下代换:

$$E_1 = \frac{E}{1-\mu^2}, \ \mu_1 = \frac{\mu}{1-\mu}$$

1.3.3 极小势能原理

极小势能原理是结构分析中又一个十分重要的原理。该原理可叙述为:在连续变形体的一切可能的位移状态中,那些满足平衡条件的位移状态能使总势能有驻值(即实际的位移状态使结构总势能取极值,且对于稳定结构来说,该极值为最小值),用公式表示即为

$$\delta E_p = 0 \tag{1-35}$$

这里的 E_p 为结构的总势能,δ 为变分运算符号。对一般线弹性连续变形体,总势能定义为

$$E_p = U + V = \frac{1}{2}\int_V \{\sigma\}^T\{\varepsilon\}\,\mathrm{d}V - \int_V \{F\}^T\{u\}\,\mathrm{d}V - \int_V \{\bar{P}\}^T\{u\}\,\mathrm{d}S \tag{1-36}$$

由上式可以看出,结构的总势能为结构中的总应变能 U 与外力势能 V 之和,其中应变能 U 总为正值,外力势能实际就是所有外力功的负值。同理,上式中的各项对于实体结构也可表示为各单元求和的形式。可以证明,该原理等价于上述的虚功原理,且由虚功原理可推出极小势能原理。

◎ 习题与思考题

1. 弹性力学基本方程有哪些?分别表示哪些力学量的关系?

2. 平面应力问题与平面应变问题的区别是什么?试列举典型平面应力和平面应变问题的实例。

3. 如何在本构方程中转换平面应变问题与平面应力问题?

4. 试阐述虚位移原理的含义并写出其数学表达式。

5. 试述弹性力学问题的求解过程。

6. 试用虚功原理推导极小势能原理。

第2章 平面杆系结构的有限单元法

将杆系结构的矩阵分析方法推广应用于分析连续体结构，称为有限单元法。结构矩阵分析法，也称为杆系结构的有限单元法。

杆系结构的有限单元法按基本未知量的选择不同，分为力法与位移法。若取结构的基本未知量为未知力，称为力法；若取结构的基本未知量为未知位移，则称为位移法。对于某一特定结构，力法可以采用不同的基本结构，使得分析过程与问题紧密联系；而对于给定的结构，位移法的基本结构是唯一的。由此可见，位移法的计算步骤比力法的步骤更规范化，更宜于程序实现其计算过程。因此，位移法是计算机软件中广泛采用的方法，本章将详细介绍其分析过程与程序设计。

位移法是以节点位移为基本未知量，并通过节点平衡方程求解基本未知量，然后计算结构内力，其基本要点可归纳为如下三大步骤：

(1)结构离散化。把结构划分为有限个单元，各单元只在有限个节点处相互连接。对于杆系结构，通常以一根等截面直杆作为一个单元，把整个结构视为由有限个单元组成的集合体。这相当于建立位移法的基本结构。

(2)单元分析。单元分析的目的是建立单元刚度方程，即单元的内力与位移的关系方程。对于杆件单元，只要确定了杆件两端截面的内力，其余截面内力便容易确定，因而杆件的内力可用杆端力作代表。单元分析的任务是确定杆端力与杆端位移之间的关系，建立所谓的单元刚度矩阵。这与位移法中杆件的形常数及转角位移方程相对应。

(3)整体分析。把各单元集合成整体结构，这就要求在各节点处满足变形协调条件和平衡条件。整体分析的任务是由单元刚度矩阵按照刚度集成规则直接形成结构刚度矩阵，并建立整体结构的刚度方程，它反映了结构的节点位移与节点力之间的关系，可由此方程求解节点位移。

2.1 杆系结构的离散化

2.1.1 单元划分和编码

杆系结构是由若干根杆件组成的结构。在有限单元法中，必须首先把结构离散成一根根独立的杆件——单元，把结构看成有限个单元的集合体，这就是结构的离散化。

为计算方便，通常采用等截面直杆这种形式的单元。单元与单元通过节点互相连接，并通过支座与基础相连。因此，划分单元的节点应该是杆件的连接点、截面的突变点、结构的支承点和自由端等。有时为了计算需要，也把杆件中某些特殊点当作节点。例如，当集中荷载作用于单元中间时，也可将该荷载作用点当作节点，即一根直杆也可划分为几个单元(桁架杆件除外，否则桁架将成为瞬变体系)。确定了结构的全部节点，也就确定了单元的划分。

为了便于程序设计，需要分别对单元和节点进行顺序编号，分别称为单元码和节点码。通常是从 1 号开始逐个地编到最后一个单元或节点。为了区别，单元码用①，②，③，… 表示，节点码用 1，2，3，… 表示，如图 2-1 所示。

单元码和节点码的编号顺序原则上是任意的，对同一个结构可以有不同的编号方法。

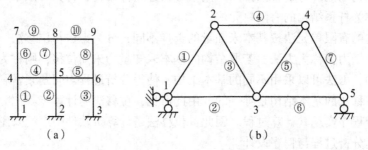

图 2-1　节点码与单元码

2.1.2　采用两种直角坐标系

组成结构的各杆方向不尽相同，为了分析的方便，需要采用两种直角坐标系。一种是在整体分析时对整个结构建立的坐标系，称为结构坐标系或整体坐标系，用 x - y 表示。另一种是在单元分析时为每个单元建立的坐标系，称为该单元的单元坐标系或局部坐标系，用 $\bar{x}$ - $\bar{y}$ 表示。结构坐标系和单元坐标系均采用右手旋转直角坐标系。结构坐标系的原点位置可任意选取，x，y 轴的正向也可任意选取，只要它们符合右手螺旋法则。但由于历史的原因，分析力学中常将结构坐标系的 x 轴水平向右规定为正，y 轴竖直向下为正。单元坐标系的原点设在单元的一个端点(称该端点为单元的始端，另一端为末端)，$\bar{x}$ 轴与单元的轴线重合，从单元始端到末端的方向作为 $\bar{x}$ 轴的正方向，从 $\bar{x}$ 轴的正方向顺时针旋转 90° 为 $\bar{y}$ 轴的正方向，如图 2-2 所示。

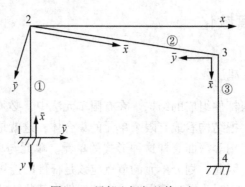

图 2-2　局部坐标与整体坐标

2.1.3 力和位移的正负号规定

在用计算程序分析结构时，表述力或位移等矢量时，总是用数值表示大小，用正负号表示方向。在杆系结构的有限单元法中，力和位移的正负号规定有它的特殊之处。现分述如下：

1. 力

结构上的力，按其作用位置的不同，可分为节点力与非节点力两种。作用于节点上的集中力或力偶，称节点力；作用于杆件上的各种荷载，称非节点力。节点集中力的方向与结构坐标系的 x 轴或 y 轴正方向一致时为正，反之为负。非节点力的方向与所作用杆件的单元坐标系的 $\bar{x}$ 轴或 $\bar{y}$ 轴正方向一致为正，反之为负。力偶均以顺时针方向为正，反之为负。

2. 节点位移

用有限单元法分析平面刚架，通常考虑杆件的轴向变形。因此，在整体坐标系中，平面刚架的每个刚节点有3个互相独立的位移分量，即沿 x 轴和 y 轴方向的线位移 u 和 v，以及角位移 θ。规定节点线位移 u、v 的方向与 x，y 轴正方向一致为正，反之为负；节点角位移 θ 以顺时针方向为正，反之为负。

3. 单元杆端力和杆端位移

单元杆端截面的内力和位移分别称为单元杆端力和杆端位移。图 2-3 所示为平面刚架中的第 e 个单元，其始端和末端的节点编号分别为 i 和 j。在单元坐标系中，平面刚架单元

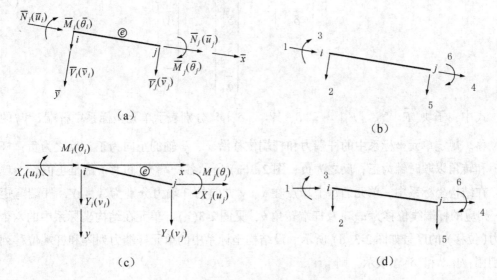

图 2-3　单元杆端力与杆端位移

21

的每个端点有 3 个杆端力分量，即沿 $\bar{x}$、$\bar{y}$ 方向的轴力 $\bar{N}$、剪力 $\bar{V}$ 和弯矩 $\bar{M}$。与此相应，单元的每个端点有 3 个杆端位移分量，即沿 $\bar{x}$、$\bar{y}$ 方向的轴向位移 $\bar{u}$、横向位移 $\bar{v}$ 和角位移 $\bar{\theta}$，见图 2-3(a)。在单元分析时，各杆端力和杆端位移均应按照一定的次序排列，一般规定先始端后末端。每一端的内力（位移）的排列次序是：$\bar{N}(\bar{u})$、$\bar{V}(\bar{v})$、$\bar{M}(\bar{\theta})$，单元在局部坐标系中的六个杆端力（位移）的序号如图 2-3(b) 所示。

设单元坐标系中的单元杆端力列阵和杆端位移列阵分别用 $\{\bar{F}\}^{(e)}$ 和 $\{\bar{\delta}\}^{(e)}$，表示，则

$$\{\bar{F}\}^{(e)} = \left\{ \begin{matrix} \{\bar{F}_i\} \\ \{\bar{F}_j\} \end{matrix} \right\}^{(e)} = \left\{ \begin{matrix} \bar{f}_1 \\ \bar{f}_2 \\ \bar{f}_3 \\ \bar{f}_4 \\ \bar{f}_5 \\ \bar{f}_6 \end{matrix} \right\}^{(e)} = \left\{ \begin{matrix} \bar{N}_i \\ \bar{V}_i \\ \bar{M}_i \\ N_j \\ \bar{V}_j \\ \bar{M}_j \end{matrix} \right\}^{(e)} \tag{2-1}$$

$$\{\bar{\delta}\}^{(e)} = \left\{ \begin{matrix} \{\bar{\delta}_i\} \\ \bar{\delta}_j \end{matrix} \right\}^{(e)} = \left\{ \begin{matrix} \bar{\delta}_1 \\ \bar{\delta}_2 \\ \bar{\delta}_3 \\ \bar{\delta}_4 \\ \bar{\delta}_5 \\ \bar{\delta}_6 \end{matrix} \right\}^{(e)} = \left\{ \begin{matrix} \bar{u}_i \\ \bar{v}_i \\ \bar{\theta}_i \\ \bar{u}_j \\ \bar{v}_j \\ \bar{\theta}_j \end{matrix} \right\}^{(e)} \tag{2-2}$$

式中，子块 $\{\bar{F}_i\}^{(e)}$、$\{\bar{F}_j\}^{(e)}$、$\{\bar{\delta}_i\}^{(e)}$、$\{\bar{\delta}_j\}^{(e)}$ 分别表示单元坐标系中杆端 i 和 j 的力与位移。规定单元坐标系中的杆端力和杆端位移沿 $\bar{x}$、$\bar{y}$ 轴的正向为正，反之为负；杆端弯矩和转角以顺时针为正，反之为负；图 2-3(a) 所示各杆端力（位移）都是正值。

在结构坐标系中，单元的每个端点在 x、y 方向的杆端力分别为 X，Y，杆端弯矩为 M，相应的杆端线位移为 u、v 及杆端转角 θ，见图 2-3(c)。单元在结构坐标系中的六个杆端力（位移）的序号如图 2-3(d) 所示。设结构坐标系中的单元杆端力列阵和杆端位移列阵分别用 $\{F\}^{(e)}$ 和 $\{\delta\}^{(e)}$ 表示，则

$$\{F\}^{(e)} = \left\{ \begin{matrix} \{F_i\} \\ \{F_j\} \end{matrix} \right\}^{(e)} = \left\{ \begin{matrix} f_1 \\ f_2 \\ f_3 \\ f_4 \\ f_5 \\ f_6 \end{matrix} \right\}^{(e)} = \left\{ \begin{matrix} X_i \\ Y_i \\ M_i \\ X_j \\ Y_j \\ M_j \end{matrix} \right\}^{(e)} \tag{2-3}$$

$$\{\delta\}^{(e)} = \left\{ \begin{matrix} \{\delta_i\} \\ \{\delta_j\} \end{matrix} \right\}^{(e)} = \left\{ \begin{matrix} \delta_1 \\ \delta_2 \\ \delta_3 \\ \delta_4 \\ \delta_5 \\ \delta_6 \end{matrix} \right\}^{(e)} = \left\{ \begin{matrix} u_i \\ v_i \\ \theta_i \\ u_j \\ v_j \\ \theta_j \end{matrix} \right\}^{(e)} \tag{2-4}$$

式中，子块 $\{F_i\}^{(e)}$、$\{F_j\}^{(e)}$、$\{\delta_i\}^{(e)}$、$\{\delta_j\}^{(e)}$ 分别表示结构坐标系中杆端 i 和 j 的力与位移，规定结构坐标系中的杆端力和杆端位移沿 x、y 轴的正向为正，反之为负；杆端弯矩和杆端转角以顺时针为正，反之为负。图 2-3(c) 所示各杆端力(位移) 都是正值。

应该注意，上述力和位移的正负号规定与材料力学中的规定不同，与位移法中的规定也不完全一致。

2.2　单元坐标系中的单元刚度矩阵

2.2.1　单元刚度方程和单元刚度矩阵

图 2-4 所示为平面刚架中的一个等截面直杆单元 e，单元不受任何约束，这样的单元称为自由式单元。现假设单元上无荷载作用，又设单元两端的 6 个杆端位移分量已给出，如图 2-4 所示，要确定由此产生的 6 个杆端力分量，即建立该单元在单元坐标系中的杆端力与杆端位移之间的关系式，此式称为单元坐标系中的单元刚度方程。

在弹性小变形范围内，杆件轴向受力状态和弯曲受力状态间的相互影响，一般可忽略不计。因此可分别推导轴向变形和弯曲变形的单元刚度方程。

如图 2-5(a) 所示，当杆端 i 产生轴向位移 $\bar{u}_i$ 时，由材料力学及平衡条件 $\sum X = 0$，得

$$\bar{N}_i = \frac{EA}{l}\bar{u}_i, \quad \bar{N}_j = -\frac{EA}{l}\bar{u}_i \tag{a}$$

当杆端 j 产生轴向位移 $\bar{u}_j$ 时(图 2-5(b))，同理可得

$$\bar{N}_i = -\frac{EA}{l}\bar{u}_j, \quad \bar{N}_j = \frac{EA}{l}\bar{u}_j \tag{b}$$

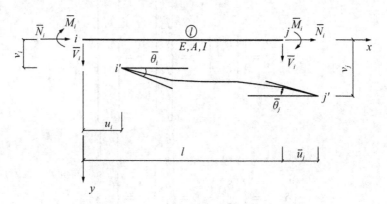

图 2-4　梁单元

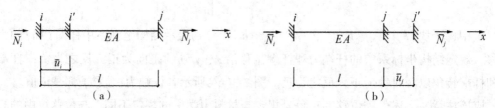

图 2-5　杆单元

因此，当单元两端分别同时产生杆端位移 $\bar{u}_i$ 和 $\bar{u}_j$ 时，根据叠加原理，相应的杆端力 $\bar{N}_i$ 和 $\bar{N}_j$ 分别为

$$
\left.\begin{aligned}
\bar{N}_i &= \frac{EA}{l}\,\bar{u}_i - \frac{EA}{l}\,\bar{u}_j \\[2mm]
\bar{N}_j &= -\frac{EA}{l}\,\bar{u}_i + \frac{EA}{l}\,\bar{u}_j
\end{aligned}\right\} \tag{2-5}
$$

根据结构力学中等截面直杆的转角位移方程，可得

$$
\left.\begin{aligned}
\bar{V}_i &= \frac{12EI}{l^3}\,\bar{v}_i + \frac{6EI}{l^2}\,\bar{\theta}_i - \frac{12EI}{l^3}\,\bar{v}_j + \frac{6EI}{l^2}\,\bar{\theta}_j \\[2mm]
\bar{M}_i &= \frac{6EI}{l^2}\,\bar{v}_i + \frac{4EI}{l}\,\bar{\theta}_i - \frac{6EI}{l^2}\,\bar{v}_j + \frac{2EI}{l}\,\bar{\theta}_j \\[2mm]
\bar{V}_j &= -\frac{12EI}{l^3}\,\bar{v}_i - \frac{6EI}{l^2}\,\bar{\theta}_i + \frac{12EI}{l^3}\,\bar{v}_j - \frac{6EI}{l^2}\,\bar{\theta}_j \\[2mm]
\bar{M}_j &= \frac{6EI}{l^2}\,\bar{v}_i + \frac{2EI}{l}\,\bar{\theta}_i - \frac{6EI}{l^2}\,\bar{v}_j + \frac{4EI}{l}\,\bar{\theta}_j
\end{aligned}\right\} \tag{2-6}
$$

式(2-5)、式(2-6) 合在一起写成矩阵形式为

$$
\begin{Bmatrix} \bar{N}_i \\ \bar{V}_i \\ \bar{M}_i \\ \bar{N}_j \\ \bar{V}_j \\ \bar{M}_j \end{Bmatrix}^{(e)} = \begin{bmatrix} \dfrac{EA}{l} & 0 & 0 & -\dfrac{EA}{l} & 0 & 0 \\[2mm] 0 & \dfrac{12EI}{l^3} & \dfrac{6EI}{l^2} & 0 & -\dfrac{12EI}{l^3} & \dfrac{6EI}{l^2} \\[2mm] 0 & \dfrac{6EI}{l^2} & \dfrac{4EI}{l} & 0 & -\dfrac{6EI}{l^2} & \dfrac{2EI}{l} \\[2mm] -\dfrac{EA}{l} & 0 & 0 & \dfrac{EA}{l} & 0 & 0 \\[2mm] 0 & -\dfrac{12EI}{l^3} & -\dfrac{6EI}{l^2} & 0 & \dfrac{12EI}{l^3} & -\dfrac{6EI}{l^2} \\[2mm] 0 & \dfrac{6EI}{l^2} & \dfrac{2EI}{l} & 0 & -\dfrac{6EI}{l^2} & \dfrac{4EI}{l} \end{bmatrix}^{(e)} \begin{Bmatrix} \bar{u}_i \\ \bar{v}_i \\ \bar{\theta}_i \\ \bar{u}_j \\ \bar{v}_j \\ \bar{\theta}_j \end{Bmatrix}^{(e)} \qquad (2\text{-}7)
$$

或简写为

$$
\{\bar{F}\}^{(e)} = [\bar{K}]^{(e)}\{\bar{\delta}\}^{(e)} \qquad (2\text{-}8)
$$

式(2-7)或式(2-8)称为平面刚架单元在单元坐标系中的单元刚度方程,其中,

$$
[\bar{K}]^{(e)} = \begin{bmatrix} \dfrac{EA}{l} & 0 & 0 & -\dfrac{EA}{l} & 0 & 0 \\[2mm] 0 & \dfrac{12EI}{l^3} & \dfrac{6EI}{l^2} & 0 & -\dfrac{12EI}{l^3} & \dfrac{6EI}{l^2} \\[2mm] 0 & \dfrac{6EI}{l^2} & \dfrac{4EI}{l} & 0 & -\dfrac{6EI}{l^2} & \dfrac{2EI}{l} \\[2mm] -\dfrac{EA}{l} & 0 & 0 & \dfrac{EA}{l} & 0 & 0 \\[2mm] 0 & -\dfrac{12EI}{l^3} & -\dfrac{6EI}{l^2} & 0 & \dfrac{12EI}{l^3} & -\dfrac{6EI}{l^2} \\[2mm] 0 & \dfrac{6EI}{l^2} & \dfrac{2EI}{l} & 0 & -\dfrac{6EI}{l^2} & \dfrac{4EI}{l} \end{bmatrix}^{(e)} \qquad (2\text{-}9)
$$

称为单元坐标系中平面刚架单元的刚度矩阵,简称单刚。它的行数是杆端力分量数,列数为杆端位移分量数,因而$[\bar{K}]^{(e)}$是 6×6 阶的方阵。

2.2.2 单元刚度矩阵的性质

1. 单元刚度系数的意义

$[\bar{K}]^{(e)}$ 中每个元素称为单元刚度系数,代表由于单位杆位移所引起的杆端力。任一元素 k_{ij} 的物理意义是第 j 个杆端位移为1,其余位移分量为零时,所引起的第 i 个杆端力的分量值。所以 $[\bar{K}]^{(e)}$ 中第 j 列元素表示第 j 个杆端位移分量为1,其余位移分量为零时,所引起的各杆端力的分量值;而第 i 行元素表示各杆端位移分量为1时,所引起的第 i 个杆端

力分量的值。

2. 单刚 $[\bar{K}]^{(e)}$ 是对称矩阵

这一性质可由单刚元素 $\bar{k}_{lm}^{(e)}$ 的物理意义及反力互等定理得到。利用单刚矩阵的对称性，在程序中计算单刚 $[\bar{K}]^{(e)}$ 时，只要先求出其上三角部分的元素 $\bar{k}_{ml}^{(e)}(l \leqslant m)$，而下三角部分的元素 $\bar{k}_{ml}^{(e)}$ 可利用 $\bar{k}_{ml}^{(e)} = \bar{k}_{lm}^{(e)}$ 来确定。

3. 自由式单元的刚度矩阵 $[\bar{K}]^{(e)}$ 是奇异矩阵

单刚 $[\bar{K}]^{(e)}$ 的奇异性是指其对应的行列式的值为零，它不存在逆矩阵。这表明，如果给定单元的杆端位移 $\{\bar{\delta}\}^{(e)}$，可由单元刚度方程式(2-8)确定唯一的杆端力 $\{\bar{F}\}^{(e)}$；但若给定杆端力 $\{\bar{F}\}^{(e)}$，却不能由式(2-8)求得杆端位移 $\{\bar{\delta}\}^{(e)}$ 的唯一解。从物理概念来理解，这是由于所讨论的单元是两端没有任何支承的自由单元，在杆端力 $\{\bar{F}\}^{(e)}$ 作用下，单元本身除产生弹性变形外，还可以产生任意的刚体位移，故某一组满足平衡条件的杆端力可与弹性位移和任意刚体位移组成的多组杆端位移相对应。

单元刚度矩阵 $[\bar{K}]^{(e)}$ 只与单元的弹性模量 E、横截面面积 A、惯性矩 I 及长度 l 等有关。

单元刚度矩阵 $[\bar{K}]^{(e)}$ 具有分块性。在式(2-7)和式(2-9)中，用虚线将 $[\bar{K}]^{(e)}$ 分为4个子块，将 $\{\bar{F}\}^{(e)}$ 和 $\{\bar{\delta}\}^{(e)}$ 也分解为2个子列阵，则单元刚度方程式(2-7)，可表示为

$$
\left\{ \begin{matrix} \bar{F}_i \\ \bar{F}_j \end{matrix} \right\}^{(e)} = \left[\begin{matrix} \bar{k}_{ii} & \bar{k}_{ij} \\ \bar{k}_{ji} & \bar{k}_{jj} \end{matrix} \right]^{(e)} \left\{ \begin{matrix} \bar{\delta}_i \\ \bar{\delta}_j \end{matrix} \right\}^{(e)} \tag{2-10}
$$

式中，　　$\{\bar{F}_i\}^{(e)} = \begin{bmatrix} \bar{N}_i & \bar{V}_i & \bar{M}_i \end{bmatrix}^{(e)\mathrm{T}}$，$\{\bar{F}_j\}^{(e)} = \begin{bmatrix} \bar{N}_j & \bar{V}_j & \bar{M}_j \end{bmatrix}^{(e)\mathrm{T}}$

$\{\bar{\delta}_i\}^{(e)} = \begin{bmatrix} \bar{u}_i & \bar{v}_i & \bar{\theta}_i \end{bmatrix}^{(e)\mathrm{T}}$，$\{\bar{\delta}_j\}^{(e)} = \begin{bmatrix} \bar{u}_j & \bar{v}_j & \bar{\theta}_j \end{bmatrix}^{(e)\mathrm{T}}$

$\{\bar{k}_{rs}\}^{(e)}$ 为单元刚度矩阵 $[\bar{K}]^{(e)}$ 的任一子块 $(r, s = i, j)$，它是一个 3×3 阶方阵，表示杆端位移 $\{\bar{\delta}_s\}^{(e)}$ 与杆端力 $\{\bar{F}_r\}^{(e)}$ 之间的刚度关系。用子块形式表示刚度矩阵和刚度方程，可使物理量层次关系更加分明。

2.3　结构坐标系中的单元刚度矩阵

前述单刚 $[\bar{K}]^{(e)}$ 是以单元轴线方向为 x 正向的局部坐标系中建立的，在实际工程结构

中，各单元的局部坐标系方向一般不相同，为了便于建立结构整体节点平衡方程，必须设置一个统一的坐标系，即结构坐标系 xoy，并把按单元坐标系建立的单元刚度矩阵 $[\bar{K}]^{(e)}$ 转换成结构坐标系中的单元刚度矩阵 $[K]^{(e)}$。下面先讨论两种坐标系中杆端力（位移）之间的转换关系。

2.3.1 单元坐标转换矩阵

如图2-6所示杆件 ij，在单元坐标系 $\bar{x}o\bar{y}$ 中的杆端力 $\{\bar{F}\}^{(e)}$ 及结构坐标系 xoy 中的杆端力 $\{F\}^{(e)}$ 分别为

$$\{\bar{F}\}^{(e)} = \left\{ \begin{matrix} \bar{N}_i & \bar{V}_i & \bar{M}_i & \bar{N}_j & \bar{V}_j & \bar{M}_j \end{matrix} \right\}^{\mathrm{T}(e)}$$

$$\{F\}^{(e)} = \left\{ \begin{matrix} X_i & Y_i & M_i & X_j & Y_j & M_j \end{matrix} \right\}^{\mathrm{T}(e)}$$

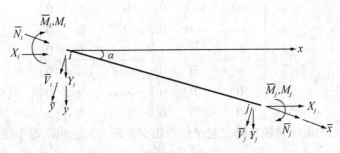

图 2-6　局部坐标与整体坐标

这两种坐标系之间的夹角为 α，并规定从 x 轴转至 $\bar{x}$ 轴以顺时针方向为正。根据力的投影关系可得

$$\left. \begin{aligned} \bar{N}_i &= X_i\cos\alpha + Y_i\sin\alpha \\ \bar{V}_i &= -X_i\sin\alpha + Y_i\cos\alpha \\ \bar{N}_j &= X_j\cos\alpha + Y_j\sin\alpha \\ \bar{V}_j &= -X_j\sin\alpha + Y_j\cos\alpha \end{aligned} \right\} \tag{a}$$

杆端弯矩不受所作用平面内坐标变换的影响，即

$$\left. \begin{aligned} \bar{M}_i &= M_i \\ \bar{M}_j &= M_j \end{aligned} \right\} \tag{b}$$

将 (a)(b) 两式写成矩阵形式，则有

$$
\begin{Bmatrix} \overline{N}_i \\ \overline{V}_i \\ \overline{M}_i \\ \overline{N}_j \\ \overline{V}_j \\ \overline{M}_j \end{Bmatrix}^{(e)} = \begin{bmatrix} \cos\alpha & \sin\alpha & 0 & 0 & 0 & 0 \\ -\sin\alpha & \cos\alpha & 0 & 0 & 0 & 0 \\ 0 & 0 & 1 & 0 & 0 & 0 \\ 0 & 0 & 0 & \cos\alpha & \sin\alpha & 0 \\ 0 & 0 & 0 & -\sin\alpha & \cos\alpha & 0 \\ 0 & 0 & 0 & 0 & 0 & 1 \end{bmatrix} \begin{Bmatrix} X_i \\ Y_i \\ M_i \\ X_j \\ Y_j \\ M_j \end{Bmatrix}^{(e)}
\tag{2-11}
$$

或简写为

$$
\{\overline{F}\}^{(e)} = [T] \{F\}^{(e)}
\tag{2-12}
$$

其中，

$$
[T] = \begin{bmatrix} \cos\alpha & \sin\alpha & 0 & 0 & 0 & 0 \\ -\sin\alpha & \cos\alpha & 0 & 0 & 0 & 0 \\ 0 & 0 & 1 & 0 & 0 & 0 \\ 0 & 0 & 0 & \cos\alpha & \sin\alpha & 0 \\ 0 & 0 & 0 & -\sin\alpha & \cos\alpha & 0 \\ 0 & 0 & 0 & 0 & 0 & 1 \end{bmatrix}
\tag{2-13}
$$

称为平面刚架单元的坐标转换矩阵，它是一个正交矩阵，其逆矩阵等于转置矩阵，即

$$
[T]^{-1} = [T]^{\mathrm{T}}
$$

于是，根据式(2-11) 可得

$$
\{F\}^{(e)} = [T]^{\mathrm{T}} \{\overline{F}\}^{(e)}
\tag{2-14}
$$

显然，杆端力$\{\overline{F}\}^{(e)}$与$\{F\}^{(e)}$间的上述转换关系，也适用于杆端位移$\{\overline{\delta}\}^{(e)}$与$\{\delta\}^{(e)}$之间的转换，因此参照式(2-11) 和式(2-13) 可以写出

$$
\{\overline{\delta}\}^{(e)} = [T] \{\delta\}^{(e)}
\tag{2-15}
$$

$$
\{\delta\}^{(e)} = [T]^{\mathrm{T}} \{\overline{\delta}\}^{(e)}
\tag{2-16}
$$

2.3.2　结构坐标系中的单元刚度矩阵

将$\{\overline{F}\}^{(e)} = [\overline{K}]^{(e)} \{\overline{\delta}\}^{(e)}$代入式(2-13)，并考虑到式(2-14)，得

$$
\{F\}^{(e)} = [T]^{\mathrm{T}} [\overline{K}]^{(e)} \{\overline{\delta}\}^{(e)} = [T]^{\mathrm{T}} [\overline{K}]^{(e)} [T] \{\delta\}^{(e)}
$$

上式可写为

$$
\{F\}^{(e)} = [K]^{(e)} \{\delta\}^{(e)}
\tag{2-17}
$$

这就是结构坐标系中的单元刚度方程，其中，

$$
[K]^{(e)} = [T]^{\mathrm{T}} [\overline{K}]^{(e)} [T]
\tag{2-18}
$$

就是结构坐标系中的单元刚度矩阵，式(2-18)即为单元刚度矩阵由单元坐标系向结构坐标系转换的公式。

结构坐标系中的单刚$[K]^{(e)}$是6×6阶方阵，其中的任一元素$k_{lm}^{(e)}$表示结构坐标系中的杆端位移$\{\delta\}^{(e)}$的第m个分量等于1(其余的位移分量均等于零)时，所引起的杆端力$\{F\}^{(e)}$的第l个分量之值。根据反力互等定理，单刚$[K]^{(e)}$仍然是对称矩阵。由于仍为自由式单元，结构坐标系中的单刚$[K]^{(e)}$仍然是奇异矩阵。

由式(2-18)可以看出，结构坐标系中的单刚$[K]^{(e)}$除与单元本身的属性有关外，还与结构坐标系与单元坐标系之间的夹角α有关，即与该单元所处的方位有关。

与局部坐标系类似，整体分析时常将式(2-17)按单元始、末端的节点i、j写成分块矩阵的形式：

$$\left\{ \begin{array}{c} \{F_i\} \\ \{F_j\} \end{array} \right\}^{(e)} = \left[\begin{array}{cc} [K_{ii}] & [K_{ij}] \\ [K_{ji}] & [K_{jj}] \end{array} \right]^{(e)} \left\{ \begin{array}{c} \{\delta_i\} \\ \{\delta_j\} \end{array} \right\}^{(e)} \tag{2-19}$$

式中，$\{F_i\}$、$\{F_j\}$、$\{\delta_i\}$、$\{\delta_j\}$分别为单元两端在结构坐标系中杆端力和杆端位移列阵。$[K_{ii}]^{(e)}$、$[K_{ij}]^{(e)}$、$[K_{ji}]^{(e)}$、$[K_{jj}]^{(e)}$为单刚$[K]^{(e)}$的4个子块，每个子块都是3×3阶方阵。

展开式(2-19)，可得

$$\left. \begin{array}{l} \{F_i\}^{(e)} = [K_{ii}]^{(e)} \{\delta_i\}^{(e)} + [K_{ij}]^{(e)} \{\delta_j\}^{(e)} \\ \{F_j\}^{(e)} = [K_{ji}]^{(e)} \{\delta_i\}^{(e)} + [K_{jj}]^{(e)} \{\delta_j\}^{(e)} \end{array} \right\} \tag{2-20}$$

2.4 结构的整体刚度矩阵

整体分析的任务是利用节点的变形连续条件和平衡条件，在结构坐标系中将各单元组装成结构，建立结构的节点荷载和节点位移之间的关系式 —— 结构刚度方程，即有限单元法的基本方程，以求解节点位移。

2.4.1 结构的整体刚度方程和整体刚度矩阵

本节考虑这样的平面刚架：所有节点都是刚节点，荷载只作用在节点上。以图2-7(a)所示平面刚架为例，先暂不考虑刚架的支承条件，视为一个无约束的自由结构。对各节点和单元进行编号，建立结构坐标系和各单元坐标系。如图2-7(b)所示，图中杆轴上的箭头指向表示该单元坐标系$\bar{x}$轴的正向。

按位移法求解的基本未知量是节点位移。考虑杆件的轴向变形，平面刚架的每个刚节点有3个独立的位移分量，即沿x、y轴方向的节点线位移u、v及节点角位移θ。图2-7(b)所示刚架有4个节点，故共有12个节点位移分量。这里，我们把支座也算作节点，把支座处的位移也暂时算作独立的未知量。将各节点位移分量按节点码的顺序排成一个列阵，称为结构的节点位移列阵，用$\{\delta\}$表示，即

$$\begin{aligned} \{\delta\} &= \{ \{\delta_1\} \quad \{\delta_2\} \quad \{\delta_3\} \quad \{\delta_4\} \} \\ &= \{ u_1 \quad v_1 \quad \theta_1 \mid u_2 \quad v_2 \quad \theta_2 \mid u_3 \quad v_3 \quad \theta_3 \mid u_4 \quad v_4 \quad \theta_4 \} \end{aligned}$$

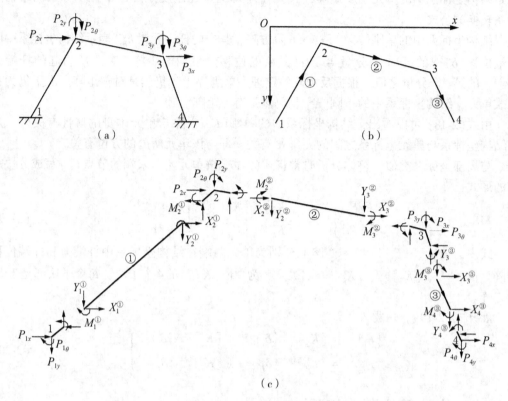

图 2-7　平面刚架整体分析

式中，$\{\delta_i\}$ 为节点 i 的位移列阵，$\{\delta_i\} = \{u_i \quad v_i \quad \theta_i\}$。

与节点位移列阵 $\{\delta\}$ 相对应的节点外力列阵为

$$\{P\} = \{\{P_1\} \quad \{P_2\} \quad \{P_3\} \quad \{P_4\}\}$$

$$= \{P_{1x} \quad P_{1y} \quad P_{1\theta} \mid P_{2x} \quad P_{2y} \quad P_{2\theta} \mid P_{3x} \quad P_{3y} \quad P_{3\theta} \mid P_{4x} \quad P_{4y} \quad P_{4\theta}\}$$

式中，$\{P_i\}$ 为节点 i 的外力列阵，它的3个分量 P_{ix}，P_{iy}，$P_{i\theta}$ 分别为作用于节点 i 上沿 x、y 方向的集中力和力偶。

现在考虑各节点的平衡条件和变形连续条件，来推导节点外力列阵 $\{P\}$ 与节点位移列阵 $\{\delta\}$ 之间的关系式。

考虑图 2-7(c) 中节点 2，由该节点的平衡条件 $\sum X = 0$、$\sum Y = 0$ 和 $\sum M = 0$，得

$$X_2^{①} + X_2^{②} = P_{2x}$$

$$Y_2^{①} + Y_2^{②} = P_{2y}$$

$$M_2^{①} + M_2^{②} = P_{2\theta}$$

写成矩阵形式有

$$\begin{Bmatrix} X_2^{①} \\ Y_2^{①} \\ M_2^{①} \end{Bmatrix} + \begin{Bmatrix} X_2^{②} \\ Y_2^{②} \\ M_2^{②} \end{Bmatrix} = \begin{Bmatrix} P_{2x} \\ P_{2y} \\ P_{2\theta} \end{Bmatrix}$$

上式左边两列阵分别为单元①和单元②在节点2端的杆端力列阵$\{F_2\}^{(1)}$和$\{F_2\}^{(2)}$，右边为节点2的外荷载列阵$\{P_2\}$，故上式可简写为

$$\{F_2\}^{(1)} + \{F_2\}^{(2)} = \{P_2\} \tag{a}$$

根据式(2-20)，上述杆端力列阵可用杆端位移列阵表示为

$$\left. \begin{aligned} \{F_2\}^{(1)} &= [K_{21}]^{(1)}\{\delta_1\}^{(1)} + [K_{22}]^{(1)}\{\delta_2\}^{(1)} \\ \{F_2\}^{(2)} &= [K_{22}]^{(2)}\{\delta_2\}^{(2)} + [K_{23}]^{(2)}\{\delta_3\}^{(2)} \end{aligned} \right\} \tag{b}$$

再根据节点处的变形连续条件，应该有

$$\left. \begin{aligned} \{\delta_1\}^{(1)} &= \{\delta_1\} \\ \{\delta_2\}^{(1)} &= \{\delta_2\}^{(2)} = \{\delta_2\} \\ \{\delta_3\}^{(2)} &= \{\delta_3\} \end{aligned} \right\} \tag{c}$$

将式(b)和式(c)代入式(a)，则得到以节点位移表示的节点2的平衡方程：

$$[K_{21}]^{(1)}\{\delta_1\} + ([K_{22}]^{(1)} + [K_{22}]^{(2)})\{\delta_2\} + [K_{23}]^{(2)}\{\delta_3\} = \{P_2\} \tag{d}$$

同理可得节点1、3、4的平衡方程为

$$\left. \begin{aligned} [K_{11}]^{(1)}\{\delta_1\} + [K_{12}]^{(1)}\{\delta_2\} &= \{P_1\} \\ [K_{32}]^{(2)}\{\delta_2\} + ([K_{33}]^{(2)} + [K_{33}]^{(3)})\{\delta_3\} + [K_{34}]^{(3)}\{\delta_4\} &= \{P_3\} \\ [K_{43}]^{(3)}\{\delta_3\} + [K_{44}]^{(3)}\{\delta_4\} &= \{P_4\} \end{aligned} \right\} \tag{e}$$

将以上4个节点的平衡方程写成矩阵形式为

$$\begin{bmatrix} [K_{11}]^{(1)} & [K_{12}]^{(1)} & 0 & 0 \\ [K_{21}]^{(1)} & [K_{22}]^{(1)} + [K_{22}]^{(2)} & [K_{23}]^{(2)} & 0 \\ 0 & [K_{32}]^{(2)} & [K_{33}]^{(2)} + [K_{33}]^{(3)} & [K_{34}]^{(3)} \\ 0 & 0 & [K_{43}]^{(3)} & [K_{44}]^{(3)} \end{bmatrix} \begin{Bmatrix} \{\delta_1\} \\ \{\delta_2\} \\ \{\delta_3\} \\ \{\delta_4\} \end{Bmatrix} = \begin{Bmatrix} \{P_1\} \\ \{P_2\} \\ \{P_3\} \\ \{P_4\} \end{Bmatrix}$$

$$\tag{2-21}$$

这个用节点位移表示的所有节点的平衡方程，表明了结构的节点外力与节点位移之间的关系，称为结构的整体刚度方程。所谓"原始"，是指表示尚未考虑结构的支承条件。上式可简写为

$$[K]\{\delta\} = \{P\} \tag{2-22}$$

其中，

$$[K] = \begin{bmatrix} [K_{11}] & [K_{12}] & [K_{13}] & [K_{14}] \\ [K_{21}] & [K_{22}] & [K_{23}] & [K_{24}] \\ [K_{31}] & [K_{32}] & [K_{33}] & [K_{34}] \\ [K_{41}] & [K_{42}] & [K_{43}] & [K_{44}] \end{bmatrix}$$

$$
=\begin{bmatrix}
\begin{bmatrix}K_{11}\end{bmatrix}^{(1)} & \begin{bmatrix}K_{12}\end{bmatrix}^{(1)} & 0 & 0 \\
\begin{bmatrix}K_{21}\end{bmatrix}^{(1)} & \begin{bmatrix}K_{22}\end{bmatrix}^{(1)}+\begin{bmatrix}K_{22}\end{bmatrix}^{(2)} & \begin{bmatrix}K_{23}\end{bmatrix}^{(2)} & 0 \\
0 & \begin{bmatrix}K_{32}\end{bmatrix}^{(2)} & \begin{bmatrix}K_{33}\end{bmatrix}^{(2)}+\begin{bmatrix}K_{33}\end{bmatrix}^{(3)} & \begin{bmatrix}K_{34}\end{bmatrix}^{(3)} \\
0 & 0 & \begin{bmatrix}K_{43}\end{bmatrix}^{(3)} & \begin{bmatrix}K_{44}\end{bmatrix}^{(3)}
\end{bmatrix} \tag{2-23}
$$

称为结构的整体刚度矩阵。它的每个子块都是 3×3 阶方阵，故上式的 $[K]$ 为 12×12 阶方阵，其中每一元素的物理意义是：当其所在列对应的节点位移分量等于 1（其余节点位移分量均为零）时，其所在行对应的节点外力分量的数值。

2.4.2　单元集成法形成结构的整体刚度矩阵

以上利用节点的平衡条件和变形连续条件推导出结构的整体刚度矩阵，这种方法的物理意义十分清楚，但计算过程比较烦琐，不便于编制计算机程序。

为使形成原始总刚 $[K]$ 的过程由程序完成，需要研究 $[K]$ 的组成规律。从式（2-23）可以看出，总刚 $[K]$ 完全是由各单元刚度矩阵的子块所组成。因此，可直接由单元刚度矩阵集成总刚、关键是要搞清楚各单刚子块进入总刚 $[K]$ 的行、列位置。

因为 $[K]$ 中任一子块 $[K_{ij}]$ 表示节点 j 的各位移分量分别发生单位位移而其余的节点位移均为零时，在节点 i 的各位移分量上引起的节点力，它与单刚中相应子块的物理含义是相同的，因此，某单刚子块 $[K_{ij}]^{(e)}$ 就应被送到总刚 $[K]$（以子块形式表示的）中第 i 行 j 列的位置上去。例如，图 2-7 中单元 ② 的 4 个子块进入总刚 $[K]$ 的位置，如图 2-8 所示。只需把每个单元刚度矩阵的 4 个子块按其两个下标号码逐一送到总刚 $[K]$ 中相应行和列的位置上去，就形成了结构整体刚度矩阵。这种利用结构坐标系中的单刚子块按其下标"对号入座"而直接形成总刚的方法，称为直接刚度法或单元集成法。

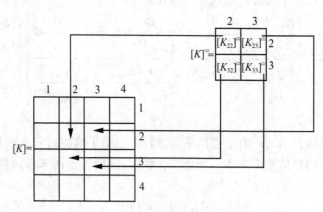

图 2-8　单元刚度分块集成示意图

在对号入座时，具有相同下标的各单刚子块，即在总刚中被送到同一位置上的各单刚子块就要叠加；而在没有单刚子块入座的位置上则为零子块。在总刚中，要叠加的子块和零子块的分布也有一定的规律。

2.4.3　定位向量法形成结构的整体刚度矩阵

为使上述方法便于程序实现，现介绍一种实用方法，即定位向量法。

在单元刚度矩阵集成总体刚度矩阵之前，先将每个单元按节点编号，形成单元定位向量 $\{\lambda\}^{(e)}$，定位向量的维数取决于单元节点自由度数。以图2-7所示平面刚架为例。其单元定位向量分别为

$$\{\lambda\}^{(1)} = [1,\ 2,\ 3,\ 4,\ 5,\ 6]^{\mathrm{T}}$$
$$\{\lambda\}^{(2)} = [4,\ 5,\ 6,\ 7,\ 8,\ 9]^{\mathrm{T}}$$
$$\{\lambda\}^{(3)} = [7,\ 8,\ 9,\ 10,\ 11,\ 12]^{\mathrm{T}}$$

然后，将整体坐标系下的单元刚度矩阵 $[K]^{(e)}$，按如下规则扩展成单元贡献矩阵 $[K]^{(eg)}$：

$$k^{(e)}{}_{ij} \rightarrow k^{(eg)}{}_{\lambda_i \lambda_j} \qquad (i,\ j = 1,\ 2,\ \cdots,\ 6) \tag{2-24}$$

也就是将单元刚度矩阵第 i 行第 j 列的元素放到单元贡献矩阵中第 λ_i 行第 λ_j 列中。单元贡献矩阵的规模与结构总体刚度矩阵的规模相同，单元贡献矩阵的元素，除单元刚度矩阵对应位置的元素外，其余位置由零元素填充。

结构整体刚度矩阵，由各单元的贡献矩阵求和即可。即

$$[K] = \sum_{i=1}^{m} k^{(eg)} \tag{2-25}$$

式中，m 为结构的单元个数。

2.4.4　结构整体刚度矩阵的特性

结构整体刚度矩阵有如下特性：

1. $[K]$ 是对称矩阵

$[K]$ 中任一元素 k_{rs} 的物理意义为 $\{\delta\}$ 中第 s 个节点位移分量为 l 时引起的 $\{P\}$ 中第 r 个节点外力分量的值，由反力互等定理可证明，$[K]$ 中对称于主对角线的元素两两相等，即 $k_{rs} = k_{sr}$。在计算原始总刚 $[K]$ 时，可利用此特性检查 $[K]$ 的正确性。用计算机解题时，由于 $[K]$ 的对称性，可以只计算和存放 $[K]$ 的上三角或下三角元素。

2. $[K]$ 是奇异矩阵

这是由于在建立结构的整体刚度方程式(2-21)时，还没有考虑结构的支承约束条件，此"悬空结构"在外力作用下除能产生弹性变形外，还可以有任意的刚体位移，而刚体位移与内力无关。因而结构整体刚度矩阵是奇异的，其逆阵不存在，如果给定节点外力列阵 $\{P\}$，则不能由式(2-22)求得节点位移 $\{\delta\}$ 的唯一解。只有引入了支承条件，对结构的整体刚度方程进行修改之后，才能求解未知的节点位移。

3. $[K]$ 是稀疏矩阵

所谓稀疏矩阵，是指矩阵中含有大量的零元素，而非零元素仅占很少一部分。由原始

总刚[K]的组成规律我们知道，当节点 i 和 j 不是相关节点时，[K]中副子块[K_{ij}] = [K_{ji}] = [0]。实际结构的节点一般很多，但任一节点只与很少的几个节点相关联，所以[K]中会出现很多零元素。通过合理地编排节点号，可使[K]中所有的非零元素集中分布在主对角线两侧的斜带形区域内，利用[K]的这种带状分布特性，可以有效地节省总刚在计算机中的存储量。

2.5　结构的整体节点荷载列阵

在推导结构的整体刚度方程时，只讨论了节点荷载的情况。当实际结构上的荷载作用在杆件上时，称为非节点荷载。这时，应该根据叠加原理及结构静力等效原则，将非节点荷载转换成等效节点荷载，然后才能用有限单元法进行结构分析。

2.5.1　等效节点荷载

如图 2-10(a)所示刚架的单元②上作用有垂直于杆轴的均布荷载 q，对此非节点荷载，可以分两步按叠加法来处理。首先用附加链杆(沿单元②的单元坐标系方向)和刚臂将节点 2 和 3 固定，使节点不能产生线位移和角位移，如图 2-10(b)所示。这样，单元②成为两端固定梁，它在非节点荷载作用下的杆端截面内力又称为单元坐标系中的单元固端力，用 $\{\overline{F}_0\}^{(2)}$ 表示。设单元②的长度为 l，则有

$$\{\overline{F}_0\}^{(2)} = \left\{0 \quad -\frac{1}{2}ql \quad -\frac{1}{12}ql^2 \quad 0 \quad \frac{1}{2}ql \quad \frac{1}{12}ql^2\right\}^{(2)}$$

单元固端力 $\{\overline{F}_0\}^{(e)}$ 的正负号规定与单元杆端力 $\{\overline{F}\}^{(e)}$ 的规定相同。

然后取消附加链杆和刚臂，即将上述固端力作为荷载反向(即 $-\{\overline{F}_0\}^{(e)}$)作用在相应的节点上。于是，在结构上就得到一组节点荷载，如图 2-9(c)所示。结构在这一组节点荷载作用下的内力和位移可以用有限单元法求得。

最后，叠加图 2-9(b)(c)所对应的两种解答，便得到图 2-9(a)所示原结构在非节点荷载作用下的内力和位移。

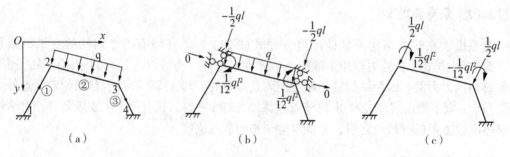

图 2-9　平面刚架单元等效节点荷载计算图示

显然，图 2-9(b) 中的节点位移均等于零。故图 2-9(a) 所示原结构在非节点荷载作用下的节点位移，应该与该结构在图 2-9(c) 所示节点荷载作用下的节点位移相等。因此，就节点位移而言，这两组荷载是等效的。所以，把图 2-9(c) 的节点荷载称为图 2-9(a) 所示非节点荷载在单元坐标系中的等效节点荷载，用 $\{\bar{P}_E\}^{(2)}$ 表示，即 $\{\bar{P}_E\}^{(2)} = -\{\bar{F}_0\}^{(2)}$。

由于结构整体刚度方程中的节点外力列阵 $\{P\}$ 是按结构坐标系建立的，故还应将单元坐标系中的等效节点荷载 $\{\bar{P}_E\}^{(2)}$ 进行坐标转换，得到在结构坐标系中单元②的等效节点荷载 $\{P_E\}^{(2)}$，根据式(2-14)，得

$$\{P_E\}^{(2)} = [T]^{(2)\mathrm{T}}\{\bar{P}_E\}^{(e)} = -[T]^{(2)\mathrm{T}}\{\bar{F}_0\}^{(2)}$$

2.5.2 计算结构整体节点荷载列阵的步骤

一般情况下，作用在结构上的荷载既有节点荷载，也有非节点荷载。求出非节点荷载的等效节点荷载并与节点荷载叠加，所得到的总节点荷载称为综合节点荷载。计算结构综合节点荷载的步骤如下：

(1) 在单元坐标系中计算单元固端力 $\{\bar{F}_0\}^{(e)}$ 和单元等效节点荷载 $\{\bar{P}_E\}^{(e)}$。在单元坐标系中，将结构的各单元均视为两端固定梁。某单元 e 在非节点荷载作用下的固端力为

$$\{\bar{F}_0\}^{(e)} = \left\{ \{\bar{F}_{0i}\} \quad \{\bar{F}_{0j}\} \right\}^{(e)}$$

$$= \left\{ \bar{N}_{0i} \quad \bar{V}_{0i} \quad \bar{M}_{0i} \vdots \bar{N}_{0j} \quad \bar{V}_{0j} \quad \bar{M}_{0j} \right\}^{(e)} \tag{a}$$

常见荷载作用下等截面直杆单元的固端力计算公式见表 2-1。在单元坐标系中，单元固端力的正负号规定与单元杆端力正负号规定相同。非节点荷载的正负规定为：集中力和分布力的方向与单元坐标系的坐标轴正方向一致为正，反之为负；集中力偶和分布力偶以顺时针方向为正，反之为负。

将单元坐标系中的单元固端力 $\{\bar{F}_0\}^{(e)}$ 反号，即得到在单元坐标系中的单元等效节点荷载 $\{\bar{P}_E\}^{(e)}$：

$$\{\bar{P}_E\}^{(e)} = -\{\bar{F}_0\}^{(e)} \tag{2-26}$$

(2) 在结构坐标系中计算单元等效节点荷载 $\{P_E\}^{(e)}$。将单元坐标系中的单元等效节点荷载 $\{\bar{P}_E\}^{(e)}$ 进行坐标转换，即得到在结构坐标系中的单元等效节点荷载 $\{P_E\}^{(e)}$：

$$\{P_E\}^{(e)} = [T]^{\mathrm{T}}\{\bar{P}_E\}^{(e)} = -[T]^{\mathrm{T}}\{\bar{F}_0\}^{(e)} \tag{2-27}$$

(3) 形成结构的等效节点荷载列阵 $\{P_E\}$。各单元上的非节点荷载均作如上处理之后，则任一节点 i 上的等效节点荷载 $\{P_{Ei}\}$，应等于汇交于 i 节点的各单元该端等效节点荷载的代数和，即

表 2-1　　　　　　　　　　　　　　　平面刚架单元的固端力

类型号	荷载简图		始端 i	末端 j
1		$\bar{N}_0$	0	0
		$\bar{V}_0$	$-qc\left(1 - \dfrac{c^2}{l^2} + \dfrac{c^3}{2l^3}\right)$	$-q\dfrac{c^3}{l^2}\left(1 - \dfrac{c}{2l}\right)$
		$\bar{M}_0$	$-\dfrac{qc^2}{12}\left(6 - 8\dfrac{c}{l} + 3\dfrac{c^2}{l^2}\right)$	$\dfrac{qc^3}{12l}\left(4 - 3\dfrac{c}{l}\right)$
2		$\bar{N}_0$	0	0
		$\bar{V}_0$	$-q\dfrac{b^2}{l^2}\left(1 + 2\dfrac{c}{l}\right)$	$-q\dfrac{c^2}{l^2}\left(1 + 2\dfrac{b}{l}\right)$
		$\bar{M}_0$	$-q\dfrac{cb^2}{l^2}$	$q\dfrac{c^2 b}{l^2}$
3		$\bar{N}_0$	0	0
		$\bar{V}_0$	$\dfrac{6qcb}{l^3}$	$-\dfrac{6qcb}{l^3}$
		$\bar{M}_0$	$q\dfrac{b}{l}\left(2 - 3\dfrac{b}{l}\right)$	$q\dfrac{c}{l}\left(2 - 3\dfrac{c}{l}\right)$
4		$\bar{N}_0$	0	0
		$\bar{V}_0$	$-q\dfrac{c}{4}\left(2 - 3\dfrac{c^2}{l^2} + 1.6\dfrac{c^3}{l^3}\right)$	$-\dfrac{q}{4}\dfrac{c^3}{l^2}\left(3 - 1.6\dfrac{c}{l}\right)$
		$\bar{M}_0$	$-q\dfrac{c^2}{6}\left(2 - 3\dfrac{c}{l} - 1.2\dfrac{c^2}{l^2}\right)$	$\dfrac{qc^3}{4l}\left(1 - 0.8\dfrac{c}{l}\right)$
5		$\bar{N}_0$	$-qc\left(1 - 0.5\dfrac{c}{l}\right)$	$-0.5q\dfrac{c^2}{l}$
		$\bar{V}_0$	0	0
		$\bar{M}_0$	0	0
6		$\bar{N}_0$	$-q\dfrac{b}{l}$	$-q\dfrac{c}{l}$
		$\bar{V}_0$	0	0
		$\bar{M}_0$	0	0

$$\{P_{Ei}\} = \sum \{P_{Ei}\}^{(e)} \qquad\qquad (\text{b})$$

结构的等效节点荷载列阵 $\{P_E\}$ 与结构的节点位移列阵 $\{\delta\}$ 同阶。实际计算时，可逐个非节点荷载计算其单元等效节点荷载$\{P_E\}^{(e)}$，再根据单元两端的节点码，采用与形成总刚相同的对号入座的方法，将$\{P_E\}^{(e)}$的 6 个元素送到结构的等效节点荷载列阵$\{P_E\}$的相应位置进行叠加。

（4）形成结构的综合节点荷载列阵$\{P\}$。对于直接作用在节点上的荷载，按其作用的节点号，容易形成直接节点荷载列阵$\{P_J\}$。将直接节点荷载列阵$\{P_J\}$和等效节点荷载列阵$\{P_E\}$叠加，就得到结构的综合节点荷载列阵$\{P\}$。

$$\{P\} = \{P_J\} + \{P_E\} \qquad (2\text{-}28)$$

例 2-1　试求图 2-10 所示刚架的节点荷载列阵。

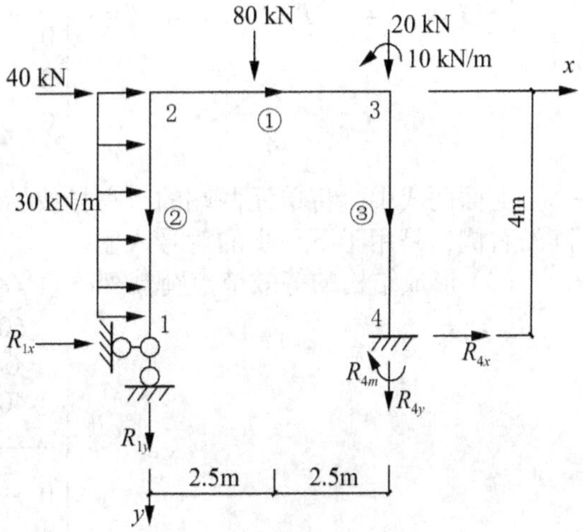

解：（1）计算单元坐标系中的单元端力$\{\bar{F}_0\}^{(e)}$。

单元①：$q = 80\text{kN}$，$c = 2.5\text{m}$，$l = 5\text{m}$。

单元②：$q = -30\text{kN/m}$，$c = l = 4\text{m}$。

按表 2-1 中的公式、容易求得：

$$\{\bar{F}_0\}^{(1)} = \begin{Bmatrix} 0 \\ -40 \\ -50 \\ \hline 0 \\ -40 \\ 50 \end{Bmatrix}, \quad \{\bar{F}_0\}^{(2)} = \begin{Bmatrix} 0 \\ 60 \\ 40 \\ \hline 0 \\ 60 \\ -40 \end{Bmatrix}$$

（2）计算结构坐标系中的单元等效节点荷载$\{P_E\}^{(e)}$。

单元①：$\alpha = 0°$。

$$\{P_E\}^{(1)} = -[T]^{(1)\text{T}} \{\bar{F}_0\}^{(1)} = -[I] \{\bar{F}_0\}^{(1)} = \begin{Bmatrix} 0 \\ 40 \\ 50 \\ \hline 0 \\ 40 \\ -50 \end{Bmatrix} \begin{matrix} 2 \\ \\ \\ \\ 3 \\ \\ \end{matrix}$$

单元②：$\alpha = 90°$。

图 2-10　平面刚度

37

$$\{P_E\}^{(2)} = -[T]^{(2)\mathrm{T}}\{\bar{F}_0\}^{(2)} = -\left[\begin{array}{ccc:ccc} 0 & -1 & 0 & 0 & 0 & 0 \\ 1 & 0 & 0 & 0 & 0 & 0 \\ 0 & 0 & 1 & 0 & 0 & 0 \\ \hdashline 0 & 0 & 0 & 0 & -1 & 0 \\ 0 & 0 & 0 & 1 & 0 & 0 \\ 0 & 0 & 0 & 0 & 0 & 1 \end{array}\right] \left\{\begin{array}{c} 0 \\ 60 \\ 40 \\ \hdashline 0 \\ 60 \\ -40 \end{array}\right\} = \left.\left\{\begin{array}{c} 60 \\ 0 \\ -40 \\ \hdashline 60 \\ 0 \\ 40 \end{array}\right\}\begin{array}{c} {} \\ 2 \\ {} \\ {} \\ 1 \\ {} \end{array}\right.$$

上面两式中，将单元两端的节点号按始端和末端的顺序标注在该单元等效节点荷载列阵的右侧，是用于下一步的对号入座。

（3）形成结构的等效节点荷载列阵$\{P_E\}$。

$$\{P_E\} = \left\{\begin{array}{c} 60 \\ 0 \\ 40 \\ \hdashline 0+60 \\ 40+0 \\ 50-40 \\ \hdashline 0 \\ 40 \\ -50 \\ \hdashline 0 \\ 0 \\ 0 \end{array}\right\}\begin{array}{c} {} \\ 1 \\ {} \\ {} \\ 2 \\ {} \\ {} \\ 3 \\ {} \\ {} \\ 4 \\ {} \end{array} = \left\{\begin{array}{c} 60 \\ 0 \\ 40 \\ \hdashline 60 \\ 40 \\ 10 \\ \hdashline 0 \\ 40 \\ -50 \\ \hdashline 0 \\ 0 \\ 0 \end{array}\right\}$$

（4）形成结构的综合节点荷载列阵$\{P\}$。

$$\{P\} = \{P_J\} + \{P_E\} = \left\{\begin{array}{c} R_{1x} \\ R_{1y} \\ 0 \\ \hdashline 40 \\ 0 \\ 0 \\ \hdashline 0 \\ 20 \\ -10 \\ \hdashline R_{4x} \\ R_{4y} \\ R_{4m} \end{array}\right\} + \left\{\begin{array}{c} 60 \\ 0 \\ 40 \\ \hdashline 60 \\ 40 \\ 10 \\ \hdashline 0 \\ 40 \\ -50 \\ \hdashline 0 \\ 0 \\ 0 \end{array}\right\} = \left\{\begin{array}{c} R_{1x}+60 \\ R_{1y} \\ 40 \\ \hdashline 100 \\ 40 \\ 10 \\ \hdashline 0 \\ 60 \\ -60 \\ \hdashline R_{4x} \\ R_{4y} \\ R_{4m} \end{array}\right\}$$

式中，R_{1x}、R_{1y} 等为支座反力，仍为未知量。

在引入结构的支承条件时，$\{P\}$ 中的这些元素将被修改，故也可不计算支座约束方向的等效节点荷载及综合节点荷载。

2.6 引入支承条件

在第 2.5 节中，已建立了图 2-11 所示刚架的整体刚度方程：

$$\begin{bmatrix} [K_{11}]^{(1)} & [K_{12}]^{(1)} & 0 & 0 \\ [K_{21}]^{(1)} & [K_{22}]^{(1)}+[K_{22}]^{(2)} & [K_{23}]^{(2)} & 0 \\ 0 & [K_{32}]^{(2)} & [K_{33}]^{(2)}+[K_{33}]^{(3)} & [K_{34}]^{(3)} \\ 0 & 0 & [K_{43}]^{(3)} & [K_{44}]^{(3)} \end{bmatrix} \begin{Bmatrix} \{\delta_1\} \\ \{\delta_2\} \\ \{\delta_3\} \\ \{\delta_4\} \end{Bmatrix} = \begin{Bmatrix} \{P_1\} \\ \{P_2\} \\ \{P_3\} \\ \{P_4\} \end{Bmatrix}$$

由于尚未考虑支承条件，结构还可能有任意的刚体位移，因而整体刚度矩阵是奇异的，其逆阵不存在；同时，在方程组右端的荷载列阵中，$\{P_1\}$、$\{P_2\}$ 还是未知的支座反力，因此，尚不能由式(2-22) 求解节点位移。

现在来考虑该结构的支承条件。由于此刚架节点 1、4 均为固定支座，故有支承约束条件为

$$\{\delta_1\} = \{0\} , \quad \{\delta_4\} = \{0\} \tag{a}$$

代入式(2-22)，由矩阵的乘法运算可得

$$\begin{bmatrix} [K_{22}]^{(1)}+[K_{22}]^{(2)} & [K_{23}]^{(2)} \\ [K_{32}]^{(2)} & [K_{33}]^{(2)}+[K_{33}]^{(3)} \end{bmatrix} \begin{Bmatrix} \{\delta_2\} \\ \{\delta_3\} \end{Bmatrix} = \begin{Bmatrix} \{P_2\} \\ \{P_3\} \end{Bmatrix} \tag{b}$$

和

$$\begin{bmatrix} [K_{12}]^{(1)} & 0 \\ 0 & [K_{43}]^{(3)} \end{bmatrix} \begin{Bmatrix} \{\delta_2\} \\ \{\delta_3\} \end{Bmatrix} = \begin{Bmatrix} \{P_1\} \\ \{P_4\} \end{Bmatrix} \tag{c}$$

式(b) 就是引入支承条件后的结构刚度方程，即位移法的典型方程。它相当于把式 (2-22) 中已知为零的支座位移分量对应的行和列删去而得到。当原结构为几何不变体系时，引入支承条件后即消除了任意刚体位移，于是可由式(b) 解出未知的节点位移$\{\delta_2\}$、$\{\delta_3\}$。

至于式(c)，在求出未知的节点位移后，可以利用它来计算支座反力。但是在全部杆件的内力都求出后，一般没有必要再求反力，或由节点平衡极易求得。而按式(c) 求反力对程序计算来说并不方便，故通常不用该式求反力。

上述对整体刚度方程引入支承条件的方法，实际上是把整体刚度方程中对应于已知为零的支座位移分量的行和列划掉。这样，刚度矩阵的阶数降低了，对手工计算来说自然是简便的，但不适合于程序计算，因为需要重新组织结构刚度方程，编制程序比较复杂，故程序计算通常不采用上述方法。下面介绍两种常用的引入支承条件的方法。

2.6.1 主1副零法

设某结构有 n 个节点位移分量，即

$$\{\delta\} = \{d_1 \quad d_2 \quad \cdots \quad d_i \quad \cdots \quad d_n\}$$

相应的节点外力列阵为

$$\{P\} = \{p_1 \quad p_2 \quad \cdots \quad p_i \quad \cdots \quad p_n\}$$

则该结构原始刚度方程的一般形式为

$$\begin{bmatrix} k_{11} & k_{12} & \cdots & k_{1i} & \cdots & k_{1n} \\ k_{21} & k_{22} & \cdots & k_{2i} & \cdots & k_{2n} \\ \vdots & \vdots & & \vdots & & \vdots \\ k_{i1} & k_{i2} & \cdots & k_{ii} & \cdots & k_{in} \\ \vdots & \vdots & & \vdots & & \vdots \\ k_{n1} & k_{n2} & \cdots & k_{ni} & \cdots & k_{nn} \end{bmatrix} \begin{Bmatrix} d_1 \\ d_2 \\ \vdots \\ d_i \\ \vdots \\ d_n \end{Bmatrix} = \begin{Bmatrix} p_1 \\ p_2 \\ \vdots \\ p_i \\ \vdots \\ p_n \end{Bmatrix} \tag{2-29}$$

若根据结构的支承条件，已知节点位移分量 $d_i = c_i$，则可将 $[K]$ 中第 i 行的主对角线元素 k_{ii} 改为 1，将第 i 行的其他元素均改为零，同时将 $\{P\}$ 中第 i 个分量 p_i 改为 c_i，于是式 (2-29) 中的第 i 个方程就变成

$$d_i = c_i$$

即引入了 $d_i = c_i$ 的支承条件。

为了在引入支承条件后仍保持总刚矩阵的对称性，将第 i 列的非主对角元素也改为零，并将 $\{P\}$ 中的元素也作相应修改：

$$\begin{bmatrix} k_{11} & k_{12} & \cdots & 0 & \cdots & k_{1n} \\ k_{21} & k_{22} & \cdots & 0 & \cdots & k_{2n} \\ \vdots & \vdots & & \vdots & & \vdots \\ 0 & 0 & \cdots & 1 & \cdots & 0 \\ \vdots & \vdots & & \vdots & & \vdots \\ k_{n1} & k_{n2} & \cdots & 0 & \cdots & k_{nn} \end{bmatrix} \begin{Bmatrix} d_1 \\ d_2 \\ \vdots \\ d_i \\ \vdots \\ d_n \end{Bmatrix} = \begin{Bmatrix} p_1 - k_{1i}c_i \\ p_2 - k_{2i}c_i \\ \vdots \\ c_i \\ \vdots \\ p_n - k_{ni}c_i \end{Bmatrix} \tag{2-30}$$

当有多个已知的节点位移分量时，可以重复上述作法。主 1 副零法引入结构的支承条件对手工计算比较方便。但对于数值计算，由于代数方程组的求解以消元法为主，当主对角元的绝对值相对其他非对角元素的绝对值较小时，消元容易出现误差放大现象，对于非线性问题甚至出现不收敛等问题。因此，采用程序计算时通常采用乘大数法更有效。

2.6.2　乘大数法

若已知 $\{\delta\}$ 中的第 i 个位移分量 $d_i = c_i$，也可将总刚 $[K]$ 中第 i 行的主对角元素 k_{ii} 乘以一个充分大的数 G（可取 $G = 10^8 \sim 10^{20}$），同时，将 $\{P\}$ 中的第 i 个分量 p_i 改为 $G \cdot k_{ii} \cdot c_i$，$[K]$ 和 $\{P\}$ 中的其余元素保持不变，则式(2-29) 变成：

$$
\begin{bmatrix}
k_{11} & k_{12} & \cdots & k_{1i} & \cdots & k_{1n} \\
k_{21} & k_{22} & \cdots & k_{2i} & \cdots & k_{2n} \\
\vdots & \vdots & & \vdots & & \vdots \\
k_{i1} & k_{i2} & \cdots & G \cdot k_{ii} & \cdots & k_{in} \\
\vdots & \vdots & & \vdots & & \vdots \\
k_{n1} & k_{n2} & \cdots & k_{ni} & \cdots & k_{nn}
\end{bmatrix}
\begin{Bmatrix}
d_1 \\ d_2 \\ \vdots \\ d_i \\ \vdots \\ d_n
\end{Bmatrix}
=
\begin{Bmatrix}
p_1 \\ p_2 \\ \vdots \\ G \cdot k_{ii} \cdot c_i \\ \vdots \\ p_n
\end{Bmatrix}
\tag{2-31}
$$

其中，第 i 个方程为

$$
k_{i1}d_1 + k_{i2}d_2 + \cdots + G \cdot k_{ii}d_i + \cdots + k_{in}d_n = G \cdot k_{ii} \cdot c_i
$$

与包含大数 G 的两项相比，上式中其余各项都充分地小，用 $G \cdot k_{ii}$ 除上式的两边，就足够精确地得到 $d_i \approx c_i$，即引入了支承条件 $d_i = c_i$。

若已知位移分量 $d_i = 0$（荷载作用问题），则 $\{P\}$ 中的 p_i 就不用改变，仅将主元 k_{ii} 乘以大数即可。

2.7 求解单元内力

在结构整体刚度方程中引入结构的支承条件，修改后所得到方程称为结构刚度方程。求解此线性方程组，即得到未知节点位移的唯一确定解。

单元杆端力是指在单元坐标系中的杆端力 $\{\bar{F}\}^{(e)}$，它实际上就是单元两端的轴力、剪力和弯矩。当单元上有非节点荷载作用时，单元杆端力由两部分组成：

（1）单元杆端位移 $\{\bar{\delta}\}^{(e)}$ 产生的杆端力，其值按式(2-8)计算；

（2）非节点荷载产生的单元固端力 $\{\bar{F}_0\}^{(e)}$，按表 2-1 计算。

叠加这两部分结果，则单元杆端力为

$$
\{\bar{F}\}^{(e)} = [\bar{K}]^{(e)} \{\bar{\delta}\}^{(e)} + \{\bar{F}_0\}^{(e)}
\tag{2-32}
$$

在求出结构的节点位移 $\{\delta\}$ 后，对于任一单元 e，可根据其两端相应的节点码从 $\{\delta\}$ 中得到单元 e 的杆端位移 $\{\delta\}^{(e)}$ 是结构坐标系中的杆端位移值，将它变换成单元坐标系中的杆端位移 $\{\bar{\delta}\}^{(e)}$：

$$
\{\bar{\delta}\}^{(e)} = [T]^{(e)} \{\delta\}^{(e)}
$$

将上式代入式(2-32)，得

$$
\{\bar{F}\}^{(e)} = [\bar{K}]^{(e)} ([T] \{\delta\}^{(e)}) + \{\bar{F}_0\}^{(e)}
\tag{2-33}
$$

最后，应注意单元杆端力的正负号问题。按式(2-32)或式(2-33)求得的 $\{\bar{F}\}^{(e)}$ 中，杆端轴力与 $\bar{x}$ 轴同向为正，杆端剪力与 $\bar{y}$ 轴同向为正，杆端弯矩顺时针方向为正。这与结构力学中内力的正负号规定不尽相同，对于本书采用的单元坐标系，单元始端的轴力和剪力的正负号与结构力学中的相应规定相反。在按照上述公式求得的杆端力 $\{\bar{F}\}^{(e)}$ 值绘结构内力图时，仍应按结构力学中内力的正负号规定进行。

2.8　杆系结构的计算步骤及算例

杆系结构有限单元法是根据传统位移法的基本原理，采用矩阵的数学形式，将整个计算过程组织得很有规律，便于编制程序。整个计算过程贯穿两条主线，即形成结构刚度矩阵 $[K]$ 和形成结构的综合节点荷载列阵 $\{P\}$，由此建立结构刚度方程为

$$[K]\{\delta\} = \{P\}$$

杆系结构有限单元法的具体计算步骤归纳如下：

（1）对结构进行节点编号和单元编号，确定结构的整体坐标系和各单元坐标系。

（2）形成结构的整体刚度矩阵 $[K]$。

① 计算单元坐标系中的单元刚度矩阵 $[\bar{K}]^{(e)}$；

② 计算结构坐标系中的单元刚度矩阵 $[K]^{(e)}$；

③ 用单元集成法形成结构的整体刚度矩阵 $[K]$。

（3）形成结构的整体节点荷载列阵 $\{P\}$。

① 在单元坐标系中计算非节点荷载产生的单元固端力 $\{\bar{F}_0\}^{(e)}$；

② 在结构坐标系中计算单元等效节点荷载 $\{P_E\}^{(e)}$；

③ 形成结构的等效节点荷载列阵 $\{P_E\}$；

④ 叠加结构的直接节点荷载 $\{P_J\}$，形成结构的综合节点荷载列阵 $\{P\}$。

（4）引入支承条件，修改原始总刚 $[K]$ 及节点荷载列阵 $\{P\}$。

（5）解方程组，求出节点位移 $\{\delta\}$。

（6）计算各单元杆端力 $\{\bar{F}\}^{(e)}$。

例 2-2　计算图 2-11（a）所示平面刚架的内力，绘内力图。已知各杆轴向抗拉刚度 $EA = 4.0 \times 10^6$ kN。抗弯刚度 $EI = 8.0 \times 10^4$ kN·m^2。

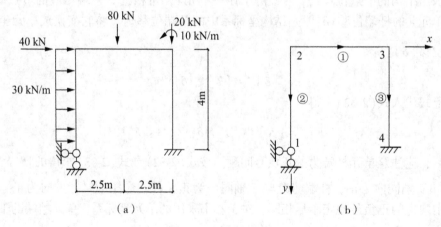

图 2-11　例 2-2 图示

解:（1）节点编号、单元编号及坐标系如图 2-11(b) 所示。

（2）形成结构的原始刚度矩阵 $[K]$。先计算各单元在单元坐标系中的刚度矩阵 $[\bar{K}]^{(e)}$，按式(2-9) 求得

$$[\bar{K}]^{(1)} = 10^4 \begin{bmatrix} 80 & 0 & 0 & -80 & 0 & 0 \\ 0 & 0.768 & 1.92 & 0 & -0.768 & 1.92 \\ 0 & 1.92 & 6.4 & 0 & -1.92 & 3.2 \\ -80 & 0 & 0 & 80 & 0 & 0 \\ 0 & -0.768 & -1.92 & 0 & 0.768 & -1.92 \\ 0 & 1.92 & 3.2 & 0 & -1.92 & 6.4 \end{bmatrix}$$

$$[\bar{K}]^{(2)} = [\bar{K}]^{(3)} = 10^4 \begin{bmatrix} 100 & 0 & 0 & -100 & 0 & 0 \\ 0 & 1.5 & 3 & 0 & -1.5 & 3 \\ 0 & 3 & 8 & 0 & -3 & 4 \\ -100 & 0 & 0 & 100 & 0 & 0 \\ 0 & -1.5 & -3 & 0 & 1.5 & -3 \\ 0 & 3 & 4 & 0 & -3 & 8 \end{bmatrix}$$

再按式(2-17) 计算各单元在结构坐标系中的刚度矩阵 $[K]^{(e)}$，并将单元两端的节点号标注在 $[K]^{(e)}$ 的上方和右侧。

对于单元 ①，$\alpha = 0°$，坐标转换矩阵为

$$[T] = [I]$$

$$[K]^{(1)} = [T]^{\mathrm{T}}[\bar{K}]^{(1)}[T] = [\bar{K}]^{(1)}$$

$$= 10^4 \begin{array}{c} \\ \begin{array}{cccccc} \overset{2}{} & & & \overset{3}{} & & \end{array} \\ \left[\begin{array}{ccc|ccc} 80 & 0 & 0 & -80 & 0 & 0 \\ 0 & 0.768 & 1.92 & 0 & -0.768 & 1.92 \\ 0 & 1.92 & 6.4 & 0 & -1.92 & 3.2 \\ \hline -80 & 0 & 0 & 80 & 0 & 0 \\ 0 & -0.768 & -1.92 & 0 & 0.768 & -1.92 \\ 0 & 1.92 & 3.2 & 0 & -1.92 & 6.4 \end{array} \right] \begin{array}{c} \\ 2 \\ \\ \\ 3 \\ \\ \end{array} \end{array}$$

对于单元 ② 和 ③，$\alpha = 90°$，坐标转换矩阵为

$$[T] = \left[\begin{array}{ccc|ccc} 0 & 1 & 0 & & & \\ -1 & 0 & 0 & & [0] & \\ 0 & 0 & 1 & & & \\ \hline & & & 0 & 1 & 0 \\ & [0] & & -1 & 0 & 0 \\ & & & 0 & 0 & 1 \end{array} \right]$$

$$\left[K\right]^{(2)} = \left[K\right]^{(3)} = \left[T\right]^{\mathrm{T}}\left[\bar{K}\right]^{(2)}\left[T\right]$$

$$= 10^4 \begin{bmatrix} 1.5 & 0 & -3 & -1.5 & 0 & -3 \\ 0 & 100 & 0 & 0 & -100 & 0 \\ -3 & 0 & 8 & 3 & 0 & 4 \\ \hdashline -1.5 & 0 & 3 & 1.5 & 0 & 0 \\ 0 & -100 & 0 & 0 & 100 & 0 \\ -3 & 0 & 4 & 3 & 0 & 8 \end{bmatrix} \begin{matrix} 2 & 3 \\ \\ \\ 1 & 4 \\ \\ \end{matrix}$$

将以上各单刚子块对号入座即得结构的原始刚度矩阵 $[K]$ 为

$$[K] = 10^4 \begin{matrix} & 1 & 2 & 3 & 4 \\ & \begin{bmatrix} A_1 & A_2 & A_3 & A_4 \\ \hdashline B_1 & B_2 & B_3 & B_4 \\ \hdashline C_1 & C_2 & C_3 & C_4 \\ \hdashline D_1 & D_2 & D_3 & D_4 \end{bmatrix} & \begin{matrix} 1 \\ 2 \\ 3 \\ 4 \end{matrix} \end{matrix}$$

其中,

$$A_1 = D_4 = \begin{bmatrix} 1.5 & 0 & 3 \\ 0 & 100 & 0 \\ 3 & 0 & 8 \end{bmatrix} \qquad A_2 = D_3 = \begin{bmatrix} -1.5 & 0 & 3 \\ 0 & -100 & 0 \\ -3 & 0 & 4 \end{bmatrix}$$

$$A_3 = A_4 = B_4 = C_1 = D_1 = D_2 = \begin{bmatrix} 0 & 0 & 0 \\ 0 & 0 & 0 \\ 0 & 0 & 0 \end{bmatrix}$$

$$B_1 = C_4 = \begin{bmatrix} -1.5 & 0 & -3 \\ 0 & -100 & 0 \\ 3 & 0 & 4 \end{bmatrix}$$

$$B_2 = \begin{bmatrix} 81.5 & 0 & -3 \\ 0 & 100.768 & 1.92 \\ -3 & 1.92 & 14.4 \end{bmatrix} \qquad B_3 = \begin{bmatrix} -80 & 0 & 0 \\ 0 & -0.768 & 1.92 \\ 0 & -1.92 & 3.2 \end{bmatrix}$$

$$C_2 = \begin{bmatrix} -80 & 0 & 0 \\ 0 & -0.768 & -1.92 \\ 0 & 1.92 & 3.2 \end{bmatrix} \qquad C_3 = \begin{bmatrix} 81.5 & 0 & -3 \\ 0 & 100.768 & -1.92 \\ -3 & -1.92 & 14.4 \end{bmatrix}$$

(3) 形成结构的综合节点荷载列阵 $\{P\}$。在例 2-1 中以求得:

$$\{P\} = \{60 \quad 0 \quad 40 \ \vdots \ 100 \quad 40 \quad 10 \ \vdots \ 0 \quad 60 \quad -60 \ \vdots \ 0 \quad 0 \quad 0\}$$

(4) 引入支承条件。结构的支承条件为 $u_1 = v_1 = u_4 = v_4 = \theta_4 = 0$,用主1副零法修改后的结构刚度方程为

$$10^4 \begin{bmatrix} 1 & 0 & 0 & 0 & 0 & 0 & 0 & 0 & 0 & 0 & 0 & 0 \\ 0 & 1 & 0 & 0 & 0 & 0 & 0 & 0 & 0 & 0 & 0 & 0 \\ 0 & 0 & 8 & -3 & 0 & 4 & 0 & 0 & 0 & 0 & 0 & 0 \\ 0 & 0 & -3 & 81.5 & 0 & -3 & -80 & 0 & 0 & 0 & 0 & 0 \\ 0 & 0 & 0 & 0 & 100.768 & 1.92 & 0 & -0.768 & 1.92 & 0 & 0 & 0 \\ 0 & 0 & 4 & -3 & 1.92 & 14.4 & 0 & -1.92 & 3.2 & 0 & 0 & 0 \\ 0 & 0 & 0 & -80 & 0 & 0 & 81.5 & 0 & -3 & 0 & 0 & 0 \\ 0 & 0 & 0 & 0 & -0.768 & -1.92 & 0 & 100.768 & -1.92 & 0 & 0 & 0 \\ 0 & 0 & 0 & 0 & 1.92 & 3.2 & -3 & -1.92 & 14.4 & 0 & 0 & 0 \\ 0 & 0 & 0 & 0 & 0 & 0 & 0 & 0 & 0 & 1 & 0 & 0 \\ 0 & 0 & 0 & 0 & 0 & 0 & 0 & 0 & 0 & 0 & 1 & 0 \\ 0 & 0 & 0 & 0 & 0 & 0 & 0 & 0 & 0 & 0 & 0 & 1 \end{bmatrix} \begin{Bmatrix} u_1 \\ v_1 \\ \theta_1 \\ u_2 \\ v_2 \\ \theta_2 \\ u_3 \\ v_3 \\ \theta_3 \\ u_4 \\ v_4 \\ \theta_4 \end{Bmatrix} = \begin{Bmatrix} 0 \\ 0 \\ 40 \\ 100 \\ 40 \\ 10 \\ 0 \\ 60 \\ -60 \\ 0 \\ 0 \\ 0 \end{Bmatrix}$$

(5) 解方程组求得节点位移。

$$\begin{Bmatrix} u_1 \\ v_1 \\ \theta_1 \\ u_2 \\ v_2 \\ \theta_2 \\ u_3 \\ v_3 \\ \theta_3 \\ u_4 \\ v_4 \\ \theta_4 \end{Bmatrix} = 10^{-4} \begin{Bmatrix} 0 \\ 0 \\ 34.49\text{rad} \\ 87.58\text{m} \\ 0.0388\text{m} \\ 6.712\text{rad} \\ 86.42\text{m} \\ 0.9612\text{m} \\ 12.47\text{rad} \\ 0 \\ 0 \\ 0 \end{Bmatrix}$$

(6) 按式(2-32)求各杆的杆端内力 $\{\bar{F}\}^{(e)}$。

单元①：先求单元坐标系中的杆端位移。

$$\{\bar{\delta}\}^{(1)} = [T]^{(1)}\{\delta\}^{(1)} = [I]\begin{Bmatrix} \{\delta_2\} \\ \{\delta_3\} \end{Bmatrix} = \begin{Bmatrix} \{\delta_2\} \\ \{\delta_3\} \end{Bmatrix}$$

代入式(2-32)求杆端内力：

$$\{\bar{F}\}^{(1)} = [\bar{K}]^{(1)}\{\bar{\delta}\}^{(1)} + \{\bar{F}_0\}^{(1)}$$

$$
= 10^4 \left[
\begin{array}{ccc|ccc}
80 & 0 & 0 & -80 & 0 & 0 \\
0 & 0.768 & 1.92 & 0 & -0.768 & 1.92 \\
0 & 1.92 & 6.4 & 0 & -1.92 & 3.2 \\
\hline
-80 & 0 & 0 & 80 & 0 & 0 \\
0 & -0.768 & -1.92 & 0 & 0.768 & -1.92 \\
0 & 1.92 & 3.2 & 0 & -1.92 & 6.4
\end{array}
\right]
\left\{
\begin{array}{c}
87.58 \\
0.0388 \\
6.712 \\
86.42 \\
0.9612 \\
12.47
\end{array}
\right\} 10^{-4} +
\left\{
\begin{array}{c}
0 \\
-40 \\
-50 \\
0 \\
-40 \\
50
\end{array}
\right\}
$$

$$
= \left\{
\begin{array}{c}
92.23\text{kN} \\
-3.89\text{kN} \\
31.09\text{kN} \cdot \text{m} \\
\hline
-92.23\text{kN} \\
-76.12\text{kN} \\
149.52\text{kN} \cdot \text{m}
\end{array}
\right\}
$$

对于单元②、③，其杆端位移为

$$
\{\delta\}^{(2)} = \left\{ \begin{array}{c} \{\delta_2\} \\ \{\delta_1\} \end{array} \right\}, \quad \{\delta\}^{(3)} = \left\{ \begin{array}{c} \{\delta_3\} \\ \{\delta_4\} \end{array} \right\}
$$

用同样方法可求得杆端力：

$$
\{\bar{F}\}^{(2)} = \left\{
\begin{array}{c}
3.88\text{kN} \\
52.23\text{kN} \\
-31.09\text{kN} \cdot \text{m} \\
\hline
-3.88\text{kN} \\
67.77\text{kN} \\
0
\end{array}
\right\}, \quad
\{\bar{F}\}^{(3)} = \left\{
\begin{array}{c}
96.12\text{kN} \\
-92.23\text{kN} \\
-159.52\text{kN} \cdot \text{m} \\
\hline
-96.12\text{kN} \\
92.23\text{kN} \\
-209.39\text{kN} \cdot \text{m}
\end{array}
\right\}
$$

(7) 根据杆端力绘制内力图，如图 2-12 所示。

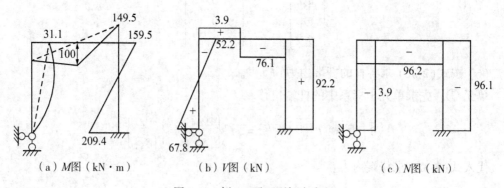

（a）M 图（kN·m）　　　　（b）V 图（kN）　　　　（c）N 图（kN）

图 2-12　例 2-2 平面刚架内力图

2.9 平面杆系结构计算程序及使用说明

2.9.1 平面杆系结构计算源程序

平面杆系结构静力分析源程序 PFSAP(Plane Frame Structural Analysis Program)清单。

```
C     Plane Frame Structural Analysis Program
      PROGRAM PFSAP
      DIMENSION X(500),Y(500),IJK(500,2),EAI(500,3),JR(500,4),PJ
   &  (500,3),PF(500,4),TK(1500,1500),P(1500)
      CHARACTER*12 INDAT,OUTDAT
      WRITE (*,*)'PLEASE INPUT PRIMARY DATA FILE NAME! '
      READ (*,'(A12)') INDAT
      WRITE (*,*)'PLEASE INPUT CALCULATION RESULT FILE NAME! '
      READ (*,'(A12)') OUTDAT
      OPEN (1,FILE=INDAT,STATUS='OLD')
      OPEN (2,FILE=OUTDAT,STATUS='NEW')
      READ (1,*) NE,NJ,NR,NP,NF
      WRITE (2,10) NE,NJ,NR,NP,NF
   10 FORMAT (3X,'PLANE FRAME STRUCTURE ANALYSIS'/5X,'NE=',I2,8X,'NJ=',I
   &  2,8X,/5X,'NR=',I2,8X,'NP=',I2,8X,'NF=',I2)
      N=NJ*3
      CALL INPUT (NE,NJ,NR,NP,NF,X,Y,IJK,EAI,JR,PJ,PF)
      CALL TSM (NE,NJ,X,Y,IJK,EAI,TK,N)
      CALL JLP (NE,NJ,NP,NF,X,Y,IJK,PJ,PF,P,N)
      CALL ISC (NR,JR,TK,P,N)
      CALL GAUSS (TK,P,N)
      CALL MVN (NE,NJ,NF,X,Y,IJK,EAI,PF,P,N)
      CLOSE (1)
      CLOSE (2)
      STOP
      END
C     READ AND PRINT PRIMARY DATA
      SUBROUTINE INPUT(NE,NJ,NR,NP,NF,X,Y,IJK,EAI,JR,PJ,PF)
      DIMENSION X(NJ),Y(NJ),IJK(NE,3),EAI(NE,3),
   &  JR(NR,4),PJ(NP,3),PF(NF,4)
      READ (1,*) (X(I),Y(I),I=1,NJ)
      READ (1,*) (IJK (I,1),IJK (I,2),I=1, NE)
```

47

```
      READ (1,*) (EAI(I,1),EAI(I,2),EAI(I,3),I=1, NE)
      READ (1,*) ((JR(I,J),J=1,4),I=1,NR)
      IF (NP.GT.0) READ (1,*) ((PJ(I,J),J=1,3),I=1,NP)
      IF (NF.GT.0) READ (1,*) ((PF(I,J),J=1,4),I=1,NF)
      WRITE (2,10) (I,X(I),Y(I),I=1,NJ)
      WRITE (2,20) (I,IJK(I,1),IJK(I,2),I=1,NE)
      WRITE (2,30) (I,EAI(I,1),EAI(I,2),EAI(I,3),I=1,NE)
      WRITE (2,40) ((JR(I,J),J=1,4),I=1,NR)
      IF (NP.GT.0) WRITE(2,50) ((PJ(I,J),J=1,3),I=1,NP)
      IF (NF.GT.0) WRITE(2,60) ((PF(I,J),J=1,4),I=1,NF)
  10  FORMAT (/2X,'COORDINATES OF JOINT'/6X,'JOINT',12X,'X',12X,'Y',
     & /(6X,I4,5X,2F12.4))
  20  FORMAT (/2X,'JOINT OF ELEMENTS'/6X,'ELEMNET',4X,'JOINT-I',4X
     & ,'JIONT-J'/(2X,3I10))
  30  FORMAT (/2X,'INFORMATION OF ELEMENTS'/6X,'ELEMNET',12X,'E',11X,
     & 'A',11X,'I'/(2X,1I10,6X,3E12.4))
  40  FORMAT (/2X,'INFORMATION OF RESTRICTION'/6X,'RES.-JOINT',7X,'XR',8
     & X,'YR',8X,'CETA'/(4X,4I10))
  50  FORMAT (/2X,'JIONT LOAD'/6X,'JOINT'8X,'XYM',12X,'LOAD'/(6X,F5.0,
     & 6X,F5.0,6X,F12.4))
  60  FORMAT (/2X,'NON-JOINT LOAD'/6X,'ELEMENT',8X,'TYPE',8X,
     & 'LOAD',12X,'C'/(6X,F6.0,6X,F6.0,4X,2F12.4))
      END
C     CALCULATE LENGTH, SINE AND COSINE OF MEMBER
      SUBROUTINE LSC (M,NE,NJ,X,Y,IJK,BL,SI,CO)
      DIMENSION X(NJ),Y(NJ),IJK(NE,2)
      I=IJK(M,1)
      J=IJK(M,2)
      DX=X(J)-X(I)
      DY=Y(J)-Y(I)
      BL=SQRT(DX*DX+DY*DY)
      CO=DX/BL
      SI=DY/BL
      END
C     CALCULATE ELEMENT STIFFNESS MATRIX REFERRED TO ELEMENT
C     COORDINATE SYSTEM
      SUBROUTINE ESM(M,NE,EAI,BL,EK)
      DIMENSION EAI(NE,3),EK(6,6)
```

```
        DO 10 I = 1,6
        DO 10 J = 1,6
10      EK (I,J) = 0.0
        A1 = EAI(M,1) * EAI(M,2)/BL
        A2 = EAI(M,1) * EAI(M,3)/BL
        A3 = EAI(M,1) * EAI(M,3)/BL/BL
        A4 = EAI(M,1) * EAI(M,3)/BL/BL/BL
        EK(1,1) = A1
        EK(1,4) = -A1
        EK(2,2) = 12.0 * A4
        EK(2,3) = 6.0 * A3
        EK(2,5) = -12.0 * A4
        EK(2,6) = 6.0 * A3
        EK(3,3) = 4.0 * A2
        EK(3,5) = -6.0 * A3
        EK(3,6) = 2.0 * A2
        EK(4,4) = A1
        EK(5,5) = 12.0 * A4
        EK(5,6) = -6.0 * A3
        EK(6,6) = 4.0 * A2
        DO 20 J = 2,6
        DO 20 I = 1,J-1
20      EK(J,I) = EK(I,J)
        END
C       FORM COORDINATE TRANSFORMATION MATRIX.
        SUBROUTINE CTM (SI,CO,TR)
        DIMENSION TR(6,6)
        DO 10 I = 1,6
        DO 10 J = 1,6
10      TR(I,J) = 0.0
        TR(1,1) = CO
        TR(1,2) = SI
        TR(2,1) = -SI
        TR(2,2) = CO
        TR(3,3) = 1.0
        DO 20 I = 1,3
        DO 20 J = 1,3
20      TR(I+3,J+3) = TR(I,J)
```

```
       END
C    CALCULATE ELEMENT STIFFNESS MATRIX REFERRED
C    TO GLOBAL COORDINATE SYSTEM
     SUBROUTINE TTKT（EK,TR）
     DIMENSION EK(6,6),TR(6,6),TE(6,6)
     DO 10 I=1,6
     DO 10 J=1,6
     TE(I,J)=0.0
     DO 10 K=1,6
     TE(I,J)=TE(I,J)+TR(K,I)*EK(K,J)
10   CONTINUE
     DO 20 I=1,6
     DO 20 J=1,6
     EK(I,J)=0.0
     DO 20 K=1,6
     EK(I,J)=EK(I,J)+TE(I,K)*TR(K,J)
20   CONTINUE
     END
C    ASSEMBLE TOTAL STIFFNESS MATRIX
     SUBROUTINE TSM（NE,NJ,X,Y,IJK,EAI,TK,N）
     DIMENSION X(NJ),Y(NJ),IJK(NE,2),EAI(NE,3),TK(N,N),
    & EK(6,6),TR(6,6),LV(6)
     DO 10 I=1,N
     DO 10 J=1,N
10   TK(I,J)=0.0
     DO 40 M =1,NE
     CALL LSC（M,NE,NJ,X,Y,IJK,BL,SI,CO）
     CALL ESM（M,NE,EAI,BL,EK）
     CALL CTM（SI,CO,TR）
     CALL TTKT（EK,TR）
     DO 20 K=1,3
     LV(K)=3*(IJK(M,1)-1)+K
     LV(3+K)=3*(IJK(M,2)-1)+K
20   CONTINUE
     DO 30 L=1,6
     I=LV(L)
     DO 30 K=1,6
     J=LV(K)
```

```
        TK(I,J)=TK(I,J)+EK(L,K)
30   CONTINUE
40   CONTINUE
     END
C    CALCULATE ELEMENT FIXED-END FORCES.
     SUBROUTINE EFF(L,PF,NF,BL,FO)
     DIMENSION PF(NF,4),FO(6)
     NO=INT(PF(L,2))
     Q=PF(L,3)
     C=PF(L,4)
     B=BL-C
     C1=C/BL
     C2=C1*C1
     C3=C1*C2
     DO 5 I=1,6
5    FO(I)=0.0
     GOTO(10,20,30,40,50,60),NO
10   FO(2)=-Q*C*(1.0-C2+C3/2.0)
     FO(3)=-Q*C*C*(0.5-2.0*C1/3.0+0.25*C2)
     FO(5)=-Q*C*C2*(1.0-0.5*C1)
     FO(6)=Q*C*C*C1*(1.0/3.0-0.25*C1)
     RETURN
20   FO(2)=-Q*B*B*(1.0+2.0*C1)/BL/BL
     FO(3)=-Q*C*B*B/BL/BL
     FO(5)=-Q*C2*(1.0+2.0*B/BL)
     FO(6)=Q*C2*B
     RETURN
30   FO(2)=6.0*Q*C1*B/BL/BL
     FO(3)=Q*B*(2.0-3.0*B/BL)/BL
     FO(5)=-6.0*Q*C1*B/BL/BL
     FO(6)=Q*C1*(2.0-3.0*C1)
     RETURN
40   FO(2)=-Q*C*(0.5-0.75*C2+0.4*C3)
     FO(3)=-Q*C*C*(1.0/3.0-0.5*C1+0.2*C2)
     FO(5)=-Q*C*C2*(0.75-0.4*C1)
     FO(6)=Q*C*C*C1*(0.25-0.2*C1)
     RETURN
50   FO(1)=-Q*C*(1.0-0.5*C1)
```

```
         FO (4) = -0.5 * Q * C * C1
         RETURN
60       FO(1) = -Q * B/BL
         FO(4) = -Q * C1
         RETURN
         END
C        FORM TOTAL JOINT LOAD VECTOR.
         SUBROUTINE JLP (NE,NJ,NP,NF,X,Y,IJK,PJ,PF,P,N)
         DIMENSION X(NJ),Y(NJ),IJK(NE,2),PJ(NP,3),PF(NF,4),P(N), F
       & O(6), PE (6)
         DO 10 I=1,N
         P(I) = 0.0
10       CONTINUE
         IF (NP.GT.0) THEN
         DO 20 I=1,NP
         J=INT(PJ(I,1))
         L=3 * (J-1) +INT (PJ(I,2))
         P(L)=PJ(I,3)+P(L)
20       CONTINUE
         END IF
         IF (NF.GT.0) THEN
         DO 30 L=1,NF
         M=INT (PF(L,1))
         CALL LSC (M,NE,NJ,X,Y,IJK,BL,SI,CO)
         WRITE(2,*) 'CALL LSC'
         CALL EFF (L,PF,NF,BL,FO)
         PE(1)= -FO(1) * CO+FO(2) * SI
         PE(2)= -FO(1) * SI-FO(2) * CO
         PE(3)= -FO(3)
         PE(4)= -FO(4) * CO+FO(5) * SI
         PE(5)= -FO(4) * SI-FO(5) * CO
         PE(6)= -FO(6)
         I=IJK(M,1)
         J=IJK(M,2)
         P(3 * I-2)= P(3 * I-2)+PE(1)
         P(3 * I-1)= P(3 * I-1)+PE(2)
         P(3 * I)= P(3 * I)+PE(3)
         P(3 * J-2)= P(3 * J-2)+PE(4)
```

```
      P(3*J-1)=P(3*J-1)+PE(5)
      P(3*J)=P(3*J)+PE(6)
30    CONTINUE
      END IF
      END
C     INTRODUCE SUPPORT CONDITION
      SUBROUTINE ISC(NR,JR,TK,P,N)
      DIMENSION TK(N,N),P(N),JR(NR,4)
      DO 30 I=1,NR
      J=JR(I,1)
      DO 20 K=1,3
      IF(JR(I,K+1).NE.0) THEN
      L=3*(J-1)+K
      DO 10 JJ=1,N
      TK(L,JJ)=0.0
      TK(JJ,L)=0.0
10    CONTINUE
      TK(L,L)=1.0
      P(L)=0.0
      END IF
20    CONTINUE
30    CONTINUE
      END
C     SOLUTION OF SIMULTANEOUS EQUATIONS BY THE GAUSS
C     ELIMINATION METHOD
      SUBROUTINE GAUSS(A,B,N)
      DIMENSION A(N,N),B(N)
      DO 20 K=1,N-1
      DO 20 I=K+1,N
      A1=A(K,I)/A(K,K)
      DO 10 J=K+1,N
      A(I,J)=A(I,J)-A1*A(K,J)
10    CONTINUE
      B(I)=B(I)-A1*B(K)
20    CONTINUE
      B(N)=B(N)/A(N,N)
      DO 40 I=N-1,1,-1
      DO 30 J=I+1,N
```

```
      B(I)=B(I)-A(I,J)*B(J)
30    CONTINUE
      B(I)=B(I)/A(I,I)
40    CONTINUE
      END
C     PRINT JOINT DISPLACEMENT CALCULATE AND PRINT
C     MEMBER-END FORCES OF ELEMENTS
      SUBROUTINE MVN (NE,NJ,NF,X,Y,IJK,EAI,PF,P,N)
      DIMENSION  X(NJ),Y(NJ),IJK(NE,2),EAI(NE,3),P(N),
     & PF(NF,4),FO(6),F(6),D(6),TD(6),TR(6,6),EK(6,6)
      WRITE (2,10)
10    FORMAT (//2X,'JOINT DISPLACEMENTS'/5X,'JOINT',12X,'DX',14X,
     & 'DY',11X,'CETA')
      DO 20 I=1,NJ
      WRITE (2,15) I,P(3*I-2),P(3*I-1),P(3*I)
15    FORMAT (2X,I6,4X,3E15.6)
20    CONTINUE
      WRITE (2,25)
25    FORMAT (/2X, 'MENBER-END FORCES OF ELEMENTS'/4X,'ELEMENT',13X,'
     & N',17X,'V',17X,'M')
      DO 90 M=1,NE
      CALL LSC (M,NE,NJ,X,Y,IJK,BL,SI,CO)
      CALL ESM (M,NE,EAI,BL,EK)
      CALL CTM (SI,CO,TR)
      I=IJK(M,1)
      J=IJK(M,2)
      DO 30 K=1,3
      D(K)=P(3*(I-1)+K)
      D(K+3)=P(3*(J-1)+K)
30    CONTINUE
      DO 40 I=1,6
      TD(I)=0.0
      DO 40 J=1,6
      TD(I)=TD(I)+TR(I,J)*D(J)
40    CONTINUE
      DO 50 I=1,6
      F(I)=0.0
      DO 50 J=1,6
```

```
          F(I)=F(I)+EK(I,J)*TD(J)
50   CONTINUE
     IF (NF.GT.0) THEN
     DO 70 L=1,NF
     I=INT(PF(L,1))
     IF (M.EQ.I) THEN
     CALL EFF (L,PF,NF,BL,FO)
     DO 60 J=1,6
     F(J)=F(J)+FO(J)
60   CONTINUE
     END IF
70   CONTINUE
     END IF
     WRITE (2,80) M,(F(I),I=1,6)
80   FORMAT (2X,I8,4X,'N1=',F12.4,3X,'V1=',F12.4,3X,'M1=',F12.4
     &,/14X,'N2=',F12.4,3X,'V2=',F12.4,3X,'M2=',F12.4)
90   CONTINUE
     END
```

2.9.2 程序功能及主要标识符

平面杆系结构程序 PFSAP(plane frame structural analysis program)程序能对一般支座约束(或已知位移条件),一般常见荷载作用下的平面桁架、平面刚架以及组合结构进行内力分析。按照有限单元法的计算思路准备、输入结构原始数据,输出结构各节点位移与各杆件的内力。数据输入与输出均采用文本文件形式。

PFSAP 程序有 11 个子程序构成,其总框架如图 2-13 所示。各子例程的功能分别为:

INPUT——输入结构原始数据;

LSC——计算单元常数;

ESM——形成局部坐标系下的单元刚度矩阵;

CTM——形成坐标转换矩阵;

TTKT——形成整体坐标系下单元刚度矩阵;

TSM——组集整体刚度矩阵;

EFF——计算单元等效节点荷载;

JLP——组集整体坐标系下荷载列阵;

ISC——引入支撑条件;

GAUSS——解方程组;

MVN——输出节点位移,计算和输出单元杆端力。

程序中主要变量有:

NJ——节点总数;

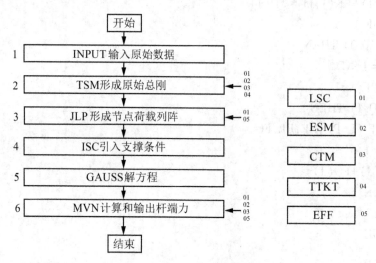

图 2-13　SFSAP 程序总框架

NR——支座节点个数；

NE——单元总数；

NP——节点荷载数；

NF——非节点荷载数；

N——结构的自由度，即整体刚度矩阵的阶数；

X(i)，Y(i)——节点坐标数组；

IJK(NE，2)——单元两端节点数组。IJK(i，1)，IJK(i，2)分别表示 i 单元的起、止节点编号；

EAI(NE，3)——单元的物理、几何参数数组。EAI(i，1)，EAI(i，2)，EAI(i，3)分别表示 i 单元的弹性模量、截面积和惯性矩；

JR(NR，4)——支座节点约束信息数组。其中，JR(i，1)为第 i 个支座节点的节点码，JR(i，2)，JR(I，3)，R(I，4)分别为第 i 个支座节点的 u，v，θ 的方向约束信息，若有约束则输入 1，若无约束则输入 0；

PJ(NP，2)——节点荷载数值数组。PJ(I，1)，PJ(I，2)，PJ(I，3)分别为第 i 个节点荷载作用的节点码、作用方向代码及荷载值。荷载作用方向对应 u，v，θ 方向分别为 1，2，3。荷载值与单元 x，y 轴同向为正值，反之为负，力偶以顺时针为正，逆为负。

PF(NF，4)——非节点荷载数组。其中，PF(i，1)，PF(i，2)，PF(i，3)，PF(i，4)分别为第 i 个非节点荷载作用的单元号、荷载类型号、数值，位置参数 c。荷载数值以单元 $\bar{x}$，$\bar{y}$ 轴同向为正值，反之为负。力偶以顺时针为正。

2.9.3　程序应用

例 2-3　计算图 2-14 所示结构内力。已知：$E = 3.0 \times 10^7$，$A = 0.15 \mathrm{m}^2$，$I = 0.005 \mathrm{m}^4$。计算步骤及说明：

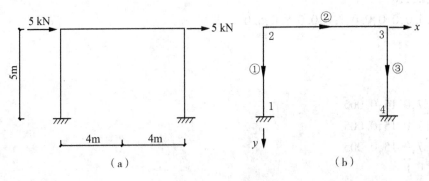

图 2-14　例 2-3 计算图示

（1）单元和节点编码，确定两种坐标系。各杆上的箭头指向为单元坐标系 $\bar{x}$ 轴的正方向，由 $\bar{x}$ 轴顺时针旋转 90°即为 $\bar{y}$ 轴的正方向。结构坐标系的原点可自行确定。

（2）准备原始数据。

按照结构的离散模型准备原始数据。

对应输入语句，依次填写结构的 5 个控制参数：

READ（1，＊）NE，NJ，NR，NP，NF

按节点编号顺序依次填写各节点 x，y 坐标值：

READ（1，＊）(X(I)，Y(I)，I＝1，NJ)

按单元顺序依次填写各单元始端、末端和附加节点的节点码：

READ（1，＊）(IJK(I，1)，IJK(I，2)，I＝1，NE)

按单元编号依次填写各单元弹性模量、截面积和惯性矩：

READ（1，＊）(EAI(I，1)，EAI(I，2)，EAI(I，3)，I＝1，NE)

对应语句：

READ（1，＊）((JR(I，J)，J＝1，4)，I＝1，NR)

填写各支座节点约束信息，每个支座节点填写 4 个数(有约束填 1，无约束填 0)。

对应语句：

IF(NP.GT.0) READ（1，＊）((PJ(I，J)，J＝1，3)，I＝1，NP)

填写各节点荷载信息，每个节点填写 3 个数，依次为作用的节点码、荷载方向、荷载量值。

对应语句：

IF(NF.GT.0)WRITE(2，70)((PF(I，J)，J＝1，4)，I＝1，NF)

填写各非节点荷载信息，每个非节点荷载填写 4 个数，依次为作用的单元号、荷载类型号、荷载量值、位置参数。

若 NF＝0，则不填写此组数据。

（3）建立输入数据文件。建立输入数据文件，文件名由用户命名(example1.txt)如下：

3,4,2,2,0
0. 0,5. 0,0. 0,0. 0,8. 0,0. 0,8. 0,5. 0
2,1
2,3
3,4
3. 0E7,0. 15,0. 005
3. 0E7,0. 15,0. 005
3. 0E7,0. 15,0. 005
1,1,1,1
4,1,1,1
2,1,5. 0
3,1,5. 0

(4)程序执行。本例计算结果文件如下:

JOINT DISPLACEMENTS

JOINT	DX	DY	CETA
1	0. 000000E+00	0. 000000E+00	0. 000000E+00
2	0. 567871E−03	−0. 273673E−05	0. 882594E−04
3	0. 567871E−03	0. 273673E−05	0. 882595E−04
4	0. 000000E+00	0. 000000E+00	0. 000000E+00

MENBER−END FORCES OF ELEMENTS

ELEMENT	N	V	M
1	$N1 = -2.4631$	$V1 = -5.0000$	$M1 = -9.8522$
	$N2 = 2.4631$	$V2 = 5.0000$	$M2 = -15.1478$
2	$N1 = 0.0000$	$V1 = 2.4631$	$M1 = 9.8522$
	$N2 = 0.0000$	$V2 = -2.4631$	$M2 = 9.8522$
3	$N1 = 2.4631$	$V1 = -5.0000$	$M1 = -9.8522$
	$N2 = -2.4631$	$V2 = 5.0000$	$M2 = -15.1478$

2. 10　程序 PFSAP 的扩展功能

上节中的源程序 PFSAP 是针对平面刚架结构编写的,但只要能够灵活应用结构力学的基本概念,在准备原始数据时对结构计算简图作一些等效变换和处理,程序 PFSAP 也可用来计算平面桁架、组合结构、排架等多种平面杆系结构。下面结合实例予以说明。

2.10.1　平面桁架

在节点荷载作用下,桁架的所有杆件均只有轴力而不承受弯矩和剪力。计算时,可令各杆的截面惯性矩 I 值均为零,使杆件没有抗弯能力,也就不会承受弯矩和剪力。但各杆的 I 取零值时,会产生一个问题,即由于这时单元刚度矩阵 $[\bar{K}]^{(e)}$ 中除 4 个元素外、其余元素均为零,集成总刚 $[K]$ 后,$[K]$ 中主对角线上与节点转角对应的元素也为零。在引入结构的支承条件后。总刚 $[K]$ 仍是奇异矩阵,不能求解节点位移。为此,可利用增加支承约束条件来解决这一问题。由于 I 取零值后,各杆件的杆端转角对内力计算已无用,可令其为零。这相当于在桁架的每个节点(包括支座节点)处加一个限制转动的约束。在准备原始数据时,结构的支座节点个数 NR 应考虑虚拟约束数,这样就可以用程序 PFSAP 来计算平面桁架。

例 2-4　计算图 2-15 (a)所示平面桁架的内力。已知:$E = 3 \times 10^7 \mathrm{kN/m^2}$,各杆 $A = 0.1\mathrm{m^2}$。

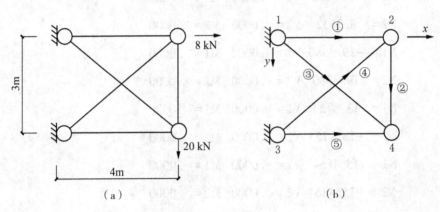

图 2-15　平面桁架

解:结构的编码情况如图 2-15(b)所示。计算此结构的输入数据文件如下:

5,4,4,2,0
0.0,0.0,4.0,0.0,0.0,3.0,4.0,3.0
1,2
2,4
1,4
3,2
3,4
3.0E7,0.1,0.0
3.0E7,0.1,0.0
3.0E7,0.1,0.0
3.0E7,0.1,0.0
3.0E7,0.1,0.0
1,1,1,1

2,0,0,1

3,1,1,1

4,0,0,1

2.0,1.0,8.0

4.0,2.0,20.0

输出的各单元杆端力如下:

MEMBER-END FORCES OF ELEMENTS

ELEMENT	N	V	M
1	N1 = −19.1802	V1 = .0000	M1 = .0000
	N2 = 19.1802	V2 = .0000	M2 = .0000
2	N1 = −8.3852	V1 = .0000	M1 = .0000
	N2 = 8.3852	V2 = .0000	M2 = .0000
3	N1 = −19.3580	V1 = .0000	M1 = .0000
	N2 = 19.3580	V2 = .0000	M2 = .0000
4	N1 = 13.9753	V1 = .0000	M1 = .0000
	N2 = −13.9753	V2 = .0000	M2 = .0000
5	N1 = 15.4864	V1 = .0000	M1 = .0000
	N2 = −15.4864	V2 = .0000	M2 = .0000

2.10.2　组合结构

组合结构由梁式杆和链杆两类杆件组成。在准备原始数据时,链杆的 I 值取零,在全部是链杆相交的节点加一个限制转动的约束,使总刚 $[K]$ 非奇异,并将此种节点的个数计入支座节点数 NR 中。

例 2-5　计算图 2-16(a)所示组合结构的内力。已知: $E = 3 \times 107kN/m^2$;梁式杆的 $A = 0.15m^2$, $I = 0.005m^2$;链杆的 $A = 0.06m^2$。

解:结构的编码情况如图 2-16(b)所示。在节点 4 加一个限制转动的约束,并将节点 4 计入支座节点数 NR 中得 $NR = 3$。用程序 PFSAP,计算此组合结构的输入数据文件如下:

5,4,3,0,1

0.0,0.0,5.0,0.0,10.0,0.0,5.0,3.0

1,2

2,3

1,4

2,4

4,3

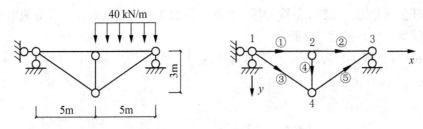

图 2-16 组合结构

3. 0E7,0.15,0.005

3. 0E7,0.15,0.005

3. 0E7,0.06,0.0

3. 0E7,0.06,0.0

3. 0E7,0.06,0.0

1, 1, 1, 0

3, 0, 1, 0

4, 0, 0, 1

2. 0,1.0,40.0,5.0

输出的各单元杆端力如下：

MEMBER-ENDFORCESOFELEMENTS

ELEMENT		N		V		M
1	N1 =	19.5221	V1 =	11.7133	M1 =	0.0000
	N2 =	−19.5221	V2 =	−11.7133	M2 =	58.5663
2	N1 =	0.0000	V1 =	−100.0000	M1 =	−83.3333
	N2 =	0.0000	V2 =	−88.2867	M2 =	−0.0000
3	N1 =	−22.7665	V1 =	0.0000	M1 =	0.0000
	N2 =	22.7665	V2 =	0.0000	M2 =	0.0000
4	N1 =	23.4265	V1 =	0.0000	M1 =	0.0000
	N2 =	−23.4265	V2 =	0.0000	M2 =	0.0000
5	N1 =	−22.7665	V1 =	0.0000	M1 =	0.0000
	N2 =	22.7665	V2 =	0.0000	M2 =	0.0000

2.10.3 排架

计算排架时，一般都忽略水平链杆的轴向变形，可将其截面积 A 取一个大数，通常

取为其他单元的 10^3 倍。过大的大数容易造成方程组的病态，导致计算结果的失真。又由于水平链杆上无弯矩，故其 I 值取为零。排架柱一般为阶形变截面杆，可将截面突变处取为节点，使每个单元成为等截面直杆。

例 2-6　计算图 2-17(a)所示排架结构的内力。已知：$E = 3 \times 10^7 \text{kN/m}^2$，$A_l = 0.16\text{m}^2$，$A_2 = 0.32\text{m}^2$，$I_1 = 0.002\text{m}^4$，$I_2 = 0.017\text{m}^4$。

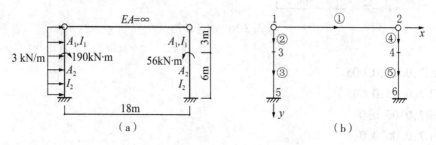

图 2-17　排架结构

解：结构编码情况如图 2-17(b)所示，计算此排架结构的输入数据文件如下：

5,6,2,2,2

0.0,0.0,18.0,0.0,0.0,3.0

18.0,3.0,0.0,9.0,18.0,9.0

1,2

1,3

3,5

2,4

4,6

3.0E7,0.32E3,0.0

3.0E7,0.16,0.002

3.0E7,0.32,0.017

3.0E7,0.16,0.002

3.0E7,0.32,0.017

5,1,1,1

6,1,1,1

3.0,3.0,190.0

4.0,3.0,-56.0

2.0,1.0,-3.0,3.0

3.0,1.0,-3.0,6.0

输出的结果如下：

MEMBER-END FORCES OF ELEMENTS

ELEMENT		N		V		M
1	N1 =	9.8750	V1 =	0.0000	M1 =	0.0000
	N2 =	−9.8750	V2 =	0.0000	M2 =	0.0000
2	N1 =	0.0000	V1 =	−4.5000	M1 =	−2.2500
	N2 =	0.0000	V2 =	−18.8767	M2 =	43.1302
3	N1 =	0.0000	V1 =	−9.0000	M1 =	−9.0000
	N2 =	0.0000	V2 =	−36.8767	M2 =	20.3905
4	N1 =	0.0000	V1 =	−9.9874	M1 =	0.0000
	N2 =	0.0000	V2 =	9.9874	M2 =	−29.9621
5	N1 =	0.0000	V1 =	−9.9874	M1 =	−26.0379
	N2 =	0.0000	V2 =	9.9874	M2 =	−33.8864

2.10.4 有铰节点的刚架

图 2-18（a）所示刚架铰节点 A 连接的两个杆的杆端线位移相同，但转角不同，因而节点 A 有 4 个独立的未知位移。程序不能直接计算有铰节点的结构。处理的方法是：在该节点邻近部位取一小段作为一个虚拟单元，如图 2-18（b）所示，虚拟单元①的长度应取相对充分小的值（本例取 1cm），截面面积取与原杆件（单元②）相同，截面惯性矩则取一个充分小的值，如取原杆件的万分之一。这样，单元①的作用就近似于一个铰。已知各杆 $E = 3.0 \times 10^7 \mathrm{kN/m^2}$，$A = 0.15\mathrm{m^2}$，$I = 0.004\mathrm{m^4}$，则用程序 PFSAP 计算此结构的输入数据文件如下：

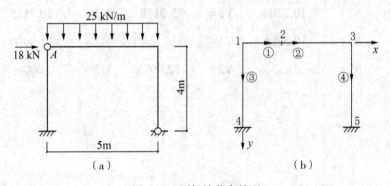

图 2-18　刚架铰节点处理

4,5,2,1,1

0. 0,0. 0,0. 01,0. 0

5. 0,0. 0,0. 0,4. 0,5. 0,4. 0

1,2

2,3

1,4

3,5

3. 0E7,0. 15,0. 004E−4

3. 0E7,0. 15,0. 004E

3. 0E7,0. 15,0. 004E

3. 0E7,0. 15,0. 004E

4, 1, 1, 1

5, 1, 1,0

1. 0, 1. 0, 18. 0

2. 0, 1. 0, 25. 0, 5. 0

输出的结果如下：

MEMBER-END FORCES OF ELEMENTS

ELEMENT		N		V		M
1	N1 =	13.0000	V1 =	10.3205	M1 =	−0.3885
	N2 =	−13.0000	V2 =	−10.3205	M2 =	0.4917
2	N1 =	0.0000	V1 =	−62.3750	M1 =	−51.8752
	N2 =	0.0000	V2 =	−72.9456	M2 =	51.9900
3	N1 =	−10.3206	V1 =	−5.0158	M1 =	0.3885
	N2 =	10.3206	V2 =	5.0158	M2 =	−20.4515
4	N1 =	10.3206	V1 =	−12.9975	M1 =	−51.9900
	N2 =	−10.3206	V2 =	12.9975	M2 =	0.0000

第3章 空间杆系结构的有限单元法

在土木工程中常见的刚架绝大部分属于空间刚架(如图3-1所示),而且这种结构在建筑工程中应用十分广泛,如水塔塔架、一般的骨架式房屋及刚架式基础等,均为空间刚架结构。

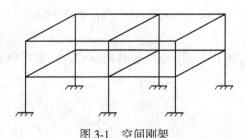

图3-1 空间刚架

当采用位移法计算空间刚架时,由于每一个刚节点具有6个未知的位移分量,即3个沿 x, y, z 坐标方向的线位移 u, v, w 及3个转动位移 θ_x, θ_y, θ_z,即使很简单的空间刚架,也会有许多未知数,给计算工作带来很大困难。因此,手工计算时为了克服计算上的困难,人们不得不将空间刚架简化为平面刚架计算。在某些情况下,应该说这样的简化处理可得到相当精确的结果,是实际工程所允许的。例如,如果组成建筑物骨架的空间框架是由若干榀相同的平面框架组成,而作用在结构上的荷载又基本上均匀分布在各榀上,则取出典型的一榀框架分析将具有足够的精度。然而,在很多情况下,这样简化处理将导致较大的误差。例如,如果组成空间刚架的各榀框架刚度并不均匀,那么仅取出其中一榀按平面刚架来分析,则是不许可的。这时,必须将结构按空间刚架进行分析,才能正确地了解结构的真实工作状况。

虽然空间刚架要比平面刚架的结构形式复杂一些,但利用程序分析空间刚架,原则上毫无困难,且基本方法与分析平面刚架所采用的方法完全相同,只不过空间刚架需用三维坐标描述,而且单元在产生弯曲变形的同时还将产生扭转变形。此外,还需明确的是,空间杆系结构除空间桁架和空间刚架以外,也有空间组合结构,即在结构中刚节点和铰节点同时存在。对于具有特殊组合节点的空间杆系结构的计算,可参照对平面框架结构的处理方法。本章重点讨论所有节点为刚节点的空间刚架结构的计算机分析方法及程序设计,对于空间桁架结构,其计算方法与空间刚架基本相同,其计算公式的差异完全可由空间刚架计算方法作适当简化得到。相应地,空间桁架的计算,经适当等效处理后,也可应用空间刚架程序进行求解。

3.1　局部坐标系下的单元分析

图 3-2 为空间刚架的任一单元，局部坐标的 x' 轴仍然沿杆件轴线方向，其余两个坐标轴与 x' 轴正交形成三维空间坐标系。杆件的各节点具有 6 个自由度，其作用方向如图 3-2 所示。其中 3 个转角自由度方向均符合右手螺旋法则，以指向坐标轴正方向为正。

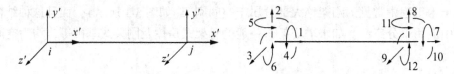

图 3-2　空间刚架单元局部坐标与自由度

空间刚架单元局部坐标下任一节点的位移向量和力向量可表示为

$$\{\bar{\delta}_i\}^{(e)} = \begin{Bmatrix} \bar{\delta}_{ix} \\ \bar{\delta}_{iy} \\ \bar{\delta}_{iz} \\ \bar{\theta}_{ix} \\ \bar{\theta}_{iy} \\ \bar{\theta}_{iz} \end{Bmatrix}^{(e)} \qquad \{\bar{F}_i\}^{(e)} = \begin{Bmatrix} \bar{F}_{ix} \\ \bar{F}_{iy} \\ \bar{F}_{iz} \\ \bar{M}_{ix} \\ \bar{M}_{iy} \\ \bar{M}_{iz} \end{Bmatrix}^{(e)} \tag{3-1}$$

式中，$\bar{\delta}_{ix}$ 为 i 节点沿 x' 方向的节点线位移，$\bar{F}_{ix}$ 为相应的节点力；$\bar{\theta}_{ix}$ 为 i 节点的杆件横截面绕 x' 轴的转角，$\bar{M}_{ix}$ 为相应的力偶矩，其余各量的含义类推。于是，单元两端节点力和节点位移之间的关系可表示为

$$\begin{Bmatrix} \bar{F}_i \\ \bar{F}_j \end{Bmatrix} = \begin{bmatrix} \bar{k}_{ii} & \bar{k}_{ij} \\ \bar{k}_{ji} & \bar{k}_{jj} \end{bmatrix}^{(e)} \begin{Bmatrix} \bar{\delta}_i \\ \bar{\delta}_j \end{Bmatrix}^{(e)} \tag{3-2}$$

其中，刚度矩阵的各子矩阵均为 6×6 阶方阵。式(3-2) 可简化为

$$\{\bar{F}\}^{(e)} = [\bar{K}]^{(e)} \{\bar{\delta}\}^{(e)} \tag{3-3}$$

显然，这里的系数矩阵 $[\bar{K}]^{(e)}$ 就是空间刚架结构的局部坐标单元刚度矩阵。将式(3-3) 进一步展开，可得各节点力向量表达式

$$\{\bar{F}_i\} = [\bar{k}_{ii}]^{(e)} \{\bar{\delta}_i\}^{(e)} + [\bar{k}_{ij}]^{(e)} \{\bar{\delta}_j\}^{(e)} \tag{3-4}$$

$$\{\bar{F}_j\} = [\bar{k}_{ji}]^{(e)} \{\bar{\delta}_i\}^{(e)} + [\bar{k}_{jj}]^{(e)} \{\bar{\delta}_j\}^{(e)} \tag{3-5}$$

根据刚度矩阵的力学含义，可按经典结构力学方法通过确定空间刚架一般单元在每一个方向产生单位位移时各自由度方向需施加的力得到各刚度系数，即

$$[\bar{k}_{ii}]^{(e)} = \begin{bmatrix} EA/l & 0 & 0 & 0 & 0 & 0 \\ 0 & 12EI_z/l^3 & 0 & 0 & 0 & 6EI_z/l^2 \\ 0 & 0 & 12EI_y/l^3 & 0 & -6EI_y/l^2 & 0 \\ 0 & 0 & 0 & GJ/l & 0 & 0 \\ 0 & 0 & -6EI_y/l^2 & 0 & 4EI_y/l & 0 \\ 0 & 6EI_z/l^2 & 0 & 0 & 0 & 4EI_z/l \end{bmatrix}^{(e)} \quad (3\text{-}6)$$

$$[\bar{k}_{ij}]^{(e)} = \begin{bmatrix} -EA/l & 0 & 0 & 0 & 0 & 0 \\ 0 & -12EI_z/l^3 & 0 & 0 & 0 & 6EI_z/l^2 \\ 0 & 0 & -12EI_y/l^3 & 0 & -6EI_y/l^2 & 0 \\ 0 & 0 & 0 & -GJ/l & 0 & 0 \\ 0 & 0 & 6EI_y/l^2 & 0 & 2EI_y/l & 0 \\ 0 & -6EI_z/l^2 & 0 & 0 & 0 & 2EI_z/l \end{bmatrix}^{(e)} \quad (3\text{-}7)$$

$$[\bar{k}_{ji}]^{(e)} = [\bar{k}_{ij}]^{(e)} \quad (3\text{-}8)$$

$$[\bar{k}_{jj}]^{(e)} = \begin{bmatrix} EA/l & 0 & 0 & 0 & 0 & 0 \\ 0 & 12EI_z/l^3 & 0 & 0 & 0 & -6EI_z/l^2 \\ 0 & 0 & 12EI_y/l^3 & 0 & 6EI_y/l^2 & 0 \\ 0 & 0 & 0 & GJ/l & 0 & 0 \\ 0 & 0 & 6EI_y/l^2 & 0 & 4EI_y/l & 0 \\ 0 & -6EI_z/l^2 & 0 & 0 & 0 & 4EI_z/l \end{bmatrix}^{(e)} \quad (3\text{-}9)$$

这里的 I_y 和 I_z 分别为杆件横截面关于 y' 和 z' 两个形心轴的惯性矩，而 J 则为截面的极惯性矩。显然，这里的关系式(3-3)、式(3-4) 和式(3-5) 等在形式上与平面刚架的相应关系完全相同，只是其中所涉及的元素，如节点位移、单元刚度矩阵的具体表达式与平面刚架有很大的区别。由上面的单元刚度子矩阵的具体表达式可以看出，空间刚架单元刚度矩阵不仅涉及两个方向的抗弯刚度，而且还与抗扭刚度有关。这也是空间刚架与平面刚架的本质区别所在。

3.2 节点力及节点位移的坐标转换

式(3-3) 为局部坐标下的单元刚度方程。与平面问题类似，为了建立节点平衡条件，必须将各单元局部坐标下的节点力和节点位移转换为整体坐标下的节点力和节点位移。

如图3-3所示，空间杆系结构任一节点的三个

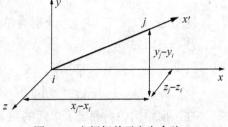

图 3-3 空间杆单元方向余弦

线位移分量在两组坐标之间的转换关系为

$$\begin{Bmatrix} \bar{\delta}_{ix} \\ \bar{\delta}_{iy} \\ \bar{\delta}_{iz} \end{Bmatrix}^{(e)} = \begin{bmatrix} l_x & m_x & n_x \\ l_y & m_y & n_y \\ l_z & m_z & n_z \end{bmatrix}^{(e)} \begin{Bmatrix} \delta_{ix} \\ \delta_{iy} \\ \delta_{iz} \end{Bmatrix}^{(e)} \tag{3-10}$$

这一关系同样适合于转角位移的变换，即

$$\begin{Bmatrix} \bar{\theta}_{ix} \\ \bar{\theta}_{iy} \\ \bar{\theta}_{iz} \end{Bmatrix}^{(e)} = \begin{bmatrix} l_x & m_x & n_x \\ l_y & m_y & n_y \\ l_z & m_z & n_z \end{bmatrix}^{(e)} \begin{Bmatrix} \theta_{ix} \\ \theta_{iy} \\ \theta_{iz} \end{Bmatrix}^{(e)} \tag{3-11}$$

由于线位移与转角位移相互独立，则空间刚架单元任一节点位移向量的转换关系为

$$\begin{Bmatrix} \bar{\delta}_{ix} \\ \bar{\delta}_{iy} \\ \bar{\delta}_{iz} \\ \bar{\theta}_{ix} \\ \bar{\theta}_{iy} \\ \bar{\theta}_{iz} \end{Bmatrix}^{(e)} = \begin{bmatrix} l_x & m_x & n_x & 0 & 0 & 0 \\ l_y & m_y & n_y & 0 & 0 & 0 \\ l_z & m_z & n_z & 0 & 0 & 0 \\ 0 & 0 & 0 & l_x & m_x & n_x \\ 0 & 0 & 0 & l_y & m_y & n_y \\ 0 & 0 & 0 & l_z & m_z & n_z \end{bmatrix}^{(e)} \begin{Bmatrix} \delta_{ix} \\ \delta_{iy} \\ \delta_{iz} \\ \theta_{ix} \\ \theta_{iy} \\ \theta_{iz} \end{Bmatrix}^{(e)} \tag{3-12}$$

其中，δ_{ix}、δ_{iy}、δ_{iz} 分别为整体坐标 x，y，z 方向的节点线位移分量；θ_{ix}，θ_{iy}，θ_{iz} 则分别为杆截面绕 x，y，z 3 个坐标轴的转角位移分量。以上关系可简记为

$$\{\bar{\delta}_i\}^{(e)} = [t]^{(e)} \{\delta_i\}^{(e)} \tag{3-13}$$

式中，$[t]^{(e)}$ 为 6×6 阶转换矩阵，即为式(3-12)中右端的系数矩阵；$\{\delta_i\}^{(e)}$ 即为上式右端的对应向量，与 $\{\bar{\delta}_i\}^{(e)}$ 具有类似的表达形式。同样的转换关系对节点力向量亦成立，即有关系

$$\{\bar{F}_i\}^{(e)} = [t]^{(e)} \{F_i\}^{(e)} \tag{3-14}$$

这里的 $\{\bar{F}_i\}^{(e)}$、$\{F_i\}^{(e)}$ 分别为单元 e 的 i 节点在局部坐标系和整体坐标系下的力向量，其表达式为

$$\{\bar{F}_i\}^{(e)} = [\bar{F}_{ix},\ \bar{F}_{iy},\ \bar{F}_{im},\ \bar{M}_{ix},\ \bar{M}_{iy},\ \bar{M}_{iz}]^{(e)\mathrm{T}}$$
$$\{F_i\}^{(e)} = [F_{ix},\ F_{iy},\ F_{im},\ M_{ix},\ M_{iy},\ M_{iz}]^{(e)\mathrm{T}}$$

在平面结构中，确定了单元的两节点 i，j 的坐标后，就确定了单元局部坐标系。在空间结构中，仅确定两个端点的坐标还不能完全确定单元坐标系，因为主惯性矩相同的 ij

杆，其截面形心主轴仍可有不同的方向。为确定刚架杆件在空间的确切位置，还需要在杆轴线外再取一参考点 k，以确定其形心主轴的方向。

取结构的整体坐标系为 $xoyz$，单元局部坐标系为 $x'o'y'z'$，oy' 为杆件截面形心主轴之一，如图 3-4 所示。单元的位置由 i，j，k 三个点的坐标决定。这里 i 为单元起点编号，j 为单元终点编号，由 i，j 两点可确定 x' 轴的方向。参考点 k 位于 $x'o'y'$ 平面内，但不在 x' 轴线上。如果刚架上找不到合适的点，可以用一个假想的点代替。

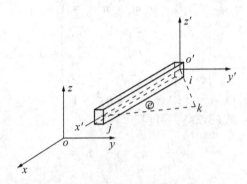

图 3-4 3D 单元坐标系转换图示

设 i，j，k 3 点在整体坐标系 $xoyz$ 中的坐标分别为 (x_i, y_i, z_i)、(x_j, y_j, z_j) 和 (x_k, y_k, z_k)，则可根据这 3 点的坐标值确定转换矩阵各行元素的值。由图 3-4 可知：

$$l_x = \frac{x_j - x_i}{l_1}, \quad m_x = \frac{y_j - y_i}{l_1}, \quad n_x = \frac{z_j - z_i}{l_1} \tag{3-15}$$

其中 l_1 为杆长，其值可按下式确定：

$$l_1 = \sqrt{(x_j - x_i)^2 + (y_j - y_i)^2 + (z_j - z_i)^2} \tag{3-16}$$

$\mathbf{i}$，$\mathbf{j}$，$\mathbf{k}$ 分别为三个坐标轴方向的单元矢量，ox' 轴的方向矢量可用下式表示：

$$\mathbf{x}' = l_x \mathbf{i} + m_x \mathbf{j} + n_x \mathbf{k} \tag{3-17}$$

又由于 oz' 轴的方向矢量与平面 ijk 垂直，所以有

$$\mathbf{z}' = (\mathbf{ik}) \times (\mathbf{jk}) = \begin{vmatrix} \mathbf{i} & \mathbf{j} & \mathbf{k} \\ x_k - x_i & y_k - y_i & z_k - z_i \\ x_k - x_j & y_k - y_j & z_k - z_j \end{vmatrix} \tag{3-18}$$

为方便计，设

$$a = \begin{vmatrix} y_k - y_i & z_k - z_i \\ y_k - y_j & z_k - z_j \end{vmatrix}, \quad b = -\begin{vmatrix} x_k - x_i & z_k - z_i \\ x_k - x_j & z_k - z_j \end{vmatrix}, \quad c = \begin{vmatrix} x_k - x_i & y_k - y_i \\ x_k - x_j & y_k - y_j \end{vmatrix}$$

则有

$$\mathbf{z}' = a\mathbf{i} + b\mathbf{j} + c\mathbf{k} \tag{3-19}$$

oz' 轴的方向为

$$l_z = \frac{a}{l_2}, \quad m_z = \frac{b}{l_2}, \quad n_z = \frac{c}{l_2} \tag{3-20}$$

式中，
$$l_2 = \sqrt{a^2 + b^2 + c^2} \tag{3-21}$$

由于 oy' 与 ox' 轴垂直，oy' 与 oz' 垂直，且 oy' 轴的方向余弦之和等于 1，于是有

$$\boldsymbol{x'} \cdot \boldsymbol{y'} = 0 \tag{3-22}$$

$$\boldsymbol{y'} \cdot (\boldsymbol{x'} \times \mathbf{ik}) = 0 \tag{3-23}$$

$$l_y{}^2 + m_y{}^2 + n_y{}^2 = 1 \tag{3-24}$$

将式(3-23) ～ 式(3-25) 展开，得

$$l_x l_y + m_x m_y + n_x n_y = 0 \tag{3-25}$$

$$\begin{vmatrix} l_y & m_y & n_y \\ l_x & m_x & n_x \\ x_k - x_i & y_k - y_i & z_k - z_i \end{vmatrix} = 0 \tag{3-26}$$

$$l_y{}^2 + m_y{}^2 + n_y{}^2 = 1 \tag{3-27}$$

联立求解式(3-25) ～ 式(3-27)，可得

$$l_y = \frac{a_1}{l_3}, \ m_y = \frac{b_1}{l_3}, \ n_y = \frac{c_1}{l_3} \tag{3-28}$$

其中，
$$a_1 = (1 - l_x{}^2)(x_k - x_i) - l_x m_x (y_k - y_i) - l_x n_x (z_k - z_i)$$
$$b_1 = -m_x l_x (x_k - x_i) + (1 - m_x{}^2)(y_k - y_i) - m_x n_x (z_k - z_i)$$
$$c_1 = -n_x l_x (x_k - x_i) - n_x m_x (y_k - y_i) + (1 - n_x{}^2)(z_k - z_i)$$
$$l_3 = \sqrt{a_1{}^2 + b_1{}^2 + c_1{}^2}$$

可以证明，这里的转换矩阵 $[T]^e$ 也具有正交性，即满足关系：

$$[t]^{(e)\mathrm{T}} = [t]^{(e)} = [I] \tag{3-29}$$

3.3　整体坐标单元刚度矩阵

按照与前面同样的推导，可得整体坐标单元刚度矩阵 $[K]^e$ 的一般表达式

$$[K]^{(e)} = [T]^{(e)\,\mathrm{T}} [\bar{K}]^{(e)} [T]^{(e)} \tag{3-30}$$

其右端展开即为

$$[K]^{(e)} = \begin{bmatrix} [k_{ii}] & [k_{ij}] \\ [k_{ji}] & [k_{jj}] \end{bmatrix}^{(e)} = \begin{bmatrix} [t]^{\mathrm{T}} [k]_{ii} [t] & [t]^{\mathrm{T}} [k]_{ij} [t] \\ [t]^{\mathrm{T}} [k]_{ji} [t] & [t]^{\mathrm{T}} [k]_{jj} [t] \end{bmatrix}^{(e)} \tag{3-31}$$

式中，$[T]^{(e)}$ 为单元坐标转换矩阵，表达式为

$$[T]^{(e)} = \begin{bmatrix} [t] & 0 \\ 0 & [t] \end{bmatrix}^{(e)\mathrm{T}}$$

其中，$[t]^{(e)}$ 为单元坐标转换矩阵的子矩阵。

由此，刚度矩阵可建立整体坐标单元节点力与节点位移间的关系，即

$$\begin{Bmatrix} F_i \\ F_j \end{Bmatrix}^{(e)} = \begin{bmatrix} [k_{ii}] & [k_{ij}] \\ [k_{ji}] & [k_{jj}] \end{bmatrix}^{(e)} \begin{Bmatrix} \delta_i \\ \delta_j \end{Bmatrix}^{(e)} \tag{3-32}$$

应注意到，这里的单元刚度矩阵为 12×12 阶，每个子矩阵为 6×6 阶。由于此时的刚

度矩阵表达式比较复杂，此处不予展开，具体的计算工作将通过程序实现。

3.4 整体刚度矩阵与等效节点荷载

3.4.1 整体刚度矩阵的集成

考虑到空间刚架结构各节点所具有的自由度数，按照平面刚架结构整体刚度矩阵的集成法不难得到空间刚架结构整体刚度矩阵$[K]$。

空间刚架单元的定位向量$\{\lambda\}^{(e)} = [6i-5, 6i-4, 6i-3, 6i-2, 6i-1, 6i, 6j-5, 6j-4, 6j-3, 6j-2, 6j-1, 6j]^{(e)T}$，其中，$i$，$j$为单元起、止节点编号。

将整体坐标系下的单元刚度矩阵，按如下规则扩展成单元贡献矩阵：

$$k_{ij} \rightarrow \tilde{K}_{\lambda_i \lambda_j}$$

整体刚度矩阵$[K]$的集成也可由公式表示为

$$[K] = \sum_e [\tilde{K}]^{(e)}$$

式中，$[\tilde{K}]^e$为单元刚度矩阵$[K]^e$的贡献矩阵。

得到结构整体刚度矩阵之后，即可直接得到结构的平衡方程：

$$[K]\{\delta\} = \{P\} \tag{3-33}$$

这里的$\{\delta\}$为结构的所有节点位移列阵，$\{P\}$则为节点等效荷载列阵，其表达式为

$$\{P\} = [P_1, P_2, \cdots, P_N]^T$$

$$\{P_i\} = [p_{ix}, p_{iy}, p_{iz}, m_{ix}, m_{iy}, m_{iz}]^T$$

其中，p_{ix}为作用于i节点的x方向的集中力，m_x为作用于i节点的绕x轴的转动力矩，其余类推。

3.4.2 等效节点荷载

与平面刚架结构一样，空间刚架所承担的外荷载除作用于节点的集中力外，还有作用于杆单元的各种分布荷载及集中荷载。因此，结构整体平衡方程中的荷载项应为两部分荷载叠加：一部分为直接作用于节点的集中力，而另一部分则为由作用于杆单元内部的集中荷载或分布荷载向两端节点的等效值。用公式表示基本方程中的荷载项，即为

$$\{P\} = \{P\}_I + \{P\}_{II} \tag{3-34}$$

这里的第一部分荷载$\{P\}_I$，可看作已知项，无需讨论。下面确定等效节点荷载$\{P\}_{II}$。由于空间刚架单元为双向弯曲并且还可能产生扭转变形，因此单元的等效节点荷载的计算较为复杂，其一般表达式为

$$\{P\}_{II}^{(e)} = -\{q\}^{(e)}$$

其中，$$\{P\}_{II}^{(e)} = \left\{ \begin{array}{c} p_i \\ p_j \end{array} \right\}^{(e)}, \quad \{q\}^{(e)} = \left\{ \begin{array}{c} q_i \\ q_j \end{array} \right\}^{(e)}$$

这里的$\{q\}^e$为局部坐标下的单元固端约束力向量，以单元局部坐标方向为正，其中，

$$\{q_i\}^{(e)} = [\, q_{ix}, \ q_{iy}, \ q_{iz}, \ m_{ix}, \ m_{iy}, \ m_{iz}\,]^{(e)\mathrm{T}}$$

$$\{q_j\}^{(e)} = [\, q_{jx}, \ q_{jy}, \ q_{jz}, \ m_{jx}, \ m_{jy}, \ m_{jz}\,]^{(e)\mathrm{T}} \tag{3-35}$$

式中的各分量可由图 3-5 表示。$\{p_i\}$，$\{p_j\}$ 则分别为单元两个端节点 i，j 的等效节点荷载向量。

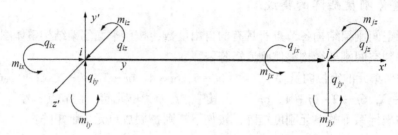

图 3-5　单元固端约束力

于是，根据式(3-14)节点力向量的转换关系，可确定整体坐标下的单元等效节点荷载为

$$\{P\}_{\mathrm{II}}^{(e)} = [\,T\,]^{(e)\mathrm{T}}\{P\}_{\mathrm{II}}^{(e)} = -[\,T\,]^{(e)\mathrm{T}}\{q\}^{(e)}$$

由此可见，确定节点等效荷载的关键在于确定所有相交单元固端约束力 $\{q_i\}$。在对平面刚架结构的分析中已经给出了常见荷载作用下单元固端约束力的计算公式，它们可直接用于计算空间杆单元两个弯曲方向的固端约束力。

3.5　单元杆端内力与支座反力计算

3.5.1　单元杆端内力计算

与平面刚架相同，空间刚架结构任一单元杆端内力也可表示为

$$\{F_i\}^{(e)} = [\,k\,]_{ii}^{(e)}[\,t\,]^{(e)}\{\delta_i\}^{(e)} + \{q_i\} \tag{3-36}$$

$$\{F_j\}^{(e)} = [\,k\,]_{jj}^{(e)}[\,t\,]^{(e)}\{\delta_j\}^{(e)} + \{q_j\} \tag{3-37}$$

而这里的内力向量 $\{F_i\}$ 有 6 个分量，即一个轴力、两个剪力、一个扭矩和两个弯矩，且可表示为

$$\{F_i\}^{(e)} = [\, N_i, \ Q_{iy}, \ Q_{iz}, \ T_i, \ M_{iy}, \ M_{iz}\,]^{(e)}$$

式中，N_i 为轴力；Q_{iy}，Q_{iz} 分别为局部坐标 y'，z' 方向的剪力；T_i 表示绕局部坐标 x' 轴转动的扭矩；M_{iy}，M_{iz} 则分别为绕两个形心主轴 y'，z' 转动的弯矩，其方向均以相应的坐标方向为正。

此处的节点位移 $\{\delta_i\}$，$\{\delta_j\}$ 仅与节点编号有关，即

$$\{\delta_i\}^{(e)} = \{\delta_i\}, \ \{\delta_j\}^{(e)} = \{\delta_j\}$$

显然，在确定了结构的各节点位移之后，很容易由式(3-36)和式(3-37)得到单元两端截面的各内力分量。因具体表达式较为复杂，此处不予展开，但通过计算机程序极易

实现。

3.5.2 支座约束反力计算

按照与平面刚架结构同样的分析，并考虑到固端约束力的影响，不难得到空间刚架结构任一约束节点 i 所受到的约束反力：

$$\{R_i\} = \sum_e \{F_i\}^{(e)} - \{P_i\}_I \tag{3-38}$$

式中，i 为受约束节点的整体编号；$\{P_i\}_I$ 为作用于 i 节点的集中荷载。

3.6 空间杆系结构程序及使用说明

3.6.1 空间杆系结构程序

空间杆系结构静力计算源程序 SFSAP（space frame structural analysis program）清单如下：

```
C
C     Space Frame Structural Analysis Program
C
      PROGRAM SFSAP
      DIMENSION X(500),Y(500),Z(500),IJK(500,3),EAI(500,6),JR(500,7),PJ
     & (500,3),PF(500,4),TK(3000,3000),P(3000)
      CHARACTER * 12 INDAT,OUTDAT
      WRITE ( * , * ) 'PLEASE INPUT PRIMARY DATA FILE NAME!'
      READ ( * ,'(A12)') INDAT
      WRITE ( * , * ) 'PLEASE INPUT CALCULATION RESULT FILE NAME!'
      READ ( * ,'(A12)') OUTDAT
      OPEN (1,FILE = INDAT,STATUS = 'OLD')
      OPEN (2,FILE = OUTDAT,STATUS = 'NEW')
      READ (1, * ) NE,NJ,NJJ,NR,NP,NF
      WRITE (2,10) NE,NJ,NJJ,NR,NP,NF
10    FORMAT (3X,'SPACE FRAME STRUCTURE ANALYSIS'/5X,'NE = ',I2,8X,'NJ = ',I
     & 2,8X,'NJJ = ',I2,/5X,'NR = ',I2,8X,'NP = ',I2,8X,'NF = ',I2,E12. 4)
      N = NJ * 6
      CALL INPUT (NE,NJ,NJJ,NR,NP,NF,X,Y,Z,IJK,EAI,JR,PJ,PF)
      CALL TSM (NE,NJ,X,Y,Z,IJK,EAI,TK,N)
      CALL JLP (NE,NJ,NP,NF,X,Y,Z,IJK,PJ,PF,P,N)
      CALL ISC (NR,JR,TK,P,N)
      CALL GAUSS (TK,P,N)
```

```
      CALL MVN ( NE,NJ,NF,X,Y,Z,IJK,EAI,PF,P,N)
      CLOSE ( 1)
      CLOSE ( 2)
      STOP
      END
C
C     READ AND PRINT PRIMARY DATA
C
      SUBROUTINE INPUT(NE,NJ,NJJ,NR,NP,NF,X,Y,Z,IJK,EAI,JR,PJ,PF)
      DIMENSION X(NJ+NJJ),Y(NJ+NJJ),Z(NJ+NJJ),IJK(NE,3),EAI(NE,6),
     & JR(NR,7),PJ(NP,3),PF(NF,4)
      READ (1,*) (X(I),Y(I),Z(I),I=1,NJ)
      READ (1,*) (X(I),Y(I),Z(I),I=NJ+1,NJ+NJJ)
      READ (1,*) (IJK (I,1),IJK (I,2),IJK (I,3),I=1, NE)
      READ (1,*) (EAI(I,1),EAI(I,2),EAI(I,3),EAI(I,4),EAI(I,5),
     & EAI(I,6),I=1, NE)
      READ (1,*) ((JR(I,J),J=1,7),I=1,NR)
      IF (NP.GT.0) READ (1,*) ((PJ(I,J),J=1,3),I=1,NP)
      IF (NF.GT.0) READ (1,*) ((PF(I,J),J=1,4),I=1,NF)
      WRITE (2,10) (I,X(I),Y(I),Z(I),I=1,NJ)
      WRITE (2,20) (I,X(I),Y(I),Z(I),I=NJ+1,NJ+NJJ)
      WRITE (2,30) (I,IJK(I,1),IJK(I,2),IJK(I,3), I=1,NE)
      WRITE (2,40) (I,EAI(I,1),EAI(I,2),EAI(I,3),EAI(I,4),EAI(I,5),
     & EAI(I,6),I=1,NE)
      WRITE (2,50) ((JR(I,J),J=1,7),I=1,NR)
      IF (NP.GT.0) WRITE(2,60) ((PJ(I,J),J=1,3),I=1,NP)
      IF (NF.GT.0) WRITE(2,70) ((PF(I,J),J=1,4),I=1,NF)
10    FORMAT (/2X,'COORDINATES OF JOINT'/6X,'JOINT',8X,'X',11X,'Y',11X,
     & 'Z'/(6X,I4,3F12.4))
20    FORMAT (/2X,'COORDINATES OF ADD JOINT'/6X,'JOINT',8X,'X',11X,'Y',
     & 11X,'Z'/(6X,I4,3F12.4))
30    FORMAT (/2X,'JOINT OF ELEMENTS'/6X,'ELEMNET',3X,'JOINT-I',4X
     & ,'JIONT-J',4X'JOINT-K'/ (6X,I3,3I11))
40    FORMAT (/2X,'INFORMATION OF ELEMENTS'/6X,'ELEMNET',8X,'E',11X,'G'
     & ,11X,'A',11X,'J',10X,'IY',10X,'IZ'/ (6X,I4,4X,6E12.4))
50    FORMAT (/2X,'INFORMATION OF RESTRICTION'/6X,'RES. -JOINT',5X,'XR',8
     & X,'YR',8X,'YR',7X,'CX',8X,'CY',8X,'CZ'/(6X,I4,2X,6I10))
60    FORMAT (/2X,'JOINT LOAD'/6X, 'JOINT'8X, 'XYM',12X,'LOAD'/(6X,F5.0,
```

```
&  6X,F5. 0,6X,F12. 4))
70 FORMAT (/2X,'NON-JOINT LOAD'/6X,'ELEMENT',8X,'TYPE',8X,
&  'LOAD',12X,'C'/(6X,F6. 0,6X,F6. 0,4X,2F12. 4))
   END
C
C  CALCULATE LENGTH, SINE AND COSINE OF MEMBER
C
   SUBROUTINE LSC (M,NE,NJ,X,Y,Z,IJK,BL,CXX,CXY,CXZ,CYX,CYY,CYZ,
&  CZX,CZY,CZZ)
   DIMENSION X(500),Y(500),Z(500),IJK(NE,3)
   I=IJK(M,1)
   J=IJK(M,2)
   K=IJK(M,3)
   DX=X(J)-X(I)
   DY=Y(J)-Y(I)
   DZ=Z(J)-Z(I)
   BL=SQRT(DX*DX+DY*DY+DZ*DZ)
   CXX=DX/BL
   CXY=DY/BL
   CXZ=DZ/BL
   S1=(1-CXX*CXX)*(X(K)-X(I))-CXX*CXY*(Y(K)-Y(I))-CXX*CXZ*(Z
(K)-Z(I))
   S2=(1-CXY*CXY)*(Y(K)-Y(I))-CXY*CXX*(X(K)-X(I))-CXY*CXZ*(Z
(K)-Z(I))
   S3=(1-CXZ*CXZ)*(Z(K)-Z(I))-CXZ*CXX*(X(K)-X(I))-CXZ*CXY*(Y
(K)-Y(I))
   BL2=SQRT(S1*S1+S2*S2+S3*S3)
   CYX=S1/BL2
   CYY=S2/BL2
   CYZ=S3/BL2
   YZ=((Y(K)-Y(I))*(Z(K)-Z(J))-(Z(K)-Z(I))*(Y(K)-Y(J)))
   ZX=-((X(K)-X(I))*(Z(K)-Z(J))-(Z(K)-Z(I))*(X(K)-X(J)))
   XY=((X(K)-X(I))*(Y(K)-Y(J))-(Y(K)-Y(I))*(X(K)-X(J)))
   BL3=SQRT(YZ*YZ+ZX*ZX+XY*XY)
   CZX=YZ/BL3
   CZY=ZX/BL3
   CZZ=XY/BL3
   END
```

```
C
C       CALCULATE ELEMENT STIFFNESS MATRIX REFERRED TO ELEMENT
C       COORDINATE SYSTEM
        SUBROUTINE ESM(M,NE,EAI,BL,EK)
        DIMENSION EAI(NE,6),EK(12,12)
        DO 10 I=1,12
        DO 10 J=1,12
10      EK (I,J)=0.0
        A1=EAI(M,1)*EAI(M,3)/BL
        A2=EAI(M,1)*EAI(M,6)/BL/BL/BL
        A3=EAI(M,1)*EAI(M,6)/BL/BL
        A4=EAI(M,1)*EAI(M,5)/BL/BL/BL
        A5=EAI(M,1)*EAI(M,5)/BL/BL
        A6=EAI(M,2)*EAI(M,4)/BL
        A7=EAI(M,1)*EAI(M,5)/BL
        A8=EAI(M,1)*EAI(M,6)/BL
         EK(1,1)=A1
         EK(1,7)=-A1
         EK(2,2)=12*A2
         EK(2,6)=6*A3
         EK(2,8)=-12*A2
         EK(2,12)=6*A3
         EK(3,3)=12*A4
         EK(3,5)=-6*A5
         EK(3,9)=-12*A4
         EK(3,11)=-6*A5
         EK(4,4)=A6
         EK(4,10)=-A6
         EK(5,5)=4*A7
         EK(5,9)=6*A5
         EK(5,11)=2*A7
         EK(6,6)=4*A8
         EK(6,8)=-6*A3
         EK(6,12)=2*A8
         EK(7,7)=A1
         EK(8,8)=12*A2
         EK(8,12)=-6*A3
         EK(9,9)=12*A4
```

```
          EK(9,11) = 6 * A5
          EK(10,10) = A6
          EK(11,11) = 4 * A7
          EK(12,12) = 4 * A8
      DO 20 J = 2,12
      DO 20 I = 1,J-1
20    EK(J,I) = EK(I,J)
      END
C
C     FORM COORDINATE TRANSFORMATION MATRIX.
C
      SUBROUTINE CTM (CXX,CXY,CXZ,CYX,CYY,CYZ,CZX,CZY,CZZ,TR)
      DIMENSION TR(12,12)
      DO 10 I = 1,12
      DO 10 J = 1,12
10    TR(I,J) = 0.0
      TR(1,1) = CXX
      TR(1,2) = CXY
      TR(1,3) = CXZ
      TR(2,1) = CYX
      TR(2,2) = CYY
      TR(2,3) = CYZ
      TR(3,1) = CZX
      TR(3,2) = CZY
      TR(3,3) = CZZ
      TR(4,4) = CXX
      TR(4,5) = CXY
      TR(4,6) = CXZ
      TR(5,4) = CYX
      TR(5,5) = CYY
      TR(5,6) = CYZ
      TR(6,4) = CZX
      TR(6,5) = CZY
      TR(6,6) = CZZ
      DO 20 I = 1,6
      DO 20 J = 1,6
20    TR(I+6,J+6) = TR(I,J)
      END
```

```
C
C     CALCULATE ELEMENT STIFFNESS MATRIX REFERRED
C     TO GLOBAL COORDINATE SYSTEM
      SUBROUTINE TTKT (EK,TR)
      DIMENSION EK(12,12),TR(12,12),TE(12,12)
      DO 10 I=1,12
      DO 10 J=1,12
      TE(I,J)=0.0
      DO 10 K=1,12
      TE(I,J)=TE(I,J)+TR(K,I) * EK(K,J)
10    CONTINUE
      DO 20 I=1,12
      DO 20 J=1,12
      EK(I,J)=0.0
      DO 20 K=1,12
      EK(I,J)=EK(I,J)+TE(I,K) * TR(K,J)
20    CONTINUE
      END
C
C     ASSEMBLE TOTAL STIFFNESS MATRIX.
C
      SUBROUTINE TSM (NE,NJ,X,Y,Z,IJK,EAI,TK,N)
      DIMENSION X(NJ),Y(NJ),Z(NJ),IJK(NE,3),EAI(NE,6),TK(N,N),
     & EK(12,12),TR(12,12),LV(12)
      DO 10 I=1,N
      DO 10 J=1,N
10    TK(I,J) = 0.0
      DO 40 M =1,NE
      CALL LSC (M,NE,NJ,X,Y,Z,IJK,BL,CXX,CXY,CXZ,CYX,CYY,CYZ,CZX,CZY,
     & CZZ)
      CALL ESM (M,NE,EAI,BL,EK)
      CALL CTM (CXX,CXY,CXZ,CYX,CYY,CYZ,CZX,CZY,CZZ,TR)
      CALL TTKT (EK,TR)
      DO 20 K=1,6
      LV(K)=6 * (IJK(M,1)-1)+K
      LV(6+K)=6 * (IJK(M,2)-1)+K
20    CONTINUE
      DO 30 L=1,12
```

```
        I=LV(L)
        DO 30 K=1,12
        J=LV(K)
        TK(I,J)=TK(I,J)+EK(L,K)
30      CONTINUE
40      CONTINUE
C       DO 50 I=1,12
C       DO 50 J=1,12
        END
C
C       CALCULATE ELEMENT FIXED-END FORCES
C
        SUBROUTINE EFF(L,PF,NF,BL,FO)
        DIMENSION PF(NF,4),FO(12)
        NO=INT (PF(L,2))
        Q=PF(L,3)
        C=PF(L,4)
        B=BL-C
        C1=C/BL
        C2=C1 * C1
        C3=C1 * C2
        DO 5 I=1,12
5       FO(I)=0.0
        GOTO (10,20,30,40,50,60),NO
10      FO(2)=-Q * C * (1.0-C2+C3/2.0)
        FO(6)=-Q * C * C * (0.5-2.0 * C1/3.0+0.25 * C2)
        FO(8)=-Q * C * C2 * (1.0-0.5 * C1)
        FO(12)=Q * C * C * C1 * (1.0/3.0-0.25 * C1)
        RETURN
20      FO(2)=-Q * B * B * (1.0+2.0 * C1)/BL/BL
        FO(6)=-Q * C * B * B/BL/BL
        FO(8)=-Q * C2 * (1.0+2.0 * B/BL)
        FO(12)=Q * C2 * B
        RETURN
30      FO(2)=6.0 * Q * C1 * B/BL/BL
        FO(6)=Q * B * (2.0-3.0 * B/BL)/BL
        FO(8)=-6.0 * Q * C1 * B/BL/BL
        FO(12)=Q * C1 * (2.0-3.0 * C1)
```

```
        RETURN
40      FO(2)=-Q*C*(0.5-0.75*C2+0.4*C3)
        FO(6)=-Q*C*C*(1.0/3.0-0.5*C1+0.2*C2)
        FO(8)=-Q*C*C2*(0.75-0.4*C1)
        FO(12)=Q*C*C*C1*(0.25-0.2*C1)
        RETURN
50      FO(1)=-Q*C*(1.0-0.5*C1)
        FO(7)=-0.5*Q*C*C1
        RETURN
60      FO(1)=-Q*B/BL
        FO(7)=-Q*C1
        RETURN
        END
C
C       FORM TOTAL JOINT LOAD VECTOR.
C
        SUBROUTINE JLP (NE,NJ,NP,NF,X,Y,Z,IJK,PJ,PF,P,N)
        DIMENSION X(NJ),Y(NJ),Z(NJ),IJK(NE,3),PJ(NP,3),PF(NF,4),P(N),F
     &  O(12), PE(12)
        DO 10 I=1,N
        P(I) = 0.0
10      CONTINUE
        IF (NP.GT.0) THEN
        DO 20 I=1,NP
        J=PJ(I,1)
        L=6*(J-1) +INT (PJ(I,2))
        P(L)=PJ(I,3)+P(L)
20      CONTINUE
        END IF
        IF (NF.GT.0) THEN
        DO 30 L=1,NF
        M=INT (PF(L,1))
        CALL LSC (M,NE,NJ,X,Y,Z,IJK,BL,CXX,CXY,CXZ,CYX,CYY,CYZ,CZX,CZY,
     &  CZZ)
        CALL EFF (L,PF,NF,BL,FO)
        PE(1)=-FO(1)*CXX-FO(2)*CYX-FO(3)*CZX
        PE(2)=-FO(1)*CXY-FO(2)*CYY-FO(3)*CZY
        PE(3)=-FO(1)*CXZ-FO(2)*CYZ-FO(3)*CZZ
```

80

```
      PE(4) = -FO(4) * CXX-FO(5) * CYX-FO(6) * CZX
      PE(5) = -FO(4) * CXY-FO(5) * CYY-FO(6) * CZY
      PE(6) = -FO(4) * CXZ-FO(5) * CYZ-FO(6) * CZZ
      PE(7) = -FO(7) * CXX-FO(8) * CYX-FO(9) * CZX
      PE(8) = -FO(7) * CXY-FO(8) * CYY-FO(9) * CZY
      PE(9) = -FO(7) * CXZ-FO(8) * CYZ-FO(9) * CZZ
      PE(10) = -FO(10) * CXX-FO(11) * CYX-FO(12) * CZX
      PE(11) = -FO(10) * CXY-FO(11) * CYY-FO(12) * CZY
      PE(12) = -FO(10) * CXZ-FO(11) * CYZ-FO(12) * CZZ
      I = IJK(M,1)
      J = IJK(M,2)
      P(6 * I-5) = P(6 * I-5)+PE(1)
      P(6 * I-4) = P(6 * I-4)+PE(2)
      P(6 * I-3) = P(6 * I-3)+PE(3)
      P(6 * I-2) = P(6 * I-2)+PE(4)
      P(6 * I-1) = P(6 * I-1)+PE(5)
      P(6 * I) = P(6 * I)+PE(6)
      P(6 * J-5) = P(6 * J-5)+PE(7)
      P(6 * J-4) = P(6 * J-4)+PE(8)
      P(6 * J-3) = P(6 * J-3)+PE(9)
      P(6 * J-2) = P(6 * J-2)+PE(10)
      P(6 * J-1) = P(6 * J-1)+PE(11)
      P(6 * J) = P(6 * J)+PE(12)
30    CONTINUE
      END IF
      END
C
C     INTRODUCE SUPPORT CONDITION
C
      SUBROUTINE ISC (NR,JR,TK,P,N)
      DIMENSION TK(N,N),P(N),JR(NR,7)
      DO 30 I = 1,NR
      J = JR(I,1)
      DO 20 K = 1,6
      IF (JR(I,K+1). NE. 0) THEN
      L = 6 * (J-1)+K
      DO 10 JJ = 1,N
      TK(L,JJ) = 0. 0
```

81

```
         TK(JJ,L) = 0. 0
10    CONTINUE
         TK(L,L) = 1. 0
         P(L) = 0. 0
         END IF
20    CONTINUE
30    CONTINUE
         END
C
C     SOLUTION OF SIMULTANEOUS EQUATIONS BU THE GAUSS.
C     ELIMINATION METHOD.
         SUBROUTINE GAUSS ( A,B,N )
         DIMENSION A(N,N),B(N)
         DO 20 K = 1,N-1
         DO 20 I = K+1,N
         A1 = A(K,I)/A(K,K)
         DO 10 J = K+1,N
         A(I,J) = A(I,J)-A1 * A(K,J)
10    CONTINUE
         B(I) = B(I)-A1 * B(K)
20    CONTINUE
         B(N) = B(N)/A(N,N)
         DO 40 I = N-1,1,-1
         DO 30 J = I+1,N
         B(I) = B(I)-A(I,J) * B(J)
30    CONTINUE
         B(I) = B(I)/A(I,I)
40    CONTINUE
         END
C
C     PRINT JOINT DISPLACEMENT. CALCULATE AND PRINT
C     MEMBER-END FORCES OF ELEMENTS
         SUBROUTINE MVN ( NE,NJ,NF,X,Y,Z,IJK,EAI,PF,P,N )
         DIMENSION   X(NJ),Y(NJ),Z(NJ),IJK(NE,3),EAI(NE,6),P(N),
      &PF(NF,4),FO(12),F(12),D(12),TD(12),TR(12,12),EK(12,12)
         WRITE ( 2,10 )
10    FORMAT (//2X,'JOINT DISPLACEMENTS'/5X,'JOINT',8X,'DX',10X,
      &'DY',10X,'DZ',10X,'RX',10X,'RY',10X,'RZ')
```

```
      DO 20 I=1,NJ
      WRITE (2,15) I,P(6*I-5),P(6*I-4),P(6*I-3),P(6*I-2),
     &P(6*I-1),P(6*I)
15    FORMAT (2X,I6,4X,6E12.4)
20    CONTINUE
      WRITE (2,25)
25    FORMAT (/2X,'MENBER-END FORCES OF ELEMENTS'/4X,'ELEMENT',6X,'
     &FX',11X,'FY',11X,'FZ',11X,'MX',11X,'MY',11X,'MZ')
      DO 90 M=1,NE
      CALL LSC (M,NE,NJ,X,Y,Z,IJK,BL,CXX,CXY,CXZ,CYX,CYY,CYZ,CZX,CZY,
     &CZZ)
      CALL ESM (M,NE,EAI,BL,EK)
      CALL CTM (CXX,CXY,CXZ,CYX,CYY,CYZ,CZX,CZY,CZZ,TR)
      I=IJK(M,1)
      J=IJK(M,2)
      DO 30 K=1,6
      D(K)=P(6*(I-1)+K)
      D(K+6)=P(6*(J-1)+K)
30    CONTINUE
      DO 40 I=1,12
      TD(I)=0.0
      DO 40 J=1,12
      TD(I)=TD(I)+TR(I,J)*D(J)
40    CONTINUE
      DO 50 I=1,12
      F(I)=0.0
      DO 50 J=1,12
      F(I)=F(I)+EK(I,J)*TD(J)
50    CONTINUE
      IF (NF.GT.0) THEN
      DO 70 L=1,NF
      I=INT (PF(L,1))
      IF (M.EQ.I) THEN
      CALL EFF (L,PF,NF,BL,FO)
      DO 60 J=1,12
      F(J)=F(J)+FO(J)
60    CONTINUE
      END IF
```

```
70   CONTINUE
     END IF
     WRITE (2,80) M,(F(I), I=1,12)
80   FORMAT (2X, I6,2X,'I',F10.4,3X,F10.4,3X,F10.4,3X,F10.4,3X,F10.4,3X,
     &F10.4/10X,'J', F10.4, 3X,F10.4,3X,F10.4,3X,F10.4,3X,F10.4, 3X,
     &F10.4)
90   CONTINUE
     END
```

3.6.2　程序功能及使用说明

1. 程序功能

空间杆系结构程序 SFSAP 能对空间桁架、空间刚架以及组合结构进行内力分析。

2. 程序结构

SFSAP 程序有 11 个子程序构成。各子例程的名称及功能与 PFSAP 基本相同，在此不再赘述。

3. 主要符号标识

SFSAP 程序主要标识符大多数与 PFSAP 程序相同，下面仅对不同的标识符作简要说明：

IJK(NE, 3)——单元两端节点号、虚拟节点数组。IJK(I, 1)，IJK(i, 2)，IJK(i, 3)，分别表示 i 单元起、止节点和虚拟节点的编号；

EAI(NE, 6)——单元的物理、几何参数数组。EAI(i, 1)，EAI(i, 2)，EAI(i, 3)，EAI(i, 4)，EAI(i, 5)，EAI(i, 6)分别表示 i 单元的弹性模量、剪切模量、截面积、极惯性矩、在 $\bar{x}\,\bar{z}$ 平面内的抗弯刚度、在 $\bar{x}\,\bar{y}$ 平面内的抗弯刚度；

JR(NR, 7)——支座节点约束信息组。其中，JR(i, 1)为第 i 个支座节点的节点码；JR(i, 2)，JR(i, 3)，JR(i, 4)，JR(i, 5)，JR(i, 6)和 JR(i, 7)；分别为 u，v，w，$\theta_x,\theta_y,\theta_z$ 的方向约束信息，若有约束则输 1，若无约束则输 0；

PJ(NP, 3)——节点荷载数组。PJ(i, 1)，PJ(i, 2)，PJ(i, 3)分别为第 i 个节点荷载作用的节点码、作用方向代码及荷载值；荷载作用对应 u，v，w，$\theta_x,\theta_y,\theta_z$ 方向分别用 1，2，3，4，5，6 表示；荷载值以单元 x，y，z 轴同向为正值，反之为负；力偶以顺时针为正；

PF(NF, 5)——非节点荷载数组。其中，PF(i, 1)，PF(i, 2)，PF(i, 3)，PF(i, 4)，PF(i, 5)分别为第 i 个非节点荷载作用的单元号、荷载类型、主惯性平面、荷载大小、位置参数；荷载作用主平面 PF(i, 3)，取 1 表示 $\bar{x}\,\bar{y}$ 平面，取 2 表示 $\bar{x}\,\bar{z}$ 平面；荷载值以单元 $\bar{x}$，$\bar{y}$，$\bar{z}$ 轴同向为正值，反之为负；力偶以顺时针为正。

3.6.3 程序应用

例3-1 试求图3-6所示空间刚架 B 点位移及各杆内力，各杆的材料、几何性质相同。$E=2.1\times10^2\text{GPa}$，$G=9\times10^4\text{MPa}$，$A=0.005\text{m}^2$，$L=2.4\text{m}$，$J=2.6\times10^{-5}\text{m}^{-4}$。荷载 $q=15\text{kN/m}$，$P=10\text{kN}$。

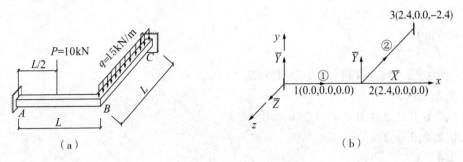

图3-6 空间刚架计算模型

程序解题，按如下步骤进行：

(1)单元和节点编码，确定两种坐标系。建立如图3-6(b)所示结构坐标系与单元局部坐标系。各杆上的箭头指向为单元坐标系 $\bar{x}$ 轴的正方向，由 $\bar{x}$ 轴顺时针旋转90°即为 $\bar{y}$ 轴的正方向。结构坐标系的原点可自行确定。

(2)准备原始数据。

对应语句：READ（1，*）NE，NJ，NJJ，NR，NP，NF

依次填写：2，3，2，2，0，2

对应语句：READ（1，*）(X(I)，Y(I)，Z(I)，I=1，NJ)

填写各节点坐标值：0.0，0.0，0.0，2.4，0.0，0.0，2.4，0.0，−2.4

对应语句：READ（1，*）(X(I)，Y(I)，Z(I)，I=NJ+1，NJ+NJJ)

附加节点坐标值：0.0，2.0，0.0，2.4，2.0，0.0

对应语句：READ（1，*）(IJK(I，1)，IJK(I，2)，IJK(I，3)，I=1，NE)

填写各单元起、止和附加节点的节点码：

1，2，4

2，3，5

对应语句：READ（1，*）(EAI(I，1)，EAI(I，2)，EAI(I，3)，EAI(I，4)，EAI(I，5)，EAI(I，6)，I=1，NE)

依次填写各单元弹性模量、剪切模量、截面积、极惯性矩，在 $\bar{x}\,\bar{z}$ 平面内的抗弯刚度、在 $\bar{x}\,\bar{y}$ 平面内的抗弯刚度。

2.1E8，9E7，0.05，2.6E−5，1.2E−5，3.0E−5

2.1E8，9E7，0.05，2.6E−5，1.2E−5，3.0E−5

对应语句：READ（1，*）((JR(I，J)，J=1，7)，I=1，NR)

支座节点约束信息，每个支座节点填写 7 个数。

1,1,1,1,1,1,1

3,1,1,1,1,1,1

对应语句:IF（NP. GT. 0）READ（1, ＊）（（PJ(I,J),J=1 ,3),I=1,NP)

填写各节点荷载信息,若 NP＝0,则不填写此组数据。

对应语句:IF（NF. GT. 0）WRITE（2,70）（（PF(I,J),J=1,5),I=1,NF)

填写非节点荷载信息:

1,2,1,−10,1. 2

2,1,1,−15,2. 4

(3)建立输入数据文件(如 EXAMPLE2. TXT)。

2,3,2,2,0,2

0. 0,0. 0,0. 0,2. 4,0. 0,0. 0,2. 4,0. 0,−2. 4

0. 0,2. 0,0. 0,2. 4,2. 0,0. 0

1,2,4

2,3,5

2. 1E8,9E7,0. 05,2. 6E−5,1. 2E−5,3. 0E−5

2. 1E8,9E7,0. 05,2. 6E−5,1. 2E−5,3. 0E−5

1,1,1,1,1,1,1

3,1,1,1,1,1,1

1,2,1,−10,1. 2

2,1,1,−15,2. 4

(4)程序执行。

JOINT	DX	DY	DZ	RX	RY	RZ
1	0. 0000E+00	0. 0000E+00	0. 0000E+00	0. 0000E+00	0. 0000E+0	0. 0000E+00
2	0. 0000E+00	−0. 5003E−02	0. 0000E+00	0. 2234E−02	0. 0000E+00	−0. 2600E−02
3	0. 0000E+00	0. 0000E+00	0. 0000E+00	0. 0000E+00	0. 0000E+00	0. 0000E+00

ELEMENT	JOINT	FX	FY	FZ	MX	MY	MZ
1	I	0. 0000	15. 2990	0. 0000	−2. 1778	0. 0000	22. 1830
	J	0. 0000	−5. 2990	0. 0000	2. 1778	0. 0000	2. 5347
2	I	0. 0000	5. 2990	0. 0000	2. 5347	0. 0000	−2. 1778
	J	0. 0000	30. 7010	0. 0000	−2. 5347	0. 0000	−28. 3045

例 3-2 试用 SFSAP 程序计算如图 3-7 所示空间刚架。已知 $E=28\text{GPa}$，$G=7. 2\text{GPa}$，$A=0. 01\text{m}^2$，$I_x=I_y=I_z=1. 25\times10^{-4}\text{m}^4$，铅直方向的均布荷载 $q=10\text{kN/m}$，水平方向的均布荷载 $p=5\text{kN/m}$，集中力 $P=20\text{kN}$。

解:分析结构特点，划分单元，建立整体坐标系与局部坐标系，如图 3-7(b)所示，进行节点编码与单元编码。

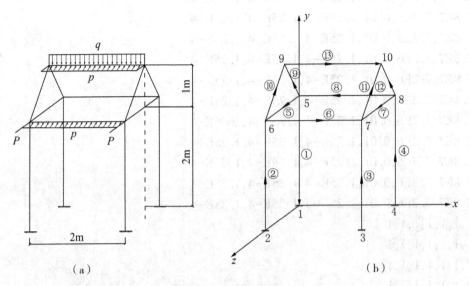

图 3-7 空间计算模型

建立数据文件 input.dat，如下列表：

13,10,13,4,2,3

0.0,0.0,0.0,0.0,0.0,2.0,2.0,0.0,2.0,2.0,0.0,0.0,0.0,0.0,2.0,0.0,

0.0,2.0,2.0,2.0,2.0,2.0,2.0,0.0,0.0,0.0,3.0,1.0,2.0,3.0,1.0

0.0,0.0,3.0,0.0,0.0,4.0,2.0,0.0,4.0,2.0,0.0,3.0,0.0,0.0,4.0,0.0,0.0,0.0,2.0,4.0,

2.0,4.0,2.0,

2.0,4.0,0.0,0.0,3.0,-1.0,0.0,3.0,3.0,2.0,3.0,3.0,2.0,3.0,-1.0,0.0,0.0,5.0,1.0

1,5,11

2,6,12

3,7,13

4,8,14

5,6,15

6,7,16

7,8,17

8,5,18

5,9,19

6,9,20

7,10,21

8,10,22

9,10,23

2.8E7,7.2E6,0.01,1.25E-4,1.25E-4,1.25E-4

2.8E7,7.2E6,0.01,1.25E-4,1.25E-4,1.25E-4
2.8E7,7.2E6,0.01,1.25E-4,1.25E-4,1.25E-4
2.8E7,7.2E6,0.01,1.25E-4,1.25E-4,1.25E-4
2.8E7,7.2E6,0.01,1.25E-4,1.25E-4,1.25E-4
2.8E7,7.2E6,0.01,1.25E-4,1.25E-4,1.25E-4
2.8E7,7.2E6,0.01,1.25E-4,1.25E-4,1.25E-4
2.8E7,7.2E6,0.01,1.25E-4,1.25E-4,1.25E-4
2.8E7,7.2E6,0.01,1.25E-4,1.25E-4,1.25E-4
2.8E7,7.2E6,0.01,1.25E-4,1.25E-4,1.25E-4
2.8E7,7.2E6,0.01,1.25E-4,1.25E-4,1.25E-4
2.8E7,7.2E6,0.01,1.25E-4,1.25E-4,1.25E-4
1,1,1,1,1,1,1
2,1,1,1,1,1,1
3,1,1,1,1,1,1
4,1,1,1,1,1,1
6,2,-20.0
7,2,-20.0
6,1,1,-5.0,2.0
13,1,1,-10.0,2.0
13,1,2,-5.0,2.0
运行程序结果：

JOINT DISPLACEMENTS

JOINT	DX	DY	DZ	RX	RY	RZ
1	0.0000E+00	0.0000E+00	0.0000E+00	0.0000E+00	0.0000E+00	0.0000E+00
2	0.0000E+00	0.0000E+00	0.0000E+00	0.0000E+00	0.0000E+00	0.0000E+00
3	0.0000E+00	0.0000E+00	0.0000E+00	0.0000E+00	0.0000E+00	0.0000E+00
4	0.0000E+00	0.0000E+00	0.0000E+00	0.0000E+00	0.0000E+00	0.0000E+00
5	-0.9035E-05	-0.8627E-04	-0.1200E-02	-0.2214E-03	-0.8359E-04	0.3160E-04
6	0.1153E-05	-0.1280E-03	-0.1188E-02	-0.2619E-03	0.1650E-03	-0.3129E-04
7	-0.1158E-05	-0.1280E-03	-0.1188E-02	-0.2619E-03	-0.1650E-03	0.3129E-04
8	0.9039E-05	-0.8627E-04	-0.1200E-02	-0.2213E-03	0.8359E-04	-0.3161E-04
9	0.8023E-05	-0.1610E-03	-0.1208E-02	0.1263E-03	0.1241E-03	-0.2997E-03
10	-0.8023E-05	-0.1610E-03	-0.1208E-02	0.1263E-03	-0.1241E-03	0.2997E-03

MENBER-END FORCES OF ELEMENTS

ELEMENT		FX	FY	FZ	MX	MY	MZ
1	I	12.0772	5.1396	-0.1185	0.0376	0.0632	5.5269
	J	-12.0772	-5.1396	0.1185	-0.0376	0.1738	4.7522
2	I	17.9228	4.8605	0.1582	-0.0742	-0.1035	5.3188
	J	-17.9228	-4.8605	-0.1582	0.0742	-0.2130	4.4022
3	I	17.9228	4.8604	-0.1582	0.0743	0.1034	5.3187
	J	-17.9228	-4.8604	0.1582	-0.0743	0.2130	4.4022
4	I	12.0772	5.1395	0.1185	-0.0376	-0.0632	5.5269
	J	-12.0772	-5.1395	-0.1185	0.0376	-0.1738	4.7522
5	I	-1.7682	2.7562	-0.3739	0.0283	-0.0611	2.6852
	J	1.7682	-2.7562	0.3739	-0.0283	0.8089	2.8271
6	I	0.3236	5.0000	0.0000	0.0000	-0.1095	1.0892
	J	-0.3236	5.0000	0.0000	0.0000	0.1095	-1.0892
7	I	-1.7683	-2.7562	0.3739	-0.0283	-0.8089	-2.8271
	J	1.7683	2.7562	-0.3739	0.0283	0.0611	-2.6852
8	I	-2.5303	0.0000	0.0000	0.0000	0.2926	0.1106
	J	2.5303	0.0000	0.0000	0.0000	-0.2926	-0.1106
9	I	11.4755	1.7064	-2.0380	0.0556	0.4978	2.0670
	J	-11.4755	-1.7064	2.0380	-0.0556	2.3843	0.3463
10	I	1.8291	-0.8689	0.2085	-0.1024	0.3937	-1.5751
	J	-1.8291	0.8689	-0.2085	0.1024	-0.6885	0.3463
11	I	1.8291	0.8689	0.2085	0.1024	0.3937	1.5751
	J	-1.8291	-0.8689	-0.2085	-0.1024	-0.6885	-0.3463
12	I	11.4755	-1.7064	-2.0380	-0.0556	0.4978	-2.0670
	J	-11.4755	1.7064	2.0380	0.0556	2.3843	-0.3463
13	I	2.2464	10.0000	5.0000	0.0000	-1.2322	2.2845
	J	-2.2464	10.0000	5.0000	0.0000	1.2322	-2.2845

例 3-3　计算图 3-8 所示桁架各杆的轴力及节点 5 的位移。弹性模量 $E = 150GPa$，各杆的截面积均为 $4 \times 10^{-4} m^2$。

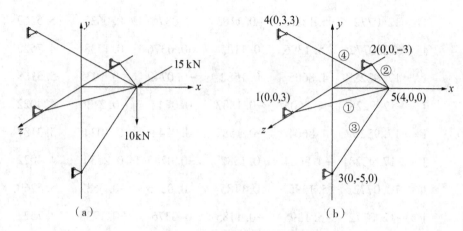

图 3-8　空间桁架计算模型

在用空间刚架 SPFA 程序计算空间桁架时，可令各杆的惯性矩 I 值均为零。与平面杆系程序类似，为使刚架的单元刚度矩阵不至于产生奇异，还需令杆端转角为零。相当于桁架的每个节点处都加一个限制转动的约束，结构的支座节点数与节点数相同。

建立输入数据文件：

4, 5, 4, 5, 2, 0

0.0, 0.0, 3.0, 0.0, 0.0, -3.0, 0.0, -5.0, 0.0, 0.0, 3.0, 3.0, 4.0, 0.0, 0.0

0.0, 2.0, 3.0, 0.0, 2.0, -3.0, 0.0, -2.0, 0.0, 0.0, 5.0, 3.0

1, 5, 6

2, 5, 7

3, 5, 8

4, 5, 9

1.5E8, 0.0, 4E-4, 0.0, 0.0, 0.0

1.5E8, 0.0, 4E-4, 0.0, 0.0, 0.0

1.5E8, 0.0, 4E-4, 0.0, 0.0, 0.0

1.5E8, 0.0, 4E-4, 0.0, 0.0, 0.0

1, 1, 1, 1, 1, 1, 1

2, 1, 1, 1, 1, 1, 1

3, 1, 1, 1, 1, 1, 1

4, 1, 1, 1, 1, 1, 1

5, 0, 0, 0, 1, 1, 1

5, 2, -10

5, 3, 15

结构计算结果文件如下：

JOINT DISPLACEMENTS

JOINT	DX	DY	DZ	RX	RY	RZ
1	0.0000E+00	0.0000E+00	0.0000E+00	0.0000E+00	0.0000E+00	0.0000E+00
2	0.0000E+00	0.0000E+00	0.0000E+00	0.0000E+00	0.0000E+00	0.0000E+00
3	0.0000E+00	0.0000E+00	0.0000E+00	0.0000E+00	0.0000E+00	0.0000E+00
4	0.0000E+00	0.0000E+00	0.0000E+00	0.0000E+00	0.0000E+00	0.0000E+00
5	0.3571E−03	−0.1829E−02	0.1873E−02	0.0000E+00	0.0000E+00	0.0000E+00

MENBER-END FORCES OF ELEMENTS

ELEMENT		FX	FY	FZ	MX	MY	MZ
1	I	10.0549	0.0000	0.0000	0.0000	0.0000	0.0000
	J	−10.0549	0.0000	0.0000	0.0000	0.0000	0.0000
2	I	−16.9104	0.0000	0.0000	0.0000	0.0000	0.0000
	J	16.9104	0.0000	0.0000	0.0000	0.0000	0.0000
3	I	11.2961	0.0000	0.0000	0.0000	0.0000	0.0000
	J	−11.2961	0.0000	0.0000	0.0000	0.0000	0.0000
4	I	−2.2920	0.0000	0.0000	0.0000	0.0000	0.0000
	J	2.2920	0.0000	0.0000	0.0000	0.0000	0.0000

◎ 习题与思考题

1. 试编写一般空间刚架内力计算的通用程序。

2. 如题图 1 所示结构，已知 $EA = 42000000\text{kN}$。分别计算：

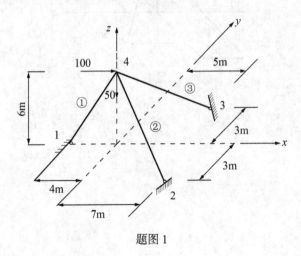

题图 1

（1）结构的节点荷载列阵；

（2）用程序计算各单元内力及支座反力。

3. 按图 2 所示结构的节点和单元编号，分别计算：

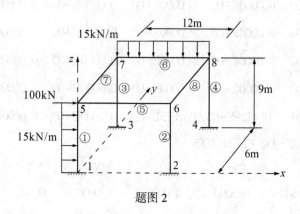

题图 2

（1）手算结构的节点荷载列阵；

（2）用程序计算各单元内力及支座反力。

已知：$E=2.1×10^5$MPa，$\mu=0.3$，$A=200$cm^2，$I_y=I_z=150×10^3$cm^4，$J=280×10^3$cm^4。

4. 计算题图 3 所示结构的各单元内力。其中各杆件截面几何尺寸同上，且各杆件的 x–y 主平面与整体坐标 x–o–z 面垂直。

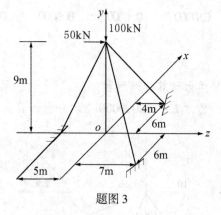

题图 3

第4章　有限差分法

有限差分法可能是解算给定初值和(或)边值微分方程组的最古老数值方法。随着计算机技术的飞速发展，有限差分法以其独特的计算格式和计算流程在数值方法家族中异军突起。在有限差分法中，基本方程组和边界条件(一般均为微分方程)近似地改用差分方程(代数方程)来表示，即由空间离散点处的场变量(应力、位移)的代数表达式代替，从而把求解微分方程的问题改换成求解代数方程的问题。

有限差分法和有限单元法都产生一组待解方程组。尽管这些方程是通过不同方式推导出来的，但两者产生的方程是一致的。另外，有限单元程序通常要将单元矩阵组合成大型整体刚度矩阵，而有限差分则无需如此，因为它相对高效地在每个计算步重新生成有限差分方程。在有限单元法中，常采用隐式、矩阵解算方法，而有限差分法则通常采用显式、时间递步法解算代数方程。

对于众多的数值计算方法，美国明尼苏达的 Cundall 博士认为，"岩石变形模拟中采用显式的有限差分法可能比在其他领域中广泛应用的有限单元法更好"，Fairhurst 教授认为，"有限差分法，至少对岩土工程设计而言，有比其他数值模拟方法更大的优点"。正因为如此，有限差分法在岩土工程界得到了广泛的应用，主要可以模拟边坡的稳定状况，给出边坡滑移迹线，动态地描述边坡的运动规律，给出预警信息；模拟洞室的开挖过程，对支护参数进行优化设计；研究锚固支护中锚杆的横向作用，锚杆角度、锚杆轴力以及锚杆长度变化对围岩位移场、应力场及塑性区发展的影响和规律；模拟采矿过程中，引起覆岩移动及地表塌陷的形成过程，推进速度对破坏区的影响等工程相关问题。有限差分法还能模拟动载(地震、行车载荷、冲击载荷)、水(地表水、地下水)以及热(地热)对岩土工程的作用和影响，为实际工程提供了可以借鉴的理论基础。

4.1　有限差分法的基本概念

差分法的基本思想就是把要求解问题的微分方程及其边界条件用离散的、只含有有限个未知数的差分方程来表示，把求解微分方程的问题转化为求解代数方程的问题，并用代数方程的解作为微分方程的近似解。具体的做法是：用差分网格离散求解域，用差商近似代替导数，或用适当的近似式代替含有导数的表达式，得到差分方程组并求解得到差分解，原微分方程的解可用此差分解来近似代替。随着网格划分的细化，差分解就逐渐向精确解逼近。

4.1.1 有限差分网格的剖分

有限差分法求解偏微分方程组时，先要把连续问题离散化，即把连续的求解区域作网格划分。下面以二维问题为例来说明网格划分。假设所研究的问题是关于空间变量 x 和时间变量 t 的偏微分方程组，而研究的区域是 $x \in [a, b]$，$t \in [0, T]$，如图4-1所示。在 xt 平面上画两簇平行于坐标轴的直线，把上述区域划分为矩形网格，这些直线的交点称为网格点或节点。

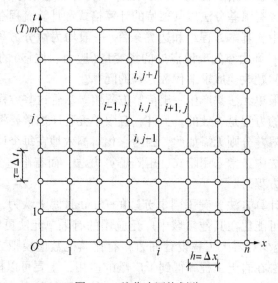

图 4-1　差分法网格划分

一般来说，等距的网格划分较为常见（当然，不等距离的网格划分亦可）。设空间方向的距离为 Δx，记为 h，称其为空间步长；时间方向的步长为 Δt，记为 τ。为了研究方便，网格划分中的每一个节点 (x_i, t_j) 简记为 (i, j)。

经过网格剖分，把连续的区域离散为以下区域：

$$D = \left\{ (x_i, t_j) \, \middle| \, \begin{array}{ll} x_i = a + ih & i = 0, 1, 2, \cdots, n \\ t_j = j\tau & j = 0, 1, 2, \cdots, m \end{array} \right\} \tag{4-1}$$

4.1.2 差分公式

用差商来近似代替导数可得差分公式。设 $f(x, t)$ 为所要求解的某一连续函数。函数在平行于 x 轴的一根网线上只随 x 坐标的变化而变化，可将函数在 i 点展开为以下泰勒级数形式：

$$f = f_i + \left(\frac{\partial f}{\partial x} \right)_i (x - x_i) + \frac{1}{2!} \left(\frac{\partial^2 f}{\partial x^2} \right)_i (x - x_i)^2 + \frac{1}{3!} \left(\frac{\partial^3 f}{\partial x^3} \right)_i (x - x_i)^3 + \cdots \tag{4-2}$$

节点 $(i-1, j)$ 处，有

$$f_{i-1} = f_i - \left(\frac{\partial f}{\partial x}\right)_i h + \frac{1}{2!}\left(\frac{\partial^2 f}{\partial x^2}\right)_i h^2 - \frac{1}{3!}\left(\frac{\partial^3 f}{\partial x^3}\right)_i h^3 + \cdots \approx f_i - \left(\frac{\partial f}{\partial x}\right)_i h \tag{4-3}$$

$$\left(\frac{\partial f}{\partial x}\right)_i = \frac{f_i - f_{i-1}}{h} \quad (\text{向前差分}) \tag{4-4}$$

也可利用节点$(i+1,j)$得到上述偏导数的另一种差商形式:

$$\left(\frac{\partial f}{\partial x}\right)_i = \frac{f_{i+1} - f_i}{h} \quad (\text{向后差分}) \tag{4-5}$$

以上两种差商的计算中略去了步长 h 的二次项及其以后各项,在连续的某一网格区间内,把函数 f 简化为按直线变化。向前差分和向后差分被称为偏心差分,是一种最简单、最基本的构造差商的方法,常用来对非对称性变量(如时间变量等)进行差分计算。用差商来近似代替导数的前提条件是,步长 h 充分小,即网格划分得越细,差分法计算结果越接近精确解答。但是,受计算机存储量和计算速度的限制,网格不可能划分得太细,也就是说,单靠细化网格来提高计算精度不现实。在同样的网格划分下,为了得到精度较高的解答,可以通过提高差分公式精度的方法来实现,即在泰勒级数展开式中多取几项,例如分别在节点$(i-1,j)$和节点$(i+1,j)$处多取一项得到

$$f_{i-1} \approx f_i - \left(\frac{\partial f}{\partial x}\right)_i h + \frac{1}{2}\left(\frac{\partial^2 f}{\partial x^2}\right) h^2 \tag{4-6}$$

$$f_{i+1} \approx f_i + \left(\frac{\partial f}{\partial x}\right)_i h + \frac{1}{2}\left(\frac{\partial^2 f}{\partial x^2}\right) h^2 \tag{4-7}$$

联立求解可得

$$\left(\frac{\partial f}{\partial x}\right)_i = \frac{f_{i+1} - f_{i-1}}{2h} \tag{4-8}$$

$$\left(\frac{\partial^2 f}{\partial x^2}\right)_i = \frac{f_{i+1} + f_{i-1} - 2f_i}{h^2} \tag{4-9}$$

这种差分公式叫中心差分,其特点是在连续的两段网格区间内,把函数 f 简化为 x 的二次函数,看作按抛物线变化。如果要得到更高精度的差分公式,只要在函数的级数展开式中多取几项即可。由于高精度的差分格式中涉及的节点数目太多,应用不便,因而较少采用更高精度的差分公式来解决实际问题。

同理,可得沿 t 方向的差分公式及 x 和 t 的混合导数的差分公式(以中心差分为例)。

$$\left(\frac{\partial f}{\partial t}\right)_i^j = \frac{f_i^{i+1} - f_i^{i-1}}{2h} \tag{4-10}$$

$$\left(\frac{\partial^2 f}{\partial x \partial t}\right)_i^j = \left[\frac{\partial}{\partial x}\left(\frac{\partial f}{\partial t}\right)\right]_i^j = \frac{\left(\frac{\partial f}{\partial t}\right)_{i+1}^j - \left(\frac{\partial f}{\partial t}\right)_{i-1}^j}{2h} = \frac{\dfrac{f_{i+1}^{i+1} - f_{i+1}^{i-1}}{2\tau} - \dfrac{f_{i-1}^{i+1} - f_{i-1}^{i-1}}{2\tau}}{2h}$$

$$= \frac{1}{4h\tau}\left[(f_{i-1}^{i-1} + f_{i+1}^{i+1}) - (f_{i-1}^{i+1} + f_{i+1}^{i-1})\right] \tag{4-11}$$

几种常见的差分公式见表4-1。

95

表 4-1　　　　　　　　　　　　　　**常用差分公式表**

i,j 点导数	向前差分	向后差分	中心差分
$\dfrac{\partial f}{\partial x}$	$\dfrac{f_{i+1}^{j}-f_{i}^{j}}{h}$	$\dfrac{f_{i}^{j}-f_{i-1}^{j}}{h}$	$\dfrac{f_{i+1}^{j}-f_{i-1}^{j}}{2h}$
$\dfrac{\partial^{2} f}{\partial x^{2}}$	$\dfrac{f_{i+2}^{j}-2f_{i+1}^{j}+f_{i}^{j}}{h^{2}}$	$\dfrac{f_{i}^{j}-2f_{i-1}^{j}+f_{i-2}^{j}}{h^{2}}$	$\dfrac{f_{i+1}^{j}-2f_{i}^{j}+f_{i-1}^{j}}{(2h^{2})}$
$\dfrac{\partial^{3} f}{\partial x^{3}}$	$\dfrac{f_{i+3}^{j}-3f_{i+2}^{j}+3f_{i+1}^{j}-f_{i}^{j}}{h^{3}}$	$\dfrac{f_{i}^{j}-3f_{i-1}^{j}+3f_{i-2}^{j}-f_{i-3}^{j}}{h^{3}}$	$\dfrac{f_{i+2}^{j}-3f_{i+1}^{j}+3f_{i-1}^{j}-f_{i+2}^{j}}{(2h)^{3}}$
$\dfrac{\partial^{4} f}{\partial x^{4}}$	$\dfrac{f_{i+4}^{j}-4f_{i+3}^{j}+6f_{i+2}^{j}-4f_{i+1}^{j}+f_{i}^{j}}{h^{4}}$	$\dfrac{f_{i}^{j}-4f_{i-1}^{j}+6f_{i-2}^{j}-4f_{i-3}^{j}+f_{i-4}^{j}}{h^{4}}$	$\dfrac{f_{i+4}^{j}-4f_{i+2}^{j}+6f_{i}^{j}-4f_{i-2}^{j}+f_{i-4}^{j}}{(2h)^{4}}$
$\dfrac{\partial^{2} f}{\partial x\partial t}$	$\dfrac{f_{i+1}^{j+1}-f_{i+1}^{j}-f_{i}^{j+1}+f_{i}^{j}}{h\tau}$	$\dfrac{f_{i}^{j}-f_{i}^{j-1}-f_{i-1}^{j}+f_{i-1}^{j-1}}{h\tau}$	$\dfrac{f_{i+1}^{j+1}-f_{i+1}^{j-1}-f_{i-1}^{j+1}+f_{i-1}^{j-1}}{4h\tau}$

4.1.3　边界的处理

差分法将连续区域(包括其边界记为 D) 离散化为由节点组成的网格，如果两个节点在网格线方向只差一个步长，则称其为相邻节点。在二维问题中，如果一个节点的 4 个相邻节点都属于 D，那么这样的节点称为内部节点；如果一个节点的 4 个相邻节点中至少有一个不属于 D，则称之为边界节点。内点的差分公式可以直接由其相邻节点得到，而边界点的差分公式则需要作特殊处理方可得到。

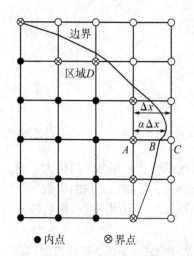

●内点　　⊗界点

图 4-2　非规则边界的处理

如图 4-2 所示，差分网格与边界的交点不与网线节点重合，例如，在网格线方向上边界点 A 与边界的距离不等于步长 Δx，此时无法应用正规内点的差分格式，就要对边界做适当的处理，把边界点转移到差分网格节点上，来建立界点的差分公式。

设边界上 B 点的函数值为 f_B，但是 B 点不与网格线的节点重合，为了把边界点转移到网格节点上得到边界点 A 的差分公式，有以下两种处理方法：

1. 直接转移

把 B 点的函数值直接给与 B 点靠近的外部网点 C，即

$$f_C = f_B \tag{4-12}$$

通过节点的直接转移，网格点 A 由边界点变为内点，其差分公式转化为内点差分格式。处理后的边界由原来的非规则边界变为台阶形边界，在网格划分很细时，这种台阶形边界可以用来近似的代替原非规则边界。

2. 线性插值

网格节点 C 点的函数值可由 A 和 B 点的值通过线性插值得到。设 A, B 两点相距为 $\alpha\Delta x$, 则 B, C 两点相距为 $(1-\alpha)\Delta x$, 可得到

$$f_C = \frac{1}{\alpha}f_B + \frac{\alpha-1}{\alpha}f_A \tag{4-13}$$

以上把研究区域及其边界都用网格离散化,并建立了差分公式。下面要做的就是建立具体问题的差分格式。

4.2 有限差分格式的建立

差分格式的建立包括以下三方面的内容:差分方程的建立、初始条件的离散和边界条件的离散。具体做法是:把差分公式代入偏微分方程及其初始、边界条件得到方程或方程组(即差分格式)。一般差分方程的建立是差分格式的重要步骤,而边界条件和初始条件的差分化与之类似。由于构造差分公式的方法不同,得到的差分格式也有多种,但是某种差分格式必须满足相容性、收敛性和稳定性等条件,并具有一定的精度。

当用差分公式来替代偏导数时,不可避免地存在一定的误差,当把偏微分方程中所有偏导数都用其相应的差分公式代替后,所得到的差分方程的解与偏微分方程的解在某个差分点上就存在一定的偏差,这一偏差称为这种差分格式的截断误差。例如,有两个变量(时间 t、步长 τ;空间 x、步长 h)的偏微分方程差分化后,若截断误差可以表示为 $E = O(\tau^p + h^q)$,称该差分格式对时间是 p 阶精度的,对空间是 q 阶精度的。如果 $p = q$,则称该差分格式是 p 阶精度的。

如果某一差分格式,当步长(如 τ 和 h)趋于 0 时,截断误差 E 亦趋于 0,就称这种差分格式与原微分方程是相容的,即这种差分格式具有相容性。差分格式的收敛性是指当步长趋于 0(如 $\tau \to 0$,$h \to 0$)时,差分方程的解 f_i^j 能否逼近微分方程的解 $f(x_i, t_j)$。差分法的计算过程一般是一层一层地计算,而每一层的计算都会产生一定的误差,这种误差会不会在层间传播过程中逐渐变大,使差分的解远离原微分方程的解,这就涉及差分格式稳定性的问题。差分格式的稳定性不仅与差分格式本身有关,而且与网格比的大小有关。研究差分格式稳定性的方法很多,如 Fourier 法、Hirt 启示法、矩阵法、离散 Green 函数法和能量法等。构造差分格式虽有多种途径,但所得的差分格式必须满足相容性、收敛性和稳定性三个条件。关于这三个条件是否满足的讨论,可以参阅有关书籍,这里不做具体的讨论。下面介绍几种常用的差分格式构造方法。

设有如下抛物线型偏微分方程的定解问题:

$$\begin{cases} \dfrac{\partial f}{\partial t} - A\dfrac{\partial^2 f}{\partial x^2} = 0, & 0 \leqslant x \leqslant l, \quad t \geqslant 0 \\ f\big|_{x=0} = h_1(t) \\ f\big|_{t=0} = g(x) \\ f\big|_{x=l} = h_2(t) \end{cases} \tag{4-14}$$

取时间步长为 τ，空间步长为 $h(h = l/n)$，把求解区域离散为网格节点集合 $D = \{(x_i, t_j) \mid x_i = ih, t_i = j\tau, i = 0,1,2,\cdots,n, j = 0,1,2,\cdots,m\}$，简记为 (i,j)。下面介绍抛物型偏微分方程式(4-14) 几种常见的差分格式及其构造方法。

4.2.1 古典显式格式

所谓显式格式，就是由第 j 个时步推进到第 $j+1$ 个时步时，从差分格式中可以直接得到 f_i^{j+1} 的显式表达式。例如：

$$\left(\frac{\partial f}{\partial t}\right)_i^j = \frac{f_i^{j+1} - f_i^j}{\tau}, \quad \left(\frac{\partial^2 f}{\partial x^2}\right)_i^j = \frac{f_{i+1}^j - 2f_i^j + f_{i-1}^j}{h^2}$$

代入原偏微分方程得到差分格式如下：

$$\frac{f_i^{j+1} - f_i^j}{\tau} - A\frac{f_{i+1}^j - 2f_i^j + f_{i-1}^j}{h^2} = 0 \quad (4\text{-}15)$$

可以看出，点 (i, j) 处的差分格式要用到 $(i+1, j)$、$(i-1, j)$、$(i, j+1)$ 3个点，这种差分格式如图 4-3 所示。

设 $\lambda = \tau/h^2$，可得

$$f_i^{j+1} = A\lambda f_{i+1}^j + (1 - 2A\lambda)f_i^j + A\lambda f_{i-1}^j \quad (4\text{-}16)$$

初始条件 $f_i^0 = g(x_i)$ 已知，则任意时刻的值 f_i^j 就可直接由式(4-16) 求得。古典显式格式截断误差为 $E = O(\tau + h^2)$，即关于时间 t 是一阶精度，空间 x 是二阶精度的。当 $A\lambda \leqslant 1/2$ 时，古典显式格式是稳定的。

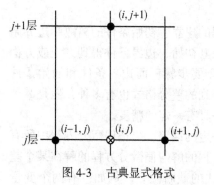

图 4-3 古典显式格式

4.2.2 古典隐式格式

如果把方程中关于时间的偏导数用向后差分来表示，则得到

$$\frac{f_i^j - f_i^{j-1}}{\tau} - A\frac{f_{i+1}^j - 2f_i^j + f_{i-1}^j}{h^2} = 0 \quad (4\text{-}17)$$

化简为

$$-A\lambda f_{i-1}^j + (1 + 2A\lambda)f_i^j - A\lambda f_{i+1}^j = f_i^{j-1} \quad (4\text{-}18)$$

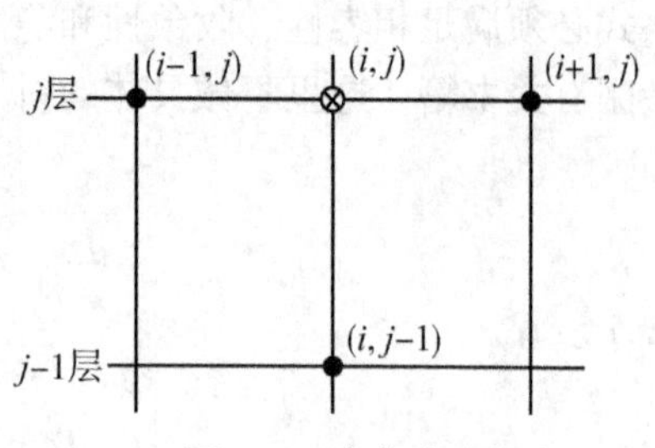

由于式(4-18) 中同时含有 f_{i-1}^j、f_i^j、f_{i+1}^j，三者都在欲求解的时步上，即式(4-18) 中有 3 个未知量，无法直接求解。这种类型的差分格式称作隐式差分格式或古典隐式差分格式，见图4-4。要求解这种差分格式，必须把所有点的差分格式列出，组成方程组求解。列出所有内点 $(i = 1 \sim n-1)$ 的差分格式得到

图 4-4 古典隐式格式

$$
\left.
\begin{array}{l}
-A\lambda f_0^j + (1 + 2A\lambda) f_1^j - A\lambda f_2^j = f_1^{j-1} \\[4pt]
-A\lambda f_1^j + (1 + 2A\lambda) f_2^j - A\lambda f_3^j = f_2^{j-1} \\[4pt]
\cdots\cdots \\[4pt]
-A\lambda f_{i-1}^j + (1 + 2A\lambda) f_i^j - A\lambda f_{i+1}^j = f_i^{j-1} \\[4pt]
\cdots\cdots \\[4pt]
-A\lambda f_{n-2}^j + (1 + 2A\lambda) f_{n-1}^j - A\lambda f_n^j = f_{n-1}^{j-1}
\end{array}
\right\}
\tag{4-19}
$$

以上共 $n-1$ 个方程，却有 $n+1$ 个未知数，必须补充两个方程方可求解。此时就用到了边界条件，从式 (4-14) 中得到 $f_0^j = h_1(j\tau)$，$f_n^j = h_2(j\tau)$，则可以得到

$$
\begin{bmatrix}
1 & 0 & & & & & \\
-A\lambda & 1+2A\lambda & -A\lambda & & & 0 & \\
 & -A\lambda & 1+2A\lambda & -A\lambda & & & \\
 & & \cdots & & & & \\
 & & & \cdots & & & \\
0 & & & & \cdots & & \\
 & & & & -A\lambda & 1+2A\lambda & -A\lambda \\
 & & & & & & 1
\end{bmatrix}
\begin{Bmatrix}
f_0^j \\ f_1^j \\ f_2^j \\ \vdots \\ f_{n-1}^j \\ f_n^j
\end{Bmatrix}
=
\begin{Bmatrix}
h_1(j\tau) \\ f_1^{j-1} \\ f_2^{j-1} \\ \vdots \\ f_{n-1}^{j-1} \\ h_2(j\tau)
\end{Bmatrix}
$$

$$
\tag{4-20}
$$

解这一方程组，可得到第 j 时步的值，可以依次计算得到任意时刻的值。一般可以编制追赶法计算程序求解。古典隐式格式是无条件稳定的，截断误差为 $E = O(\tau + h^2)$。

4.2.3 Crank-Nicholson 格式

在点 (i, j) 处，$\partial^2 f / \partial^2 x$ 的差分公式可以表达为以下两种形式：

$$
\left(\frac{\partial^2 f}{\partial x^2}\right)_i^j = \frac{f_{i+1}^{j-1} - 2f_i^{j-1} + f_{i-1}^{j-1}}{h^2}
\tag{4-21}
$$

$$
\left(\frac{\partial^2 f}{\partial x^2}\right)_i^j = \frac{f_{i+1}^j - 2f_i^j + f_{i-1}^j}{h^2}
\tag{4-22}
$$

如果在把 $\partial^2 f / \partial^2 x$ 差商化时，取以上两种公式的算术平均值，就得到了一种隐式差分格式，称为 Crank-Nicholson 格式，差分点如图 4-5 所示。

$$
\frac{f_i^j - f_i^{j-1}}{\tau} - \frac{A}{2h^2}\Big[(f_{i+1}^j - 2f_i^j + f_{i-1}^j) +
$$

$$
(f_{i+1}^{j-1} - 2f_i^{j-1} + f_{i-1}^{j-1})\Big] = 0
\tag{4-23}
$$

建立这种格式的一个重要思想，就是把微分方程中的某些项以函数 f 在第 j 层和 $j+1$ 层上关于变量 x 差商的加权平均值来逼近，这一思想已被广泛

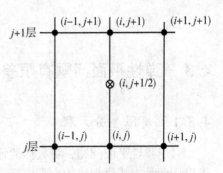

图 4-5 Crank-Nicholson 格式

应用于建立一般微分方程的差分格式。

以上差分格式可以改写为

$$- A\lambda f_{i-1}^{j} + 2(1 + A\lambda) f_{i}^{j} - A\lambda f_{i+1}^{j} = A\lambda f_{i-1}^{j-1} - 2(A\lambda - 1) f_{i}^{j-1} + A\lambda f_{i+1}^{j-1} \qquad (4-24)$$

方程式的右边可以直接由前一时步的值得到。这种差分格式的求解同古典隐式格式的求解，需要列出所有点的差分格式并结合初始和边界条件，联立求解方程组得解。Crank-Nicholson 差分格式的截断误差为 $E = O(\tau^2 + h^2)$，即关于时间 t 和空间 x 都具有二阶精度。

4.2.4　加权隐式格式

前面的 Crank-Nicholson 格式取式(4-21)和式(4-22)的算术平均值来表示 $\partial^2 f / \partial^2 x$ 在点 (i, j) 处的差商。如果把二者的算术平均值改为二者的加权平均值，就可得到一种更具普遍意义的差分格式 —— 加权隐式格式，差分点分布如图 4-6 所示。

$$\frac{f_{i}^{j} - f_{i}^{j-1}}{\tau} - A\left[\alpha \frac{f_{i+1}^{j} - 2 f_{i}^{j} + f_{i-1}^{j}}{h^2} + (1 - \alpha) \frac{f_{i+1}^{j-1} - 2 f_{i}^{j-1} + f_{i-1}^{j-1}}{h^2}\right] = 0 \qquad (4-25)$$

式(4-25)写为便于计算的格式为

$$- A\lambda\alpha f_{i-1}^{j} + (1 + 2A\lambda\alpha) f_{i}^{j} - A\lambda\alpha f_{i+1}^{j} = B_i \qquad (4-26)$$

式中，$B_i = A\lambda(1 - \alpha) f_{i-1}^{j-1} + [1 - 2A\lambda(1 - \alpha)] f_{i}^{j-1} + A\lambda\alpha(1 - \alpha) f_{i+1}^{j-1}$

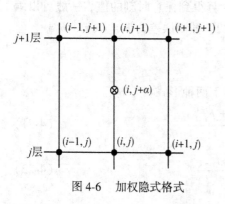

图 4-6　加权隐式格式

加权隐式差分格式的求解同 Crank-Nicholson 格式。此格式的截断误差为 $E = (0.5 - \alpha) O(\tau) + O(\tau^2 + h^2)$，即除了 $\alpha = 1/2$ 时具有二阶精度，其他情况下都是关于时间一阶精度，空间二阶精度。其稳定性条件与加权值 α 有关：当 $1/2 < a \leqslant 1$(偏向于古典隐式格式)时，为无条件稳定；而当 $0 \leqslant a < 1/2$(偏向于古典显式格式)时，稳定性条件为 $A\lambda \leqslant [(1 - \alpha)]^{-1}$。

当 α 取一些特殊值时，加权隐式格式变为特定的格式：当 $\alpha = 0$ 时，为古典显式格式；当 $\alpha = 1$ 时，为古典隐式格式；当 $\alpha = 1/2$ 时，为 Crank-Nicholson 格式。

4.3　弹性平面问题有限差分方程

4.3.1　有限差分方程

对于弹性平面问题，将具体的计算对象用四边形单元划分成有限差分网格，每个单元可以用两种方式再划成 4 个常应变三角形单元(图 4-7)，先对每个三角形单元做计算，叠加平均后获得该四边形单元的平均应力或应变值。

三角形单元的有限差分公式用高斯发散定理的广义形式推导得出(Malvern，1969)：

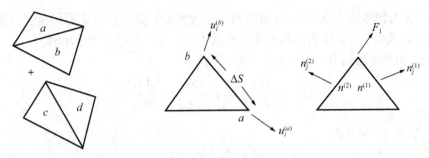

图 4-7　有限差分单元划分示意图

$$\int_s n_i f \mathrm{d}s = \int_A \frac{\partial f}{\partial x_i} \mathrm{d}A \tag{4-27}$$

式中，$\int_s$ 为绕闭合面积边界积分；n_i 为对应表面 s 的单位法向量；f 为标量、矢量或张量；x_i 为位置矢量；d_s 为增量弧长；$\int_A$ 表示对整个面积 A 积分。

在面积 A 上，定义 f 梯度平均值为

$$\left\langle \frac{\partial f}{\partial x_i} \right\rangle = \frac{1}{A} \int_A \frac{\partial f}{\partial x_i} \mathrm{d}A \tag{4-28}$$

将式(4-27)代入上式，得

$$\left\langle \frac{\partial f}{\partial x_i} \right\rangle = \frac{1}{A} \int_s n_i f \mathrm{d}s \tag{4-29}$$

对一个三角形子单元，式(4-29)的有限差分形式为

$$\left\langle \frac{\partial f}{\partial x_i} \right\rangle = \frac{1}{A} \sum_S \langle f \rangle n_i \Delta s_i \tag{4-30}$$

式中，Δs 是三角形的边长，求和是对该三角形的三个边进行；$\langle f \rangle$ 取该边的平均值。

4.3.2　运动平衡方程

FLAC 软件基于上述有限差分方程，以节点为分析对象，将力与质量均集中于节点，然后通过运动方程在时域内进行求解。节点运动方程为

$$\frac{\mathrm{d}\dot{u}_i^l}{\mathrm{d}t} = \frac{F_i^l(t)}{m^l} \tag{4-31}$$

式中，$\dot{u}_i^l$ 为 t 时刻 l 节点 i 方向的位移速率，F_i^l 为 t 时刻 l 节点 i 方向的不平衡力分量，可由虚功原理导出，m^l 为 l 节点的集中质量，其值为三角形单元质量的 $1/3$。当几个力同时作用于该节点时，如果加速度趋于零，即 $\sum F_i^l = 0$，式(4-31)也表示该点处于静力平衡状态。

对于连续介质，式(4-31)可写成如下广义形式：

$$\rho \frac{\partial \dot{u}}{\partial t} = \frac{\partial \sigma_{ij}}{\partial x_j} + \rho g_i \tag{4-32}$$

式中，ρ 为物体的质量密度；t 为时间；x_i 为坐标分量；g_i 为重力加速度分量；σ_{ij} 为应力分量。该式中，下标 i 表示笛卡儿坐标系中的分量，复标 ij 表示求和。

将式(4-31)左端用中心差分近似，则可得

$$\dot{u}_i^l\left(t + \frac{\Delta t}{2}\right) = \dot{u}_i^l\left(t - \frac{\Delta t}{2}\right) + \frac{F_i^l(t)}{m^l}\Delta t \tag{4-33}$$

4.3.3　节点不平衡力

利用式(4-30)，将 f 替换成单元每边平均速度矢量，这样单元的应变速率可以用节点速率的形式表述：

$$\frac{\partial \dot{u}_i}{\partial x_j} \approx \frac{1}{2A}\sum_S \left(\dot{u}_i^{(a)} + \dot{u}_i^{(b)}\right)n_j\Delta s_i \tag{4-34}$$

$$\dot{e}_{ij} = \frac{1}{2}\left[\frac{\partial \dot{u}_i}{\partial x_j} + \frac{\partial \dot{u}_j}{\partial x_i}\right] \tag{4-35}$$

式中，(a) 和 (b) 是三角形边界上两个连续的节点。注意到，如果节点间速率按线性变化，式(4-34)平均值与精确积分是一致的。通过式(4-34)和式(4-35)，可以求出应变张量的所有分量。

根据力学本构定律，可以由应变速率张量获得新的应力张量：

$$\sigma_{ij} := M(\sigma_{ij}, \dot{e}_{ij}, k) \tag{4-36}$$

式中，$M(\cdots)$ 表示本构定律的函数形式；k 为历史参数，取决于特殊本构关系；符号 $:=$ 表示"由 …… 替换"。

通常，非线性本构定律以增量形式出现，因为在应力和应变之间没有单一的对应关系。当已知单元现有应力张量和应变速率(应变增量)时，可以通过(4-36)式确定新的应力张量。例如，各向同性线弹性材料本构定律为

$$\sigma_{ij} := \sigma_{ij} + \left\{\delta_{ij}\left(K - \frac{2}{3}G\right)\dot{e}_{kk} + 2G\dot{e}_{ij}\right\} \tag{4-37}$$

式中，δ_{ij} 为 Kronecker 函数；G，K 分别为剪切模量和体积模量。

在一个时步内，单元的有限转动对单元应力张量有一定的影响。对于固定参照系，此转动使应力分量有如下变化：

$$\sigma_{ij} := \sigma_{ij} + (w_{ik}\sigma_{kj} - \sigma_{ik}w_{kj})\Delta t \tag{4-38}$$

其中，

$$w_{ij} = \frac{1}{2}\left[\frac{\partial \dot{u}_i}{\partial x_j} - \frac{\partial \dot{u}_j}{\partial x_i}\right] \tag{4-39}$$

在大变形计算过程中，先通过式(4-38)进行应力校正，然后利用式(4-37)计算当前时步的应力。

计算出单元应力后，可以确定作用到每个节点上的等价力。在每个三角形子单元中的应力如同在三角形边上的作用力(均匀分布的应力 σ_{ij})，每个作用力等价于作用在相应边端点上的两个相等的力。每个角点受到两个力的作用，分别来自各相邻的边(图4-7)。因此(按静力等效原则移置到节点上)：

$$F_i = \frac{1}{2}\sigma_{ij}(n_j^{(1)}S^{(1)} + n_j^{(2)}S^{(2)}) \tag{4-40}$$

式中，$S^{(i)}$ 为应力作用边的边长；$n_j^{(i)}$ 为三角形边的外法线方向。

由于每个四边形单元有两组两个三角形，在每组中对每个角点处相遇的三角形节点力求和，然后将来自这两组的力进行平均，得到作用在该四边形节点上的力。

在每个节点处，对所有围绕该节点四边形的力求和 $\sum F_i$，得到作用于该节点的不平衡节点力。该矢量包括所有施加的荷载作用以及重力引起的体力 $F_i^{(g)}$，即

$$F_i^{(g)} = g_i m_g \tag{4-41}$$

式中，m_g 是聚在节点处的重力质量，定义为联结该节点的所有三角形质量和的三分之一。如果四边形区域不存在(如空单元)，则忽略对 $\sum F_i$ 的作用；如果物体处于平衡状态，或处于稳定的流动(如塑性流动)状态，在该节点处的 $\sum F_i$ 将视为零；否则根据牛顿第二定律的有限差分形式，该节点将被加速。

4.3.4 阻尼力

对于静态问题，式(4-41)的不平衡力还应包含非黏性阻尼，以使系统的振动逐渐衰减，直到达到新的平衡，此时式(4-31)改写为

由牛顿定律

$$\frac{\partial \dot{u}_i^l}{\partial t} = \frac{F_i^l(t) + f_i^l(t)}{m^l} \tag{4-42}$$

阻尼力为

$$f_i^l(t) = -\alpha\,|\,F_i^l(t)\,|\,\mathrm{sign}(\dot{u}_i^l) \tag{4-43}$$

式中，α 为阻尼系数，其默认值为 0.8，而

$$\mathrm{sign}(y) = \begin{cases} +1, & y > 1 \\ -1, & y < 0 \\ 0, & y = 0 \end{cases} \tag{4-44}$$

按中心差分：

$$\dot{u}_i^l\left(t + \frac{\Delta t}{2}\right) = \dot{u}_i^l\left(t - \frac{\Delta t}{2}\right) + \sum F_i^l(t)\,\frac{\Delta t}{m} \tag{4-45}$$

对大变形问题，将式(4-45)再次积分，可确定出新的节点坐标：

$$\dot{x}_i^l(t + \Delta t) = \dot{x}_i^l(t) + \dot{u}_i^l(t + \Delta t/2)\Delta t \tag{4-46}$$

注意到式(4-45)和式(4-46)都是在时段中间，所以中间差分公式的一阶误差项消失。速度产生的时刻，与节点位移和节点力在时间上错开半个时步。

4.3.5 边界条件

在 FLAC 程序中，对于固体而言，存在应力边界或位移边界条件。在给定的网格点上，位移用速率表示。对于应力边界，力由以下公式求得：

$$F_i = \sigma_{ij}^b n_i \Delta s \tag{4-47}$$

对于位移边界，若为约束位移，用零速度控制，其他节点初速度取零值。若节点作用有集中力，直接作为不平衡力作用于结构。

4.3.6　显式有限差分算法

计算过程首先调用运动方程，由初始应力和边界力计算出新的速度和位移。然后，由速度计算出应变率，进而获得新的应力或力。每个循环为一个时步，图 4-8 中的每个图框是通过边界固定的已知值，对所有单元和节点变量进行计算更新。例如，从已计算出的一组速度，计算出每个单元的新的应力，新计算出的应力不影响已计算出的速度。

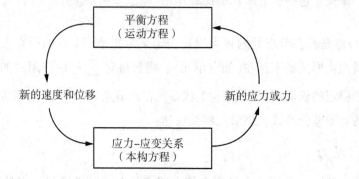

图 4-8　显式有限差分计算流程图

显式算法的核心概念是，计算"波速"总是超前于实际波速。所以，在计算过程中的方程总是处在已知值为固定的状态。这样，尽管本构关系具有高度非线性，显式有限差分数值法从单元应变计算应力过程中无需迭代过程，这比通常用于有限元程序中的隐式算法有着明显的优越性，因为隐式有限元在一个解算步中，单元的变量信息彼此沟通，在获得相对平衡状态前，需要若干迭代循环。显式算法的缺点是时步很小，这就意味着要有大量的时步。因此，对于病态系统 - 高度非线性问题、大变形、物理不稳定等，显式算法是最好的，而在模拟线性、小变形问题时，效率不高。

由于显式有限差分法无需形成总体刚度矩阵，可在每个时步通过更新节点坐标的方式，将位移增量加到节点坐标上，以材料网格的移动和变形模拟大变形。这种处理方式称为"拉格朗日算法"，即在每步过程中，本构方程仍是小变形理论模式，但在经过许多步计算后，网格移动和变形结果等价于大变形模式。

用运动方程求解静力问题，还必须采取机械衰减方法来获得非惯性静态或准静态解，通常采用动力松弛法，在概念上等价于在每个节点上联结一个固定的"黏性活塞"，施加的衰减力大小与节点速度成正比。

4.3.7　收敛时步 Δt

前已述及，显式算法的稳定是有条件的，即"计算波速"必须大于变量信息传播的最大速度。因此，时步的选取必须小于某个临界时步。若用单元尺寸为 Δx 的网格划分弹性体，满足稳定解算条件的时步 Δt 为

$$\Delta t < \frac{\Delta x}{C} \tag{4-48}$$

式中，C 是波传播的最大速度，典型的是 P – 波 C_p，即

$$C_p = \sqrt{\frac{K + 4G/3}{\rho}} \tag{4-49}$$

对于单个质量 – 弹簧单元，稳定解的条件是

$$\Delta t < 2\sqrt{\frac{m}{k}} \tag{4-50}$$

式中，m 是质量，k 是弹簧刚度。

在一般系统中，包含有各种材料和质量 – 弹簧联结成的任意网络，临界时步与系统的最小自然周期 $T_{\min}$ 有关：

$$\Delta t < \frac{T_{\min}}{\pi} \tag{4-51}$$

4.4 三维问题有限差分法方程

对于三维问题，先将具体的计算对象用六面体单元划分成有限差分网格，每个离散化后的立方体单元可进一步划分出若干个常应变三角棱锥体子单元，如图 4-9 所示。

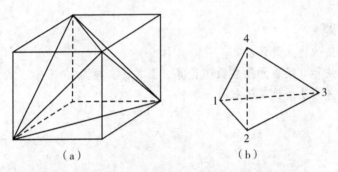

（a）　　　　　　　（b）

图 4-9　立方体单元划分成 5 个常应变三角棱锥体单元

应用高斯发散定理于三角棱锥形体单元，可以推导出：

$$\int_V v_{i,j} \mathrm{d}v = \int_S v_i n_j \mathrm{d}s \tag{4-52}$$

式中，积分分别是对棱锥体的体积和面积进行积分；n_j 是锥体表面的外法线矢量。

对于恒应变速率棱锥体，速度场是线性的，并且 n_j 在同一表面上是常数。因此，通过对式(4-52) 积分，得到

$$V_{v(i,j)} = \sum_{f=1}^{4} \int_S \bar{v}_i^f n_j^f S^f \tag{4-53}$$

式中，上标 f 表示与表面 f 上的附变量相对应；$\bar{v}_i$ 是速度分量 i 的平均值。

对于线性速率变分，有

$$\bar{v}_i^f = \frac{1}{3} \sum_{l=1, \, l \neq f}^{4} v_i^l \tag{4-54}$$

式中，上标 l 表示关于节点 l 的值。

将式(4-54)代入式(4-53)，得到节点和整个单元体的关系：

$$V_{v(i, \, j)} = \frac{1}{3} \sum_{l=1}^{4} v_i^l \sum_{f=1, \, f \neq l}^{4} n_j^f S^f \tag{4-55}$$

如果将式(4-52)中的 v_i 用 1 替换，应用发散定律，可得

$$\sum_{f=1}^{4} n_j^f S^f = 0 \tag{4-56}$$

利用式(4-56)，并用 V 除以式(4-55)，得到

$$v_{i, \, j} = -\frac{1}{3V} \sum_{l=1}^{4} v_i^l n_j^l S^l \tag{4-57}$$

同样，应变速率张量的分量可以表示成

$$\varepsilon_{ij} = -\frac{1}{6V} \sum_{l=1}^{4} (v_i^l n_j^l + v_j^l n_i^l) \tag{4-58}$$

三维问题有限差分法同样基于物体运动与平衡的基本规律，具体推导过程同式(4-31)~式(4-46)。

◎ 习题与思考题

1. 有限差分法的特点是什么？

2. 有限差分法和有限单元法在数值计算方面有什么异同？

3. 显式有限差分法的计算流程是什么？

第5章　平面弹性问题有限单元法

5.1　连续体离散化

弹性力学问题有限单元法的解题步骤与杆系结构矩阵位移法是相同的。第一步是把原来连续的弹性体离散化，即将分析的结构划分成有限个有限大小的单元，相邻的单元仅在数目有限的指定节点处相互连接，这样组成一个单元的集合体以代替原来的弹性体。

对于杆系结构，是直接把结构的各杆件作为单元，各杆件的连接点作为节点。而对于连续弹性体，不存在这样的自然单元和节点，必须人为地把整个连续体划分为若干个单元，设置若干个节点。为了有效地逼近实际的连续体，在离散化过程中就会遇到单元的形状、大小、节点数目及划分方案等问题。单元划分的好坏，与计算结果的精确度及花费的机时、占有的存储空间有很大关系。

5.1.1　单元形状

单元的形状原则上可以是任意的。一个结构既可以采用一种形状的单元，也可以划分为几种不同形状的单元。在平面问题中，最简单的单元是三节点三角形单元，如图 5-1(a)所示。有时为了更好地反映结构中位移和应力的变化，提高计算精度，在三角形三边的中点处各增加一个节点，成为六节点三角形单元，如图 5-1(b)所示；另一种简单的二维单元是四节点矩形单元，如图 5-1(c)所示，它的四边分别平行于整体坐标轴。在求解区域边界规则的情况下(如剪力墙结构)，划分矩形单元较方便，但矩形单元不能很好地适应结构的曲线边界，这时可把矩形单元和三角形单元混合使用。此外，还有四节点任意四边形单元，如图 5-1(d)所示。

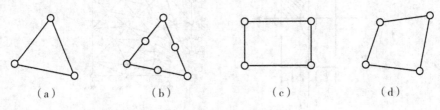

图 5-1　平面单元类型

在有限元分析中，现在越来越多地采用等参数单元。这类单元一般具有曲线或曲面边界，因此它们能更好地适应结构的实际边界。在平面问题中，通常采用六节点曲边三角形或八节点曲边四边形等参数单元，如图 5-2 所示。等参数单元的精度较高，一般使用较少的单元就能获得所需要的精度。

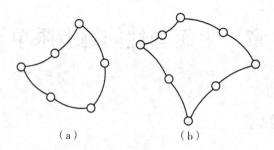

（a）　　　　　　　　　（b）

图 5-2　平面高次单元

5.1.2　单元的大小

在有限单元法中，把将实际结构剖分成若干单元的分割线（面），称为网格。一般来说，网格越密，即单元划分得越小，节点布置得越多，计算结果越精确。但随之而来的是计算时间和计算费用的增加，计算机的容量也可能不够用。在实际工作中，应综合考虑工程对精度的要求、计算机容量及合理的计算时间等因素，来确定单元的大小。实际计算表明，当单元数和节点数达到一定数量后，再加密网格，对提高计算精度的效果已不显著。

为了使单元数目不致过多，对结构不同部位可以采用大小不同的单元。在边界比较曲折、应力变化比较剧烈的部位（如应力集中区），单元应该小一些；而在应力变化比较平缓的部位，单元可以大一些。单元应由小到大逐步过渡。图 5-3（a）所示为单向拉伸的具有椭圆孔的平板，结构和荷载均双向对称。可以取结构的 1/4 来分析并将其离散化，如图 5-3(b) 所示。考虑到孔边附近应力变化急剧，单元划分得较小。在对称轴上的所有节点，其垂直于对称轴的位移分量为零，于是在这些节点处均采用一个垂直于对称轴的支承链杆。

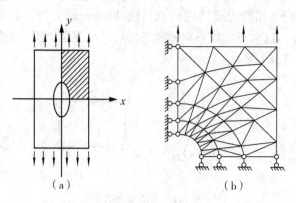

（a）　　　　　　　　　（b）

图 5-3　平面结构单元划分

有时结构的受力复杂，应力变化情况事先难以估计，可先采用比较均匀的网格进行一次预算，然后根据预算结果重新合理划分单元，再进行第二次计算。

5.1.3 划分单元时应注意的问题

（1）在划分单元时尽量把网格布置得比较规整，这样便于准备输入数据和整理计算结果。在工程设计中，常对某些特定断面上的应力或特殊点的位移感兴趣，在划分单元时要使这些特殊点的位移能直接由输出结果中得到，这些特定断面上的应力分布图也能根据输出数据比较容易地绘出。

（2）任意一个单元的节点，必须同时也是相邻单元的节点，而不能是相邻单元边上的内点。图5-4所示三节点三角形单元的划分方法是错误的。

（3）由有限单元法的误差分析可知，位移及应力的误差与单元的最小内角的正弦成反比。为了提高计算精度，应尽可能使同一个单元各边的长度接近。对于三角形单元，尽量不要出现钝角。在图5-5所示的两种划分方案中，图（a）优于图（b）。对于矩形单元，长度和宽度也不要相差过大。

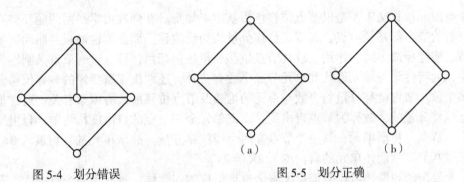

图5-4　划分错误　　　　　　　　　图5-5　划分正确

（4）由于所有的荷载都需移置为等效节点荷载，因此应在集中荷载的作用点或分布荷载的突变点设置节点（图5-6），其附近的单元也应划分得小一些。

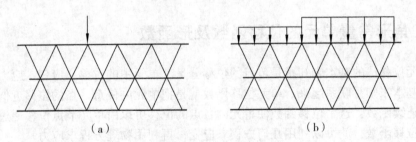

图5-6　外加荷载的处理

（5）在单元分析时，一般假定单元的厚度 t 是常量，弹性常数 E 和 μ 也是常量。因此在结构的厚度或材料性质有突变处，应把突变线作为单元的分界线。不要把厚度不同或材料不同的区域划分在同一个单元内。在厚度或材料突变处，应力也会有剧烈变化，故其附近的网格应加密一些。

5.1.4 节点和单元的编号

划分单元后，要对节点和单元分别进行编号。节点号为1，2，3，…；单元号为①，

②，③，…，均不能有遗漏或重复。编号的顺序不影响计算结果，原则上可以任意编排。

对于三角形常量单元而言，经过剖分后，在整个弹性体区域内，各几何参数之间，必定满足关系式：

$$N_0 - N_1 + N_2 = 1 - q \tag{5-1}$$

式中，N_0、N_1、N_2 和分别代表节点、单元的边界线、单元和孔洞的数目。

或者满足：

$$N_2 = 2N_0' + N_0'' + 2(1 - q) \tag{5-2}$$

式中，N_0' 和 N_0'' 分别代表内节点和边界节点的数目。这些关系式，可以用来核对节点及单元编号是否发生遗漏或重复。

目前，除较简单的问题为教学目的采用手工方法划分单元及编号外，实际的工程问题都应用程序自动划分网格，有的程序还可对节点编号进行优化处理。

5.1.5　节点和单元的自由度

在有限元位移法中，是以节点位移作为基本未知量。在弹性力学平面问题和空间问题中，所有的节点都是铰节点，其节点位移分量均为线位移。而在弹性薄板弯曲问题中，还要求节点能起传递力矩的作用，故其节点位移分量还包括角位移，这时节点是刚性的。

单元的特性除与单元形状和单元节点个数有关外，还取决于所指定的节点位移分量的种类和个数。节点位移分量的个数与单元的维数及节点位移形式等因素有关。通常把指定的节点位移分量的个数称为节点自由度，而把单元全部节点的自由度称为单元自由度。例如二维三节点三角形单元，其每个节点有两个线位移分量，故该单元的自由度为 3×2 = 6；又如三维八节点六面体单元的自由度为 8×3 = 24。

一个复杂的弹性体可以看成由无限个质点组成的连续体，具有无限个自由度。有限单元法将此弹性体简化为由有限个单元组成的集合体，这些单元只在有限个节点上相连接。因此，该集合体只具有有限个自由度。从数学意义上说，就是把微分方程的连续形式转化为代数方程组，以便于求数值解。

5.2　三角形常量单元的位移函数及形函数

有限元位移法的基本未知量是节点的位移分量，单元中的位移、应变、应力等物理量都需要和基本未知量联系起来。单元位移函数就是把单元中任意一点的位移近似表示为该点坐标的连续函数，这个位移函数使单元内各点的位移可以由单元节点位移通过插值来获得。有了位移函数，就可以利用几何方程求应变，再利用物理方程求应力。

5.2.1　三角形常量单元的位移函数

设弹性力学平面问题已采用三节点三角形单元进行离散化，对所有单元和节点分别进行编号，建立离散结构的整体直角坐标系 xoy。从离散结构中取出任意单元 e（图 5-7），其 3 个节点的编号为 i，j，m。在整体坐标系中，它们的坐标分别为 (x_i, y_i)，(x_j, y_j)，(x_m, y_m)。

平面问题的每个节点有两个位移分量，节点 i 的位移列阵可写成

$$\{\delta_i\} = \begin{bmatrix} u_i & v_i \end{bmatrix}^{\mathrm{T}}$$

三节点三角形单元的 6 个节点位移分量用列阵表示为

$$\{\delta\}^{(e)} = [\delta_i \quad \delta_j \quad \delta_m]^{\mathrm{T}} = [u_i \quad v_i \quad u_j \quad v_j \quad u_m \quad v_m]^{\mathrm{T}}$$

此单元共有 6 个自由度，即单元内任一点$(x，y)$的位移，$u(x，y)$、$v(x，y)$是由单元节点的 6 个位移分量完全确定，故单元位移函数应写成具有 6 个待定参数α_1，α_2，α_3，α_4，α_5，α_6的多项式：

$$\left. \begin{aligned} u &= \alpha_1 + \alpha_2 x + \alpha_3 y \\ v &= \alpha_4 + \alpha_5 x + \alpha_6 y \end{aligned} \right\} \tag{5-3}$$

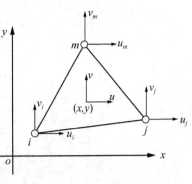

图 5-7 三角形单元

所设函数在节点上的值就是节点位移分量。将节点i，j，m的坐标和位移分量分别代入式(5-3)，得到下列两个线性代数方程组：

$$\left. \begin{aligned} u_i &= \alpha_1 + \alpha_2 x_i + \alpha_3 y_i \\ u_j &= \alpha_1 + \alpha_2 x_j + \alpha_3 y_j \\ u_m &= \alpha_1 + \alpha_2 x_m + \alpha_3 y_m \end{aligned} \right\} \tag{a}$$

$$\left. \begin{aligned} v_i &= \alpha_4 + \alpha_5 x_i + \alpha_6 y_i \\ v_j &= \alpha_4 + \alpha_5 x_j + \alpha_6 y_j \\ v_m &= \alpha_4 + \alpha_5 x_m + \alpha_6 y_m \end{aligned} \right\} \tag{b}$$

由式(a) 可以解出

$$\left. \begin{aligned} \alpha_1 &= \dfrac{\begin{vmatrix} u_i & x_i & y_i \\ u_j & x_j & y_j \\ u_m & x_m & y_m \end{vmatrix}}{\begin{vmatrix} 1 & x_i & y_i \\ 1 & x_j & y_j \\ 1 & x_m & y_m \end{vmatrix}} = \dfrac{a_i u_i + a_j u_j + a_m u_m}{2A} \\[4ex] \alpha_2 &= \dfrac{\begin{vmatrix} 1 & u_i & y_i \\ 1 & u_j & y_j \\ 1 & u_m & y_m \end{vmatrix}}{\begin{vmatrix} 1 & x_i & y_i \\ 1 & x_j & y_j \\ 1 & x_m & y_m \end{vmatrix}} = \dfrac{b_i u_i + b_j u_j + b_m u_m}{2A} \\[4ex] \alpha_3 &= \dfrac{\begin{vmatrix} 1 & x_i & u_i \\ 1 & x_j & u_j \\ 1 & x_m & u_m \end{vmatrix}}{\begin{vmatrix} 1 & x_i & y_i \\ 1 & x_j & y_j \\ 1 & x_m & y_m \end{vmatrix}} = \dfrac{c_i u_i + c_j u_j + c_m u_m}{2A} \end{aligned} \right\} \tag{c}$$

$$a_i = \begin{vmatrix} x_j & y_j \\ x_m & y_m \end{vmatrix} = x_j y_m - x_m y_j$$

$$a_j = \begin{vmatrix} x_m & y_m \\ x_i & y_i \end{vmatrix} = x_m y_i - x_i y_m \Bigg\} \tag{5-4}$$

$$a_m = \begin{vmatrix} x_i & y_i \\ x_j & y_j \end{vmatrix} = x_i y_j - x_j y_i$$

$$b_i = - \begin{vmatrix} 1 & y_j \\ 1 & y_m \end{vmatrix} = y_j - y_m$$

$$b_j = - \begin{vmatrix} 1 & y_m \\ 1 & y_i \end{vmatrix} = y_m - y_i \Bigg\} \tag{5-5}$$

$$b_m = - \begin{vmatrix} 1 & y_i \\ 1 & y_j \end{vmatrix} = y_i - y_j$$

$$c_i = \begin{vmatrix} 1 & x_j \\ 1 & x_m \end{vmatrix} = x_m - x_j$$

$$c_j = \begin{vmatrix} 1 & x_m \\ 1 & x_i \end{vmatrix} = x_i - x_m \Bigg\} \tag{5-6}$$

$$c_m = \begin{vmatrix} 1 & x_i \\ 1 & x_j \end{vmatrix} = x_j - x_i$$

式中，a_i、b_i、c_i 为与单元节点坐标有关的常数；A 为 $\triangle_{ijm}$ 的面积。

由解析几何可知：

$$A = \frac{1}{2} \begin{vmatrix} 1 & x_i & y_i \\ 1 & x_j & y_j \\ 1 & x_m & y_m \end{vmatrix} = \frac{1}{2}(b_j c_m - b_m c_j) \tag{5-7}$$

为了使求出的面积 A 不致成为负值，节点 i、j、m 的次序必须为逆时针转向，如图 5-8 所示。

同样，求解式（b）得

$$\alpha_4 = \frac{a_i v_i + a_j v_j + a_m v_m}{2A}$$

$$\alpha_5 = \frac{b_i v_i + b_j v_j + b_m v_m}{2A} \Bigg\} \tag{d}$$

$$\alpha_6 = \frac{c_i v_i + c_j v_j + c_m v_m}{2A}$$

注意到式（5-4）～式（5-6）中三组 a、b、c 的表达式在形式上是相同的。下标的变化也有一定的规律。

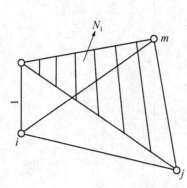

图 5-8　形函数的几何意义

5.2.2　形函数及其性质

将式 (c) 和式 (d) 代回到式 (5-3) 中，整理后可得单元位移函数为节点位移的插值函数

$$\left.\begin{array}{l} u = \dfrac{1}{2A}\big[\,(a_i + b_i x + c_i y)u_i + (a_j + b_j x + c_j y)u_j + (a_m + b_m x + c_m y)u_m\big] \\[2mm] v = \dfrac{1}{2A}\big[\,(a_i + b_i x + c_i y)v_i + (a_j + b_j x + c_j y)v_j + (a_m + b_m x + c_m y)v_m\big] \end{array}\right\} \quad (5\text{-}8)$$

如令

$$N_i(x,\ y) = \frac{1}{2A}(a_i + b_i x + c_i y) \quad (i,\ j,\ m) \qquad (5\text{-}9)$$

则式 (5-8) 可写成

$$\left.\begin{array}{l} u = N_i(x,\ y)u_i + N_j(x,\ y)u_j + N_m(x,\ y)u_m = \displaystyle\sum_{i,\,j,\,m} N_i(x,\ y)u_i \\[2mm] v = N_i(x,\ y)v_i + N_j(x,\ y)v_j + N_m(x,\ y)v_m = \displaystyle\sum_{i,\,j,\,m} N_i(x,\ y)v_i \end{array}\right\} \quad (5\text{-}10)$$

将上式写成矩阵形式

$$\{f\} = \begin{Bmatrix} u \\ v \end{Bmatrix} = \begin{bmatrix} N_i & 0 & N_j & 0 & N_m & 0 \\ 0 & N_i & 0 & N_j & 0 & N_m \end{bmatrix} \begin{Bmatrix} u_i \\ v_i \\ u_j \\ v_j \\ u_m \\ v_m \end{Bmatrix} = \big[\,N\,\big]\{\delta\}^{(e)} \qquad (5\text{-}11)$$

其中，

$$\big[\,N\,\big] = \begin{bmatrix} N_i & 0 & N_j & 0 & N_m & 0 \\ 0 & N_i & 0 & N_j & 0 & N_m \end{bmatrix} \qquad (5\text{-}12)$$

由式 (5-10) 可以看出，当 $u_i = 1$ 且单元其他节点位移分量为零时，则 $u(x,\ y) = N_i(x,\ y)$，同样，当 $v_i = 1$ 且单元其他节点位移分量为零时，则 $v(x,\ y) = N_i(x,\ y)$，因此，函数 $N_i(x,\ y)$ 的物理意义是仅当单元节点 i 发生单位位移时单元内部位移的分布形状，如图 5-8 所示。函数 $N_j(x,\ y)$ 和 $N_m(x,\ y)$ 也有类似的含义，故称为位移的形函数。它们是组成单元位移函数的基函数，是定义于单元内部的、坐标的连续函数。

由式 (5-9) 看出，形函数与常数 a_i、b_i、c_i 有关，而这些常数则依次是式 (5-7) 中行列式 $2A$ 的第一行、第二行和第三行各元素的代数余子式。根据行列式的性质：行列式的任一行中各元素与其相应的代数余子式乘积之和等于该行列式的值；而行列式的任一行中各元素与其他行的元素的代数余子式乘积之和等于零。

据此可以得到形函数的下列基本性质：

(1) 形函数 N_i 在节点 i 的值为 1，在节点 j，m 的值为零。N_j 和 N_m 也有类似性质，即

$$\left.\begin{array}{l} N_i(x_i,\ y_i) = 1 \\ N_i(x_j,\ y_j) = 0 \\ N_i(x_m,\ y_m) = 0 \end{array}\right\} \quad (i,\ j,\ m) \tag{5-13}$$

只需将 $i,\ j,\ m$ 的坐标代入式(5-9)即可验证。

(2) 在单元的任一点 $(x,\ y)$ 上三个形函数之和等于1，即

$$N_i(x,\ y) + N_j(x,\ y) + N_m(x,\ y) = 1 \tag{5-14}$$

式(5-14)实际上是反映单元的刚体位移，因物体作刚体位移时，单元的各节点及单元内任意点的位移都应等于物体的位移。设单元发生水平平动 u_0，则单元任一点的水平位移为

$$u(x,\ y) = N_i u_i + N_j u_j + N_m u_m = u_0(N_i + N_j + N_m)$$

要使 $u(x,\ y) = u_0$，则必须有 $N_i + N_j + N_m = 1$。

形函数的上述两个性质与形函数的具体形式无关，它适用于一切单元，可作为确定单元形函数具体形式的条件。

5.3　单元刚度矩阵

5.3.1　单元的应变矩阵和应力矩阵

有了单元位移函数，就可以利用平面问题的几何方程

$$\{\varepsilon\} = \begin{Bmatrix} \varepsilon_x \\ \varepsilon_y \\ \gamma_{xy} \end{Bmatrix} = \begin{bmatrix} \dfrac{\partial}{\partial x} & 0 \\ 0 & \dfrac{\partial}{\partial y} \\ \dfrac{\partial}{\partial y} & \dfrac{\partial}{\partial x} \end{bmatrix} \begin{Bmatrix} u \\ v \end{Bmatrix}$$

求出以单元节点位移表示的单元应变分量，将单元位移函数式(5-11)代入上式，得

$$\left.\begin{array}{l} \varepsilon_x = \dfrac{1}{2A}(b_i u_i + b_j u_j + b_m u_m) \\[2mm] \varepsilon_y = \dfrac{1}{2A}(c_i v_i + c_j v_j + c_m v_m) \\[2mm] \gamma_{xy} = \dfrac{1}{2A}\big[(c_i u_i + c_j u_j + c_m u_m) + (b_i v_i + b_j v_j + b_m v_m)\big] \end{array}\right\} \tag{a}$$

写成矩阵形式

$$\begin{Bmatrix} \varepsilon_x \\ \varepsilon_y \\ \gamma_{xy} \end{Bmatrix} = \frac{1}{2A} \begin{bmatrix} b_i & 0 & b_j & 0 & b_m & 0 \\ 0 & c_i & 0 & c_j & 0 & c_m \\ c_i & b_i & c_j & b_j & c_m & b_m \end{bmatrix} \begin{Bmatrix} u_i \\ v_i \\ u_j \\ v_j \\ u_m \\ v_m \end{Bmatrix} \tag{5-15}$$

或者简写为

$$\{\varepsilon\} = [B]\{\delta\}^{(e)} \tag{5-16}$$

式(5-16)即为单元应变与单元节点位移的关系,其中,矩阵$[B]$称为单元应变矩阵或几何矩阵,可写成分块形式

$$[B] = [B_i \quad B_j \quad B_m] \tag{b}$$

子矩阵为

$$[B_i] = \frac{1}{2A}\begin{bmatrix} b_i & 0 \\ 0 & c_i \\ c_i & b_i \end{bmatrix} \quad (i,j,m) \tag{5-17}$$

因为$A,b_i,c_i,\cdots,c_m$均可由单元节点坐标直接确定,矩阵$[B]$中的元素都是常数,则由式(5-15)看出,单元内各点的应变分量ε_x、ε_y、γ_{xy}也都是常量。这是采用线性位移函数的必然结果。三节点三角形单元通常称为常应变单元。

有了单元应变的表达式,再利用平面问题的物理方程,便可以求出以单元节点位移表示的单元应力分量,其中:

$$\{\sigma\} = [D]\{\varepsilon\} = [D][B]\{\delta\}^{(e)} = [S]\{\delta\}^{(e)} \tag{5-18}$$

$$[S] = [D][B] \tag{5-19}$$

称为单元应力矩阵。$[D]$为弹性矩阵,对于平面应力问题有

$$[D] = \frac{E}{1-\mu^2}\begin{bmatrix} 1 & \mu & 0 \\ \mu & 1 & 0 \\ 0 & 0 & \frac{1-\mu}{2} \end{bmatrix} \tag{5-20}$$

将应力矩阵$[S]$写成分块形式

$$[S] = [D][B_i \quad B_j \quad B_m] = [S_i \quad S_j \quad S_m] \tag{c}$$

其子矩阵为

$$[S_i] = [D][B_i] = \frac{E}{2A(1-\mu^2)}\begin{bmatrix} b_i & \frac{\mu}{1-\mu}c_i \\ \frac{\mu}{1-\mu}b_i & c_i \\ \frac{1-2\mu}{2(1-\mu)}c_i & \frac{1-2\mu}{2(1-\mu)}b_i \end{bmatrix} \quad (i,j,m) \tag{5-21}$$

对于平面应变问题,只要将式(5-20)中的E换成$E/(1-\mu^2)$,μ换成$\mu/(1-\mu)$。即平面应变问题的子矩阵$[S_i]$为

$$[S_i] = \frac{E(1-\mu)}{2A(1+\mu)(1-2\mu)}\begin{bmatrix} b_i & \frac{\mu}{1-\mu}c_i \\ \frac{\mu}{1-\mu}b_i & c_i \\ \frac{1-2\mu}{2(1-\mu)}c_i & \frac{1-2\mu}{2(1-\mu)}b_i \end{bmatrix} \quad (i,j,m) \tag{5-22}$$

在式(5-19)中,矩阵$[D]$、$[B]$的元素均为常量,可知应力矩阵$[S]$也是常量矩阵。所以,三节点三角形单元内的应力为常量。但是,相邻单元一般具有不同的应力,因此,在它们的公共边界上,虽然位移是连续的,而应力会有突变。随着单元的逐步取小,这种突变会明显减小。

由式(5-18)可以看出,单元应力可用单元节点位移直接算出,而不用计算应变。

5.3.2　单元刚度矩阵

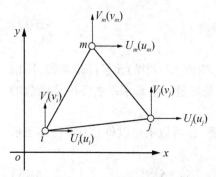

图 5-9　三角形单元刚度分析

如图 5-9 所示,设$\{F\}^{(e)} = \begin{bmatrix} F_i & F_j & F_m \end{bmatrix}^{\mathrm{T}(e)}$和$\{\delta\}^{(e)} = \begin{bmatrix} \delta_i & \delta_j & \delta_m \end{bmatrix}^{\mathrm{T}(e)} = \begin{bmatrix} u_i & v_i & u_j & v_j & u_m & v_m \end{bmatrix}^{\mathrm{T}(e)}$分别为作用于三角形单元 e 的节点力向量$\{F\}^{(e)}$与对应的位移向量$\{\delta\}^{(e)}$。$\{f^*\}$、$\{\varepsilon^*\}$和$\{\delta^*\}^{(e)}$分别表示单元的虚位移、虚应变和节点虚位移。

根据虚功方程可得

$$\{\delta^*\}^{(e)\mathrm{T}} \{F\}^{(e)} = \iint_A \{\varepsilon^*\}^{(e)} \{\sigma\} t \mathrm{d}x\mathrm{d}y \quad (5\text{-}23)$$

将式(5-16)和式(5-18)分别代入上式,得

$$\{\delta^*\}^{(e)\mathrm{T}} \{F\}^{(e)} = \{\delta^*\}^{(e)\mathrm{T}} \iint_A [B]^{\mathrm{T}}[D][B] t\mathrm{d}x\mathrm{d}y \{\delta\}^{(e)}$$

由于虚位移是任意的,等式两侧可以去掉$\{\delta^*\}^{\mathrm{T}}$,则有单元的刚度方程

$$\{F\}^{(e)} = \iint_A [B]^{\mathrm{T}}[D][B] t\mathrm{d}x\mathrm{d}y \{\delta\}^{(e)} \quad (5\text{-}24)$$

令

$$[K]^{(e)} = \iint_A [B]^{\mathrm{T}}[D][B] t\mathrm{d}x\mathrm{d}y \quad (5\text{-}25)$$

称矩阵$[K]^{(e)}$称为单元刚度矩阵。

式(5-24)可改写为

$$\{F\}^{(e)} = [K]^{(e)} \{\delta\}^{(e)} \quad (5\text{-}26)$$

由于式(5-26)描述的是单元节点力$\{F\}^{(e)}$与节点位移$\{\delta\}^{(e)}$之间关系,所以称之为单元刚度方程。

对于三节点三角形单元,$[K]^{(e)}$为 6×6 阶矩阵。式(5-25)可以写成按节点分块的形式:

$$\begin{Bmatrix} F_i \\ F_j \\ F_m \end{Bmatrix}^{(e)} = \begin{bmatrix} [K_{ii}] & [K_{ij}] & [K_{im}] \\ [K_{ji}] & [K_{jj}] & [K_{jm}] \\ [K_{mi}] & [K_{mj}] & [K_{mm}] \end{bmatrix}^{(e)} \begin{Bmatrix} \delta_i \\ \delta_j \\ \delta_m \end{Bmatrix}^{(e)} \quad (5\text{-}27)$$

其中,

$$[K_{rs}] = tA[B_r][D][B_s]$$

$$= \frac{Et}{4A(1-\mu^2)} \begin{bmatrix} b_r b_s + \dfrac{1-\mu}{2} c_r c_s & \mu b_r c_s + \dfrac{1-\mu}{2} c_r b_s \\ \mu c_r b_s + \dfrac{1-\mu}{2} b_r c_s & c_r c_s + \dfrac{1-\mu}{2} b_r b_s \end{bmatrix} \quad (r=i,j,m;s=i,j,m)$$

$$(5-28)$$

式中, t 为单元厚度; A 为单元的面积; $[K_{ij}]$ 为节点 j 产生单位位移时,在 i 节点引起的节点力。

对于平面应变问题。只需把上式中的 E 换成 $E/(1-\mu^2)$, μ 换成 $\mu/(1-\mu)$,可得

$$[K_{rs}] = \frac{Et(1-\mu)}{4A(1+\mu)(1-2\mu)} \begin{bmatrix} b_r b_s + \dfrac{1-2\mu}{2(1-\mu)} c_r c_s & \dfrac{\mu}{1-\mu} b_r c_s + \dfrac{1-2\mu}{2(1-\mu)} c_r b_s \\ \dfrac{\mu}{1-\mu} c_r b_s + \dfrac{1-2\mu}{2(1-\mu)} b_r c_s & c_r c_s + \dfrac{1-2\mu}{2(1-\mu)} b_r b_s \end{bmatrix}$$

$$(r=i,j,m;s=i,j,m) \qquad (5-29)$$

单元刚度矩阵建立在假定位移函数的基础上。由式(5-28)和式(5-29)可以看出,单元刚度矩阵的元素取决于单元的大小(A, t)、弹性常数(E, μ)以及形状、方向(b_r, c_r)等。b_r, c_r ($r=i,j,m$)都是单元节点坐标差,所以 $[K]^{(e)}$ 与单元的位置无关,即不随坐标轴或单元体的平行移动而改变。

5.3.3 单元刚度矩阵的性质

1. 单元刚度矩阵是对称的

这个性质是由弹性力学中功的互等定理决定的。它也可以直接利用公式证明。将式(5-25)两边分别转置:

$$([K]^{(e)})^T = \iint_A ([B]^T [D] [B])^T t \mathrm{d}x \mathrm{d}y$$

由于 $[D]$ 为对称矩阵,即 $[D]^T = [D]$,所以上式成为

$$([K]^{(e)})^T = \iint_A [B]^T [D] [B] t \mathrm{d}x \mathrm{d}y = [K]^{(e)}$$

即证明了单元刚度矩阵为对称矩阵。

2. 单元刚度矩阵是奇异矩阵

即单元刚度矩阵的元素所组成的行列式等于零:

$$|[K]^{(e)}| = 0$$

证明:将式(5-27)展开后的第一行为

$$F_1 = k_{11} u_i + k_{12} v_i + k_{13} u_j + k_{14} v_j + k_{15} u_m + k_{16} v_m$$

在节点力为零时,单元仍可作刚体移动,此时

$$u_i = u_j = u_m, v_i = v_j = v_m$$

则有

$$(k_{11} + k_{13} + k_{15}) u_i + (k_{12} + k_{14} + k_{16}) v_i = 0$$

由于 u_i、v_i 为任意数,故得

$$\begin{cases} k_{11} + k_{13} + k_{15} = 0 \\ k_{12} + k_{14} + k_{16} = 0 \end{cases}$$

从而得到　　　　　　$k_{11} + k_{12} + k_{13} + k_{14} + k_{15} + k_{16} = 0$

同样可以证明单元刚度矩阵的其他各行元素之和也均为零。从而证明了单元刚度矩阵是奇异矩阵,其逆阵不存在。这就是说,如果已知单元节点力 $\{F\}^{(e)}$,由式(2-27)并不能求出单元节点位移 $\{\delta\}^{(e)}$,因为这时单元没有支承约束,单元可以作刚体运动,其位移是不定的。

3. 单元刚度矩阵的主对角线元素恒为正值

因为 $[K]^{(e)}$ 中每一个元素均为一个刚度系数,以主对角线元素 k_{ii} 为例,它表示使节点 i 在 x 方向有单位位移(其余位移分量均为零)时,在节点 i 沿 x 方向所需施加的力。它当然应与单位位移的方向一致,因而为正值。同理,主对角线上的其他元素均为正值。

5.4　结构整体分析

5.4.1　整体刚度方程

杆系结构有限单元法中,可利用节点力的平衡建立结构的刚度方程。这种方法的特点是物理概念明确,步骤清晰,容易为工程技术人员所理解。但在有限元理论分析中,应用更为广泛的是从变分原理导出有限元基本方程。这就要将连续体中经典变分原理推广应用于离散化结构。

设弹性体被划分成 m 个单元、n 个节点,若暂不考虑节点的支承约束作用,则作为基本未知量的整体节点位移列阵为

$$\{\delta\} = \begin{Bmatrix} \delta_1 \\ \delta_2 \\ \vdots \\ \delta_n \end{Bmatrix} = \begin{bmatrix} u_1 & v_1 & u_2 & v_2 & \cdots & u_n & v_n \end{bmatrix}^{\mathrm{T}} \tag{a}$$

式中,$\{\delta_i\}$ 为节点 i 的位移分量。

相应的节点荷载列阵为

$$\{P\} = \begin{Bmatrix} P_1 \\ P_2 \\ \vdots \\ P_n \end{Bmatrix} = \begin{bmatrix} P_{1x} & P_{1y} & P_{2x} & P_{2y} & \cdots & P_{nx} & P_{ny} \end{bmatrix}^{\mathrm{T}} \tag{b}$$

式中,$\{P_i\}$ 为节点 i 上的荷载分量。

仍以平面应力问题三角形单元为例,假设在连续体离散过程中没有能量损失与转换,则结构的总势 E_p 等于各单元的势能之和,离散结构的变形势能为

$$U = \sum_e U^e = \sum_e \frac{1}{2} \iint_{A_e} \{\varepsilon\}^{\mathrm{T}} \{\sigma\} \mathrm{d}x\mathrm{d}yt$$

$$= \sum_e \frac{1}{2} \iint_{A_e} [B\delta^e]^{\mathrm{T}} [D][B]\{\delta\}^e \mathrm{d}x\mathrm{d}yt$$

$$= \sum_e \frac{1}{2} \{\delta^e\}^{\mathrm{T}} \iint_{A_e} [B]^{\mathrm{T}} [D][B] t\mathrm{d}x\mathrm{d}y \{\delta\}^e$$

其中,A_e 为三角形单元的面积。由式(5-26),上式可简写为

$$U = \sum_e \frac{1}{2} \{\delta^e\}^{\mathrm{T}} [K]^e \{\delta\}^e$$

外力势能为

$$V = \sum_e V^e = -\sum_e \left(\int_{S_e} \{\delta\}^{\mathrm{T}} \{\bar{F}\} t\mathrm{d}s + \iint_{A_e} \{\delta\}^{\mathrm{T}} \{F\} t\mathrm{d}x\mathrm{d}y \right)$$

$$= -\{\delta^e\}^{\mathrm{T}} \sum_e \left(\int_{S_e} [N]^{\mathrm{T}} \{\bar{F}\} t\mathrm{d}s + \iint_{A_e} [N]^{\mathrm{T}} \{F\} t\mathrm{d}x\mathrm{d}y \right)$$

$$= -\sum_e \{\delta^e\}^{\mathrm{T}} \{P\}^e$$

其中,S_e 为三角形单元中受面力的边界,$\{P\}^e$ 为单元的等效节点荷载,下一节将进一步讨论。

则结构的总势能为

$$E_P = U + V = \sum_e \frac{1}{2} \{\delta^e\}^{\mathrm{T}} [K]^e \{\delta\}^e - \sum_e \{\delta^e\}^{\mathrm{T}} \{P\}^e \tag{5-30}$$

上述位移列阵、外力列阵、刚度矩阵等均是针对单元而言的,每个单元的节点编号不同,相应在总体位移列阵、荷载列阵与总体刚度矩阵中的位置不同,不能直接求和。为此,这里引入自由度转换矩阵$[G]^e$,使得

结构整体位移列阵

$$\{\delta\}^e = [G]^e_{6\times 2n} \{\delta\}_{2n\times 1} \tag{5-31}$$

结构整体荷载列阵

$$\{P\}^e = [G]^e_{6\times 2n} \{P\}_{2n\times 1} \tag{5-32}$$

结构整体刚度矩阵

$$[K] = \sum_e [G]^{e\mathrm{T}} [K]^e [G]^e \tag{5-33}$$

其中,

$$\underset{\sim}{G}^e_{6\times 2n} = \begin{bmatrix} 0 & 0 & \cdots & 0 & 0 & \cdots & 1 & 0 & \cdots & 0 & 0 & \cdots & 0 & 0 \\ 0 & 0 & \cdots & 0 & 0 & \cdots & 0 & 1 & \cdots & 0 & 0 & \cdots & 0 & 0 \\ 0 & 0 & \cdots & 1 & 0 & \cdots & 0 & 0 & \cdots & 0 & 0 & \cdots & 0 & 0 \\ 0 & 0 & \cdots & 0 & 1 & \cdots & 0 & 0 & \cdots & 0 & 0 & \cdots & 0 & 0 \\ 0 & 0 & \cdots & 0 & 0 & \cdots & 0 & 0 & \cdots & 1 & 0 & \cdots & 0 & 0 \\ 0 & 0 & \cdots & 0 & 0 & \cdots & 0 & 0 & \cdots & 0 & 1 & \cdots & 0 & 0 \end{bmatrix} \begin{matrix} 2i-1 \\ 2i \\ 2j-1 \\ 2j \\ 2m-1 \\ 2m \end{matrix}$$
$$\quad\ \ 1\ \ \ 2\ \ \cdots\ 2j-1\ 2j\ \cdots\ 2i-1\ 2i\ \cdots\ 2m-1\ 2m\ \cdots\ 2n-1\ 2n$$

则有

$$E_P = \frac{1}{2}\{\delta\}^{\mathrm{T}}\sum_e [G]^{e\mathrm{T}}[K]^e[G]^e\{\delta\} - \{\delta\}^{\mathrm{T}}\sum_e [G]^{e\mathrm{T}}[G]^e\{P\}$$

$$= \frac{1}{2}\{\delta\}^{\mathrm{T}}[K]\{\delta\} - \{\delta\}^{\mathrm{T}}\{P\} \tag{5-34}$$

式中，$[G]^{e\mathrm{T}}[G] = [I]$，$[I]$ 为 $2n$ 阶单位矩阵。

由弹性力学理论可知，总势能 E_P 为自变量为节点位移 δ_i 的泛涵，由最小势能原理，可得

$$\delta E_P = [K]\{\delta\} - \{P\} = 0$$

从而有

$$[K]\{\delta\} = \{P\} \tag{5-35}$$

上式即为弹性平面问题有限单元法的整体刚度方程。

5.4.2　整体刚度矩阵

由式(5-33) 可知，要形成结构的总体刚度矩阵，只需掌握单元自由度转换矩阵$[G]^e$ 的构造方法，即可方便地通过矩阵运算得到。下面结合具体的结构，说明单元自由度转换矩阵$[G]^e$ 的构造方法。

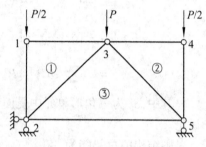

图 5-10　深梁计算模型

图 5-10 所示为一简支深梁划分为 3 个单元，共有 5 个节点，10 个节点位移分量。可以建立 10 个平衡方程，如果写成按节点分块的形式，则为

$$\begin{bmatrix} [K_{11}] & [K_{12}] & [K_{13}] & [K_{14}] & [K_{15}] \\ [K_{21}] & [K_{22}] & [K_{23}] & [K_{24}] & [K_{25}] \\ [K_{31}] & [K_{32}] & [K_{33}] & [K_{34}] & [K_{35}] \\ [K_{41}] & [K_{42}] & [K_{43}] & [K_{44}] & [K_{45}] \\ [K_{51}] & [K_{52}] & [K_{53}] & [K_{54}] & [K_{55}] \end{bmatrix}\begin{Bmatrix} \{\delta_1\} \\ \{\delta_2\} \\ \{\delta_3\} \\ \{\delta_4\} \\ \{\delta_5\} \end{Bmatrix} = \begin{Bmatrix} \{P_1\} \\ \{P_2\} \\ \{P_3\} \\ \{P_4\} \\ \{P_5\} \end{Bmatrix} \tag{c}$$

式中，子块

$$[K_{ij}] = \begin{bmatrix} k_{2i-1,\,2j-1} & k_{2i-1,\,2j} \\ k_{2i,\,2j-1} & k_{2i,\,2j} \end{bmatrix} \quad (i,\,j = 1,\,2,\,\cdots,\,5)$$

展开式(c) 中的任一行，例如第三行：

$$[K_{31}]\{\delta_1\} + [K_{32}]\{\delta_2\} + [K_{33}]\{\delta_3\} + [K_{34}]\{\delta_4\} + [K_{35}]\{\delta_5\} = \{P_3\} \tag{d}$$

由上式可以看出总刚$[K]$ 中某一子块的物理意义，例如$[K_{34}]$ 的 4 个元素在数值上等于使节点 4 在 x 轴方向或 y 轴方向产生单位位移，而其余节点位移为零时，所施加于节点 3 的沿 x 轴方向或 y 轴方向的荷载。在单元分析中，已经得到单元 ② 的刚度矩阵$[K]^{(2)}$，写成按节点分块的形式为

$$i = 3 \qquad j = 5 \qquad m = 4$$

$$[K]^{(2)} = \begin{bmatrix} [K_{33}]^{(2)} & [K_{35}]^{(2)} & [K_{34}]^{(2)} \\ [K_{53}]^{(2)} & [K_{55}]^{(2)} & [K_{54}]^{(2)} \\ [K_{43}]^{(2)} & [K_{45}]^{(2)} & [K_{44}]^{(2)} \end{bmatrix} \begin{matrix} i = 3 \\ j = 5 \\ m = 4 \end{matrix}$$

其中,子块$[K_{34}]^{(2)}$表示单元②的节点4产生单位位移,而单元②的其他节点位移均为零时,在节点3上所需施加的节点力。所以应该有$[K_{34}] = [K_{34}]^{(2)}$。

又例如总刚子块$[K_{35}]$,它在数值上等于使节点5产生单位位移,而其余节点位移均为零时,所施加于节点3的荷载。由图5-10可见,节点3,5为单元②和③两个单元所共有,当节点5产生单位位移时,通过单元②和③同时在节点3引起节点力,因此有$[K_{35}] = [K_{35}]^{(2)} + [K_{35}]^{(3)}$。类似地可以得到$[K_{33}] = [K_{33}]^{(1)} + [K_{33}]^{(2)} + [K_{33}]^{(3)}$。再例如,总刚子块$[K_{14}]$由于节点1和4不属于同一个单元,当仅有节点4产生位移时,不会在节点1引起节点力,所以有$[K_{14}] = [0]$。

根据上述分析,可以按以下方法形成结构的原始刚度矩阵:首先求出每个单元的刚度矩阵$[K]^{(e)}$按单元节点号i、j、m写成分块的形式。对于图5-10所示结构,有

$$\begin{matrix} \quad 1 \qquad\qquad 2 \qquad\qquad 3 \end{matrix}$$
$$[K]^{(1)} = \begin{bmatrix} [K_{11}]^{(1)} & [K_{12}]^{(1)} & [K_{13}]^{(1)} \\ [K_{21}]^{(1)} & [K_{22}]^{(1)} & [K_{23}]^{(1)} \\ [K_{31}]^{(1)} & [K_{32}]^{(1)} & [K_{33}]^{(1)} \end{bmatrix} \begin{matrix} 1 \\ 2 \\ 3 \end{matrix}$$

由式(5-31)关于$[G]$的定义可知,$[G]^{(1)}$中6个不为零的对角元位置分别为G_{11},G_{22},G_{33},G_{44},G_{55}和G_{66}。

$$\begin{matrix} \quad 3 \qquad\qquad 5 \qquad\qquad 4 \end{matrix}$$
$$[K]^{(2)} = \begin{bmatrix} [K_{33}]^{(2)} & [K_{35}]^{(2)} & [K_{34}]^{(2)} \\ [K_{53}]^{(2)} & [K_{55}]^{(2)} & [K_{54}]^{(2)} \\ [K_{43}]^{(2)} & [K_{45}]^{(2)} & [K_{44}]^{(2)} \end{bmatrix} \begin{matrix} 3 \\ 5 \\ 4 \end{matrix}$$

$[G]^{(2)}$中6个不为零的对角元位置分别为G_{55},G_{66},G_{99},G_{1010},G_{77}和G_{88}。

$$\begin{matrix} \quad 2 \qquad\qquad 5 \qquad\qquad 3 \end{matrix}$$
$$[K]^{(3)} = \begin{bmatrix} [K_{22}]^{(3)} & [K_{25}]^{(3)} & [K_{23}]^{(3)} \\ [K_{52}]^{(3)} & [K_{55}]^{(3)} & [K_{53}]^{(3)} \\ [K_{32}]^{(3)} & [K_{35}]^{(3)} & [K_{33}]^{(3)} \end{bmatrix} \begin{matrix} 2 \\ 5 \\ 3 \end{matrix}$$

$[G]^{(3)}$中6个不为零的对角元位置分别为G_{33},G_{44},G_{99},G_{1010},G_{55}和G_{66}。

然后将各单元刚度矩阵的每个子块$[K_{rs}]^{(e)}$按其下标所表示的行和列分别送到原始刚度矩阵的相应位置上。在同一位置上若有几个单元的相应子块送到,则进行叠加,得到原始刚度矩阵在该位置上的子块。如果该位置上没有单刚的子块送到,则为零子块。按此方法集成图5-10所示结构的原始刚度矩阵如下:

$$[K] = \begin{bmatrix} [K_{11}]^{(1)} & [K_{12}]^{(1)} & [K_{13}]^{(1)} & 0 & 0 \\ [K_{21}]^{(1)} & [K_{22}]^{(1)+(3)} & [K_{23}]^{(1)+(3)} & 0 & [K_{25}]^{(3)} \\ [K_{31}]^{(1)} & [K_{32}]^{(1)+(3)} & [K_{33}]^{(1)+(2)+(3)} & [K_{34}]^{(2)} & [K_{35}]^{(2)+(3)} \\ 0 & 0 & [K_{43}]^{(2)} & [K_{44}]^{(2)} & [K_{45}]^{(2)} \\ 0 & [K_{52}]^{(3)} & [K_{53}]^{(2)+(3)} & [K_{54}]^{(2)} & [K_{55}]^{(2)+(3)} \end{bmatrix} \begin{matrix} 1 \\ 2 \\ 3 \\ 4 \\ 5 \end{matrix} \quad (e)$$

为书写简洁起见,式(e)中相叠加的子块写成 $[K_{22}]^{(1)+(3)}$ 以代替 $[K_{22}]^{(1)} + [K_{22}]^{(3)}$。

由式(e)可以看出,结构的原始刚度矩阵 $[K]$ 和自由度转换矩阵 $[G]$ 的组成规律如下:

(1) 主子块 $[K_{ii}]$ 是由与节点 i 相连接的各单元(称为节点 i 的相关单元)刚度矩阵的相应主子块 $[K_{ii}]^{(e)}$ 叠加而成,恒为非零子块。

(2) 副子块 $[K_{ij}]$ $(i \neq j)$ 有两种情况:若节点 i 和 j 是相关节点(即节点 j 是节点 i 的相关单元上的节点),则副子块 $[K_{ij}]$ 是由与节点 i 均直接相连接的各单元刚度矩阵的相应副子块 $[K_{ij}]^{(e)}$ 叠加而成;若节点 i 和 j 不是相关节点(即不属于同一个单元),则副子块 $[K_{ij}]$ 为零子块。

(3) $[G]$ 矩阵中6个不为零的元素位置与节点编号之间的关系完全对应。节点 i, j, m 分别对应为 $G_{2i-1, 2i-1}$, $G_{2i, 2i}$, $G_{2j-1, 2j-1}$, $G_{2j, 2j}$, $G_{2m-1, 2m-1}$ 和 $G_{2m, 2m}$。

5.4.3　整体刚度矩阵的性质

1. 对称性

和单元刚度矩阵一样,结构原始刚度矩阵 $[K]$ 也是对称矩阵,见式(e)。这是由其元素的物理意义和反力互等定理所决定的。利用 $[K]$ 的对称性,在计算机中可以只存储 $[K]$ 的下三角或上三角部分,从而节省了近一半的存储量。

2. 奇异性

原始刚度矩阵是奇异矩阵,这是因为整体结构在没有考虑约束的条件下可以有刚体位移。因此,必须根据结构的支承条件,对原始刚度矩阵 $[K]$ 进行修改。排除刚体位移后,$[K]$ 将转变为正定矩阵。关于支承条件的引入,仍是采用主1副零法或乘大数法。

3. 稀疏带状矩阵

实际结构离散化之后,单元数和节点数往往成百上千个。但每个节点只可能有少量的相关单元和相关节点,绝大部分节点互不相关。因此,原始刚度矩阵是一个具有大量零元素的稀疏矩阵。网格划分得越细,则 $[K]$ 的稀疏性越突出。

如果在节点编号时注意使各相关节点号的差值尽可能小,则非零元素将聚集在 $[K]$ 的主对角线附近,呈带状分布。利用 $[K]$ 的对称性和非零元素的带状分布特性,则在计算机中可只存储其下半带或上半带的元素。

5.5　单元等效节点荷载的计算

有限元分析最后得到的线性代数方程组是节点平衡方程组，即由节点位移产生的节点力和作用在节点上的外荷载相平衡。对于不直接作用在节点上的外荷载，都要等效地移置到节点上去，以参加平衡。

5.5.1　集中荷载

如图 5-11 所示，设三角形单元 i, j, m 中任一点 $C(x, y)$ 作用集中荷载 Q，其沿 x, y 轴方向的分量为 Q_x, Q_y，即

$$\{Q\} = [Q_x \quad Q_y]^{\mathrm{T}} \qquad (a)$$

将此集中荷载移置到节点 i, j, m 上，得到等效节点荷载 $\{P_E\}^{(e)}$：

$$\{P_E\}^{(e)} = [X_i \quad Y_i \quad X_j \quad Y_j \quad X_m \quad Y_m]^{\mathrm{T}} \qquad (b)$$

假设该单元发生某一虚位移 $\{f^*\}$，它符合所假定的单元位移函数的规律，即有

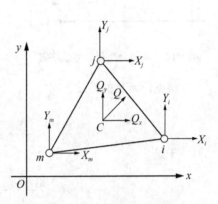

图 5-11　集中荷载等效移置

$$\{f^*\} = [N] \{\delta^*\}^{(e)} \qquad (c)$$

其中，$\{\delta^*\}^{(e)}$ 为单元节点的相应虚位移。与 $\{f^*\}$ 相应的 C 点的虚位移为 $\{f_c^*\}$，即有

$$\{f_c^*\} = [N_c] \{\delta^*\}^{(e)} \qquad (d)$$

式中，$[N_c]$ 为形函数矩阵 $[N]$ 在 C 点的值。

根据静力等效原则，可建立如下关系式：

$$(\{\delta^*\}^{(e)})^{\mathrm{T}} \{P_E\}^{(e)} = \{f_c^*\}^{\mathrm{T}} \{Q\} \qquad (e)$$

式中，等式左边为单元等效节点荷载的虚功，右边为原荷载 $\{Q\}$ 的虚功。将式(d)代入式(e)，得

$$(\{\delta^*\}^{(e)})^{\mathrm{T}} \{P_E\}^{(e)} = ([N_c] \{\delta^*\}^{(e)})^{\mathrm{T}} \{Q\} = (\{\delta^*\}^{(e)})^{\mathrm{T}} [N_c]^{\mathrm{T}} \{Q\}$$

由于虚位移 $(\{\delta^*\}^{(e)})^{\mathrm{T}}$ 是任意的，等式两边可以消去，可得

$$\{P_E\}^{(e)} = [N_c]^{\mathrm{T}} \{Q\} = \begin{bmatrix} N_{ic} & 0 \\ 0 & N_{ic} \\ N_{jc} & 0 \\ 0 & N_{jc} \\ N_{mc} & 0 \\ 0 & N_{mc} \end{bmatrix} \begin{Bmatrix} Q_x \\ Q_y \end{Bmatrix} = \begin{Bmatrix} N_{ic} Q_x \\ N_{ic} Q_y \\ N_{jc} Q_x \\ N_{jc} Q_y \\ N_{mc} Q_x \\ N_{mc} Q_y \end{Bmatrix} \qquad (5\text{-}36)$$

式中，N_{ic}、N_{jc}、N_{mc} 为三节点三角形单元的形函数 N_i、N_j、N_m 在 C 点的函数值，即 $N_i(x_c, y_c)$、$N_j(x_c, y_c)$、$N_m(x_c, y_c)$。

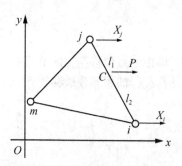

图 5-12　均匀分布荷载等效移置

如果在单元 ijm 的 ij 边上 C 点处作用有沿 x 轴方向的集中荷载 P(图 5-12),设 ij 边长度为 l,C 点到节点 i,j 的距离分别为 l_i,l_j,则由式(5-36)得到

$$\{P_E\}^{(e)} = \begin{Bmatrix} N_{ic}P \\ 0 \\ N_{jc}P \\ 0 \\ N_{mc}P \\ 0 \end{Bmatrix} \tag{f}$$

根据形函数的性质,有

$$N_{ic} = \frac{l_j}{l}, \quad N_{jc} = \frac{l_i}{l}, \quad N_{mc} = 0$$

于是

$$\{P_E\}^{(e)} = \begin{bmatrix} \dfrac{l_j}{l}P & 0 & \dfrac{l_i}{l}P & 0 & 0 & 0 \end{bmatrix}^{\mathrm{T}} \tag{g}$$

5.5.2　分布面荷载

设在单元的某一边上作用有分布线荷载 $\{p\} = [p_x, \ p_y]^{\mathrm{T}}$,可将微段 $\mathrm{d}s$ 上的线荷载 $\{p\}\mathrm{d}s$ 视为集中荷载,利用式(5-36)对边长积分,即得该分布荷载的等效节点荷载计算式

$$\{P_E\}^{(e)} = \int_l [N]^{\mathrm{T}}\{p\}\mathrm{d}s \tag{5-37}$$

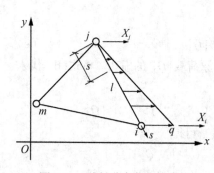

图 5-13　线性分布荷载等效移置

图 5-13 所示为一厚度为 t 的三角形单元 ijm,ij 边上沿 x 轴方向作用有线性分布的面荷载 $\{p\}$,它在节点 i 处的集度为 q,在节点 j 处的集成为 0。为了积分方便,沿 ij 边建立局部坐标 s,将被积函数化为 s 的函数。设坐标轴 s 的原点取在 j 点,沿 ji 为正向,$s_j = 0$,$s_i = l$(l 为 ij 边长),则分布面荷载 $\{p\}$ 可表示为

$$\{p\} = \begin{Bmatrix} \dfrac{s}{l}q \\ 0 \end{Bmatrix} \tag{h}$$

将式(5-37)中的形函数 N_i、N_j、N_m 也改用 s 来表示,根据形函数的性质可直接得到

$$N_i = \frac{s}{l}, \quad N_j = 1 - \frac{s}{l}, \quad N_m = 0 \tag{i}$$

将式(h)和式(i)代入式(5-37),得

$$\{P_E\}^{(e)} = \int_0^l \begin{bmatrix} \dfrac{s}{l} & 0 \\ 0 & \dfrac{s}{l} \\ 1-\dfrac{s}{l} & 0 \\ 0 & 1-\dfrac{s}{l} \\ 0 & 0 \\ 0 & 0 \end{bmatrix} \begin{Bmatrix} \dfrac{s}{l}q \\ 0 \end{Bmatrix} t\,\mathrm{d}s = \dfrac{qlt}{2}\begin{Bmatrix} \dfrac{2}{3} \\ 0 \\ \dfrac{1}{3} \\ 0 \\ 0 \\ 0 \end{Bmatrix} \tag{5-38}$$

对如图 5-14 所示在 ij 边沿 x 轴方向作用任意线性分布面荷载的情况，可以看成是两个三角形分布荷载的叠加。利用式(5-38) 可得其等效节点荷载为

$$\{P_E\}^{(e)} = \dfrac{lt}{2}\begin{Bmatrix} \dfrac{2}{3}q_i + \dfrac{1}{3}q_j \\ 0 \\ \dfrac{1}{3}q_i + \dfrac{2}{3}q_j \\ 0 \\ 0 \\ 0 \end{Bmatrix} \tag{5-39}$$

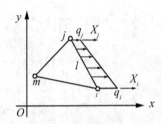

图 5-14　梯形分布荷载等效移置

式中，q_i、q_j 分别为 i、j 两点分布面荷载的集度。

在 y 方向或单元的其他边上有线性分布面荷载作用时，可得类似公式。

5.5.3　匀质等厚单元的自重

图 5-15 所示厚度为 t 的匀质三角形单元 ijm，利用线分布类似方法，可得自重等效节点荷载的计算式

$$\{P_E\}^{(e)} = \int_A [N]^{\mathrm{T}}\{W\}t\,\mathrm{d}A \tag{5-40}$$

设单元的单位体积重量为 γ，则有

$$\{W\} = \begin{Bmatrix} 0 \\ -\gamma \end{Bmatrix}$$

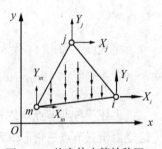

图 5-15　均布体力等效移置

代入式(5-40)，得

$$\{P_E\}^{(e)} = \iint_A \begin{bmatrix} N_i & 0 \\ 0 & N_i \\ N_j & 0 \\ 0 & N_j \\ N_m & 0 \\ 0 & N_m \end{bmatrix} \begin{Bmatrix} 0 \\ -\gamma \end{Bmatrix} t\,\mathrm{d}x\mathrm{d}y = -t\gamma \iint_A \begin{Bmatrix} 0 \\ N_i \\ 0 \\ N_j \\ 0 \\ N_m \end{Bmatrix}\mathrm{d}x\mathrm{d}y \tag{j}$$

其中，

$$\iint\limits_A N_i \mathrm{d}x\mathrm{d}y = \frac{1}{2A}\iint\limits_A (a_i + b_i x + c_i y)\,\mathrm{d}x\mathrm{d}y = \frac{1}{2A}\left[a_i A + b_i \iint\limits_A x\mathrm{d}x\mathrm{d}y + c_i \iint\limits_A y\mathrm{d}x\mathrm{d}y\right]$$

引入面积矩公式：

$$\iint\limits_A x\mathrm{d}x\mathrm{d}y = \bar{x} \cdot A = \frac{1}{3}(x_i + x_j + x_m)A$$

$$\iint\limits_A y\mathrm{d}x\mathrm{d}y = \bar{y} \cdot A = \frac{1}{3}(y_i + y_j + y_m)A$$

则

$$\iint\limits_A N_i \mathrm{d}x\mathrm{d}y = \frac{1}{2A}\left[a_i A + \frac{A}{3}b_i(x_i + x_j + x_m) + \frac{A}{3}c_i(y_i + y_j + y_m)\right]$$

$$= \frac{1}{6}[3(x_j y_m - y_j x_m) + (y_j - y_m)(x_i + x_j + x_m) + (x_m - x_j)(y_i + y_j + y_m)]$$

$$= \frac{1}{6}[x_j y_m - x_m y_j + x_m y_i - x_i y_m + x_i y_j - x_j y_i]$$

$$= \frac{1}{6}\begin{vmatrix} 1 & x_i & y_i \\ 1 & x_j & y_j \\ 1 & x_m & y_m \end{vmatrix} = \frac{A}{3} \tag{k}$$

式中，$\bar{x}$、$\bar{y}$ 为 $\triangle_{ijm}$ 的形心坐标值。

同理可得

$$\iint\limits_A N_j \mathrm{d}x\mathrm{d}y = \iint\limits_A N_m \mathrm{d}x\mathrm{d}y = \frac{A}{3} \tag{l}$$

将式(k) 和式(l) 代入式(j)，得

$$\{P_E\}^{(e)} = \left[\begin{array}{cccccc} 0 & -\dfrac{1}{3}\gamma tA & 0 & -\dfrac{1}{3}\gamma tA & 0 & -\dfrac{1}{3}\gamma tA \end{array}\right]^{\mathrm{T}} \tag{5-41}$$

上述三种非节点荷载等效移置的结果，与按刚体的静力等效原则移置荷载的结果相同，这是由于三节点三角形单元的位移函数为线性函数。因此，在线性位移函数的情况下，可以直接按刚体的静力等效原则处理非节点荷载，以避免积分运算。但是，当单元位移函数为非线性函数时，就必须利用一般公式计算。

5.6　单元应力计算

在引入结构的支承条件后，就可以求解方程组 $[K]\{\delta\} = \{P\}$ 得出各节点的位移。根据各单元的节点编号 i、j、m，从 $\{\delta\}$ 中取出相应的节点位移值 $\{\delta_i\}$、$\{\delta_j\}$、$\{\delta_m\}$ 组成单元节点位移列阵 $\{\delta\}^{(e)}$，将其代入式(5-19) 中，得单元应力

$$\begin{Bmatrix} \sigma_x \\ \sigma_y \\ \tau_{xy} \end{Bmatrix} = \frac{E}{2(1-\mu^2)A} \begin{bmatrix} b_i & \mu c_i & b_j & \mu c_j & b_m & \mu c_m \\ \mu b_i & c_i & \mu b_j & c_j & \mu b_m & c_m \\ \dfrac{1-\mu}{2}c_i & \dfrac{1-\mu}{2}b_i & \dfrac{1-\mu}{2}c_j & \dfrac{1-\mu}{2}b_j & \dfrac{1-\mu}{2}c_m & \dfrac{1-\mu}{2}b_m \end{bmatrix} \begin{Bmatrix} u_i \\ v_i \\ u_j \\ v_j \\ u_m \\ v_m \end{Bmatrix}$$

$$(5\text{-}42)$$

对于平面应变问题,需将上式中的 E 换成 $\dfrac{E}{1-\mu^2}$,μ 换成 $\dfrac{\mu}{1-\mu}$。

三节点三角形单元是常应变单元,也是常应力单元,在单元的交界面上应力是不连续的。通常可简单地将按式(5-42)求得的应力当作是三角形单元形心处的应力。

若需求出各单元的主应力和主应力方向,则可按下式计算:

$$\sigma_{1,2} = \frac{1}{2}(\sigma_x + \sigma_y) \pm \frac{1}{2}\sqrt{(\sigma_x - \sigma_y)^2 + 4\tau_{xy}^2}$$

$$\alpha = \arctan\left(\frac{\sigma_1 - \sigma_x}{\tau_{xy}}\right)$$

$$(5\text{-}43)$$

式中,σ_1、σ_2 为主应力;α 为 σ_1 与 x 轴的夹角,从 x 轴逆时针转向为正。

按式(5-43)计算出来的主应力可以认为是该三角形单元形心处的两个主应力。如果在每个单元的形心沿主应力方向按比例画出主应力的大小,拉应力用箭头表示,压应力用平头表示(图5-16),就可以得到整体结构的主应力分布图。

由一点的应力状态可知,对于不直接承受外荷载的边界单元,假如单元划分得足够小,则其一个主应力方向应是基本上平行于边界,而另一个主应力方一向则应是基本上垂直于边界,并且其数值应接近于零。这个特点可作为判断计算是否正确的一个依据。

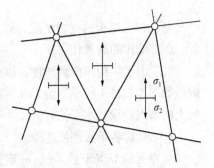

图 5-16 单元主应力图示

5.7 有限元位移法的计算步骤及算例

综合以上各节内容,用有限元位移法(三节点三角形单元)计算弹性力学平面问题的步骤如下:

(1)将结构离散化、对单元和节点编号;

(2)计算单元刚度矩阵 $[K]^{(e)}$,见式(5-25)和式(5-27);

(3)采用直接刚度法,由单元刚度矩阵 $[K]^{(e)}$ 形成结构的整体刚度矩阵 $[K]$;

(4)计算非节点荷载的等效节点荷载,并形成节点荷载列阵 $\{P\}$;

（5）引入结构的支承条件；

（6）解方程组 $[K]\{\delta\} = \{P\}$，求出节点位移 $\{\delta\}$；

（7）计算单元应力；

（8）整理计算成果，绘制节点位移图或截面应力图。

例 5-1　用三节点三角形单元计算图 5-17 所示深梁的应力，考虑梁的自重及图示荷载。设 $E = 2.6 \times 10^7 \mathrm{kN/m^2}$，$\mu = 0$，容重 $\gamma = 24\mathrm{kN/m^3}$，厚度 $t = 1\mathrm{m}$。

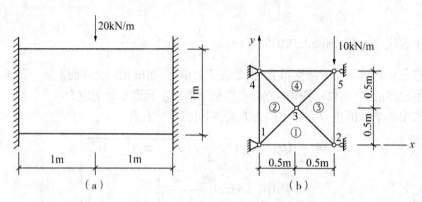

图 5-17　深梁有限单元计算模型

解：根据结构的受力情况，属于平面应力问题。

（1）结构的离散化。

（2）由于结构和荷载对称，取深梁的一半作为计算对象。划分为 4 个单元，单元和节点编号如图 5-17(b) 所示。由于在对称轴上的节点不存在与对称轴垂直的位移分量，故在对称轴上的节点处设置水平支杆。

（3）计算各单元刚度矩阵。

各单元的节点码 i，j，m 定义如表 5-1 所示。

表 5-1　　　　　　　　　　　　　　　　**单 元 信 息**

单元	i	j	m
①	1	2	3
②	4	1	3
③	2	5	3
④	5	4	3

单元 ①、②、③、④ 的刚度矩阵分别为

$$\begin{matrix} & 1 & 2 & 3 & & 4 & 1 & 3 \end{matrix}$$

$$[K]^{(1)} = \begin{bmatrix} [K_{11}]^{(1)} & [K_{12}]^{(1)} & [K_{13}]^{(1)} \\ [K_{21}]^{(1)} & [K_{22}]^{(1)} & [K_{23}]^{(1)} \\ [K_{31}]^{(1)} & [K_{32}]^{(1)} & [K_{33}]^{(1)} \end{bmatrix} \begin{matrix} 1 \\ 2 \\ 3 \end{matrix}, \quad [K]^{(2)} = \begin{bmatrix} [K_{44}]^{(2)} & [K_{41}]^{(2)} & [K_{43}]^{(2)} \\ [K_{14}]^{(2)} & [K_{11}]^{(2)} & [K_{13}]^{(2)} \\ [K_{34}]^{(2)} & [K_{31}]^{(2)} & [K_{33}]^{(2)} \end{bmatrix} \begin{matrix} 4 \\ 1 \\ 3 \end{matrix}$$

$$\begin{matrix} & 2 & 5 & 3 & & 5 & 4 & 3 \end{matrix}$$

$$[K]^{(3)} = \begin{bmatrix} [K_{22}]^{(3)} & [K_{25}]^{(3)} & [K_{23}]^{(3)} \\ [K_{52}]^{(3)} & [K_{55}]^{(3)} & [K_{53}]^{(3)} \\ [K_{32}]^{(3)} & [K_{35}]^{(3)} & [K_{33}]^{(3)} \end{bmatrix} \begin{matrix} 2 \\ 5 \\ 3 \end{matrix}, \quad [K]^{(4)} = \begin{bmatrix} [K_{55}]^{(4)} & [K_{54}]^{(4)} & [K_{53}]^{(4)} \\ [K_{45}]^{(4)} & [K_{44}]^{(4)} & [K_{43}]^{(4)} \\ [K_{35}]^{(4)} & [K_{34}]^{(4)} & [K_{33}]^{(4)} \end{bmatrix} \begin{matrix} 5 \\ 4 \\ 3 \end{matrix}$$

其中的各子矩阵按式(5-28)计算。为此，先求出各单元常数 b_i、b_j、b_m 和 c_i、c_j、c_m，见表5-2。

表5-2　　　　　　　　　　　　　　　　单元计算参数

单元	①	②	③	④
$b_i = y_j - y_m$	$y_2 - y_3 = -0.5$	$y_1 - y_3 = -0.5$	$y_5 - y_3 = 0.5$	$y_4 - y_3 = 0.5$
$b_j = y_m - y_i$	$y_3 - y_1 = 0.5$	$y_3 - y_4 = -0.5$	$y_3 - y_2 = 0.5$	$y_3 - y_5 = -0.5$
$b_m = y_i - y_j$	$y_1 - y_2 = 0$	$y_4 - y_1 = 0$	$y_2 - y_5 = -1$	$y_5 - y_4 = 0$
$c_i = x_i - x_m$	$x_3 - x_2 = -0.5$	$x_3 - x_1 = 0.5$	$x_3 - x_5 = -0.5$	$x_3 - x_4 = 0.5$
$c_j = x_i - x_m$	$x_1 - x_3 = -0.5$	$x_1 - x_3 = -0.5$	$x_2 - x_3 = 0.5$	$x_5 - x_3 = 0.5$
$c_m = x_j - x_i$	$x_2 - x_1 = -1$	$x_2 - x_1 = -1$	$x_5 - x_2 = 0$	$x_4 - x_5 = -1$

各单元的面积均为

$$A = \frac{1}{2}(b_j c_m - b_m c_j) = 0.25(\text{m}^2)$$

于是算得各子矩阵如下：

$$[K_{11}]^{(1)} = [K_{55}]^{(4)} = E\begin{bmatrix} 0.375 & 0.125 \\ 0.125 & 0.375 \end{bmatrix}, [K_{12}]^{(1)} = [K_{54}]^{(4)} = E\begin{bmatrix} -0.125 & -0.125 \\ 0.125 & 0.125 \end{bmatrix}$$

$$[K_{13}]^{(1)} = [K_{53}]^{(4)} = E\begin{bmatrix} -0.25 & 0 \\ -0.25 & -0.5 \end{bmatrix}, [K_{21}]^{(1)} = [K_{45}]^{(4)} = E\begin{bmatrix} -0.125 & 0.125 \\ -0.125 & 0.125 \end{bmatrix}$$

$$[K_{22}]^{(1)} = [K_{44}]^{(4)} = E\begin{bmatrix} 0.375 & -0.125 \\ -0.125 & 0.375 \end{bmatrix}, [K_{23}]^{(1)} = [K_{43}]^{(4)} = E\begin{bmatrix} -0.25 & 0 \\ 0.25 & -0.5 \end{bmatrix}$$

$$[K_{31}]^{(1)} = [K_{35}]^{(4)} = E\begin{bmatrix} -0.25 & -0.25 \\ 0 & -0.5 \end{bmatrix}, [K_{32}]^{(1)} = [K_{34}]^{(4)} = E\begin{bmatrix} -0.25 & 0.25 \\ 0 & -0.5 \end{bmatrix}$$

$$[K_{33}]^{(1)} = [K_{33}]^{(4)} = E\begin{bmatrix} 0.5 & 0 \\ 0 & 1 \end{bmatrix}, [K_{44}]^{(1)} = [K_{22}]^{(4)} = E\begin{bmatrix} -0.375 & -0.125 \\ -0.125 & 0.375 \end{bmatrix}$$

129

$$\left[K_{41}\right]^{(2)}=\ \left[K_{25}\right]^{(3)}=E\begin{bmatrix}0.125 & -0.125 \\ 0.125 & -0.125\end{bmatrix},\left[K_{43}\right]^{(2)}=\ \left[K_{23}\right]^{(3)}=E\begin{bmatrix}-0.5 & 0.25 \\ 0 & -0.25\end{bmatrix}$$

$$\left[K_{14}\right]^{(2)}=\ \left[K_{52}\right]^{(3)}=E\begin{bmatrix}0.125 & 0.125 \\ -0.125 & -0.125\end{bmatrix},\left[K_{11}\right]^{(2)}=\ \left[K_{55}\right]^{(3)}=E\begin{bmatrix}0.375 & 0.125 \\ 0.125 & 0.375\end{bmatrix}$$

$$\left[K_{13}\right]^{(2)}=\ \left[K_{53}\right]^{(2)}=E\begin{bmatrix}-0.5 & -0.25 \\ 0 & -0.25\end{bmatrix},\left[K_{34}\right]^{(2)}=\ \left[K_{32}\right]^{(3)}=E\begin{bmatrix}-0.5 & 0 \\ 0.25 & -0.25\end{bmatrix}$$

$$\left[K_{31}\right]^{(2)}=\ \left[K_{35}\right]^{(3)}=E\begin{bmatrix}-0.5 & 0 \\ -0.25 & -0.25\end{bmatrix},\left[K_{33}\right]^{(2)}=\ \left[K_{33}\right]^{(3)}=E\begin{bmatrix}1 & 0 \\ 0 & 0.5\end{bmatrix}$$

(4) 由各单元刚度矩阵的子矩阵对号入座形成原始刚度矩阵。

$$[K]=\begin{bmatrix}\left[K_{11}\right]^{(1)+(2)} & \left[K_{12}\right]^{(1)} & \left[K_{13}\right]^{(1)+(2)} & \left[K_{14}\right]^{(2)} & [0] \\ \left[K_{21}\right]^{(1)} & \left[K_{22}\right]^{(1)+(3)} & \left[K_{23}\right]^{(1)+(3)} & [0] & \left[K_{25}\right]^{(3)} \\ \left[K_{31}\right]^{(1)+(2)} & \left[K_{32}\right]^{(1)+(3)} & \left[K_{33}\right]^{(1)+(2)+(3)+(4)} & \left[K_{34}\right]^{(2)+(4)} & \left[K_{35}\right]^{(3)+(4)} \\ \left[K_{41}\right]^{(2)} & [0] & \left[K_{43}\right]^{(2)+(4)} & \left[K_{44}\right]^{(2)+(4)} & \left[K_{45}\right]^{(4)} \\ [0] & \left[K_{52}\right]^{(3)} & \left[K_{53}\right]^{(3)+(4)} & \left[K_{54}\right]^{(4)} & \left[K_{55}\right]^{(3)+(4)}\end{bmatrix}\begin{matrix}1\\2\\3\\4\\5\end{matrix}$$

$$=E\begin{bmatrix}0.75 & 0.25 & -0.125 & -0.125 & -0.75 & -0.25 & 0.125 & 0.125 & 0 & 0 \\ 0.25 & 0.75 & 0.125 & 0.125 & -0.25 & -0.75 & -0.125 & -0.125 & 0 & 0 \\ -0.125 & 0.125 & 0.75 & -0.25 & -0.75 & 0.25 & 0 & 0 & 0.125 & -0.125 \\ -0.125 & 0.125 & -0.25 & 0.75 & 0.25 & -0.75 & 0 & 0 & 0.125 & -0.125 \\ -0.75 & -0.25 & 0.25 & 3 & 0 & -0.75 & 0.25 & -0.75 & -0.25 \\ -0.25 & -0.75 & 0.25 & -0.75 & 0 & 0 & 0.25 & -0.75 & -0.25 & -0.75 \\ 0.125 & -0.125 & 0 & 0 & -0.75 & 0.25 & 0.75 & -0.25 & -0.125 & 0.125 \\ 0.125 & -0.125 & 0 & 0 & 0.25 & -0.75 & -0.25 & 0.75 & -0.125 & 0.125 \\ 0 & 0 & 0.125 & 0.125 & -0.75 & -0.25 & -0.125 & -0.125 & 0.75 & 0.25 \\ 0 & 0 & -0.125 & -0.125 & -0.25 & -0.75 & 0.125 & 0.125 & 0.25 & 0.75\end{bmatrix}$$

(5) 形成结荷载列阵 $\{P\}$ 。

由式(5-41),各单元自重的等效节点荷载计算如下:

$$\frac{1}{3}\gamma t A=\frac{1}{3}\times 24\times 1\times 0.25=2(\mathrm{kN})$$

$$\{P_E\}^{(1)}=\begin{Bmatrix}0\\-2\\ \hline 0\\-2\\ \hline 0\\-2\end{Bmatrix}\begin{matrix}1\\ \\2\\ \\3\end{matrix},\quad \{P_E\}^{(2)}=\begin{Bmatrix}0\\-2\\ \hline 0\\-2\\ \hline 0\\-2\end{Bmatrix}\begin{matrix}4\\ \\1\\ \\3\end{matrix}$$

$$\{P_E\}^{(3)} = \left\{\begin{array}{c} 0 \\ -2 \\ \hline 0 \\ -2 \\ \hline 0 \\ -2 \end{array}\right.\!\!\begin{array}{c} 2 \\ \\ 5 \\ \\ 3 \end{array}, \qquad \{P_E\}^{(4)} = \left\{\begin{array}{c} 0 \\ -2 \\ \hline 0 \\ -2 \\ \hline 0 \\ -2 \end{array}\right.\!\!\begin{array}{c} 5 \\ \\ 4 \\ \\ 3 \end{array}$$

结构的节点荷载列阵为

$$\{P\} = \left\{\begin{array}{c} 0 \\ 0 \\ \hline 0 \\ 0 \\ \hline 0 \\ 0 \\ \hline 0 \\ 0 \\ \hline 0 \\ -10 \end{array}\right\} + \left\{\begin{array}{c} 0 \\ -2-2 \\ \hline 0 \\ -2-2 \\ \hline 0 \\ -2-2-2-2 \\ \hline 0 \\ -2-2 \\ \hline 0 \\ -2-2 \end{array}\right\} = \left\{\begin{array}{c} 0 \\ -4 \\ \hline 0 \\ -4 \\ \hline 0 \\ -8 \\ \hline 0 \\ -4 \\ \hline 0 \\ -14 \end{array}\right.\!\!\begin{array}{c} 1 \\ \\ 2 \\ \\ 3 \\ \\ 4 \\ \\ 5 \end{array}$$

（6）引入结构的支承条件。

结构的支承条件为 $u_1 = v_1 = u_2 = u_4 = v_4 = u_5 = 0$，采用主1副零法引入支承条件，得到引入支承条件后的结构刚度方程为

$$E\left[\begin{array}{cc:c:cccc:cc:c} 1 & 0 & 0 & 0 & 0 & 0 & 0 & 0 & 0 & 0 \\ 0 & 1 & 0 & 0 & 0 & 0 & 0 & 0 & 0 & 0 \\ \hdashline 0 & 0 & 1 & 0 & 0 & 0 & 0 & 0 & 0 & 0 \\ 0 & 0 & 0 & 0.75 & 0.25 & -0.75 & 0 & 0 & 0 & -0.125 \\ \hdashline 0 & 0 & 0 & 0.25 & 3 & 0 & 0 & 0 & 0 & -0.25 \\ 0 & 0 & 0 & -0.75 & 0 & 3 & 0 & 0 & 0 & -0.75 \\ \hdashline 0 & 0 & 0 & 0 & 0 & 0 & 1 & 0 & 0 & 0 \\ 0 & 0 & 0 & 0 & 0 & 0 & 0 & 1 & 0 & 0 \\ \hdashline 0 & 0 & 0 & 0 & 0 & 0 & 0 & 0 & 1 & 0 \\ 0 & 0 & 0 & -0.125 & -0.25 & -0.75 & 0 & 0 & 0 & 0.75 \end{array}\right] \left\{\begin{array}{c} u_1 \\ v_1 \\ \hline u_2 \\ v_2 \\ \hline u_3 \\ v_3 \\ \hline u_4 \\ v_4 \\ \hline u_5 \\ v_5 \end{array}\right\} = \left\{\begin{array}{c} 0 \\ 0 \\ \hline 0 \\ -4 \\ \hline 0 \\ -8 \\ \hline 0 \\ 0 \\ \hline 0 \\ -14 \end{array}\right\}$$

（7）求解节点位移 $\{\delta\}$。

解引入支承条件后的结构刚度方程，得节点位移为

$$\{\delta\} = \left\{\begin{array}{c} u_1 \\ v_1 \\ \hline u_2 \\ v_2 \\ \hline u_3 \\ v_3 \\ \hline u_4 \\ v_4 \\ \hline u_5 \\ v_5 \end{array}\right\} = \left\{\begin{array}{c} 0 \\ 0 \\ \hline 0 \\ -0.146154 \times 10^{-5} \\ \hline -0.384615 \times 10^{-7} \\ -0.948718 \times 10^{-6} \\ \hline 0 \\ 0 \\ \hline 0 \\ -0.192308 \times 10^{-5} \end{array}\right\} (\mathrm{m})$$

(8) 计算单元应力。

由式(5-42) 算得各单元应力为

$$\left\{\begin{array}{c} \sigma_x \\ \sigma_y \\ \tau_{xy} \end{array}\right\}^{(1)} = 2E \begin{bmatrix} -0.5 & 0 & 0.5 & 0 & 0 & 0 \\ 0 & -0.5 & 0 & -0.5 & 0 & 1 \\ -0.25 & -0.25 & -0.25 & 0.25 & 0.5 & 0 \end{bmatrix} \left\{\begin{array}{c} 0 \\ 0 \\ 0 \\ v_2 \\ u_3 \\ v_3 \end{array}\right\} = \left\{\begin{array}{c} 0 \\ -11.33 \\ -20.00 \end{array}\right\} (\mathrm{kN/m^2})$$

$$\left\{\begin{array}{c} \sigma_x \\ \sigma_y \\ \tau_{xy} \end{array}\right\}^{(2)} = 2E \begin{bmatrix} -0.5 & 0 & -0.5 & 0 & 1 & 0 \\ 0 & 0.5 & 0 & -0.5 & 0 & 0 \\ 0.25 & -0.25 & 0.25 & -0.25 & 0 & 0.5 \end{bmatrix} \left\{\begin{array}{c} 0 \\ 0 \\ 0 \\ 0 \\ u_3 \\ v_3 \end{array}\right\} = \left\{\begin{array}{c} 0 \\ -0.67 \\ -24.00 \end{array}\right\} (\mathrm{kN/m^2})$$

$$\left\{\begin{array}{c} \sigma_x \\ \sigma_y \\ \tau_{xy} \end{array}\right\}^{(3)} = 2E \begin{bmatrix} 0.5 & 0 & 0.5 & 0 & -1 & 0 \\ 0 & -0.5 & 0 & 0.5 & 0 & 0 \\ -0.25 & 0.25 & -0.25 & 0.25 & 0 & -0.5 \end{bmatrix} \left\{\begin{array}{c} 0 \\ v_2 \\ 0 \\ 0 \\ v_5 \\ u_3 \\ v_3 \end{array}\right\} = \left\{\begin{array}{c} 0 \\ -0.67 \\ -24.00 \end{array}\right\} (\mathrm{kN/m^2})$$

$$\begin{Bmatrix} \sigma_x \\ \sigma_y \\ \tau_{xy} \end{Bmatrix}^{(4)} = 2E \begin{bmatrix} 0.5 & 0 & -0.5 & 0 & 0 & 0 \\ 0 & 0.5 & 0 & 0.5 & 0 & -1 \\ 0.25 & 0.25 & 0.25 & -0.25 & -0.5 & 0 \end{bmatrix} \begin{Bmatrix} 0 \\ v_5 \\ 0 \\ 0 \\ u_3 \\ v_3 \end{Bmatrix} = \begin{Bmatrix} 0 \\ -0.67 \\ -24.00 \end{Bmatrix} (\text{kN/m}^2)$$

5.8 三节点常应变单元程序设计

5.8.1 程序框架及功能说明

平面三角形单元程序 TEAP(triangular element analysis program for plane problem)采用三节点三角形单元求解弹性平面问题。结构各单元由同一种弹性材料组成，荷载类型包括节点荷载、结构自重及线性分布的面荷载。如有其他非节点荷载，则事先换算成等效节点荷载，结构支承方式可以是任意节点的水平或竖向支承。用乘大数法引入支承条件，用高斯消元法解线性代数方程组，程序输出节点位移、单元应力、主应力及主方向。

程序采用模块化结构，总体框架如图 5-18 所示。共分 11 个子模块，各模块功能简述如下：

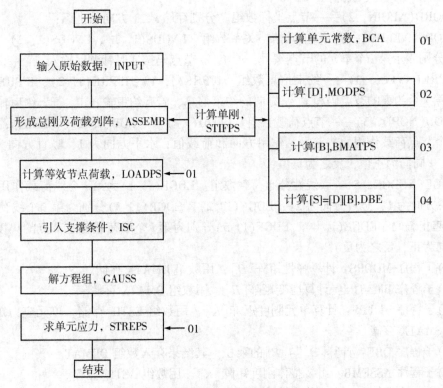

图 5-18 三节点三角形单元程序框架

（1）INPUT——输入原始数据子程序。与平面框架计算程序类似，平面有限单元法程序需输入的数据有以下四类：

①结构的控制数据。规定求解问题的大小及有关控制信息。比如结构的单元数、节点总数、支座节点个数、节点和非节点荷载个数和问题类型等。

②材料性质参数。表示组成结构的材料种类以及每种材料的特性数据，如弹性模量、泊松比和容重等。

③几何数据。表示结构的形状、大小、单元划分情况、单元厚度等。

④边界条件数据。表示荷载的种类、大小和作用位置，支座约束条件等。

TEAP 程序输入的主要变量及其含义如下：

NELEM——单元总数；

NPOIN——节点总数；

NVFIX——受约束的节点个数；

NOPD——节点荷载个数；

NEDGE——作用在单元边上的线性分布荷载的个数；

NTYPE——问题类型信息，1 表示平面应力问题，2 表示平面应变问题；

YOUNG——弹性模量 E，MPa；

POISS——泊松比 μ；

THICK——单元厚度 t，m；

DENSE——材料容重 γ，kN/m^3；

COORD(NPOIN，2)——节点坐标数组。分别存储 x，y 方向的坐标；

LNODS(NELEM，3)——单元拓扑关系数组。LNODS(i，1)、LNODS(i，2)、LNODS(i，3)分别表示第 i 个单元的节点编号，i、j、m 节点码按逆时针顺序输入；

IFPRE(NVFIX，3)——约束信息数组。IFPRE(i，1)、IFPRE(i，2)、IFPRE(i，3)分别为第 i 个约束的节点码和 x、y 方向的约束信息，若有约束输入 1，若无约束输入 0；

PLOD(NOPD，3)——节点荷载数组。PLOD(i，1)、PLOD(i，2)、PLOD(i，3)分别为第 i 个节点荷载作用的节点号、作用方向和荷载值；水平方向为 1，竖直方向为 2；荷载与 x，y 同向为正值，反之为负值；

EDGE(NEDGE，5)——线性分布荷载数组。EDGE(i，1)为第 i 个线荷载作用方向代码(水平方向为 1，竖直方向为 2)；EDGE(i，2)、EDGE(i，3)分别为第 i 个线荷载作用的节点起止编码；EDGE(i，4)、EDGE(i，5)分别为第 i 个线荷载起止节点的集度(与 x，y 轴同向为正，反之为负)。

（2）子程序 MODPS：计算弹性矩阵 $[D]$，用数组 DMATX 存储。

（3）子程序 BMATPS：计算应变矩阵 $[B]$，用数组 BMATX 存储。

（4）子程序 STIFPS：计算单元刚度矩阵 $[K]$，用数组 ESTIF 存储；单元应力矩阵 $[S]$ 以数组 SMATX 存储。

（5）子程序 DBE：计算 $[D]$ 与 $[B]$ 的乘积，其结果存入数组 DBMAT。

（6）子程序 ASSEMB：组装整体刚度矩阵 $[K]$，用数组 ASTIF 储存。

（7）子程序段 LOADPS：荷载计算及其集成，用数组 ASLOD 储存。

(8)子程序段 STREPS：计算单元应力。数组 STRSG(1)、STRSG(2)、STRSG(3)分别表示坐标应力分量；数组 STRSP(1)、STRSP(2)、STRSP(3)分别表示两个主应力；主应力方向。

(9)子程序 ISC：引入支承条件。

(10)子程序 BCA：计算单元常数。其中，以数组 B(3)表示 b_i，b_j，b_m；数组 C(3)表示 c_i，c_j，c_m；单元面积存放在变量 AREA 中。

(11)子程序 GAUSS：用高斯消元法解线性方程组。

5.8.2　平面问题三角形单元计算程序 TEAP

```
C    FINITE ELEMENT ANALYSIS FOR PLANE PROBLEM WITH
C    THREE-NODE TRIANGULAR ELEMENT.
     PROGRAM TEAP
     COMMON/CONTR/NPOIN,NELEM,NNODE,NDOFN,NOPD,NEDGE
     COMMON/CONTR/NVFIX,NEVAB,NSTRE,NTYPE,NTOTV
     COMMON/LGDAT/COORD(500,2),PLOD(100,3),EDGE(100,5)
     COMMON/LGDAT/IFPRE(100,3),LNODS(500,3)
     COMMON/MATDATA/YOUNG,POISS,THICK,DENSE
     COMMON/WORKS/BMATX(3,6),DMATX(3,3),B(3),C(3)
     COMMON/WORKS/SMATX(3,6),DBMAT(3,6)
     COMMON/GENEL/ASLOD(1000),ASTIF(500,500)
     DIMENSION AA(500,500),BB(500)
     CHARACTER*12 INDAT,OUTDAT
     WRITE(*,*) 'PLEASE INPUT PRIMARY DATA FILE NAME!'
     READ(*,'(A12)') INDAT
     WRITE(*,*) 'PLEASE INPUT CALCULATION RESULT FILE NAME!'
     READ(*,'(A12)') OUTDAT
     OPEN (1,FILE=INDAT,STATUS='OLD')
     OPEN (2,FILE=OUTDAT,STATUS='NEW')
     READ (1,*) NELEM,NPOIN,NVFIX,NOPD,NEDGE,NTYPE,NNODE
     NTOTV=NPOIN*2
     NDOFN=2
     NEVAB=NNODE*NDOFN
     NSTRE=3
     IF(NTYPE.EQ.1) WRITE(2,10)
     IF(NTYPE.EQ.2) WRITE(2,20)
10   FORMAT(1X,'PLANE STRESS PROBLEM')
20   FORMAT(1X,'PLANE STRAIN PROBLEM')
     WRITE(2,30) NELEM,NPOIN,NVFIX,NOPD,NEDGE,NTYPE,NNODE
```

```
30  FORMAT (/3X,'NELEM=',I4,3X,'NPOIN=',I4,3X,'NVFIX=',I4,3X,'NOPD=',
   &I4,3X,'NEDGE=',I4,3X,'NTYPE=',I4,3X,'NNODE=',I1)
    CALL INPUT
    CALL ASSEMB
    CALL LOADPS
    CALL ISC
    CALL GAUSS(NTOTV)
    CALL STREPS
    CLOSE(1)
    CLOSE(2)
    STOP
    END
C   INPUT AND OUTPUT PRIMARY DATA.
    SUBROUTINE INPUT
    COMMON/CONTR/NPOIN,NELEM,NNODE,NDOFN,NOPD,NEDGE
    COMMON/CONTR/NVFIX,NEVAB,NSTRE,NTYPE,NTOTV
    COMMON/LGDAT/COORD(500,2),PLOD(100,3),EDGE(100,5)
    COMMON/LGDAT/IFPRE(100,3),LNODS(500,3)
    COMMON/MATDATA/YOUNG,POISS,THICK,DENSE
    COMMON/WORKS/BMATX(3,6),DMATX(3,3),B(3),C(3)
    COMMON/WORKS/SMATX(3,6),DBMAT(3,6)
    COMMON/GENEL/ASLOD(1000),ASTIF(500,500)
    READ (1,*) YOUNG,POISS,THICK,DENSE
    READ (1,*) ((COORD(I,J),J=1,2),I=1,NPOIN)
    READ (1,*) ((LNODS(I,J),J=1,3),I=1,NELEM)
    READ (1,*) ((IFPRE(I,J),J=1,3),I=1,NVFIX)
    IF (NOPD.GT.0) READ (1,*) ((PLOD(I,J),J=1,3),I=1,NOPD)
    IF (NEDGE.GT.0) READ (1,*) ((EDGE(I,J),J=1,5),I=1,NEDGE)
    WRITE(2,60) YOUNG,POISS,THICK,DENSE
    WRITE(2,70) (I,(COORD(I,J),J=1,2),I=1,NPOIN)
    WRITE(2,80) (I,(LNODS(I,J),J=1,3),I=1,NELEM)
    WRITE(2,90) ((IFPRE(I,J),J=1,3),I=1,NVFIX)
    IF (NOPD.GT.0) WRITE(2,100) ((PLOD(I,J),J=1,3),I=1,NOPD)
    IF (NEDGE.GT.0) WRITE(2,110) ((EDGE(I,J),J=1,5),I=1,NEDGE)
60  FORMAT(/8X,'YOUNG',10X,'POISS',10X,'THICK',10X,'DENSE',/1X,4E12.4)
70  FORMAT(/2X,'COORDINATES OF JOINT'/6X,'JOINT',12X,'X',12X,'Y'/(6X,
   &I4,5X,2F12.4))
80  FORMAT(/2X,'INFORMATION OF ELEMENT'/6X,'ELEMENT',4X,'JOINT-I',4X,
```

```
          &'JOINT-J',4X,'JOINT-M'/(2X,4I10))
 90       FORMAT(/2X,'INFORMATION OF RESTRICTION'/6X,'RES.-JOINT',7X,'XR',8X
          &,'YR'/(4X,3I10))
100       FORMAT(/2X,''/6X,'JOINT',8X,'XY',12X,'LOAD'/(6X,F5.0,6X,
          &F5.0,6X,F12.4))
110       FORMAT(/2X,'NON-JOINT LOAD'/6X,'XY',6X,'JOINT-I',6X,
          &'JOINT-J',10X,'QI',10X,'QJ'/(2X,F6.0,6X,F6.0,6X,F6.0,(6X,2F12.4)))
          END
C    CALCULATE THE ELEMENT CONSTANTS
          SUBROUTINE BCA(IELEM,AREA)
          COMMON/CONTR/NPOIN,NELEM,NNODE,NDOFN,NOPD,NEDGE
          COMMON/LGDAT/COORD(500,2),PLOD(100,3),EDGE(100,5)
          COMMON/LGDAT/IFPRE(100,3),LNODS(500,3)
          COMMON/WORKS/BMATX(3,6),DMATX(3,3),B(3),C(3)
          I=LNODS(IELEM,1)
          J=LNODS(IELEM,2)
          M=LNODS(IELEM,3)
          B(1)=COORD(J,2)-COORD(M,2)
          B(2)=COORD(M,2)-COORD(I,2)
          B(3)=COORD(I,2)-COORD(J,2)
          C(1)=COORD(M,1)-COORD(J,1)
          C(2)=COORD(I,1)-COORD(M,1)
          C(3)=COORD(J,1)-COORD(I,1)
          AREA=0.5*(B(2)*C(3)-B(3)*C(2))
          END
C    CALCULATE THE STRAIN MATRIX B
          SUBROUTINE BMATPS(IELEM,AREA)
          COMMON/CONTR/NPOIN,NELEM,NNODE,NDOFN,NOPD,NEDGE
          COMMON/CONTR/NVFIX,NEVAB,NSTRE,NTYPE,NTOTV
          COMMON/LGDAT/COORD(500,2),PLOD(100,3),EDGE(100,5)
          COMMON/LGDAT/IFPRE(100,3),LNODS(500,3)
          COMMON/WORKS/BMATX(3,6),DMATX(3,3),B(3),C(3)
          COMMON/WORKS/SMATX(3,6),DBMAT(3,6)
          CALL BCA(IELEM,AREA)
          NGASH=0.0
          DO 10 I=1,3
          MGASH=NGASH+1
          NGASH=MGASH+1
```

```
        BMATX(1,MGASH)=0. 5 * B(I)/AREA
        BMATX(1,NGASH)=0. 0
        BMATX(2,MGASH)=0. 0
        BMATX(2,NGASH)=0. 5 * C(I)/AREA
        BMATX(3,MGASH)=0. 5 * C(I)/AREA
        BMATX(3,NGASH)=0. 5 * B(I)/AREA
10      CONTINUE
        RETURN
        END
C       CALCULATE THE ELASTIC MATRIX D
        SUBROUTINE MODPS
        COMMON/CONTR/NPOIN,NELEM,NNODE,NDOFN,NOPD,NEDGE
        COMMON/CONTR/NVFIX,NEVAB,NSTRE,NTYPE,NTOTV
        COMMON/LGDAT/COORD(500,2),PLOD(100,3),EDGE(100,5)
        COMMON/LGDAT/IFPRE(100,3),LNODS(500,3)
        COMMON/MATDATA/YOUNG,POISS,THICK,DENSE
        COMMON/WORKS/BMATX(3,6),DMATX(3,3),B(3),C(3)
        COMMON/WORKS/SMATX(3,6),DBMAT(3,6)
        DO 10 ISTRE=1,NSTRE
        DO 10 JSTRE=1,NSTRE
        DMATX(ISTRE,JSTRE)=0. 0
10      CONTINUE
        IF(NTYPE==1) THEN
C       FOR PLANE STRESS(NTYPE=1)
        CONST=YOUNG/(1. 0-POISS * * 2)
        DMATX(1,1)=CONST
        DMATX(2,2)=CONST
        DMATX(1,2)=CONST * POISS
        DMATX(2,1)=CONST * POISS
        DMATX(3,3)=(1. 0-POISS) * CONST/2. 0
        ELSE IF(NTYPE==2) THEN
C       FOR PLANE STRAIN(NTYPE=2)
        CONST=YOUNG * (1. 0-POISS)/((1. 0+POISS) * (1. 0-2. 0 * POISS))
        DMATX(1,1)=CONST
        DMATX(2,2)=CONST
        DMATX(1,2)=CONST * POISS/(1. 0-POISS)
        DMATX(2,1)=CONST * POISS/(1. 0-POISS)
        DMATX(3,3)=CONST * (1. 0-2. 0 * POISS)/(2. 0 * (1. 0-POISS))
```

```
      END IF
      RETURN
      END
C     CALCULATE THE STRESS MATRIX S=D*B
      SUBROUTINE DBE
      COMMON/CONTR/NPOIN,NELEM,NNODE,NDOFN,NOPD,NEDGE
      COMMON/CONTR/NVFIX,NEVAB,NSTRE,NTYPE,NTOTV
      COMMON/LGDAT/COORD(500,2),PLOD(100,3),EDGE(100,5)
      COMMON/LGDAT/IFPRE(100,3),LNODS(500,3)
      COMMON/WORKS/BMATX(3,6),DMATX(3,3),B(3),C(3)
      COMMON/WORKS/SMATX(3,6),DBMAT(3,6)
      DO 10 ISTRE=1,NSTRE
      DO 10 IEVAB=1,NEVAB
      DBMAT(ISTRE,IEVAB)=0.0
      DO 10 JSTRE=1,NSTRE
      DBMAT(ISTRE,IEVAB)=DBMAT(ISTRE,IEVAB)+DMATX(ISTRE,JSTRE)*
     &BMATX(JSTRE,IEVAB)
10    CONTINUE
      RETURN
      END
C     CALCULATE THE STIFFNESS MATRIX OF ELEMENT
      SUBROUTINE STIFPS(IELEM,ESTIF)
      COMMON/CONTR/NPOIN,NELEM,NNODE,NDOFN,NOPD,NEDGE
      COMMON/CONTR/NVFIX,NEVAB,NSTRE,NTYPE,NTOTV
      COMMON/LGDAT/COORD(500,2),PLOD(100,3),EDGE(100,5)
      COMMON/LGDAT/IFPRE(100,3),LNODS(500,3)
      COMMON/MATDATA/YOUNG,POISS,THICK,DENSE
      COMMON/WORKS/BMATX(3,6),DMATX(3,3),B(3),C(3)
      COMMON/WORKS/SMATX(3,6),DBMAT(3,6)
      COMMON/GENEL/ASLOD(1000),ASTIF(500,500)
      DIMENSION ESTIF(6,6)
      CALL BCA(IELEM,AREA)
      CALL BMATPS(IELEM,AREA)
      CALL MODPS
      CALL DBE
      DO 20 IEVAB=1,NEVAB
      DO 20 JEVAB=1,NEVAB
20    ESTIF(IEVAB,JEVAB)=0.0
```

```
        DO 30 IEVAB=1,NEVAB
        DO 30 JEVAB=1,NEVAB
        DO 30 ISTRE=1,NSTRE
30      ESTIF(IEVAB,JEVAB)=ESTIF(IEVAB,JEVAB)+THICK*AREA*
        &DBMAT(ISTRE,IEVAB)*BMATX(ISTRE,JEVAB)
        DO 40 ISTRE=1,NSTRE
        DO 40 IEVAB=1,NEVAB
40      SMATX(ISTRE,IEVAB)=DBMAT(ISTRE,IEVAB)
        CONTINUE
        RETURN
        END
C       FORM THE TOTAL STIFFNESS OF ELEMENT
        SUBROUTINE ASSEMB
        COMMON/CONTR/NPOIN,NELEM,NNODE,NDOFN,NOPD,NEDGE
        COMMON/CONTR/NVFIX,NEVAB,NSTRE,NTYPE,NTOTV
        COMMON/LGDAT/COORD(500,2),PLOD(100,3),EDGE(100,5)
        COMMON/LGDAT/IFPRE(100,3),LNODS(500,3)
        COMMON/WORKS/BMATX(3,6),DMATX(3,3),B(3),C(3)
        COMMON/WORKS/SMATX(3,6),DBMAT(3,6)
        COMMON/GENEL/ASLOD(1000),ASTIF(500,500)
        DIMENSION ESTIF(6,6)
        DO 10 I=1,NEVAB
        DO 10 J=1,NEVAB
        ASTIF(I,J)=0.0
10      CONTINUE
        DO 30 IELEM=1,NELEM
        CALL STIFPS(IELEM,ESTIF)
        DO 20 INODE=1,NNODE
        NODEI=LNODS(IELEM,INODE)
        DO 20 IDOFN=1,NDOFN
        NROWS=(NODEI-1)*NDOFN+IDOFN
        NROWE=(INODE-1)*NDOFN+IDOFN
        DO 20 JNODE=1,NNODE
        NODEJ=LNODS(IELEM,JNODE)
        DO 20 JDOFN=1,NDOFN
        NCOLS=(NODEJ-1)*NDOFN+JDOFN
        NCOLE=(JNODE-1)*NDOFN+JDOFN
        ASTIF(NROWS,NCOLS)=ASTIF(NROWS,NCOLS)+ESTIF(NROWE,NCOLE)
```

```
20    CONTINUE
30    CONTINUE
      RETURN
      END
C     FORM TOTAL JOINT LOAD VECTOR.
      SUBROUTINE LOADPS
      COMMON/CONTR/NPOIN,NELEM,NNODE,NDOFN,NOPD,NEDGE
      COMMON/CONTR/NVFIX,NEVAB,NSTRE,NTYPE,NTOTV
      COMMON/LGDAT/COORD(500,2),PLOD(100,3),EDGE(100,5)
      COMMON/LGDAT/IFPRE(100,3),LNODS(500,3)
      COMMON/MATDATA/YOUNG,POISS,THICK,DENSE
      COMMON/WORKS/BMATX(3,6),DMATX(3,3),B(3),C(3)
      COMMON/WORKS/SMATX(3,6),DBMAT(3,6)
      COMMON/GENEL/ASLOD(1000),ASTIF(500,500)
      DO 10 I=1,NTOTV
      ASLOD(I)=0.0
10    CONTINUE
      IF(NOPD.GT.0) THEN
      DO 20 I=1,NOPD
      J=INT(PLOD(I,1))
      K=INT(PLOD(I,2))
      ASLOD(2*(J-1)+K)=ASLOD(2*(J-1)+K)+PLOD(I,3)
20    CONTINUE
      ENDIF
      IF(DENSE.GT.0) THEN
      DO 30 IELEM=1,NELEM
      CALL BCA(IELEM,AREA)
      PE=-DENSE*AREA*THICK/3.0
      DO 25 I=1,3
      J=LNODS(IELEM,I)
      ASLOD(2*J)=ASLOD(2*J)+PE
25    CONTINUE
30    CONTINUE
      ENDIF
      IF(NEDGE.GT.0) THEN
      DO 40 IEDGE=1,NEDGE
      I=EDGE(IEDGE,2)
      J=EDGE(IEDGE,3)
```

```
      DX=COORD(J,1)-COORD(I,1)
      DY=COORD(J,2)-COORD(I,2)
      BL=SQRT(DX*DX+DY*DY)
      K=INT(EDGE(IEDGE,1))
      ASLOD(2*(I-1)+K)=ASLOD(2*(I-1)+K)+BL*THICK*(EDGE(IEDGE,4)/
      3.0+
     &EDGE(IEDGE,5)/6.0)
      ASLOD(2*(J-1)+K)=ASLOD(2*(J-1)+K)+BL*THICK*(EDGE(IEDGE,4)/
      6.0+
     &EDGE(IEDGE,5)/3.0)
40    CONTINUE
      ENDIF
      END
C     INTRODUCE SUPPORTING CONDITIONS
      SUBROUTINE ISC
      COMMON/CONTR/NPOIN,NELEM,NNODE,NDOFN,NOPD,NEDGE
      COMMON/CONTR/NVFIX,NEVAB,NSTRE,NTYPE,NTOTV
      COMMON/LGDAT/COORD(500,2),PLOD(100,3),EDGE(100,5)
      COMMON/LGDAT/IFPRE(100,3),LNODS(500,3)
      COMMON/GENEL/ASLOD(1000),ASTIF(500,500)
      DO 10 I=1,NVFIX
      DO 10 IDOFN=1,NDOFN
      J=IFPRE(I,1)
      IF(IFPRE(I,IDOFN+1).EQ.0) GO TO 10
      IX1=2*J-1
      IX2=2*J
      IF(IDOFN.EQ.1) IXX=IX1
      IF(IDOFN.EQ.2) IXX=IX2
      ASTIF(IXX,IXX)=ASTIF(IXX,IXX)*1.0E10
10    CONTINUE
      RETURN
      END
C     GAUSS'S METHOD TO SOLVE EQUATIONS
      SUBROUTINE GAUSS(N)
      COMMON/GENEL/ASLOD(1000),ASTIF(500,500)
      DIMENSION AA(N,N),BB(N)
      DO 5 I=1,N
      BB(I)=0.0
```

```
      DO 5 J=1,N
      AA(I,J)=0.0
5     CONTINUE
      DO 15 I=1,N
      BB(I)=ASLOD(I)
      DO 15 J=1,N
      AA(I,J)=ASTIF(I,J)
15    CONTINUE
      DO 30 I=1,N
      I1=I+1
      DO 10 J=I1,N
10    AA(I,J)=AA(I,J)/AA(I,I)
      BB(I)=BB(I)/AA(I,I)
      AA(I,I)=1.0
      DO 25 J=I1,N
      DO 20 M=I1,N
20    AA(J,M)=AA(J,M)-AA(J,I)*AA(I,M)
25    BB(J)=BB(J)-AA(J,I)*BB(I)
30    CONTINUE
      DO 40 I=N-1,1,-1
      DO 40 J=I+1,N
      BB(I)=BB(I)-AA(I,J)*BB(J)
40    CONTINUE
      DO 50 KK=1,N
      ASLOD(KK)=BB(KK)
50    CONTINUE
      RETURN
      END
C     OUTPUT JOINT DISPLACEMENT. CALCULATE AND OUTPUT ELEMENT STRESSES
      SUBROUTINE STREPS
      COMMON/CONTR/NPOIN,NELEM,NNODE,NDOFN,NOPD,NEDGE
      COMMON/CONTR/NVFIX,NEVAB,NSTRE,NTYPE,NTOTV
      COMMON/LGDAT/COORD(500,2),PLOD(100,3),EDGE(100,5)
      COMMON/LGDAT/IFPRE(100,3),LNODS(500,3)
      COMMON/MATDATA/YOUNG,POISS,THICK,DENSE
      COMMON/WORKS/BMATX(3,6),DMATX(3,3),B(3),C(3)
      COMMON/WORKS/SMATX(3,6),DBMAT(3,6)
      COMMON/GENEL/ASLOD(1000),ASTIF(500,500)
```

```
         DIMENSION STRSP(3),STRSG(4)
         WRITE(2,10)
10       FORMAT(/2X,'JOINT DISPLACEMENTS'/5X,'JOINT',11X,'U',14X,'V')
         DO 20 I=1,NPOIN
         WRITE (2,15) I,ASLOD(2*I-1),ASLOD(2*I)
15       FORMAT(2X,I6,4X,2E15.6)
20       CONTINUE
         WRITE(2,25)
25       FORMAT(/2X,'ELEMENT STRESSES'/2X,'ELE. ',3X,'SIGMA-X',4X,'SIGMA-Y'
        & ,6X,'TAU-XY',5X,'SIGMA-1',5X,'SIGMA-2',5X,'SITA')
         DO 40 IELEM=1,NELEM
         EU=YOUNG/2.0/(1-POISS*POISS)
         U2=(1.0-POISS)/2.0
         CALL BCA (IELEM,AREA)
         EA=EU/AREA
         I=LNODS(IELEM,1)
         J=LNODS(IELEM,2)
         M=LNODS(IELEM,3)
         STRSG(1)=EA*(B(1)*ASLOD(2*I-1)+POISS*C(1)*ASLOD(2*I)+B(2)*
        &ASLOD(2*J-1)+POISS*C(2)*ASLOD(2*J)+B(3)*ASLOD(2*M-1)+POISS
        *C(3)*
        &ASLOD(2*M))
         STRSG(2)=EA*(POISS*B(1)*ASLOD(2*I-1)+C(1)*ASLOD(2*I)+POISS*B
        (2)*
        &ASLOD(2*J-1)+C(2)*ASLOD(2*J)+POISS*B(3)*ASLOD(2*M-1)+C(3)*
        &ASLOD(2*M))
         STRSG(3)=EA*U2*(C(1)*ASLOD(2*I-1)+B(1)*ASLOD(2*I)+C(2)*
        &ASLOD(2*J-1)+B(2)*ASLOD(2*J)+C(3)*ASLOD(2*M-1)+B(3)*ASLOD
        (2*M))
         R1=0.5*(STRSG(1)+STRSG(2))
         R2=SQRT(0.25*(STRSG(1)-STRSG(2))*(STRSG(1)-STRSG(2))+STRSG(3)*
        &STRSG(3))
         STRSP(1)=R1+R2
         STRSP(2)=R1-R2
         IF(ABS(STRSG(3)).GT.1.0E-4) THEN
         STRSP(3)=ATAN(2*STRSG(3)/(STRSG(1)-STRSG(2)))*28.647889757
         ELSE
         IF(STRSG(1).GT.STRSG(2)) STRSP(3)=0.0
```

144

IF(STRSG(1). LE. STRSG(2)) STRSP(3)= 90. 0

END IF

WRITE (2,30) IELEM,STRSG(1),STRSG(2),STRSG(3),STRSP(1),STRSP(2),

&STRSP(3)

30 FORMAT(2X,I3,5E12. 4,F8. 3)

40 CONTINUE

END

5.8.3 TEAP 使用方法

例 5-2 利用 TEAP 程序求解图 5-17 深梁问题，材料参数同例 5-1。

解题方法与步骤如下：

(1)单元和节点编码。将结构离散化，对节点进行编号，确定单元编码。

(2)准备原始数据。按程序执行顺序准备原始数据，并录入数据文件中，比如，examlpe3. txt。

对应程序输入语句，依次录入单元总数，节点总数，约束节点个数，节点荷载个数，线性分布荷载作用总数，问题类型和单元节点数：

READ (1，＊) NELEM, NPOIN, NVFIX, NOPD, NEDGE, NTYPE, NNODE

4，5，4，1，0，1，3

输入弹性模量 E，泊松比 μ，单元厚度 t，密度 ρ：

READ (1，＊) YOUNG,POISS,THICK,DENSE

2. 6E+07,0. 0,1. 0,24. 0

输入每个节点的坐标：

READ (1，＊) ((COORD(I,J),J=1,2),I=1,NPOIN)

0. 0,0. 0,1. 0,0. 0,0. 5,0. 5,

0. 0,1. 0,1. 0,1. 0

输入单元节点编号：

READ (1，＊) ((LNODS(I,J),J=1,3),I=1,NELEM)

1,2,3

1,3,4

2,5,3

3,5,4

输入约束节点的约束信息：

READ (1，＊) ((IFPRE(I,J),J=1,3),I=1,NVFIX)

1,1,1

2,1,0

4,1,1

5,1,0

输入节点荷载作用信息：

READ（1,＊）（（PLOD(I,J),J＝1,3),I＝1,NOPD)

5,2,－10.0

（3）计算结果。

输出结果如下：

JOINT DISPLACEMENTS

JOINT	u	v
1	−0.598291E−16	−0.923077E−16
2	−0.529914E−16	−0.146154E−05
3	−0.384615E−07	−0.948718E−06
4	0.598291E−16	−0.820513E−16
5	0.529914E−16	−0.192308E−05

ELEMENT STRESSES

ELE.	SIGMA-X	SIGMA-Y	TAU-XY	SIGMA-1	SIGMA-2	SITA
1	0.1778E−09	−0.1133E+02	−0.2000E+02	0.1512E+02	−0.2645E+02	−37.090
2	−0.2000E+01	0.2667E−09	−0.2467E+02	0.2369E+02	−0.2569E+02	43.839
3	0.2000E+01	−0.1200E+02	−0.1933E+02	0.1556E+02	−0.2556E+02	−35.048
4	−0.1778E−09	−0.6667E+00	−0.2400E+02	0.2367E+02	−0.2434E+02	−44.602

第6章 平面问题的高次单元和等参数单元

6.1 四节点矩形单元

三角形单元对于适应复杂边界是有利的。但三节点三角形单元采用的是线性位移函数，算得单元内是常应变、常应力，它不能反映单元内的应变和应力的变化，因而精度较低。只有加密网格，才能提高计算精度，但加密网格会使方程阶数增高，计算工作量也相应地急剧增加。

为了减少由离散而带来的误差，可以建立节点数更多的单元，它可以取高次的位移函数来更精确地反映实际的位移状态和应力状态。对于剪力墙等形状规整的平面结构，采用矩形单元计算比较适宜。在节点数相同的情况下，比用三节点三角形单元计算，单元数可以减少一半，计算速度可以加快，而且精度可以提高。

6.1.1 四节点矩形单元的位移函数

设边长为 $2a$ 和 $2b$ 的矩形单元如图 6-1(a) 所示。x、y 坐标轴与矩形单元两邻边相平行。取矩形的 4 个角点作为节点，节点编号从左下角节点开始按反时针方向依次为 1、2、3、4。每个节点有 2 个位移分量，四节点矩形单元共有 8 个位移分量。采用广义坐标法，单元的位移函数应包含有八个待定参数。根据多项式的对称性要求，单元位移函数可表示为

$$\left.\begin{aligned} u &= \alpha_1 + \alpha_2 x + \alpha_3 y + \alpha_4 xy \\ v &= \alpha_5 + \alpha_6 x + \alpha_7 y + \alpha_8 xy \end{aligned}\right\} \tag{6-1}$$

它们是 x、y 的双线性函数，即在平行于 x 轴的直线上，位移分量是坐标 x 的线性函数；在平行于 y 轴的直线上，位移分量是坐标 y 的线性函数。式(6-1) 中包含有常数项及 x，y 的一次项，能满足刚体位移和常应变的要求。并且，在单元的边界上，位移分量是线性变化的，即变形后单元的边界仍然保持为直线，而相邻单元在边界的两个节点上有相同的位移，所以这两个相邻单元在公共边界的各点上有相同的位移，这就保证了相邻单元的协调性。式(6-1) 的位移函数是完备的和协调的，满足解答的收敛条件。

为了运算方便，在矩形单元分析中引用无量纲的局部坐标系 $\zeta o \eta$，坐标原点取在单元的形心上，ζ、η 轴分别与整体坐标系的 x，y 轴平行，如图 6-1(a) 所示。局部坐标 ζ、η 与整体坐标 x，y 的变换关系为

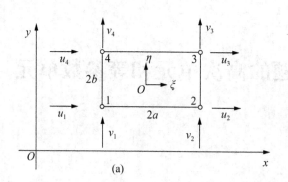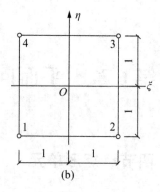

$$\text{图 6-1}\quad\text{矩形单元}$$

$$\left.\begin{aligned}\xi &= \frac{1}{a}(x - x_0)\\[2mm]\eta &= \frac{1}{b}(y - y_0)\end{aligned}\right\}\tag{6-2}$$

其中，(x_0 , y_0) 为矩形单元形心的整体坐标，即

$$\left.\begin{aligned}x_0 &= \frac{1}{2}(x_1 + x_2) , \quad a = \frac{1}{2}(x_2 - x_1)\\[2mm]y_0 &= \frac{1}{2}(y_1 + y_4) , \quad b = \frac{1}{2}(y_4 - y_1)\end{aligned}\right\}\tag{a}$$

由式(6-2) 得到，节点 1、2、3、4 的局部坐标分别是$(-1, -1)$、$(1, -1)$、$(1, 1)$，$(-1, 1)$，在局部坐标上单元是边长为 2 的正方形，如图 6-1(b) 所示。

因为坐标变换式(6-2) 为线性变换，以局部坐标表示的位移函数仍为双线性式，即

$$\left.\begin{aligned}u &= \beta_1 + \beta_2\xi + \beta_3\eta + \beta_4\xi\eta\\v &= \beta_5 + \beta_6\xi + \beta_7\eta + \beta_8\xi\eta\end{aligned}\right\}\tag{6-3}$$

为了求得用节点位移表示的位移函数，把节点的局部坐标和节点位移 u_i，$v_i (i = 1, 2, 3, 4)$ 代入式(6-3)，得

$$\left.\begin{aligned}u_1 &= \beta_1 - \beta_2 - \beta_3 + \beta_4, & v_1 &= \beta_5 - \beta_6 - \beta_7 + \beta_8\\u_2 &= \beta_1 + \beta_2 - \beta_3 - \beta_4, & v_2 &= \beta_5 + \beta_6 - \beta_7 - \beta_8\\u_3 &= \beta_1 + \beta_2 + \beta_3 + \beta_4, & v_3 &= \beta_5 + \beta_6 + \beta_7 + \beta_8\\u_4 &= \beta_1 - \beta_2 + \beta_3 - \beta_4, & v_4 &= \beta_5 - \beta_6 + \beta_7 - \beta_8\end{aligned}\right\}\tag{b}$$

由式(b) 的左边四个方程可以解得β_1、β_2、β_3、β_4，由式(b) 的右边四个方程可以解得β_5、β_6、β_7、β_8，并将其回代到式(6-3) 中，经整理后得

$$\left.\begin{aligned}u &= N_1 u_1 + N_2 u_2 + N_3 u_3 + N_4 u_4\\v &= N_1 v_1 + N_2 v_2 + N_3 v_3 + N_4 v_4\end{aligned}\right\}\tag{6-4}$$

其中，

$$N_1 = \frac{1}{4}(1 - \xi)(1 - \eta)$$

$$N_2 = \frac{1}{4}(1 + \xi)(1 - \eta)$$

$$N_3 = \frac{1}{4}(1 + \xi)(1 + \eta)$$

$$N_4 = \frac{1}{4}(1 - \xi)(1 + \eta)$$

$$(6-5)$$

为四节点矩形单元的形函数。式(6-5)中的四式可合并为

$$N_i = \frac{1}{4}(1 + \xi_i\xi)(1 + \eta_i\eta) \tag{6-6}$$

式中，(ζ_i, η_i) 为节点 i 的局部坐标。

式(6-4)以矩阵形式表示为

$$\{f\} = \begin{Bmatrix} u \\ v \end{Bmatrix} = \begin{bmatrix} N_1 & 0 & N_2 & 0 & N_3 & 0 & N_4 & 0 \\ 0 & N_1 & 0 & N_2 & 0 & N_3 & 0 & N_4 \end{bmatrix} \begin{Bmatrix} u_1 \\ v_1 \\ u_2 \\ v_2 \\ u_3 \\ v_3 \\ u_4 \\ v_4 \end{Bmatrix} = [N]\{\delta\}^{\{e\}} \tag{6-7}$$

$$\{\delta\}^{\{e\}} = \begin{bmatrix} u_1 & v_1 & u_2 & v_2 & u_3 & v_3 & u_4 & v_4 \end{bmatrix}^{\mathrm{T}} \tag{6-8}$$

式中，$[N]$ 为形函数矩阵；$\{\delta\}^e$ 为四节点矩形单元的节点位移列阵。

6.1.2 单元的应变矩阵和应力矩阵

有了单元的位移函数，利用几何方程和坐标变换式(6-2)，可以求得单元应变为

$$\{\varepsilon\} = \begin{Bmatrix} \varepsilon_x \\ \varepsilon_y \\ \gamma_{xy} \end{Bmatrix} = \begin{bmatrix} \dfrac{\partial}{\partial x} & 0 \\ 0 & \dfrac{\partial}{\partial y} \\ \dfrac{\partial}{\partial y} & \dfrac{\partial}{\partial x} \end{bmatrix} \begin{Bmatrix} u \\ v \end{Bmatrix} = \frac{1}{ab} \begin{bmatrix} b\dfrac{\partial}{\partial \xi} & 0 \\ 0 & a\dfrac{\partial}{\partial \eta} \\ a\dfrac{\partial}{\partial \eta} & b\dfrac{\partial}{\partial \xi} \end{bmatrix} \begin{Bmatrix} u \\ v \end{Bmatrix}$$

将式(6-7)代入上式得

$$\{\varepsilon\} = \frac{1}{ab} \begin{bmatrix} b\dfrac{\partial}{\partial \xi} & 0 \\ 0 & a\dfrac{\partial}{\partial \eta} \\ a\dfrac{\partial}{\partial \eta} & b\dfrac{\partial}{\partial \xi} \end{bmatrix} \begin{bmatrix} N_1 & 0 & N_2 & 0 & N_3 & 0 & N_4 & 0 \\ 0 & N_1 & 0 & N_2 & 0 & N_3 & 0 & N_4 \end{bmatrix} \{\delta\}^{\{e\}}$$

$$
\begin{aligned}
&= \begin{bmatrix} B_1 & B_2 & B_3 & B_4 \end{bmatrix} \{\delta\}^{\{e\}} \\
&= [B]\{\delta\}^{\{e\}}
\end{aligned} \tag{6-9}
$$

式中,$[B]$ 为应变矩阵。

将式(6-6)代入式(6-9)得其子矩阵为

$$
\{B_i\} = \frac{1}{ab}
\begin{bmatrix}
b\dfrac{\partial}{\partial\xi} & 0 \\
0 & a\dfrac{\partial}{\partial\eta} \\
a\dfrac{\partial}{\partial\eta} & b\dfrac{\partial}{\partial\xi}
\end{bmatrix}
= \frac{1}{4ab}
\begin{bmatrix}
b\xi_i(1+\eta_i\eta) & 0 \\
0 & a\eta_i(1+\xi_i\xi) \\
a\eta_i(1+\xi_i\xi) & b\xi_i(1+\eta_i\eta)
\end{bmatrix} \tag{6-10}
$$

$$
(i = 1,2,3,4)
$$

利用物理方程可得单元应力计算式为

$$
\begin{aligned}
\{\sigma\} = [D]\{\varepsilon\} &= [D]\begin{bmatrix} B_1 & B_2 & B_3 & B_4 \end{bmatrix}\{\delta\}^{\{e\}} \\
&= \begin{bmatrix} S_1 & S_2 & S_3 & S_4 \end{bmatrix}\{\delta\}^{\{e\}} \\
&= [S]\{\delta\}^{\{e\}}
\end{aligned} \tag{6-11}
$$

式中,$[S]$ 为应力矩阵,其子矩阵为

$$
[S_i] = [D][B_i] \quad (i = 1,2,3,4) \tag{6-12}
$$

对于平面应力问题,应用平面应力的弹性矩阵得

$$
[S_i] = \frac{E}{4ab(1-u^2)}
\begin{bmatrix}
b\xi_i(1+\eta_i\eta) & ua\eta_i(1+\xi_i\xi) \\
ub\xi_i(1+\eta_i\eta) & a\eta_i(1+\xi_i\xi) \\
\dfrac{1-u}{2}a\eta_i(1+\xi_i\xi) & \dfrac{1-u}{2}b\xi_i(1+\eta_i\eta)
\end{bmatrix} \tag{6-13}
$$

$$
(i = 1,2,3,4)
$$

对于平面应变问题, 只要将上式中的 E 换为 $E/(1-\mu^2)$, μ 换为 $\mu/(1-\mu)$ 即可。

由式(6-10)和式(6-13)看出, 应变矩阵$[B]$和应力矩阵$[S]$都是 ζ、η 的线性函数矩阵, 它可以反映单元中变化的应变和应力状态。

6.1.3 单元刚度矩阵

单元刚度矩阵的普遍公式为

$$
[K]^{(e)} = \iiint\limits_{V} [B]^{\mathrm{T}}[D][B]\,\mathrm{d}x\mathrm{d}y\mathrm{d}z
$$

对于匀质等厚度的四节点矩形单元, 设单元在 z 方向的厚度为 t, 则其刚度矩阵为

$$
\begin{aligned}
[K]^{(e)} &= t\iint\limits_{A} [B]^{\mathrm{T}}[D][B]\,\mathrm{d}x\mathrm{d}y \\
&= tab\int_{-1}^{1}\int_{-1}^{1} [B]^{\mathrm{T}}[S]\,\mathrm{d}\xi\mathrm{d}\eta
\end{aligned}
$$

$$= \begin{bmatrix} K_{11} & K_{12} & K_{13} & K_{14} \\ K_{21} & K_{22} & K_{23} & K_{24} \\ K_{31} & K_{32} & K_{33} & K_{34} \\ K_{41} & K_{42} & K_{43} & K_{44} \end{bmatrix}^{(e)} \tag{6-14}$$

对于平面应力问题，将式(6-13)和式(6-16)代入式(6-18)，得到其中的子矩阵为

$$[K]^{(e)} = tab \int_{-1}^{1} \int_{-1}^{1} [B]^{\mathrm{T}}[S]\mathrm{d}\xi\mathrm{d}\eta$$

$$= \frac{E}{4ab(1-u^2)} \begin{bmatrix} \dfrac{b}{a}\xi_r\xi_s\left(1+\dfrac{1}{3}\eta_r\eta_s\right)+\dfrac{1-u}{2}\dfrac{b}{a}\eta_r\eta_s\left(1+\dfrac{1}{3}\xi_r\xi_s\right) & u\xi_r\eta_s+\dfrac{1-u}{2}\eta_r\xi_s \\ u\eta_r\xi_s+\dfrac{1-u}{2}\xi_r\eta_s & \dfrac{b}{a}\eta_r\eta_s\left(1+\dfrac{1}{3}\xi_r\xi_s\right)+\dfrac{1-u}{2}\dfrac{b}{a}\xi_r\xi_s\left(1+\dfrac{1}{3}\eta_r\eta_s\right) \end{bmatrix}$$

$$(r, s = 1, 2, 3, 4) \tag{6-15}$$

对于平面应变问题，只要将上式中的 E 换为 $\dfrac{E}{1-u^2}$，u 换为 $\dfrac{u}{1-u}$ 即可。

6.1.4　单元等效节点荷载

对于作用在四节点矩形单元上的非节点荷载，仍然是利用第 5 章介绍的一般式计算其等效节点荷载。但其中的形函数矩阵 $[N]$ 需用式(6-7)、式(6-8) 矩形单元有 4 个节点，所以单元等效节点荷载列阵 $\{P_E\}^{(e)}$ 应有 8 个元素：

$$\{P_E\}^{(e)} = [X_1 \quad Y_1 \quad X_2 \quad Y_2 \quad X_3 \quad Y_3 \quad X_4 \quad Y_4]^{\mathrm{T}} \tag{6-16}$$

下面计算四节点矩形单元在三种常见荷载作用下的等效节点荷载：

1. 集中荷载

如图6-2所示，设在单元边界23上 c 点处沿 x 轴方向作用有集中荷载 P。C 点的局部坐标为 $\zeta_C = 1$，$\eta_c = \dfrac{l_2}{b} - 1$，代入式(6-5)，得各形函数在荷载作用点 c 上的值：$N_{1C} = 0$，$N_{2C} = \dfrac{l_1}{2b}$，$N_{3C} = \dfrac{l_2}{2b}$，$N_{4C} = 0$。

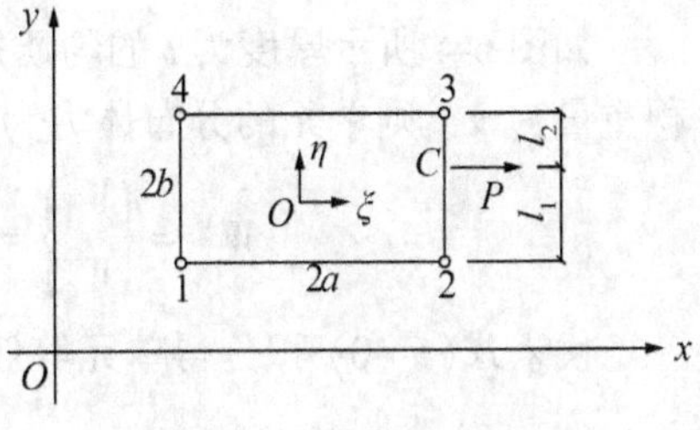

图 6-2　集中力等效移置

由此求得等效节点荷载为

$$\{P_E\}^{(e)} = [N_C]^{\mathrm{T}}\{Q\}$$

$$= \begin{bmatrix} N_{1C} & 0 & N_{2C} & 0 & N_{3C} & 0 & N_{4C} & 0 \\ 0 & N_{1C} & 0 & N_{2C} & 0 & N_{3C} & 0 & N_{4C} \end{bmatrix}^{\mathrm{T}} \begin{Bmatrix} P \\ 0 \end{Bmatrix}$$

$$= [N_{1C} \quad 0 \quad N_{2C} \quad 0 \quad N_{3C} \quad 0 \quad N_{4C} \quad 0]^{\mathrm{T}} P$$

$$= \begin{bmatrix} 0 & 0 & \dfrac{l_3 P}{2b} & 0 & \dfrac{l_2 P}{2b} & 0 & 0 & 0 \end{bmatrix}^{\mathrm{T}} \tag{6-17}$$

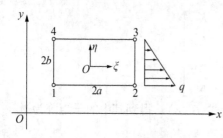

图 6-3　线性分布荷载等效移置

2. 分布面荷载

如图 6-3 所示，设在一厚度为 t 的矩形单元边界 23 上沿 x 轴方向作用有三角形分布面荷载，在节点 2 的集度为 q。以局部坐标表示作用在 $\zeta = 1$ 边界上的此分布面荷载为

$$\{P\} = \begin{Bmatrix} P_x \\ P_y \end{Bmatrix} = \begin{Bmatrix} \dfrac{1}{2}(1 - \eta)q \\ \\ 0 \end{Bmatrix}$$

在 $\zeta = 1$ 边界上，由式(6-5)可求得形函数为

$$N_1 = 0, \quad N_2 = \frac{1}{2}(1 - \eta), \quad N_3 = \frac{1}{2}(1 + \eta), \quad N_4 = 0$$

代入式(5-37)积分得等效节点荷载为

$$\{P_E\}^{(e)} = \int_A [N]^{\mathrm{T}}\{p\}\,\mathrm{d}A = \int [N]^{\mathrm{T}} \begin{Bmatrix} \dfrac{1}{2}(1 - \eta)q \\ \\ 0 \end{Bmatrix} t\,\mathrm{d}x$$

$$= bt \int_{-1}^{1} \begin{bmatrix} N_1 & 0 & N_2 & 0 & N_3 & 0 & N_4 & 0 \\ 0 & N_1 & 0 & N_2 & 0 & N_3 & 0 & N_4 \end{bmatrix}^{\mathrm{T}} \begin{Bmatrix} \dfrac{1}{2}(1 - \eta)q \\ \\ 0 \end{Bmatrix} \mathrm{d}\eta$$

$$= \begin{bmatrix} 0 & 0 & \dfrac{2qbt}{3} & 0 & \dfrac{qbt}{3} & 0 & 0 & 0 \end{bmatrix}^{\mathrm{T}} \tag{6-18}$$

3. 匀质等厚单元的自重

如图 6-4 所示厚度为 t 的匀质矩形单元，设单元的单位体积重量为 γ，则单元的分布体力为

$$\{W\} = \begin{Bmatrix} W_1 \\ W_2 \end{Bmatrix} = \begin{Bmatrix} 0 \\ -\gamma \end{Bmatrix}$$

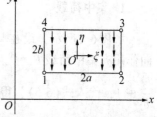

图 6-4　均布体力等效移置

代入式(5-40)积分得单元等效节点荷载为

$$\{P_E\}^{(e)} = \iint_A [N]^{\mathrm{T}}\{W\} t\,\mathrm{d}x\mathrm{d}y$$

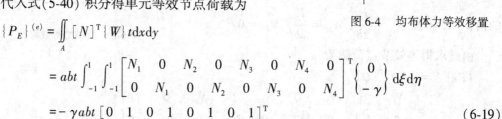

$$= abt \int_{-1}^{1} \int_{-1}^{1} \begin{bmatrix} N_1 & 0 & N_2 & 0 & N_3 & 0 & N_4 & 0 \\ 0 & N_1 & 0 & N_2 & 0 & N_3 & 0 & N_4 \end{bmatrix}^{\mathrm{T}} \begin{Bmatrix} 0 \\ -\gamma \end{Bmatrix} \mathrm{d}\xi\mathrm{d}\eta$$

$$= -\gamma abt \begin{bmatrix} 0 & 1 & 0 & 1 & 0 & 1 & 0 & 1 \end{bmatrix}^{\mathrm{T}} \tag{6-19}$$

由式(6-17)、式(6-18)和式(6-19)可以看出，上述三种非节点荷载的等效节点荷载计算结果，与按刚体的静力等效原则来移置荷载得到的结果相同。这是由于四节点矩形单元的位移函数是双线性函数，在单元的边界上或在平行于 x，y 轴的直线上位移函数是线性函数。

以上是四节点矩形单元的单元分析。四节点矩形单元的整体分析与三节点三角形单元相类似。仍然用直接刚度法形成总刚度矩阵$[K]$，由各单元的等效节点荷载集成节点荷载列阵$\{P\}$，从而得到整体刚度方程

$$[K]\{\delta\} = \{P\}$$

引入支承条件、解方程组等都与三节点三角形单元相同，这里不再重述。

求得各节点的位移$\{\delta\}$后，根据各单元的节点编号，从$\{\delta\}$中取出相应的节点位移值组成单元节点位移列阵$\{\delta\}^{(e)}$，将其代入式(6-11)中

$$\{\sigma\} = [S]\{\delta\}^{(e)}$$

即可求得单元中各点的应力值。由应力矩阵$[S]$的子矩阵表达式(6-16)可见，四节点矩形单元中的应力分量呈线性变化。在整理应力成果时，通常采用绕节点平均法，将环绕某一节点的各单元在该节点处的应力加以平均，作为该节点处的应力。而这需要先求 4 个节点上的应力矩阵值$[S]^{(1)}$、$[S]^{(2)}$、$[S]^{(3)}$、$[S]^{(4)}$。分别将单元 4 个节点的坐标值ζ_i和$\eta_i(i = 1,\ 2,\ 3,\ 4)$代入式(6-13)可以得到

$$[S]^{(1)} = \frac{E}{4ab(1-\mu^2)}\begin{bmatrix} -2b & -2\mu a & 2b & 0 & 0 & 0 & 0 & 2\mu a \\ -2\mu b & -2a & 2\mu b & 0 & 0 & 0 & 0 & 2a \\ (\mu-1)a & (\mu-1)b & 0 & (1-\mu)b & 0 & 0 & (1-\mu)a & 0 \end{bmatrix}$$

$$(6\text{-}20)$$

$$[S]^{(2)} = \frac{E}{4ab(1-\mu^2)}\begin{bmatrix} -2b & 0 & 2b & -2\mu a & 0 & 2\mu a & 0 & 0 \\ -2\mu b & 0 & 2\mu b & -2a & 0 & 2a & 0 & 0 \\ 0 & (\mu-1)b & (\mu-1)a & (1-\mu)b & (1-\mu)a & 0 & 0 & 0 \end{bmatrix}$$

$$(6\text{-}21)$$

$$[S]^{(3)} = \frac{E}{4ab(1-\mu^2)}\begin{bmatrix} 0 & 0 & 0 & -2\mu a & 2b & 2\mu a & -2b & 0 \\ 0 & 0 & 0 & -2a & 2\mu b & 2a & -2\mu b & 0 \\ 0 & 0 & (\mu-1)a & 0 & (1-\mu)a & (1-\mu)b & 0 & (\mu-1)b \end{bmatrix}$$

$$(6\text{-}22)$$

$$[S]^{(4)} = \frac{E}{4ab(1-\mu^2)}\begin{bmatrix} 0 & -2\mu a & 0 & 0 & 2b & 0 & -2b & 2\mu a \\ 0 & -2a & 0 & 0 & 2\mu b & 0 & -2\mu b & 2a \\ (\mu-1)a & 0 & 0 & 0 & 0 & (1-\mu)b & (1-\mu)a & (\mu-1)b \end{bmatrix}$$

$$(6\text{-}23)$$

式(6-20) ~ 式(6-23)适用于平面应力问题，对于平面应变问题，按前述方式将弹性常数进行代换即可。

矩形单元的明显缺点是不能适应曲线边界和与坐标轴不平行的直线边界，也不便于对不同部位采用不同大小的单元。为了弥补这些缺点，可以把矩形单元和三角形单元混合使用。例如图6-5的单层厂房柱牛腿段，在应力变化比较复杂的牛腿部位，采用较小的矩形单元，在离牛腿较远的一般部位，采用较大的矩形单元。而以若干个三角形单元作为过渡；在斜边界AB的部位，采用三角形单元。由于四节点矩形单元、三节点三角形单元的位移在单元的边界上都是线性变化的，公共边界上的

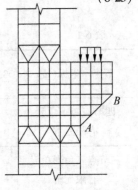

图6-5 牛腿节点单元划分

节点是两单元所共同的，因而所有的相邻单元在公共边界上的位移都是连续的，从而保证了解答的收敛性。

这样处理既可提高计算精度，又能适应复杂边界条件。但在编制程序中要形成两种类型的单元刚度矩阵，其他步骤与第 4 章相同。

下面列举一个矩形单元的计算实例。

图 6-6 所示深梁，跨度及高度均为 6m，宽度取为 1m。梁上作用有均布荷载 $100kN/m^2$，$E = 2 \times 10^7 kN/m^2$，$\mu = 0.17$，按平面应力问题计算。用矩形单元有限元解的计算网格如图 6-6(a) 所示，用差分法解的计算网格如图 6-6(b) 所示。计算时均取半边结构，有限元法采用绕节点平均法整理计算结果。现以 $x = 0$ 截面的 σ_x 应力为例，将几种不同解法的结果列于表 6-1 中。

由表 6-1 看出，四节点矩形单元的有限元解比三节点三角形单元的有限元解更接近差分解，这表明四节点矩形单元的精度要高于三节点三角形单元，而材料力学的解与差分解差别较多，材料力学不能反映深梁的实际受力状态。

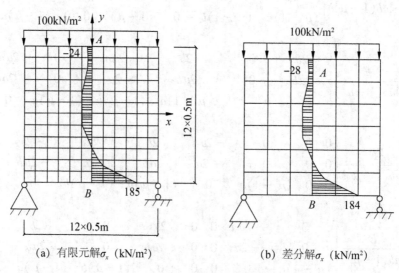

(a) 有限元解σ_x（kN/m²）　　　　　　(b) 差分解σ_x（kN/m²）

图 6-6　深梁计算结果对比

表 6-1　　　　　　　　　　　　　　　**在 $x = 0$ 的截面上的 σ_x**　　　　　　　　（单位：kN/m²）

节点 y 坐标(m)	3.0(A 点)	− 3.0(B 点)	节点 y 坐标(m)	3.0(A 点)	− 3.0(B 点)
四节点矩形单元 有限元解	− 24	185	差分解	− 28	184
三节点三角形单元 有限元解	− 12	161	材料力学公式解	− 75	75

6.2　四节点四边形等参数单元

在平面问题的有限元法中，三节点三角形单元的优点是较容易进行网格划分和适应不规则的边界形状，缺点是单元的应力和应变都是常量，精度较低。四节点矩形单元的优点是单元应力、应变是线性变化的，因而在反映实际应力分布方面比三节点三角形单元要好得多。但它不能适应曲线边界和非正交的直线边界，也不便于随意改变单元大小。于是人们很容易想到任意四边形单元，如图6-7(a)所示，它具有4个节点，有较高的精度；而且形状任意，容易适应复杂的边界。但也因为它的几何形状不规整，没有统一的单元形状，给单元分析带来了困难。

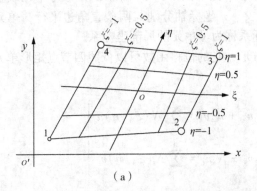 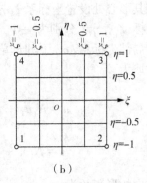

图 6-7　等参单元坐标变换

首先是单元位移函数的问题。四节点任意四边形单元与四节点矩形单元一样，具有 8 个自由度，如果也取式(6-1)为任意四边形单元的位移函数，即

$$u = \alpha_1 - \alpha_2 x + \alpha_3 y + \alpha_4 xy \Big\}$$
$$v = \alpha_5 + \alpha_6 x + \alpha_7 y + \alpha_8 xy \Big\} \tag{a}$$

由于任意四边形单元的边线一般不平行于坐标轴，某一边线的直线方程可以写为 $y = kx + b$，代入上式得该边线上的水平位移函数是

$$u = \alpha_1 + \alpha_2 x + \alpha_3 (kx + b) + \alpha_4 x(kx + b)$$
$$= (\alpha_1 + \alpha_3 b) + (\alpha_2 + \alpha_3 k + \alpha_4 b)x + \alpha_4 kx^2$$
$$= \beta_1 + \beta_2 x + \beta_3 x^2 \tag{b}$$

可见，在任意四边形单元边界上的位移呈二次曲线分布。由某边线两端节点的两个位移条件，例如 u_i 和 u_j 不能唯一地确定上式中的 3 个待定参数 β_1、β_2、β_3。因此，在两个相邻单元的公共边界上位移连续性得不到保证，也就是说，以式(a)作为任意四边形单元的位移函数，其有限元解答的收敛性是没有把握的。此外，应用式(a)作为位移函数求单元刚度矩阵 $[K]^{(e)}$ 和等效节点荷载 $\{P_E\}^{(e)}$ 时，其积分的上下限难于确定。

可以通过坐标变换的办法来解决上述问题。这个坐标变换不是对整个结构进行的，而是对每个单元分别进行。先选择一个局部坐标系 $\zeta o \eta$，经坐标变换使得在整体坐标系 $xo'y$

中的任意四边形单元，变换成在局部坐标系 $\zeta o \eta$ 中与四边形方向无关的边长为 2 的正方形，如图 6-7(b) 所示，则上述问题便得到解决。

6.2.1　四节点四边形等参数单元的位移函数和坐标变换

设有如图 6-7(a) 所示的任意四边形单元，用等分四边的两族直线分割该四边形，以连接对边中点的直线作为 ζ 轴及 η 轴，设立 $\zeta o \eta$ 坐标系。此坐标系是非直角坐标系，取 ζ 轴与 η 轴的交点为原点，并令四边上的 ζ 值及 η 值分别为 ±1，其他分割线段上的 ζ、η 值如图 6-7(a) 所示。这个坐标系称为任意四边形单元的局部坐标系。图 6-7(a) 中的直角坐标系 $xo'y$ 称为整体坐标系。

为了导出任意四边形单元的位移函数，以及局部坐标系与整体坐标系之间的变换关系式，可引用一个边长等于 2 的四节点正方形单元如图 6-7(b) 所示，亦称母单元或基本单元。在其形心处设置坐标系 $\zeta o \eta$ 的原点，ζ、η 坐标轴分别与两条直角边平行，单元各节点的坐标 (ζ_i, η_i) 分别为 ±1，这个坐标系称为母单元的局部坐标系。

在局部坐标系 $\zeta o \eta$ 下的母单元是正方形，它的位移函数可以依照四节点矩形单元的位移函数取为

$$
\left.
\begin{aligned}
u &= N_1 u_1 + N_2 u_2 + N_3 u_3 + N_4 u_4 = \sum_{i=1}^{4} N_i(\xi, \eta) u_i \\
v &= N_1 v_1 + N_2 v_2 + N_3 v_3 + N_4 v_4 = \sum_{i=1}^{4} N_i(\xi, \eta) v_i
\end{aligned}
\right\}
\tag{6-24}
$$

式中的形函数为

$$
\left.
\begin{aligned}
N_1 &= \frac{1}{4}(1 - \xi)(1 - \eta) \\
N_2 &= \frac{1}{4}(1 + \xi)(1 - \eta) \\
N_3 &= \frac{1}{4}(1 + \xi)(1 + \eta) \\
N_4 &= \frac{1}{4}(1 - \xi)(1 + \eta)
\end{aligned}
\right\}
\tag{6-25}
$$

式 (6-25) 可合并写成

$$
N_i = \frac{1}{4}(1 + \xi_i \xi)(1 - \eta_i \eta) \quad (i = 1, 2, 3, 4)
\tag{6-26}
$$

式中，ζ_i，η_i 为节点 i 的局部坐标。

ζ_i，η_i 的值分别为

$$(\xi_1, \eta_1) = (-1, 1), \ (\xi_2, \eta_2) = (1, -1)$$

$$(\xi_3, \eta_3) = (1, 1), \ (\xi_4, \eta_4) = (-1, 1)$$

式 (6-26) 中的形函数有下述性质：

在节点 i 处：　　　　　　　$N_i = 1$

在其他节点处：　　　　　　$N_i = 0$　　$(i = 1, 2, 3, 4)$

如果把式(6-24)所示的位移函数和式(6-25)的形函数也用于图6-7(a)中的任意四边形单元,并将形函数中的 ζ 和 η 理解为任意四边形单元的局部坐标,则容易看出:该位移函数在4个节点处能得到节点位移,而且在单元的四边上,分别有 $\zeta = \pm1$ 和 $\eta = \pm1$,故位移函数在四边形单元的每一边上是 ζ 和 η 的线性函数,其值由该边两个节点的位移值完全确定,从而保证了位移在相邻单元公共边界上的连续性。另外,式(6-24)在母单元上反映了刚体位移和常应变,在任意四边形单元上也能反映刚体位移和常应变。因此,式(6-24)就是任意四边形单元的正确的位移函数。

式(6-24)中的位移函数是对局部坐标 (ζ, η) 的表达式,而实际计算(例如由位移求应变和应力)所需要的是位移函数对整体坐标 (x, y) 的表达式。为了找到任意四边形单元的整体坐标与正方形单元的局部坐标之间的坐标变换关系,可以应用形函数的上述性质,根据整体坐标 (x, y) 的节点值 (x_i, y_i) $(i = 1, 2, 3, 4)$ 采用与位移函数式(6-24)同样形式的公式来表示,即写成

$$\left.\begin{aligned} x &= N_1 x_1 + N_2 x_2 + N_3 x_3 + N_4 x_4 = \sum_{i=1}^{4} N_i(\xi, \eta) x_i \\ y &= N_1 y_1 + N_2 y_2 + N_3 y_3 + N_4 y_4 = \sum_{i=1}^{4} N_i(\xi, \eta) y_i \end{aligned}\right\} \tag{6-27}$$

式中,N_i 为由式(6-26)所表示的母单元的形函数。

这是用 (ζ, η) 表示 (x, y) 的关系式。应用上式可将正方形母单元映射成任意四边形单元。

在母单元上的节点1,$\zeta_1 = \eta_1 = 1$,由式(6-25)可求得 $N_1 = 1$,$N_2 = N_3 = N_4 = 0$,将其代入式(6-27)可得

$$x = 1 \cdot x_1 + 0 \cdot x_2 + 0 \cdot x_3 + 0 \cdot x_4 = x_1$$
$$y = 1 \cdot y_1 + 0 \cdot y_2 + 0 \cdot y_3 + 0 \cdot y_4 = y_1$$

即式(6-27)能将母单元的节点1映射成任意四边形单元的节点1。同理,母单元上的节点2、3、4将分别映射成任意四边形单元上的节点2、3、4。

除了四个节点一一对应外,母单元的任一边界直线将映射成任意四边形中过对应点的边界。以2 3边为例,在局部坐标系中为 $\zeta = 1$,将其代入式(6-27),并利用式(6-25)得

$$\left.\begin{aligned} x &= \frac{1}{2}(1 - \eta)x_2 + \frac{1}{2}(1 + \eta)x_3 = \frac{x_2 + x_3}{2} + \frac{x_3 - x_2}{2}\eta \\ y &= \frac{1}{2}(1 - \eta)y_2 + \frac{1}{2}(1 + \eta)y_3 = \frac{y_2 + y_3}{2} + \frac{y_3 - y_2}{2}\eta \end{aligned}\right\} \tag{c}$$

在 xy 平面上,上式就是过节点2和节点3的直线的参数方程(以 η 为参数),消去 η 就得到 x 与 y 的关系式。表明母单元的竖直边界经过式(6-27)的坐标变换之后,变成 xy 平面上的一条斜直边界。母单元的其他边界线的映射有类似的关系。于是,正方形的母单元映射成整体坐标系中的任意四边形实际单元。同样可以证明、通过式(6-27)的变换,母单元中平行于坐标轴的直线映射成实际单元中的相应直线,如图6-7所示。

如式(c)所示,由于边界坐标变换是线性的,在两相邻实际单元公共边界上的坐标,是由两节点的整体坐标唯一确定,而不会出现重叠和裂开现象。也就是说,由式(6-27)

变换得到的相邻实际单元是彼此相容的。

位移函数式(6-25)与坐标变换式(6-27)具有相同的构造。前者是根据节点的位移$(u_i，v_i)$采用形函数$N_i(\zeta，\eta)$来确定单元的位移分布；后者是根据节点的坐标$(x_i，y_i)$采用形函数$N_i(\zeta，\eta)$来确实单元的几何形状。它们用同样数目的相应节点值(节点位移和节点坐标)作为参数，采用的形函数也相同。称这种实际单元为等参数单元，简称等参元。

若要求得等参元的位移函数在整体坐标下的表达式，则应从式(6-27)解出ζ和η即求得其逆变换式，然后再将其代入式(6-25)，但这通常几乎是不可能的，也是不必要的。今后，我们将把立足点放在母单元，大量分析计算工作是在母单元上进行，由于母单元的形状简单且规则，计算比较方便，适合用计算机循环计算。但在必要时，还必须利用坐标变换式(6-27)。此外，实际单元的几何特征、荷载状况等都是来自实际结构，充分反映了实际情况。由于等参元具有上述优点，因此得到广泛的应用。

6.2.2　单元应变矩阵和应力矩阵

将位移函数式(6-25)代入平面问题的几何方程，得单元应变为

$$\{\varepsilon\} = \begin{Bmatrix} \varepsilon_x \\ \varepsilon_y \\ \gamma_{xy} \end{Bmatrix} = \begin{Bmatrix} \dfrac{\partial u}{\partial x} \\[2mm] \dfrac{\partial v}{\partial y} \\[2mm] \dfrac{\partial u}{\partial y} + \dfrac{\partial v}{\partial x} \end{Bmatrix}$$

$$= \begin{bmatrix} \dfrac{\partial N_1}{\partial x} & 0 & \dfrac{\partial N_2}{\partial x} & 0 & \dfrac{\partial N_3}{\partial x} & 0 & \dfrac{\partial N_4}{\partial x} & 0 \\[2mm] 0 & \dfrac{\partial N_1}{\partial y} & 0 & \dfrac{\partial N_2}{\partial y} & 0 & \dfrac{\partial N_3}{\partial y} & 0 & \dfrac{\partial N_4}{\partial y} \\[2mm] \dfrac{\partial N_1}{\partial y} & \dfrac{\partial N_1}{\partial x} & \dfrac{\partial N_2}{\partial y} & \dfrac{\partial N_2}{\partial x} & \dfrac{\partial N_3}{\partial y} & \dfrac{\partial N_3}{\partial x} & \dfrac{\partial N_4}{\partial y} & \dfrac{\partial N_4}{\partial x} \end{bmatrix} \begin{Bmatrix} u_1 \\ v_1 \\ u_2 \\ v_2 \\ u_3 \\ v_3 \\ u_4 \\ v_4 \end{Bmatrix}$$

$$= \begin{bmatrix} B_1 & B_2 & B_3 & B_4 \end{bmatrix} \{\delta\}^{(e)}$$

$$= \begin{bmatrix} B \end{bmatrix} \{\delta\}^{(e)}$$

其中，

$$[B_i] = \begin{bmatrix} \dfrac{\partial N_i}{\partial x} & 0 \\[2mm] 0 & \dfrac{\partial N_i}{\partial y} \\[2mm] \dfrac{\partial N_i}{\partial y} & \dfrac{\partial N_i}{\partial x} \end{bmatrix} \quad (i = 1,2,3,4) \tag{6-28}$$

$$\{\delta\}^{(e)} = \begin{bmatrix} u_1 & v_1 & u_2 & v_2 & u_3 & v_3 & u_4 & v_4 \end{bmatrix}^{\mathrm{T}} \tag{6-29}$$

等参数单元的形函数 N_i 是局部坐标 (ζ,η) 的函数,式(6-28)不能直接求导,需要应用下列复合函数求导公式:

$$\left.\begin{aligned}\frac{\partial N_i}{\partial \xi} &= \frac{\partial N_i}{\partial x}\frac{\partial x}{\partial \xi} + \frac{\partial N_i}{\partial y}\frac{\partial y}{\partial \xi}\\ \frac{\partial N_i}{\partial \eta} &= \frac{\partial N_i}{\partial x}\frac{\partial x}{\partial \eta} + \frac{\partial N_i}{\partial y}\frac{\partial y}{\partial \eta}\end{aligned}\right\} \quad (i=1,2,3,4)$$

或写为矩阵形式

$$\left\{\begin{array}{c}\dfrac{\partial N_i}{\partial \xi}\\[2mm]\dfrac{\partial N_i}{\partial \eta}\end{array}\right\} = \left[\begin{array}{cc}\dfrac{\partial x}{\partial \xi} & \dfrac{\partial y}{\partial \xi}\\[2mm]\dfrac{\partial x}{\partial \eta} & \dfrac{\partial y}{\partial \eta}\end{array}\right]\left\{\begin{array}{c}\dfrac{\partial N_i}{\partial x}\\[2mm]\dfrac{\partial N_i}{\partial y}\end{array}\right\} \quad (i=1,2,3,4) \tag{6-30}$$

令

$$[J] = \left[\begin{array}{cc}\dfrac{\partial x}{\partial \xi} & \dfrac{\partial y}{\partial \xi}\\[2mm]\dfrac{\partial x}{\partial \eta} & \dfrac{\partial x}{\partial \eta}\end{array}\right] \tag{6-31}$$

式中,$[J]$ 为雅可比(Jacobian)矩阵,由式(6-30)得

$$\left\{\begin{array}{c}\dfrac{\partial N_i}{\partial x}\\[2mm]\dfrac{\partial N_i}{\partial y}\end{array}\right\} = [J]^{-1}\left\{\begin{array}{c}\dfrac{\partial N_i}{\partial \xi}\\[2mm]\dfrac{\partial N_i}{\partial \eta}\end{array}\right\} \quad (i=1,2,3,4) \tag{6-32}$$

为了求得雅可比矩阵,只需利用式(6-27)及式(6-26),可得

$$\left.\begin{aligned}\frac{\partial x}{\partial \xi} &= \sum_{i=1}^{4}\frac{\partial N_i}{\partial \xi}x_i = \sum_{i=1}^{4}\frac{\xi_i}{4}(1+\eta_i\eta)x_i\\ \frac{\partial x}{\partial \eta} &= \sum_{i=1}^{4}\frac{\partial N_i}{\partial \eta}x_i = \sum_{i=1}^{4}\frac{\eta_i}{4}(1+\xi_i\xi)x_i\\ \frac{\partial y}{\partial \xi} &= \sum_{i=1}^{4}\frac{\partial N_i}{\partial \xi}y_i = \sum_{i=1}^{4}\frac{\xi_i}{4}(1+\eta_i\eta)y_i\\ \frac{\partial y}{\partial \xi} &= \sum_{i=1}^{4}\frac{\partial N_i}{\partial \eta}y_i = \sum_{i=1}^{4}\frac{\eta_i}{4}(1+\xi_i\xi)y_i\end{aligned}\right\} \tag{d}$$

上式代入式(6-32)得

$$[J] = \left[\begin{array}{cc}\displaystyle\sum_{i=1}^{4}\frac{\xi_i}{4}(1+\eta_i\eta)x_i & \displaystyle\sum_{i=1}^{4}\frac{\xi_i}{4}(1+\eta_i\eta)y_i\\[4mm]\displaystyle\sum_{i=1}^{4}\frac{\eta_i}{4}(1+\xi_i\xi)x_i & \displaystyle\sum_{i=1}^{4}\frac{\eta_i}{4}(1+\xi_i\xi)y_i\end{array}\right] \tag{6-33}$$

可见,如果给出每个单元4个节点在整体坐标系中的坐标 $(x_i,y_i)(i=1,2,3,4)$,该单元的雅可比矩阵就可以完全确定,且每一个元素都是 ζ 或 η 的线性函数。

只要雅可比矩阵 $[J]$ 的行列式不为零,逆矩阵 $[J]^{-1}$ 就一定存在,容易求得的逆矩阵为

$$[J]^{-1} = \frac{1}{[J]} \begin{bmatrix} \dfrac{\partial y}{\partial \eta} & -\dfrac{\partial y}{\partial \xi} \\ -\dfrac{\partial x}{\partial \eta} & \dfrac{\partial x}{\partial \xi} \end{bmatrix}$$

$$= \frac{1}{[J]} \begin{bmatrix} \displaystyle\sum_{i=1}^{4} \frac{\eta_i}{4}(1+\xi_i\xi)y_i & -\displaystyle\sum_{i=1}^{4} \frac{\xi_i}{4}(1+\eta_i\eta)y_i \\ -\displaystyle\sum_{i=1}^{4} \frac{\eta_i}{4}(1+\xi_i\xi)x_i & \displaystyle\sum_{i=1}^{4} \frac{\xi_i}{4}(1+\eta_i\eta)x_i \end{bmatrix} \tag{6-34}$$

式中, $[J]$ 为雅可比行列式,可用下式计算:

$$[J] = \begin{bmatrix} \dfrac{\partial x}{\partial \xi} & \dfrac{\partial y}{\partial \xi} \\ \dfrac{\partial x}{\partial \eta} & \dfrac{\partial y}{\partial \eta} \end{bmatrix} = \frac{\partial x}{\partial \xi}\frac{\partial y}{\partial \eta} - \frac{\partial y}{\partial \xi}\frac{\partial x}{\partial \eta}$$

$$= \left[\sum_{i=1}^{4} \frac{\xi_i x_i}{4}(1+\eta_i\eta) \right]\left[\sum_{i=1}^{4} \frac{\eta_i y_i}{4}(1+\xi_i\xi) \right] - \left[\sum_{i=1}^{4} \frac{\xi_i y_i}{4}(1+\eta_i\eta) \right]\left[\sum_{i=1}^{4} \frac{\eta_i x_i}{4}(1+\xi_i\xi) \right] \tag{6-35}$$

将式(6-35)代入式(6-34),即可求出雅可比逆矩阵。

下面再求式(6-32)右边的形函数对局部坐标的导数。利用式(6-26)可得

$$\left. \begin{array}{l} \dfrac{\partial N_i}{\partial \xi} = \dfrac{\xi_i}{4}(1+\eta_i\eta) \\[3mm] \dfrac{\partial N_i}{\partial \eta} = \dfrac{\eta_i}{4}(1+\xi_i\xi) \end{array} \right\} \quad (i=1,2,3,4) \tag{6-36}$$

将式(6-36)及式(6-34)代入式(6-32),得

$$\left. \begin{array}{l} \dfrac{\partial N_i}{\partial x} = \dfrac{1}{|J|}\left\{ \dfrac{\partial N_i}{\partial \xi}\displaystyle\sum_{i=1}^{4} \dfrac{\eta_i y_i}{4}(1+\xi_i\xi) - \dfrac{\partial N_i}{\partial \eta}\displaystyle\sum_{i=1}^{4} \dfrac{\xi_i y_i}{4}(1+\eta_i\eta) \right\} \\[4mm] \dfrac{\partial N_i}{\partial y} = \dfrac{1}{|J|}\left\{ -\dfrac{\partial N_i}{\partial \xi}\displaystyle\sum_{i=1}^{4} \dfrac{\eta_i x_i}{4}(1+\xi_i\xi) + \dfrac{\partial N_i}{\partial \eta}\displaystyle\sum_{i=1}^{4} \dfrac{\xi_i x_i}{4}(1+\eta_i\eta) \right\} \end{array} \right\} \tag{6-37}$$

将式(6-37)代入式(6-28),可以得到应变矩阵 $[B]$,它是局部坐标 ζ、η 的函数。

将 $\{\varepsilon\}$ 代入物理方程,得单元应力为

$$\{\sigma\} = \begin{Bmatrix} \sigma_x \\ \sigma_y \\ \sigma_{xy} \end{Bmatrix} = [D][B]\{\delta\}^e = [S]\{\delta\}^e$$

$$= [S_1 \quad S_2 \quad S_3 \quad S_4]\{\delta\}^e \tag{6-38}$$

对于平面应力问题,有

$$[S_i] = [D][B_i] = \frac{E}{1-\mu^2} \begin{bmatrix} 1 & \mu & 0 \\ \mu & 1 & 0 \\ 0 & 0 & \dfrac{1-\mu}{2} \end{bmatrix} \begin{bmatrix} \dfrac{\partial N_i}{\partial x} & 0 \\ 0 & \dfrac{\partial N_i}{\partial y} \\ \dfrac{\partial N_i}{\partial y} & \dfrac{\partial N_i}{\partial x} \end{bmatrix}$$

$$(6\text{-}39)$$

$$= \frac{E}{1-\mu^2} \begin{bmatrix} \dfrac{\partial N_i}{\partial x} & \mu\dfrac{\partial N_i}{\partial y} \\ \mu\dfrac{\partial N_i}{\partial x} & \dfrac{\partial N_i}{\partial y} \\ \dfrac{1-\mu}{2}\dfrac{\partial N_i}{\partial y} & \dfrac{1-\mu}{2}\dfrac{\partial N_i}{\partial x} \end{bmatrix} \quad (i=1,2,3,4)$$

应用式(6-37)即可求得应力矩阵$[S]$。显然,应力矩阵$[S]$也是局部坐标ζ、η的函数。

根据局部坐标的点,利用坐标变换式(6-27)计算实际单元对应点的应力是方便的。特别是计算节点处的应力,因为母单元的节点和实际单元的节点是互相对应的,不需要另行计算。

所以在等参元中整理应力成果时,一般都使用绕节点平均法。对于实际单元中以整体坐标标定的某点,要计算其应力是不现实的,因为由点的整体坐标计算局部坐标,需利用式(6-27)求解非线性方程组。因此,在计算单元中的应力时只能设定一组局部坐标算出相应的整体坐标,从而得知算出的应力是实际单元中哪一点的应力。

6.2.3 单元刚度矩阵

平面问题的单元刚度矩阵为

$$[K]^{(e)} = \iint_A [B]^{\mathrm{T}}[D][B]t\mathrm{d}x\mathrm{d}y \tag{e}$$

由于应变矩阵$[B]$是局部坐标ζ,η的函数,面积元$\mathrm{d}A = \mathrm{d}x\mathrm{d}y$必须用局部坐标$\zeta$,$\eta$表示。

在局部坐标下,

$$\mathrm{d}A = |J|\mathrm{d}\xi\mathrm{d}\eta \tag{6-40}$$

将式(6-40)代入式(e),并注意到在局部坐标下正方形单元的积分上、下限,得

$$[K]^{(e)} = \int_{-1}^{1}\int_{-1}^{1} [B]^{\mathrm{T}}[D][B]t|J|\mathrm{d}\xi\mathrm{d}\eta$$

$$= \begin{bmatrix} [K_{11}] & [K_{12}] & [K_{13}] & [K_{14}] \\ [K_{21}] & [K_{22}] & [K_{23}] & [K_{24}] \\ [K_{31}] & [K_{32}] & [K_{33}] & [K_{34}] \\ [K_{41}] & [K_{42}] & [K_{43}] & [K_{44}] \end{bmatrix} \tag{6-41}$$

其中,每个子矩阵的计算公式为

$$[K_{ij}]^{(e)} = \int_{-1}^{1} \int_{-1}^{1} [B_i]^{\mathrm{T}} [D] [B_j] t |J| \mathrm{d}\xi \mathrm{d}\eta$$

$$= \int_{-1}^{1} \int_{-1}^{1} [B_i]^{\mathrm{T}} [S_j] t |J| \mathrm{d}\xi \mathrm{d}\eta \quad (i,j = 1,2,3,4) \tag{6-42}$$

对于平面应力问题,将式(6-27)和式(6-39)代入上式得

$$[K_{ij}]^{(e)} = \frac{Et}{1-\mu^2} \int_{-1}^{1} \int_{-1}^{1} \begin{bmatrix} \dfrac{\partial N_i}{\partial x}\dfrac{\partial N_j}{\partial x} + \dfrac{1-\mu}{2}\dfrac{\partial N_i}{\partial y}\dfrac{\partial N_j}{\partial y} & \mu\dfrac{\partial N_i}{\partial x}\dfrac{\partial N_j}{\partial y} + \dfrac{1-\mu}{2}\dfrac{\partial N_i}{\partial y}\dfrac{\partial N_j}{\partial x} \\[4mm] \mu\dfrac{\partial N_i}{\partial y}\dfrac{\partial N_j}{\partial x} + \dfrac{1-\mu}{2}\dfrac{\partial N_i}{\partial x}\dfrac{\partial N_j}{\partial y} & \dfrac{\partial N_i}{\partial y}\dfrac{\partial N_j}{\partial y} + \dfrac{1-\mu}{2}\dfrac{\partial N_i}{\partial x}\dfrac{\partial N_j}{\partial x} \end{bmatrix} |J| \mathrm{d}\xi \mathrm{d}\eta$$

$$(i,j = 1,2,3,4) \tag{6-43}$$

在上式中,尽管积分限很简单,但被积函数是 ζ、η 的一个复杂函数,要得到积分的解析表达式是很困难的。一般采用近似的数值积分法,为了减少计算点的数目和便于编制程序,通常采用高斯积分法计算单刚 $[K]^{(e)}$ 的各个元素。

6.2.4 单元等效节点力

等参数单元的等效节点荷载仍然是利用一般公式(5-37)、式(5-38)和式(5-40)计算。但其中的形函数是用局部坐标表示的,而作用在实际单元上的非节点荷载的位置是用整体坐标表示。所以在具体计算上与第5章中会有所不同,下面分别说明。

1. 集中荷载

如图6-8所示,设单元上 $c(x,y)$ 点作用有集中荷载 $\{P\} = [P_x, P_y]^{\mathrm{T}}$,由式(5-37)求得其等效节点荷载为

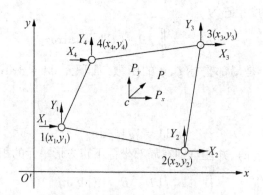

图6-8 单元内集中力等效移置

$$\{P_E\}^{(e)} = [N]^{\mathrm{T}}\{P\}$$

$$= \begin{bmatrix} N_{1c} & 0 & N_{2c} & 0 & N_{3c} & 0 & N_{4c} & 0 \\ 0 & N_{1c} & 0 & N_{2c} & 0 & N_{3c} & 0 & N_{4c} \end{bmatrix}^{\mathrm{T}} \begin{Bmatrix} P_x \\ P_y \end{Bmatrix}$$

$$= \begin{bmatrix} N_{1c}P_x & N_{1c}P_y & N_{2c}P_x & N_{2c}P_y & N_{3c}P_x & N_{3c}P_y & N_{4c}P_x & N_{4c}P_y \end{bmatrix} \tag{6-44}$$

式中，$N_{ic}(i = 1,2,3,4)$ 为形函数 N_i 在荷载作用点 $c(x_c, y_c)$ 上的值。

形函数 N_i 是用局部坐标表示的，因此需要由 c 点的整体坐标找到其对应的局部坐标。这时可应用坐标变换式(6-27)，得

$$\begin{cases} x = N_1 x_1 + N_2 x_2 + N_3 x_3 + N_4 x_4 = \sum_{i=1}^{4} N_i(\xi, \eta) x_i \\ y = N_1 y_1 + N_2 y_2 + N_3 y_3 + N_4 y_4 = \sum_{i=1}^{4} N_i(\xi, \eta) y_i \end{cases} \tag{i}$$

式中，$N_i(i = 1, 2, 3, 4)$ 为局部坐标 (ζ, η) 的二次函数。

求解此二元二次方程组，即可得到 c 点的局部坐标 (ζ_c, η_c)。然后将 ζ_c, η_c 值代入式(5-44)中，即可得到等参数单元在集中力作用下的等效节点荷载。实际问题处理时，尽量将集中力作用于单元的节点上，以避免计算困难。

2. 分布面荷载

设单元的某边界上作用的分布面荷载为

$$\{p\} = \begin{bmatrix} p_x & p_y \end{bmatrix}^{\mathrm{T}}$$

由式(6-38)计算单元等效节点荷载为

$$\{P_E\}^{(e)} = \int_A [N]^{\mathrm{T}} \{p\} \, \mathrm{d}A = \int_l [N]^{\mathrm{T}} \begin{Bmatrix} p_x \\ p_y \end{Bmatrix} t \, \mathrm{d}s \tag{j}$$

式中，l 为作用有面荷载的单元边界；s 为其边长。

如果分布面荷载作用在 $\zeta = \pm 1$ 的边界上(图6-9)，由于

$$\mathrm{d}s = \sqrt{\left(\frac{\partial x}{\partial \eta}\right)^2 + \left(\frac{\partial y}{\partial \eta}\right)^2} \, \mathrm{d}\eta$$

则分布面荷载的单元等效节点荷载为

$$\{P_E\}^{(e)} = \int_{-1}^{1} [N]^{\mathrm{T}} \begin{Bmatrix} p_x \\ p_y \end{Bmatrix} t \sqrt{\left(\frac{\partial x}{\partial \eta}\right)^2 + \left(\frac{\partial y}{\partial \eta}\right)^2} \, \mathrm{d}\eta \tag{6-45}$$

同理，如果分布面荷载作用在 $\eta = \pm 1$ 的边界上，则分布面荷载的单元等效节点荷载为

$$\{P_E\}^{(e)} = \int_{-1}^{1} [N]^{\mathrm{T}} \begin{Bmatrix} p_x \\ p_y \end{Bmatrix} t \sqrt{\left(\frac{\partial x}{\partial \xi}\right)^2 + \left(\frac{\partial y}{\partial \xi}\right)^2} \, \mathrm{d}\xi \tag{6-46}$$

工程上给出的表面力往往是沿曲边的法向力和切向力，即 $\{p\} = \begin{bmatrix} \sigma & \tau \end{bmatrix}^{\mathrm{T}}$，这时可先求出表面力的 x, y 方向的分量

$$\begin{aligned} \bar{X} &= \tau \frac{\mathrm{d}x}{\mathrm{d}s} + \sigma \frac{\mathrm{d}y}{\mathrm{d}s} \\ \bar{Y} &= \tau \frac{\mathrm{d}y}{\mathrm{d}s} - \sigma \frac{\mathrm{d}x}{\mathrm{d}s} \end{aligned} \tag{6-47}$$

这里规定法向面力 σ 以外法向为正，切向力以沿单元边界前进使单元保持在左侧，即沿

着边界正向为正,图6-9表示了 σ 和 τ 的正方向,将式(6-47)
代入式(j),得

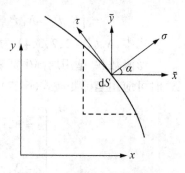

$$\{P_E\}^{(e)} = \int_A [N]^T \{p\} t\,dA = t\int_l [N]^T \begin{Bmatrix} \tau\dfrac{dx}{ds} + \sigma\dfrac{dy}{ds} \\ \tau\dfrac{dy}{ds} - \sigma\dfrac{dx}{ds} \end{Bmatrix} ds$$

$$= t\int_l [N]^T \begin{Bmatrix} \tau\,dx + \sigma\,dy \\ \tau\,dy - \sigma\,dx \end{Bmatrix}$$

$$= t\int_{-1}^{1} [N]^T \begin{Bmatrix} \tau\dfrac{dx}{d\eta} + \sigma\dfrac{dy}{d\eta} \\ \tau\dfrac{dy}{d\eta} - \sigma\dfrac{dx}{d\eta} \end{Bmatrix} d\eta \qquad (6\text{-}48)$$

图6-9 边界面力等效移置

3. 分布体力

设单元上作用有分布体积力 $\{W\} = [w_x, w_y]^T$,代入式(5-40),并利用式(6-57),得分布
体力的等效节点荷载为

$$\{P_E\}^{(e)} = \iint_A [N]^T \{W\} t\,dA = \int_{-1}^{1}\int_{-1}^{1} [N]^T \begin{Bmatrix} W_x \\ W_y \end{Bmatrix} t\,|J|\,d\xi\,d\eta \qquad (6\text{-}49)$$

对于非均布的体力,需将体力分量 W_x, W_y 表示成为局部坐标 (ζ, η) 的函数,再进行
积分。

6.3　八节点曲边四边形等参数单元

前面介绍的四节点四边形等参元的方法,可以类似地推广到具有更多节点的四边形单
元。本节介绍平面问题中常用的八节点等参数单元。平面等参元由四节点增加到八节点
后,一方面可以进一步提高精度,另一方面又可模拟曲线边界,因而得到广泛应用。

图6-10(a) 所示为离散化后整体坐标系中的曲线四边形实际单元,其母单元为图
6-10(b) 的所示的边长为2的正方形单元。除原有的4个角节点外,又将各边中点取为节
点,单元具有16个自由度。

6.3.1　单元位移函数和坐标变换

八节点正方形母单元(图6-10(b))的位移函数可取为

$$\left.\begin{aligned} u &= \sum_{i=1}^{8} N_i u_i \\ v &= \sum_{i=1}^{8} N_i v_i \end{aligned}\right\} \qquad (6\text{-}50)$$

其中,形函数

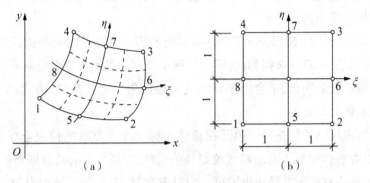

图 6-10   单元位移插值函数

$$N_i = \frac{1}{4}(1 + \xi_i\xi)(1 + \eta_i\eta)(\xi_i\xi + \eta_i\eta - 1) \quad (i = 1,2,3,4)$$

$$N_i = \frac{1}{2}(1 - \xi^2)(1 + \eta_i\eta) \quad (i = 5,7) \tag{6-51}$$

$$N_i = \frac{1}{2}(1 - \eta^2)(1 + \xi_i\xi) \quad (i = 6,8)$$

与四节点四边形等参数单元一样,根据等参数的思想,用位移函数中的形函数来构造坐标变换式

$$x = \sum_{i=1}^{8} N_i x_i$$

$$y = \sum_{i=1}^{8} N_i y_i \tag{6-52}$$

式中,N_i 仍由式(6-51)给出。显然在 8 个节点处,式(6-52)无疑是成立的。现在分析母单元的四条直边能否变换为实际单元的四条曲边。在母单元的任一边界上,局部坐标 ζ 或 η 等于 ± 1,整体坐标 x、y 均为另一局部坐标 η 或 ζ 的二次函数。以 152 边为例,它在局部坐标系中的方程为 $\eta = -1$,代入式(6-52)得

$$x = \frac{1}{4}(1 - \xi)2(-\xi)x_1 + \frac{1}{4}(1 + \xi)2(\xi)x_2 + \frac{1}{2}(1 - \xi^2)2x_5$$

化简后可以写为

$$x = a_1 - a_2\xi + a_3\xi^2 \tag{a}$$

同理得

$$y = b_1 - b_2\xi + b_3\xi^2 \tag{b}$$

式中,a_1、a_2、a_3、b_1、b_2、b_3 为由 x_1、y_1、x_2、y_2、x_5、y_5 所决定的常数。

在 xy 平面上,式(a)(b)是抛物线的参数方程。消去参数 ζ,式(a)(b)变成一条在 xy 坐标系中的抛物线,该抛物线由 1、5、2 三点唯一决定(在整体坐标系中此三点共线时。抛物线退化为直线)。可见,式(6-52)能够把局部坐标母单元的直线边 152,变换成整体坐标下实

165

际单元的抛物线曲边(过 1、5、2 三点)。其他的三条边也有相同的情形,所以曲边单元也可以转换到局部坐标系中进行计算。

坐标变更换式(6-52)能保证相邻等参元彼此相容。由于等参元的边界线都是抛物线,而通过 3 个节点只能决定一条抛物线,因此当两个相邻等参元在 3 个公共节点处吻合后,则两个相邻边界线必处处吻合,不会出现裂缝或重叠现象。也就是说,由式(6-52)变换得出的相邻等参元是彼此相容的。

在实际计算中用到的只是每个单元在整体坐标下 8 个节点的位置坐标(x_i, y_i)($i = 1,2,\cdots,8$),因此,在整体坐标下对求解区域划分单元时,必须给出的只是每个单元的 8 个节点的位置,而其抛物线只需示意地画出即可。为简单起见,在求解区域的内部,单元可以取为八节点直边四边形;而当求解区域有曲线边界时,边界单元的边界边就可以取为曲边,这相当于用过边界段上三点所作的抛物线来局部近似原曲线边界,这比三节点三角形单元、四节点四边形等参元等用过节点的直线段来局部代替曲线边界的效果要好。

6.3.2　单元应变矩阵和应力矩阵

将位移函数式(6-50)代入平面问题的几何方程,得单元应变为

$$\{\varepsilon\} = \begin{Bmatrix} \varepsilon_x \\ \varepsilon_y \\ \gamma_{xy} \end{Bmatrix} = \begin{Bmatrix} \dfrac{\partial u}{\partial x} \\[2mm] \dfrac{\partial u}{\partial x} \\[2mm] \dfrac{\partial u}{\partial y} + \dfrac{\partial v}{\partial x} \end{Bmatrix} = [B]\{\delta\}^{(e)}$$

$$= [B_1 \quad B_2 \quad \cdots \quad B_8]\{\delta\}^{(e)}$$

式中,

$$[B_i] = \begin{bmatrix} \dfrac{\partial N_i}{\partial x} & 0 \\[3mm] 0 & \dfrac{\partial N_i}{\partial y} \\[3mm] \dfrac{\partial N_i}{\partial y} & \dfrac{\partial N_i}{\partial x} \end{bmatrix} \quad (i = 1,2,3,\cdots,8) \tag{6-53}$$

$$\{\delta\}^{(e)} = [u_1 \quad v_1 \quad u_2 \quad v_2 \quad \cdots \quad u_8 \quad v_8]^{\mathrm{T}}$$

其中,偏导数$\dfrac{\partial N_i}{\partial x}$和$\dfrac{\partial N_i}{\partial y}$与四节点四边形等参元类似,可推得

$$\begin{Bmatrix} \dfrac{\partial N_i}{\partial x} \\[3mm] \dfrac{\partial N_i}{\partial y} \end{Bmatrix} = [J]^{-1} \begin{Bmatrix} \dfrac{\partial N_i}{\partial \xi} \\[3mm] \dfrac{\partial N_i}{\partial \eta} \end{Bmatrix} \tag{6-54}$$

$$[J]^{-1} = \frac{1}{|J|} \begin{bmatrix} \dfrac{\partial y}{\partial \eta} & -\dfrac{\partial y}{\partial \xi} \\ -\dfrac{\partial x}{\partial \eta} & \dfrac{\partial x}{\partial \xi} \end{bmatrix} \tag{6-55}$$

$$|J| = \frac{\partial x}{\partial \xi}\frac{\partial y}{\partial \eta} - \frac{\partial y}{\partial \xi}\frac{\partial x}{\partial \eta} \tag{6-56}$$

式中，$[J]^{-1}$ 为雅可比矩阵的逆阵；$|J|$ 为雅可比行列式。

其中，

$$\left.\begin{aligned} \frac{\partial x}{\partial \xi} = \sum_{i=1}^{8} \frac{\partial N_i}{\partial \xi}x_i \qquad \frac{\partial y}{\partial \xi} = \sum_{i=1}^{8} \frac{\partial N_i}{\partial \xi}y_i \\ \frac{\partial x}{\partial \eta} = \sum_{i=1}^{8} \frac{\partial N_i}{\partial \eta}x_i \qquad \frac{\partial y}{\partial \eta} = \sum_{i=1}^{8} \frac{\partial N_i}{\partial \eta}x_i \end{aligned}\right\} \tag{6-57}$$

将式(6-51)代入式(6-57)进行计算，在角节点上，即当 $i = 1,2,3,4$ 时有

$$\left.\begin{aligned} \frac{\partial N_i}{\partial \xi} = \frac{1}{4}\xi_i(2\xi_i\xi + \eta_i\eta)(1 + \eta_i\eta) \\ \frac{\partial N_i}{\partial \eta} = \frac{1}{4}\eta_i(2\eta_i\eta + \xi_i\xi)(1 + \xi_i\xi) \end{aligned}\right\} \tag{6-58a}$$

在边中节点上，当 $i = 5,7$ 时，有

$$\left.\begin{aligned} \frac{\partial N_i}{\partial \xi} = -\xi(1 + \eta_i\eta) \\ \frac{\partial N_i}{\partial \eta} = \frac{1}{2}\eta_i(1 - \xi^2) \end{aligned}\right\} \tag{6-58b}$$

当 $i = 6,8$ 时，有

$$\left.\begin{aligned} \frac{\partial N_i}{\partial \xi} = \frac{1}{2}\xi_i(1 - \eta^2) \\ \frac{\partial N_i}{\partial \eta} = -\eta(1 + \xi_i\xi) \end{aligned}\right\} \tag{6-58c}$$

于是，根据式(6-54)即可计算出 $\dfrac{\partial N_i}{\partial x}$ 和 $\dfrac{\partial N_i}{\partial y}$，可求得 $[B_i]$，进而求得 $\{\varepsilon\}$。

将 $\{\varepsilon\}$ 代入物理方程，得单元应力为

$$\{\sigma\} = \begin{Bmatrix} \sigma_x \\ \sigma_y \\ \tau_{xy} \end{Bmatrix} = [D][B]\{\delta\}^{(e)} = [S]\{\delta\}^{(e)}$$

$$= [S_1 \quad S_2 \quad \cdots \quad S_8]\{\delta\}^{(e)} \tag{6-59}$$

又于平面应力问题，有

$$[S_i] = [D][B_i] = \frac{E}{1-\mu^2}\begin{bmatrix} \dfrac{\partial N_i}{\partial x} & \mu\dfrac{\partial N_i}{\partial y} \\[3mm] \mu\dfrac{\partial N_i}{\partial x} & \dfrac{\partial N_i}{\partial y} \\[3mm] \dfrac{1-\mu}{2}\dfrac{\partial N_i}{\partial y} & \dfrac{1-\mu}{2}\dfrac{\partial N_i}{\partial x} \end{bmatrix} \quad (i=1,2,3,\cdots 8) \qquad (6\text{-}60)$$

6.3.3 单元刚度矩阵

单元刚度矩阵为

$$\begin{aligned}[K]^{(e)} &= \iint_A [B]^{\mathrm{T}}[D][B]t\mathrm{d}x\mathrm{d}y \\ &= \int_{-1}^{1}\int_{-1}^{1}[B]^{\mathrm{T}}[D][B]t\,|J|\mathrm{d}\xi\mathrm{d}\eta \end{aligned} \qquad (6\text{-}61)$$

八节点等参元的 $[K]^{(e)}$ 可划分为 8×8 个子块,每个子块是 2×2 阶子矩阵,即

$$[K]^{(e)} = \begin{bmatrix} [K_{11}] & [K_{12}] & \cdots & [K_{18}] \\ [K_{21}] & [K_{22}] & \cdots & [K_{28}] \\ \vdots & \vdots & & \vdots \\ [K_{81}] & [K_{82}] & \cdots & [K_{88}] \end{bmatrix}^{(e)} \qquad (6\text{-}62)$$

其中,

$$[K_{ij}]^{(e)} = \int_{-1}^{1}\int_{-1}^{1}[B_i]^{\mathrm{T}}[D][B_j]t\,|J|\mathrm{d}\xi\mathrm{d}\eta \quad (i,j=1,2,3,\cdots,8) \qquad (6\text{-}63)$$

对于平面应力问题

$$[B_i]^{\mathrm{T}}[D][B_j] = \frac{E}{1-\mu}\begin{bmatrix} \dfrac{\partial N_i}{\partial x}\dfrac{\partial N_j}{\partial x}+\dfrac{1-\mu}{2}\dfrac{\partial N_i}{\partial y}\dfrac{\partial N_j}{\partial y} & \mu\dfrac{\partial N_i}{\partial x}\dfrac{\partial N_j}{\partial y}+\dfrac{1-\mu}{2}\dfrac{\partial N_i}{\partial y}\dfrac{\partial N_j}{\partial x} \\[4mm] \mu\dfrac{\partial N_i}{\partial y}\dfrac{\partial N_j}{\partial x}+\dfrac{1-\mu}{2}\dfrac{\partial N_i}{\partial x}\dfrac{\partial N_j}{\partial y} & \dfrac{\partial N_i}{\partial y}\dfrac{\partial N_j}{\partial y}+\dfrac{1-\mu}{2}\dfrac{\partial N_i}{\partial x}\dfrac{\partial N_j}{\partial x} \end{bmatrix}$$

$$(6\text{-}64)$$

由于被积函数非常复杂,单刚元素不可能用显式表示,通常采用高斯积分法求其值。

6.3.4 单元等效节点荷载

八节点等参数单元的等效节点荷载为

$$\{P_E\}^{(e)} = [\,X_1 \quad Y_1 \quad X_2 \quad Y_2 \quad \cdots \quad X_8 \quad Y_8\,]$$

它由集中荷载、分布面荷载和分布体力向节点移置后得到。

1. 集中荷载

设单元上 $C(x,y)$ 点作用有集中荷载 $\{P\}=[\,P_x,P_y\,]^{\mathrm{T}}$,由式(5-37)求得

$$\begin{aligned}\{P_E\}^{(e)} &= [N_c]^{\mathrm{T}}\{P\} \\ &= [\,N_{1c}P_x \quad N_{1c}P_y \quad N_{2c}P_x \quad N_{2c}P_y\cdots \quad N_{8c}P_y\,]^{\mathrm{T}}\end{aligned} \qquad (6\text{-}65)$$

式中,$N_{ic}(i=1,2,\cdots,8)$ 为形函数 N_i 在荷载作用点 C 的值。

由 C 点的整体坐标 (x,y) 求其相应的局部坐标 (ζ,η) 的方法见 6.2.4 节。

2. 分布面荷载

设单元的某一边界上作用有分布面荷载 $\{p\}=[p_x,p_y]^T$,单元等效节点荷载为

$$\{P_E\}^{(e)}=\int_A[N]^T\{p\}\mathrm{d}A=\int_l[N]^T\begin{Bmatrix}p_x\\p_y\end{Bmatrix}t\mathrm{d}s \tag{6-66}$$

式中,l 为作用有面荷载的单元边界;s 为其边长。

3. 分布体力

设单元的分布体积力为 $\{W\}=[w_x,w_y]^T$,可以表示为局部坐标 (ζ,η) 的函数或为常数,则由式(5-40)求得其等效节点荷载为

$$\{P_E\}^{(e)}=\iint_A[N]^T\{W\}t\mathrm{d}A=\int_{-1}^1\int_{-1}^1[N]^T\begin{Bmatrix}W_x\\W_y\end{Bmatrix}t\,|J|\mathrm{d}\xi\mathrm{d}\eta \tag{6-67}$$

有了单元的刚度矩阵和等效节点荷载列阵,就可以进行整体分析,求出节点位移,进而求出单元的应力。这些都与第5章中的方法相同,不再重述。

6.4 平面等参单元程序(PIEP.FOR)

6.4.1 程序功能及主体框架

平面等参单元程序 PIEP.FOR(plane isoparametric element program)是一个能适应曲线边界的有限元程序。单元可划分为四节点或八节点,可用于计算任意边界的弹性平面问题。

PIEP 由 13 个子程序模块构成,其总框图如图 6-11 所示。

6.4.2 子程序

GAUSSQ:高斯积分信息。POSGP 高斯点坐标 ξ_i 数组,WEIGP 权系数 H_i 数组。

STIFPS:计算单元刚度矩阵。ESTIF 单元刚度矩阵数组,SMATX 单元应力矩阵 $[S]$ 数组,GPCOD 高斯点的整体坐标 $x(\xi_i,\eta_i)$,$y(\xi_i,\eta_i)$ 数组。

MODPS:计算弹性矩阵 $[D]$,其值用数组 DMATX 贮存。

SFR2:计算形函数及其导数。SHAPEI 贮存形函数 N_i,其导数 $\dfrac{\partial N_i}{\partial\xi},\dfrac{\partial N_i}{\partial\eta}$ 用数组 DERIV 表示。

JACOB2:计算雅各比矩阵的行列式及其逆矩阵。XJACM 贮存 $[J]$,用 DJACB 贮存 $|J|$,其逆矩阵 $[J]^{-1}$ 用数组 XJACI 贮存。数组 CARTD 贮存 $\dfrac{\partial N_i}{\partial x},\dfrac{\partial N_i}{\partial y}$。

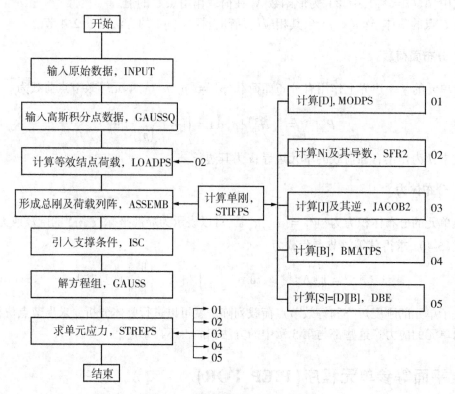

图 6-11 平面等参单元程序框图

BMATPS：计算应变矩阵 $[B]$，其值用数组 BMATX 贮存。

DBE：计算应力矩阵 $S = D \cdot B$，其值用数组 DBMAT 贮存。

LOADPS：计算等效节点荷载。

ASSEMB：总刚的集成和整体荷载列阵的组装。数组 ASTIF 贮存整体刚度矩阵 $[K]$，数组 ASLOD 贮存整体荷载列阵 $\{F\}$。

GAUSS：采用高斯消去法求解线性方程组。

STREPS：计算高斯点应力。STRSG(1)，STRSG(2)，STRSG(3) 分别表示 σ_x，σ_y，τ_{xy}；当为平面应力问题时，STRSG(4) 为 0；当为平面应变问题时，STRSG(4) 表示沿厚度方向的应力大小，其值为 $\mu(\sigma_x + \sigma_y)$。STRSP(1)，STRSP(2) 表示主应力大小，STRSP(3) 表示主应力的方向。

6.4.3 主要符号标识

1. 变量名

NPOIN——结构总节点数；

NELEM——结构总单元数；

NNODE——单元节点数（对于四边形四节点和八节点单元，其值为 4 和 8）；

NDOFN——节点自由度数(平面问题为2);

NDIME——节点坐标分量数(平面问题为2);

NGAUS——高斯积分点数,八节点取3,四节点取2;

NPROP——材料的控制参数个数(4);

NMATS——材料组数;

NVFIX——受约束的边界点数;

NEVAB——单元节点自由度总数=NNODE*NDOFN;

NSTRE——应力分量个数(3);

NTYPE——平面应力问题=1;平面应变问题=2;

NTOTV——结构节点自由度总数=NPOIN*NDOFN;

ETASP——η 坐标;

EXISP——ξ 坐标。

2. 数组名

MATNO(NELEM)——单元 i 所属的材料类型;

PROPS(NUMAT,4)——材料参数信息,依次为弹性模量 E(MPa),泊松比 μ,单元厚度 t(m),重度 γ(kN/m³)

SHAPEI(NNODE)——单元节点 i 的形函数的值;

POSGP(NGAUS)——高斯点坐标ζ_i;

WEIGP(NGAUS)——加权系数 H_i;

ASLOD(NTOTV)——整体荷载列阵;

DMATX(NSTRE,NSTRE)——弹性矩阵$[D]$;

SMATX(NSTRE,NEVAB,KGASP)——包含每个高斯点的应力矩阵$[S]=[D][B]$;

DBMAT(NSTRE,NEVAB)——求$[D][B]$乘积;

ESTIF(NEVAB,NEVAB)——单元刚度矩阵;

LNODS(NELEM,NNODE)——单元拓扑信息,输入每个单元的节点,按逆时针输入;

ELCOD(NDIME,NNODE)——单元节点坐标数组;

ELDIS(NDOFN,NNODE)——单元节点位移;

ELOAD(NELEM,NEVAB)——单元的节点力。

6.4.4 载荷输入数据说明

(1)集中力、体力和边界分布力。

IPLOD:有集中力时,=1;无集中力时,=0。

IGRAV:有体力时,=1;无重力时,=0。

IEDGE:有边界分布力时,=1;无边界分布力时,=0。

(2) 当有体力作用时,输入:体力与 Y 轴夹角 θ(以变量 THETA 表示,°)和重度(以变量 GRAVY 表示,kN/m³)。

（3）当有集中力作用时，顺序输入集中力作用节点号 LODPT 和作用分量 POINT(kN)。NLOPD：表示作用集中力的总数。

（4）当单元边界作用分布力时，首先输入作用分布力的单元边界总数（NEDGE），然后顺序输入作用边界分布力的单元编号 NEASS 和作用分布力的边界节点 NOPRS（每边 2 或 3 个节点，编号按逆时针方向顺序输入）。

作用于节点分布力的法向应力和切向应力 PRESS（先顺序输入节点的法向应力，再输入节点的切向应力值，共 6 个数）。法向分布力以边界受压为正，反之为负。切向分布力以沿作用单元边界使单元逆时针转动倾向为正，反之为负。

6.4.5　平面等参单元计算程序

```
C   THE PROGRAM IS DESIGNED TO CALCULATE THE QUADRILATERAL ELEMENTS
C   OF FOUR NODES OR EIGHT NODES.
    Program PIEP
    COMMON/CONTR/NPOIN,NELEM,NNODE,NDOFN,NDIME,NGAUS,NPROP,NMATS
    COMMON/CONTR/NVFIX,NEVAB,NSTRE,NTYPE,NTOTV
    COMMON/LGDAT/COORD(500,2),PROPS(300,4),PRESC(500,2),ASDIS(2000)
    COMMON/LGDAT/ELOAD(300,16),NOFIX(500),IFPRE(500,2),LNODS(300,8),
   &MATNO(300)
    COMMON/WORKS/ELCOD(2,8),SHAPEI(8),DERIV(2,8),CARTD(2,8)
    COMMON/WORKS/POSGP(3),WEIGP(3),GPCOD(2,9),BMATX(3,16),DMATX(3,3)
    COMMON/WORKS/SMATX(3,16,9),DBMAT(3,16)
    COMMON/GENEL/ASLOD(2000),ASTIF(2000,2000)
    COMMON/USR/ESTIF(16,16)
    DIMENSION AA(2000,2000),BB(2000)
    CHARACTER * 12 INDAT,OUTDAT
    WRITE( * , * ) 'PLEASE INPUT PRIMARY DATA FILE NAME! '
    READ( * ,'(A12)') INDAT
    WRITE( * , * ) 'PLEASE INPUT CALCULATION RESULT FILE NAME! '
    READ( * ,'(A12)') OUTDAT
    OPEN (1,FILE=INDAT,STATUS='OLD')
    OPEN (2,FILE=OUTDAT,STATUS='NEW')
      CALL INPUT
      CALL GAUSSQ
      CALL LOADPS
      CALL ASSEMB
      CALL ISC
      CALL GAUSS(NTOTV)
    DO 10 I=1,NTOTV
```

```
10   ASDIS(I)=ASLOD(I)
     WRITE(2,20)
20   FORMAT(/1X,'NODE',5X,'X-DISP',5X,'Y-DISP')
     WRITE(2,30) (I,ASDIS(2*I-1),ASDIS(2*I),I=1,NPOIN)
30   FORMAT(1X,I4,3X,E12.4,3X,E12.4)
     CALL STREPS
     STOP
     END
C    INPUT Initial data
     SUBROUTINE INPUT
     COMMON/CONTR/NPOIN,NELEM,NNODE,NDOFN,NDIME,NGAUS,NPROP,NMATS
     COMMON/CONTR/NVFIX,NEVAB,NSTRE,NTYPE,NTOTV
     COMMON/LGDAT/COORD(500,2),PROPS(300,4),PRESC(500,2),ASDIS(2000)
     COMMON/LGDAT/ELOAD(300,16),NOFIX(500),IFPRE(500,2),LNODS(300,8),
   1    MATNO(300)
     COMMON/WORKS/ELCOD(2,8),SHAPEI(8),DERIV(2,8),CARTD(2,8)
     COMMON/WORKS/POSGP(3),WEIGP(3),GPCOD(2,9),BMATX(3,16),DMATX(3,3)
     COMMON/WORKS/SMATX(3,16,9),DBMAT(3,16)
     COMMON/GENEL/ASLOD(2000),ASTIF(2000,2000)
     COMMON/USR/ESTIF(16,16)
        NDOFN=2
        NDIME=2
        NSTRE=3
        NPROP=4
     READ(1,*) NPOIN,NELEM,NVFIX,NMATS,NGAUS,NTYPE,NNODE
        NEVAB=NNODE*NDOFN
        NGASP=NGAUS*NGAUS
        NTOTV=NPOIN*NDOFN
     WRITE(2,100) NPOIN,NELEM,NVFIX,NMATS,NGAUS,NTYPE,NNODE
        WRITE(2,110)
     DO 10 LELEM=1,NELEM
        READ(1,*) IELEM,MATNO(IELEM),(LNODS(IELEM,INODE),INODE=1,
        NNODE)
        WRITE(2,115) IELEM,MATNO(IELEM),(LNODS(IELEM,INODE),INODE=1,
        NNODE)
10   CONTINUE
        WRITE(2,120)
        WRITE(2,125)
```

173

```
      DO 20 IPOIN = 1 , NPOIN
20    READ( 1 , * ) JPOIN , ( COORD( JPOIN , IDIME ) , IDIME = 1 , NDIME )
      WRITE( * , 135 ) ( I , ( COORD( I , IDIME ) , IDIME = 1 , NDIME ) , I = 1 , NPOIN )
      WRITE( 2 , 135 ) ( I , ( COORD( I , IDIME ) , IDIME = 1 , NDIME ) , I = 1 , NPOIN )
      WRITE( 2 , 140 )
      WRITE( 2 , 145 )
    DO 30 IVFIX = 1 , NVFIX
      READ( 1 , * ) NOFIX( IVFIX ) , ( IFPRE( IVFIX , IDOFN ) , IDOFN = 1 , NDOFN ) ,
   1  ( PRESC( IVFIX , IDOFN ) , IDOFN = 1 , NDOFN )
        WRITE( 2 , 155 ) NOFIX( IVFIX ) , ( IFPRE( IVFIX , IDOFN ) , IDOFN = 1 , NDOFN ) ,
   1  ( PRESC( IVFIX , IDOFN ) , IDOFN = 1 , NDOFN )
30    CONTINUE
      WRITE( 2 , 160 )
      WRITE( 2 , 165 )
      DO 40 IMATS = 1 , NMATS
        READ( 1 , * ) NUMAT , ( PROPS( NUMAT , IPROP ) , IPROP = 1 , NPROP )
        WRITE( 2 , 170 ) NUMAT , ( PROPS( NUMAT , IPROP ) , IPROP = 1 , NPROP )
40    CONTINUE
100   FORMAT( 1X , 'NPOIN = ' , I3 , 1X , 'NELEM = ' , I3 , 1X , 'NVFIX = ' , I3 , 1X , 'NMATS = ' , I3
   1  , 1X , 'NGAUS = ' , I2 , 1X , 'NTYPE = ' , I2 , 1X , 'NNODE = ' , I2 )
110   FORMAT( /1X , 'ELEMENT' , 3X , 'PROPERTY' , 6X , 'NODE NUMBER' )
115   FORMAT( 1X , I5 , I9 , 6X , 8I4 )
120   FORMAT( 24H NODAL POINT COORDINATES )
125   FORMAT( /2( 'NODE' , 9X , 'X' , 9X , 'Y' , 5X ) )
135   FORMAT( 2( 1X , I4 , 2X , 2F9.3 , 2X ) )
140   FORMAT( /16HRESTRAINED NODES )
145   FORMAT( /1X , 'NODE' , 4X , 'CODE' , 6X , 'FIXED VALUES' )
155   FORMAT( 1X , I4 , 5X , 2I1 , 2F10.5 )
160   FORMAT( /1X , 'MATERAL PROPERTIES' )
165   FORMAT( /1X , 'NUMBER' , 7X , 'PROPERTIES' )
170   FORMAT( 1X , I4 , 4X , 4E14.4 )
      RETURN
      END
C     GIVES THE WEIGHTING FACTORS FOR GAUSS POINTS
      SUBROUTINE GAUSSQ
      COMMON/CONTR/NPOIN, NELEM, NNODE, NDOFN, NDIME, NGAUS,
      NPROP , NMATS
      COMMON/CONTR/NVFIX , NEVAB , NSTRE , NTYPE , NTOTV
```

```
COMMON/WORKS/ELCOD(2,8),SHAPEI(8),DERIV(2,8),CARTD(2,8)
COMMON/WORKS/POSGP(3),WEIGP(3),GPCOD(2,9),BMATX(3,16),DMATX
(3,3)
COMMON/WORKS/SMATX(3,16,9),DBMAT(3,16)
  IF(NGAUS==2) THEN
  POSGP(1)=-0.577350269189626
  POSGP(2)=-POSGP(1)
  WEIGP(1)=1.0
  WEIGP(2)=1.0
ELSE IF(NGAUS==3) THEN
POSGP(1)= -0.774596669241483
POSGP(2)= 0.0
POSGP(3)=-POSGP(1)
WEIGP(1)= 0.5555555555555556
WEIGP(2)= 0.8888888888888889
WEIGP(3)=WEIGP(1)
END IF
RETURN
END
```

C   CALCULATES THE STIFFNESS MATRIX OF ELEMENT

```
    SUBROUTINE STIFPS(IELEM)
COMMON/CONTR/NPOIN,NELEM,NNODE,NDOFN,NDIME,NGAUS,NPROP,NMATS
COMMON/CONTR/NVFIX,NEVAB,NSTRE,NTYPE,NTOTV
COMMON/LGDAT/COORD(500,2),PROPS(300,4),PRESC(500,2),ASDIS(2000)
COMMON/LGDAT/ELOAD(300,16),NOFIX(500),IFPRE(500,2),LNODS(300,8),
1 MATNO(300)
COMMON/WORKS/ELCOD(2,8),SHAPEI(8),DERIV(2,8),CARTD(2,8)
COMMON/WORKS/POSGP(3),WEIGP(3),GPCOD(2,9),BMATX(3,16),DMATX(3,3)
COMMON/WORKS/SMATX(3,16,9),DBMAT(3,16)
COMMON/GENEL/ASLOD(2000),ASTIF(2000,2000)
COMMON/USR/ESTIF(16,16)
  LPROP=MATNO(IELEM)
DO 10 INODE=1,NNODE
  LNODE=LNODS(IELEM,INODE)
DO 10 IDIME=1,NDIME
10   ELCOD(IDIME,INODE)=COORD(LNODE,IDIME)
CALL MODPS(LPROP)
  THICK=PROPS(LPROP,3)
```

```
         DO 20 IEVAB = 1 , NEVAB
           DO 20 JEVAB = 1 , NEVAB
20    ESTIF( IEVAB , JEVAB ) = 0.0
      KGASP = 0
   DO 50 IGAUS = 1 , NGAUS
   DO 50 JGAUS = 1 , NGAUS
        KGASP = KGASP + 1
        EXISP = POSGP( IGAUS )
        ETASP = POSGP( JGAUS )
      CALL SFR2( EXISP , ETASP )
      CALL JACOB2( IELEM , DJACB , KGASP )
        DVOLU = DJACB * WEIGP( IGAUS ) * WEIGP( JGAUS )
      IF( THICK.NE.0.0 )  DVOLU = DVOLU * THICK
        CALL BMATPS
        CALL DBE
C    CALCULATE THE ELEMENT STIFFNESSES.
      DO 30 IEVAB = 1 , NEVAB
      DO 30 JEVAB = IEVAB , NEVAB
      DO 30 ISTRE = 1 , NSTRE
30    ESTIF( IEVAB , JEVAB ) = ESTIF( IEVAB , JEVAB ) + BMATX( ISTRE , IEVAB ) *
   1    DBMAT( ISTRE , JEVAB ) * DVOLU
      DO 40 ISTRE = 1 , NSTRE
      DO 40 IEVAB = 1 , NEVAB
40    SMATX( ISTRE , IEVAB , KGASP ) = DBMAT( ISTRE , IEVAB )
50    CONTINUE
      DO 60 IEVAB = 1 , NEVAB
      DO 60 JEVAB = 1 , NEVAB
60       ESTIF( JEVAB , IEVAB ) = ESTIF( IEVAB , JEVAB )
      RETURN
      END
C    CALCULATES THE ELASTIC MATRIX D
      SUBROUTINE MODPS( LPROP )
      COMMON/CONTR/NPOIN , NELEM , NNODE , NDOFN , NDIME , NGAUS , NPROP , NMATS
      COMMON/CONTR/NVFIX , NEVAB , NSTRE , NTYPE , NTOTV
      COMMON/LGDAT/COORD( 500 , 2 ) , PROPS( 300 , 4 ) , PRESC( 500 , 2 ) , ASDIS( 2000 )
      COMMON/LGDAT/ELOAD( 300 , 16 ) , NOFIX( 500 ) , IFPRE( 500 , 2 ) , LNODS( 300 , 8 ) ,
   1 MATNO( 300 )
      COMMON/WORKS/ELCOD( 2 , 8 ) , SHAPEI( 8 ) , DERIV( 2 , 8 ) , CARTD( 2 , 8 )
```

```
      COMMON/WORKS/POSGP(3),WEIGP(3),GPCOD(2,9),BMATX(3,16),DMATX(3,
     3)
      COMMON/WORKS/SMATX(3,16,9),DBMAT(3,16)
        YOUNG=PROPS(LPROP,1)
        POISS=PROPS(LPROP,2)
      DO 10 ISTRE=1,NSTRE
      DO 10 JSTRE=1,NSTRE
        DMATX(ISTRE,JSTRE)=0.0
10    CONTINUE
C     FOR PLANE STRESS(NTYPE=1)
      IF(NTYPE==1) THEN
      CONST=YOUNG/(1.0-POISS*POISS)
      DMATX(1,1)=CONST
      DMATX(2,2)=CONST
      DMATX(1,2)=CONST*POISS
      DMATX(2,1)=CONST*POISS
      DMATX(3,3)=(1.0-POISS)*CONST/2.0
C   FOR PLANE STRAIN(NTYEPE=2)
      ELSE IF(NTYPE==2) THEN
      CONST=YOUNG*(1.0-POISS)/((1.0+POISS)*(1.0-2.0*POISS))
      DMATX(1,1)=CONST
      DMATX(2,2)=CONST
      DMATX(1,2)=CONST*POISS/(1.0-POISS)
      DMATX(2,1)=CONST*POISS/(1.0-POISS)
      DMATX(3,3)=(1.0-2.0*POISS)*CONST/(2.0*(1.0-POISS))
      END IF
      RETURN
      END
C     CALCULATES THE SHAPE FUNCTIONS AND THEIR DERIVATIVES
      SUBROUTINE SFR2(S,T)
      COMMON/CONTR/NPOIN,NELEM,NNODE,NDOFN,NDIME,NGAUS,NPROP,NMATS
      COMMON/CONTR/NVFIX,NEVAB,NSTRE,NTYPE,NTOTV
      COMMON/WORKS/ELCOD(2,8),SHAPEI(8),DERIV(2,8),CARTD(2,8)
      COMMON/WORKS/POSGP(3),WEIGP(3),GPCOD(2,9),BMATX(3,16),DMATX(3,3)
      COMMON/WORKS/SMATX(3,16,9),DBMAT(3,16)
        S2=S*2.0
        T2=T*2.0
        SS=S*S
```

177

```
         TT= T * T
         ST= S * T
         SST= S * S * T
         STT= S * T * T
         ST2= S * T * 2.0
C    FOR NNODE=4,THE SHAPE FUNCTIONS AND THEIR DERIVATIVES OF FOUR
C    NODES.
         IF( NNODE==4) THEN
         SHAPEI(1)=(1−S−T+ST)/4.0
         SHAPEI(2)=(1+S−T−ST)/4.0
         SHAPEI(3)=(1+S+T+ST)/4.0
         SHAPEI(4)=(1−S+T−ST)/4.0
         DERIV(1,1)=(T−1)/4.0
         DERIV(2,1)=(S−1)/4.0
         DERIV(1,2)=(1−T)/4.0
         DERIV(2,2)=(−1−S)/4.0
         DERIV(1,3)=(1+T)/4.0
         DERIV(2,3)=(1+S)/4.0
         DERIV(1,4)=(−1−T)/4.0
         DERIV(2,4)=(1−S)/4.0
         RETURN
C    FOR NNODE=8,THE SHAPE FUNCTIONS AND THEIR DERIVATIVES OF
C    EIGHT NODES
         ELSE IF( NNODE==8) THEN
         SHAPEI(1)= (−1.0+ST+SS+TT−SST−STT)/4.0
         SHAPEI(2)= (1.0−T−SS+SST)/2.0
         SHAPEI(3)= (−1.0−ST+SS+TT−SST+STT)/4.0
         SHAPEI(4)= (1.0+S−TT−STT)/2.0
         SHAPEI(5)= (−1.0+ST+SS+TT+SST+STT)/4.0
         SHAPEI(6)= (1.0+T−SS−SST)/2.0
         SHAPEI(7)= (−1.0−ST+SS+TT+SST−STT)/4.0
         SHAPEI(8)= (1.0−S−TT+STT)/2.0
         DERIV(1,1)= (T+S2−ST2−TT)/4.0
         DERIV(1,2)= −S+ST
         DERIV(1,3)= (−T+S2−ST2+TT)/4.0
         DERIV(1,4)= (1.0−TT)/2.0
         DERIV(1,5)= (T+S2+ST2+TT)/4.0
         DERIV(1,6)= −S−ST
```

```
      DERIV(1,7)=(-T+S2+ST2-TT)/4.0
      DERIV(1,8)=(-1.0+TT)/2.0
      DERIV(2,1)=(S+T2-ST2-SS)/4.0
      DERIV(2,2)=(-1.0+SS)/2.0
      DERIV(2,3)=(-S+T2+ST2-SS)/4.0
      DERIV(2,4)=-T-ST
      DERIV(2,5)=(S+T2+ST2+SS)/4.0
      DERIV(2,6)=(1.0-SS)/2.0
      DERIV(2,7)=(-S+T2-ST2+SS)/4.0
      DERIV(2,8)=-T+ST
      END IF
      RETURN
      END
C     CALCULATES THE DETERMINANT AND INVERSE OF JACOBIAN MATRIX
      SUBROUTINE JACOB2(IELEM,DJACB,KGASP)
      DIMENSION XJACM(2,2),XJACI(2,2)
      COMMON/CONTR/NPOIN,NELEM,NNODE,NDOFN,NDIME,NGAUS,NPROP,NMATS
      COMMON/CONTR/NVFIX,NEVAB,NSTRE,NTYPE,NTOTV
      COMMON/WORKS/ELCOD(2,8),SHAPEI(8),DERIV(2,8),CARTD(2,8)
      COMMON/WORKS/POSGP(3),WEIGP(3),GPCOD(2,9),BMATX(3,16),DMATX(3,3)
      COMMON/WORKS/SMATX(3,16,9),DBMAT(3,16)
      DO 10 IDIME=1,NDIME
      GPCOD(IDIME,KGASP)=0.0
      DO 10 INODE=1,NNODE
      GPCOD(IDIME,KGASP)=GPCOD(IDIME,KGASP)+ELCOD(IDIME,INODE)*
    1 SHAPEI(INODE)
10    CONTINUE
      DO 20 IDIME=1,NDIME
      DO 20 JDIME=1,NDIME
      XJACM(IDIME,JDIME)=0.0
      DO 20 INODE=1,NNODE
      XJACM(IDIME,JDIME)=XJACM(IDIME,JDIME)+DERIV(IDIME,INODE)*
    1 ELCOD(JDIME,INODE)
20    CONTINUE
      DJACB=XJACM(1,1)*XJACM(2,2)-XJACM(1,2)*XJACM(2,1)
      IF(DJACB.GT.0.0) THEN
30    XJACI(1,1)=XJACM(2,2)/DJACB
      XJACI(2,2)=XJACM(1,1)/DJACB
```

179

```
            XJACI(1,2)= -XJACM(1,2)/DJACB
            XJACI(2,1)= -XJACM(2,1)/DJACB
     DO 40 IDIME=1,NDIME
     DO 40 INODE=1,NNODE
            CARTD(IDIME,INODE)= 0.0
     DO 40 JDIME=1,NDIME
            CARTD(IDIME,INODE)= CARTD(IDIME,INODE)+XJACI(IDIME,JDIME) *
    1    DERIV(JDIME,INODE)
  40   CONTINUE
            ELSE
            WRITE(2,50) IELEM
  50   FORMAT(1X,'ZERO OR NEGATIVE AREA',3X,'ELENENT NUMBER',I3)
            ENDIF
            RETURN
            END
C    CALCULATES THE STRAIN MATRIX B.
     SUBROUTINE BMATPS
     COMMON/CONTR/NPOIN,NELEM,NNODE,NDOFN,NDIME,NGAUS,NPROP,NMATS
     COMMON/CONTR/NVFIX,NEVAB,NSTRE,NTYPE,NTOTV
     COMMON/WORKS/ELCOD(2,8),SHAPEI(8),DERIV(2,8),CARTD(2,8)
     COMMON/WORKS/POSGP(3),WEIGP(3),GPCOD(2,9),BMATX(3,16),DMATX(3,3)
     COMMON/WORKS/SMATX(3,16,9),DBMAT(3,16)
            NGASH=0.0
     DO 10 INODE=1,NNODE
            MGASH=NGASH+1
            NGASH=MGASH+1
            BMATX(1,MGASH)= CARTD(1,INODE)
            BMATX(1,NGASH)= 0.0
            BMATX(2,MGASH)= 0.0
            BMATX(2,NGASH)= CARTD(2,INODE)
            BMATX(3,MGASH)= CARTD(2,INODE)
            BMATX(3,NGASH)= CARTD(1,INODE)
  10   CONTINUE
            RETURN
            END
C    CALCULATES THE STRESS MATRIX S=D * B.
     SUBROUTINE DBE
     COMMON/CONTR/NPOIN,NELEM,NNODE,NDOFN,NDIME,NGAUS,NPROP,NMATS
```

```
      COMMON/CONTR/NVFIX,NEVAB,NSTRE,NTYPE,NTOTV
      COMMON/WORKS/ELCOD(2,8),SHAPEI(8),DERIV(2,8),CARTD(2,8)
      COMMON/WORKS/POSGP(3),WEIGP(3),GPCOD(2,9),BMATX(3,16),DMATX(3,3)
      COMMON/WORKS/SMATX(3,16,9),DBMAT(3,16)
      DO 10 ISTRE=1,NSTRE
      DO 10 IEVAB=1,NEVAB
      DBMAT(ISTRE,IEVAB)=0.0
      DO 10 JSTRE=1,NSTRE
      DBMAT(ISTRE,IEVAB)=DBMAT(ISTRE,IEVAB)+DMATX(ISTRE,JSTRE)*
     1 BMATX(JSTRE,IEVAB)
10    CONTINUE
      RETURN
      END
C     FORMS THE LOAD COLUMN MATRIX.
      SUBROUTINE LOADPS
      COMMON/CONTR/NPOIN,NELEM,NNODE,NDOFN,NDIME,NGAUS,NPROP,NMATS
      COMMON/CONTR/NVFIX,NEVAB,NSTRE,NTYPE,NTOTV
      COMMON/LGDAT/COORD(500,2),PROPS(300,4),PRESC(500,2),ASDIS(2000)
      COMMON/LGDAT/ELOAD(300,16),NOFIX(500),IFPRE(500,2),LNODS(300,8),
     & MATNO(300)
      COMMON/WORKS/ELCOD(2,8),SHAPEI(8),DERIV(2,8),CARTD(2,8)
      COMMON/WORKS/POSGP(3),WEIGP(3),GPCOD(2,9),BMATX(3,16),DMATX(3,3)
      COMMON/WORKS/SMATX(3,16,9),DBMAT(3,16)
      COMMON/GENEL/ASLOD(2000),ASTIF(2000,2000)
      DIMENSION POINT(2),PRESS(3,2),PGASH(2),DGASH(2),NOPRS(3)
      DO 10 IELEM=1,NELEM
      DO 10 IEVAB=1,NEVAB
10    ELOAD(IELEM,IEVAB)=0.0
20    READ(1,*) IPLOD,IGRAV,IEDGE
      WRITE(2,910) IPLOD,IGRAV,IEDGE
910   FORMAT(/1X,'IPLOD,IGRAV,IEDGE=',3I5/)
C     NODAL POINT LOAD.
      IF(IPLOD.EQ.0) GO TO 500
      READ(1,*) NLOPD
      WRITE(2,915) NLOPD
915   FORMAT(1X,'NLOPD=',I5/)
      DO 55 ILPOD=1,NLOPD
      READ(1,*) LODPT,(POINT(IDOFN),IDOFN=1,NDOFN)
```

```
         WRITE(2,920) LODPT,(POINT(IDOFN),IDOFN=1,NDOFN)
920    FORMAT(1X,I5,4X,E10.4,4X,E10.4)
       DO 30 IELEM=1,NELEM
       DO 30 INODE=1,NNODE
          NLOCA=LNODS(IELEM,INODE)
       IF(LODPT.EQ.NLOCA) GO TO 40
30     CONTINUE
40     DO 50 IDOFN=1,NDOFN
          NGASH=(INODE-1)*NDOFN+IDOFN
50     ELOAD(IELEM,NGASH)=POINT(IDOFN)
55     CONTINUE
500    CONTINUE
C      GRAVITY LOAD.
       IF(IGRAV.EQ.0) GO TO 600
       READ(1,*) THETA,GRAVY
       WRITE(2,925) THETA,GRAVY
925    FORMAT(1X,'THETA,GRAVY=',2E10.5)
       THETA=THETA/57.295779514
       DO 90 IELEM=1,NELEM
       LPROP=MATNO(IELEM)
       THICK=PROPS(LPROP,3)
       DENSE=PROPS(LPROP,4)
       IF(DENSE.EQ.0.0) GO TO 90
       GXCOM=DENSE*GRAVY*SIN(THETA)
       GYCOM=-DENSE*GRAVY*COS(THETA)
       DO 60 INODE=1,NNODE
          LNODE=LNODS(IELEM,INODE)
       DO 60 IDIME=1,NDIME
60     ELCOD(IDIME,INODE)=COORD(LNODE,IDIME)
       DO 80 IGAUS=1,NGAUS
       DO 80 JGAUS=1,NGAUS
          EXISP=POSGP(IGAUS)
          ETASP=POSGP(JGAUS)
       CALL SFR2(EXISP,ETASP)
          KGASP=1
       CALL JACOB2(IELEM,DJACB,KGASP)
          DVOLU=DJACB*WEIGP(IGAUS)*WEIGP(JGAUS)
       IF(THICK.NE.0.0) DVOLU=DVOLU*THICK
```

182

```
      DO 70 INODE=1,NNODE
        NGASH=(INODE-1)*NDOFN+1
        MGASH=(INODE-1)*NDOFN+2
        ELOAD(IELEM,NGASH)=ELOAD(IELEM,NGASH)+
     1    GXCOM*SHAPEI(INODE)*DVOLU
70      ELOAD(IELEM,MGASH)=ELOAD(IELEM,MGASH)+
     1    GYCOM*SHAPEI(INODE)*DVOLU
80    CONTINUE
90    CONTINUE
60    0CONTINUE
C     DISTRIBUTED EDGE LOAD.
      IF(IEDGE.EQ.0) GO TO 700
      READ(1,*) NEDGE
      IF(NNODE==4) THEN
          NODEG=2
        ELSE IF(NNODE==8) THEN
        NODEG=3
      END IF
      WRITE(2,930) NEDGE
930   FORMAT(1X,'NEDGE=',I5)
      DO 160 IEDGE=1,NEDGE
      READ(1,*) NEASS,(NOPRS(IODEG),IODEG=1,NODEG)
      WRITE(2,935) NEASS,(NOPRS(IODEG),IODEG=1,NODEG)
935   FORMAT(1X,4I5)
      READ(1,*) ((PRESS(IODEG,IDOFN),IODEG=1,NODEG),IDOFN=1,NDOFN)
      WRITE(2,940) ((PRESS(IODEG,IDOFN),IODEG=1,NODEG),IDOFN=1,NDOFN)
940   FORMAT(1X,6F10.3)
      ETASP=-1.0
      DO 100 IODEG=1,NODEG
        LNODE=NOPRS(IODEG)
      DO 100 IDIME=1,NDIME
100   ELCOD(IDIME,IODEG)=COORD(LNODE,IDIME)
      DO 150 IGAUS=1,NGAUS
        EXISP=POSGP(IGAUS)
      CALL SFR2(EXISP,ETASP)
      DO 110 IDOFN=1,NDOFN
        PGASH(IDOFN)=0.0
        DGASH(IDOFN)=0.0
```

```
      DO 110 IODEG = 1 , NODEG
         PGASH( IDOFN ) = PGASH( IDOFN ) +PRESS( IODEG , IDOFN ) * SHAPEI( IODEG )
110   DGASH( IDOFN ) = DGASH( IDOFN ) +ELCOD( IDOFN , IODEG ) * DERIV( 1 , IODEG )
      DVOLU = WEIGP( IGAUS )
      PXCOM = DGASH( 1 ) * PGASH( 2 ) −DGASH( 2 ) * PGASH( 1 )
         PYCOM = DGASH( 1 ) * PGASH( 1 ) +DGASH( 2 ) * PGASH( 2 )
      DO 120 INODE = 1 , NNODE
      NLOCA = LNODS( NEASS , INODE )
      IF( NLOCA.EQ.NOPRS( 1 ) )  GO TO 130
120   CONTINUE
130   JNODE = INODE+NODEG−1
      KOUNT = 0
      DO 140 KNODE = INODE , JNODE
         KOUNT = KOUNT+1
         NGASH = ( KNODE−1 ) * NDOFN+1
         MGASH = ( KNODE−1 ) * NDOFN+2
      IF( KNODE.GT.NNODE )  NGASH = 1
         IF( KNODE.GT.NNODE )  MGASH = 2
         ELOAD( NEASS , NGASH ) = ELOAD( NEASS , NGASH ) +
     1   SHAPEI( KOUNT ) * PXCOM * DVOLU
140   ELOAD( NEASS , MGASH ) = ELOAD( NEASS , MGASH ) +
     1   SHAPEI( KOUNT ) * PYCOM * DVOLU
150   CONTINUE
160   CONTINUE
700   CONTINUE
      RETURN
      END
C     ELEMENT ASSEMBLY ROUTINE.
      SUBROUTINE ASSEMB
      COMMON/CONTR/NPOIN , NELEM , NNODE , NDOFN , NDIME , NGAUS , NPROP , NMATS
      COMMON/CONTR/NVFIX , NEVAB , NSTRE , NTYPE , NTOTV
      COMMON/LGDAT/COORD( 500 , 2 ) , PROPS( 300 , 4 ) , PRESC( 500 , 2 ) , ASDIS( 2000 )
      COMMON/LGDAT/ELOAD( 300 , 16 ) , NOFIX( 500 ) , IFPRE( 500 , 2 ) , LNODS( 300 , 8 ) ,
     &MATNO( 300 )
      COMMON/WORKS/ELCOD( 2 , 8 ) , SHAPEI( 8 ) , DERIV( 2 , 8 ) , CARTD( 2 , 8 )
      COMMON/WORKS/POSGP( 3 ) , WEIGP( 3 ) , GPCOD( 2 , 9 ) , BMATX( 3 , 16 ) , DMATX( 3 , 3 )
      COMMON/WORKS/SMATX( 3 , 16 , 9 ) , DBMAT( 3 , 16 )
      COMMON/GENEL/ASLOD( 2000 ) , ASTIF( 2000 , 2000 )
```

```fortran
      COMMON/USR/ESTIF(16,16)
      DO 10 IEVAB=1,NEVAB
         ASLOD(IEVAB)=0.0
      DO 10 JEVAB=1,NEVAB
         ASTIF(IEVAB,JEVAB)=0.0
10    CONTINUE
      DO 30 IELEM=1,NELEM
         CALL STIFPS(IELEM)
      DO 20 INODE=1,NNODE
         NODEI=LNODS(IELEM,INODE)
      DO 20 IDOFN=1,NDOFN
         NROWS=(NODEI-1)*NDOFN+IDOFN
         NROWE=(INODE-1)*NDOFN+IDOFN
         ASLOD(NROWS)=ASLOD(NROWS)+ELOAD(IELEM,NROWE)
      DO 20 JNODE=1,NNODE
         NODEJ=LNODS(IELEM,JNODE)
      DO 20 JDOFN=1,NDOFN
         NCOLS=(NODEJ-1)*NDOFN+JDOFN
         NCOLE=(JNODE-1)*NDOFN+JDOFN
         ASTIF(NROWS,NCOLS)=ASTIF(NROWS,NCOLS)+ESTIF(NROWE,NCOLE)
20    CONTINUE
30    CONTINUE
      RETURN
      END
C     INTRODUCE THE SUPPORTING CONDITION.
      SUBROUTINE ISC
      COMMON/CONTR/NPOIN,NELEM,NNODE,NDOFN,NDIME,NGAUS,NPROP,NMATS
      COMMON/CONTR/NVFIX,NEVAB,NSTRE,NTYPE,NTOTV
      COMMON/LGDAT/COORD(500,2),PROPS(300,4),PRESC(500,2),ASDIS(2000)
      COMMON/LGDAT/ELOAD(300,16),NOFIX(500),IFPRE(500,2),LNODS(300,8),
     &MATNO(300)
      COMMON/WORKS/ELCOD(2,8),SHAPEI(8),DERIV(2,8),CARTD(2,8)
      COMMON/WORKS/POSGP(3),WEIGP(3),GPCOD(2,9),BMATX(3,16),DMATX(3,3)
      COMMON/WORKS/SMATX(3,16,9),DBMAT(3,16)
      COMMON/GENEL/ASLOD(2000),ASTIF(2000,2000)
      DO 10 IVFIX=1,NVFIX
      DO 10 IDOFN=1,NDOFN
         IF(IFPRE(IVFIX,IDOFN).EQ.0) GO TO 10
```

```
          IX1 = 2 * NOFIX(IVFIX) - 1
            IX2 = 2 * NOFIX(IVFIX)
        IF(IDOFN.EQ.1) IXX = IX1
          IF(IDOFN.EQ.2) IXX = IX2
            ASTIF(IXX,IXX) = ASTIF(IXX,IXX) * 1.0E15
10   CONTINUE
     RETURN
     END
C    SOLVE EQUATIONS
     SUBROUTINE GAUSS(N)
     COMMON/GENEL/ASLOD(2000),ASTIF(2000,2000)
     DIMENSION AA(N,N),BB(N)
     DO 5 I=1,N
       BB(I) = ASLOD(I)
     DO 5 J=1,N
       AA(I,J) = ASTIF(I,J)
5    CONTINUE
     DO 30 I=1,N
        I1 = I+1
     DO 10 J=I1,N
10   AA(I,J) = AA(I,J)/AA(I,I)
       BB(I) = BB(I)/AA(I,I)
        AA(I,I) = 1.0
     DO 20 J=I1,N
DO 15 M=I1,N
15   AA(J,M) = AA(J,M) - AA(J,I) * AA(I,M)
20   BB(J) = BB(J) - AA(J,I) * BB(I)
30   CONTINUE
     DO 40 I=N-1,1,-1
     DO 40 J=I+1,N
       BB(I) = BB(I) - AA(I,J) * BB(J)
40   CONTINUE
      DO 50 KK=1,N
      ASLOD(KK) = BB(KK)
50   CONTINUE
     RETURN
     END
C    CALCULATES THE ELEMENT STRESS.
```

```
      SUBROUTINE STREPS
      COMMON/CONTR/NPOIN,NELEM,NNODE,NDOFN,NDIME,NGAUS,NPROP,NMATS
      COMMON/CONTR/NVFIX,NEVAB,NSTRE,NTYPE,NTOTV
      COMMON/LGDAT/COORD(500,2),PROPS(300,4),PRESC(500,2),ASDIS(2000)
      COMMON/LGDAT/ELOAD(300,16),NOFIX(500),IFPRE(500,2),LNODS(300,8),
     1 MATNO(300)
      COMMON/WORKS/ELCOD(2,8),SHAPEI(8),DERIV(2,8),CARTD(2,8)
      COMMON/WORKS/POSGP(3),WEIGP(3),GPCOD(2,9),BMATX(3,16),DMATX(3,3)
      COMMON/WORKS/SMATX(3,16,9),DBMAT(3,16)
      COMMON/GENEL/ASLOD(2000),ASTIF(2000,2000)
      COMMON/USR/ESTIF(16,16)
      DIMENSION ELDIS(2,8),STRSP(3),STRSG(4)
      NSTR1=NSTRE+1
      WRITE(2,900)
900   FORMAT(/1X,'ELEMT',2X,'X',4X,'Y',7X,'X-STR',7X,'Y-STR',7X,'XY-STR',
     1 7X,'Z-STR',6X,'MAX-STR',6X,'MIN-STR',6X,'ANG')
      DO 60 IELEM=1,NELEM
        LPROP=MATNO(IELEM)
        POISS=PROPS(LPROP,2)
        CALL MODPS(LPROP)
      DO 10 INODE=1,NNODE
        LNODE=LNODS(IELEM,INODE)
      DO 10 IDIME=1,NDIME
10    ELCOD(IDIME,INODE)=COORD(LNODE,IDIME)
        KGASP=0
      DO 30 IGAUS=1,NGAUS
      DO 30 JGAUS=1,NGAUS
        KGASP=KGASP+1
        EXISP=POSGP(IGAUS)
        ETASP=POSGP(JGAUS)
      CALL SFR2(EXISP,ETASP)
      CALL JACOB2(IELEM,DJACB,KGASP)
        DVOLU=DJACB*WEIGP(IGAUS)*WEIGP(JGAUS)
      CALL BMATPS
        CALL DBE
      DO 20 ISTRE=1,NSTRE
        DO 20 IEVAB=1,NEVAB
20    SMATX(ISTRE,IEVAB,KGASP)=DBMAT(ISTRE,IEVAB)
```

```
30    CONTINUE
      DO 40 INODE = 1 , NNODE
        LNODE = LNODS( IELEM , INODE )
        NPOSN = ( LNODE-1 ) * NDOFN
      DO 40 IDOFN = 1 , NDOFN
        NPOSN = NPOSN+1
        ELDIS( IDOFN , INODE ) = ASDIS( NPOSN )
40    CONTINUE
      WRITE( 2 , 910 ) IELEM
910   FORMAT( 1X , 'IELEM = ' , I4 )
        KGASP = 0
      DO 50 IGAUS = 1 , NGAUS
      DO 50 JGAUS = 1 , NGAUS
        KGASP = KGASP+1
      DO 55 ISTRE = 1 , NSTRE
        STRSG( ISTRE ) = 0.0
        KGASH = 0
      DO 55 INODE = 1 , NNODE
      DO 55 IDOFN = 1 , NDOFN
        KGASH = KGASH+1
        STRSG( ISTRE ) = STRSG( ISTRE ) +SMATX( ISTRE , KGASH , KGASP ) *
    1   ELDIS( IDOFN , INODE )
55    CONTINUE
      IF( NTYPE.EQ.2 ) STRSG( 4 ) = POISS * ( STRSG( 1 ) +STRSG( 2 ) )
      IF( NTYPE.EQ.1 ) STRSG( 4 ) = 0.0
        XGASH = ( STRSG( 1 ) +STRSG( 2 ) )/2
          XGISH = ( STRSG( 1 ) -STRSG( 2 ) )/2
        XGESH = STRSG( 3 )
        XGOSH = SQRT( XGISH * * 2+XGESH * * 2 )
        STRSP( 1 ) = XGASH+XGOSH
          STRSP( 2 ) = XGASH-XGOSH
      IF( XGISH.EQ.0.0 ) XGISH = 0.1E-20
        STRSP( 3 ) = ATAN( XGESH/XGISH ) * 28.647889757
      WRITE( 2 , 920 ) KGASP , ( GPCOD( IDIME , KGASP ) , IDIME = 1 , NDIME ) ,
    1   ( STRSG( ISTR1 ) , ISTR1 = 1 , NSTR1 ) , ( STRSP( ISTRE ) , ISTRE = 1 , NSTRE )
920   FORMAT( 1X , I2 , 2F7.3 , 6E12.3 , F9.3 )
50    CONTINUE
60    CONTINUE
```

RETURN
END

6.4.6 算例

例 6-1 如图 6-12 所示的平面薄板,在右端部受集中力作用,其物理力学参数为:
$E = 0.21 \times 10^7 \text{kN/m}^2$, $\mu = 0.167$, $t = 0.1\text{m}$, $F = 10\text{kN}$。按平面应力问题计算单元应力。

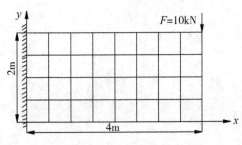

图 6-12 平板计算模型

计算步骤及说明:
(1)结构离散化。对按四边形等参单元划分,进行节点、单元编号,如图 6-13 所示。

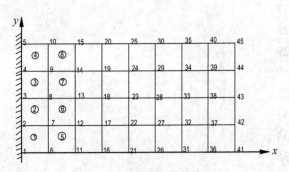

图 6-13 离散后的计算模型

(2)原始数据文件,如 EXAMP1.TXT。

对应程序输入语句,在数据文件中依次录入节点总数,单元总数,约束节点个数,材料组数,高斯积分点个数,问题类型和单元节点数。

READ(1,*)NPOINT,NELEM,NVFIX,NMATS,NGAUS,NTYPE,NNODE
45,32,5,1,2,1,4

对应程序输入语句,在数据文件中依次输入单元编号,单元所属的材料组数,单元的节点编号。

READ(1,*)IELEM,MATNO(IELEM),(LNODS(IELEM,INODE),INODE=1,NNODE)
1,1,1,6,7,2
2,1,2,7,8,3

189

3,1,3,8,9,4
4,1,4,9,10,5
5,1,6,11,12,7
6,1,7,12,13,8
7,1,8,13,14,9
8,1,9,14,15,10
9,1,11,16,17,12
10,1,12,17,18,13
11,1,13,18,19,14
12,1,14,19,20,15
13,1,16,21,22,17
14,1,17,22,23,18
15,1,18,23,24,19
16,1,19,24,25,20
17,1,21,26,27,22
18,1,22,27,28,23
19,1,23,28,29,24
20,1,24,29,30,25
21,1,26,31,32,27
22,1,27,32,33,28
23,1,28,33,34,29
24,1,29,34,35,30
25,1,31,36,37,32
26,1,32,37,38,33
27,1,33,38,39,34
28,1,34,39,40,35
29,1,36,41,42,37
30,1,37,42,43,38
31,1,38,43,44,39
32,1,39,44,45,40

输入每个节点的编号及每个节点的坐标。

READ(1,*)JPOIN,(COORD(JPOIN,IDIME),IDIME=1,NDIME)

1,0.0,0.0
2,0.0,0.5
3,0.0,1.0
4,0.0,1.5
5,0.0,2.0
6,0.5,0.0

7,0. 5,0. 5
8,0. 5,1. 0
9,0. 5,1. 5
10,0. 5,2. 0
11,1. 0,0. 0
12,1. 0,0. 5
13,1. 0,1. 0
14,1. 0,1. 5
15,1. 0,2. 0
16,1. 5,0. 0
17,1. 5,0. 5
18,1. 5,1. 0
19,1. 5,1. 5
20,1. 5,2. 0
21,2. 0,0. 0
22,2. 0,0. 5
23,2. 0,1. 0
24,2. 0,1. 5
25,2. 0,2. 0
26,2. 5,0. 0
27,2. 5,0. 5
28,2. 5,1. 0
29,2. 5,1. 5
30,2. 5,2. 0
31,3. 0,0. 0
32,3. 0,0. 5
33,3. 0,1. 0
34,3. 0,1. 5
35,3. 0,2. 0
36,3. 5,0. 0
37,3. 5,0. 5
38,3. 5,1. 0
39,3. 5,1. 5
40,3. 5,2. 0
41,4. 0,0. 0
42,4. 0,0. 5
43,4. 0,1. 0
44,4. 0,1. 5

45,4.0,2.0

输入约束节点编号,约束节点自由度(有约束为1,无约束为0),约束位移。

READ(1,*)NOFIX(IVFIX),(IFPRE(IVFIX,IDOFN),IDOFN=1,NDOFN),

&(PRESC(IVFIX,IDOFN),IDOFN=1,NDOFN)

1,1,1,0.0,0.0

2,1,1,0.0,0.0

3,1,1,0.0,0.0

4,1,1,0.0,0.0

5,1,1,0.0,0.0

输入单元所属材料组数,材料参数信息(依次为弹性模量 E,泊松比 μ,单元厚度 t,重度 ρ)。

READ(1,*) NUMAT,(PROPS(NUMAT,IPROP),IPROP=1,NPROP)

1,0.21e+07,0.167,0.1,0.0

输入荷载作用信息,分别对应集中力,重力和边界分布力,对应每一项有力作用时输入1,无相应力作用时输入0。

READ(1,*)IPLOD,IGRAV,IEDGE

1,0,0

输入作用集中力的总数。

READ(1,*) NLOPD

1

输入集中力作用节点号,集中力分量 F_x,F_y。

READ(1,*) LODPT,(POINT(IDOFN),IDOFN=1,NDOFN)

45,0.0,-10.0

(3)计算结果。包括各点的节点位移,各单元高斯点处的应力分量,最大和最小主应力及主应力方向。

NNODE	X-DISP	Y-DISP
1	-1.327E-19	-2.477E-20
2	-6.336E-20	-7.990E-21
3	1.675E-23	-8.215E-21
4	6.336E-20	-8.024E-21
5	1.327E-19	-2.481E-20
6	-1.360E-04	-7.411E-05
7	-5.764E-05	-5.859E-05
......		
41	-5.362E-04	-1.676E-03

192

42	−2.692E−04	−1.679E−03	
43	−1.171E−05	−1.698E−03	
44	2.568E−04	−1.752E−03	
45	6.162E−04	−1.860E−03	

IELEM =　　　1

X	Y	X-STR	Y-STR	XY-STR	Z-STR	MAX-STR	MIN-STR	ANG
0.106	0.106	−0.514E+03	−0.720E+02	−0.977E+02	0.000E+00	−0.514E+02	−0.534E+03	11.930
0.106	0.394	−0.318E+03	−0.394E+02	−0.815E+02	0.000E+00	−0.173E+02	−0.340E+03	15.162
0.394	0.106	−0.507E+03	−0.333E+02	−0.163E+02	0.000E+00	−0.327E+02	−0.508E+03	1.964
0.394	0.394	−0.312E+03	−0.659E+00	−0.149E+00	0.000E+00	−0.659E+00	−0.312E+03	0.027

IELEM =　　　2

X	Y	X-STR	Y-STR	XY-STR	Z-STR	MAX-STR	MIN-STR	ANG
0.106	0.606	−0.196E+03	−0.302E+02	−0.824E+02	0.000E+00	0.383E+01	−0.230E+03	22.418
0.106	0.894	−0.521E+02	−0.614E+01	−0.794E+02	0.000E+00	0.536E+02	−0.112E+03	36.938
0.394	0.606	−0.195E+03	−0.230E+02	−0.225E+02	0.000E+00	−0.201E+02	−0.198E+03	7.336
0.394	0.894	−0.509E+02	0.105E+01	−0.195E+02	0.000E+00	0.755E+01	−0.574E+02	18.455

......

IELEM =　　　31

X	Y	X-STR	Y-STR	XY-STR	Z-STR	MAX-STR	MIN-STR	ANG
3.606	1.106	−0.776E+01	−0.850E+02	−0.473E+02	0.000E+00	0.147E+02	−0.107E+03	25.386
3.606	1.394	−0.469E+01	−0.845E+02	−0.924E+02	0.000E+00	0.560E+02	−0.145E+03	−33.317
3.894	1.106	−0.258E+02	−0.193E+03	−0.461E+02	0.000E+00	−0.140E+02	−0.205E+03	−14.409
3.894	1.394	−0.228E+02	−0.193E+03	−0.911E+02	0.000E+00	0.169E+02	−0.232E+03	−23.498

IELEM =　　　32

X	Y	X-STR	Y-STR	XY-STR	Z-STR	MAX-STR	MIN-STR	ANG
3.606	1.606	0.258E+02	−0.763E+02	−0.315E+02	0.000E+00	0.347E+02	−0.853E+02	−15.825
3.606	1.894	0.105E+03	−0.632E+02	−0.149E+03	0.000E+00	0.192E+03	−0.150E+03	−30.310
3.894	1.606	−0.213E+02	−0.358E+03	0.133E+01	0.000E+00	−0.213E+02	−0.358E+03	0.225
3.894	1.894	0.574E+02	−0.345E+03	−0.116E+03	0.000E+00	0.885E+02	−0.376E+03	14.990

例6-2 现考察图6-14所示受内压厚壁圆筒的有限元解,该问题属于平面应变问题。由于对称性,只需将1/4区域离散成9个八节点等参数单元。材料的弹性模量 $e = 1.0 \times 10^3$ MPa,泊松比 $\mu = 0.3$,厚度取1.0m,厚壁筒受内压为10kPa,圆筒内径为50mm,外半径为200mm。

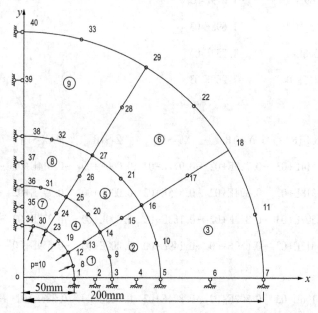

图 6-14　厚壁圆筒计算模型

（1）结构离散化，进行节点、单元编码，如图 6-14 所示。

（2）准备原始数据文件，如 EXAMP5.TXT。

对应程序输入语句，在数据文件中依次录入节点总数，单元总数，约束节点个数，材料组数，高斯积分点个数，问题类型，单元节点数：

READ(1,∗)NPOINT,NELEM,NVFIX,NMATS,NGAUS,NTYPE,NNODE

40,9,14,1,3,2,8

单元编号,单元所属的材料组数,单元的节点编号：

READ(1,∗)IELEM,MATNO(IELEM),(LNODS(IELEM,INODE),INODE=1,NNODE)

1,1,1,2,3,9,14,13,12,8

2,1,3,4,5,10,16,15,14,9

3,1,5,6,7,11,18,17,16,10

4,1,12,13,14,20,25,24,23,19

5,1,14,15,16,21,27,26,25,20

6,1,16,17,18,22,29,28,27,21

7,1,23,24,25,31,36,35,34,30

8,1,25,26,27,32,38,37,36,31

9,1,27,28,29,33,40,39,38,32

每个节点的编号及每个节点的坐标：

READ(1,∗)JPOIN,(COORD(JPOIN,IDIME),IDIME=1,NDIME)

1,5.0,0.0

2,6.667,0.0
3,8.333,0
4,10.667,0.0
5,13.0,0.0
6,16.5,0.0
7,20.0,0.0
8,4.83,1.294
9,8.047,2.157
10,12.557,3.365
11,19.319,5.176
12,4.33,2.50
13,5.774,3.333
14,7.217,4.167
15,9.238,5.333
16,11.238,6.5
17,14.289,8.25
18,17.321,10.0
19,3.536,3.536
20,5.893,5.893
21,9.192,9.192
22,14.142,14.142
23,2.5,4.33
24,3.333,5.774
25,4.167,7.217
26,5.333,9.238
27,6.5,11.258
28,8.25,14.289
29,10.0,17.321
30,1.294,4.83
31,2.157,8.049
32,3.365,12.557
33,5.176,19.319
34,0.0,5.0
35,0.0,6.667
36,0.0,8.333
37,0.0,10.667
38,0.0,13.0
39,0.0,16.5

40,0.0,20.0

约束节点编号,约束节点自由度,约束位移值。

READ(1,*)NOFIX(IVFIX),(IFPRE(IVFIX,IDOFN),IDOFN=1,NDOFN),

&(PRESC(IVFIX,IDOFN),IDOFN=1,NDOFN)

1,0,1,0.0,0.0

2,0,1,0.0,0.0

3,0,1,0.0,0.0

4,0,1,0.0,0.0

5,0,1,0.0,0.0

6,0,1,0.0,0.0

7,0,1,0.0,0.0

34,1,0,0.0,0.0

35,1,0,0.0,0.0

36,1,0,0.0,0.0

37,1,0,0.0,0.0

38,1,0,0.0,0.0

39,1,0,0.0,0.0

40,1,0,0.0,0.0

单元所属材料组数,材料参数信息,依次为弹性模量 E,泊松比 μ,单元厚度 t,重度 γ。

READ(1,*) NUMAT,(PROPS(NUMAT,IPROP),IPROP=1,NPROP)

1,1000.0,0.3,1.0,0.0

荷载作用信息,分别对应集中力,重力和边界分布力,对应每一项有力作用时输入 1,无相应力作用时输入 0:

READ(1,*)IPLOD,IGRAV,IEDGE

0,0,1

作用边界分布力的单元边界总数:

READ(1,*)NEDGE

3

先依次输入作用边界分布力的单元编号和单元节点编号,再输入分布力的法向应力和切向应力值:

READ(1,*)NEASS,(NOPRS(IODEG),IODEG=1,NODEG)

READ(1,*)((PRESS(IODEG,IDOFN),IODEG=1,NODEG),IDOFN=1,NDOFN)

1,12,8,1

10.0,10.0,10.0,0.0,0.0,0.0

4,23,19,12

10.0,10.0,10.0,0.0,0.0,0.0

7,34,30,23

10.0,10.0,10.0,0.0,0.0,0.0

(3)计算结果。包括计算的节点位移,各单元高斯点处的应力分量,最大和最小主应力及主方向角。

NNODE	X-DISP	Y-DISP
1	7.096E-02	5.330E-18
2	5.420E-02	1.066E-17
3	4.444E-02	3.108E-18
4	3.612E-02	6.570E-18
5	3.113E-02	2.346E-18
6	2.669E-02	5.333E-18
……		
38	2.347E-18	3.113E-02
39	5.333E-18	2.668E-02
40	1.987E-18	2.424E-02

ELEMT	X	Y	X-STR	Y-STR	XY-STR	Z-STR	MAX-STR	MIN-STR	ANG
IELEM = 1									
1	5.365	0.322	-0.781E+01	0.102E+02	-0.109E+01	0.704E+00	0.102E+02	-0.788E+01	3.469
2	5.193	1.391	-0.657E+01	0.906E+01	-0.451E+01	0.746E+00	0.103E+02	-0.778E+01	14.997
3	4.808	2.404	-0.427E+01	0.661E+01	-0.723E+01	0.703E+00	0.102E+02	-0.788E+01	26.523
4	6.654	0.399	-0.597E+01	0.633E+01	-0.726E+00	0.108E+00	0.637E+01	-0.601E+01	3.368
5	6.439	1.725	-0.519E+01	0.553E+01	-0.309E+01	0.103E+00	0.636E+01	-0.601E+01	15.000
6	5.962	2.981	-0.352E+01	0.388E+01	-0.496E+01	0.108E+00	0.637E+01	-0.601E+01	26.634
7	7.941	0.477	-0.303E+01	0.502E+01	-0.492E+00	0.598E+00	0.505E+01	-0.306E+01	3.488
8	7.685	2.060	-0.260E+01	0.446E+01	-0.204E+01	0.560E+00	0.501E+01	-0.314E+01	15.003
9	7.116	3.559	-0.144E+01	0.343E+01	-0.324E+01	0.598E+00	0.505E+01	-0.306E+01	26.525
IELEM = 2									
1	8.842	0.531	-0.252E+01	0.413E+01	-0.406E+00	0.484E+00	0.415E+01	-0.254E+01	3.486
2	8.557	2.293	-0.205E+01	0.373E+01	-0.167E+01	0.503E+00	0.417E+01	-0.250E+01	14.997
3	7.924	3.962	-0.120E+01	0.282E+01	-0.267E+01	0.486E+00	0.415E+01	-0.253E+01	26.506
4	10.648	0.639	-0.186E+01	0.290E+01	-0.281E+00	0.311E+00	0.292E+01	-0.188E+01	3.370

5	10.308	2.761	−0.156E+01	0.260E+01	−0.120E+01	0.312E+00	0.292E+01	−0.188E+01	14.998
6	9.541	4.770	−0.921E+00	0.195E+01	−0.192E+01	0.309E+00	0.291E+01	−0.189E+01	26.625
7	12.452	0.747	−0.883E+00	0.242E+01	−0.200E+00	0.460E+00	0.243E+01	−0.895E+00	3.461
8	12.051	3.229	−0.700E+00	0.220E+01	−0.836E+00	0.449E+00	0.242E+01	−0.924E+00	14.996
9	11.147	5.578	−0.236E+00	0.177E+01	−0.133E+01	0.459E+00	0.243E+01	−0.900E+00	26.531

......

第7章　空间问题有限单元法

7.1　概述

　　许多工程实际问题属于空间问题。空间问题有限元法的原理、思路和解题方法完全类同于平面问题的有限元法,所不同的是,它具有三维的特点。它所采用的离散化模型仍然是由若干小单元在节点处连接而成的,但是这些小单元具有块体形状。它的基本未知量仍然是节点的位移,但是有 3 个分量 u、v、w。它的基本方程比平面问题要多,有 3 个平衡方程、6 个几何方程、6 个物理方程。它的分析方法仍然是先进行单元分析,再进行整体分析,最后求解整体平衡方程。

　　空间离散化模型的常用单元有四面体单元、长方体单元、直边六面体单元、曲边六面体单元,如图 7-1 所示。

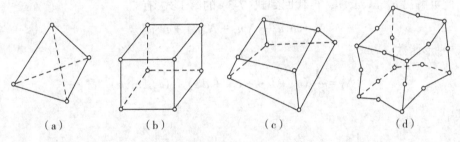

（a）　　　　　（b）　　　　　（c）　　　　　（d）

图 7-1　3D 单元

　　图 7-1(a)所示的四节点四面体单元是空间问题最简单的单元,也是常应变、常应力单元,可以类似平面问题三节点三角形单元进行分析。图 7-1(b)所示长方体单元,可以类似平面四节点矩形单元进行分析。图 7-1(c)所示的任意八节点六面体单元,可以类似平面四节点任意四边形等参元分析。图 7-1(d)所示的二十节点曲边六面体单元,可以类似平面八节点曲边四边形等参元进行分析。

7.2　四节点四面体常应变单元

7.2.1　位移模式

　　如图 7-2 所示,取四面体的 4 个顶点 i,j,m,n 为节点。每一个节点有 3 个位移分量,即

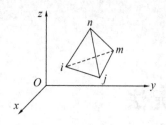

图 7-2　四节点四面体单元

$$| \delta_i | = \begin{bmatrix} u_i & v_i & w_i \end{bmatrix}^T \qquad (i,j,m,n) \tag{7-1}$$

单元节点位移向量为

$$\{\delta\}^e = \begin{bmatrix} \delta_i^T & \delta_j^T & \delta_m^T & \delta_n^T \end{bmatrix}^T$$

$$= \begin{bmatrix} u_i & v_i & w_i & u_j & v_j & w_j & u_m & v_m & w_m & u_n & v_n & w_n \end{bmatrix}^T$$

$$\tag{7-2}$$

与平面问题类似,假定单元内一点的位移分量为坐标的线性函数

$$\left. \begin{array}{l} u = a_1 + a_2 x + a_3 y + a_4 z \\ v = a_5 + a_6 x + a_7 y + a_8 z \\ w = a_9 + a_{10} x + a_{11} y + a_{12} z \end{array} \right\} \tag{7-3}$$

将式(7-3)的第 1 式应用于 4 个节点,则

$$\left. \begin{array}{l} u_i = a_1 + a_2 x_i + a_3 y_i + a_4 z_i \\ u_j = a_1 + a_2 x_j + a_3 y_j + a_4 z_j \\ u_m = a_1 + a_2 x_m + a_3 y_m + a_4 z_m \\ u_n = a_1 + a_2 x_n + a_3 y_n + a_4 z_n \end{array} \right\} \tag{7-4}$$

由此可解出 $a_1 \, \text{、} a_2 \, \text{、} a_3 \, \text{、} a_4$,再代回到式(7-3)的第 1 式,有

$$u = N_i u_i + N_j u_j + N_m u_m + N_n u_n \tag{7-5}$$

式中,形函数

$$N_i = \frac{1}{6V}(a_i + b_i x + c_i y + d_i z) \qquad (i,j,m,n) \tag{7-6}$$

其中,

$$a_i = \begin{vmatrix} x_j & y_j & z_j \\ x_m & y_m & z_m \\ x_n & y_n & z_n \end{vmatrix} \qquad b_i = - \begin{vmatrix} 1 & y_j & z_j \\ 1 & y_m & z_m \\ 1 & y_n & z_n \end{vmatrix} \qquad (i,j,m,n)$$

$$c_i = \begin{vmatrix} x_j & 1 & z_j \\ x_m & 1 & z_m \\ x_n & 1 & z_n \end{vmatrix} \qquad d_i = - \begin{vmatrix} x_j & y_j & 1 \\ x_m & y_m & 1 \\ x_n & y_n & 1 \end{vmatrix}$$

$$V = \left\{ \begin{matrix} 1 & x_i & y_i & z_i \\ 1 & x_j & y_j & z_j \\ 1 & x_m & y_m & z_m \\ 1 & x_n & y_n & z_n \end{matrix} \right.$$

在式(7-6)中,V 为四面体的体积。为使其计算值不为负,单元的节点编号应遵循右手法则,即当沿 $i \rightarrow j \rightarrow m$ 的方向转动时,n 在大拇指所指的方向。

采用同样的方法,可得

$$v = N_iv_i + N_jv_j + N_mv_m + N_nv_n \tag{7-7}$$

$$w = N_iw_i + N_jw_j + N_mw_m + N_nw_n \tag{7-8}$$

将式(7-5)、式(7-7)、式(7-8)统一用矩阵式表示,可得

$$\{f\} = \begin{Bmatrix} u \\ v \\ w \end{Bmatrix} = [N]\{\delta\}^e \tag{7-9}$$

式中,$[N]$ 为单元形函数矩阵,其维数为 3×12。进一步可写为

$$[N] = \begin{bmatrix} N_i & N_j & N_m & N_n \end{bmatrix} \tag{7-10}$$

其中,子矩阵

$$[N_i] = \begin{bmatrix} N_i & 0 & 0 \\ 0 & N_i & 0 \\ 0 & 0 & N_i \end{bmatrix} = N_iI \quad (i,j,m,n) \tag{7-11}$$

式中,I 为 3 阶单位矩阵。

7.2.2 应变

在空间问题中,每点有 6 个应变分量。几何方程为

$$\{\varepsilon\} = \begin{bmatrix} \varepsilon_x & \varepsilon_y & \varepsilon_z & \gamma_{xy} & \gamma_{yz} & \gamma_{zx} \end{bmatrix}^T$$

$$= \begin{bmatrix} \dfrac{\partial u}{\partial x} & \dfrac{\partial v}{\partial y} & \dfrac{\partial w}{\partial z} & \dfrac{\partial u}{\partial y} + \dfrac{\partial v}{\partial x} & \dfrac{\partial v}{\partial z} + \dfrac{\partial w}{\partial y} & \dfrac{\partial w}{\partial x} + \dfrac{\partial u}{\partial z} \end{bmatrix}^T \tag{7-12}$$

将式(7-5)、式(7-7) 和式(7-8) 代入上式,得

$$\{\varepsilon\} = [B]\{\delta\}^e = \begin{bmatrix} B_i & -B_j & B_m & -B_n \end{bmatrix}\{\delta\}^e \tag{7-13}$$

式中,

$$[B_i] = \frac{1}{6V} \begin{bmatrix} b_i & 0 & 0 \\ 0 & c_i & 0 \\ 0 & 0 & d_i \\ c_i & b_i & 0 \\ 0 & d_i & c_i \\ d_i & 0 & b_i \end{bmatrix} \quad (i,j,m,n) \tag{7-14}$$

上述式(7-13)、式(7-14) 与平面问题三节点三角形单元相同,在四节点四面体单元中,$[B_i]$ 中的元素都是常量,因此是常应变单元。

7.2.3 应力

三维问题的应力应变关系也可写矩阵形式:

$$\{\sigma\} = [D]\{\varepsilon\} \tag{7-15}$$

与平面问题不同,这里$\{\sigma\}$ 和$\{\varepsilon\}$ 分别由 6 个分量组成,弹性矩阵$[D]$ 是一个6×6的矩阵:

$$\{\sigma\} = \begin{bmatrix} \sigma_x & \sigma_y & \sigma_z & \tau_{xy} & \tau_{yz} & \tau_{zx} \end{bmatrix}^{\mathrm{T}} \tag{7-16}$$

$$\{\varepsilon\} = \begin{bmatrix} \varepsilon_x & \varepsilon_y & \varepsilon_z & \gamma_{xy} & \gamma_{yz} & \gamma_{zx} \end{bmatrix}^{\mathrm{T}} \tag{7-17}$$

$$[D] = \frac{E(1-\mu)}{(1-\mu)(1-2\mu)} \begin{bmatrix} 1 & & & & & \\ \dfrac{\mu}{(1-\mu)} & 1 & & 对 & & \\ \dfrac{\mu}{(1-\mu)} & \dfrac{\mu}{(1-\mu)} & 1 & & & \\ 0 & 0 & 0 & \dfrac{1-2\mu}{2(1-\mu)} & & 称 \\ 0 & 0 & 0 & 0 & \dfrac{1-2\mu}{2(1-\mu)} & \\ 0 & 0 & 0 & 0 & 0 & \dfrac{1-2\mu}{2(1-\mu)} \end{bmatrix}$$

$$\tag{7-18}$$

将式(7-13)代入式(7-15),得

$$\{\sigma\} = [S]\{\delta\}^e \tag{7-19}$$

其中,

$$[S] = [D][B] \tag{7-20}$$

由于 $[D]$、$[B]$ 都是常数矩阵,因此应力矩阵 $[S]$ 也是常数矩阵。也就是说,单元中的应力分量也是常数。

将式(7-18)所表示的 $[D]$ 和式(7-13)、式(7-14)所表示的 $[B]$ 代入式(7-20),并将 $[S]$ 写成分块矩阵的形式,有

$$[S] = \begin{bmatrix} S_i & -S_j & S_m & -S_n \end{bmatrix} \tag{7-21}$$

式中,

$$[S_i] = [D][B_i] = \frac{A_3}{6V} \begin{bmatrix} b_i & A_1 c_i & A_1 d_i \\ A_1 b_i & c_i & A_1 d_i \\ A_1 b_i & A_1 c_i & d_i \\ A_2 c_i & A_2 b_i & 0 \\ 0 & A_2 d_i & A_2 c_i \\ A_2 d_i & 0 & A_2 d_i \end{bmatrix} \quad (i,j,m,n) \tag{7-22}$$

其中,

$$A_1 = \frac{\mu}{1-\mu} \qquad A_2 = \frac{1-2\mu}{2(1-\mu)} \qquad A_3 = \frac{E(1-\mu)}{(1+\mu)(1-2\mu)} \tag{7-23}$$

7.2.4　单元平衡方程

仿照平面问题中的推导,可得单元平衡方程:

$$[k]\{\delta\}^e = \{F\}^e \tag{7-24}$$

单元刚度矩阵：

$$[k] = \iint_v [B]^{\mathrm{T}}[D][B]\mathrm{d}V \tag{7-25}$$

式中，$[k]$ 是一个 12×12 的矩阵。由于 $[B]$、$[D]$ 都是常数矩阵，所以 $[k]$ 也是一个常量矩阵，并且

$$[k] = [B]^{\mathrm{T}}[D][B]V \tag{7-26}$$

写成分块矩阵的形式

$$[k] = \begin{bmatrix} k_{ii} & -k_{ij} & k_{im} & -k_{in} \\ -k_{ji} & k_{jj} & -k_{jm} & k_{jn} \\ k_{mi} & -k_{mj} & k_{mm} & -k_{mn} \\ -k_{ni} & k_{nj} & -k_{nm} & k_{nn} \end{bmatrix} \tag{7-27}$$

式中，子矩阵 $[k_{rs}]$ 为 3×3 的矩阵：

$$[k_{rs}] = [B_r]^{\mathrm{T}}[D][B_s]V$$

$$= \frac{A_3}{36V} \begin{bmatrix} b_r b_s + A_2(c_r c_s + d_r d_s) & A_1 b_r c_s + A_2 c_r b_s & A_1 b_r d_s + A_2 d_r d_s \\ A_1 c_r b_s + A_2 b_r c_s & c_r c_s + A_2(d_r d_s + b_r b_s) & A_1 c_r d_s + A_2 d_r c_s \\ A_1 d_r b_s + A_2 b_r d_s & A_1 d_r c_s + A_2 c_r d_s & d_r d_s + A_2(b_r b_s + c_r c_s) \end{bmatrix}$$

$$(r,s = i,j,m,n) \tag{7-28}$$

式 (7-24) 中的单元节点力 $\{F\}^{(e)}$ 也为体积力、表面力、集中力组合而成。体积力与表面力的计算公式与平面三角形单元公式类似：

$$\{P_V\}^e = \iiint_V [N]^{\mathrm{T}}\{P_V\}\mathrm{d}V \tag{7-29}$$

$$\{P_S\}^e = \iint_S [N]^{\mathrm{T}}\{P_S\}\mathrm{d}S \tag{7-30}$$

在简单情形下，也可采用静力等效原则简化计算。

进一步的整体平衡方程的建立（即整体刚度矩阵、整体节点力列阵的组装）、位移约束条件的引入、线性方程组的求解等，和平面问题有限元法一样，不再赘述。

7.3   八节点六面体等参数单元

与平面问题一样，对于空间问题，如果需要提高计算精度，可以选用比四面体单元具有更多节点的单元，如六面体单元和三棱体单元。这样，就可以采用高阶次的位移函数。

对于八节点的六面体单元，如图 7-3 所示，它的位移函数、插值函数和形状函数可以用与四面体单元相同的处理方法来得到。但是，这种六面体单元，也存在如平面问题中矩形单元一样的缺点，不能符合斜面边界和曲面边界的形状要求。为了克服这种缺点，可以采用任意六面体单元。对于这种任意六面体单元，只要采用无因次的参数坐标作为局部坐标系，通过相应的坐标变换，就可以由局部坐标系中的正六面体（立方体）单元变换出来。

因此，这种任意六面体单元就称为空间问题的等参数单元。

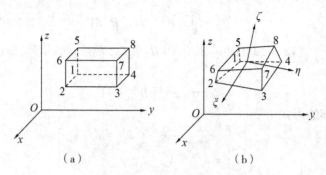

图 7-3　六面体单元

仿照平面问题中等参数单元的处理方法，采用无因次的参数坐标 ξ、η 和 ζ。对于图 7-3(b) 所示的任意六面体单元，8 个节点的整体坐标为$(x_l,\ y_1,\ z_1)$，$(x_2,\ y_2,\ z_2)$，$\cdots$，$(x_8,\ y_8,\ z_8)$；局部坐标为$(\xi_1,\ \eta_1,\ \zeta_1)$，$(\xi_2,\ \eta_2,\ \zeta_2)$，$\cdots$，$(\xi_8,\ \eta_8,\ \zeta_8)$。各参数坐标的数值规定为：在 2-3-7-6 面上：$\xi = 1$；在 1-4-8-5 面上：$\xi = -1$；在 4-8-7-3 面上：$\eta = 1$；在 1-5-6-2 面上：$\eta = -1$；在 5-6-7-8 面上：$\zeta = 1$；在 1-2-3-4 面上：$\zeta = -1$。8 个节点的局部坐标值为：节点 1($-1,\ -1,\ -1$)，节点 2($1,\ -1,\ -1$)，节点 3($1,\ 1,\ -1$)，节点 4($-1,\ 1,\ -1$)，节点 5($-1,\ -1,\ 1$)，节点 6($1,\ -1,\ 1$)，节点 7($1,\ 1,\ 1$)，节点 8($-1,\ 1,\ 1$)。

这样，位移插值函数和坐标变换式为

$$u = N_1 u_1 + N_2 u_2 + \cdots + N_8 u_8 = \sum_{i=1}^{8} N_i u_i$$

$$v = N_1 v_1 + N_2 v_2 + \cdots + N_8 v_8 = \sum_{i=1}^{8} N_i v_i \tag{7-31}$$

$$w = N_1 w_1 + N_2 w_2 + \cdots + N_8 w_8 = \sum_{i=1}^{8} N_i w_i$$

$$x = N_1 x_1 + N_2 x_2 + \cdots + N_8 x_8 = \sum_{i=1}^{8} N_i x_i$$

$$y = N_1 y_1 + N_2 y_2 + \cdots + N_8 y_8 = \sum_{i=1}^{8} N_i y_i \tag{7-32}$$

$$z = N_1 z_1 + N_2 z_2 + \cdots + N_8 z_8 = \sum_{i=1}^{8} N_i z_i$$

式中，形状函数为

$$N_i = \frac{1}{8}(1 + \xi_i \zeta)(1 + \eta_i \eta)(1 + \zeta_i \zeta) \quad (i = 1, 2, \cdots, 8) \tag{7-33}$$

式(7-31) 写成矩阵形式，则

$$\{f\} = \begin{Bmatrix} u \\ v \\ w \end{Bmatrix} = \begin{bmatrix} I_3 N_1 & I_3 N_2 & \cdots & I_8 N_8 \end{bmatrix} \{\delta\}^{(e)} = \begin{bmatrix} N \end{bmatrix} \{\delta\}^{(e)} \tag{7-34}$$

式中，I_3 是 3 阶单位矩阵。

上述八节点六面体单元是直棱曲面六面体。

7.4 二十节点六面体等参数单元

由于精度高，容易适应不同边界，在平面问题中常选用八节点四边形等参数单元。与此类似，在三维问题中常选用二十节点六面体等参数单元。

如图 7-4 所示，在 xyz 整体坐标系的二十节点六面体的实际单元对应中心在局部坐标原点，边长为 2 的立方体基本单元。位移模式和坐标变换式可写为如下形式：

$$u = \sum_{i=1}^{20} N_i u_i, \qquad v = \sum_{i=1}^{20} N_i v_i, \qquad w = \sum_{i=1}^{20} N_i w_i \tag{7-35}$$

$$x = \sum_{i=1}^{20} N_i x_i, \qquad y = \sum_{i=1}^{20} N_i y_i, \qquad z = \sum_{i=1}^{20} N_i z_i \tag{7-36}$$

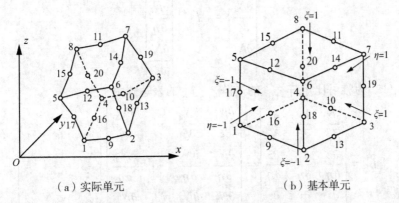

（a）实际单元　　　　　　　　（b）基本单元

图 7-4　二十节点六面体等参单元

形函数的表达式如下：

$$\left.\begin{aligned}
N_i &= (1 + \xi_0)(1 + \eta_0)(1 + \zeta_0)(\xi_0 + \eta_0 + \zeta_0 - 2)/8 \quad (i = 1,2,\cdots,8) \\
N_i &= (1 - \xi^2)(1 + \eta_0)(1 + \zeta_0)/4 \quad (i = 9,10,11,12) \\
N_i &= (1 - \eta^2)(1 + \xi_0)(1 + \zeta_0)/4 \quad (i = 13,14,15,16) \\
N_i &= (1 - \zeta^2)(1 + \xi_0)(1 + \eta_0)/4 \quad (i = 17,18,19,20)
\end{aligned}\right\} \tag{7-37}$$

式中，$\xi_0 = \xi_i \xi, \eta_0 = \eta_i \eta, \zeta_0 = \zeta_i \zeta$。

根据几何方程，单元中的应变为

$$\{\varepsilon\} = [B]\{\delta\}^e = \begin{bmatrix} B_1 & B_2 & \cdots & B_{20} \end{bmatrix} \{\delta\}^e \tag{7-38}$$

其中，

$$\{\delta\}^e = \begin{bmatrix} u_1 & v_1 & w_1 & u_2 & v_2 & w_2 & \cdots & u_{20} & v_{20} & w_{20} \end{bmatrix}^T \tag{7-39}$$

$$[B_i] = \begin{bmatrix} \dfrac{\partial N_i}{\partial x} & 0 & 0 \\[2mm] 0 & \dfrac{\partial N_i}{\partial y} & 0 \\[2mm] 0 & 0 & \dfrac{\partial N_i}{\partial z} \\[2mm] \dfrac{\partial N_i}{\partial y} & \dfrac{\partial N_i}{\partial x} & 0 \\[2mm] 0 & \dfrac{\partial N_i}{\partial z} & \dfrac{\partial N_i}{\partial y} \\[2mm] \dfrac{\partial N_i}{\partial z} & 0 & \dfrac{\partial N_i}{\partial x} \end{bmatrix} \quad (i = 1,2,\cdots,20) \tag{7-40}$$

根据复合函数求导规则,有

$$\begin{Bmatrix} \dfrac{\partial N_i}{\partial x} \\[2mm] \dfrac{\partial N_i}{\partial y} \\[2mm] \dfrac{\partial N_i}{\partial z} \end{Bmatrix} = [J]^{-1} \begin{Bmatrix} \dfrac{\partial N_i}{\partial \xi} \\[2mm] \dfrac{\partial N_i}{\partial \eta} \\[2mm] \dfrac{\partial N_i}{\partial \zeta} \end{Bmatrix} \tag{7-41}$$

式中,$[J]^{-1}$ 为雅可比矩阵 $[J]$ 的逆阵。$[J]$ 的表达式为

$$[J] = \begin{bmatrix} \dfrac{\partial x}{\partial \xi} & \dfrac{\partial y}{\partial \xi} & \dfrac{\partial z}{\partial \xi} \\[2mm] \dfrac{\partial x}{\partial \eta} & \dfrac{\partial y}{\partial \eta} & \dfrac{\partial z}{\partial \eta} \\[2mm] \dfrac{\partial x}{\partial \zeta} & \dfrac{\partial y}{\partial \zeta} & \dfrac{\partial z}{\partial \zeta} \end{bmatrix} = \begin{bmatrix} \dfrac{\partial N_1}{\partial \xi} & \dfrac{\partial N_2}{\partial \xi} & \cdots & \dfrac{\partial N_{20}}{\partial \xi} \\[2mm] \dfrac{\partial N_1}{\partial \eta} & \dfrac{\partial N_2}{\partial \eta} & \cdots & \dfrac{\partial N_{20}}{\partial \eta} \\[2mm] \dfrac{\partial N_1}{\partial \zeta} & \dfrac{\partial N_2}{\partial \zeta} & \cdots & \dfrac{\partial N_{20}}{\partial \zeta} \end{bmatrix} \begin{pmatrix} x_1 & y_1 & z_1 \\ x_2 & y_2 & z_2 \\ \vdots & \vdots & \vdots \\ x_{20} & y_{20} & z_{20} \end{pmatrix} \tag{7-42}$$

单元中的应力为

$$\{\sigma\} = [D]\{\varepsilon\} = [D][B]\{\delta\}^e \tag{7-43}$$

单元刚度矩阵可写成

$$[k] = \int_{-1}^{1} \int_{-1}^{1} \int_{-1}^{1} [B]^T [D][B] |J| \mathrm{d}\xi \mathrm{d}\eta \mathrm{d}\zeta \tag{7-44}$$

$[k]$ 是一个 60×60 的矩阵,式(7-44) 通常采用高斯法进行积分。

等效节点力计算公式如下:

(1) 体积力,设单位体积力是

$$\{P_V\} = \begin{bmatrix} P_{Vx} & P_{Vy} & P_{Vz} \end{bmatrix}^T$$

则节点力为

$$\{P_{Vi}\} = \begin{Bmatrix} P_{Vxi} \\ P_{Vyi} \\ P_{Vzi} \end{Bmatrix} = \int_{-1}^{1} \int_{-1}^{1} \int_{-1}^{1} N_i \begin{Bmatrix} P_{Vx} \\ P_{Vy} \\ P_{Vz} \end{Bmatrix} |J| \mathrm{d}\xi \mathrm{d}\eta \mathrm{d}\zeta \tag{7-45}$$

（2）表面力，设某边界面上作用表面力是

$$\{P_S\} = \begin{bmatrix} P_{Sx} & P_{Sy} & P_{Sz} \end{bmatrix}^{\mathrm{T}}$$

则节点力为

$$\{P_{Si}\} = \begin{Bmatrix} P_{Sxi} \\ P_{Syi} \\ P_{Szi} \end{Bmatrix} = \iint N_i \begin{Bmatrix} P_{Sx} \\ P_{Sy} \\ P_{Sz} \end{Bmatrix} \mathrm{d}S \tag{7-46}$$

设该边界面对应基本单元 $\zeta = \pm 1$ 的面。由数学公式，整体坐标系下曲面微元 $\mathrm{d}S$ 对应局部坐标系下的微元面积式为

$$\mathrm{d}S = \sqrt{\left(\frac{\partial y}{\partial \eta}\frac{\partial z}{\partial \zeta} - \frac{\partial y}{\partial \zeta}\frac{\partial z}{\partial \eta}\right)^2 + \left(\frac{\partial z}{\partial \eta}\frac{\partial x}{\partial \zeta} - \frac{\partial z}{\partial \zeta}\frac{\partial x}{\partial \eta}\right)^2 + \left(\frac{\partial x}{\partial \eta}\frac{\partial y}{\partial \zeta} - \frac{\partial x}{\partial \zeta}\frac{\partial y}{\partial \eta}\right)^2} \mathrm{d}\eta \mathrm{d}\zeta \tag{7-47}$$

则式（7-46）可写为局部坐标系下的积分公式：

$$|P_{Si}| = \int_{-1}^{1} \int_{-1}^{1} N_i \begin{Bmatrix} P_{Sx} \\ P_{Sy} \\ P_{Sz} \end{Bmatrix} \times \sqrt{\left(\frac{\partial y}{\partial \eta}\frac{\partial z}{\partial \zeta} - \frac{\partial y}{\partial \zeta}\frac{\partial z}{\partial \eta}\right)^2 + \left(\frac{\partial z}{\partial \eta}\frac{\partial x}{\partial \zeta} - \frac{\partial z}{\partial \zeta}\frac{\partial x}{\partial \eta}\right)^2 + \left(\frac{\partial x}{\partial \eta}\frac{\partial y}{\partial \zeta} - \frac{\partial x}{\partial \zeta}\frac{\partial y}{\partial \eta}\right)^2} \mathrm{d}\eta \mathrm{d}\zeta$$

$$\tag{7-48}$$

以上为 $\zeta = \pm 1$ 的表面力计算公式。对于其他表面力，可类似处理。

若给出的表面力沿边界的法向方向作用，此时设 $\boldsymbol{n}$ 是该边界（如 $\eta\zeta$ 面）的单位外法向矢量，p_0 为法向表面力集度的大小，这时表面力 $\boldsymbol{p}$ 是法向载荷，可写为

$$\boldsymbol{p} = p_0 \boldsymbol{n} \tag{7-49}$$

矢量 $\boldsymbol{n}$ 可表示为

$$\boldsymbol{n} = \frac{\mathrm{d}\eta \times \mathrm{d}\zeta}{|\mathrm{d}\eta \times \mathrm{d}\zeta|} = \frac{1}{\sqrt{EG - F^2}} \begin{Bmatrix} \dfrac{\partial y}{\partial \eta}\dfrac{\partial z}{\partial \zeta} - \dfrac{\partial y}{\partial \zeta}\dfrac{\partial z}{\partial \eta} \\[2mm] \dfrac{\partial z}{\partial \eta}\dfrac{\partial x}{\partial \zeta} - \dfrac{\partial x}{\partial \eta}\dfrac{\partial z}{\partial \zeta} \\[2mm] \dfrac{\partial x}{\partial \eta}\dfrac{\partial y}{\partial \zeta} - \dfrac{\partial y}{\partial \eta}\dfrac{\partial z}{\partial \zeta} \end{Bmatrix} \tag{7-50}$$

$$E = \left(\frac{\partial x}{\partial \eta}\right)^2 + \left(\frac{\partial y}{\partial \eta}\right)^2 + \left(\frac{\partial z}{\partial \eta}\right)^2$$

式中，
$$F = \frac{\partial x}{\partial \eta}\frac{\partial x}{\partial \zeta} + \frac{\partial y}{\partial \eta}\frac{\partial y}{\partial \zeta} + \frac{\partial z}{\partial \eta}\frac{\partial z}{\partial \zeta}$$

$$G = \left(\frac{\partial x}{\partial \zeta}\right)^2 + \left(\frac{\partial y}{\partial \zeta}\right)^2 + \left(\frac{\partial z}{\partial \zeta}\right)^2$$

则得到等效节点力为

$$
\begin{aligned}
\{P\}^{(e)} &= \int_{-1}^{1}\int_{-1}^{1} [N]_{\xi=1}^{\mathrm{T}} \, p_0 \boldsymbol{n} \,|J|\,\mathrm{d}\eta\,\mathrm{d}\zeta \\
&= \int_{-1}^{1}\int_{-1}^{1} [N]_{\xi=1}^{\mathrm{T}} \, p_0 \frac{1}{\sqrt{EG-F^2}}
\begin{Bmatrix}
\dfrac{\partial y}{\partial \eta}\dfrac{\partial z}{\partial \zeta} - \dfrac{\partial y}{\partial \zeta}\dfrac{\partial z}{\partial \eta} \\[2ex]
\dfrac{\partial z}{\partial \eta}\dfrac{\partial x}{\partial \zeta} - \dfrac{\partial x}{\partial \eta}\dfrac{\partial z}{\partial \zeta} \\[2ex]
\dfrac{\partial x}{\partial \eta}\dfrac{\partial y}{\partial \zeta} - \dfrac{\partial y}{\partial \eta}\dfrac{\partial z}{\partial \zeta}
\end{Bmatrix}
|J|\,\mathrm{d}\eta\,\mathrm{d}\zeta \\
&= \int_{-1}^{1}\int_{-1}^{1} [N]_{\xi=1}^{\mathrm{T}} \, p_0
\begin{Bmatrix}
\dfrac{\partial y}{\partial \eta}\dfrac{\partial z}{\partial \zeta} - \dfrac{\partial y}{\partial \zeta}\dfrac{\partial z}{\partial \eta} \\[2ex]
\dfrac{\partial z}{\partial \eta}\dfrac{\partial x}{\partial \zeta} - \dfrac{\partial x}{\partial \eta}\dfrac{\partial z}{\partial \zeta} \\[2ex]
\dfrac{\partial x}{\partial \eta}\dfrac{\partial y}{\partial \zeta} - \dfrac{\partial y}{\partial \eta}\dfrac{\partial z}{\partial \zeta}
\end{Bmatrix}
\mathrm{d}\eta\,\mathrm{d}\zeta
\end{aligned}
\tag{7-51}
$$

与平面问题类似,上述积分式均需采用高斯数值积分,并且合并单元的合等效节点力得单元的节点力列阵,然后采取集成法形成整体载荷列阵 $\{R\}$ 及整体刚度矩阵 $[K]$,这是我们熟悉的,在此不赘述。

7.5　空间二十节点单元程序(SIEP)

7.5.1　程序功能

空间二十节点等参单元结构程序(20 Nodes Spatial Isoparametric Element Structure Analysis Program,SIEP)能对空间实体结构进行内力分析。按照矩阵位移法(后处理法)的计算步骤,求出结构的节点位移和单元高斯积分点的应力。

7.5.2　子程序

程序有 13 个子程序构成,其总框架与平面等参单元程序相同。各子例程的名称及功能也相同,此处从略。

7.5.3　变量说明

1. 单变量

NPOIN——结构总节点数;
NELEM——结构总单元数;
NNODE——各单元节点个数;
NDOFN——各节点自由度数;
NDIME——各节点坐标分量个数;
NGAUS——各单元高斯积分点个数;

NGASP——各单元高斯积分点总数;

NPROP——各材料的控制参数个数;

NMATS:各单元所属的材料组数;

NVFIX——受约束的边界上点个数;

NEVAB——各单元节点总自由度数(= NNODE * NDOFN);

NSTRE——各节点应力分量个数;

NTOTV——结构节点总自由度数(= NPOIN * NDOFN);

LGASP——高斯点计数变量;

EXISP——ξ 坐标;

ETASP——η 坐标;

EZETA——ζ 坐标;

YOUNG——弹性模量;

POISS——泊松比;

DJACB——雅可比行列式的值;

NROWS——总体刚度矩阵行数、整体荷载列阵行数;

NROWE——单刚矩阵的行数;

NCOLS——总体刚度矩阵列数;

NCOLE——单刚矩阵的列数;

IELEM——单元编号;

MATNO——单元所属材料组数;

IPOIN——节点编号;

NOFIX——受约束节点;

NUMAT——材料组号;

IPLOD——集中力作用标识,有集中力作用为1,无集中力作用为0;

IGRAV——重力作用标识,有重力作用为1,无重力作用为0;

IEDGE——面力作用标识,有面力作用为1,无面力作用为0;

LODPT——集中荷载作用点编号;

POINT——集中荷载作用分量;

GRAVY——重力加速度;

NEDGE——面力荷载作用单元面总数;

NODEG——面力荷载作用面上节点个数;

NEASS——面力荷载作用单元;

NOACE——面力荷载作用单元面号。

2. 一维数组名

NOFIX(NVFIX)——约束节点个数;

MATNO(NELEM)——当前正在考虑的单元所属的材料组数;

SHAPEI(NNODE)——各单元某节点的形函数;

POSGP(NGAUS)——给定高斯点坐标；

WEIGP(NGAUS)——相应高斯点加权系数；

ASLOD(NTOTV)——结构整体荷载列阵；

NFACE(8)——程序内部存储各面形函数顺序数组；

NODEG(IODEG)——面力荷载作用边界节点，节点编号按 NFACE 数组所示形函数顺序输入。

3. 二维数组名

COORD(NPOIN, NDIME)——当前正在考虑的节点坐标存储数组，分别存储 X、Y、Z 方向坐标；

PROPS(NELEM, 3)——各单元材料参数存储数组，分别存储相关材料参数：弹性模量、泊松比、单元体密度；

PRESC(NOFIX, NDIME)——受约束节点在 X、Y、Z 方向上的约束位移数组，每点 3 个约束位移，按 X、Y、Z 顺序输入；

ELOAD(NELEM, NEVAB)——各单元上各节点在 X、Y、Z 方向上的节点力数组；

IFPRE(NOFIX, NDOFN)——受约束节点在 X、Y、Z 方向上的约束情况数组，有约束为 1，无约束为 0；

LNODS(IELEM, INODE)——各单元节点编号顺序存储数组，每单元 20 个节点，按形函数顺序输入；

ELCOD(NDIME, NNODE)——当前正在考虑单元的节点坐标数组；

DERIV(NDIME, NNODE)——形函数对局部坐标求偏导；

CARTD(NDIME, NNODE)——形函数对整体坐标求偏导；

GPCOD(NDIME, NGASP)——当前正在考虑的高斯点的坐标数组；

ASTIF(NTOTV, NTOTV)——结构整体刚度矩阵；

LNODE(NTOTV, NTOTV)——当前所考虑的节点编号；

BMATX(NSTRE, NEVAB)——应变矩阵 $[B]$；

DMATX(NSTRE, NSTRE)——弹性矩阵 $[D]$；

SMATX(NSTRE, NEVAB)——应力矩阵 $[S] = [D][B]$；

DBMAT(NSTRE, NEVAB)——$[D][B]$ 相乘得到的矩阵；

ELDIS(NDOFN, NNODE)——各单元上各节点在 X、Y、Z 方向上的节点位移数组；

ESTIF(NEVAB, NEVAB)——各单元刚度矩阵存储数组；

XJACM(IDIME, JDIME)——雅可比矩阵各项值；

XJACI(IDIME, JDIME)——雅可比矩阵逆阵各项值；

STRSG(NSTRE)——各高斯点处应力分量。

4. 三维数组名

SMATX(NSTRE, NEVAB, NGASP)——过程数组用以存储各单元各高斯点应力矩阵值。

5. 载荷变量说明

(1)集中力、重力、边界面力。

IPLOD：有集中力时，=1；无集中力时，=0。

IGRAV：考虑重力时，=1；不考虑重力时，=0。

IEDGE：有边界分布力时，=1；无边界分布力时，=0。

(2)当考虑重力作用时，输入：重度(以变量 GRAVY 表示)。

(3)当有集中力作用时，顺序输入集中力作用节点号 LODPT 和集中力作用分量 POINT(每个集中力 3 个分量，按 x、y、z)。

NLOPD：表示作用集中力的总数。

(4)当单元边界作用分布力时，首先输入 NEDGE(作用分布力的单元边界总数)，然后顺序输入作用边界分布力的单元编号 NEASS、边界力作用面号 NOACE 和作用分布力的边界节点 NODEG(每边 8 个节点，编号按 NFACE(8)内置数组形函数顺序输入)。

作用于节点分布力的法向应力和切向应力 PRESS(先顺序输入节点的法向应力，再输入节点的切向应力值)

7.5.4 空间问题有限元计算程序

```
C    空间 20 节点等参单元计算程序 SIEP.FOR
COMMON/CONTR/NPOIN,NELEM,NNODE,NDOFN,NDIME,NGAUS,NPROP,NMATS
COMMON/CONTR/NVFIX,NEVAB,NSTRE,NTOTV
COMMON/LGDAT/COORD(100,3),PROPS(100,3),PRESC(100,3),ASDIS(1000)
COMMON/LGDAT/ELOAD(100,60),NOFIX(100),IFPRE(100,3),LNODS(100,20),
&MATNO(100)
COMMON/WORKS/ELCOD(3,20),SHAPEI(20),DERIV(3,20),CARTD(3,20)
COMMON/WORKS/POSGP(3),WEIGP(3),GPCOD(3,27),BMATX(6,60),DMATX
(6,6)
COMMON/WORKS/SMATX(6,60,27),DBMAT(6,60)
COMMON/GENEL/ASLOD(1000),ASTIF(1000,1000)
COMMON/USR/ESTIF(60,60)
DIMENSION AA(1000,1000),BB(1000)
CHARACTER * 12 INDAT,OUTDAT
WRITE( * , * ) 'PLEASE INPUT PRIMARY DATA FILE NAME! '
READ( * ,'(A12)') INDAT
WRITE( * , * ) 'PLEASE INPUT CALCULATION RESULT FILE NAME! '
READ( * ,'(A12)') OUTDAT
OPEN(1,FILE=INDAT,STATUS='OLD')
OPEN(2,FILE=OUTDAT,STATUS='NEW')
CALL INPUT
```

```
      CALL GAUSSQ
      DO 20 IELEM = 1 , NELEM
      DO 10 INODE = 1 , NNODE
      LNODE = LNODS ( IELEM , INODE )
      DO 10 IDIME = 1 , NDIME
10    ELCOD ( IDIME , INODE ) = COORD ( LNODE , IDIME )
20    CONTINUE
      CALL LOADPS
      CALL ASSEMB
      CALL ISC
      DO 30 I = 1 , NTOTV
      BB ( I ) = ASLOD ( I )
      DO 30 J = 1 , NTOTV
      AA ( I , J ) = ASTIF ( I , J )
30    CONTINUE
      CALL GAUSS ( NTOTV )
      DO 40 I = 1 , NTOTV
40    ASDIS ( I ) = ASLOD ( I )
      WRITE ( 2 , 50 )
50    FORMAT ( /1X , 'NODE' , 8X , 'X-DISP' , 8X , 'Y-DISP' , 8X , 'Z-DISP' )
      WRITE ( 2 , 60 ) ( I , ASDIS ( 3 * I-2 ) , ASDIS ( 3 * I-1 ) , ASDIS ( 3 * I ) , I = 1 , NPOIN )
60    FORMAT ( 1X , I4 , 4X , E12.4 , 4X , E12.4 , 4X , E12.4 )
      CALL STREPS
      STOP
      END
C  输入原始数据
      SUBROUTINE INPUT
      COMMON/CONTR/NPOIN , NELEM , NNODE , NDOFN , NDIME , NGAUS , NPROP , NMATS
      COMMON/CONTR/NVFIX , NEVAB , NSTRE , NTOTV
      COMMON/LGDAT/COORD ( 100 , 3 ) , PROPS ( 100 , 3 ) , PRESC ( 100 , 3 ) , ASDIS ( 1000 )
      COMMON/LGDAT/ELOAD ( 100 , 60 ) , NOFIX ( 100 ) , IFPRE ( 100 , 3 ) , LNODS ( 100 , 20 ) ,
     &MATNO ( 100 )
      COMMON/WORKS/ELCOD ( 3 , 20 ) , SHAPEI ( 20 ) , DERIV ( 3 , 20 ) , CARTD ( 3 , 20 )
      COMMON/WORKS/POSGP ( 3 ) , WEIGP ( 3 ) , GPCOD ( 3 , 27 ) , BMATX ( 6 , 60 ) , DMATX
     ( 6 , 6 )
      COMMON/WORKS/SMATX ( 6 , 60 , 27 ) , DBMAT ( 6 , 60 )
      COMMON/GENEL/ASLOD ( 1000 ) , ASTIF ( 1000 , 1000 )
      COMMON/USR/ESTIF ( 60 , 60 )
```

```
        NDOFN = 3
        NDIME = 3
        NSTRE = 6
        NPROP = 3
        READ(1, * ) NPOIN, NELEM, NVFIX, NMATS, NGAUS, NNODE
        NEVAB = NNODE * NDOFN
        NGASP = NGAUS * NGAUS
        NTOTV = NPOIN * NDOFN
        WRITE(2,100) NPOIN, NELEM, NVFIX, NMATS, NGAUS, NNODE
        WRITE(2,110)
        DO 10 LELEM = 1, NELEM
        READ ( 1, * ) IELEM, MATNO ( IELEM ), ( LNODS ( IELEM, INODE ), INODE = 1,
       NNODE)
        WRITE ( 2, 115 ) IELEM, MATNO ( IELEM ), ( LNODS ( IELEM, INODE ), INODE = 1,
       NNODE)
10      CONTINUE
        WRITE(2,120)
        WRITE(2,125)
        DO 20 IPOIN = 1, NPOIN
20      READ(1, * ) JPOIN, ( COORD( JPOIN, IDIME ), IDIME = 1, NDIME)
        WRITE(2,135)(I,( COORD( I, IDIME ), IDIME = 1, NDIME ), I = 1, NPOIN)
        WRITE(2,140)
        WRITE(2,145)
        DO 30 IVFIX = 1, NVFIX
        READ(1, * ) NOFIX(IVFIX),( IFPRE( IVFIX, IDOFN ), IDOFN = 1, NDOFN ),
      &( PRESC( IVFIX, IDOFN ), IDOFN = 1, NDOFN )
        WRITE(2,155) NOFIX(IVFIX),( IFPRE( IVFIX, IDOFN ), IDOFN = 1, NDOFN ),
      &( PRESC( IVFIX, IDOFN ), IDOFN = 1, NDOFN )
30      CONTINUE
        WRITE(2,160)
        WRITE(2,165)
        DO 40 IMATS = 1, NMATS
        READ(1, * ) NUMAT,( PROPS( NUMAT, IPROP ), IPROP = 1, NPROP)
        WRITE(2,170) NUMAT,( PROPS( NUMAT, IPROP ), IPROP = 1, NPROP)
40      CONTINUE
100     FORMAT(1X,'NPOIN =',I3,1X,'NELEM =',I3,1X,'NVFIX =',I3,1X,'NMATS =',I3
      &,1X,'NGAUS =',I2,1X,'NNODE =',I2)
110     FORMAT(/1X,'ELEMENT',3X,'PROPERTY',6X,'NODE NUMBER')
```

```
115   FORMAT(1X,I8,I9,6X,20I4)
120   FORMAT(24H NODAL POINT COORDINATES)
125   FORMAT(/2(7H NODE,7X,1HX,9X,1HY,9X,1HZ,9X))
135   FORMAT(2(1X,I4,2X,3F10.3,2X))
140   FORMAT(/16HRESTRAINED NODES)
145   FORMAT(/1X,'NODE',4X,'CODE',6X,'FIXED VALUES')
155   FORMAT(1X,I4,5X,3I1,3F10.5)
160   FORMAT(/1X,'MATERAL PROPERTIES')
165   FORMAT(/1X,'NUMBER',7X,'PROPERTIES')
170   FORMAT(1X,I4,4X,4E14.4)
      RETURN
      END
C     高斯积分点坐标及权值
      SUBROUTINE GAUSSQ
      COMMON/CONTR/NPOIN,NELEM,NNODE,NDOFN,NDIME,NGAUS,NPROP,NMATS
      COMMON/CONTR/NVFIX,NEVAB,NSTRE,NTOTV
      COMMON/WORKS/ELCOD(3,20),SHAPEI(20),DERIV(3,20),CARTD(3,20)
      COMMON/WORKS/POSGP(3),WEIGP(3),GPCOD(3,27),BMATX(6,60),DMATX
(6,6)
      COMMON/WORKS/SMATX(6,60,27),DBMAT(6,60)
      IF(NGAUS.EQ.2) THEN
      POSGP(1)=-0.577350269189626
      WEIGP(1)=1.0
      ELSE
10    POSGP(1)= -0.774596669241483
      POSGP(2)= 0.0
      WEIGP(1)= 0.5555555555555556
      WEIGP(2)= 0.8888888888888889
20    KGAUS= NGAUS/2
      DO 30 IGASH=1,KGAUS
      JGASH= NGAUS+1-IGASH
      POSGP(JGASH)=-POSGP(IGASH)
      WEIGP(JGASH)=WEIGP(IGASH)
30    CONTINUE
      END IF
      RETURN
      END
C   计算单元刚度矩阵
```

```
       SUBROUTINE STIFPS(IELEM)
       COMMON/CONTR/NPOIN,NELEM,NNODE,NDOFN,NDIME,NGAUS,NPROP,NMATS
       COMMON/CONTR/NVFIX,NEVAB,NSTRE,NTOTV
       COMMON/LGDAT/COORD(100,3),PROPS(100,3),PRESC(100,3),ASDIS(1000)
       COMMON/LGDAT/ELOAD(100,60),NOFIX(100),IFPRE(100,3),LNODS(100,20),
      &MATNO(100)
       COMMON/WORKS/ELCOD(3,20),SHAPEI(20),DERIV(3,20),CARTD(3,20)
       COMMON/WORKS/POSGP(3),WEIGP(3),GPCOD(3,27),BMATX(6,60),DMATX
      (6,6)
       COMMON/WORKS/SMATX(6,60,27),DBMAT(6,60)
       COMMON/GENEL/ASLOD(1000),ASTIF(1000,1000)
       COMMON/USR/ESTIF(60,60)
       LPROP=MATNO(IELEM)
       DO 10 IEVAB=1,NEVAB
       DO 10 JEVAB=1,NEVAB
10     ESTIF(IEVAB,JEVAB)=0.0
       LGASP=0
       DO 40 IGAUS=1,NGAUS
       DO 40 JGAUS=1,NGAUS
       DO 40 KGAUS=1,NGAUS
       LGASP=LGASP+1
       EXISP=POSGP(IGAUS)
       ETASP=POSGP(JGAUS)
       EZETA=POSGP(KGAUS)
       CALL SFR2(EXISP,ETASP,EZETA)
       CALL JACOB2(IELEM,DJACB,LGASP)
       DVOLU=DJACB*WEIGP(IGAUS)*WEIGP(JGAUS)*WEIGP(KGAUS)
       CALL BMATPS
       CALL MODPS(LPROP)
       CALL DBE
       DO 20 IEVAB=1,NEVAB
       DO 20 JEVAB=IEVAB,NEVAB
       DO 20 ISTRE=1,NSTRE
20     ESTIF(IEVAB,JEVAB)=ESTIF(IEVAB,JEVAB)+BMATX(ISTRE,IEVAB)*
      &DBMAT(ISTRE,JEVAB)*DVOLU
       DO 30 ISTRE=1,NSTRE
       DO 30 IEVAB=1,NEVAB
30     SMATX(ISTRE,IEVAB,LGASP)=DBMAT(ISTRE,IEVAB)
```

```
40    CONTINUE
      DO 50 IEVAB = 1, NEVAB
      DO 50 JEVAB = 1, NEVAB
50    ESTIF(JEVAB, IEVAB) = ESTIF(IEVAB, JEVAB)
      RETURN
      END
```

C   计算弹性矩阵

```
      SUBROUTINE MODPS(LPROP)
      COMMON/CONTR/NPOIN, NELEM, NNODE, NDOFN, NDIME, NGAUS, NPROP, NMATS
      COMMON/CONTR/NVFIX, NEVAB, NSTRE, NTOTV
      COMMON/LGDAT/COORD(100,3), PROPS(100,3), PRESC(100,3), ASDIS(1000)
      COMMON/LGDAT/ELOAD(100,60), NOFIX(100), IFPRE(100,3), LNODS(100,20),
     &MATNO(100)
      COMMON/WORKS/ELCOD(3,20), SHAPEI(20), DERIV(3,20), CARTD(3,20)
      COMMON/WORKS/POSGP(3), WEIGP(3), GPCOD(3,27), BMATX(6,60), DMATX
      (6,6)
      COMMON/WORKS/SMATX(6,60,27), DBMAT(6,60)
      YOUNG = PROPS(LPROP,1)
      POISS = PROPS(LPROP,2)
      DO 10 ISTRE = 1, NSTRE
      DO 10 JSTRE = 1, NSTRE
      DMATX(ISTRE, JSTRE) = 0.0
10    CONTINUE
      CONST = YOUNG * (1.0-POISS)/((1.0+POISS) * (1.0-2.0 * POISS))
      CONSS = CONST * POISS/(1.0-POISS)
      CONSR = CONST * 0.5 * (1.0-2.0 * POISS)/(1.0-POISS)
      DMATX(1,1) = CONST
      DMATX(2,2) = CONST
      DMATX(3,3) = CONST
      DMATX(1,2) = CONSS
      DMATX(2,1) = CONSS
      DMATX(1,3) = CONSS
      DMATX(3,1) = CONSS
      DMATX(2,3) = CONSS
      DMATX(3,2) = CONSS
      DMATX(4,4) = CONSR
      DMATX(5,5) = CONSR
      DMATX(6,6) = CONSR
```

```
        CONTINUE
        RETURN
        END
C    计算形函数及其偏导数
        SUBROUTINE SFR2(S,T,U)
        COMMON/CONTR/NPOIN,NELEM,NNODE,NDOFN,NDIME,NGAUS,NPROP,NMATS
        COMMON/CONTR/NVFIX,NEVAB,NSTRE,NTOTV
        COMMON/WORKS/ELCOD(3,20),SHAPEI(20),DERIV(3,20),CARTD(3,20)
        COMMON/WORKS/POSGP(3),WEIGP(3),GPCOD(3,27),BMATX(6,60),DMATX
        (6,6)
        COMMON/WORKS/SMATX(6,60,27),DBMAT(6,60)
        SS=S*S
        TT=T*T
        UU=U*U
        S2=2.0*S
        T2=2.0*T
        U2=2.0*U
        SHAPEI(1)=(1.0-S)*(1.0-T)*(1.0-U)*(-S-T-U-2.0)/8.0
        SHAPEI(2)=(1.0+S)*(1.0-T)*(1.0-U)*(S-T-U-2.0)/8.0
        SHAPEI(3)=(1.0+S)*(1.0+T)*(1.0-U)*(S+T-U-2.0)/8.0
        SHAPEI(4)=(1.0-S)*(1.0+T)*(1.0-U)*(-S+T-U-2.0)/8.0
        SHAPEI(5)=(1.0-S)*(1.0-T)*(1.0+U)*(-S-T+U-2.0)/8.0
        SHAPEI(6)=(1.0+S)*(1.0-T)*(1.0+U)*(S-T+U-2.0)/8.0
        SHAPEI(7)=(1.0+S)*(1.0+T)*(1.0+U)*(S+T+U-2.0)/8.0
        SHAPEI(8)=(1.0-S)*(1.0+T)*(1.0+U)*(-S+T+U-2.0)/8.0
        SHAPEI(9)=(1.0-UU)*(1.0-S)*(1.0-T)/4.0
        SHAPEI(10)=(1.0-UU)*(1.0+S)*(1.0-T)/4.0
        SHAPEI(11)=(1.0-UU)*(1.0+S)*(1.0+T)/4.0
        SHAPEI(12)=(1.0-UU)*(1.0-S)*(1.0+T)/4.0
        SHAPEI(13)=(1.0-SS)*(1.0-T)*(1.0-U)/4.0
        SHAPEI(14)=(1.0-TT)*(1.0+S)*(1.0-U)/4.0
        SHAPEI(15)=(1.0-SS)*(1.0+T)*(1.0-U)/4.0
        SHAPEI(16)=(1.0-TT)*(1.0-S)*(1.0-U)/4.0
        SHAPEI(17)=(1.0-SS)*(1.0-T)*(1.0+U)/4.0
        SHAPEI(18)=(1.0-TT)*(1.0+S)*(1.0+U)/4.0
        SHAPEI(19)=(1.0-SS)*(1.0+T)*(1.0+U)/4.0
        SHAPEI(20)=(1.0-TT)*(1.0-S)*(1.0+U)/4.0
        DERIV(1,1)=(1.0-T)*(1.0-U)*(S2+T+U+1.0)/8.0
```

$$\text{DERIV}(1,2) = (1.0-T) * (1.0-U) * (S2-T-U-1.0)/8.0$$
$$\text{DERIV}(1,3) = (1.0+T) * (1.0-U) * (S2+T-U-1.0)/8.0$$
$$\text{DERIV}(1,4) = (1.0+T) * (1.0-U) * (S2-T+U+1.0)/8.0$$
$$\text{DERIV}(1,5) = (1.0-T) * (1.0+U) * (S2+T-U+1.0)/8.0$$
$$\text{DERIV}(1,6) = (1.0-T) * (1.0+U) * (S2-T+U-1.0)/8.0$$
$$\text{DERIV}(1,7) = (1.0+T) * (1.0+U) * (S2+T+U-1.0)/8.0$$
$$\text{DERIV}(1,8) = (1.0+T) * (1.0+U) * (S2-T-U+1.0)/8.0$$
$$\text{DERIV}(1,9) = (1.0-UU) * (1.0-T)/-4.0$$
$$\text{DERIV}(1,10) = (1.0-UU) * (1.0-T)/4.0$$
$$\text{DERIV}(1,11) = (1.0-UU) * (1.0+T)/4.0$$
$$\text{DERIV}(1,12) = (1.0-UU) * (1.0+T)/-4.0$$
$$\text{DERIV}(1,13) = -S * (1.0-T) * (1.0-U)/2.0$$
$$\text{DERIV}(1,14) = (1.0-TT) * (1.0-U)/4.0$$
$$\text{DERIV}(1,15) = -S * (1.0+T) * (1.0-U)/2.0$$
$$\text{DERIV}(1,16) = (1.0-TT) * (1.0-U)/-4.0$$
$$\text{DERIV}(1,17) = -S * (1.0-T) * (1.0+U)/2.0$$
$$\text{DERIV}(1,18) = (1.0-TT) * (1.0+U)/4.0$$
$$\text{DERIV}(1,19) = -S * (1.0+T) * (1.0+U)/2.0$$
$$\text{DERIV}(1,20) = (1.0-TT) * (1.0+U)/-4.0$$
$$\text{DERIV}(2,1) = (1.0-S) * (1.0-U) * (T2+S+U+1.0)/8.0$$
$$\text{DERIV}(2,2) = (1.0+S) * (1.0-U) * (T2-S+U+1.0)/8.0$$
$$\text{DERIV}(2,3) = (1.0+S) * (1.0-U) * (T2+S-U-1.0)/8.0$$
$$\text{DERIV}(2,4) = (1.0-S) * (1.0-U) * (T2-S-U-1.0)/8.0$$
$$\text{DERIV}(2,5) = (1.0-S) * (1.0+U) * (T2+S-U+1.0)/8.0$$
$$\text{DERIV}(2,6) = (1.0+S) * (1.0+U) * (T2-S-U+1.0)/8.0$$
$$\text{DERIV}(2,7) = (1.0+S) * (1.0+U) * (T2+S+U-1.0)/8.0$$
$$\text{DERIV}(2,8) = (1.0-S) * (1.0+U) * (T2-S+U-1.0)/8.0$$
$$\text{DERIV}(2,9) = (1.0-UU) * (1.0-S)/-4.0$$
$$\text{DERIV}(2,10) = (1.0-UU) * (1.0+S)/-4.0$$
$$\text{DERIV}(2,11) = (1.0-UU) * (1.0+S)/4.0$$
$$\text{DERIV}(2,12) = (1.0-UU) * (1.0-S)/4.0$$
$$\text{DERIV}(2,13) = (1.0-SS) * (1.0-U)/-4.0$$
$$\text{DERIV}(2,14) = -T * (1.0+S) * (1.0-U)/2.0$$
$$\text{DERIV}(2,15) = (1.0-SS) * (1.0-U)/4.0$$
$$\text{DERIV}(2,16) = -T * (1.0-S) * (1.0-U)/2.0$$
$$\text{DERIV}(2,17) = (1.0-SS) * (1.0+U)/-4.0$$
$$\text{DERIV}(2,18) = -T * (1.0+S) * (1.0+U)/2.0$$
$$\text{DERIV}(2,19) = (1.0-SS) * (1.0+U)/4.0$$

```
      DERIV(2,20)=-T*(1.0-S)*(1.0+U)/2.0
      DERIV(3,1)=(1.0-S)*(1.0-T)*(U2+S+T+1.0)/8.0
      DERIV(3,2)=(1.0+S)*(1.0-T)*(U2-S+T+1.0)/8.0
      DERIV(3,3)=(1.0+S)*(1.0+T)*(U2-S-T+1.0)/8.0
      DERIV(3,4)=(1.0-S)*(1.0+T)*(U2+S-T+1.0)/8.0
      DERIV(3,5)=(1.0-S)*(1.0-T)*(U2-S-T-1.0)/8.0
      DERIV(3,6)=(1.0+S)*(1.0-T)*(U2+S-T-1.0)/8.0
      DERIV(3,7)=(1.0+S)*(1.0+T)*(U2+S+T-1.0)/8.0
      DERIV(3,8)=(1.0-S)*(1.0+T)*(U2-S+T-1.0)/8.0
      DERIV(3,9)=-U*(1.0-S)*(1.0-T)/2.0
      DERIV(3,10)=-U*(1.0+S)*(1.0-T)/2.0
      DERIV(3,11)=-U*(1.0+S)*(1.0+T)/2.0
      DERIV(3,12)=-U*(1.0-S)*(1.0+T)/2.0
      DERIV(3,13)=(1.0-SS)*(1.0-T)/-4.0
      DERIV(3,14)=(1.0-TT)*(1.0+S)/-4.0
      DERIV(3,15)=(1.0-SS)*(1.0+T)/-4.0
      DERIV(3,16)=(1.0-TT)*(1.0-S)/-4.0
      DERIV(3,17)=(1.0-SS)*(1.0-T)/4.0
      DERIV(3,18)=(1.0-TT)*(1.0+S)/4.0
      DERIV(3,19)=(1.0-SS)*(1.0+T)/4.0
      DERIV(3,20)=(1.0-TT)*(1.0-S)/4.0
      RETURN
      END
C     计算雅可比矩阵
      SUBROUTINE JACOB2(IELEM,DJACB,LGASP)
      DIMENSION XJACM(3,3),XJACI(3,3)
      COMMON/CONTR/NPOIN,NELEM,NNODE,NDOFN,NDIME,NGAUS,NPROP,NMATS
      COMMON/CONTR/NVFIX,NEVAB,NSTRE,NTOTV
      COMMON/WORKS/ELCOD(3,20),SHAPEI(20),DERIV(3,20),CARTD(3,20)
      COMMON/WORKS/POSGP(3),WEIGP(3),GPCOD(3,27),BMATX(6,60),DMATX
      (6,6)
      COMMON/WORKS/SMATX(6,60,27),DBMAT(6,60)
      DO 10 IDIME=1,NDIME
      GPCOD(IDIME,LGASP)=0.0
      DO 10 INODE=1,NNODE
      GPCOD(IDIME,LGASP)=GPCOD(IDIME,LGASP)+ELCOD(IDIME,INODE)*
     &SHAPEI(INODE)
 10   CONTINUE
```

```
         DO 20 IDIME = 1,NDIME
         DO 20 JDIME = 1,NDIME
           XJACM(IDIME,JDIME) = 0.0
         DO 20 INODE = 1,NNODE
           XJACM(IDIME,JDIME) = XJACM(IDIME,JDIME) +
        &DERIV(IDIME,INODE) * ELCOD(JDIME,INODE)
    20   CONTINUE
         DJACB = XJACM(1,1) * XJACM(2,2) * XJACM(3,3)+XJACM(1,2) * XJACM(2,3) *
        &XJACM(3,1)+XJACM(1,3) * XJACM(3,2) * XJACM(2,1)-XJACM(1,1) *
        &XJACM(2,3) * XJACM(3,2)-XJACM(2,2) * XJACM(1,3) * XJACM(3,1) -
        &XJACM(3,3) * XJACM(1,2) * XJACM(2,1)
         IF(DJACB.GT.0.0) THEN
         XJACI(1,1) = (XJACM(2,2) * XJACM(3,3)-XJACM(2,3) * XJACM(3,2))/DJACB
         XJACI(1,2) = (XJACM(1,3) * XJACM(3,2)-XJACM(1,2) * XJACM(3,3))/DJACB
         XJACI(1,3) = (XJACM(1,2) * XJACM(2,3)-XJACM(1,3) * XJACM(2,2))/DJACB
         XJACI(2,1) = (XJACM(2,3) * XJACM(3,1)-XJACM(2,1) * XJACM(3,3))/DJACB
         XJACI(2,2) = (XJACM(1,1) * XJACM(3,3)-XJACM(1,3) * XJACM(3,1))/DJACB
         XJACI(2,3) = (XJACM(2,1) * XJACM(1,3)-XJACM(1,1) * XJACM(2,3))/DJACB
         XJACI(3,1) = (XJACM(3,2) * XJACM(2,1)-XJACM(2,2) * XJACM(3,1))/DJACB
         XJACI(3,2) = (XJACM(3,1) * XJACM(1,2)-XJACM(1,1) * XJACM(3,2))/DJACB
         XJACI(3,3) = (XJACM(1,1) * XJACM(2,2)-XJACM(1,2) * XJACM(2,1))/DJACB
         DO 50 IDIME = 1,NDIME
         DO 50 INODE = 1,NNODE
         CARTD(IDIME,INODE) = 0.0
         DO 40 JDIME = 1,NDIME
    40   CARTD(IDIME,INODE) = CARTD(IDIME,INODE)+XJACI(IDIME,JDIME) *
        &DERIV(JDIME,INODE)
    50   CONTINUE
         ELSE
         WRITE(2,60) IELEM
    60FORMAT(1X,'ZERO OR NEGATIVE AREA',3X,'ELENENT NUMBER',I3)
         END IF
         RETURN
         END
    C    计算几何矩阵
         SUBROUTINE BMATPS
         COMMON/CONTR/NPOIN,NELEM,NNODE,NDOFN,NDIME,NGAUS,NPROP,NMATS
         COMMON/CONTR/NVFIX,NEVAB,NSTRE,NTOTV
```

```
COMMON/WORKS/ELCOD(3,20),SHAPEI(20),DERIV(3,20),CARTD(3,20)
COMMON/WORKS/POSGP(3), WEIGP(3), GPCOD(3,27), BMATX(6,60), DMATX
(6,6)
COMMON/WORKS/SMATX(6,60,27),DBMAT(6,60)
NGASH=0
LGASH=0
MGASH=0
DO 10 INODE=1,NNODE
LGASH=NGASH+1
MGASH=LGASH+1
NGASH=MGASH+1
BMATX(1,LGASH)=CARTD(1,INODE)
BMATX(1,MGASH)=0.0
BMATX(1,NGASH)=0.0
BMATX(2,LGASH)=0.0
BMATX(2,MGASH)=CARTD(2,INODE)
BMATX(2,NGASH)=0.0
BMATX(3,LGASH)=0.0
BMATX(3,MGASH)=0.0
BMATX(3,NGASH)=CARTD(3,INODE)
BMATX(4,LGASH)=CARTD(2,INODE)
BMATX(4,MGASH)=CARTD(1,INODE)
BMATX(4,NGASH)=0.0
BMATX(5,LGASH)=0.0
BMATX(5,MGASH)=CARTD(3,INODE)
BMATX(5,NGASH)=CARTD(2,INODE)
BMATX(6,LGASH)=CARTD(3,INODE)
BMATX(6,MGASH)=0.0
BMATX(6,NGASH)=CARTD(1,INODE)
10   CONTINUE
     RETURN
     END
C    计算应力矩阵 S
     SUBROUTINE DBE
     COMMON/CONTR/NPOIN,NELEM,NNODE,NDOFN,NDIME,NGAUS,NPROP,NMATS
     COMMON/CONTR/NVFIX,NEVAB,NSTRE,NTOTV
     COMMON/WORKS/ELCOD(3,20),SHAPEI(20),DERIV(3,20),CARTD(3,20)
     COMMON/WORKS/POSGP(3), WEIGP(3), GPCOD(3,27), BMATX(6,60), DMATX
```

```
       (6,6)
       COMMON/WORKS/SMATX(6,60,27),DBMAT(6,60)
       DO 10 ISTRE=1,NSTRE
       DO 10 IEVAB=1,NEVAB
       DBMAT(ISTRE,IEVAB)=0.0
       DO 10 JSTRE=1,NSTRE
       DBMAT(ISTRE,IEVAB)=DBMAT(ISTRE,IEVAB)+DMATX(ISTRE,JSTRE)*
      &BMATX(JSTRE,IEVAB)
10     CONTINUE
       RETURN
       END
C      计算荷载列阵
       SUBROUTINE LOADPS
       DIMENSION POINT(3),PRESS(8,3),NOPRS(8),XJACM(3,3),NFACE(8)
       COMMON/CONTR/NPOIN,NELEM,NNODE,NDOFN,NDIME,NGAUS,NPROP,NMATS
       COMMON/CONTR/NVFIX,NEVAB,NSTRE,NTOTV
       COMMON/LGDAT/COORD(100,3),PROPS(100,3),PRESC(100,3),ASDIS(1000)
       COMMON/LGDAT/ELOAD(100,60),NOFIX(100),IFPRE(100,3),LNODS(100,20),
      &MATNO(100)
       COMMON/WORKS/ELCOD(3,20),SHAPEI(20),DERIV(3,20),CARTD(3,20)
       COMMON/WORKS/POSGP(3),WEIGP(3),GPCOD(3,27),BMATX(6,60),DMATX
       (6,6)
       COMMON/WORKS/SMATX(6,60,27),DBMAT(6,60)
       COMMON/GENEL/ASLOD(1000),ASTIF(1000,1000)
       DO 10 IELEM=1,NELEM
       DO 10 IEVAB=1,NEVAB
10     ELOAD(IELEM,IEVAB)=0.0
       READ(1,*) IPLOD,IGRAV,IEDGE
       WRITE(2,910) IPLOD,IGRAV,IEDGE
910    FORMAT(/1X,'IPLOD,IGRAV,IEDGE=',3I5/)
       IF(IPLOD.EQ.0) GO TO 500
       READ(1,*) NLOPD
       WRITE(2,911) NLOPD
911    FORMAT(1X,'NLOPD=',I5/)
       ! 计算节点力等效荷载
       DO 55 ILPOD=1,NLOPD
       READ(1,*) LODPT,(POINT(IDOFN),IDOFN=1,NDOFN)
       WRITE(2,915) LODPT,(POINT(IDOFN),IDOFN=1,NDOFN)
```

915 FORMAT(1X,I5,4X,E10.4,4X,E10.4)

DO 30 IELEM = 1,NELEM

DO 30 INODE = 1,NNODE

NLOCA = LNODS(IELEM,INODE)

IF(LODPT.EQ.NLOCA) GO TO 40

30 CONTINUE

40 DO 50 IDOFN = 1,NDOFN

NGASH = (INODE−1) * NDOFN+IDOFN

50 ELOAD(IELEM,NGASH) = POINT(IDOFN)

55 CONTINUE

500 CONTINUE

! 计算重力等效荷载

IF(IGRAV.EQ.1) THEN

READ(1, *) ALPHA,THETA,GRAVY

WRITE(2,925) ALPHA,THETA,GRAVY

925 FORMAT(1X,'ALPHA,THETA,GRAVY =',3E10.5)

THETA = THETA/57.295779514

ALPHA = ALPHA/57.295779514

DO 90 IELEM = 1,NELEM

LPROP = MATNO(IELEM)

DENSE = PROPS(LPROP,3)

C GXCOM = DENSE * GRAVY * SIN(ALPHA) * SIN(THETA)

C GYCOM = DENSE * GRAVY * SIN(ALPHA) * COS(THETA)

GXCOM = 0.0

GYCOM = 0.0

GZCOM = DENSE * GRAVY * COS(ALPHA)

DO 60 INODE = 1,NNODE

LNODE = LNODS(IELEM,INODE)

DO 60 IDIME = 1,NDIME

60 ELCOD(IDIME,INODE) = COORD(LNODE,IDIME)

DO 70 INODE = 1,NNODE

LGASP = 0

DO 80 IGAUS = 1,NGAUS

DO 80 JGAUS = 1,NGAUS

DO 80 KGAUS = 1,NGAUS

ETASP = POSGP(JGAUS)

EXISP = POSGP(IGAUS)

EZETA = POSGP(KGAUS)

223

```
        CALL SFR2(EXISP,ETASP,EZETA)
        LGASP=LGASP+1
        CALL JACOB2(IELEM,DJACB,LGASP)
        DVOLU=DJACB*WEIGP(IGAUS)*WEIGP(JGAUS)*WEIGP(KGAUS)
        LGASH=(INODE-1)*NDOFN+1
        MGASH=(INODE-1)*NDOFN+2
        NGASH=(INODE-1)*NDOFN+3
        ELOAD(IELEM,LGASH)=ELOAD(IELEM,LGASH)+
     1  GXCOM*SHAPEI(INODE)*DVOLU
          ELOAD(IELEM,MGASH)=ELOAD(IELEM,MGASH)+
     1  GYCOM*SHAPEI(INODE)*DVOLU
        ELOAD(IELEM,NGASH)=ELOAD(IELEM,NGASH)+
     1  GZCOM*SHAPEI(INODE)*DVOLU
 80  CONTINUE
 70  CONTINUE
 90  CONTINUE
        END IF
        ! 计算面力等效荷载
        IF(IEDGE.EQ.1) THEN
        READ(1,*) NEDGE
        WRITE(2,935) NEDGE
935  FORMAT(1X,'NEDGE=',I5)
        NODEG=8
        DO 160 IEDGE=1,NEDGE
        READ(1,*) NEASS,NOACE,(NOPRS(IODEG),IODEG=1,NODEG)
        WRITE(2,945) NEASS,NOACE,(NOPRS(IODEG),IODEG=1,NODEG)
945  FORMAT(1X,I3,I3,8I5)
        READ(1,*)((PRESS(IODEG,IDOFN),IODEG=1,NODEG),IDOFN=1,NDOFN)
        WRITE(2,955)((PRESS(IODEG,IDOFN),IODEG=1,NODEG),IDOFN=1,NDOFN)
955  FORMAT(1X,6F10.3)
        IF(NOACE.EQ.1) THEN
        NFACE=(/1,9,5,20,8,12,4,16/)
        EXISP=-1.0
        ELSE IF(NOACE.EQ.2) THEN
        NFACE=(/3,11,7,18,6,10,2,14/)
        EXISP=1.0
        DO 121 IGAUS=1,NGAUS
        DO 121 JGAUS=1,NGAUS
```

```
          ETASP = POSGP ( IGAUS )
          EZETA = POSGP ( JGAUS )
          CALL SFR2 ( EXISP , ETASP , EZETA )
          DO 101 IDIME = 1 , NDIME
          DO 101 JDIME = 1 , NDIME
          XJACM ( IDIME , JDIME ) = 0.0
          DO 101 INODE = 1 , NNODE
          XJACM ( IDIME , JDIME ) = XJACM ( IDIME , JDIME ) +
         &DERIV ( IDIME , INODE ) * ELCOD ( JDIME , INODE )
  101 CONTINUE
          E = XJACM ( 2 , 2 ) * XJACM ( 3 , 3 ) - XJACM ( 3 , 2 ) * XJACM ( 2 , 3 )
          F = XJACM ( 2 , 3 ) * XJACM ( 3 , 1 ) - XJACM ( 2 , 1 ) * XJACM ( 3 , 3 )
          G = XJACM ( 2 , 1 ) * XJACM ( 3 , 2 ) - XJACM ( 3 , 1 ) * XJACM ( 2 , 2 )
          EFG = SQRT ( E * E + F * F + G * G )
          DVOLU = WEIGP ( IGAUS ) * WEIGP ( JGAUS )
          DO 111 IODEG = 1 , NODEG
          PXCOM = PRESS ( IODEG , 1 ) * EFG
          PYCOM = PRESS ( IODEG , 2 ) * EFG
          PZCOM = PRESS ( IODEG , 3 ) * EFG
          LGASH = ( NFACE ( IODEG ) - 1 ) * NDOFN + 1
          MGASH = ( NFACE ( IODEG ) - 1 ) * NDOFN + 2
          NGASH = ( NFACE ( IODEG ) - 1 ) * NDOFN + 3
          ELOAD ( NEASS , LGASH ) = ELOAD ( NEASS , LGASH ) + SHAPEI ( NFACE ( IODEG ) )
         & * PXCOM * DVOLU
            ELOAD ( NEASS , MGASH ) = ELOAD ( NEASS , MGASH ) + SHAPEI ( NFACE ( IODEG ) )
         & * PYCOM * DVOLU
            ELOAD ( NEASS , NGASH ) = ELOAD ( NEASS , NGASH ) + SHAPEI ( NFACE ( IODEG ) )
         & * PZCOM * DVOLU
  111 CONTINUE
  121 CONTINUE
          ELSE IF ( NOACE.EQ.3 ) THEN
          NFACE = ( /2 , 10 , 6 , 17 , 5 , 9 , 1 , 13/ )
          ETASP = -1.0
          ELSE IF ( NOACE.EQ.4 ) THEN
          NFACE = ( /4 , 12 , 8 , 19 , 7 , 11 , 3 , 15/ )
          ETASP = 1.0
          DO 122 IGAUS = 1 , NGAUS
          DO 122 JGAUS = 1 , NGAUS
```

225

```
      EXISP = POSGP( IGAUS )
      EZETA = POSGP( JGAUS )
      CALL SFR2( EXISP, ETASP, EZETA )
      DO 102 IDIME = 1, NDIME
      DO 102 JDIME = 1, NDIME
      XJACM( IDIME, JDIME ) = 0.0
      DO 102 INODE = 1, NNODE
      XJACM( IDIME, JDIME ) = XJACM( IDIME, JDIME ) +
     &DERIV( IDIME, INODE ) * ELCOD( JDIME, INODE )
  102 CONTINUE
      E = XJACM( 1,2 ) * XJACM( 3,3 ) - XJACM( 3,2 ) * XJACM( 1,3 )
      F = XJACM( 1,3 ) * XJACM( 3,1 ) - XJACM( 1,1 ) * XJACM( 3,3 )
      G = XJACM( 1,1 ) * XJACM( 3,2 ) - XJACM( 3,1 ) * XJACM( 1,2 )
      EFG = SQRT( E * E+F * F+G * G )
      DVOLU = WEIGP( IGAUS ) * WEIGP( JGAUS )
      DO 112 IODEG = 1, NODEG
      PXCOM = PRESS( IODEG,1 ) * EFG
      PYCOM = PRESS( IODEG,2 ) * EFG
      PZCOM = PRESS( IODEG,3 ) * EFG
      LGASH = ( NFACE( IODEG ) -1 ) * NDOFN+1
      MGASH = ( NFACE( IODEG ) -1 ) * NDOFN+2
      NGASH = ( NFACE( IODEG ) -1 ) * NDOFN+3
      ELOAD( NEASS, LGASH ) = ELOAD( NEASS, LGASH ) +SHAPEI( NFACE( IODEG ) )
     & * PXCOM * DVOLU
      ELOAD( NEASS, MGASH ) = ELOAD( NEASS, MGASH ) +SHAPEI( NFACE( IODEG ) )
     & * PYCOM * DVOLU
      ELOAD( NEASS, NGASH ) = ELOAD( NEASS, NGASH ) +SHAPEI( NFACE( IODEG ) )
     & * PZCOM * DVOLU
  112 CONTINUE
  122 CONTINUE
      ELSE IF( NOACE.EQ.5 ) THEN
      NFACE = ( /4,16,1,13,2,14,3,15/ )
      EZETA = -1.0
      ELSE IF( NOACE.EQ.6 ) THEN
      NFACE = ( /6,18,7,19,8,20,5,17/ )
      EZETA = 1.0
      DO 123 IGAUS = 1, NGAUS
      DO 123 JGAUS = 1, NGAUS
```

```
      EXISP = POSGP(IGAUS)
      ETASP = POSGP(JGAUS)
      CALL SFR2(EXISP,ETASP,EZETA)
      DO 103 IDIME = 1,NDIME
      DO 103 JDIME = 1,NDIME
      XJACM(IDIME,JDIME) = 0.0
      DO 103 INODE = 1,NNODE
      XJACM(IDIME,JDIME) = XJACM(IDIME,JDIME)+
     &DERIV(IDIME,INODE) * ELCOD(JDIME,INODE)
  103 CONTINUE
      E = XJACM(1,2) * XJACM(2,3)−XJACM(1,3) * XJACM(2,2)
      F = XJACM(1,3) * XJACM(2,1)−XJACM(1,1) * XJACM(2,3)
      G = XJACM(1,1) * XJACM(2,2)−XJACM(1,2) * XJACM(2,1)
      EFG = SQRT(E * E+F * F+G * G)
      DVOLU = WEIGP(IGAUS) * WEIGP(JGAUS)
      DO 113 IODEG = 1,NODEG
      PXCOM = PRESS(IODEG,1) * EFG
      PYCOM = PRESS(IODEG,2) * EFG
      PZCOM = PRESS(IODEG,3) * EFG
      LGASH = (NFACE(IODEG)−1) * NDOFN+1
      MGASH = (NFACE(IODEG)−1) * NDOFN+2
      NGASH = (NFACE(IODEG)−1) * NDOFN+3
      ELOAD(NEASS,LGASH) = ELOAD(NEASS,LGASH)+SHAPEI(NFACE(IODEG))
     & * PXCOM * DVOLU
      ELOAD(NEASS,MGASH) = ELOAD(NEASS,MGASH)+SHAPEI(NFACE(IODEG))
     & * PYCOM * DVOLU
      ELOAD(NEASS,NGASH) = ELOAD(NEASS,NGASH)+SHAPEI(NFACE(IODEG))
     & * PZCOM * DVOLU
  113 CONTINUE
  123 CONTINUE
      END IF
  160 CONTINUE
      END IF
      RETURN
      END
C     刚度矩阵集成
      SUBROUTINE ASSEMB
      COMMON/CONTR/NPOIN,NELEM,NNODE,NDOFN,NDIME,NGAUS,NPROP,NMATS
```

227

```
      COMMON/CONTR/NVFIX,NEVAB,NSTRE,NTOTV
      COMMON/LGDAT/COORD(100,3),PROPS(100,3),PRESC(100,3),ASDIS(1000)
      COMMON/LGDAT/ELOAD(100,60),NOFIX(100),IFPRE(100,3),LNODS(100,20),
     &MATNO(100)
      COMMON/WORKS/ELCOD(3,20),SHAPEI(20),DERIV(3,20),CARTD(3,20)
      COMMON/WORKS/POSGP(3),WEIGP(3),GPCOD(3,27),BMATX(6,60),DMATX
     (6,6)
      COMMON/WORKS/SMATX(6,60,27),DBMAT(6,60)
      COMMON/GENEL/ASLOD(1000),ASTIF(1000,1000)
      COMMON/USR/ESTIF(60,60)
      DO 10 IEVAB=1,NEVAB
      ASLOD(IEVAB)=0.0
      DO 10 JEVAB=1,NEVAB
      ASTIF(IEVAB,JEVAB)=0.0
   10 CONTINUE
      DO 30 IELEM=1,NELEM
      CALL STIFPS(IELEM)
      DO 20 INODE=1,NNODE
      NODEI=LNODS(IELEM,INODE)
      DO 20 IDOFN=1,NDOFN
      NROWS=(NODEI-1)*NDOFN+IDOFN
      NROWE=(INODE-1)*NDOFN+IDOFN
      ASLOD(NROWS)=ASLOD(NROWS)+ELOAD(IELEM,NROWE)
      DO 20 JNODE=1,NNODE
      NODEJ=LNODS(IELEM,JNODE)
      DO 20 JDOFN=1,NDOFN
      NCOLS=(NODEJ-1)*NDOFN+JDOFN
      NCOLE=(JNODE-1)*NDOFN+JDOFN
      ASTIF(NROWS,NCOLS)=ASTIF(NROWS,NCOLS)+ESTIF(NROWE,NCOLE)
   20 CONTINUE
   30 CONTINUE
      RETURN
      END
C     引入支座条件
      SUBROUTINE ISC
      COMMON/CONTR/NPOIN,NELEM,NNODE,NDOFN,NDIME,NGAUS,NPROP,NMATS
      COMMON/CONTR/NVFIX,NEVAB,NSTRE,NTOTV
      COMMON/LGDAT/COORD(100,3),PROPS(100,3),PRESC(100,3),ASDIS(1000)
```

```
COMMON/LGDAT/ELOAD(100,60),NOFIX(100),IFPRE(100,3),LNODS(100,20),
&MATNO(100)
COMMON/WORKS/ELCOD(3,20),SHAPEI(20),DERIV(3,20),CARTD(3,20)
COMMON/WORKS/POSGP(3),WEIGP(3),GPCOD(3,27),BMATX(6,60),DMATX
(6,6)
COMMON/WORKS/SMATX(6,60,27),DBMAT(6,60)
COMMON/GENEL/ASLOD(1000),ASTIF(1000,1000)
DO 10 IVFIX=1,NVFIX
DO 10 IDOFN=1,NDOFN
IF(IFPRE(IVFIX,IDOFN).EQ.0) GO TO 10
IX1=3*NOFIX(IVFIX)-2
IX2=3*NOFIX(IVFIX)-1
IX3=3*NOFIX(IVFIX)
IF(IDOFN.EQ.1) IXX=IX1
IF(IDOFN.EQ.2) IXX=IX2
IF(IDOFN.EQ.3) IXX=IX3
ASTIF(IXX,IXX)=ASTIF(IXX,IXX)*1.0E15
10    CONTINUE
RETURN
END
C     用高斯消元法解方程
SUBROUTINE GAUSS(N)
COMMON/GENEL/ASLOD(1000),ASTIF(1000,1000)
DIMENSION AA(1000,1000),BB(1000)
DO 5 I=1,N
BB(I)=ASLOD(I)
DO 5 J=1,N
AA(I,J) = ASTIF(I,J)
5     CONTINUE
DO 15 I=1,N
I1=I+1
DO 10 J=I1,N
10    AA(I,J)=AA(I,J)/AA(I,I)
BB(I)=BB(I)/AA(I,I)
AA(I,I)=1.0
DO 20 J=I1,N
DO 30 M=I1,N
30    AA(J,M)=AA(J,M)-AA(J,I)*AA(I,M)
```

```
20   BB(J)=BB(J)-AA(J,I)*BB(I)
15   CONTINUE
     DO 40 I=N-1,1,-1
     DO 50 J=I+1,N
50   BB(I)=BB(I)-AA(I,J)*BB(J)
40   CONTINUE
     DO 55 KK=1,N
     ASLOD(KK)=BB(KK)
55   CONTINUE
     RETURN
     END
C    计算高斯积分点应力
     SUBROUTINE STREPS
     DIMENSION ELDIS(3,20),STRSG(6)
     COMMON/CONTR/NPOIN,NELEM,NNODE,NDOFN,NDIME,NGAUS,NPROP,NMATS
     COMMON/CONTR/NVFIX,NEVAB,NSTRE,NTOTV
     COMMON/LGDAT/COORD(100,3),PROPS(100,3),PRESC(100,3),ASDIS(1000)
     COMMON/LGDAT/ELOAD(100,60),NOFIX(100),IFPRE(100,3),LNODS(100,20),
     &MATNO(100)
     COMMON/WORKS/ELCOD(3,20),SHAPEI(20),DERIV(3,20),CARTD(3,20)
     COMMON/WORKS/POSGP(3),WEIGP(3),GPCOD(3,27),BMATX(6,60),DMATX
     (6,6)
     COMMON/WORKS/SMATX(6,60,27),DBMAT(6,60)
     COMMON/GENEL/ASLOD(1000),ASTIF(1000,1000)
     COMMON/USR/ESTIF(60,60)
     WRITE(2,900)
900  FORMAT(/1X,'IELEM',3X,'X',4X,'Y',4X,'Z',4X,'X-STR',4X,'Y-STR',4X,
     &'Z-STR',4X,'XY-STR',4X,'YZ-STR',4X,'XZ-STR')
     DO 60 IELEM=1,NELEM
     LPROP=MATNO(IELEM)
     POISS=PROPS(LPROP,2)
     CALL MODPS(LPROP)
     DO 10 INODE=1,NNODE
     LNODE=LNODS(IELEM,INODE)
     DO 10 IDIME=1,NDIME
10   ELCOD(IDIME,INODE)=COORD(LNODE,IDIME)
     LGASP=0
     DO 30 IGAUS=1,NGAUS
```

```
      DO 30 JGAUS = 1 , NGAUS
      DO 30 KGAUS = 1 , NGAUS
      LGASP = LGASP + 1
      EXISP = POSGP( IGAUS )
      ETASP = POSGP( JGAUS )
      EZETA = POSGP( KGAUS )
      CALL SFR2( EXISP , ETASP , EZETA )
      CALL JACOB2( IELEM , DJACB , LGASP )
      DVOLU = DJACB * WEIGP( IGAUS ) * WEIGP( JGAUS ) * WEIGP( KGAUS )
      CALL BMATPS
      CALL DBE
      DO 20 ISTRE = 1 , NSTRE
      DO 20 IEVAB = 1 , NEVAB
20    SMATX( ISTRE , IEVAB , LGASP ) = DBMAT( ISTRE , IEVAB )
30    CONTINUE
      DO 40 INODE = 1 , NNODE
      LNODE = LNODS( IELEM , INODE )
      NPOSN = ( LNODE - 1 ) * NDOFN
      DO 40 IDOFN = 1 , NDOFN
      NPOSN = NPOSN + 1
      ELDIS( IDOFN , INODE ) = ASDIS( NPOSN )
40    CONTINUE
      WRITE( 2 , 910 ) IELEM
910   FORMAT( 1X , 'IELEM = ' , I4 )
      LGASP = 0
      DO 50 IGAUS = 1 , NGAUS
      DO 50 JGAUS = 1 , NGAUS
      DO 50 KGAUS = 1 , NGAUS
      LGASP = LGASP + 1
      DO 55 ISTRE = 1 , NSTRE
      STRSG( ISTRE ) = 0.0
      LGASH = 0
      DO 55 INODE = 1 , NNODE
      DO 55 IDOFN = 1 , NDOFN
      LGASH = LGASH + 1
      STRSG( ISTRE ) = STRSG( ISTRE ) + SMATX( ISTRE , LGASH , LGASP ) *
     &ELDIS( IDOFN , INODE )
55    CONTINUE
```

WRITE(2,915) LGASP,(GPCOD(IDIME,LGASP),IDIME=1,NDIME),STRSG(1),
&STRSG(2),STRSG(3),STRSG(4),STRSG(5),STRSG(6)
915 FORMAT(1X,I2,3X,3F12.3,3X,6E12.3)
50 CONTINUE
60 CONTINUE
RETURN
END

7.5.5 程序使用方法

例7-1 如图7-5所示某空间正方体压力盒各边长为2m，上端面受均布面力荷载 $q=10kN/m^2$，其余面均固定，$E=2\times105MPa$，$\mu=0.2$，体密度 $\rho=50kN/m^3$，采用二十节点等参单元，单元个数8，节点总数81，试求该正方体压力盒各点主应力以及主方向。

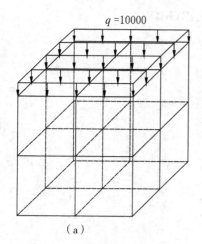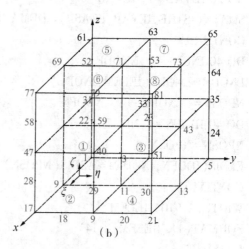

图7-5 3D有限元计算模型

计算步骤及说明：
(1)结构离散化，对节点、单元进行编码，如图7-6(b)所示。
(2)准备原始数据文件，比如 EXAPM6.TXT。
对应输入语句，依次输入节点总数，单元总数，约束节点个数，材料组数，高斯积分点个数和单元节点数：
READ(1,*)NPOINT,NELEM,NVFIX,NMATS,NGAUS,NNODE
81,8,69,1,3,20
对应输入语句，依次输入单元编号，单元所属的材料组数和单元的节点编号：
READ(1,*)IELEM,MATNO(IELEM),(LNODS(IELEM,INODE),INODE=1,NNODE)
1,1,1,9,11,3,31,39,41,33,22,25,26,23,6,10,7,2,36,40,37,32
2,1,9,17,19,11,39,47,49,41,25,28,29,26,14,18,15,10,44,48,45,40

3,1,3,11,13,5,33,41,43,35,23,26,27,24,7,12,8,4,37,42,38,34

4,1,11,19,21,13,41,49,51,43,26,29,30,27,15,20,16,12,45,50,46,42

5,1,31,39,41,33,61,69,71,63,52,55,56,53,36,40,37,32,66,70,67,62

6,1,39,47,49,41,69,77,79,71,55,58,59,56,44,48,45,40,74,78,75,70

7,1,33,41,43,35,63,71,73,65,53,56,57,54,37,42,38,34,67,72,68,64

8,1,41,49,51,43,71,79,81,73,56,59,60,57,45,50,46,42,75,80,76,72

对应输入语句,依次输入每个节点的编号及每个节点的坐标:

READ(1,*)JPOIN,(COORD(JPOIN,IDIME),IDIME=1,NDIME)

1,0.0,0.0,0.0

2,0.0,0.5,0.0

3,0.0,1.0,0.0

4,0.0,1.5,0.0

5,0.0,2.0,0.0

6,0.5,0.0,0.0

7,0.5,1.0,0.0

8,0.5,2.0,0.0

9,1.0,0.0,0.0

10,1.0,0.5,0.0

11,1.0,1.0,0.0

12,1.0,1.5,0.0

13,1.0,2.0,0.0

14,1.5,0.0,0.0

15,1.5,1.0,0.0

16,1.5,2.0,0.0

17,2.0,0.0,0.0

18,2.0,0.5,0.0

19,2.0,1.0,0.0

20,2.0,1.5,0.0

21,2.0,2.0,0.0

22,0.0,0.0,0.5

23,0.0,1.0,0.5

24,0.0,2.0,0.5

25,1.0,0.0,0.5

26,1.0,1.0,0.5

27,1.0,2.0,0.5

28,2.0,0.0,0.5

29,2.0,1.0,0.5

30,2.0,2.0,0.5

31,0.0,0.0,1.0
32,0.0,0.5,1.0
33,0.0,1.0,1.0
34,0.0,1.5,1.0
35,0.0,2.0,1.0
36,0.5,0.0,1.0
37,0.5,1.0,1.0
38,0.5,2.0,1.0
39,1.0,0.0,1.0
40,1.0,0.5,1.0
41,1.0,1.0,1.0
42,1.0,1.5,1.0
43,1.0,2.0,1.0
44,1.5,0.0,1.0
45,1.5,1.0,1.0
46,1.5,2.0,1.0
47,2.0,0.0,1.0
48,2.0,0.5,1.0
49,2.0,1.0,1.0
50,2.0,1.5,1.0
51,2.0,2.0,1.0
52,0.0,0.0,1.5
53,0.0,1.0,1.5
54,0.0,2.0,1.5
55,1.0,0.0,1.5
56,1.0,1.0,1.5
57,1.0,2.0,1.5
58,2.0,0.0,1.5
59,2.0,1.0,1.5
60,2.0,2.0,1.5
61,0.0,0.0,2.0
62,0.0,0.5,2.0
63,0.0,1.0,2.0
64,0.0,1.5,2.0
65,0.0,2.0,2.0
66,0.5,0.0,2.0
67,0.5,1.0,2.0
68,0.5,2.0,2.0

69,1. 0,0. 0,2. 0
70,1. 0,0. 5,2. 0
71,1. 0,1. 0,2. 0
72,1. 0,1. 5,2. 0
73,1. 0,2. 0,2. 0
74,1. 5,0. 0,2. 0
75,1. 5,1. 0,2. 0
76,1. 5,2. 0,2. 0
77,2. 0,0. 0,2. 0
78,2. 0,0. 5,2. 0
79,2. 0,1. 0,2. 0
80,2. 0,1. 5,2. 0
81,2. 0,2. 0,2. 0

对应输入语句,依次输入约束节点编号,约束节点自由度(有约束为1,无约束为0),约束位移值:

READ(1, *)NOFIX(IVFIX),(IFPRE(IVFIX,IDOFN),IDOFN=1,NDOFN),
&(PRESC(IVFIX,IDOFN),IDOFN=1,NDOFN)

1,1,1,1,0. 0,0. 0,0. 0
2,1,0,1,0. 0,0. 0,0. 0
3,1,0,1,0. 0,0. 0,0. 0
4,1,0,1,0. 0,0. 0,0. 0
5,1,1,1,0. 0,0. 0,0. 0
6,0,1,1,0. 0,0. 0,0. 0
7,0,0,1,0. 0,0. 0,0. 0
8,0,1,1,0. 0,0. 0,0. 0
9,0,1,1,0. 0,0. 0,0. 0
10,0,0,1,0. 0,0. 0,0. 0
11,0,0,1,0. 0,0. 0,0. 0
12,0,0,1,0. 0,0. 0,0. 0
13,0,1,1,0. 0,0. 0,0. 0
14,0,1,1,0. 0,0. 0,0. 0
15,0,0,1,0. 0,0. 0,0. 0
16,0,1,1,0. 0,0. 0,0. 0
17,1,1,1,0. 0,0. 0,0. 0
18,1,0,1,0. 0,0. 0,0. 0
19,1,0,1,0. 0,0. 0,0. 0
20,1,0,1,0. 0,0. 0,0. 0
21,1,1,1,0. 0,0. 0,0. 0

22,1,1,0,0.0,0.0,0,0.0
23,1,0,0,0.0,0.0,0,0.0
24,1,1,0,0.0,0.0,0,0.0
25,0,1,0,0.0,0.0,0,0.0
27,0,1,0,0.0,0.0,0,0.0
28,1,1,0,0.0,0.0,0,0.0
29,1,0,0,0.0,0.0,0,0.0
30,1,1,0,0.0,0.0,0,0.0
31,1,1,0,0.0,0.0,0,0.0
32,1,0,0,0.0,0.0,0,0.0
33,1,0,0,0.0,0.0,0,0.0
34,1,0,0,0.0,0.0,0,0.0
35,1,1,0,0.0,0.0,0,0.0
36,0,1,0,0.0,0.0,0,0.0
38,0,1,0,0.0,0.0,0,0.0
39,0,1,0,0.0,0.0,0,0.0
43,0,1,0,0.0,0.0,0,0.0
44,0,1,0,0.0,0.0,0,0.0
46,0,1,0,0.0,0.0,0,0.0
47,1,1,0,0.0,0.0,0,0.0
48,1,0,0,0.0,0.0,0,0.0
49,1,0,0,0.0,0.0,0,0.0
50,1,0,0,0.0,0.0,0,0.0
51,1,1,0,0.0,0.0,0,0.0
52,1,1,0,0.0,0.0,0,0.0
53,1,0,0,0.0,0.0,0,0.0
54,1,1,0,0.0,0.0,0,0.0
55,0,1,0,0.0,0.0,0,0.0
57,0,1,0,0.0,0.0,0,0.0
58,1,1,0,0.0,0.0,0,0.0
59,1,0,0,0.0,0.0,0,0.0
60,1,1,0,0.0,0.0,0,0.0
61,1,1,0,0.0,0.0,0,0.0
62,1,0,0,0.0,0.0,0,0.0
63,1,0,0,0.0,0.0,0,0.0
64,1,0,0,0.0,0.0,0,0.0
65,1,1,0,0.0,0.0,0,0.0
66,0,1,0,0.0,0.0,0,0.0

68,0,1,0,0.0,0.0,0.0
69,0,1,0,0.0,0.0,0.0
73,0,1,0,0.0,0.0,0.0
74,0,1,0,0.0,0.0,0.0
76,0,1,0,0.0,0.0,0.0
77,1,1,0,0.0,0.0,0.0
78,1,0,0,0.0,0.0,0.0
79,1,0,0,0.0,0.0,0.0
80,1,0,0,0.0,0.0,0.0
81,1,1,0,0.0,0.0,0.0

对应输入语句,输入单元所属材料参数信息(依次为弹性模量 E,泊松比 μ,密度 ρ):

READ(1,*)NUMAT,(PROPS(NUMAT,IPROP),IPROP=1,NPROP)

1,2000000.0,0.2,5000.0

对应输入语句,输入荷载作用信息,分别对应集中力,体力和边界分布力,对应每一项有力作用时输入1,无相应力作用时输入0:

READ(1,*)IPLOD,IGRAV,IEDGE

0,0,1

对应输入语句,输入作用边界分布力的单元边界总数:

READ(1,*)NEDGE

4

对应输入语句,先依次输入作用边界分布力的单元编号,作用边界力面号和单元节点编号,再输入分布力的法向应力和切向应力值:

READ(1,*)NEASS,NOACE,(NOPRS(IODEG),IODEG=1,NODEG)

READ(1,*)((PRESS(IODEG,IDOFN),IODEG=1,NODEG),IDOFN=1,NDOFN)

5,6,69,70,71,67,63,62,61,66

0.0,0.0,0.0,0.0,0.0,0.0,0.0,0.0,0.0,0.0,0.0,0.0,0.0,0.0,0.0,0.0,−10000.0,
−10000.0,−10000.0,−10000.0,−10000.0,−10000.0,−10000.0,−10000.0

6,6,77,78,79,75,71,70,69,74

0.0,0.0,0.0,0.0,0.0,0.0,0.0,0.0,0.0,0.0,0.0,0.0,0.0,0.0,0.0,0.0,−10000.0,
−10000.0,−10000.0,−10000.0,−10000.0,−10000.0,−10000.0,−10000.0

7,6,71,72,73,68,65,64,63,67

0.0,0.0,0.0,0.0,0.0,0.0,0.0,0.0,0.0,0.0,0.0,0.0,0.0,0.0,0.0,0.0,−10000.0,
−10000.0,−10000.0,−10000.0,−10000.0,−10000.0,−10000.0,−10000.0

8,6,79,80,81,76,73,72,71,75

0.0,0.0,0.0,0.0,0.0,0.0,0.0,0.0,0.0,0.0,0.0,0.0,0.0,0.0,0.0,0.0,−10000.0,
−10000.0,−10000.0,−10000.0,−10000.0,−10000.0,−10000.0,−10000.0

(3)程序执行结果。计算结果包括计算的节点位移,各单元高斯点处的主应力及主应力方向角。

NODE	X-DISP	Y-DISP	Z-DISP
1	0. 2952-18	0. 2952-18	0. 1181-17
2	−0. 8036-18	−0. 1200-10	−0. 3214-17
3	0. 2952-18	−0. 2892-10	0. 1181-17
4	−0. 8036-18	−0. 3183-10	−0. 3214-17
5	0. 2952-18	−0. 2952-18	0. 1181-17
6	−0. 1118-08	−0. 8036-18	−0. 3214-17
7	−0. 1214-09	−0. 1029-09	−0. 3214-17
8	−0. 1001-09	0. 8036-18	−0. 3214-17
9	−0. 8980-09	0. 2952-18	0. 1181-17
10	−0. 3966-09	0. 6374-09	−0. 3214-17
11	0. 1046-09	0. 1829-09	0. 1181-17
12	0. 2406-10	−0. 1157-09	−0. 3214-17
13	−0. 4215-09	−0. 2952-18	0. 1181-17
14	−0. 2847-09	−0. 8036-18	−0. 3214-17
15	−0. 3054-09	0. 2647-09	−0. 3214-17
16	0. 1662-09	0. 8036-18	−0. 3214-17
17	−0. 2952-18	0. 2952-18	0. 1181-17
18	0. 8036-18	0. 3989-09	−0. 3214-17
19	−0. 2952-18	0. 5706-09	0. 1181-17
20	0. 8036-18	0. 1081-09	−0. 3214-17
21	−0. 2952-18	−0. 2952-18	0. 1181-17
22	−0. 8036-18	−0. 8036-18	−0. 2250-02
23	−0. 8036-18	0. 4688-10	−0. 2250-02
24	−0. 8036-18	0. 8036-18	−0. 2250-02
25	−0. 7989-09	−0. 8036-18	−0. 2250-02
26	−0. 2435-09	0. 7098-09	−0. 2250-02
27	−0. 4129-09	0. 8036-18	−0. 2250-02
28	0. 8036-18	−0. 8036-18	−0. 2250-02
29	0. 8036-18	0. 8018-09	−0. 2250-02
30	0. 8036-18	0. 8036-18	−0. 2250-02
31	0. 2952-18	0. 2952-18	−0. 4500-02
32	−0. 8036-18	−0. 3630-09	−0. 4500-02
33	0. 2952-18	0. 5085-09	−0. 4500-02
34	−0. 8036-18	−0. 3244-09	−0. 4500-02

35	0. 2952-18	−0. 2952-18	−0. 4500-02
36	−0. 9018-09	−0. 8036-18	−0. 4500-02
37	−0. 5633-10	0. 1032-09	−0. 4500-02
38	0. 2191-09	0. 8036-18	−0. 4500-02
39	0. 2426-09	0. 2952-18	−0. 4500-02
40	−0. 2520-09	0. 9706-09	−0. 4500-02
41	0. 2018-09	0. 8054-09	−0. 4500-02
42	0. 5538-09	0. 8497-09	−0. 4500-02
43	0. 1214-09	−0. 2952-18	−0. 4500-02
44	−0. 6368-09	−0. 8036-18	−0. 4500-02
45	0. 2586-09	0. 8388-09	−0. 4500-02
46	0. 1534-09	0. 8036-18	−0. 4500-02
47	−0. 2952-18	0. 2952-18	−0. 4500-02
48	0. 8036-18	0. 1088-08	−0. 4500-02
49	−0. 2952-18	0. 9701-09	−0. 4500-02
50	0. 8036-18	0. 1708-08	−0. 4500-02
51	−0. 2952-18	−0. 2952-18	−0. 4500-02
52	−0. 8036-18	−0. 8036-18	−0. 6750-02
53	−0. 8036-18	−0. 5979-09	−0. 6750-02
54	−0. 8036-18	0. 8036-18	−0. 6750-02
55	−0. 3974-09	−0. 8036-18	−0. 6750-02
56	0. 2270-09	0. 8431-09	−0. 6750-02
57	−0. 1963-09	0. 8036-18	−0. 6750-02
58	0. 8036-18	−0. 8036-18	−0. 6750-02
59	0. 8036-18	0. 5162-09	−0. 6750-02
60	0. 8036-18	0. 8036-18	−0. 6750-02
61	0. 2952-18	0. 2952-18	−0. 9000-02
62	−0. 8036-18	0. 1207-08	−0. 9000-02
63	0. 2952-18	−0. 1686-10	−0. 9000-02
64	−0. 8036-18	0. 4673-09	−0. 9000-02
65	0. 2952-18	−0. 2952-18	−0. 9000-02
66	0. 3674-08	−0. 8036-18	−0. 9000-02
67	0. 1469-08	−0. 9112-09	−0. 9000-02
68	−0. 1228-08	0. 8036-18	−0. 9000-02
69	0. 4702-08	0. 2952-18	−0. 9000-02

70	0. 3253-08	−0. 2417-08	−0. 9000-02
71	0. 2183-08	−0. 2205-08	−0. 9000-02
72	−0. 8329-09	−0. 1117-08	−0. 9000-02
73	−0. 2734-08	−0. 2952-18	−0. 9000-02
74	0. 3241-08	−0. 8036-18	−0. 9000-02
75	0. 8880-09	−0. 1897-08	−0. 9000-02
76	−0. 1794-08	0. 8036-18	−0. 9000-02
77	−0. 2952-18	0. 2952-18	−0. 9000-02
78	0. 8036-18	−0. 1685-08	−0. 9000-02
79	−0. 2952-18	−0. 2483-08	−0. 9000-02
80	0. 8036-18	−0. 1880-08	−0. 9000-02
81	−0. 2952-18	−0. 2952-18	−0. 9000-02

IELEM X Y Z SIG1 SIG2 SIG3 L1 M1 N1 L2 M2 N2 L3 M3 N3

IELEM＝ 1

IELEM	X	Y	Z	SIG1	SIG2	SIG3	L1	M1	N1	L2	M2	N2	L3	M3	N3
1	0.113	0.113	0.113	−0.250E+04	−0.250E+04	−0.100E+05	−0.08	−1.00	−0.02	0.99	−0.10	−0.02	0.00	0.00	1.00
2	0.113	0.113	0.500	−0.250E+04	−0.250E+04	−0.100E+05	−0.09	−1.00	−0.01	0.99	−0.12	−0.01	0.00	0.00	1.00
3	0.113	0.113	0.887	−0.250E+04	−0.250E+04	−0.100E+05	−0.12	−0.99	−0.01	0.99	−0.11	0.01	0.00	0.00	1.00
4	0.113	0.500	0.113	−0.250E+04	−0.250E+04	−0.100E+05	−0.21	−0.97	0.07	0.95	−0.06	0.31	0.00	0.00	1.00
5	0.113	0.500	0.500	−0.250E+04	−0.250E+04	−0.100E+05	−0.21	−0.98	0.02	0.99	−0.17	0.03	0.00	0.00	1.00
6	0.113	0.500	0.887	−0.250E+04	−0.250E+04	−0.100E+05	−0.20	−0.98	0.02	0.99	−0.15	0.02	0.00	0.00	1.00
7	0.113	0.887	0.113	−0.250E+04	−0.250E+04	−0.100E+05	−0.15	−0.98	−0.09	0.97	−0.22	−0.14	0.00	0.00	1.00
8	0.113	0.887	0.500	−0.250E+04	−0.250E+04	−0.100E+05	−0.06	−1.00	−0.04	1.00	−0.09	−0.01	0.00	0.00	1.00
9	0.113	0.887	0.887	−0.250E+04	−0.250E+04	−0.100E+05	−0.02	1.00	0.00	1.00	0.02	0.00	0.00	0.00	1.00
10	0.500	0.113	0.113	−0.250E+04	−0.250E+04	−0.100E+05	−0.25	−0.96	−0.11	0.95	−0.28	0.12	0.00	0.00	1.00
11	0.500	0.113	0.500	−0.250E+04	−0.250E+04	−0.100E+05	−0.29	−0.96	−0.02	0.94	−0.33	−0.01	0.00	0.00	1.00
12	0.500	0.113	0.887	−0.250E+04	−0.250E+04	−0.100E+05	−0.63	−0.78	0.00	0.77	−0.63	0.00	0.00	0.00	1.00
13	0.500	0.500	0.113	−0.250E+04	−0.250E+04	−0.100E+05	−0.62	−0.78	0.05	0.80	−0.59	0.10	0.00	0.00	1.00
14	0.500	0.500	0.500	−0.250E+04	−0.250E+04	−0.100E+05	−0.55	−0.83	0.07	0.86	−0.51	0.08	0.00	0.00	1.00
15	0.500	0.500	0.887	−0.250E+04	−0.250E+04	−0.100E+05	−0.62	−0.78	0.02	0.80	−0.60	0.01	0.00	0.00	1.00
16	0.500	0.887	0.113	−0.250E+04	−0.250E+04	−0.100E+05	−0.78	−0.60	−0.19	−0.11	0.38	0.92	0.00	0.00	1.00
17	0.500	0.887	0.500	−0.250E+04	−0.250E+04	−0.100E+05	−0.63	−0.69	−0.36	0.50	−0.43	0.76	0.00	0.00	1.00
18	0.500	0.887	0.887	−0.250E+04	−0.250E+04	−0.100E+05	−0.65	−0.76	−0.04	0.74	−0.67	−0.03	0.00	0.00	1.00
19	0.887	0.113	0.113	−0.250E+04	−0.250E+04	−0.100E+05	0.58	0.81	−0.01	0.82	−0.58	0.00	0.00	0.00	1.00
20	0.887	0.113	0.500	−0.250E+04	−0.250E+04	−0.100E+05	0.70	0.71	−0.03	0.81	−0.59	0.02	0.00	0.00	1.00

21	0.887	0.113	0.887	-0.250E+04	-0.250E+04	-0.100E+05	-1.00	0.05	0.00	-0.05	-1.00	0.00	0.00	0.00	1.00
22	0.887	0.500	0.113	-0.250E+04	-0.250E+04	-0.100E+05	0.80	0.42	-0.42	0.57	-0.81	0.14	0.00	0.00	1.00
23	0.887	0.500	0.500	-0.250E+04	-0.250E+04	-0.100E+05	0.77	0.64	-0.03	0.59	-0.80	0.11	0.00	0.00	1.00
24	0.887	0.500	0.887	-0.250E+04	-0.250E+04	-0.100E+05	0.78	0.63	0.03	0.59	-0.81	0.02	0.00	0.00	1.00
25	0.887	0.887	0.113	-0.250E+04	-0.250E+04	-0.100E+05	0.85	0.42	0.32	0.43	-0.89	0.14	0.00	0.00	1.00
26	0.887	0.887	0.500	-0.250E+04	-0.250E+04	-0.100E+05	0.81	0.58	-0.02	-0.56	0.82	-0.07	0.00	0.00	1.00
27	0.887	0.887	0.887	-0.250E+04	-0.250E+04	-0.100E+05	0.84	0.55	0.02	-0.57	0.82	0.03	0.00	0.00	1.00

IELEM = 2

1	1.113	0.113	0.113	-0.250E+04	-0.250E+04	-0.100E+05	0.22	0.97	-0.05	0.92	-0.33	0.19	0.00	0.00	1.00
2	1.113	0.113	0.500	-0.250E+04	-0.250E+04	-0.100E+05	-0.04	1.00	0.00	0.96	0.25	-0.11	0.00	0.00	1.00
3	1.113	0.113	0.887	-0.250E+04	-0.250E+04	-0.100E+05	-0.10	1.00	0.00	-0.98	-0.20	0.05	0.00	0.00	1.00
4	1.113	0.500	0.113	-0.250E+04	-0.250E+04	-0.100E+05	-0.97	-0.22	0.09	0.59	-0.80	0.05	0.00	0.00	1.00
5	1.113	0.500	0.500	-0.250E+04	-0.250E+04	-0.100E+05	0.25	0.97	-0.02	0.99	-0.17	-0.01	0.00	0.00	1.00
6	1.113	0.500	0.887	-0.250E+04	-0.250E+04	-0.100E+05	0.17	0.99	-0.01	0.99	-0.13	-0.01	0.00	0.00	1.00
7	1.113	0.887	0.113	-0.250E+04	-0.250E+04	-0.100E+05	-0.95	-0.32	0.03	0.38	-0.93	0.04	0.00	0.00	1.00
8	1.113	0.887	0.500	-0.250E+04	-0.250E+04	-0.100E+05	-0.92	-0.40	-0.04	0.47	-0.88	0.11	0.00	0.00	1.00
9	1.113	0.887	0.887	-0.250E+04	-0.250E+04	-0.100E+05	-0.89	-0.46	-0.07	0.43	-0.90	0.07	0.00	0.00	1.00
10	1.500	0.113	0.113	-0.250E+04	-0.250E+04	-0.100E+05	-0.21	0.98	-0.04	0.91	0.40	-0.04	0.00	0.00	1.00
11	1.500	0.113	0.500	-0.250E+04	-0.250E+04	-0.100E+05	0.02	1.00	0.00	-0.92	0.28	-0.28	0.00	0.00	1.00
12	1.500	0.113	0.887	-0.250E+04	-0.250E+04	-0.100E+05	0.04	1.00	0.00	-1.00	0.04	0.00	0.00	0.00	1.00
13	1.500	0.500	0.113	-0.250E+04	-0.250E+04	-0.100E+05	-0.98	0.20	-0.02	-0.34	-0.94	-0.04	0.00	0.00	1.00
14	1.500	0.500	0.500	-0.250E+04	-0.250E+04	-0.100E+05	-0.67	-0.74	-0.07	0.46	-0.89	0.04	0.00	0.00	1.00
15	1.500	0.500	0.887	-0.250E+04	-0.250E+04	-0.100E+05	0.46	0.89	0.02	0.85	-0.53	0.01	0.00	0.00	1.00
16	1.500	0.887	0.113	-0.250E+04	-0.250E+04	-0.100E+05	-0.95	-0.30	-0.08	0.19	-0.98	-0.05	0.00	0.00	1.00
17	1.500	0.887	0.500	-0.250E+04	-0.250E+04	-0.100E+05	-0.96	-0.28	0.02	0.31	-0.95	0.01	0.00	0.00	1.00
18	1.500	0.887	0.887	-0.250E+04	-0.250E+04	-0.100E+05	0.86	0.51	0.03	0.47	-0.88	0.01	0.00	0.00	1.00
19	1.887	0.113	0.113	-0.250E+04	-0.250E+04	-0.100E+05	0.29	-0.95	-0.07	0.98	0.19	-0.05	0.00	0.00	1.00
20	1.887	0.113	0.500	-0.250E+04	-0.250E+04	-0.100E+05	-0.02	-1.00	0.00	1.00	-0.02	0.00	0.00	0.00	1.00
21	1.887	0.113	0.887	-0.250E+04	-0.250E+04	-0.100E+05	-0.11	-0.99	-0.01	-1.00	0.08	-0.01	0.00	0.00	1.00
22	1.887	0.500	0.113	-0.250E+04	-0.250E+04	-0.100E+05	-0.99	0.12	-0.01	-0.16	-0.99	-0.02	0.00	0.00	1.00
23	1.887	0.500	0.500	-0.250E+04	-0.250E+04	-0.100E+05	-0.99	-0.10	-0.01	0.09	-1.00	-0.01	0.00	0.00	1.00
24	1.887	0.500	0.887	-0.250E+04	-0.250E+04	-0.100E+05	-0.99	-0.15	0.06	0.41	-0.91	0.02	0.00	0.00	1.00
25	1.887	0.887	0.113	-0.250E+04	-0.250E+04	-0.100E+05	0.92	-0.20	-0.35	0.22	-0.97	0.11	0.00	0.00	1.00
26	1.887	0.887	0.500	-0.250E+04	-0.250E+04	-0.100E+05	-0.95	-0.32	-0.07	0.17	-0.98	0.03	0.00	0.00	1.00
27	1.887	0.887	0.887	-0.250E+04	-0.250E+04	-0.100E+05	0.94	0.34	0.03	0.23	-0.97	0.01	0.00	0.00	1.00

......

IELEM = 8

1	1.113	1.113	1.113	$-0.250E+04$	$-0.250E+04$	$-0.100E+05$	0.52	0.85	0.08	0.74	-0.67	0.02	0.00	0.00	1.00
2	1.113	1.113	1.500	$-0.250E+04$	$-0.250E+04$	$-0.100E+05$	-0.75	0.67	-0.01	-0.34	-0.94	0.04	0.00	0.00	1.00
3	1.113	1.113	1.887	$-0.250E+04$	$-0.250E+04$	$-0.100E+05$	-0.44	0.90	0.01	-0.88	-0.47	0.02	0.00	0.00	1.00
4	1.113	1.500	1.113	$-0.250E+04$	$-0.250E+04$	$-0.100E+05$	0.95	0.31	0.02	-0.34	0.94	0.04	0.00	0.00	1.00
5	1.113	1.500	1.500	$-0.250E+04$	$-0.250E+04$	$-0.100E+05$	-0.85	0.53	-0.02	0.93	0.35	0.09	0.00	0.00	1.00
6	1.113	1.500	1.887	$-0.250E+04$	$-0.250E+04$	$-0.100E+05$	-0.62	0.78	0.01	-0.72	-0.69	0.09	0.00	0.00	1.00
7	1.113	1.887	1.113	$-0.250E+04$	$-0.250E+04$	$-0.100E+05$	1.00	-0.07	0.00	0.11	0.99	-0.02	0.00	0.00	1.00
8	1.113	1.887	1.500	$-0.250E+04$	$-0.250E+04$	$-0.100E+05$	1.00	-0.06	0.00	0.06	1.00	0.00	0.00	0.00	1.00
9	1.113	1.887	1.887	$-0.250E+04$	$-0.250E+04$	$-0.100E+05$	-0.65	0.76	-0.01	0.75	0.66	-0.01	0.00	0.00	1.00
10	1.500	1.113	1.113	$-0.250E+04$	$-0.250E+04$	$-0.100E+05$	0.11	0.98	0.18	0.97	-0.24	0.06	0.00	0.00	1.00
11	1.500	1.113	1.500	$-0.250E+04$	$-0.250E+04$	$-0.100E+05$	-0.78	0.63	0.00	-0.66	-0.75	-0.01	0.00	0.00	1.00
12	1.500	1.113	1.887	$-0.250E+04$	$-0.250E+04$	$-0.100E+05$	-0.45	0.89	-0.01	-0.84	-0.54	0.05	0.00	0.00	1.00
13	1.500	1.500	1.113	$-0.250E+04$	$-0.250E+04$	$-0.100E+05$	0.92	0.40	-0.04	0.48	-0.88	-0.02	0.00	0.00	1.00
14	1.500	1.500	1.500	$-0.250E+04$	$-0.250E+04$	$-0.100E+05$	-1.00	0.03	-0.07	-0.18	-0.98	0.04	0.00	0.00	1.00
15	1.500	1.500	1.887	$-0.250E+04$	$-0.250E+04$	$-0.100E+05$	-0.56	0.83	0.00	-0.85	-0.53	-0.02	0.00	0.00	1.00
16	1.500	1.887	1.113	$-0.250E+04$	$-0.250E+04$	$-0.100E+05$	1.00	-0.05	0.00	-0.04	-1.00	0.00	0.00	0.00	1.00
17	1.500	1.887	1.500	$-0.250E+04$	$-0.250E+04$	$-0.100E+05$	1.00	-0.08	0.00	-0.07	-1.00	0.00	0.00	0.00	1.00
18	1.500	1.887	1.887	$-0.250E+04$	$-0.250E+04$	$-0.100E+05$	-0.71	0.70	0.07	-0.65	-0.76	0.06	0.00	0.00	1.00
19	1.887	1.113	1.113	$-0.250E+04$	$-0.250E+04$	$-0.100E+05$	-0.06	-1.00	-0.01	-1.00	0.05	-0.02	0.00	0.00	1.00
20	1.887	1.113	1.500	$-0.250E+04$	$-0.250E+04$	$-0.100E+05$	-0.73	0.68	0.01	-0.62	-0.78	0.01	0.00	0.00	1.00
21	1.887	1.113	1.887	$-0.250E+04$	$-0.250E+04$	$-0.100E+05$	-0.51	0.86	0.01	-0.82	-0.58	0.02	0.00	0.00	1.00
22	1.887	1.500	1.113	$-0.250E+04$	$-0.250E+04$	$-0.100E+05$	0.88	0.47	0.09	0.33	-0.94	0.02	0.00	0.00	1.00
23	1.887	1.500	1.500	$-0.250E+04$	$-0.250E+04$	$-0.100E+05$	0.78	-0.62	-0.08	-0.27	-0.96	0.02	0.00	0.00	1.00
24	1.887	1.500	1.887	$-0.250E+04$	$-0.250E+04$	$-0.100E+05$	-0.59	0.80	-0.01	-0.82	-0.57	-0.01	0.00	0.00	1.00
25	1.887	1.887	1.113	$-0.250E+04$	$-0.250E+04$	$-0.100E+05$	1.00	0.02	0.00	0.03	-1.00	0.00	0.00	0.00	1.00
26	1.887	1.887	1.500	$-0.250E+04$	$-0.250E+04$	$-0.100E+05$	1.00	-0.04	0.00	-0.03	-1.00	0.00	0.00	0.00	1.00
27	1.887	1.887	1.887	$-0.250E+04$	$-0.250E+04$	$-0.100E+05$	0.88	-0.47	0.02	-0.63	-0.78	0.00	0.00	0.00	1.00

第8章 非线性问题有限单元法

所谓非线性问题，广义地讲，就是材料在外力作用下，其变形与外力的关系表现出非线性特性，或结构在荷载作用下产生大位移和有限变形问题，其中包括大位移–小应变和大位移–大应变问题。前者称为材料非线性问题，后者称为几何非线性问题。实际工程中还存在边界条件或接触条件变化引起的非线性问题，称为接触非线性问题。

对于由有限个单元体构成的结构，则具体表现为结构的刚度矩阵$[K]$是节点位移的非线性函数。有限单元法的一个突出优点是能有效地进行复杂的非线性分析。

材料非线性的应力–应变关系呈非线性性状，它反映到本构关系上，就表现为材料的弹性参数E、μ随应力或应变而改变的变量。因而，在结构的总体平衡方程$[K]\{\delta\} = \{P\}$中，$[K]$是位移的函数，即在非线性本构关系下，有限元的总体平衡方程变为

$$[K(\delta)]\{\delta\} = \{P\} \tag{8-1}$$

它不再是节点位移的线性方程组，而是非线性方程组。

几何非线性是由于结构产生了大变形所导致的。在这种情况下，几何方程，即应变与位移的关系表现出非线性。有限单元分析中几何矩阵$[B]$的元素是位移的非线性函数，总体刚度矩阵$[K]$亦是位移的非线性函数。因此，它具有上式相同形式的有限元总体平衡方程。

对于实际钢筋混凝土、岩土体类材料，在荷载作用下，上述两类非线性都是存在的，但影响较大的还是材料的非线性。

对于索膜结构、网架结构、大跨度桥梁结构则表现出显著的几何非线性特性。

8.1 非线性问题的基本解法

非线性问题的求解以线性问题的处理方法为基础，通过一系列的线性运算来逼近非线性解。通常，有以下三种类型：（1）迭代法；（2）增量法；（3）增量–附加载荷法。在弹塑性分析中常用的初应力法及初应变法，为常刚度的增量–附加载荷法。

8.1.1 迭代法

迭代法是将荷载一次全部施加于结构，在应力–应变关系上用一系列直线来逼近实际的曲线，逐步修正E、μ，使得最后解得的应力、应变与试验曲线一致。迭代的每一步，都相当于全部荷载作用于结构的线弹性分析。迭代法又分为：割线迭代法、切线迭代法与常刚度迭代法三种。

1. 割线迭代法

割线迭代法又称割线刚度迭代法，它是根据 $\sigma\text{-}\varepsilon$ 曲线的割线模量和泊松比修正总体刚度矩阵 $[K]$ 进行迭代试算的方法。如图 8-1(a) 所示，$\sigma\text{-}\varepsilon$ 曲线是由试验得到的，这条曲线可以用方程进行拟合，即得到函数表达式 $\sigma = f(\varepsilon)$。用图 8-1(b) 抽象地表示结构上的节点荷载与节点位移的关系，设结构上作用荷载 $\{R\}$，相应的位移 $\{\delta\}$ 应该是确定的，如图 8-1(b) 中的 M 点。但我们无法一下确定 M 点，因为图 8-1(a) 中的 E、μ 均是变量，因此，只能用迭代试算的方法逐步逼近 M 点。

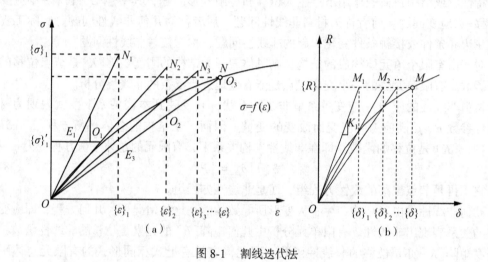

图 8-1 割线迭代法

迭代步骤如下：

(1) 第一次试算时，取 E、μ 为初始切线值 E_1、μ_1，由此计算出刚度矩阵 $[K]_1$。

(2) 施加全部荷载 $\{R\}$，由 $\{R\} = [K]_1\{\delta\}_1$，解得第一次近似位移 $\{\delta\}_1$，如图 8-1(b) 中 M_1 点。

(3) 由 $\{\delta\}_1$ 求各单元应变 $\{\varepsilon\}_1$，并用 E_1、μ_1 求得第一次的近似应力 $\{\sigma\}_1$，如图 8-1(a) 中 N_1 点。

(4) 由于第一次设定的 E_1、μ_1 不一定恰当，因此 M_1、N_1 都不一定在曲线上，不是真正的解答。为此，根据 $\{\varepsilon\}_1$ 从图 8-1(a) 的函数关系 $\sigma = f(\varepsilon)$ 上找到相应的应力 $\{\sigma\}'_1$，如图中 O_1 点所示。

(5) 作割线 OO_1，其斜率为割线模量 E_2，如果 μ 也是非线性的，则求得相应的割线泊松比 μ_2，以 E_2、μ_2 计算 $[K]_2$。

(6) 重复上述 (2) ~ (5) 步，得 M_2、N_2、O_2、M_3、N_3、O_3、…，它们愈来愈接近曲线上的真实解答点 M、N。当前后两次迭代的位移值 $\{\delta\}$ 比较接近，误差小于允许值时，则计算结束。

根据上述计算步骤可构造这类迭代的迭代公式为

$$[K]_1\{\delta\}_1 = \{R\}$$

$$[K(\{\delta\}_{i-1})]_i \{\delta\}_i = \{R\} \qquad (i = 2, 3, \cdots, m) \tag{8-2}$$

当

$$\frac{|\{\delta\}_i - \{\delta\}_{i-1}|}{|\{\delta\}_i|} \leq \varepsilon_0 \tag{8-3}$$

时，则认为迭代收敛于真实解，计算结束。式中，ε_0 为允许误差。

2. 切线迭代法(Newton-Raphson 迭代法)

切线迭代法也称切线刚度迭代法，它是根据 σ-ε 曲线的切线弹性常数，在迭代过程中不断修正切线刚度进行试算，从而求解非线性问题的方法。其计算步骤如下：

(1) 第一次试算时，取 σ-ε 曲线的初始切线弹性常数 E_1，μ_1，推求刚度矩阵 $[K]_1$，作用全部荷载 $\{R\}_1 = \{R\}$，求得第一次近似位移 $\{\delta\}_1$，如图 8-2(b) 中 M_1 点所示。由此求得 $\{\varepsilon\}_1$ 和应力 $\{\sigma\}_1$，如图 8-2(a) 中 N_1 点所示。

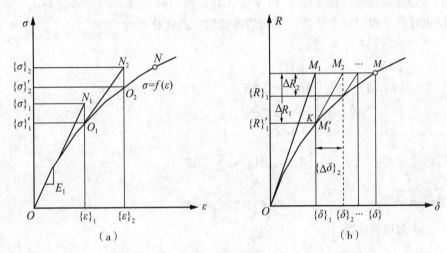

图 8-2　切线刚度法

(2) 由 $\{\varepsilon\}_1$ 从图 8-2(a) 中的实际曲线关系求得相应的应力 $\{\sigma\}_1$，如图中 O_1 点所对应。这里，如果材料是线弹性的，那么发生 $\{\varepsilon\}_1$ 的应变，对应的实际应力就是 $\{\sigma\}_1$，这样与外荷载是平衡的。但由于材料的非线性 $\{\varepsilon\}_1$ 的应变实际上只对应了 $\{\sigma\}_1'$ 的应力，因此，在这种情况下，由假定计算得到的 $\{\sigma\}_1$ 与外荷载就不平衡，多出了一个 ΔR_1，如图 8-2(b) 所示。为了求出 ΔR，可以先反过来求 $\{\sigma\}_1'$ 的内力应与多大的外荷载相平衡，即 $\{R_1\}'$。对某一个单元来说，根据虚功原理不难推得单元节点力与 $\{\sigma\}$ 的关系为

$$\{F\}^e = \iint [B]^T \{\sigma\}^e t\mathrm{d}x\mathrm{d}y \tag{8-4}$$

由于 $[B]$ 只取决于单元类型和尺寸，因此，对一个具体单元来说，式中 $\{F\}^e$ 和 $\{\sigma\}^e$ 是唯一对应的。

将每个节点周围单元的节点力叠加，就是与已知应力相平衡的总的节点荷载

$$\{R\} = \sum \{F\}^e = [R_1, R_2, \cdots, R_n]^T \tag{8-5}$$

根据 $\{\sigma\}_1'$ 用上式可求得与其相平衡的荷载 $\{R_1\}'$，如图 8-2(b) 中 M_1' 所对应，它表示如果节点发生 $\{\delta\}_1$ 的位移，实际应作用 $\{R\}_1'$ 的荷载。

（3）从原来的总荷载 $\{R\}_1$ 中减去 $\{R\}_1'$ 求得 $\{\Delta R\}_1$，这就是第一次计算中未被平衡的那部分荷载。

（4）从 O_1 点起算，作 σ-ε 曲线的切线，并由 $\{\varepsilon\}_1$ 或 $\{\sigma\}_1$ 求出切线弹性常数 E_2，μ_2，进而求出 $[K]_2$。

（5）将剩余荷载 $\{\Delta R\}_1$ 作用于结构，解方程 $[K]_2\{\Delta\delta\}_2 = \{\Delta R\}_1$，求得位移增量 $\{\Delta\delta\}_2$ 及相应的应变增量 $\{\Delta\varepsilon\}_2$，第二次迭代完成终了时的位移和应变则为

$$\{\delta\}_2 = \{\delta\}_1 + \{\Delta\delta\}_2 \tag{8-6}$$

$$\{\varepsilon\}_2 = \{\varepsilon\}_1 + \{\Delta\varepsilon\}_2 \tag{8-7}$$

（6）重复以上（2）～（5）步，从而依次求得 M_1'，M_2'，M_3'，…，以及 O_1，O_2，…，可见，它们分别愈来愈接近真实解 M 和 N 点。直到前后两次计算的位移误差小于规定的精度，则结束计算。根据以上步骤，可构造本算法的迭代格式为

$$[K]_1\{\delta\}_1 = \{R\}_1$$
$$\{\Delta R\}_i = \{R\}_i - \{R\}_i'$$
$$[K(\{\delta\}_{i-1})]_i\{\Delta\delta\}_i = \{\Delta R\}_{i-1} \quad (i = 2, 3, \cdots, m)$$
$$\{\delta\}_i = \{\delta\}_{i-1} + \{\Delta\delta\}_i$$
$$\{\varepsilon\}_i = \{\varepsilon\}_{i-1} + \{\Delta\varepsilon\}_i$$

最后的总位移：

$$\{\delta\} = \{\delta\}_1 + \sum_{i=2}^{m}\{\Delta\delta\}_i \tag{8-8}$$

相应的总应变：

$$\{\varepsilon\} = \{\varepsilon\}_i + \sum_{i=2}^{m}\{\Delta\varepsilon\}_i \tag{8-9}$$

其中，m 为迭代次数。

3. 常刚度迭代法

上述两种迭代法又称为变刚度迭代法，即每次迭代都必须计算弹性常数 E、μ，重新形成总体刚度矩阵 $[K]$。因此，两种算法虽然达到收敛，所需的迭代次数较少，但由于反复计算 $[K]$，总的耗时仍较长。为了节省时间，在切线迭代法的基础上又发展了常刚度迭代法。所谓常刚度迭代法，就是在进行切线刚度法的迭代过程中，每次加剩余荷载进行计算时，保持切线模量不变，即始终采用初始的切线模量 E_0 和由它确定的常刚度矩阵 $[K]_0$，这样就不需要每次迭代时反复计算刚度矩阵 $[K]$，从而大大节省计算时间。

常刚度迭代法的计算步骤与切线迭代法是基本一致的。区别仅在于步骤（4）中不要计算新的 E、μ 和 $[K]$，而是保持第一次的 E、μ 及 $[K]$，如图 8-3 所示。图中 ON_1，O_1N_2，O_2N_3，… 不是曲线的切线，而是初始切线的平行线。因而 $M_1'M_2$，$M_2'M_3$，…，也是 OM_1 的平行线。

这种方法要达到与切线迭代法同样的精度所需迭代次数虽较多，但在每次迭代后，不重新形成总体刚度矩阵，在解方程时，一般采用将系数矩阵分解为三角阵的直接解法，由于 $[K]$ 不变，$[K]$ 的三角分解也就不需重复，解方程的速度也就大大加快了。因此，总的

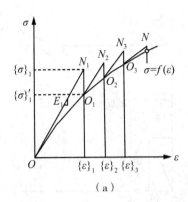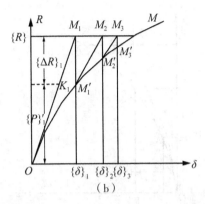

图 8-3 常刚度迭代法

计算时间一般较切线迭代法为短。

8.1.2 增量法

增量法是将全部荷载分为若干级荷载增量，逐级施加于结构。在每级荷载下，假定材料是线弹性的，根据前级荷载的计算结果确定本级荷载下的材料弹性常数和刚度矩阵，从而求得各级荷载作用下的位移、应变和应力增量。将它们累加起来，就是全部荷载作用下的总位移、总应变和总应力。这种方法相当于用分段的直线来逼近曲线，当荷载划分较小时，能收敛于真实解。

增量法概念比较直观，而且由于荷载是逐级施加的，因此可以模拟施工加荷过程，计算结果可以清楚地反映施工各阶段的变形和应力情况，它比一次加荷的迭代法具有更大的优越性，因而使用较广。

1. 基本增量法

这种增量法，对每级荷载增量，以前一级荷载终了时的应力状态从 $\sigma\text{-}\varepsilon$ 曲线上求弹性常数 E，μ（一般用切线值 E_i，μ_i），用于本级计算。

如图 8-4 所示，对于第 i 级荷载增量 $\{\Delta R\}$ 而言，其计算步骤为：

（1）用前一级荷载终了时的应力 $\{\sigma\}_{i-1}$（或应变 $\{\varepsilon\}_{i-1}$）求出在 $\sigma\text{-}\varepsilon$ 曲线上对应位置处（N_{i-1} 点）的切线弹性常数 E_{i-1}、μ_{i-1}，相当于 N_{i-1} 点处的斜率。

（2）用 E_{i-1}、μ_{i-1} 推求刚度矩阵 $[K]_{i-1}$，相当于图 8-4(b) 中 M_{i-1} 点处的斜率。

（3）解线性方程组 $[K]_{i-1}\{\Delta\delta\}_i = \{\Delta R\}_i$，求得位移增量 $\{\Delta\delta\}_i$。相应的总位移为 $\{\delta\}_i = \{\delta\}_{i-1} + \{\Delta\delta\}_i$。

（4）由 $\{\Delta\delta\}_i$ 求得应变增量 $\{\Delta\varepsilon\}_i$ 和应力增量 $\{\Delta\sigma\}_i$，累加得总应变和总应力 $\{\varepsilon\}_i = \{\varepsilon\}_{i-1} + \{\Delta\varepsilon\}_i$，$\{\sigma\}_i = \{\sigma\}_{i-1} + \{\Delta\sigma\}_i$

对各级荷载重复上述步骤，待所有各级荷载施加完后，即可求得最后的解答。由图可见，这种解法是从原点出发的折线。最后的应力和应变如 N' 点所示，位移如 M' 点所示。它们虽与实际曲线都有相当大的距离，但随着加荷级数的增多，它们能接近实际曲线。

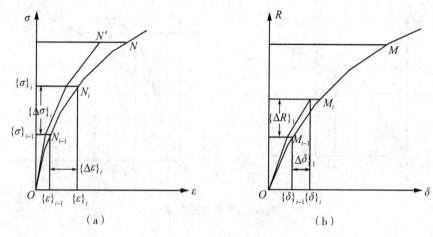

图 8-4　基本增量迭代法

2. 中点增量法

　　基本增量法每级荷载下采用前级荷载终了时的应力确定本级荷载下的弹性常数和刚度矩阵，这样在荷载级数划分较少的情况下，最终计算结果与实际曲线就有相当大的偏离。实际上，对每一级荷载而言，应力（或应变）从初始状态变化到荷载加上的终了状态，其弹性常数也是变化的。如果采用该级荷载下的平均应力所对应 $\sigma\text{-}\varepsilon$ 曲线上的平均（中点）弹性常数进行本级荷载下的计算，则解答将会改进。求平均应力的方法是在某级荷载下施加荷载增量的一半，求得的应力就是平均应力。求出平均应力后，以其所对应的切线弹性常数作为平均弹性常数，对该级荷载重新做一次计算，作为该级的解答。

　　对第 i 级荷载增量，如图 8-5 所示，其计算的具体步骤如下：

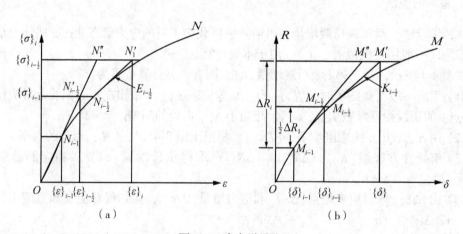

图 8-5　中点增量法

（1）设该级荷载的初始状态如图中 M_{i-1} 和 N_{i-1} 点所示，根据初始应力 $\{\sigma\}_{i-1}$ 确定弹性常数 E_{i-1} 和 μ_{i-1}，并以此形成刚度矩阵 $[K]_{i-1}$。

（2）加荷载增量的一半，即 $\{\Delta R\}_i/2$ 于结构，以下式求解位移增量：

$$[K]_{i-1}\{\Delta\delta\}_{i-1}/2 = \{\Delta R\}_i/2 \tag{8-10}$$

并计算出相应的应变和应力增量 $\{\Delta\varepsilon\}_{i-1}/2$，$\{\Delta\sigma\}_{i-1}/2$，如图中 $m'_{i-1}/2$ 和 $n'_{i-1}/2$ 所示，进而求得累计应变和应力。

（3）由 $\{\Delta\varepsilon\}_{i-1}/2$ 或 $\{\Delta\sigma\}_{i-1}/2$ 对应在实际 $\sigma\text{-}\varepsilon$ 曲线上确定 $N_{i-1}/2$ 点，以 $N_{i-1}/2$ 点处的切线弹性常数 $E_{i-1}/2$ 和 $\mu_{i-1}/2$ 作为该级荷载下的平均弹性常数，再形成平均刚度矩阵 $[K]_{i-1}/2$，相当于图中 $M_{i-1}/2$ 点处的斜率。

（4）在 $\{R\}_{i-1}$ 的基础上重新施加全部荷载增量 $\{\Delta R\}_i$，以下式求解位移增量：

$$[K]_{i-1}/2\{\Delta\delta\}_i = \{\Delta R\}_i \tag{8-11}$$

并求出相应的应变和应力增量 $\{\Delta\varepsilon\}_i$、$\{\sigma\}_i$，累加求得本级荷载终了时的位移、应变和应力，如图中 M'_i 和 N'_i 点所示。可见，它比用该级荷载初始状态的切线模量（即基本增量法）求得的结果 M''_i 和 N''_i 更靠近实际曲线，因此，在相同荷载分级的条件下，中点增量法较基本增量法能更好地收敛于真实解。

3. 增量 - 迭代法

中点增量法对基本增量法虽有所改进，但并不能保证解答与实际曲线没有相当的偏离，特别是当应力状态接近破坏时，本来没有破坏的单元，可能会由于计算的误差而得出破坏结果，使问题失真。实际上，如果在增量法中再使用迭代法，即对每级荷载增量用迭代法反复迭代至误差小于规定值，则无疑每级的解答都能与实际曲线基本符合，从而获得较高的求解精度，这种采用增量法和迭代法混合求解的方法就是增量——迭代法，其计算过程如图 8-6 所示。每级增量下的迭代，可以用前述三种迭代方法之中的任一种。

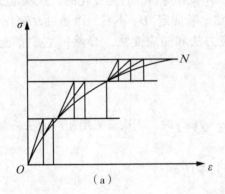
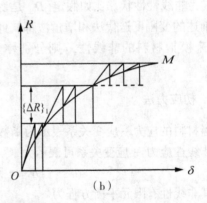

图 8-6　增量 - 迭代法

由于增量 - 迭代法既保持了增量法能模拟施工加载的优点，同时又吸取了迭代法精度较高的长处，因此是诸多方法中最完善的一种，其解的结果最精确，当然所花的计算时间也最多。

8.1.3　初应力法与初应变法

如果结构在未加载之前已存在初应力 $\{\sigma_0\}$ 和初应变 $\{\varepsilon_0\}$，则应力－应变关系可表示为

$$\{\sigma\} - \{\sigma\}_0 = [D](\{\varepsilon\} - \{\varepsilon_0\})$$

或
$$\{\sigma\} = [D](\{\varepsilon\} - \{\varepsilon_0\}) + \{\sigma\}_0 \tag{8-12}$$

在应用虚位移原理推导单元刚度矩阵时，引入上式可得到节点力为

$$\{F\}^e = \iint [B]^{\mathrm{T}}\{\sigma\}\,\mathrm{d}x\mathrm{d}y$$

$$= \iint [B]^{\mathrm{T}}[D][B]\,\mathrm{d}x\mathrm{d}y\{\delta\} - \iint [B]^{\mathrm{T}}[D]\{\varepsilon_0\}\,\mathrm{d}x\mathrm{d}y + \iint [B]^{\mathrm{T}}\{\sigma_0\}\,\mathrm{d}x\mathrm{d}y$$

$$\tag{8-13}$$

从而建立结构的平衡方程为

$$\{R\} = [K]\{\delta\} - \{R_{\varepsilon0}\} - \{R_{\sigma0}\} \tag{8-14}$$

$$[K]\{\delta\} = \{R\} + \{R_{\varepsilon0}\} + \{R_{\sigma0}\} \tag{8-15}$$

其中，

$$\{R_{\varepsilon0}\} = \sum_e \iint [B]^{\mathrm{T}}[D]\{\varepsilon_0\}\,\mathrm{d}x\mathrm{d}y = [R_{\varepsilon0}^1,\ R_{\varepsilon0}^2,\ \cdots,\ R_{\varepsilon0}^n]^{\mathrm{T}}$$

$$\{R_{\sigma0}\} = \sum_e \iint [B]^{\mathrm{T}}\{-\sigma_0\}\,\mathrm{d}x\mathrm{d}y = [R_{\sigma0}^1,\ R_{\sigma0}^2,\ \cdots,\ R_{\sigma0}^n]^{\mathrm{T}}$$

由式(8-15)可见，当结构中存在初应力和初应变时，线性方程组(平衡方程)的右端增加了相应的荷载项，其中 $\{R_{\sigma0}\}$ 是对应初应力的荷载项，$\{R_{\varepsilon0}\}$ 是对应初应变的荷载项。在求解非线性问题时，可以利用这一特性，非线性的应力－应变关系仍采用式(8-12)。式中有三个参量 $[D]$、$\{\varepsilon_0\}$ 和 $\{\sigma_0\}$，只要假定其中之一是变化的，就可以使 $\sigma\text{-}\varepsilon$ 成为非线性性状。比如假定 $[D]$ 是变化的，由此推导 $[K]$ 也是变化的，这就是变刚度法；前述的变刚度迭代法和增量法都属此类方法。若假定 $[D]$ 不变，而通过改变 $\{\sigma_0\}$ 或 $\{\varepsilon_0\}$ 来模拟材料的非线性，则分别称为初应力法和初应变法，显然，它们都是常刚度法。

1. 初应力法

当材料的应力－应变关系表示为函数形式 $\sigma = f(\varepsilon)$ 时，则适宜采用初应力法。初应力法的非线性应力－应变关系可表示为

$$\{\sigma\} = [D]\{\varepsilon\} + \{\sigma_0\} \tag{8-16}$$

其非线性有限元平衡方程为

$$[K]\{\delta\} = \{R\} + \{R_0\} \tag{8-17}$$

其中，$\{R_0\}$ 为对应 $\{\sigma_0\}$ 的非线性初应力修正项，(8-16)式的物理意义可解释为实际材料的应力由两部分组成，一部分是与应变成正比变化的弹性应力 $[D]\{\varepsilon\}$；另一部分是初应力 $\{\sigma_0\}$，如图 8-7 所示。

$\{\sigma_0\}$ 可理解为由于材料的非线性或塑性变形所引起的应力松弛，它是负值。也就是

说，当发生 $\{\varepsilon\}$ 的应变时，若材料是线性的，对应的应力为 $[D]\{\varepsilon\}$，但非线性材料存在塑性变形，应力实际上达不到 $[D]\{\varepsilon\}$，而要松弛（降低）$\{\sigma_0\}$，使最后应力为实际的 $\{\sigma\}$。因此，在计算中，就要通过初应力 $\{\sigma_0\}$ 的不断变化来将线性解从 N 点向下修正到 N' 点，从而反映出 $\sigma\text{-}\varepsilon$ 的非线性关系。将其引入计算，实现这种修正的非线性分析方法称为初应力法。其计算的基本步骤如下：

（1）用不变的弹性矩阵 $[D]$（一般取初始割线弹性常数）计算刚度矩阵 $[K]$。作用外荷载 $\{R\}$，用线弹性方法求得位移的第一次近似值 $\{\delta\}_1$，如图 8-8(b) 中 M_1 点所对应。

（2）由 $\{\delta\}_1$ 求得 $\{\varepsilon\}_1$，$\{\sigma\}_1$，图 8-8(a) 中 N_1 点。

（3）由 $\{\varepsilon\}_1$ 从曲线上找到对应的真实应力 $\{\sigma\}'_1$，图 8-8(a) 中 N'_1 点。

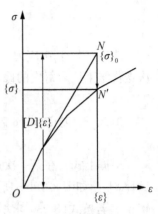

图 8-7　初应力法

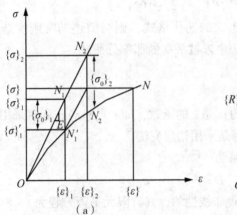
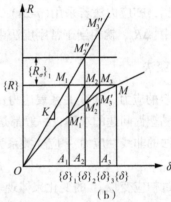

（a）　　　　　　　　　　　（b）

图 8-8　初应力法的迭代过程

（4）将 N_1 向 N'_1 修正，求初应力 $\{\sigma_0\}_1 = \{\sigma\}_1 - \{\sigma\}'_1$，并将其转化为相应的荷载项

$$\{R_\sigma\}_1 = \sum_e \iint [B]^{\mathrm{T}} \{-\sigma_0\}_1 \mathrm{d}x\mathrm{d}y \tag{8-18}$$

（5）用下式求位移的第二次近似值 $\{u\}_2$：

$$[K]\{\delta\}_2 = \{R\} + \{R_0\}_1$$

方程的右端项等于图 6-8(b) 中的 $M''_2 A_2$。

（6）重复以上（2）～（5）步，使位移由 M_1，M_2，…，逐步逼近曲线上真实点 M 所对应的位移 $\{\delta\}$。当前后两次位移计算的相对误差小于规定值后，则停止计算，计算结果已收敛于真实解。

根据以上步骤，构造初应力法计算的迭代公式为

$$[K]\{\delta\}_i = \{R\} + \{R_0\}_{i-1} \qquad (\{R_0\}_0 = 0) \tag{8-19}$$

251

$$\{R_0\}_i = \sum_{\varepsilon} \iint [B]^{\mathrm{T}} \{-\sigma_0\}_i \mathrm{d}x\mathrm{d}y \tag{8-20}$$

$$\{\sigma_0\}_i = \{\sigma\}_i - \{\sigma\}_i' \tag{8-21}$$

式中，$\{\sigma\}_i'$ 由应力 – 应变曲线上获取。算法每次迭代求出的是总位移，也可在第一次迭代结束后求每次的修正位移，即位移增量。据 $(8\text{-}19)$ 式得第 $i-1$ 次迭代方程为

$$[K]\{\delta\}_{i-1} = \{R\} + \{R_0\}_{i-2} \tag{8-22}$$

由式 $(8\text{-}19)$ 减式 $(8\text{-}22)$ 得

$$[K]\{\delta\}_i = \{\Delta R_0\}_{i-1} \tag{8-23}$$

根据上式，在第一次迭代完成后，后面只需根据初应力的增量计算每次迭代的位移增量 $\{\Delta\delta\}_i$。如图 8-8(b) 所示，第二次迭代时，用式 $(8\text{-}19)$ 求总位移，方程的右端项为 $M_2''A_2$，若按式 $(8\text{-}23)$ 求增量位移，方程右端项为 M_2M_1''，也即 M_1M_1'，第三次迭代时，总位移和增量位移对应的方程右端项分别为 A_3M_3'' 和 M_2M_2'，可见随着迭代的进行，初应力所形成的荷载修正项越来越小，用上式迭代完成后，总位移为

$$\{\delta\} = \{\delta\}_i + \sum \Delta\{\delta\}_i \tag{8-24}$$

不难看出，初应力法若采用 $(7\text{-}24)$ 式的迭代格式，则与前述的常刚度迭代法是完全一致的，其中 $\{\Delta R_0\}$ 就相当于常刚度法中未被平衡的那部分荷载。

2. 初应变法

如果材料的应力 – 应变关系表达为 σ 是 ε 的函数，即 $\varepsilon = f(\sigma)$，则宜采用初应变法。如黏弹性、黏塑性问题的求解，一般都是采用初应变法。

初应变法的非线性应力 – 应变关系为

$$\{\sigma\} = [D](\{\varepsilon\} - \{\varepsilon_0\}) \tag{8-25}$$

它是通过初应变 $\{\varepsilon_0\}$ 的变化来体现非线性的，其有限元平衡方程为

$$[K]\{\delta\} = \{R\} + \{R_\varepsilon\} \tag{8-26}$$

$\{R_\varepsilon\}$ 为由初应变所引起的非线性荷载修正项。式 $(8\text{-}25)$ 可理解为对于 $\{\sigma\}$ 的应力，其实际总应变可以看作由两部分组成，即 $\{\varepsilon\} = \{\varepsilon_e\} + \{\varepsilon_0\}$，$\{\varepsilon_e\}$ 是弹性应变，$\{\varepsilon_0\}$ 是初应变，它可以理解为是由于材料非线性所产生的塑性变形，如图 8-9 所示。

可见，可以通过改变 $\{\varepsilon_0\}$，将以 $[D]$ 作为常量的线弹性结果（N 点）设法向右修正到实际曲线上对应的真实解答 N' 点，从而反映材料 $\sigma\text{-}\varepsilon$ 的非线性特性。初应变法的这种修正是通过以下步骤实现的：

（1）用 $\sigma\text{-}\varepsilon$ 曲线的初始切线弹性参数 E、μ 确定常刚度矩阵 $[K]$，施加全部荷载 $\{R\}$，由 $[K]\{\delta\}_1 = \{R\}$ 求得第一次的近似位移 $\{\delta\}_1$。

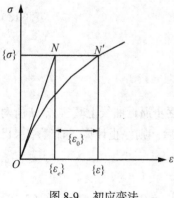

图 8-9　初应变法

(2) 由 $\{\delta\}_1$, 计算 $\{\varepsilon\}_1$ 和 $\{\sigma\}_1$, 图 8-10(a) 中 N_1' 点。

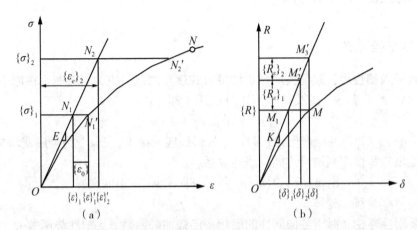

图 8-10 初应变法的迭代过程

(3) $\{\sigma\}_1$ 对应的实际应变应是曲线上的 N_1' 点,因此 N_1 向 N_1' 修正,找到对应的实际应变为 $\{\varepsilon\}_1'$, 故初应变为 $\{\varepsilon_0\} = \{\varepsilon\}_1' - \{\varepsilon\}_1$。将其转化为相应的等效荷载项

$$\{R_\varepsilon\}_1 = \iint [B]^{\mathrm{T}} [D] \{\varepsilon_0\} \mathrm{d}x\mathrm{d}y \tag{8-27}$$

(4) 由下式计算位移的第二次近似值

$$[K]\{\delta\}_2 = \{R\} + \{R_\varepsilon\}_1 \tag{8-28}$$

(5) 由 $\{\delta\}_2$ 求总应变 $\{\varepsilon\}_2$, 其中包括了上一次的初应变 $\{\varepsilon_0\}_1$, 因此,弹性应变为

$$\{\varepsilon_e\}_2 = \{\varepsilon\}_2 - \{\varepsilon_0\}_1 \tag{8-29}$$

故求得应力为

$$\{\sigma\}_2 = [D]\{\varepsilon_e\}_2 = [D](\{\varepsilon\}_2 - \{\varepsilon\}_1) \tag{8-30}$$

(6) 由 $\{\sigma\}_2$ 在实际 σ-ε 曲线上找到对应的实际应变 $\{\varepsilon\}_2'$(对应曲线上 N_2' 点),从中减去弹性应变,则得初应变(塑性应变)

$$\{\varepsilon_0\}_2 = \{\varepsilon\}_2' - \{\varepsilon_e\}_2 = \{\varepsilon\}_2' - (\{\varepsilon\}_2 - \{\varepsilon_0\}_1) \tag{8-31}$$

将其转化为等效节点荷载项

$$\{R_\varepsilon\}_2 = \iint [B]^{\mathrm{T}} [D]\{\varepsilon\}_2 \mathrm{d}x\mathrm{d}y \tag{8-32}$$

(7) 重复以上(4) ~ (6)步,使求解结果由 M_1, M_2, $\cdots$, 逐步逼近 M, 将前后两次计算位移的相对误差小于规定值,则认为计算结果已收敛于真解,计算结束。

根据以上步骤,可构造初应变法的计算迭代公式如下

$$[K]\{\delta\}_i = \{R\} + \{R_\varepsilon\}_{i-1}$$
$$\{R_\varepsilon\}_i = \iint [B]^{\mathrm{T}} [D]\{\varepsilon_0\} \mathrm{d}x\mathrm{d}y$$
$$\{\sigma\}_i = [D]\{\varepsilon_e\}_i = [D](\{\varepsilon\}_i - \{\varepsilon\}_{i-1}) \tag{8-33}$$

且 $\{\varepsilon_0\} = 0$, $\{R_\varepsilon\}_0 = 0$

8.2 弹塑性问题的解法

8.2.1 弹塑性矩阵

当材料进入塑性后，载荷按照微小增量方式逐步加载，应力与应变也在原来水平上增加 $d\{\sigma\}$ 和 $d\{\varepsilon\}$。其中，应变增量可以分成两个部分：

$$d\{\varepsilon\} = d\{\varepsilon\}_e + d\{\varepsilon\}_p \tag{8-34}$$

式中，$d\{\varepsilon\}_e$ 为弹性应变增量；$d\{\varepsilon\}_p$ 为塑性应变增量；$d\{\varepsilon\}$ 为全应变增量。

应力增量与弹性应变增量之间是线性关系：

$$d\{\sigma\} = [D]d\{\varepsilon\}_e = [D](d\{\varepsilon\} - d\{\varepsilon\}_p) \tag{8-35}$$

式中，$[D]$ 为弹性矩阵。

根据弹塑性理论，对于各向同性的硬化，已知加载函数 φ、塑性势函数 Q、塑性标量因子 $d\lambda$ 及硬化模量 A，分别为

$$\varphi(\sigma, H) = 0 \tag{8-36}$$

$$Q(\sigma, H) = 0 \tag{8-37}$$

$$d\lambda = \frac{1}{A} \frac{\partial \varphi}{\partial \{\sigma\}} d\{\sigma\} \tag{8-38}$$

$$A = (-) \frac{\partial \varphi}{\partial H} \frac{\partial H}{\partial \{\varepsilon\}^p} \frac{\partial Q}{\partial \{\sigma\}} \tag{8-39}$$

式中，A 为硬化函数，是硬化参量 H 的函数。如果为理想塑性而无硬化，则 H_α 为常数，$A = 0$；如果考虑硬化，H 的性质随屈服面的位置而不同，A 随之变化。

塑性应变增量由塑性势确定

$$d\{\varepsilon\}^p = d\lambda \frac{\partial Q}{\partial \{\sigma\}} \tag{8-40}$$

则有

$$d\{\sigma\} = D^e \left(d\{\varepsilon\} - d\lambda \frac{\partial Q}{\partial \{\sigma\}} \right) \tag{8-41}$$

由式(8-36) 求导可得

$$d\varphi = \frac{\partial \varphi}{\partial \{\sigma\}} d\{\sigma\} + \frac{\partial \varphi}{\partial H} \frac{\partial H}{\partial \{\varepsilon\}^p} d\{\varepsilon\}^p = 0 \tag{8-42}$$

联立式(8-37) ~ 式(8-41)，可得

$$\frac{\partial \varphi}{\partial \{\sigma\}} D^e d\{\varepsilon\} - \frac{\partial \varphi}{\partial \{\sigma\}} D^e d\lambda \frac{\partial Q}{\partial \{\sigma\}} - A d\lambda = 0 \tag{8-43}$$

则有

$$d\lambda = \frac{\dfrac{\partial \varphi}{\partial \{\sigma\}} D^e d\{\varepsilon\}}{A + \dfrac{\partial \varphi}{\partial \{\sigma\}} D^e \dfrac{\partial Q}{\partial \{\sigma\}}} \tag{8-44}$$

将式(8-44)代入式(8-35),则有

$$\mathrm{d}\{\sigma\} = \left(D^e - \frac{D^e \dfrac{\partial \varphi}{\partial \{\sigma\}} \dfrac{\partial Q}{\partial \{\sigma\}} D^e}{A + \dfrac{\partial \varphi}{\partial \{\sigma\}} D^e \dfrac{\partial Q}{\partial \{\sigma\}}}\right) \mathrm{d}\{\varepsilon\} \tag{8-45}$$

简写为
$$\mathrm{d}\{\sigma\} = (D^e - D^p)\mathrm{d}\{\varepsilon\} = D_{ep}\mathrm{d}\{\varepsilon\}$$

其中,
$$D_{ep} = \left[D^e - \frac{D^e \dfrac{\partial \varphi}{\partial \{\sigma\}} \dfrac{\partial Q}{\partial \{\sigma\}} D^e}{A + \dfrac{\partial \varphi}{\partial \{\sigma\}} D^e \dfrac{\partial Q}{\partial \{\sigma\}}}\right]$$

8.2.2 求解方法

1. 增量切线刚度法(改进的 N-R 法)

运用增量切线刚度法的步骤如下:

(1) 在起始受载时,物体内部产生的应力、应变是弹性的。这时,单元的刚度矩阵为

$$[K] = \int [B]^{\mathrm{T}}[D][B]\mathrm{d}V \tag{8-46}$$

(2) 随着载荷的增加,部分单元进入塑性状态。这时,单元的刚度矩阵为

$$[K] = \int [B]^{\mathrm{T}}[D]_{ep}[B]\mathrm{d}V \tag{8-47}$$

其中,$[D]_{ep}$ 中的应力应取当时的应力水平 $\{\sigma\}_0$,此时的位移、应力、应变列阵分别记为 $\{U\}_0$、$\{\sigma\}_0$、$\{\varepsilon\}_0$。

(3) 把所有的单元刚度矩阵按照通常方法,重新进行组集,得到整体刚度矩阵 $[K]_0$,它与当前的应力水平有关。

(4) 求解平衡方程:

$$[K]_0\{\Delta\delta\}_1 = \{\Delta R\}_1 \tag{8-48}$$

得到 $\{\Delta\delta\}_1$、$\{\Delta\varepsilon\}_1$、$\{\Delta\sigma\}_1$,由此得到经过第一次载荷增量 $\{\Delta R\}_1$ 后的位移、应变及应力的新水平:

$$\left.\begin{aligned} \{\delta\}_1 &= \{\delta\}_0 + \{\Delta\delta\}_1 \\ \{\varepsilon\}_1 &= \{\varepsilon\}_0 + \{\Delta\varepsilon\}_1 \\ \{\sigma\}_1 &= \{\sigma\}_0 + \{\Delta\sigma\}_1 \end{aligned}\right\} \tag{8-49}$$

(5) 继续增加载荷,并重复上述计算直到全部载荷加完为止。平衡方程的通式写成

$$[K]_{n-1}\{\Delta\delta\}_n = \{\Delta R\}_n \tag{8-50}$$

而

$$\begin{aligned} \{\delta\}_n &= \{\delta\}_{n-1} + \{\Delta\delta\}_n \\ \{\varepsilon\}_n &= \{\varepsilon\}_{n-1} + \{\Delta\varepsilon\}_n \\ \{\sigma\}_n &= \{\sigma\}_{n-1} + \{\Delta\sigma\}_n \end{aligned} \tag{8-51}$$

2. 增量初应力法

对于弹塑性问题,增量形式的应力 - 应变关系定义为

$$\mathrm{d}\{\sigma\} = [D]\mathrm{d}\{\varepsilon\} + \mathrm{d}\{\sigma_0\} \tag{8-52}$$

其中,
$$\mathrm{d}\{\sigma_0\} = -[D]_p\mathrm{d}\{\varepsilon\}$$

在式(8-52)中,$\mathrm{d}\{\sigma_0\}$ 相当于线弹性问题的初应力。于是,由线性化得

$$\{\Delta\sigma\} = [D]\{\varepsilon\} + \{\Delta\sigma_0\} \tag{8-53}$$

其中

$$\{\Delta\sigma_0\} = -[D]_P\{\Delta\varepsilon\}$$

位移增量$(\Delta\delta)$ 所应满足的平衡方程为

$$[K_0]\{\Delta\delta\} = \{\Delta R\} + \{\bar{R}(\{\Delta\varepsilon\})\} \tag{8-54}$$

其中,
$$[K_0] = \sum\int[B]^\mathrm{T}[D][B]\mathrm{d}V$$

$$\{\bar{R}(\{\Delta\varepsilon\})\} = \sum\int[B]^\mathrm{T}[D]_P\{\Delta\varepsilon\}\mathrm{d}V \tag{8-55}$$

式中,$\{\bar{R}(\{\Delta\varepsilon\})\}$ 是由初应力$\{\sigma_0\}$ 转化而得到的等效节点力,又称矫正载荷或附加载荷。

增量初应力法(增量法与迭代法相结合的混合法)的求解要点:

(1) 逐级加载。第 n 级载荷的迭代公式为

$$[K_0]\{\Delta\delta\}_n^j = \{\Delta R\}_n + \{\bar{R}\}_n^{j-1} \quad (j = 1,2,3,\cdots) \tag{8-56}$$

(2) 当求得应变增量的第 $j-1$ 次近似值$\{\Delta\varepsilon\}_n^{j-1}$,可以根据当前的应力水平,由式(8-53)求出初应力的第 $j-1$ 次近似值$\{\Delta\sigma\}_n^{j-1}$。

(3) 由式(8-55)算出相应的矫正载荷$\{\bar{R}\}_n^{j-1}$。

(4) 再次求解方程(8-56)进行迭代,迭代过程一直进行到相邻两次迭代所确定的应变增量相差很小为止。

(5) 将此时的位移增量、应变增量和应力增量作为该次载荷增量的结果叠加到当前水平上。

(6) 在此基础上再进行下一级加载,直到全部载荷加完为止。

3. 增量初应变法

对于弹塑性问题,增量形式的应力 - 应变关系可以定义为

$$\mathrm{d}(\sigma) = [D](\mathrm{d}\{\varepsilon\} - \mathrm{d}\{\varepsilon_0\}) \tag{8-57}$$

式中,$\mathrm{d}\{\varepsilon_0\} = \mathrm{d}\{\varepsilon\}_p$,$\mathrm{d}\{\varepsilon_0\}$ 相当于线弹性问题的初应变。

由式(8-38)和式(8-40),有

$$\mathrm{d}\{\varepsilon\}_p = \frac{1}{A}\frac{\partial\varphi}{\partial\{\sigma\}}\frac{\partial Q}{\partial\{\sigma\}}\mathrm{d}\{\sigma\} \tag{8-58}$$

由线性化把式(8-57)和式(8-58)中的无限小量用有限增量来代替,得到

$$\{\Delta\sigma\} = [D](\{\Delta\varepsilon\} - \{\Delta\varepsilon_0\}) \tag{8-59}$$

其中，

$$\{\Delta\varepsilon_0\} = \{\Delta\varepsilon\}_p = \frac{1}{A}\frac{\partial\varphi}{\partial\{\sigma\}}\frac{\partial Q}{\partial\{\sigma\}}\{\Delta\sigma\}$$

此时，位移增量 $\{\Delta\delta\}$ 应满足的平衡方程为

$$[K_0]\{\Delta\delta\} = \{\Delta R\} + \{\bar{R}(\{\Delta\sigma\})\} \tag{8-60}$$

式中，K_0 是弹性计算中的刚度矩阵；而

$$\{\bar{R}\{\Delta\sigma\}\} = \sum\int[B]^{\mathrm{T}}[D]\{\Delta\varepsilon\}_P \mathrm{d}V = \sum\int\frac{1}{A}[B]^{\mathrm{T}}[D]\frac{\partial\varphi}{\partial\{\sigma\}}\frac{\partial Q}{\partial\{\sigma\}}\{\Delta\sigma\}\mathrm{d}V$$

$$\tag{8-61}$$

是由初应变 $\{\Delta\varepsilon\}_0$ 转化而得到的等效节点力，又称矫正载荷或附加载荷。

增量初应变法（混合法）的求解步骤要点为：

(1) 逐级加载（见图 8-11）。第 n 级载荷的迭代公式为

$$[K_0]\{\Delta\delta\}_n^j = \{\Delta R\}_n = \{\bar{R}\}_n^{j-1} \quad (j = 1, 2, 3, \cdots) \tag{8-62}$$

(2) 求得位移增量的第 $j-1$ 次近似值，计算出 $\{\Delta\varepsilon\}_n^{j-1}$、$\{\Delta\sigma\}_n^{j-1}$。

(3) 通过式(8-61)算出相应的矫正载荷 $\{\bar{R}\}_n^{j-1}$ 作为下一次迭代时的矫正载荷。

(4) 再次求解方程(8-60)进行迭代，迭代过程一直进行到相邻两次迭代所确定的应力增量相差很少为止。

(5) 将此时的位移增量、应变增量和应力增量作为该级载荷的结果叠加到当前载荷水平上。

(6) 在此基础上进行下一级载荷计算，直到全部载荷加完为止。

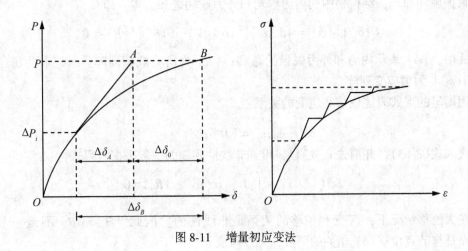

图 8-11　增量初应变法

三种方法的比较如下：

(1) 增量切线刚度法在每级加载时都必须重新形成刚度矩阵，计算工作量大，但是无

须迭代。

（2）增量初应力法和增量初应变法，每级加载的刚度矩阵均相同，只要改变平衡方程的右端就可以，这样大大减少了计算量。

（3）初应力法和初应变法在每级加载时都需要对初应力或初应变进行迭代，出现了是否收敛的问题，当塑性区大时，收敛过程很慢。

（4）联合使用方案。在低级载荷时，先用初应力或初应变法，高级载荷采用切线刚度法加速收敛过程。

8.3　几何非线性问题求解

几何非线性问题是指结构在载荷作用下产生大位移和有限变形问题，其中包括大位移 - 小应变和大位移 - 大应变问题。

几何非线性问题比线性问题复杂得多，理论和计算难度很大。与线性问题相比，几何非线性问题有如下四个特点：

（1）对于大位移 - 小应变问题，应力 - 应变关系是线性的，但是计算应变位移关系时，应考虑位移高阶导数的影响，导致应变与位移之间的非线性关系。

（2）对于大位移 - 大应变问题（也称有限变形问题），应力 - 应变关系、应变 - 位移关系均是非线性的，这样就产生了混合非线性的问题。

（3）几何非线性问题的平衡方程式应根据结构变形后的位形写出，而这个位形在求解过程中是变动的。因此，几何非线性问题常用增量法逐步地逼近结构变形过程中的位移。

（4）有限变形的材料本构方程也是依位形而变的。因此，采用不同的参考位形将得出不同的本构方程。

根据虚功原理，结构物中的内力虚功和外力虚功之和为零，即

$$\mathrm{d}\{\delta^*\}^{\mathrm{T}}\{\psi\} = \int \mathrm{d}\{\varepsilon^*\}^{\mathrm{T}}\{\sigma\}\mathrm{d}V - \mathrm{d}\{\delta^*\}^{\mathrm{T}}\{R\} = 0 \tag{8-63}$$

式中，$\{\psi\}$ 表示内力和外力矢量的总和；$\{R\}$ 为所有载荷列阵；$\mathrm{d}\{\delta^*\}$ 为虚位移列阵；$\mathrm{d}\{\varepsilon^*\}$ 为虚应变列阵。

用增量的形式表述位移和应变的关系：

$$\mathrm{d}\{\varepsilon\} = [\bar{B}]\mathrm{d}\{\delta\} \tag{8-64}$$

代入式（8-63），并消去 $\mathrm{d}\{\delta^*\}^{\mathrm{T}}$，得到非线性问题的一般平衡方程式：

$$\{\psi(\{\delta\})\} = \int [\bar{B}]\{\sigma\}\mathrm{d}V - \{R\} = 0 \tag{8-65}$$

在大位移情况下，应变和位移的关系是非线性的。因此，矩阵 $[\bar{B}]$ 不是一个常数阵，而是与节点位移 $\{\delta\}$ 相关的函数，可以写成

$$[\bar{B}] = [B_0] + [B_L(\{\delta\})] \tag{8-66}$$

式中，$[B_0]$ 是线性应变分析的矩阵项；$[B_L]$ 取决于 $\{\delta\}$，是由非线性变形引起的矩阵项。一般的 $[B_L]$ 是位移列阵 $\{\delta\}$ 的线性函数。

假设应力应变关系是一般的线弹性关系。于是有

$$\{\sigma\} = [D](\{\varepsilon\} - \{\varepsilon_0\}) + \{\sigma_0\} \tag{8-67}$$

式中，$[D]$ 是材料的弹性矩阵；$\{\varepsilon_0\}$ 是初应变列阵；$\{\sigma_0\}$ 是初应力列阵。

用牛顿－拉夫森法迭代求解方程(8-65)。取 $\{\psi\}$ 的微分，有

$$d\{\psi\} = \int d[\bar{B}]^T\{\sigma\}dV + \int[\bar{B}]^Td\{\sigma\}dV \tag{8-68}$$

利用式(8-67) 和式(8-64)，不考虑初应变与初应力的影响，得

$$d\{\sigma\} = [D]d\{\varepsilon\} = [D][\bar{B}]d\{\delta\} \tag{8-69}$$

由式(8-66)，有

$$d[\bar{B}] = d[B_L] \tag{8-70}$$

所以

$$d\{\psi\} = \int d[B_L]^T\{\sigma\}dV + [\bar{K}]d\{\delta\} \tag{8-71}$$

其中，

$$[\bar{K}] = \int[\bar{B}]^T[D][\bar{B}]dV = [K_0] + [K_L] \tag{8-72}$$

式中，$[K_0]$ 为小位移线性刚度矩阵；$[K_L]$ 为由大位移引起的刚度矩阵。

$$[K_0] = \int[\bar{B}_0]^T[D][\bar{B}_0]dV \tag{8-73}$$

$$[K_L] = \int([B_0]^T[D][B_L] + [B_L]^T[D][B_L] + [B_L]^T[D][B_0])dV \tag{8-74}$$

称为初始位移矩阵或大位移矩阵。

式(8-71) 第一项可以写成

$$\int d[B_L]^T\{\sigma\}dV = [K_\sigma]d\{\delta\} \tag{8-75}$$

式中，$[K_\sigma]$ 是关于应力水平的对称矩阵，称为初应力矩阵或几何刚度矩阵。

于是，式(8-71) 可以写成

$$d\{\psi\} = ([K_0] + [K_\sigma] + [K_L])d\{U\} = [K_T]d\{\delta\} \tag{8-76}$$

牛顿－拉夫森法迭代方法的实施步骤为：

(1) 用线弹性解 $\{\delta\}$ 作为的第一次近似值 $\{\delta\}_1$。

(2) 通过定义 $[\bar{B}] = [B_0] + [B_L]$ 和式(8-67) 计算出应力的 $\{\sigma\}$，利用式(8-65) 计算 $\{\psi\}_1$。

(3) 确定切线刚度矩阵 $[K_T] = [K_0] + [K_\sigma] + [K_L]$。

(4) 通过公式 $\{\Delta\delta\}_2 = -[K_T]^{-1}\{\psi\}_1$，算出位移的修正值，得到第二次的近似值 $\{\delta_2\} = \{\delta\}_1 + \{\Delta\delta\}_2$。

(5) 重复上述第(2)(3)(4) 迭代步骤，直到 $\{\psi\}_n$ 足够小为止。

注意：在推导式(8-68) 中，假设载荷 $\{R\}$ 不因变形而改变其方向和大小，但有些情况并非如此，如结构震动、冲浪坝等。如果载荷 $\{R\}$ 随位移而变化，则必须考虑相对于

$d\{\delta\}$ 的载荷微分项，以研究非保守力作用下的大变形问题。

8.4　双重非线性问题

当材料非线性和几何非线性两类问题同时存在时，称为双重非线性问题。

对于双重非线性问题，增量形式的平衡方程仍然成立，即

$$[K_T]\{\Delta\delta\} = \{\Delta R\} \tag{8-77}$$

其中，

$$[K_T] = [K_0] + [K_\sigma] + [K_L]$$

将 $[K_0]$ 和 $[K_L]$ 矩阵中的弹性矩阵 $[D]$ 用弹塑性矩阵 $[D]_{ep}$ 代替，得

$$[K_0]^P = \int [B_0]^T([D] - [D]_P)[B_0]\mathrm{d}V = [K_0] - \int [B_0]^T[D]_P[B_0]\mathrm{d}V$$

$$[K_L]^P = [K_L] - \int([B_0]^T[D]_P[B_L] + [B_L]^T[D]_P[B_L] + [B_L]^T[D]_P[B_0])\,\mathrm{d}V$$

于是，双重非线性问题中，结构的切线刚度矩阵可以写成

$$[K_T] = [K_0] + [K_L] + [K_\sigma] - [K_R] \tag{8-78}$$

式中，$[K_R]$ 为载荷矫正矩阵，即

$$[K_R] = \int([B_0]^T[D]_P[B_0] + [B_0]^T[D]_P[B_L] + [B_L]^T[D]_P[B_L] + [B_L]^T[D]_P[B_0])\,\mathrm{d}V$$

$$\tag{8-79}$$

因此，结构的平衡方程式可以写为

$$([K_0] + [K_L] + [K_\sigma] - [K_R])\{\Delta\sigma\} = \{\Delta R\} \tag{8-80}$$

求解式 (8-80) 的方法，可以采用本章介绍的三种基本方法。

增量切线刚度法的求解步骤如下：

(1) 逐级加载。第 n 级载荷增量的平衡方程写成

$$[K_T]_{n-1}\{\Delta\delta\}_n = \{\Delta R\}_n \tag{8-81}$$

因为是双重非线性问题，矩阵 $[D]_p = [D\{\sigma\}]_p$ 是当时应力的函数，而切线刚度矩阵 $[K_T]_{n-i} = [K_T](\{\delta,\ \sigma\})_{n-1}$ 除了是当时位移的函数外，还是当时应力的函数。

(2) 对于第 $n-1$ 次载荷增量，已经求得 $\{\delta\}_{n-1}$、$\{\varepsilon\}_{n-1}$ 和 $\{\sigma\}_{n-1}$，则根据本章公式求出 $[B_0]$、$[B_L]$，再利用式 (8-45) 算出 $[D]_P$。

(3) 利用式 (8-78) 得到切线刚度矩阵 $[K_T]_{n-1}$。

(4) 求解式 (8-81)，得到第 n 级载荷增量后的位移 $\{\delta\}_n$、应变 $\{\varepsilon\}_n$ 和应力 $\{\sigma\}_n$。

(5) 重复上面的计算，直至全部加载完毕。

◎ **习题与思考题**

1. 非线性问题包括哪些内容？
2. 求解非线性问题有哪几种基本方法？
3. 直接迭代法有哪些优缺点？
4. 牛顿–拉夫森法 (切线刚度法) 在解算非线性问题时有哪些缺点？如何加以克服？

5. 解算材料非线性问题的有限单元方法通常有哪几种？

6. 解算几何非线性问题的有限单元方法是什么？

7. 什么是双重非线性问题？如何在有限单元方法中求解双重非线性问题？

第9章   ANSYS建模方法与应用实例

9.1   ANSYS简介

ANSYS软件是集结构、流体、电场、磁场、声场分析于一体的大型通用有限单元分析软件。由世界上最大的有限单元分析软件公司之一的美国ANSYS开发,它能与多数CAD软件接口,实现数据的共享和交换,如Pro/Engineer,NAS-TRAN,Alogor,I-DEAS,AutoCAD等,是现代产品设计中的高级CAD工具之一。

软件主要包含三个部分:前处理模块、分析计算模块和后处理模块,如图9-1所示。

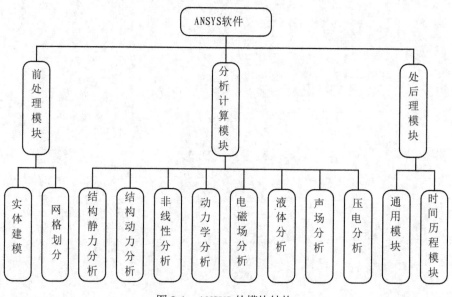

图9-1   ANSYS的模块结构

前处理模块提供了一个强大的实体建模及网格划分工具,用户可以方便地构造有限单元模型。分析计算模块包括结构分析、流体动力学分析、电磁场分析、声场分析、压电分析以及多物理场的耦合分析,可模拟多种物理介质的相互作用,具有灵敏度分析及优化分析能力。

后处理模块可将计算结果以彩色等值线显示、梯度显示、矢量显示、粒子流迹显示、立体切片显示、透明及半透明显示(可看到结构内部)等图形方式显示出来,也可将计算结果以图表、曲线形式显示或输出。

9.1.1 ANSYS 运行环境配置

ANSYS 运行环境配置主要是在启动界面设置以下选项：

(1)选择 ANSYS 产品。ANSYS 软件是融合结构、热、流体、电磁、声学于一体的大型通用有限单元软件，需要针对不同分析项目选择不同的 ANSYS 产品。

(2)选择 ANSYS 工作目录。ANSYS 所有生成的文件都将写在此目录下。默认为上次定义的目录。

(3)设定初始工作文件名。默认为上次运行定义的工作文件名，第一次运行默认为file。

(4)设定 ANSYS 工作空间及数据库大小。一般选择默认值即可。

9.1.2 ANSYS 用户界面

启动 ANSYS 软件并设定工作目录和工作文件名之后，将进入如图 9-2 所示的 GUI（graphical user interface）用户界面，主要包括以下七个部分。

(1)实用菜单，包括文件操作(File)、选择功能(Select)、数据列表(List)、图形显示(Plot)、视图环境(PlotCtrls)、工作平面(Workplane)、参数(Parameters)、宏命令(Macro)、菜单控制(MenuCtrls)和帮助(Help)共 10 个下拉菜单，涵盖了 ANSYS 的绝大部分系统环境配置功能。

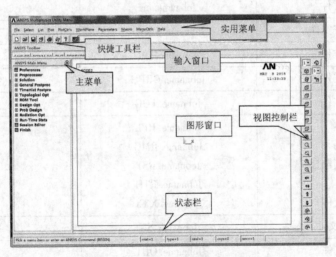

图 9-2 ANSYS10.0 图形用户界面

(2)快捷工具栏，对于常用的新建、打开、保存数据文件、视图旋转、抓图软件、报告生成器和帮助操作，提供了快捷方式。

(3)输入窗口，ANSYS 提供了四种输入方式：常用的 GUI 输入、命令流输入、使用工具栏和调用批处理文件。在这个窗口可以输入 ANSYS 的各种命令，在输入命令过程中，

ANSYS 自动匹配待选命令的输入格式。

（4）图形窗口，显示 ANSYS 的分析模型、网格、求解收敛过程、计算结果云图、等值线，以及动画等图形信息。

（5）主菜单，几乎涵盖了 ANSYS 分析过程的全部菜单命令，按照 ANSYS 分析过程进行排列，依次是个性设置（Preference）、前处理（Preprocessor）、求解器（Solution）、通用后处理器（General Postproc）、时间历程后处理（Time Hist Postproc）、拓扑优化设计（Topological Opt）、ROM 工具（ROM Tool）、优化设计（Design Opt）、概率设计（Prob Design）、辐射选项（Radiation Opt）、运行时间状态（Run-TimeStates）、进程编辑（Session Editor）和完成（Finish）菜单命令。

（6）状态栏，显示 ANSYS 的一些当前信息，如当前所在的模块、材料属性、单元实常数及系统坐标等。

（7）视图控制栏，用户可以利用这些快捷方式方便地进行视图操作，如前视、后视、俯视、旋转任意角度、放大或缩小、移动图形等，可以调整到用户最佳视图角度。

9.1.3 ANSYS 文件格式

ANSYS 中涉及的主要文件的类型及格式如表 9-1 所示。

表 9-1　　　　　　　　　　　　　　　文件的类型及格式

文件类型	文件名称	文件格式
错误文件	Jobname. err	文本
单元矩阵文件	Jobname. EMAT	二进制
数据文件	Jobname. DB	二进制
图形文件	Jobname. GRPH	文本（特殊格式）
日志文件	Jobname. LOG	文本
流体 磁场 结构或其耦合 热 结果文件	Jobname. RFL Jobname. RMG Jobname. RST Jobname. RTH Jobname. XXX	二进制
载荷步文件	Jobname. SN	文本
输出文件	Jobname. OUT	文本

9.1.4 结构分析过程实例

1. 分析问题概述

如图 9-3 所示 3 根杆，一端铰接在 4 点，另一端与天花板连接。杆的材料为冷轧钢材，屈服强度为 $\sigma_{0.2}$，截面积为 A，材料为理想弹塑性。求 3 根杆都处于弹性状态时，即 $F = F_1$ 时杆 2 变形量；3 根杆都处于塑性状态时，即 $F = F_2$ 时各杆的变形量及卸载后的残余应力。

已知材料属性：$\sigma_{0.2} = 2.0685E8Pa$，$E = 2.0685E11Pa$。几何尺寸 $A = 6.4516E-4m^2$，$l = 2.54m$，$\theta = 30°$。外载：$F_1 = 2.311E5N$，$F_2 = 3.645E5N$。

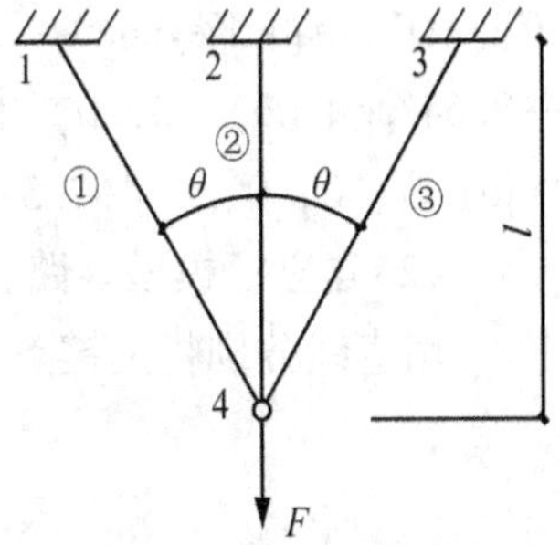

图 9-3　三杆件模型

2. 定义材料、几何常数和单元类型

(1) 启动 ANSYS。以交互方式启动，设置相关工作目录，定义初始工作文件名为 threepoles。路径：开始>程序>ANSYS Release 软件>ANSYS Interactive。

(2) 定义分析标题。在 Change Title 对框中指定分析标题为 RESIDUAL STRESS PROBLEM。路径：Utility Menu>File>Change Title。

(3) 定义分析类型。指定分析类型为 Structural，程序分析方法为 h-method。路径：Main Menu>Preferences。

(4) 定义单元类型。路径：Main Menu>Preprocessor>Element Type>ADD/Edit/Delete。在弹出的 Element Type 对话框中单击 Add 按钮，在新的 Library of Element Type 对话框中选择 link1 二维弹性杆单元。然后单击 OK 按钮，再单击 Close 按钮关闭对话框。

(5) 定义实常数。路径：Main Menu>Preprocessor>Real Constant>Add/Edit/Delete。在弹出的 Real Constant 对话框中选择 Add 单击，单击 OK 按钮，在新的 Real Constant Set Number 1，for link1 对话框中使面积 Area = 6.4516E-4，然后单击 OK 按钮，再单击 Close 按钮关闭对话框。

(6) 定义材料属性。

路径 1：Main Menu>Preprocessor>Material Props>Material Models。

路径 2：Material Models Available>Structural>Linear>Elastic>Isotropic。

路径 3：Material Models Available > Structural > Nonlinear > Inelastic > Rate Independent > Kinematic Hardening Plasticty>Mises Plasticity>Bilinear。

执行路径 1，将弹出 Define Material Model Behaviour 对话框，选择 Isotropic。执行路径 2，将得到 Linear Isotropic Material Properties for Material Number 1 对话框，在其中令 E = 2.0685E11。然后定义材料本构关系为理想弹塑性，执行路径 3，将弹出 Bilinear Kinematic Hardening for Material Number1 对话框。单击 ADD Temperature，然后在 T1 列输入 100，屈服应力 2.0685E5，在 T2 列输入温度 0，屈服应力 0。单击 Delete Temperature 按钮删除 T2 列。最后单击 OK 按钮，并关闭对话框。

(7) 保存数据。执行路径 ANSYS Toolbar>SAVE_ DB，数据将保存到 three poles. db 中。

3. 建立几何模型

(1) 创建关键点。路径：Main Menu>Preprocessor>Modeling>Create>Keypoints>In Active

CS。在 Create Keypoints in Active Coordinates System 对话框中，在 X，Y，Z 坐标栏中输入 -2.54/sqrt（3），0，0，单击 Apply 按钮生成关键点 1。同理，分别输入 0，0，0、2.54/sqrt(3)，0，0、0，-2.54，0 分别产生关键点 2、3、4。单击 OK 按钮关闭对话框。

（2）建立杆模型。路径：Main Menu>Preprocessor>Modeling>Create>Lines>Straight Line，用直线分别将关键点 1→4，2→4，3→4 连接起来。得到如图 9-4 所示的几何模型。

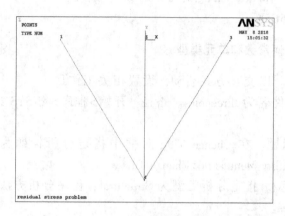

图 9-4　几何模型

4. 划分网格

几何模型建立完毕后即可进行网格划分。

路径 1：Main Menu>Preprocessor>Meshing>Size Cntrls>ManualSize>Lines> All lines。

路径 2：Main Menu>Preprocessor>Meshing>Mesh>lines。

执行路径 1，在弹出 Element Size on All Select lines 对话框中，在 NDIV 选项中填入 1；执行路径 2，选择 3 条直线，这样就划分了所有直线。

5. 加载及求解

加载及求解的步骤如下：

（1）施加位移约束。路径：Main Menu > Solution > Define Loads > Apply > Structural > Displacement>On Keypoints。将 1，2，3 点全部约束，选择上部 3 个关键点后，在 Apply U，Rot on KPs 对话框中，选择 ALL DOF，单击 OK 按钮。

（2）施加外载 F_1，求解并保存位移参量。

路径 1：Main Menu > Solution > Define Loads > Apply > Structural > Force/Moment > On Keypoints。

路径 2：Main Menu>Solution>Solve>Current LS。

路径 3：Utility Menu>Parameter>Get Scalar Data。

执行路径 1，在关键点 4 上施加-Y 方向的集 $F_Y = -2.311E5N$。执行路径 2，完成第一次分析。执行路径 3，在左边滚动栏中选择 Results data，在右边滚动栏选择 Nodal Results，单击 OK 按钮，得到的 Get Nodal Results Data 对话框，然后指定标量名称为 DEF1，节点号为 2，选择 Y 向位移。

（3）施加外载 F2，并求解。

路径 1：Main Menu>Solution>Analysis Type>Sol'n Controls。

路径 2：Main Menu > Solution > Define Loads > Apply > Structural > Force/Monment > On Keypoints。

路径 3：Main Menu> Solution>Solve>Current LS。

路径 4：同第（2）步的路径 3。

执行路径 1，在弹出的 Solution Controls 对话框中，打开 Automatic time stepping，设置子步为 10，输出结果为每隔 10 步输出一次。执行路径 2，在关键点 4 上施加-Y 方向的集中力 $F_Y = -3.645E5N$。执行路径 3，完成第二次分析。执行路径 4，指定标量名称为 DEF2，节点号为 2，选择 Y 向位移。

（4）卸除 F2 并求解。

路径 1：Main Menu>Solution> Analysis Type>Sol'n Controls。

路径 2：Main Menu > Solution > Define Loads > Apply > Structural > Force/Monment > On Keypoints。

路径 3：Main Menu> Solution>Solve>Current LS。

路径 4：同第（2）步的路径 3。

执行路径 1，重新设置子步数为 5，输出结果间隔为 5。执行路径 2，在关键点 4 上施加-Y 方向的集中力 $F_Y = 0$。执行路径 3，完成第三次分析。执行路径 4，指定标量名称为 DEF3，

节点号为 2。选择 Y 向位移。

6. 查看结果

（1）观察变形。

路径 1：Main Menu>General Postproc>Plot Results>Deformed Shape。

路径 2：Utility Menu> Parameter> Scalar Parameter。

执行路径 1，在弹出的 Plot Deformed Shape 对话框中选择 Deformed + undeformed 将显示最后一次求解得到的变形结果和变形前的形状，单击对话框中的 OK 按钮，显示结果。执行路径 2，将得到 Scalar Parameter 对话框，其中显示各种工况下 2 号节点的位移。显然残余变形为 DEF3 = -0.368mm。

（2）检查残余应力。查看计算结果，得到残余应力 STRSS = -38.89。

（3）ANSYS 计算与理论计算结果比较。由表 9-2 可知，显然 ANSYS 的计算结果与理论结果是非常相近的。

表 9-2　　　　　　　　　　　　　　　**结 果 比 较**

	理论计算值	ANSYS 计算值
变形 $F=F_1$(mm)	-1.9133	-1.9132
残余应力 σ_r(MPa)	-38.96	-38.89

9.2　ANSYS 模型的建立

9.2.1　概述

1. ANSYS 中的图元结构

ANSYS 中包含了 4 种类型的图元，这些图元组成了所有的 ANSYS 几何实体模型。图元在 ANSYS 中有一定的层次关系。如图 9-5 所示，它们之间的层次关系由低到高分别为：关键点（Keypoints）—线（Lines）—面（Areas）—体（Volumes）。

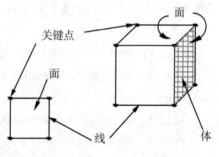

图 9-5　图元的层次关系图

这种层次关系隐含了"隶属"关系，一个体中包含了围成这个体的面，而且同时也包含了组成面的线和组成线的关键点。在进行模型的修改和删除时，理解这种层次关系非常重要。如果低层次图元连接在高层次图元上，则低层次图元不能够删除。例如，如果要删除一个面，则必须首先删除这个面所隶属的体；否则，缺少了这个面的体将不能构成体。

在 ANSYS 软件的子菜单中，可以通过选择 delete 子菜单来进行图元的删除操作。例如，删除线的命令有两个，一个是 Lines Only，该命令指仅仅删除所选择的线，而保留其上的关键点；另一个是 Line and Below，该命令指的是删除线及线层次以下所有的关键点。

2. ANSYS 中的模型创建

创建 ANSYS 模型通常有 4 种途径：

(1)创建实体模型，然后划分有限元网格。

(2)在其他 CAD 软件中创建实体模型，然后通过数据接口导入 ANSYS 软件中，经过修正后划分有限元网格。

(3)直接创建几何实体模型的单元和节点。

(4)在 CAD 软件中创建有限元模型，将单元和节点的数据直接导入 ANSYS 软件。

由上面的创建思想，在实际操作时，可以遵循下面几个步骤：

(1)确定建模方案。在开始进入 ANSYS 软件之前，首先根据模型情况，确定分析目标，决定模型的基本形式，选择合适的单元类型，确定适当的网格密度。

（2）生成实体。利用几何图元和布尔运算操作生成基本的实体模型。

（3）定义单元属性。生成单元属性表，包括单元类型、实常数、材料属性、单元坐标系。

（4）划分网格生成单元。设置网格划分控制，建立所需要定义的网格密度，对实体模型进行网格划分，生成节点和单元。

（5）保存模型数据。

3. ANSYS 中的单位制

除了磁场分析以外，通常不需要告诉 ANSYS 所使用的是什么单位制，只需要自己决定使用何种单位制，然后确保所有输入值的单位制保持统一，单位制影响输入的几何实体模型尺寸、材料属性、实常数以及载荷等。

ANSYS 中声明单位制的命令为 UNITS，LABEL。声明单位（UNIT）系统（System），表示分析时所用的单位，进入 ANSYS 后在起始层（Begin level）中执行。LABEL 表示系统的单位，如表 9-3 所列。

表 9-3　　　　　　　　　　　　　　　　单 位 声 明

LABEL	单位制
SI	公制、公尺、公斤、秒
CSG	公制、公分、公克、秒
BFT	英制，长度＝英尺
BIN	美制，长度＝英寸，系统默认

4. ANSYS 的坐标系统

为了创建有限元模型，通常需要在一定的工作平面上表达出几何实体模型，这样就必须通过建立坐系，对所要生成的模型进行空间定位。为了满足不同的要求，ANSYS 软件提供了多种坐标系，可以根据不同的分析要求来选择相应的坐标系。ANSYS 的坐标系统的种类如表 9-4 所列。

表 9-4　　　　　　　　　　　　　　　ANSYS 的坐标系统

坐标系统种类	坐标系统功能
节点坐标系	用来定义各个节点的自由度和节点结果数据的取向
单元坐标	定义各个单元的各向异性材料的性质、所施加的载荷方向和单元结果数据的取向
整体与局部坐标	进行空间定位，确定模型几何形状参数（如关键点、线、面等）在空间的位置

续表

坐标系统种类	坐标系统功能
结果坐标系	单元和节点结果通过列表显示或图形显示时所采用的坐标系，默认为整体坐标系
显示坐标系	该坐标系用来列表显示或图形显示几何体，默认时为整体直角坐标系

（1）节点坐标系。一般用于定义节点的自由度方向和节点的结果数据方向。每个节点都有自己的节点坐标系，默认与卡氏直角坐标系的坐标轴方向平行。

节点的许多输入数据(如节点自由度、载荷、约束方程等)和 POST26 中的节点结果数据(如节点自由度求解结果、节点载荷等)均用节点坐标系来表示。

有些情况下需要改变节点的坐标系方向，如需要旋转模型中某些节点的节点坐标系，以用于有坡度的滑动支撑或者施加径向位移，可以采用以下方法将节点坐标系方向改变成想要的任意节点坐标系方向。

注意，在 POST1 中节点的结果数据是按结果坐标系来表示的，而不是按节点坐标系来表示。

（2）单元坐标系。每个单元都有自己的坐标系，即单元坐标系。单元坐标系用于规定正交材料特性的方向、压力和结果的输出方向。所有的单元坐标系都为正交右手坐标系。单元坐标系的默认方向般如下：

线单元的 x 轴方问通常从该单元的 i 节点指向 j 节点。

壳单元的 x 轴方向通常也是从该单元的 i 节点指向 j 节点。z 轴方向为通过 i 节点且与壳面垂直，其正力向由一单元的 i、j、k 节点按右手定则确定，y 轴方向垂直于 x 轴和 z 轴。

对二维和二维实体单元，其单元坐标系总是平行于总体笛卡儿直角坐标系。

（3）整体与局部坐标系。通常用来定位空间几何体。在默认情况下，ANSYS 使用的坐标系是笛卡儿直角坐标系。ANSYS 程序允许定义 3 种坐标系中的任一种来输入几何数据及进行操作。也可以定义自己的坐标系。

ANSYS 的整体坐标系有 3 类：笛卡儿坐标系(cartesian coordinate system)，柱坐标(cylindrical coordinate system, C. S. 1)和球坐标系(spherical coordinate, C. S. 2)。3 个坐标系均是右手坐标系，而且原点相互重合。它们由其坐标系号来识别：0 是笛卡儿坐标系，1 是柱坐标系，2 是球坐标系。

局部坐标系则是自己建立的坐标系，它的原点和整体坐标系的原点不同，其原点偏移一定的距离，或者是其方向与整体坐标系不同，其方向偏移一定角度。

（4）结果坐标系。在求解过程中，ANSYS 的计算结果数据有位移、应力、应变和节点力等，这些数据在向数据库和结果文件存储时，有的是按节点坐标系存储，有的是按单元坐标系存储。而结果数据在列表显示、图形显示和单元表数据存储时，是按当前结果坐标系；默认的情况下是按整体笛卡儿坐标系。

（5）显示坐标系。一般用来定义几何体被列表或显示的坐标系。在默认的情况下，即使是在其他坐标系中定义的节点和关键点，其列表都显示它们的整体笛卡儿坐标系。

5. ANSYS 的工作平面

工作平面(working plane)是一个可以进行移动的参考平面，类似于在 CAD 中所用的一些绘图软件的画图板。操作中，鼠标的操作在显示屏幕上表现为一个点，为了能用鼠标拾取一个特选的点，首先必须定义一个假想的平面。当该平面与光标所代表的垂线相交时，便能够在空间唯一地确定一个点。定义的假想平面便是工作平面。

工作平面可以不平行于显示屏，它是一个具有原点、坐标系、捕捉增量和显示栅格的无限大平面。在默认的情况下，ANSYS 的工作平面为整体直角坐标系的 $X-Y$ 平面。在进行 ANSYS 有限元分析时，ANSYS 的工作平面只允许有一个，如果需要定义新的工作平面，则原先的工作平面将会被删除，以改变后的工作平面坐标为准。而且，工作平面与坐标系是独立的，这样，工作平面与当前的坐标系可以具有不同的原点和旋转方向。

整体坐标系更改后，原有的工作平面坐标将仍然保持不变，工作平面坐标的更改通常用于原始对象的建立。

9.2.2 建立几何实体模型

建立几何实体模型，一般是利用点、线、面、体组合而形成所需建立的模型，即所谓的由下而上建立模型。几何实体模型决定之后，由边界来决定网格，即每一线要分成几个单元或单元的尺寸是多大。决定了每边单元数目或尺寸大小之后，ANSYS 程序能自动产生网格，即自动产生节点和单元，并同时完成几何实体模型的建立。

几何实体模型是在实际建模中比较常采用的建模方式，它通常有以下优点：

(1)能够适用于庞大而复杂的模型的建立，特别是三维模型的建立。

(2)可以对模型进行拖拉、旋转等操作，而对节点和单元则不能够采用这些操作。

(3)采用基本的几何图元，通过布尔运算建立模型。

(4)易对模型进行修改和改变单元的属性。

(5)可以混合采用多种建模方法，如采用自下而上建模和自上而下建模混合的方法。

1. 几何实体模型建立的基本方法

建立几何实体模型一般遵循这样的步骤：先是自下而上或自上而下，或两者兼用建立基本几何实体模型，接着使用布尔运算对基本图元进行加、减、并等操作，然后对几何实体通过旋转拖拉等操作生成上一级实体，最后再通过移动和复制操作构造更加复杂的实体。

实体模型的建立有下列方法：

(1)自下而上建模方法(bottom-up method)。由建立最低单元的点到最高单元的体，即建立点，再由点连成线，然后由线组合成面，最后由面组合建立体。

(2)自上而下建模方法(top-down method)。此方法与布尔运算命令一起使用，直接建立较高单元对象，其所对应的较低单元对象一起产生，对象单元高低顺序依次为体、面、线及点。所谓布尔运算，为对象相互加、减、组合等。

（3）混合使用前两种方法。可结合前两种方法综合运用，但应考虑到要获得什么样的有限元模型，即在网格划分时，要产生自由网格划分或映射网格划分。自由网格划分时，实体模型的建立比较简单，只要求所有的面或体能组合成一个体就可以。映射网格划分时，平面结构一定要为四边形或三边形面相组合而成，三维结构一定要六面体相接而成。

2. 布尔操作

布尔操作（boolean operation）主要用在结构本身比较复杂的模型建立中，它是利用原始对象或自下而上方式建立对象，进行一些图元的组合运算。

布尔操作可对几何图元进行布尔计算，ANSYS 布尔运算包括 Add（加）、Subtract（减）、Intersect（交）、Divide（分解）、Glue（粘结）、Overlap（搭接），它们不仅适用于简单的图元，也适用于从 CAD 系统中导入的复杂几何模型。GUI 命令路径为：Main Menu→Preprocessor → Modeling→Operate→Booleans。通常情况下，以自由网格划分为主。

同时，布尔运算可以对所操作的对象进行编号。在布尔操作中，原有的对象经过运算后的结果，将会以新号码进行编号，而原始的对象则会被删除，在后续对象建立时，系统将会给这些对象进行最小号码编号。

（1）相交（Intersect），是指对所取得的对象截取（X，Y）重叠部分为一个新对象，命令类型为 XINY。同等级对象相交可以包含多个对象，不同等级的对象相交各自仅仅包含一个对象。

（2）相加（Add），是将两个同等级的对象（面或体），变为一个复杂形状的对象，原对象的重叠部分的边界全部被删除，其命令类型为 XADD。相加运算仅仅限于同等级的几何实体，而且相交的部分应该与母体具有相同的等级，它可以由几个实体生成一个实体。

（3）相减（Subtract），两个几何实体对象（X，Y）进行相减操作时，会有以下几种结果出现：

①如果 Y 单元大于或等于 X 单元，则 X 与 Y 相互重叠的部分与 Y 对象会被删除；

②如果 Y 单元小于 X 单元，则 Y 单元会被删除，但是 Y 单元与 X 单元相互重叠的部分将和原有 X 单元变为连续的两个对象。

③如果母体为同一等级的几何实体，而且相交部分等级比母体等级低 2 级时，则无法进行相减操作。

④如果母体为不同等级的几何实体，相交部分的等级比被减几何实体等级低 2 级时，则无法进行相减操作。

（4）粘结（Glue），是指将不连续的同等级对象的重合处变为连续体，不连续是指建立对象时所产生的重叠边界。粘结操作仅仅限于同等级的几何实体，只有边界可作为粘结区，执行粘结操作后，会形成共同边界，但母体仍然相互独立。粘结操作命令类型为XGLUE。

（5）搭接（Overlap），是指将分离的同等级对象变为数个对象的连续体，其中对象中的所有重叠边界所围成的区域都自成一个对象。命令类型为 OVERLAP。该操作仅限于同等级的几何实体，而且搭接的区域应该与母体具有相同的等级。搭接和相加差不多，但是相加操作是由几个实体生成 1 个实体，而搭接则是由几个实体生成更多的实体，相交的部分则被独立出来。

（6）分割（Partition），该命令常用于连接多个图元，从而生成 3 个或者是更多新的图元。如果搭接区域与原始的图元具有相同的等级，那么分割的结果会与搭接操作的结果相同。但是它与搭接操作不同的是，没有参加搭接的输入图元将不被删除掉。分割操作仅仅限于相同等级的几何实体，它也可以用于搭接区域与原始的图元等级不同的情况，其结果就是相交的部分分割原有图元而生成新的几何实体。进行分割操作时，如果相交部分和原始的图元的等级不同，则应保证相交部分能够完整地分割原有的图元，否则布尔分割操作会失败。

9.2.3 定义单元属性

在有限元分析中，单元类型选择正确与否，将决定其最后的分析结果。ANSYS 提供了 120 多种不同性质与类别的单元，每一个单元都有其固定的编号。例如 LINK180 是第 180 号单元，PLANE42 是第 42 号单元。通过每个单元前的名称，可以判断该单元的适用范围及其形状。基本上，单元类别可分为 1-D 线单元、二维平面单元及三维立体单元。1-D 线单元是采用两关键点连接而成，二维单元采用 3 点连成三角形或采用 4 点连成四边形，三维单元可采用 8 点连接成六面体，采用 4 点连接成角锥体或采用 6 点连接成三角柱体。每个单元的用法在 ANSYS 的帮助文档中都有详细的说明，可用 HELP 命令查看。

创建单元前，必须事先定义好单元类型，单元类型包括单元型号、单元材料特性、单元几何特性等，一般在进入前处理器后就定义单元类型，只要在建立单元前说明使用哪种单元即可。

1. 定义单元类型

定义单元类型，命令：ET，ITYPE，Ename，KOP1，KOP2，KOP3，KOP4，KOP5，KOP6，INOPR。在输入窗口栏里输入 et，便会自动弹出该命令提示。

单元类型（element type）为系统结构所包含的单元类型的种类。

ET 命令是由 ANSYS 单元库中选择某个单元并定义该结构分析所使用的单元类型号码。

ITYPE 表示单元类型的编号。

Ename 表示 ANSYS 单元库的名称，即使所需要定义的单元。

KOPT1-KOPT6 表示单元特性编码。

2. 定义材料的属性

定义材料的属性（material property），材料属性为固定值时，其值为 CO，当条件变化时，可以由后面的 4 个参数控制材料的属性。

MAT 表示对应 ET 所定义的号码（ITYPE，表示该组属性属于 ITYPE）。

Lab 表示材料属性，任何单元具备何种属性在单元属性表中均有说明。例如杨氏模量（Lab = EX，EY，EZ），材料密度（Lab = DENS），材料泊松比（Lab = NUXY，NUXYZ，NUZX），材料剪切模量（Lab = GXY，GYZ，GXZ），材料热膨胀系数（Lab = ALPX，ALPY，

ALPZ)等。

3. 定义实常数

选择需要定义实常数的单元类型后，单击 OK 按钮，便会弹出定义单元实常数对话框。在对话框中，可以输入实常数设置编号。选择先前定义的单元类型，输入参数值。

4. 定义单元属性

在划分网格之前，需要对几何模型各个部分指定单元的属性，包括：
(1)指定关键点的单元属性；
(2)指定线的单元属性；
(3)指定面的单元属性；
(4)指定体的单元属性。

9.2.4　网格形状尺寸控制

单元形状在二维结构中可分为四边形和三角形，在三维结构中可分为六面体和角锥体。当实体模型进行映射网格划分时，二维结构及三维结构所产生的单元一定为四边形及六面体，当无法进行网格划分时，程序会默认为采用智能网格划分，所以二维结构将默认以四边形和三角形的混合方式进行，三维结构以角锥体方式进行。网格划分有默认尺寸大小，也就是说，不给定线段和网格数目，仍然可以进行网格划分，但不一定能满足设计者的要求。

单元大小基本上在线段上定义，可用线段数目和线段长度来划分，通常以线段数目分割比较方便。分割时可采用均分或不均分，不均分以线段方向或中间为准，根据数量定义可得到渐增或渐减的效果。除此之外，也可以整体对象为基准，确定网格的大小。

此外，智能网格划分一般不需要定义线段的数目及大小，程序将提供智能化控制（smartsize）。而指定线段进行单元数目及大小的定义，大多用于映射网格划分。

(1)网格形状的选取。在划分生成二维单元和三维单元时，可以定义单元形状。二维单元可以定义为四边形或三边形，三维单元可以定义为六面体或四面体，但需要注意的是，定义的单元类型要支持指定的形状。

(2)定义网格划分方式。Key = 0：采用智能网格划分方式；Key = 1：采用映射网格划分方式；Key = 2：首先采用映射网格划分方式，若不能够划分，则采用智能网格划分方式。

(3)网格尺寸的控制。
①通过定义单元边长或者线上划分单元的数目来控制网格划分；
②通过定义所选关键点附近单元尺寸来控制网格划分；
③通过定义所选线上单元数目来控制网格划分。

9.2.5　网格编辑

对一个已经划分好网格的模型进行修正，即对网格进行编辑，其步骤包括：(1)检查划分的网格；（2）清除需要修正的网格节点和单元；（3）删除有限元模型的图元；（4）创建新的实体模型；（5）对新的模型重新划分网格。

1. 网格划分的检查

（1）网格模型检查；

（2）单元形状检查；

（3）检查不良划分单元。

2. 网格的局部细化

（1）对节点附近的单元网格细化；

（2）对单元附近的单元网格细化；

（3）对关键点附近的单元网格细化；

（4）对线附近的单元网格细化；

（5）对面附近的单元网格细化；

（6）对所有选择的单元网格细化。

3. 清除网格

清除网格是指删除网格上的节点和单元，单元、节点和图元之间的关系如下：单元→节点→体→面→线→点。

（1）点单元网格的清除；

（2）线单元网格的清除；

（3）面单元网格的清除；

（4）体单元网格的清除。

4. 网格单元的改进

（1）改进不属于体的四面体单元；

（2）改进选定体内的四面体单元。

9.3 ANSYS 结构分析基础

9.3.1 ANSYS 结构分析常用单元

1. 杆单元

杆单元适用于模拟桁架、缆索、链杆、弹簧等构件。该类单元只承受杆轴向的拉压，不承受弯矩，节点只有平动自由度。不同的单元具有弹性、塑性、蠕变、膨胀、大转动、大挠度（也称大变形）、大应变（也称有限应变）、应力刚化（也称几何刚度、初始应力刚度）等功能，表9-5列出了该类单元较详细的特性。

表 9-5　　　　　　　　　　　　　　　　　杆单元特性

单元名称	简称	节点数	节点自由度	特性	备注
LINK1	2D 杆		U_x, U_y	EPCSDGB	常用杆单元
LINK8	3D 杆			EPCSDGB	
LINK10	3D 仅受拉或仅受压杆	2	U_x, U_y, U_z	EDGB	模拟缆索的松弛及间隙
LINK11	3D 线性调节器			EGB	模拟液压缸和大转动
LINK180	3D 有限应变杆			EPCDFGB	另可考虑粘弹塑性

注：特性栏中的 EPCSDFGBA 为：E——弹性（Elasticity），P——塑性（Plasticity），C——蠕变（Creep），S——膨胀（Swelling），D——大变形或大挠度（Large deflection），F——大应变（Large strain）或有限应变（Finite strain），B——单元生死（Birth and dead），G——应力刚化（Stress stiffness）或几何刚度（Geometric stiffening），A——自适应下降（Adaptive descent）等。

单元使用应注意的其他问题如下：

（1）杆单元均为均质直杆，面积和长度不能为零（LINK11 无面积参数）。仅承受杆端荷载，温度沿杆单元长呈线性变化。杆单元中的应力相同，可考虑初应变。

（2）LINK10 属非线性单元，需迭代求解。LINK11 可作用线荷载，仅有集中质量方式。

（3）LINK180 无实常数型初应变，但可输入初应力文件，可考虑附加质量；大变形分析时，横截面面积可以是变化的，即可为轴向长度的函数或刚性的。

（4）通常用 LINK1 和 LINK8 模拟桁架结构，如屋架、网架、网壳、桁架桥、桅杆、塔架等结构以及吊桥的吊杆、拱桥的系杆等构件。必须注意，线性静力分析时，结构不能是几何可变的，否则会造成位移超限。LINK10 可模拟绳索、地基弹簧、支座等，如斜拉桥的斜拉索、悬索、索网结构、缆风索、弹性地基、橡胶支座等。LINK180 除不具备双线性特性（LINK10）外，可应用于上述结构中，并且可应用的非线性性质更加广泛，还增加了黏弹塑性材料。

（5）LINK1、LINK8 和 LINK180 单元还可用于普通钢筋和预应力钢筋的模拟，其初应变可作为施加预应力的方式之一。

2. 梁单元

梁单元分为多种单元，分别具有不同的特性，是一类轴向拉压、弯曲、扭转的 3D 单元。该类单元有常用的 2D/3D 弹性梁元、塑性梁元、渐变不对称梁元、3D 薄壁梁元及有限应变梁元。此类单元除 BEAM189 实为 3 节点外，其余均为 2 节点，但有些辅以另外的节点决定单元的方向，该类单元特性如表 9-6 所示。

单元使用应注意的其他问题如下：

（1）梁单元的面积和长度不能为零，且 2D 梁单元必须位于 XY 平面内。

（2）剪切变形的影响：剪切变形将引起梁的附加挠度，并使原来垂直于中面的截面变形后不再和中面垂直，且发生翘曲（变形后截面不再是平面）。当梁的高度远小于跨度时，

表 9-6   梁单元特性

单元名称	简称	节点数	节点自由度	特性	备注
BEAM3	2D 弹性梁	2	U_x, U_y, Rot$_z$	EDGB	常用平面梁元
BEAM23	2D 塑性梁	2		EPCSDFGB	具有塑性等功能
BEAM54	2D 渐变不对称梁	2		EDGB	不对称截面, 可偏移中心轴
BEAM4	2D 弹性梁	2	U_x, U_y, U_z Rot$_x$, Rot$_y$ Rot$_z$	EDGB	拉压弯扭, 常用 3D 梁元
BEAM24	3D 薄壁梁	2+1		EPCSDGB	拉压弯及圣维南扭转, 开口或闭口截面
BEAM44	3D 渐变不对称梁	2+1		EDGB	拉压弯扭, 不对称截面, 可偏移中心轴, 可释放节点自由度, 可采用梁截面
BEAM188	3D 线性有限应变梁	2+1	U_x, U_y, U_z Rot$_x$, Rot$_y$, Rot$_z$ 或 增加 Warp	EPCDFGB 粘弹塑	Timoshenko 梁, 计入剪切变形影响, 可增加翘曲自由度, 可采用梁截面
BEAM189	3D 二次有限应变梁	3+1			同 BEAM188, 但属二次梁单元

可忽略剪切变形的影响, 但梁高相对于跨度不太小时, 则要考虑剪切变形的影响。经典梁元基于变形前后垂直于中面的截面变形后仍保持垂直的 Kirchhoff 假定, 如当剪切变形系数为零时的 BEAM3 或 BEAM4。但在考虑剪切变形的梁弯曲理论中, 仍假定原来垂直于中面的截面变形后仍保持平面 (但不一定垂直), ANSYS 的梁单元也均如此。考虑剪切变形影响可采用两种方法, 即在经典梁单元的基础上引入剪切变形系数 (BEAM3/4/23/24/44/54) 和 Tirnnshenk 梁元 (BEAM188/189), 前者的截面转角由挠度的一次导数求出, 而后者则采用了挠度和截面转角各自独立插值, 这是两者的根本区别。

(3) 自由度释放: 梁单元中能够利用自由度释放的单元是 BEAM44 单元, 通过 Keyopt (7) 和 Keyopt(8) 设定释放 I 节点和 J 节点的各个自由度。但要注意模型中哪些单元使用自由度释放的 BEAM44, 而哪些为普通的 BEAM44 单元, 否则可能造成几何可变体系。高版本中的 BEAM188/189 也可通过 ENDRELEASE 命令对自由度进行释放。如将刚性节点设为球铰等。

(4) 梁截面特性: 梁元中能够采用梁截面特性的单元有 BEAM44 和 BEAM188/189 三个单元, 并且低版本中单元截面均为不变时才能采用梁截面。BEAM44 在不使用梁截面而输入实常数时可以采用变截面, 且单元两节点的面积比或惯性矩比有一定要求。BEAM188/189 在 V8.0 以上版本中可使用变截面梁, 根据两个不同梁截面定义, 且可以采用不同材料组成的梁截面, 而 BEAM44 则不可。同时, BEAM188/189 支持约束扭转, 通过激活第七个自由度使用。

（5）BEAM23/24 因具有多种特性，故实常数的输入比较复杂。BEAM23 可输入矩形截面、薄壁圆管、圆杆和一般截面的几何尺寸来定义截面。BEAM24 则通过一系列的矩形段来定义截面。

（6）荷载特性：梁单元大多支持单元跨间分布荷载、集中荷载和节点荷载，但 BEAM188/189 不支持跨间集中荷载和跨间部分分布荷载，仅支持在整个单元长度上分布的荷载。温度梯度可沿截面高度、单元长度线性变化。应特别注意的是，梁单元的分布荷载是施加在单元上，而不是施加在几何线上，在求解时，几何线上的分布荷载不能转化到有限元模型上。

（7）应力计算：对于输入实常数的梁元，其截面高度仅用于计算弯曲应力和热应力，并且假定其最外层纤维到中性轴的距离为梁高的一半。因此，关于水平轴不对称的截面，其应力计算是没有意义的。

3. 管单元

管单元是一类轴向拉压、弯曲和扭转的 3D 单元，单元的每个节点均具有 6 个自由度，即 3 个平动自由度 U_x、U_y、U_z 和 3 个转动自由度 Rot_x、Rot_y、Rot_z 此类单元以 3D 梁元为基础，包含了对称性和标准管几何尺寸的简化特性。该类单元有直管、T 形管、弯管和沉管四种单元类型，详细特性如表 9-7 所示。

表 9-7　　　　　　　　　　　　　　　　　　管单元特性

单元名称	简称	节点数	特性	备注
PIPE16	3D 弹性直管元	2	EDGB	可考虑两种温度梯度及内部和外部压力
PIPE17	3D 弹性 T 形管元	2-4	EDGB	可考虑绝热、内部流体、腐蚀及应力强化
PIPE18	3D 弹性弯管元	2+1	EDB	
PIPE20	3D 塑性直管元	2	EPCSDGB	同 PIPE16
PIPE59	3D 弹性沉管元	2	EDGB	可模拟海洋波，可考虑水动力和浮力等，其余同 PIPE16，且可模拟电缆
PIPE60	3D 塑性弯管元	2+1	EPCSDB	同 PIPE18

单元使用应注意的其他问题如下：
（1）管元长度、直径及壁厚均不能为零；
（2）可计算薄壁管和厚壁管，但某些应力的计算基于薄壁管理论；
（3）管单元计入了剪切变形的影响，并可考虑应力增强系数和挠曲系数。

4. 2D 实体单元

2D 实体单元是一类平面单元。可用于平面应力、平面应变和轴对称问题的分析，此类单元均位于 XY 平面内，且轴对称分析时，Y 轴为对称轴。单元由不同的节点组成，但每个节点的自由度均为 2 个，即 U_x 和 U_y。各种单元的具体特性如表 9-8 所示。

表 9-8   **2D 实体单元特性**

单元名称	简称	节点自由度	特性	备注
PLANE2	6 节点三角形单元			适用于不规则的网格
PLANE42	4 节点四边形单元		EPCSD FGBA	具有协调和非协调元选项
PLANE82	8 节点四边形单元			是 PLANE42 的高阶单元，混合分网的结果精度高，适用于模拟曲线边界
PLANE145	8 节点四边形 P 单元	U_x，U_y	E	支持 2~8 阶多项式
PLANE146	6 节点三角形 P 单元			支持 2~8 阶多项式
PLANE182	4 节点四边形单元		EPCSD FGBA	具有更多的非线性材料模型
PLANE183	8 节点四边形单元			是 PLANE182 的高阶单元
PLANE25	4 节点谐结构单元	U_x，U_y，U_z	EGB	模拟非对称荷载的轴对称结构
PLANE83	8 节点谐结构单元			是 PLANE25 的高阶单元

单元使用应注意的其他问题如下：

（1）单元插值函数及说明：PLANE2 的插值函数取完全的二次多项式，是协调元。PLANE42 采用双线性位移模式，是协调元。当考虑内部无节点的位移项（即附加项）插值函数时则为非协调元；当退化时自动删除形函数的附加项变为常应变三角形单元。PLANE82 是 PLANE42 的高阶单元，采用 3 次插值函数，当退化时与 PLANE2 相同PLANE182 与 PLANE42 具有相同的插值函数，但无附加位移函数项，也可退化为 3 节点三角形。PLANE183 是 PLANE182 的高阶单元，与 PLANE82 的插值函数相同，也可退化为 6 节点三角形。P 单元的插值函数可为 2~8 次，其中，PLANE145 是 8 节点四边形单元，而 PLANE146 是 6 节点的三角形单元。

（2）荷载特性：大多支持单元边界的分布荷载及节点荷载，但 P 单元的节点荷载只能施加在角节点。可考虑温度荷载，支持初应力文件等。特别的，对平面应力输入单元厚度时，施加的分布荷载不是线荷载（力/长度），而是面荷载（力/面积）。如果不输入单元厚度，则为单位厚度。

（3）其他特点：除六节点三角形单元外，其余均可退化为三角形单元；除 P 单元和谐结构单元不支持读入初应力外，其余均支持；除 4 节点单元支持非协调选项外，其余都不支持；除 4 节点单元外，其余单元都适合曲边模型或不规则模型。

5. 3D 实体单元

3D 实体单元用于模拟三维实体结构，此类单元每个节点均具有 3 个自由度，即 U_x、U_y、U_z 3 个平动自由度，各种单元的特性如表 9-9 所示。

表 9-9　　　　　　　　　　　　　　**3D 实体单元特性**

单元名称	简称/3D	节点数	特性	完全/减缩积分	初应力	备注
SOLID45	实体元	8	EPCSDFGBA	Y/Y	Y	正交各向异性材料
SOLID46	分层实体元	8	EDG	Y/N	N	层数达 250 或更多
SOLID64	各向异性实体元	8	EDGBA	Y/N	N	各向异性材料
SOLID65	钢筋混凝土实体元	8	EPCDFGBA	Y/N	N	开裂、压碎、应力释放
SOLID92	四面体实体元	10	EPCSDFGBA	Y/N	Y	正交各向异性材料
SOLID95	实体单元	20	EPCSDFGBA	Y/Y	Y	是 SOLID45 的高阶元
SOLID147	砖形实体 P 元	20	E	Y/N	N	P 可设置 2~8 阶
SOLID148	四面体实体 P 元	10	E	Y/N	N	P 可设置 2~8 阶
SOLID185	实体单元	8	EPCDFGBA	Y/Y 等	Y	可模拟几乎不可压缩的弹塑和完全不可压缩的超弹
SOLID186	实体单元	20	EPCDFGBA	Y/Y	Y	
SOLID187	四面体实体元	10	EPCDFGBA	Y/N	Y	
SOLID191	分层实体元	20	EGA	Y/N	N	层数≤100

单元使用应注意的其他问题如下：

（1）关于 SOLID72/73 单元：SOLID72 是 4 节点四面体实体元，SOLID73 是八节点六面体实体元，这两个单元每个节点均具有 6 个自由度，即 U_x、U_y、U_z、Rot_x、Rot_y 和 Rot_z。在较高版本中，ANSYS 已不再推荐使用，帮助文件中也不再介绍，但命令流仍然可用。其原因为：①新的求解器 PCG 和 SOLID92/95 可以较好地解决原有的求解问题；②防止不同单元使用中"误用"转动自由度，如与 BEAM 或 SHELL 混合建模时误用转动自由度。

（2）其他特点。①除 8 节点单元具有非协调单元选项外。其余均不支持。单元退化时均自动变为协调元；②除 8 节点单元外，其余均适合曲边模型或不规则模型；③除 10 节点单元不能退化外，其余单元皆可退化为棱柱体和四面体单元，且 SOLID95/186 又可退化为金字塔单元。

（3）SOLID185 积分方式可选择完全积分的 B 方法、减缩积分、增强应变模式和简化的增强应变模式，且 SOLID185/186/187 单元均具有位移插值模式和混合插值模式（u–P插值），以模拟几乎不可压缩的弹塑材料和完全不可压缩的超弹材料。

6. 壳单元

壳单元可以模拟平板和曲壳一类结构。壳元比梁元和实体元要复杂得多，因此，壳类单元中各种单元的选项很多，如节点与自由度、材料、特性、退化、协调与非协调、完全积分与减缩积分、面内刚度选择、剪切变形、节点偏置等，应详细了解各种单元的使用说明。表 9-10 列出了板壳单元的特点。

表 9-10 板壳单元特性

单元名称	简称/3D	节点数	节点自由度	特性	备注
SHELL28	剪切/扭转板	4	U_{xyz} 或 Rot_z	EG	纯剪，无面荷载
SHELL41	膜壳	4	U_{xyz}	EDGBA	有仅拉选项
SHELL43	塑性大应变壳	4	U_{xyz}，Rot_z	EPCDFGBA	计入剪切变形
SHELL51	轴对称结构壳	2	U_{xyz}，Rot_z	EPCSDG	有单元相交角度限制
SHELL61	轴对称谐波壳	2		EG	荷载可不对称
SHELL63	弹性壳	4	U_{xyz}，Rot_z	EDGB	刚度选项，未计入剪切变形
SHELL91	非线性层壳	8		EPSDFGA	计入剪切变形影响，节点可偏置设置(93 除外)
SHELL93	结构壳	8		EPSDFGBA	
SHELL99	线性层壳	8		EDG	
SHELL143	塑性小应变壳	8		EPCDGBA	计入剪切变形
SHELL150	结构壳 P 元	8		E	
SHELL181	有限应变壳	4		EPCDFGBA	计入剪切变形，可为分层结构壳
SHELL208	有限应变轴对称结构壳	2	U_{xyz}，Rot_z	超弹，粘弹，粘塑	
SHELL209		3			

单元使用应注意的其他问题如下：

(1)通常不计剪切变形的壳元用于薄板壳结构，而计入剪切变形的壳元用于中厚度板壳结构。当计入剪切变形的壳元用于很薄的板壳结构时，会发生"剪切闭锁"(也称剪切自锁死、剪切自锁，shear locking)，在 Timoshenko 梁中，当梁高远远小于梁长时也会出现这种现象。为防止出现剪切闭锁，一般采用减缩积分(reduced integration)或假设剪应变(assumed sheer Strain)等方法。这两种方法对于 Timoshenko 梁效果是一样的，但对于板壳元是不同的。减缩积分比较常用，虽然有可能导致"零能模式"，但一般是在板壳较厚且单元很少时发生，这在实际情况中出现的较少，且板壳较厚时可选择完全积分。

(2)其他特点：①除 8 节点壳元外均具有非协调元选项；②除 SHELL28/51/61 外，均可退化为三角形单元；③仅 SHELL181 支持读入初应力，且可仅选平动自由度(膜结构)；④仅 SHELL93/l81 支持减缩积分；⑤仅 SHELL43/63/143 具有面内 Allman 刚度选项。SHELLl8l 具有 Drill 刚度选项；⑥大多数平板壳单元适合不规则模型和直曲壳模型，但一般限制单元间的交角不大于 15 度；⑦除 SHELL28 外，均支持变厚度、面荷载及温度荷载。

7. 弹簧单元

弹簧单元是一类专门模拟"弹簧"行为的单元，不同于用结构单元(如 LINK 等)的模拟。当用于一般弹簧时，比较简单；而当具有控制作用时，则比较复杂。此类单元主要用于模拟铰销、轴向弹簧、扭簧及其控制行为，但都不考虑弯曲作用，且此类单元均无面荷载和体荷载。每个单元的特性如表 9-11 所示，其详细使用方法参见相关资料。

表 9-11 　　　　　　　　　　　　　　　　弹簧单元特性

单元名称	简称	节点数	节点自由度	特性	备注
COMBIN7	3D 铰接连结单元	2+3	U_{xyz}，Rot_z	EDNA	具有转动控制功能
COMBIN14	弹簧阻尼器单元	2	1D：URPT 之一；2D：U_{xy}；3D：U_{xyz} 或 Rot_z	EDGBN	无控制功能
COMBIN37	控制单元	2, 3, 4	URPT 之一	ENA	具有滑动控制功能
COMBIN39	非线性弹簧单元	2	1D：URPT 之一；2D：U_{xy}；3D：U_{xyz} 或 Rot_z	EDGN	无控制功能
COMBIN40	组合单元	2	URPT 之一	ENA	具有滑动控制功能

　　注：1. URPT 表示：U_{xyz}，Rot_z，Pres，Temp；
　　　　2. N 表示非线性特性。

8. 接触单元

　　ANSYS 支持三种接触方式，即点对点、点对面和面对面接触，接触单元是覆盖在模型单元的接触面之上的一层单元。点点单元用于模拟点对点的接触行为，且预先知道接触位置；点面单元用于模拟点对面的接触行为，预先不要确定接触位置，接触面之间的网格不要求一致；面面单元用于模拟面对面的接触行为。支持低阶和高阶单元，支持大变形行为等。各种单元的特性如表 9-12 所示。

表 9-12 　　　　　　　　　　　　　　　　接触单元特性

单元名称	简称	节点数	节点自由度	特性	备注
CONTAC12	2D 点点元	2	U_x，U_y	ENA	法向预加载或间隙。只受法向压力和切向剪力（库仑摩擦）
CONTAC52	3D 点点元	2	U_x，U_y，U_z	ENA	
TARGE169	2D 目标元	3	UTVAR	ENB	覆盖于实体元，可模拟复杂形状
CONTA171	2D2 节点面面元	2	UTVA	ENDB	覆于平面单元和梁单元。可处理库仑摩擦和剪应力摩擦
CONTA172	2D3 节点面面元	3	UTVA	ENDB	
TARGE170	3D 目标元	8	UTVMR	ENB	覆盖于实体元，可模拟复杂形状
CONTA173	3D4 节点面面元	4	UTVM	ENDB	覆于 3D 实体单元和壳单元。可处理库仑摩擦和剪应力摩擦
CONTA174	3D8 节点面面元	8	UTVM	ENDB	
CONTA175	2D/3D 点面元	1	UTVM	ENDB	点面/线面/面面，实体/梁/壳表面
CONTA178	3D 点点元	2	U_x，U_y，U_z	EN	任意单元上的节点

　　注：1. 节点自由度栏中 U-U_x，U_y，U_z（3D），T-Temp，V-Vol，A-A_z，M-Mag，R-Rot_z；

　　2. CONTAC26（点对地基元），CONTAC48/49（2D/3D 点面元）在高版本中不再支持，故表中未列；

　　3. UTVAMR 中不是全部同时存在的自由度，可通过 Keyopt（1）设置不同的自由度；

　　4. 此类单元均无面或体的结构荷载，但具有温度荷载；

　　5. TARGE169/170 可用于 MPCs 模拟装配接触分析，如壳–壳、壳–实体、实体–实体、梁–实体等。

9.3.2 ANSYS 结构材料模型

1. 材料模型的分类

ANSYS 结构分析材料属性有线性(linear)、非线性(nolinear)、密度(density)、热膨胀(thermal expansion)、阻尼(damping)、摩擦系数(friction coeffcient)、特殊材料(specialized materials)七种。可通过材料属性菜单分别定义。材料模型可分为线性、非线性及特殊材料三类。每类材料中又可分为多种材料子类型,而每种材料子类型有不同的属性。ANSYS 材料模型很多,可模拟各种材料的特性。

2. 材料模型的定义及特点

材料模型及其属性均可通过 GUI 方式输入,这里仅介绍定义材料模型的命令流方式,其材料属性参数可参考相关资料。线弹性材料可通过 MP 命令输入,而非线性及特殊材料则通过 TB 命令定义,其属性通过 TBDATA 表输入。

9.3.3 钢筋混凝土问题

1. 钢筋混凝土模型

土木工程包括房屋、交通、水利、港口和能源等工程,作为一种最常用的土木工程材料,钢筋混凝土在整个土木工程领域(房屋的梁、柱、板、基础、承台、桥墩、塔柱)起着重要的作用。目前,钢筋混凝土、预应力混凝土结构占整个结构工程材料的 80% 以上。因此,用有限元等工程分析软件进行钢筋混凝土结构的力学行为的模拟分析,对于结构设计的合理性与经济性是非常有意义的。

1) 钢筋混凝土模型

钢筋混凝土有限元模型根据钢筋的处理方式主要分为三种,即分离式、整体式和组合式模型。

分离式模型:把混凝土和钢筋作为不同的单元处理,即将混凝土和钢筋各自划分为足够小的单元,两者的刚度矩阵分开求解,考虑到钢筋是一种细长材料,通常可以忽略其横向抗剪强度,因此可以将钢筋作为线单元处理。钢筋和混凝土之间可以插入粘结单元模拟钢筋和混凝土之间的粘结和滑移。一般钢筋混凝土是存在裂缝的,而开裂必然导致钢筋和混凝土变形的不协调,也就是说,要发生粘结的失效与滑移,所以此种模型的应用最为广泛。

整体式模型:将钢筋分布于整个单元中,假定混凝土和钢筋粘结很好,并把单元视为连续均匀材料。与分离式不同的是,它求出的是综合了混凝土与钢筋单元的刚度矩阵,与组合式不同之处在于,它不是先分别求出混凝土与钢筋对单元刚度的贡献然后再组合,而是一次求得综合了钢筋和混凝土的刚度矩阵。

组合式模型:分为两种,一种是分层组合式,在横截面上分成许多混凝土层和若干钢筋层,并对截面的应变作出某些假设,这种组合方式在钢筋混凝土板、壳结构中应用较广；另一种组合方法是采用带钢筋膜的等参单元。

当不考虑混凝土和钢筋二者之间的滑移时，以上三种模型都可以。分离式和整体式模型适用于二维和三维结构分析。

就 ANSYS 而言，可以考虑分离式模型；混凝土（SOLID65）+钢筋（Link 单元或 Pipe 单元），认为混凝土和钢筋粘结很好。如要考虑粘结和滑移，则可引入弹簧单元进行模拟，如果比较困难也可采用整体式模型（带筋的 SOLID65）。

2）预应力钢筋混凝土模型

在 ANSYS 中对预应力钢筋混凝土的分析方式也有两种：分离式（discrete）和整体式（smeared）。分离式是将混凝土和力筋的作用（对整体的影响）分别考虑，以载荷的形式取代预应力钢筋的作用，如等效载荷法；整体式是将混凝土和钢筋的作用一起考虑，用 Link 单元模拟预应力钢筋，如降温法、初始应变法。

分离式方法的特点：优点：不必考虑预应力钢筋的位置而可直接建模，网格划分简单，预应力对结构的整体效应可以较为清楚地显现。缺点：不利于模拟像力筋位置等因素对整体结构的影响情况，没有考虑力筋对混凝土的作用分布和方向，无法模拟张拉过程，不能方便地考虑其他外载的共同作用，无法模拟应力损失引起的力筋各处应力不等的因素。

整体式方法的特点：将混凝土和力筋划分为不同的单元一起考虑，降温法模拟预应力比较简单，同时可以模拟预应力损失，几种单元和实常数即可。采用初始应变法模拟力筋各处不同的应力时，每个单元的实常数各不相等，工作量较大。优点：力筋的具体位置一定，对结构的影响可以尽情考虑；可以模拟张拉不同的力筋，以优化张拉顺序；可以得到力筋在任何外载下的应力响应；可以模拟预应力的损失。缺点：建模复杂，尤其是当力筋较多且曲线布筋时。

总而言之，只是关注预应力钢筋混凝土结构的基本性能时，可以考虑采用分离式的等效载荷法。而要研究预应力混凝土结构局部的应力应变响应时，宜采用整体式的降温法。

3）本构模型及破坏准则

（1）本构模型。钢筋混凝土本构模型对钢筋混凝土结构的非线性分析有重大影响。钢筋混凝土本构模型可以分为线性弹性、非线性弹性、弹塑性及其他力学理论 4 类。其中，研究最多的是非线性弹性和弹塑性本构模型，其他两类用得很少。

线性弹性理论认为应力应变加载、卸载时呈线性关系，服从胡克定律，应力应变是相互对应的关系。在实际结构设计中线性弹性仍然是应用很广泛的本构模型。

非线性弹性理论认为应力应变不成正比，但是有一一对应关系。卸载后没有残余应变，应力状态完全由应变状态决定，而与加载历史无关。非线性弹性本构模型分为全量型和增量型两类。

弹塑性本构模型把屈服面和破坏面分开处理。根据混凝土单轴受压的试验研究结果，混凝土在应力未到达其强度极限以前，应力应变的非线性关系主要受塑性变形的影响，这可以用屈服面理论解释。而在 $\sigma\text{-}\varepsilon$ 曲线的下降阶段，混凝土的非线性关系则主要受混凝土内部微断裂的影响，表现为损伤断裂关系，可用破坏准则评判。一般在经典的强度理论中，有 Tresca、VonMises 和 Druck–Prager 等屈服准则，此外还有 Zienkiewicz–Pande、

W. F. Chen，Nilsson 屈服条件，破坏准则有 Mohr-Coulomb。

（2）破坏准则。钢筋混凝土的破坏准则是在试验的基础上，考虑到混凝土的特点而求出的。混凝土单轴受压的破坏公式有 Hongnested 表达式、指数型表达式和 Saenz 表达式等；双轴载荷下的破坏准则有修正莫尔库仑准则、Kupfer 公式、多折线公式及双参数公式等；三轴受力的古典强度理论有最大正应力理论、最大剪应力理论、第四强度理论和 Drucker-Prager 破坏准则等，由于古典强度理论中的材料参数为一个或两个，很难完全反映混凝土破坏曲面的特征，所以研究人员结合混凝土的破坏特点，提出了包含更多参数的破坏准则。多参数模型大多基于强度试验的统计而进行的曲线拟合，有 Bresler-Pister、Willam-Warnke 三参数模型，Ottosen 四参数模型和 Willam-Warnke 五参数模型。

2. 模拟钢筋混凝土的 SOLID65 单元

ANSYS 的 SOLID65 单元是专为混凝土、岩石等抗压能力远大于抗拉能力的非均匀材料开发的单元。它可以模拟混凝土中的加强钢筋，以及材料的拉裂和压溃现象。它是在三维 8 节点等参元 SOLID45 的基础上，增加了针对混凝土的性能参数和组合式钢筋模型。SOLID65 单元最多可以定义 3 种不同的加固材料，即此单元允许同时拥有 4 种不同的材料。混凝土材料具有开裂、压碎、塑性变形和蠕变的能力。加强材料则只能受拉压，不能承受剪切力。

几点假设：

（1）只允许在每个积分点正交的方向开裂；

（2）积分点上出现裂缝之后，将通过调整材料属性模拟开裂，裂缝的处理方式采用分布模型而非离散模型；

（3）混凝土材料初始时是各向同性的；

（4）除了开裂和压碎之外，混凝土也会发生塑性变形，常采用 Drucker-Prager 屈服面模型模拟其塑性行为的应力应变关系。在这种情况下，一般在假设开裂和压碎之前，塑性变形已经完成。

关于 SOLID65 单元使用方法主要介绍如下几个方面内容：

1）基本数据输入

SOLID65 单元包括一种实体材料和 3 种加固材料（一般为钢筋），可以用 MAT 命令定义混凝土材料常数；而加固材料的常数可以在实常数中定义，包括材料号，体积率、方向角。体积率是指加固材料的体积与整个单元体积的比值。加固材料的方向通过单元坐标系中的两个角度来定义。当加固材料的编号为 0 或等于单元的材料号时，将忽略加固材料的属性。

打开 Real Constant for Number1 for Solid65 对话框。在对话框中定义钢筋材料编号、体积配筋率、配筋角度 TH 和配筋角度 PH 等。

从抗剪的角度出发，箍筋在截面的位置可以是任意的，因此这种方法对于钢筋混凝土中设置均匀分布的箍筋比较适合。但与纵筋的实际情况却有一定的距离，下面这两种方法则可以更好地模拟纵筋的受力情况。将纵筋密集的区域设置为不同的体，使用带筋的 65 单元，而无纵筋区则设置为无筋 65 单元，这样就可以将钢筋区域缩小，接近真实的工程情况。

2）关键字定义

Keyopt（1）用于设定大变形控制；0——考虑大变形；1——不考虑。Keyopt（5）用于控制线性解答的输出；0——只输出质心的线性解；1——输出每个积分点的解；2——输出节点应力。Keyopt（6）用于控制非线性解的输出；0——只输出质心的解；3——同时给出积分点的解。Keyopt（7）用于设定是否考虑应力的松弛；0——不考虑拉伸应力松弛；1——考虑应力松弛，将加速裂缝即将开裂时计算的收敛。

3）混凝土材料定义

打开 Material Models 对话框，然后双击 Concrete 选项，得到破坏准则定义参数输入表。

（1）ShrCf-Op：张开裂缝的剪切传递系数；

（2）ShrCf-Cl：闭合裂缝的剪切传递系数；

（3）UnTensSt：抗拉强度；

（4）UnCompSt：单轴抗压强度；

（5）BiCompSt：双轴抗压强度；

（6）HydroPrs：静水压力；

（7）BiCompSt：静水压力下的双轴抗压强度；

（8）UnTenSt：静水压力下的单轴抗压强度；

（9）TenCrFac：拉应力衰减因子。

其中第（1）（2）两个变量取值区域为[0.0, 1.0]，1 表示粗糙的裂缝，没有剪力传递作用损失，而 0 表示平滑的裂缝，裂缝完全分开不能传递剪力，缺省为 0。张开裂缝的剪切传递系数的取值：一般梁取 0.5，深梁取 0.25，剪力墙取 0.125。闭合裂缝的剪切传递系数取值范围为[0.9, 1.0]。由 William-Warnke 五参数强度模型理论可知，在低静水压力和高静水压力状态下，混凝土的性能是不同的。如果是在低静水压力状态下，只需要输入上述的 f_t 和 f_c 就行了。其他的参数将具有缺省值。如果在高静水压力状态下，则需要输入上述（1）~（8）项参数。

注意：若设定单轴抗压强度 =-1，后面静水压力等 4 个参数则不要设定，此时相当于带有"拉力截断"（tension cut off）的 Von Misses 模型，尽管与标准的混凝土本构模型有一定差异，但是在水压不很大的情况下仍然可以取得较好结果。若给出了（5）~（8）项中的任意一项。则其他项也必须设定。

在混凝土到达其屈服面之前，Solid65 单元可以具有线弹性属性、多线性弹性或者其他的塑性特性。本构模型有等强硬化模型（multilinear isotropic hardening）、随动硬化模型（multilinear kinematic hardening）和 drucker-prager 模型（DP 模型，理想弹塑性模型）。但如果超出了混凝土的屈服面，则将丧失混凝土屈服性能。通过 Material Models 打开对话框可以分别定义随动强化和等向强化模型。

4）其他问题

当同时考虑混凝土的开裂与压碎时，应注意缓慢加载，以免在实际可承受载荷通过闭合裂缝传递前出现混凝土的假压碎现象。由于泊松比效应，这种现象一般发生在与大量裂缝垂直的未开裂的方向上。单元开裂或压碎后失去的抗剪作用将不能被传递到钢筋上，因为钢筋没有抗剪刚度。

在施加位移约束和载荷的部位上，应该尽量避免把外部条件直接施加在实体单元上。可以考虑在支座部位或应力集中部位处增加一个弹性垫块或加大支座部位单元尺寸，以减少应力集中，使得求解能顺利进行。

5) 求解的收敛问题

在 ANSYS 中可以将收敛检查建立在力、力矩、位移、转动或这些项目的任意组合上，而且每一个项目可以有不同的收敛容限值。其中，以力为基础的收敛提供了收敛的绝对量度，而以位移为基础的收敛仅提供了表现收敛的相对量度。因此，最好使用以力为基础的（或以力矩为基础）收敛容限，如果需要，可以增加以位移为基础的收敛检查，但是通常不单独使用。

ANSYS 中混凝土问题计算收敛的主要影响因素有单元尺寸、子步数和收敛准则等。

(1) 单元尺寸。基于最大开裂应力准则可知，单元越细，应力集中越严重，开裂越早。在容易出现应力集中的部位要避免过小单元的出现。尽量使用六面体单元，减少四面体单元的使用。

(2) 子步数。一般较多的子步数（也就是较小的时间步）通常导致较好的精度，但是以增加运行时间为代价。对于混凝土的非线性分析，子步设置太大或太小都不能达到正常收敛。从收敛过程图看，如果力 f 的范数曲线在收敛曲线上面走形得很长，可考虑增大子步数，也可根据实际情况调整试算。

(3) 收敛精度。实际上收敛精度的调整并不能彻底解决收敛的问题，但可以放宽收敛条件以加速。一般不超过 5%（默认是 0.5%），且使用力收敛条件即可。

(4) 混凝土压碎的设置。不考虑压碎时，计算相对容易收敛，而考虑压碎则比较难收敛，即便是没有达到压碎应力时。如果是正常使用情况下的计算，建议关掉压碎选项、即令单轴抗压强度 UnCompSt=−1；如果是极限计算，建议使用混凝土自带的破坏准则以及多线性各向同性硬化流动律（concr+miso）且关闭压碎检查；如果必须设置压碎检查，则要通过大量的试算（设置不同的网格密度、子步数）以达到目的。

例 9-1 钢筋混凝土板受力分析。某矩形截面钢筋混凝土板在中心点处作用−2mm 的位移载荷，要求采用整体模型分析板的受力、变形、开裂等情况。已知混凝土弹性模量 $E=24$GPa，泊松比 $\mu=0.2$，单轴抗拉强度 $f_t=3.1125$MPa，裂缝张开传递系数 0.35，裂缝闭合传递系数 1，关闭压碎开关；钢筋为双线性随动硬化材料，弹性模量 $E=200$GPa，泊松比 $\mu=0.25$，屈服应力 $\sigma_{0.2}=360$MPa，硬化斜率为 20000，配筋率为 0.01，沿长度方向和宽度方向放置钢筋；截面尺寸：长 1.0m，宽 1.0m，高 0.1m。建模假设：不考虑混凝土的压碎，为使计算收敛，在支座处增加钢性垫片。

第一步：建模。

(1) 设置工程名为 rc_board。

(2) 定义分析类型为结构分析。

（3）定义单元类型。选择 SOLID65 单元为 1 号单元（用于混凝土模型）。采用相同的方法定义 SOLID45 单元为 2 号单元（用于钢性垫片模型）。完成后选择 TYPE1 SOLID65，再单击 Options 按钮，在弹出的 SOLID65 Element Type Options 对话框中，在 K5 下拉选项中，选择 Ingtegration Pts，在 K6 下拉选项中，选择 Ingtegration Pts，单击 Close 按钮关闭对话框。

（4）定义实常数。在新的 Element Type for Real Constants 对话框中选择 SOLID65 单元，填入数值 MAT1 = 2，VR1 = 0.01，THETA1 = 90，PHI1 = 0，MAT2 = 2，VR2 = 0.01，THETA2 = 0，PHI2 = 0，单击 OK 按钮关闭对话框。

（5）定义材料属性。选择 Material Models Number1，设置弹性模量为 2.4E4，泊松比为 0.2；打开 Concrete for Material Number1 对话框，并在前 4 个文本框位置填入 0.35、1.0、3.1125、−1。选择 Material Models Number2，设置弹性模量为 2E5，泊松比为 0.25。打开 Bilinear Isotropic Hardening for Material Number2 对话框，然后在 Yield Stress 文本框输入 360，在 Tang Mod 文本框输入 20000，单击 OK 按钮完成，最后退出材料属性定义对话框。

（6）建立板几何模型。路径：Main Menu>Preprocessor>Modeling>Create>Volumes>Block>By 2 Comers&Z。在 Block by 2 Come… 对话框中分别使 Width = 1000，Height = 1000，Depth = 100，单击 OK 按钮得到长方体。

（7）改变显示模型。路径 1：Utility Menu>PlotCtrls>Pan−Zoom−Rotate；路径 2：Utility Menu> PlotCtrls>View Settings>Angle of Rotation。

执行路径 1，单击 ISO 按钮，以正等轴测图显示几何模型。

执行路径 2，弹出对话框，在 THETA 项中输入 240，单击 OK 按钮，得整个板模型。

（8）创建钢性垫片几何模型。路径：Utility Menu>Workplane>OffsetWp by Increments 重复第（6）步的路径，在文本框使 Width = 100，Height = 100，Depth = −50，单击 OK 按钮得到第一个支座垫片长方体。

重复步骤（8）。在弹出的对话框中 X，Y，Z offsets 项中输入 1000，将工作平面沿 X 方向平移 1000。重复步骤（6）的路径，在使 width = −100，Height = 100，Depth = −50，单击 OK 按钮得到第二个支座垫片长方体。

执行步骤（8）的路径，在 X，Y，Z Offsets 项中输入 "0，1000，0" 然后单击 OK 按钮，即将工作平面沿 Y 方向平移 1000。重复步骤（6）的路径。使 Width = −100，Height = −100，Depth = −50，单击 OK 按钮得到第三个支座垫片长方体。执行步骤（8）的路径，在 X，Y，Z Offsets 项中输入 "−1000，0，0" 然后单击 OK 按钮，即将工作平面沿 X 方向平移 1000。重复第 6 步的路径，使 Width = −100，Height = −100，Depth = −50，单击 OK 按钮得到第四个支座垫片长方体。模型如图 9-6 所示。

第二步：网格划分。先划分混凝土模型的网格，然后再划分钢性垫片模型的网格，步骤如下：

（1）划分混凝土网格。

路径 1：Main Menu>Preprocessor>Meshing>Size Cntrls>Manual Size>Lines>Picked Lines。

路径 2：Main Menu>Preprocessor>Meshing>Mesh>Volumes>Mapped>4−6sided。

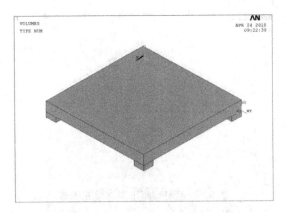

图 9-6 垫片完成后的模型

执行路径 1，选择板模型沿 Z 方向的 4 条侧面边线，单击 OK 按钮。在弹出的 Element Sizes on Picked Lines 对话框中，设置网格划分控制份数 NDIV 为 2，单击 Apply 按钮，然后选择沿 X 和 Y 方向的边界线。设置网格划分控制份数 NDIV 为 20，单击 Close 按钮关闭对话框。

执行路径 2，选择板模型，完成划分网格。

(2)划分钢性垫片网格。

路径 1：Main Menu>Preprocessor>Meshing>Mesh Attributes>Default Attribs。

路径 2：Main Menu>Preprocessor>Meshing>Size Cntrls>Manual Size>Lines>Picked Lines。

路径 3：Main Menu>Preprocessor>Meshing>Mesh>Volumes>Mapped>4–6sided。

执行路径 1，在弹出的 Mesh Attributes 对话框中，设定钢性垫片单元对应的材料单元类型都为 2 号；

执行路径 2，选择 4 个钢性垫片沿 Z 方向的四条侧面边线，单击 OK 按钮，在弹出的 Element Sizes on Picked Lines 对话框中，设置网格划分份数 NDIV 为 1。单击 Apply 按钮，然后选择 4 个刚性垫片模型上沿 X 和 Y 方向的边界线，设置网格划分控制份数 NDIV 为 2，单击 Close 按钮关闭对话框。

执行路径 3，选择 4 个钢性垫片体，完成网格划分，模型如 9-7 所示。

(3)合并、压缩重复节点和单元。

路径 1：Main Menu>Preprocessor>Numbering Ctrls>Merge Items。

路径 2：Main Menu>Preprocessor>Numbering Ctrls>Compress Numbers。

执行路径 1，打开 Merge Coincident or Equivlently Defined Items 对话框，Label 选项选择 All，单击 OK 按钮完成编号的合并。

执行路径 2。打开 Compress Numbers 对话框，Label 选项选择 All，完成编号的重排列。

第三步：加载并求解

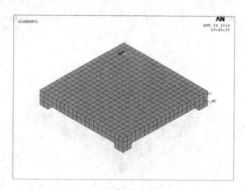

图 9-7　钢筋混凝土板有限元模型

（1）边界条件。

路径 1：Main Menu>Solution>Define Loads>Apply>Structural>Displacement>On Areas。

路径 2：Main Menu>Solution>Define Loads>Apply>Structural>Displacement>On Nodes。

执行路径 1，选择支座钢性垫片上 $Z=-50$ 的面，将所有自由度约束。执行路径 2，选择施加外载的混凝土板的中心 $Z=100$ 面的节点，施加 Z 负方向-2mm 的位移。

（2）设置分析选项。路径：Main Menu>Solution>Analysis type>Sol'n Controls。

在如图 9-8 所示的对话框中，打开大变形开关，对于 Basic 选项卡设置加载子步为 100，结果输出频率为 Write every substep；在 Nonlinear 选项卡中设置最大循环次数为 40。单击 Set Convergence Criteria 按钮，在弹出的对话框中单击 Replace 按钮，在 Nonlinear Convergence Criteria 对话框的 Tolerance about Value 项中输入 0.05，然后单击 OK 按钮，再单击 Close 按钮完成。

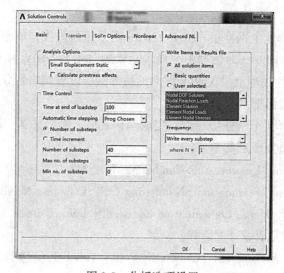

图 9-8　分析选项设置

(3)选择所有元素。路径：Utility Menu>Select>Everything。

(4)求解。路径：Utility Menu>Solution>Solve>Current LS。

第四步：计算结果及分析。

计算完成后，将从以下几方面对混凝土开裂问题进行分析：

(1)第一主应力等值线分布。

路径1：Utility Menu>PlotCtrls>Device Options。

路径2：Main Menu>General Postproc>Plot Results>Contour Plot>Nodal Solu。

执行路径1，将 Vector 打开；执行路径2，选择节点的第一主应力 SI，单击 OK 按钮，得到如图9-9 所示的分析图。

(2)裂纹分布情况。路径：Main Menu>General Postproc>Plot Results>Concrete Plot>Crack/Crush。

执行路径，开裂位置选择为积分点，选择所有裂纹，得到如图 9-10 所示的裂纹分布情况。

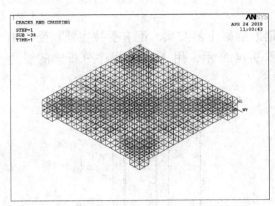

图 9-9 第一主应力分布　　　　　　　　　图 9-10 裂纹分布情况

(3)钢筋平均等效应力。

路径1：Utility Menu>Select>Entities。

路径2：Utility Menu>General Postproc>Element Table>Define Table。

路径3：Utility Menu>General Postproc>Element Table>Plot Table。

执行路径1，选择65 号单元为当前有效单元；执行路径2，在对话框中，使得 Lab = rebar_1，Item = By sequence num，Comp = NMISC，43；执行路径3，选中 rebar_1，得到如图9-11 所示的钢筋平均等效应力的分布图。

(4)查看积分点的状态。

路径1：Main Menu>General Postproc>Element Table>Define Table。

路径2：Main Menu>General Postproc>Element Table>Plot Table。

执行路径1，在对话框中，使得 Lab = 11，Item = By sequence num，Comp = NMISC，53；执行路径2，选中11，得到如图 9-12 所示的积分点状态(压碎、裂纹张开或裂纹闭合)。

提示：1 表示三个方向都压碎；2 表示各方向上裂纹张开；3 表示各方向上裂纹闭合；16 表示混凝土完好。其他各个数值对应的状态可查看 ANSYS 帮助手册。

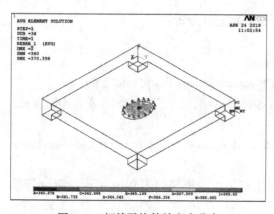

图 9-11　钢筋平均等效应力分布

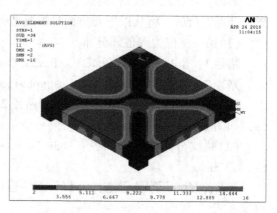

图 9-12　积分点开裂状态

例 9-2　钢筋混凝土梁分析。矩形截面钢筋混凝土简支梁。配有受拉主筋、受压钢筋、箍筋，载荷以及截面尺寸如图 9-13 和图 9-14 所示，用 AYSYS 程序分析梁的受力状态。

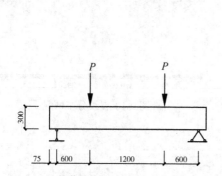

图 9-13　载荷及梁几何尺寸(单位：mm)

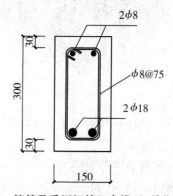

图 9-14　箍筋及受压钢筋组合模型(单位：mm)

材料性能：混凝土弹性模量 $E=24\text{GPa}$，泊松比 $v=0.2$，单轴抗拉强度 $f_t=3\text{MPa}$，裂缝张开传递系数 0.4，裂缝闭合传递系数 1，关闭压碎开关。钢筋为双线性随动硬化材料，受拉钢筋弹性模量 $E=200\text{GPa}$，泊松比 $v=0.3$，屈服应力 $\sigma_{0.2}=350\text{MPa}$，受压钢筋以及箍筋 $E=200\text{GPa}$，泊松比 $v=0.25$，屈服应力 $\sigma_{0.2}=200\text{MPa}$。外部荷载：$P=-5\text{mm}$。注意，实例中数值的单位只要自行统一即可。

第一步：建模。由于对称性，只需建立 1/2 模型即可，在对称面上可以采用对称约束。具体建模步骤如下：

(1)设置工程名为 RC_ BEAM。

(2)定义分析类型为结构分析。

(3)定义单元类型。在弹出的 Element Type 对话框中选择 SOLID65 单元为 1 号单元，建立混凝土模型。定义 Pipe16 单元为 2 号单元，模拟钢筋模型。定义 PLANE42 号单元为 3 号单元，用于拉伸实体。

(4)定义实常数。选择 Pipe16 单元，定义 OD=18，WTHK=8.99，用于受拉钢筋的模拟。同理定义受压钢筋和箍筋的实常数，对应于 OD=8，WTHK=3.99。再选择 SOLID65 单元，所有参数选择默认值即可。

(5)定义实常数。选择 Pipe16 单元，打开 Real Constant Set Number1, for Pipe16 对话框，在 AREA 框中填入 254.34；再选择 Pipe16 单元，打开 Real Constant Set Number2, for Pipe16 对话框，在 AREA 框中填入 50.24。

(6)定义材料属性。

路径 1：Main Menu>Preprocessor>Material Props>Material Models

路径 2：Material Models Available>Structural>Linear>Elastic>Isotropi

路径 3：Material Models Available > Structural > Nonlinear > Inelastic > Non-metal Plasticity > Concrete

路径 4：Material Models Available > Structural > Nonlinear > Inelastic > Rate Independent > Kinematic Hardening Plasticity>Mises Plasticity>Bilinear

选择 Material Models Number 1，执行路径 1，两次单击 New Model，增加两个材料模型；执行路径 2，设置弹性模量 2.4E4，泊松比为 0.2；执行路径 3，在前 4 个文本框位置填入 0.4、1.0、3 和−1。

选择 Material Models Number 2，执行路径 2，设置弹性模量为 2E5，泊松比为 0.3；执行路径 4，打开 Bilinear Kinematic Hardening for Material Number 2 对话框，然后在 Yield Stress 文本框输入 350。

选择 Material Modela Number 3，执行路径 2，设置弹性模量为 2E5，泊松比为 0.25；执行路径 4，打开 Bilinear Kinematic Hardening for Material Number 3 对话框，然后在 Yield Stress 文本框输入 200，单击 OK 按钮完成，最后退出材料属性定义对话框。

(7)创建半个模型所有节点。

路径 1：Main Menu>Preprocessor>Modeling>Create>Nodes>In Actives CS

路径 2：Main Menu>Preprocessor>Modeling>Create>Nodes>Fill Between Nds

路径 3：Main Menu>Preprocessor>Modeling>Copy>Nodes>Copy

执行路径 1，创建节点 1(0, 0, 0)，节点 9(150, 0, 0)。

执行路径 2，选择 1 号节点和 9 号节点，在弹出的 Create Nodes Between 2 Nodes 对话框中，不改变任何数据，单击 OK 按钮完成，得到部分节点。

执行路径 3，选择所有节点，单击 OK 按钮，在 Copy nodes 对话框件，使得 Itime=11，DY=30，INC=9，单击 OK 按钮，得到横截面上的节点。

再次执行路径 3，选择所有节点，单击 OK 按钮，在 Copy nodes 对话框中，使得 Itime=18，DZ=−75，INC=1000，单击 OK 按钮，得到如图 9-15 所示的半个模型的节点。

(8)创建受压钢筋和箍筋单元。采用 APDL 命令来完成：

Type, 2   ! 声明受压钢筋和箍筋的单元类型

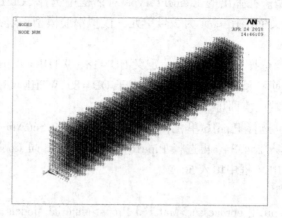

图 9-15　半个模型节点

```
Real, 2              ! 声明受压钢筋和箍筋的实常数
mat, 3               ! 声明受压创筋和捡筋的材料属性
! 先建立水平箍筋模型
*Do, ii, 11, 16, 1
e, ii, ii+1
*enddo
*do, ii, 83, 88, 1
e, ii, ii+1
*enddo
创建竖直箍筋模型
*do, ii, 11, 74, 9
  e, ii, ii+9
*enddo
*do, ii, 17, 80, 9
  e, ii, ii+9
*enddo
! 产生半个模型的箍筋，如图 9-16 所示
egen, 19, 1000, 1, 28, 1
! 纵向受压钢筋，如图 9-17 所示
*do, ii, 83, 17083, 1000
  e, ii, ii+1000
*enddo
*do, ii, 89, 17089, 1000
  e, ii, ii+1000
*enddo
```

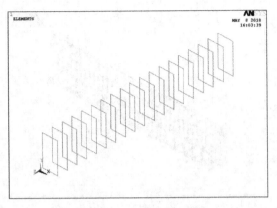

图 9-16 箍筋模型

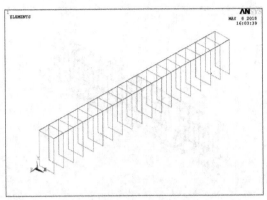

图 9-17 受压钢筋模型

（9）创建受拉钢筋单元。采用 APDL 命令来完成。

Type, 2   ! 声明受压钢筋和箍筋的单元类型

Real, 1   ! 声明受压钢筋和箍筋的实常数

Mat, 2   ! 声明受压创筋和捡筋的材料属性

* do, ii, 11, 17011, 1000

e, ii, ii+1000

* enddo

* do, ii, 17, 17017, 1000

e, ii, ii+1000

* enddo

/eshape, 1

eplot

最后得到如图 9-18 所示的整个钢筋模型。

（10）创建 Z=0 截面上的几何面。

路径 1：Main Menu>Preprocessor>Modeling>Create>Keypoints>In ACTIVES CS

路径 2：Main Menu>Preprocessor>Modeling>Create>Areas>Arbitrary>Through KPS

执行路径 1，创建 4 个关键点 1（0，0，0），2（150，0，0），3（150，300，0），4（0，300，0）。执行路径 2，由前面生成的 4 个关键点创建一个几何面，得到如图 9-19 所示的模型。

（11）对几何面网格划分。

路径 1：Main Menu>Preprocessor>Meshing>Mesh Attributes>Default Attribs

路径 2：Main Menu>Preprocessor>Meshing>Size Cntrls>Manual Size>Lines>Picked Lines

路径 1：Main Menu>Preprocessor>Meshing>Mesh >Areas>Mapped>3-4sided

执行路径 1，设置单元类型为 3 号。

执行路径 2，选择 Y=0，300 的线，设置网格划分份数为 8，选择 X=0，150 的线，设置网格划分份数为 10。

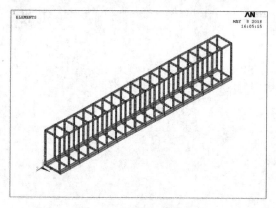

图 9-18　整个钢筋模型

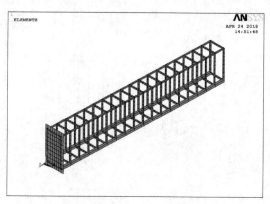

图 9-19　几何面模型

执行路径 3，用过网格划分几何面，得到如图 9-20 所示的模型。

（12）拉伸面单元成为混凝土体单元。

路径 1：Main Menu>Preprocessor>Modeling>Operate>Extrude>Elem EXt Opts

路径 2：Main Menu>Preprocessor>Modeling>Operate>Extrude>Areas>By XYZ Offset

执行路径 1，指定混凝土网格划分的单元类型为 1，实常数为 3，材料属性为 1，No. Elem divs 为 18，同时删除原始面网格。

执行路径 2，选择所有面，然后令 DZ = −1350，单击 OK 按钮得到如图 9-21 所示的模型。

（13）合并、压缩重复节点和单元。

路径 1：Main Menu>Preprocessor>Numbering Ctrls>Merge Items

路径 2：Main Menu>Preprocessor>Numbering Ctrls>Compress Numbers

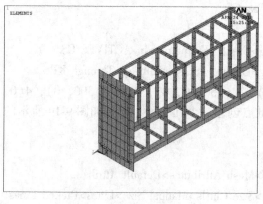

图 9-20　网格化后的面模型

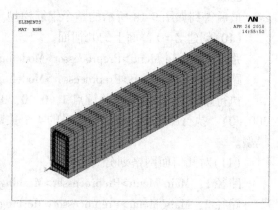

图 9-21　混凝土有限元模型

执行路径 1，打开 Merge Coincident or Equivalently Defined Items 对话框，Label 选项选择 All，单击 OK 按钮完成编号的合并。

执行路径 2，打开 Compress Numbers 对话框，Label 选项选择 All，单元 OK 按钮完成编号的重排列。

第二步加载并求解。

(1)边界条件。

路径 1：Main Menu>Solution>Define Loads>Apply>Structural>Displacement>Symmrtry BC>On AREAS。

路径 2：Main Menu>Solution>Define Loads>Apply>Structural>Displacement>On Nodes。

执行路径 1，将 $Z=0$ 的面设置成对称面的约束。

执行路径 2，将 $Y=0$，$Z=-1275$ 的边界底部的节点沿 X 和 Y 方向的自由度约束。

再次执行路径 2，对 $Y=300$，$Z=-600$ 节点施加 -5mm 的 Y 方向位移荷载。施加完毕后的模型如图 9-22 所示。

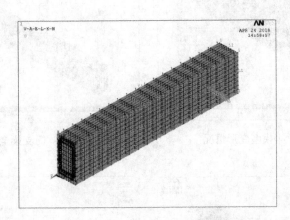

图 9-22　施加边界条件后的模型

(2)设置分析选项。路径：Main Menu>Solution>Analysis>Sol'n Controls。在 Basic 选项卡，打开大变形开关，加载子步为 200，结果输出频率为 Write every substep；在 Nonlinear 选项卡中设置最大循环次数为 50，然后单击 OK 按钮完成。

(3)求解。

路径 l：Utility Menu>Select>Everything。

路径 2：Main Menu>Solution>Solve>Current LS。

第三步计算结果及分析。

计算完成后，将从以下几个方面对混凝土开裂问题进行分析：

(1)变形及开裂情况。

路径 l：Menu>General Postproc>Plot Results>Contour Plot>Nodal Solu。

执行路径 1：打开 Contour Nodal Solution Data 对话框，在左下拉菜单中选中 DOF Solution，右下拉菜单中选择 Translation UY，即选择 Y 方向的位移，单击 OK 按钮得到如图 9-23 所示的是 1/2 简支梁模型的沿 Y 方向变形分布情况。

路径 2：Utility Menu > PlotCtrls > Style > Symmetry Expansion > Periodic/Cyclic Symmetry

Expansion。

执行路径 2：选择镜像方式为 Reflect about XY，得到如图 9-24 所示的模型。

路径 3：Menu>General Postproc>Plot Results>Concrete Plot>Crack>Crush。

执行路径 3：在对话框 Cracking and Crushing Location in Concrete Elem 中分别选择积分点上的第一次裂缝和第二次裂缝，得到如图 9-25、图 9-26 所示的 1/2 模型中裂缝的分布情况，显然跨中截面及梁底部的裂缝较多，这与钢筋混凝土理论计算结果也是符合的。

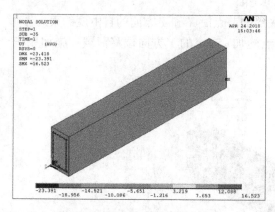

图 9-23　简支梁半模型变形情况

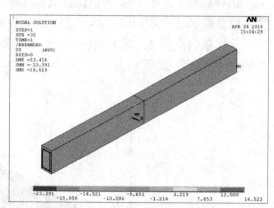

图 9-24　简支梁全模型变形情况

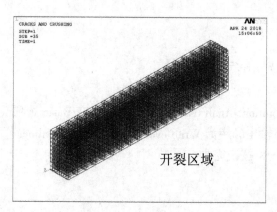

图 9-25　第一次开裂位置

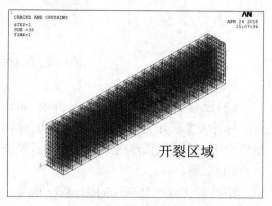

图 9-26　第二次开裂位置

(2)钢筋的主应力分布。

路径 1：Utility Menu>Select>Entity...

路径 2：Main Menu>General Postproc>Plot Results>Contour Plot>Nodal Solu。

执行路径 1，选择单元类型为 2 的单元设为当前有效单元。

执行路径 2，选择第一主应力，单击 OK 按钮完成。钢筋单元的第一主应力分布情况如图 9-27 所示。

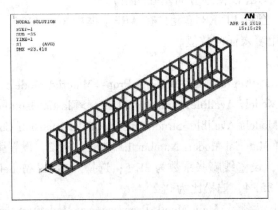

图 9-27　钢筋主应力分布

9.3.4　预应力钢筋混凝土分析

例 9-3　预应力钢筋混凝土分析。某预应力工字形混凝土简支梁，其受力截面尺寸如图 9-28 所示，求空载时梁的受力分布情况。材料性能：混凝土 C45，$E = 33.5\mathrm{GPa}$，$v = 0.2$；预应力钢筋为高强度钢丝束，$E = 200\mathrm{GPa}$；线膨胀系数 $\alpha = 2 \times 10^{-5}$，预应力 $\sigma_p = 1500\mathrm{MPa}$。截面尺寸：梁长 4.0m，力筋面积 $A = 6126\mathrm{mm}^2$。

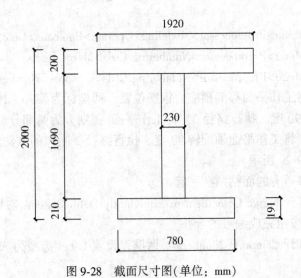

图 9-28　截面尺寸图(单位：mm)

第一步建模。以降温法模拟预应力筋的预应力要先计算预应力对应的温度变化值 $\Delta T = \sigma/E/\alpha = 375$。建模的具体步骤如下：

(1)进入 ANSYS，进入时设置工程名为 prestress。

(2)定义单元类型。选择 LINK8 单元为 1 号单元。定义 SOLID65 单元为 2 号单元，

PLANE42 单元为 3 号单元(以便划分面基础网格)。

(3)定义实常数。选择 LINK8 单元,在 AREA 框中填入 6126。而对于 SOLID65 单元和 PLANE4 单元则不用填入任何数值。

(4)定义材料属性。

路径 1：Main Menu>Preprocessor>Material Props>Material Models。

路径 2：Material Models Availble>Structural>Linear>Elastic>Isotropic。

路径 3：Material Models Availble>Structural>Thermal Expansion Coef>Isotropic。

执行路径 1,选择 Material Models Number 1,执行路径 2,设置弹性模量为 2E5,泊松比为 0.3,执行路径 3,设置线膨胀系数为 2E-5;选择 Material Models Number2,执行路径 2,设置弹性模量为 3.35E4,泊松比为 0.2。

(5)建立几何模型。路径：Main Menu>Preprocessor>Modeling>Create>Areas>Rectangle>By 2 Corners。

首先创建一个长方形,执行路径,在弹出的对话框中分别使 Width = 780,Height = 210,单击 Apply 按钮得到长方形一。再分别使 W_{px} = 275,W_{py} = 210,Width = 230,Height = 1690,单击 Apply 按钮得到长方形二。W_{px} = −570,W_{py} = 1900,Width = 1920,Height = 200,单击 Apply 按钮得到长方形三。

(6)编辑截面几何模型。

路径 1：Utility Menu>WorkPlane>OffsetWP by Increments。

路径 2：Main Menu > Preprocessor > Modeling > Operate > Booleans > Divide > Area by Work plane。

路径 3：Main Menu>Preprocessor>Modeling>Operate>Booleans>Glue>Area。

路径 4：Main Menu>Preprocessor>Numbering Ctrls>Merge Items。

路径 5：Main Menu>Preprocessor>Numbering Ctrls>compress Numbers。

执行路径 1,将工作平面移到预应力钢筋位置,即坐标为(390,191)的点上,同时工作平面绕 X 轴旋转 90 度。执行路径 2,将工作平面 Al 划分为两部分。

执行路径 1,再将工作平面轴旋转 90 度。执行路径 2 同样的方法划分 A4、A5,最后得到 6 个面,如图 9-29 所示。

执行路径 3,将所有的面粘贴在一起。

执行路径 4,打开 Merge Coincident or Equivlenty Defined Items 对话框,设置 Label 选项为 All,单击 OK 按钮完成编号的合并。

执行路径 5,打开 Compress Numbers 对话框,设置 Label 选项为 All,单击 OK 按钮完成编号的重排列。

第二步划分网格。

在这个问题中,网格的划分要分三步完成：先对几何面进行网格划分,然后将其拉伸成体网格并赋予 SOLID65 单元属性,最后对预应力钢筋划分网格并赋予 LINK8 单元属性。步骤如下：

(1)划分面网格。

路径 1：Menu>Preprocessor>Meshing>Size Cntrls>MenualSize>Lines>Picked Lines。

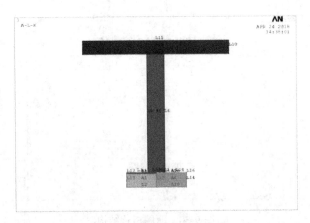

图 9-29　正截面几何图形

路径 2：Main Menu>Preprocessor>Meshing>Mesh>Areas>Mapped>Concatenate>Lines。

路径 3：Main Menu>Preprocessor>Meshing>Mesh>Areas>Mapped>3or4 sided。

路径 4：Main Menu > Preprocessor > Meshing > Mesh > Areas > Mapped > Del Concatenate > Lines。

对于面 A6，执行路径 1。设定各个边界的划分份数分别为：顶边 L8 为 20，两侧边 L7 和 L9 为 2，底边 L21 和 L22 为 8，L5 为 4。由于对面进行网格划分时，必须要求面是由 4 条边界组成，但是由于粘贴 Glue 之后产生的面基本上都是由 4 条以上的边界线构成的，所以需要对一些边界进行重连接。执行路径 2，选择 L21、L22、L6 三条线，将其连接在一起，然后执行路径 3 划分面 A6。

对于面 A4，执行路径 1。各个边界的划分份数分别为：L4 和 L6 为 20 份，L18 和 L19 为 2 份；执行路径 4，删除前面连接在一起的线 L23。执行路径 2，选择 L18 和 L19，将其连接在一起，然后执行路径 3 划分面 A4。

对于面 A1、A2、A3 和 A5，采用的办法类似前面的操作，这里不再赘述，只给出各个面的边界网格份数。对于面 A2，L2 为 6 份，L3 为 8 份，L14 和 L12 为 2 份。对于面 A5，L20 为 6 份，L17 为 8 份，L13 为 2 份。对于面 Al 和 A3，L15、L10 和 L11 为 6 份，Ll 和 L16 为 8 份。完成后的模型如图 9-30 所示。

（2）拉伸面网格为体网格。

路径 1：Menu>Preprocessor>Modeling>Operate>Extrude>Elem Ext Opts。

路径 2：Menu>Preprocessor>Modeling>Operate>Extrude>Areas>By XYZ Offset。

先设置体网格的相关属性，执行路径 1，在弹出的对话框中选择单元类型、材料模型都为 2 号。拉伸单元的划分次数为 40，选择拉伸后删除原始的面网格，如图 9-30 所示。

执行路径 2，选择所有的面，在 Extrude Areas By XYZ Offset 对话框中输入 DZ 方向的值为 4000，单击 OK 按钮即可得到体网格。

（3）划分预应力筋网格。

路径1：Main Menu>Preprocessor>Meshing>Mesh Attributes>Default Attribs。

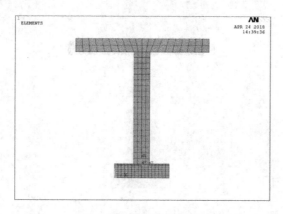

图 9-30　面网格化结构

路径 2：Main Menu>Preprocessor>Meshing>Size Cntrls>MenualSize>Lines>Picked Lines。
路径 3：Main Menu>Preprocessor>Meshing>Size Cntrls>MenualSize>Lines>Picked Lines。
设置力筋对应的网格单元属性，执行路径 1，设定预应力筋单元对应的材料、实常数、单元类型都为 1 号。执行路径 2，选择公共交线 L29，设定单元份数为 40。执行路径 3，再划分网格。这样所有的网格划分就算完成了，如图 9-31 所示。

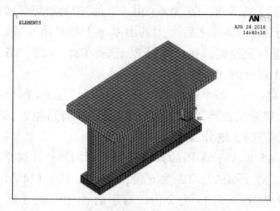

图 9-31　有限元计算模型

（4）加载、求解。
①边界条件。路径：Main Menu>Solution>Define Load>Apply>Structural>Displacement>On Lines。执行路径，将左边界的 L23、L38 所有的自由度约束；同理将右边界的 L1、L16 的 Y 方向的自由度约束，并将右边界端点关键点 1 的 X，Y 方向的自由度约束。
②施加温度载荷。选择公共交线 L29 为有效对象，路径为 Main Menu>Solution>Define Loads>Apply>Structural>Temperature>On Lines，施加的温度值为−375。
③设置分析选项。路径：Main Menu>Solution>Analysis>Sol'n Controls。执行路径，在弹出的对话框中，对于 Basic 选项卡设置加载时间为 5，加载子步为 10，结果输出频率为

Write every substep。在 Nonlinear 选项卡中单击 Set convergence criteria，然后设置力的收敛容差为 0.05。

④求解。路径为 Main Menu >Solution>Solve>Current LS。

(5)结果分析。

①变形图。路径：Main Menu>General postproc>Plot Results>Deformed Shape。执行上述路径可以得到如图 9-32(a)所描述的 time=5，还可以看到，由于预加应力产生的上拱变形情况。图 9-32(b)显示的是上拱度沿 Z 方向的变化趋势，显然梁中部的挠度是最大的。

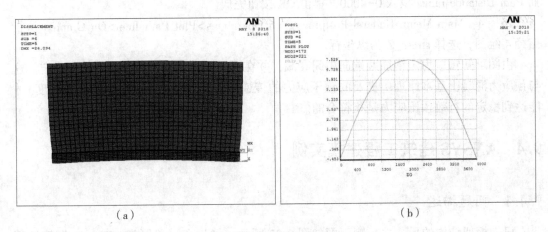

图 9-32 上拱变形分析

②预应力分布图。图 9-33 显示了 $Z=4000$ 处截面与预加应力的分布，由图可知，由预应力筋产生的预应力从力筋周围向远处混凝土逐渐衰减，梁的下半部受压。这符合预应力设计原理的要求。

图 9-34 描述的是预应力随预应力筋布置方向的变化情况，其作图步骤为：

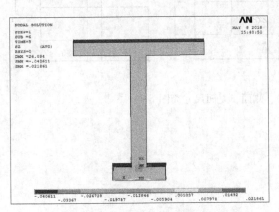

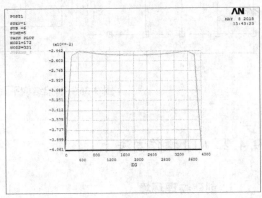

图 9-33 预应力分布示意图

图 9-34 力筋预应力变化图

路径 1：Main Menu>General Postproc>Path Operations>Define Path>By Nodes。执行路径

1，选择力筋的首尾两个节点，单击 OK 按钮，打开 By Nodes 对话框，再将路径命名为 Path。

路径 2：Main Menu>General Postproc>Path Operations>Map Onto Path。将要显示的结果映射到所定义的路径上，执行路径 2，在 Lab 项中填入 stress_Z，选择 Z 向应力单击 OK 按钮完成。

路径 3：Main Menu>General Postproc>Path Operations>Plot Path Item>Path Range。定义路径的范围，执行路径 3，打开 Path Range For Lists and Plots 对话框，单击 ZG 作为 X 轴，而 Path Distance range 填入 0-4000，单击 OK 按钮完成。

路径 4：Main Menu>General Postproc>Path Operations>Plot Path Item>On Graph。执行路径 4 绘图，选择 stress_Z 为纵坐标。

由图可知预应力由钢筋两端向中间衰减，并在远离两端面的一定距离处达到稳定。这与预应力混凝土基本原理中提及的预压应力的传递需要经过一个自锚区(即传递长度)才能达到稳定的有效预压应力是相符合的。

9.4　ANSYS 建筑工程建模实例

9.4.1　问题描述

已知框架结构的平、立、侧面图如图 9-35 所示。楼板和屋盖厚度 200mm，框架柱截面 0.5m×0.5m，横梁截面 0.3m×0.6m。

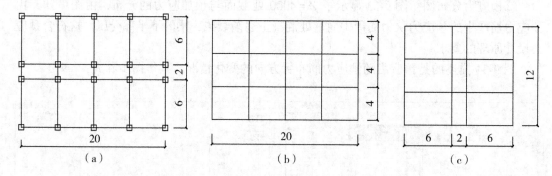

(a)　　　　　　　　　　　(b)　　　　　　　　　　　(c)

图 9-35　框架结构平面、侧面、立面尺寸简图

9.4.2　GUI 操作方法

1. 创建物理环境

(1)过滤图形界面。

GUI：Main>Preference，弹出 Preferences for GUI Filtering 对话框，选中 Structural，对后面的分析进行菜单及相应的图形界面过滤。

（2）定义工作标题。

GUI：Utility Menu > File > Change Title，在弹出的对话框中输入 Frame construction analysis，单击 OK 按钮。

（3）定义单元类型。Menu>Preprocessor>Element Type>Add/Edit/Delete，弹出 Element Types 单元类型对话框，单击 Add 按钮，弹出 Library of Element Types 单元类型对话框。在该对话框左面滚动栏中选择 Structural Solid，在右边的滚动栏中选择 Brick 8 model 185，单击 OK 按钮，定义 SOLID185 单元。在 Element Types 单元类型对话框中选择 SOLID185 单元，单击 Options… 按钮打开 SOLID185 element type options 对话框，将其中的 K2 设置为 Simple Enhanced Strn，单击 OK 按钮。最后单击 Close 按钮，关闭单元类型对话框。本模型只用这一种实体单元类型。

（4）定义单元实常数：由于 SOLID 单元没有实常数，所以不必添加实常数。

（5）指定材料属性。

GUI：Main Menu > Preprocessor > Material Props > Material Models，弹出 Define Material Model Behavior 对话框，在右边的栏中连续单击 Structural>Linear>Elastic>Isotropic 后，弹出 Linear Isotropic Properties for Material Number1 对话框，在该对话框中 EX 后面的输入栏输入 3E10，在 PRXY 后面的输入栏输入 0.1667，单击 OK 按钮。

继续在 Define Material Model Behavior 对话框右边的栏中连续单击 Structural>Density，弹出 Density for Material Number1 对话框，在该对话框中 DENS 后面的输入栏输入 2500，单击 OK 按钮。

2. 建立实体模型

（1）建立框架柱。

GUI：Main Menu > Preprocessor > Modelinging > Create > Keypoints > In Active CS，弹出 Create Keypoints in Active CS 对话框，在 X，Y，Z 输入行输入 8 个关键点，分别为 1、2、3、4、5、6、7、8，坐标分别是"1.25，0，0.25""1.25，0，−0.25""0.75，0，0.25""0.75，0，−0.25""1.25，12，0.25""1.25，12，−0.25""0.75，12，0.25""0.75，12，−0.25"单击 OK 按钮。

GUI：Main Menu > Preprocessor> Modeling > Create >Volumes> Arbitrary >Through KPs，依次选择 1、2、4、3、5、6、8、7 号节点，单击 OK 按钮，建成一个柱子，如图 9-36 所示。

GUI：Main Menu> Preprocessor> Modeling> Copy>Volumes，选择建成的柱体，单击 OK 按钮，弹出 Copy Volumes 对话框，在 Itime 项输入 2，在 DX 项输入 6，如图 9-36 所示，单击 Apply 按钮。

继续单击 PickA11。弹出 Copy Volumes 对话框，在 ITIME 项输入 5，在 DZ 项输入 5，单击 OK 按钮。

GUI：Main Menu>preprocessor>Modeling>Reflect>Volumes，单击 Pickall。弹出 Reflect Volumes 对话框，在 VSYMM 项选择"Y−Z Plane"，单击 OK 按钮。最终建成所有框架柱，如图 9-37 所示。

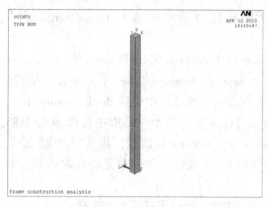

图 9-36　一个框架柱

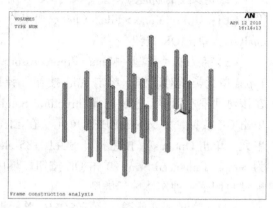

图 9-37　框架柱

（2）建立横梁。

GUI：Main Menu>Preprocessor>Modeling>Create>Keypoints >In Active CS，弹出 Create Keypoints in Active CS 对话框，在 X，Y，Z 输入行输入 8 个关键点，分别为 161、162、163、164、165、166、167、168，坐标分别是"0.75，3.4，0.11""0.75，3.4，0.11""0.75，4，0.11""0.75，4，-0.11""-0.75，3.4，-0.11""-0.7，3.4，0.11""-0.75，4，0.11""-0.75，4，-0.11"，单击 OK 按钮。

GUI：Main Menu> Preprocessor> Modeling>Create>Volumes>Arbitrary>Through KPs，依次选择 161、162、163、164、165、166、167、168 号节点，单击 OK 按钮，建成横梁。

GUI：Main Menu>Preprocessor> Modeling> Copy>Volumes，选择 21 号体，单击 OK。弹出 Copy volumes 对话框，在 ITIME 项输入 5，在 DZ 项输入 5，单击 OK 按钮。

GUI：Main Menu>Preprocessor>Modeling>Create>Keypoints>In Active CS，弹出 Create Keypoints in Active CS 对话框，在 X，Y，Z 输入行输入 8 个关键点坐标，分别是"1.25，3.4，-0.11""1.25，3.4，0.11""1.25，4，0.11""1.25，4，-0.11""6.75，3.4，-0.11""6.75，3.4，0.11""6.75，4，0.11""6.75，4，-0.11"，单击 OK 按钮。

GUI：Main Menu>Preprocessor>Modeling>Create>Volumes>Arbitrary>Through KPs，依次选择 201、202、203、204、205、206、207、208 号节点，单击 OK 按钮，建成横梁。

GUI：Main Menu> Preprocessor>Modeling>Copy>Volumes，选择 26 号体，单击 OK 按钮。弹出 Copy Volumes 对话框，在 ITIME 项输入 5，在 DZ 项输入 5，单击 OK 按钮。

GUI：Main Menu>Preprocessor>Modeling>Reflect>Volumes，选择 26～30 号体。弹出 Reflect Volumes 对话框，"VSYMM"项选择"Y-Z plane"，单击 OK 按钮。

GUI：Main Menu>Preprocessor>Modeling>Copy>Volumes，选择 21～35 号体，单击 OK 按钮。弹出 Copy Volumes 对话框，在 ITIME 项输入 3，DY 项输入 4，单击 OK 按钮。建好的梁柱如图 9-38 所示。

GUI：Main Menu>Preprocessor>Modeling>Create>Keypoints>In Active CS，弹出 Create Keypoints In Active CS 对话框，在 X，Y，Z 输入行输入 8 个关键点坐标，分别为"0.89，

3.4，0.25""1.11，3.4，0.25""1.11，4，0.25""0.89，4，0.25""0.89，3.4，4.75"
"1.11，4，4.75""0.89，4，0.25"，单击 OK 按钮。

GUI：Main Menu>Preprocessor>Modeling>Create>Volumes>Arbitrary>Through KPs，依次选择 521、522、523、524、525、526、527、528 号节点，单击 OK 按钮，建成横梁。

GUI：Main Menu>Preprocessor>Modeling>Copy>Volumes，选择 66 号体，单击 OK 按钮。弹出 Copy Volumes 对话框，在 ITime 项输入 4，在 DZ 项输入 5，单击 OK 按钮。

GUI：Main Menu>Preprocessor>Modeling>Copy>Volumes，选择 66-69 号体，单击 OK 按钮。弹出 Copy Volumes 对话框，在 ITime 项输入 2，在 DX 项输入 6，单击 OK 按钮。

GUI：Main Menu>Preprocessor>Modeling>Reflect>Volumes，选择 66-73 号体，单击 OK 按钮。弹出 Reflect Volumes 对话框，在 VSYMM 项选择 Y-Z Plane，单击 OK 按钮。

GUI：Main Menu>Preprocessor>Modeling>Copy>Volumes，选择 66-81 号体，单击 OK 按钮。弹出 Copy Volumes 对话框，在 ITime 项输入 3，在 DY 项输入 4，单击 OK 按钮。建成所有的梁柱，如图 9-39 所示。

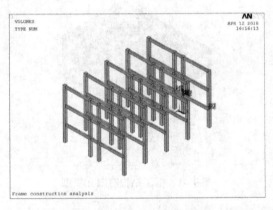

图 9-38 框架柱和部分横梁

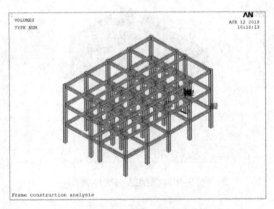

图 9-39 横梁与框架柱

（3）建立楼板。

GUI：Main Menu>Preprocessor>Modeling>Create>Keypoints>In Active CS，弹出 Create Keypoints In Active CS 对话框，在 X，Y，Z 输入行输入 8 个关键点坐标，分别为"-7.25，3.8，-0.25""-7.25，3.8，20.25""7.25，3.8，20.25""7.25，3.8，-0.25""-7.25，4，-0.25""-7.25，4，20.25""7.25，4，20.25""7.25，4，-0.25"，单击 OK 按钮。

GUI：Main Menu>Preprocessor>Modeling>Create>Volumes>Arbitrary>Through KPs，依次选择 905、906、907、908、909、910、911、912 号节点，单击 OK 按钮，建成一层楼板。

GUI：Main Menu>Preprocessor>Modeling>Copy>Volumes，选择 114 号体，单击 OK 按钮。弹出 Copy Volumes 对话框，在 ITime 项输入 3，在 DY 项输入 4，单击 OK 按钮。

（4）搭接几何体。

GUI：Main Menu>Preprocessor>Modeling>Operate>Booleans>Overlap>Volumes，单击 Pickall 按钮。建成框架结构的最终形式，如图 9-40 所示。

3. 划分单元

（1）定义单元属性。

GUI：Main Menu＞Preprocessor＞Meshing＞Mesh Attributes＞Default Attribs，在 Meshing Attributes 对话框中，在 TYPE 项选择"1 SOLID185"，在 MAT 项选择 1，单击 OK 按钮。

（2）控制网格大小。

GUI：Main Menu ＞Preprocessor＞Meshing＞Size Cntr1s＞Manua1size＞Lines＞All Lines，在控制单元尺寸的对话框中，在 SIZE 项中输入 1，代表每条线都被按 1m 长分段。单击"OK"按钮。

（3）划分单元。

GUI：Main Menu＞Preprocessor＞Meshing＞Mesh＞Volumes＞ Free，单击 Pick A11 按钮。开始划分单元，划分好后如图 9-41 所示。

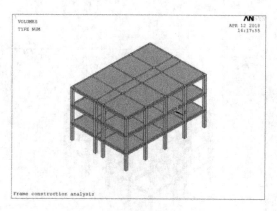

图 9-40　框架结构实体模型

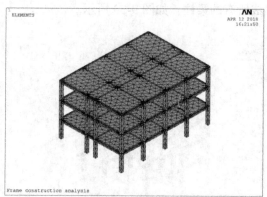

图 9-41　框架结构有限元模型

4. 施加荷载

（1）位移约束。

GUI：Utility Menu＞Select＞Entities，弹出 Select Entities 对话框，如实填写，单击 OK 按钮。

GUI：Main Menu＞Solution＞Define Loads＞Apply＞Structual＞Displacement＞On Areas，单击 Pick All 按钮，弹出 Apply U，ROT on Areas 对话框，选择 All DOF，单击 OK 按钮，给选择的柱脚处面施加零位移约束。

GUI：Utility Menu＞select＞Everything，选择所有实体。

（2）施加重力。

GUI：Main Menu＞Solution＞Define Loads＞Apply＞Structural＞Inertia＞Gravity＞Global，在对话框中，在 ACELY 项输入 10，单击 OK 按钮。

5. 静力求解

（1）选择分析类型。

GUI：Main Menu>Solution>Analysis Type>New Analysis，在弹出的 New Analysis 对话框中选择 Static 选项，单击 OK，关闭对话框。

（2）开始求解。

GUI：Main Menu>Solution>Solve>Current LS，弹出一个名为"/STATUS Command"的文本框，查看无误后，单击 Close 按钮。在弹出的另一个 Solve Current Load Step 对话框中单击 OK 按钮，开始求解。求解结束后，关闭 Solution is done 对话框。

6. 查看计算结果

（1）显示位移云图。

GUI：Main Menu>General Postproc>Plot Results>Contour Plot>Nodal Solu，选择 Nodal Solution>DOF Solution>Displacement vector sum，单击 OK 按钮，可以显示结构变形图，如图 9-42 所示。

（2）显示主应力云图。

GUI：Main Menu>General Postproc>Plot Results>Contour Plot>Nodal Solu，选择 Nodal Solution>Stress>3rd Principal stress，单击 OK 按钮，可以显示第三主应力云图，如图 9-43 所示。

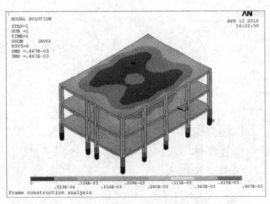

图 9-42　结构变形云图

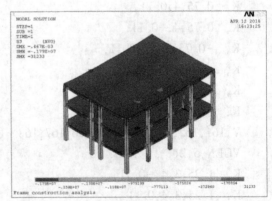

图 9-43　结构第三主应力云图

可以根据需要在后处理器中显示或者列表显示其他结果，这里不再一一介绍。

9.4.3　APDL 命令流

```
/BATCH
/TITLE,Frame construction analysis
/COM, Structural                          ! 选择分析类型为结构分析
/PREP7                                    ! 进入前处理器
```

```
ET,1,SOLID185                                         ! 定义 1 号单元类型
KEYOPT,1,2,3
MP,EX,1,3E10                                          ! 定义 1 号材料属性弹性模量
MP,DENS,1,2500                                        ! 定义 1 号材料属性密度
MP,PRXY,1,0.1667                                      ! 定义 1 号材料属泊松比
K,1,1.25, ,0.25,                                      ! 定义关键点
K,2,1.25, ,-0.25,
K,3,0.75, ,0.25,
K,4,0.75, ,-0.25,
K,5,1.25,12,0.25,
K,6,1.25,12,-0.25,
K,7,0.75,12,0.25,
K,8,0.75,12,-0.25,
V,1,2,4,3,5,6,8,7                                     ! 建立柱体
VGEN,2,all, , ,6, , , ,0                              ! 复制体
VGEN,5,all, , , , ,5, ,0                              ! 复制体
VSYMM,X,all, , , ,0,0                                 ! 镜像体
K, ,0.75,3.4,-0.11,                                   ! 定义关键点
K, ,0.75,3.4,0.11,
K, ,0.75,4,0.11,
K, ,0.75,4,-0.11,
K, ,-0.75,3.4,-0.11,
K, ,-0.75,3.4,0.11,
K, ,-0.75,4,0.11,
K, ,-0.75,4,-0.11,
V,161,162,163,164,165,166,167,168                    ! 建立梁体
VGEN,5,21, , , , ,5, ,0                               ! 复制体
K, ,1.25,3.4,-0.11,                                   ! 定义关键点
K, ,1.25,3.4,0.11,
K, ,1.25,4,0.11,
K, ,1.25,4,-0.11,
K, ,6.75,3.4,-0.11,
K, ,6.75,3.4,0.11,
K, ,6.75,4,0.11,
K, ,6.75,4,-0.11,
V,201,202,203,204,205,206,207,208                    ! 建立梁体
VGEN,5,26, , , , ,5, ,0                               ! 复制体
VSYMM,X,26,30, , ,0,0                                 ! 镜像体
```

```
VGEN,3,21,35, , ,4, , ,0                          ! 复制体
K, ,0.89,3.4,0.25,                                ! 定义关键点
K, ,1.11,3.4,0.25,
K, ,1.11,4,0.25,
K, ,0.89,4,0.25,
K, ,0.89,3.4,4.75,
K, ,1.11,3.4,4.75,
K, ,1.11,4,4.75,
K, ,0.89,4,4.75,
V,521,522,523,524,525,526,527,528                 ! 建立梁体
VGEN,4,66, , , , ,5, ,0                            ! 复制体
VGEN,2,66,69, ,6, , , ,0                           ! 复制体
VSYMM,X,66,73, , ,0,0                              ! 镜像体
VGEN,3,66,81, , ,4, , ,0                           ! 复制体
K, ,-7.25,3.8,-0.25,                              ! 定义关键点
K, ,-7.25,3.8,20.25,
K, ,7.25,3.8,20.25,
K, ,7.25,3.8,-0.25,
K, ,-7.25,4,-0.25,
K, ,-7.25,4,20.25,
K, ,7.25,4,20.25,
K, ,7.25,4,-0.25,
V,905,906,907,908,909,910,911,912                 ! 建立楼板体
VGEN,3,114, , , ,4, , ,0                           ! 复制体
VOVLAP,all                                         ! 搭接体
LESIZE,ALL,1, , , ,1, , ,1,                        ! 控制单元大小
TYPE,1                                             ! 选择单元类型
MAT,1                                              ! 选择材料属性
ESYS,0                                             ! 单元坐标系
MSHAPE,1,3d                                        ! 定义实体单元形状
MSHKEY,0                                           ! 划分方式
vMESH,all                                          ! 体划分单元
ASEL,S,LOC,Y,0                                     ! 选择面
DA,all,ALL,                                        ! 约束所有自由度
ALLSEL,ALL                                         ! 选择所有实体
ACEL,0,10,0,                                       ! 施加重力荷载
FINISH                                             ! 结束前处理器
/SOLU                                              ! 进入求解器
```

```
ANTYPE,0                          ! 选择分析类型
SOLVE                             ! 求解
FINISH                            ! 结束求解器
/POST1                           ! 进入后处理器
PLDISP,2                          ! 显示结构变形图
PLNSOL, U,SUM, 0,1.0              ! 显示总位移云图
PLNSOL, S,1, 2,1.0                ! 显示第一主应力图
PLNSOL, S,3, 2,1.0                ! 显示第一主应力图
PRRSOL,F                          ! 显示反力结果
FINISH                           ! 结束后处理
! /EXIT, ALL                      ! 退出 ANSYS 并保存所有信息
```

第10章　FLAC 3D 建模方法与应用实例

10.1　FLAC 程序概述

10.1.1　FLAC 3D 简介

1. 基本信息

岩土工程结构的数值解是建立在满足基本方程(平衡方程、几何方程、本构方程)和边界条件下推导的。由于基本方程和边界条件多以微分方程的形式出现,因此,将基本方程近似改用差分方程(代数方程)表示,把求解微分方程的问题改换成求解代数方程的问题,这就是所谓的差分法。差分法的应用由来已久,但差分法需要求解高阶代数方程组,直到计算机的出现,才使该法得以实施和发展。

FLAC (fast lagrangian analysis of continua)是由美国 ITASCA 公司开发的。目前,FLAC 有二维和三维计算程序两个版本,二维计算程序 V3.0 以前为 DOS 版本,V2.5 版本仅仅能够使用计算机的基本内存(64KB),所以,程序求解的最大节点数仅限于 2000 个以内。2016 年,FLAC 2D 已升级为 V7.0 版本,其程序能够使用扩展内存,因此,大大增加了计算规模。FLAC 3D 是一个三维有限差分程序,目前已发展到 V6.0 版本。FLAC 3D 的输入和一般的数值分析程序不同,它可以用交互方式从键盘输入各种命令,也可以写成命令文件,类似于批处理,由文件来驱动。因此,采用 FLAC 程序进行计算,必须了解各种命令关键词的功能,然后,按照计算顺序,将命令按先后依次排列,形成可以完成一定计算任务的命令文件。

FLAC 3D 是二维有限差分程序 FLAC 2D 的扩展,采用 ANSI C++语言编写,能够进行土质、岩质和其他材料的三维结构受力特性模拟和塑性流动分析,调整三维网格中的多面体单元来拟合实际的结构。单元材料可采用线性或非线性本构模型,在外力作用下,当材料发生屈服流动后,网格能够适应相应变形和移动(大变形模式)。

FLAC 3D 采用的显式拉格朗日算法和混合-离散分区技术能够非常准确地发现模拟材料的塑性破坏和流动。由于无需形成刚度矩阵,因此,采用较小的计算资源就能够求解大范围的三维岩土工程问题。

2. 本构模型

FLAC 程序本构模型包括 10 种材料模型。其中,1 个开挖模型:null;3 个弹性模型:

各向同性、横观各向同性和正交各向异性弹性模型；6 个塑性模型：Drucker-Prager 模型、Morh-Coulomb 模型、应变硬化/软化模型、遍布节理模型、双线性应变硬化/软化遍布节理模型和修正的剑桥模型。

3. 单元与网格生成

FLAC 网格中的每个区域可以给以不同的材料模型，并且允许指定材料参数的统计分布和变化梯度。而且，还包含节理单元，也称为界面单元，能够模拟两种或多种材料的界面不同材料性质的间断特性。节理允许发生滑动或分离，因此可以用来模拟岩体中的断层、节理或摩擦边界。FLAC 中的网格生成器 gen，通过匹配、连接由网格生成器生成局部网格，能够方便地生成所需要的二维结构网格，还可以自动产生交叉结构网格（比如相交的巷道），三维网格由整体坐标系 x，y，z 系统确定。这样就可以比较灵活地产生和定义三维空间参数。

4. 边界条件和初始条件

在边界区域，可以指定速度（位移）边界条件或应力（力）边界条件，也可以给出初始应力条件，包括重力载荷以及地下水位线。所有的条件都允许指定变化梯度。FLAC 还包含模拟区域地下水流动、孔隙水压力的扩散以及可行的多孔隙固体和在孔隙内黏性流动流体的相互耦合。流体被认为是服从各向同性的达西定律。流体和孔隙固体中的颗粒是可变形的，将稳态流处理为紊态流，可以模拟非稳态流。同时能够考虑固定的孔隙压力和常流的边界条件，也能模拟源和井。流体模型可以与结构的力学分析独立进行。

5. 操作方式

FLAC 采用的是命令驱动方式，命令字控制着程序的运行。在必要时，尤其是在绘图时，还可以启动 FLAC 用户交互式图形界面。为了建立 FLAC 计算模型，必须进行以下三个方面的工作：有限差分网格，本构特性与材料性质，边界条件与初始条件。完成上述工作后，可以获得模型的初始平衡状态，也就是模拟开挖前的原岩应力状态。然后，进行工程开挖或改变边界条件进行工程的响应分析，类似于 FLAC 的显式有限差分程序的问题求解。与传统的隐式求解程序不同，FLAC 采用一种显式的时间步来求解代数方程，进行一系列计算步后达到问题的解。在 FLAC 中，达到问题所需的计算步能够通过程序或用户加以控制，但是，用户必须确定计算步是否已经达到问题的最终解。

10.1.2 FLAD 3D 分析的基本流程

FLAD 3D 分析的基本流程可以归纳为三大基本组成部分，如图 10-1 所示，即建立分析模型、模拟求解和输出计算结果。建立分析模型包括生成网格单元、设置初始条件和边界条件以及初始应力平衡等；模拟求解包括加载及场方程的有限差分求解；输出计算结果主要为图表的绘制、相关数据的输出等。

在 FLAC 3D 的建模部分，材料性质的定义、初始和边界条件的设置并无明显的先后顺序。初始应力平衡是分析中十分重要的一个环节，但并非为必需项，要根据实际分析对

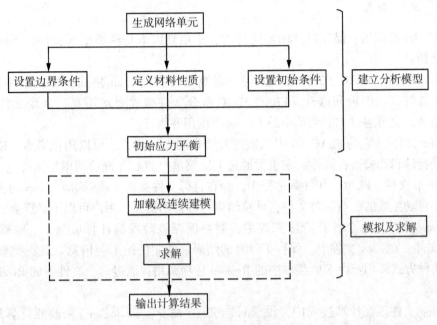

图 10-1 FLAC 3D 分析的基本流程

象所处的工况而定。至于用虚框框定的加载及顺序建模变更和求解环节，则具有较大的灵活性，需用户根据模拟的目的设定相应的加载顺序和收敛标准。在输出计算结果时，用户可根据分析的需要，有选择地选定绘图项和信息输出项。

10.1.3 简单分析命令概要

FLAC 3D 通过软件内置的关键命令来控制命令流的运行，因此初步学习 FLAC 3D 时，需对分析中一些常用命令的含义及用法有充分的了解。表 10-1 给出的是采用 FLAC 3D 进行简单分析时所需要的一些基本命令，对其基本含义，读者可参考 FLAC 3D 用户手册中的 Command Reference 部分，其具体用法则在后续命令流中予以说明。

表 10-1   简单分析的基本命令

功能	命令	功能	命令
清除、调用命令文件	New，Call	初始平衡及计算求解	Step，Solve，Set mech Set gravity
生成网格	Generate，Impgrid，expgrid	执行变更	Model，Property，Apply，Fix
定义材料关系和性质	Model，Property	计算结果保存及调用	Save，Restore
定义边界、初始条件	Apply，Fix，Inital	图形绘制及结果输出	Plot，Hist

10.1.4　文件类型

FLAC 3D 在调用、保存以及输出文件时，常用到以下几种类型的文件，下面分别对其进行介绍：

(1) dat 文件。FLAC 3D 的命令文件一般默认保存为 .dat 格式，可以采用记事本、Edit 等工具打开、编辑和修改。FLAC 3D 对命令文件格式要求不高，命令文件即使存为 .txt 格式，也可通过 File 菜单中的 Call 选项调用并执行。

(2) fis 文件。它是 FLAC 3D 中二次开发语言的文件格式，可以用记事本、Edit 等工具打开进行编辑和修改；同样，它也可通过 File 菜单中的 Call 选项调用并执行。

(3) tmp 文件。FLAC 3D 计算过程中，会在目标文件夹内生成后缀为 .tmp 的文件，这些是程序自动生成的一些临时文件，计算结束时即自动消失，用户可以不必理会。

(4) sav 文件。每个计算阶段完成后，需要保存该阶段的计算成果，这时就可保存为 .sav 文件。在 .sav 文件中，保存了计算的结果、绘制的图形等信息。此种类型的文件只能用两种方式调用：由 File 菜单中的 Restore 选项调用；通过命令文件中的 Restore 命令调用。

(5) log 文件。在计算过程中，设置日志文件(命令：set log on)来监测计算过程时，会在计算过程中生成后缀名为 .log 的文件。该文件记录了计算过程中程序的每一步执行过程。在计算和操作结束后，可以使用记事本、Edit 等工具打开，选用合适的信息供分析之用。

(6) FLAC 3D 文件。FLAC 3D V3.0 以后的版本中增加了网格数据导入、导出的命令：Impgrid 和 Expgrid，与之匹配的文件类型是后缀名为 ".flac3d" 的文件类型，该文件主要包含计算模型的网格单元点(gridpoint)、单元(zone)和组(group)的信息。可以使用记事本、Edit 等工具打开查看、编辑和修改。此种类型的文件只能通过以下两种方式调用：由 File 菜单中的 Impgrid 选项调用；通过命令文件中的 Impgrid 命令调用。

10.1.5　FLAC 程序求解实例

1. 问题描述

如图 10-2 所示，一圆形隧道外径为 6.0m，衬砌厚度为 0.3 m，内径为 5.4m，埋深为 10m。根据隧道开挖的影响范围，参考已有的计算经验，取左右边界为隧道外径的 3 倍，即 18m，隧道底部取隧道外径的 1.5 倍，即 9m，最后整个计算模型宽 42m、高 25m。该隧道为市政隧道，所处的地层为 V 级围岩，围岩的密度为 $1800kg/m^3$，体积弹性模量为 1.47E8Pa，剪切弹性模量为 5.6E7Pa，内摩擦角为 $20°$，凝聚力为 5.0E4Pa，抗拉强度为 1.0E4Pa。隧道衬砌结构采用 C30 混凝土，其密度为

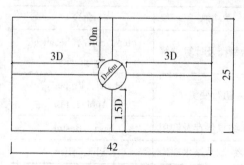

图 10-2　圆形隧道断面布置图

$2500\mathrm{kg/m^3}$，体积弹模为 16666.67E6Pa，剪切弹模为 12500E6Pa。

2. 模型建立

（1）圆隧道网格。

; 建立圆隧道模型，将以下程序输入 circle1. txt 文档

gen zon radcyl p 0 0 0 0 p1 6 0 0 p2 0 1 0 p3 0 0 6 size4 2 8 4 dim 3 3 3 3 rat 1 1 1 1. 2&group outsiderock

plot block group

plot add axes red

; 解释：采用 gen zon radcyl 命令生成带周边放射网格的圆柱形隧道

; p0 0 0 0 pl 6 0 0 p2 0 1 0 p3 0 0 6 为点 pl 到 p3 四个点及其坐标

; p0 为正面左下角点，p1 为正面右下角点，P2 为后面左下角点，P3 为正面左上角点

; 坐标为三维坐标系，向右为 x 轴，向上为 z 轴，向后（隧道纵向）为 y 轴

; 本次进行平面计算，所以在隧道的纵向取 1m 进行计算，即 y 坐标为 1

; size 4 2 4 4 用于控制网格密度，依次为同隧道半径方向、隧道纵向、圆周隧道环向

;（1/4 圆周方向）以及隧道放射方向所分割的单元数目

; dim 3 3 3 3 表示隧道 1/4 圆周半径的长度，单位 m（以上长度均用国际单位）

; rat 1 1 1 1，2 用于 size 每个方向单元之间的比例

; group outsiderock 定义刚才建立的这个块体为 outsiderock 体，可用于选择操作

; plat black group 用于显示块体

; plot add axes red 用于显示坐标轴

将以上的命令程序放到一个 dat 或 txt 文件中，比如文件名为 circlet. txt。然后启动 FLAC 程序。单击 File 菜单的 Call 命令，弹出选择文件对话框，选择 circlet. txt，单击"打开"按钮，或者在 FLAC 3D 命令输入行输入 Call circlet. txt，按回车键也可以，但要求 circlet. txt 文件所在的目录为默认的当前目录。命令执行完成后，在 FLAC 程序输出框中出现了建立的模型，其三维模型图如图 10-3 所示，采用 plat set rotation 0 0 45 命令。

继续采用程序建立模型，建立隧道衬砌结构及内部土体部分模型如图 10-4 所示。

gen zone cshell p0 0 0 0 p1 3 0 0 p2 0 1 0 p3 0 0 3 size 1 2 8 4 dim 2.7 2.7 2.7 2.7 rat 1 1 1 1&group concretliner fill group insiderock

; 以上为建立隧道内部的部分网格

; gen zone cshell p0 0 0 0 p1 3 0 0 p2 0 1 0 p3 0 0 3 生成圆柱形壳体隧道结构

; p0 0 0 0 p1 3 0 0 p2 0 1 0 p3 0 0 3 为 4 个坐标，同 gen zon radcyl 命令

; sine 1 2 8 4 为单元数目，1 表示红色部分径向，2 表示隧道纵向，8 表示 1/4 圆周向

; 4 表示绿色部分半径方向

; dim 2.7 2.7 2.7 2.7 表示隧道内半径

; rat1 1 1 1 表示 size4 个方向的单元间比例，全部等分，为 1

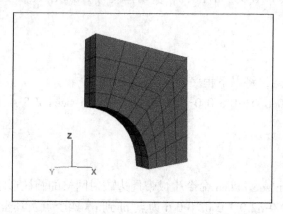

图 10-3　隧道 1/4 圆周模型三维视图

; group cnncretliner fill group insidcrock 同时建立了 2 个块，分别为 concretliner

; 块（隧道衬砌部分）和 insiderock 块（隧道内部土体部分）

继续采用程序建立模型，将建立的模型进行对称操作，可得出圆形隧道部分模型，如图 10-5 所示。

gen zon reflect dip 90 dd 90 orig 0 0 0；以圆点为准、竖向为对称轴进行对称操作

gen zon reflect dip 0 dd 0 orig 0 0 0；以圆点为准、水平方向为对称轴进行对称操作

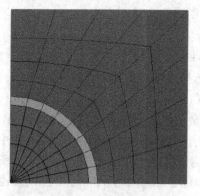

图 10-4　1/4 隧道网格图

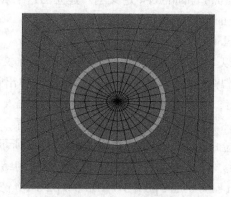

图 10-5　隧道网格图

（2）隧道周围地层网格。

继续采用程序建立模型，绘制隧道上下部分土体网格，如图 10-6 所示。

gen zon brick p0 0 0 6 p1 6 0 6 p2 0 1 6 p3 0 0 13 size 4 2 6 group outsiderockl

gen zon brick p0 0 0 −12 p1 60 −12 p2 0 1 −l2 p3 0 0 −6 size 4 2 6 group outsiderock2

; gen zon brick 建一立标准的六面体网格，p0-p3 为角点坐标，同命令 gen zon radcyl

; 位于隧道上面的为块体 outsiderockl，位于隧道下面的为块体 outsiderock2

继续采用程序建立模型，绘制隧道右侧中间部分土体网格。

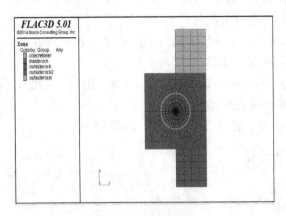

图 10-6　隧道网格图(一)

gen zon brick p0 6 0 0 p1 21 0 0 p2 6 1 0 p3 6 0 6 size 10 2 4 group outsiderock3

；绘制隧道右侧中间部分上侧土体

gen zon reflect dip 0 dd 0 orig 0 0 0 range group outsiderock3

；通过对称运算，绘制隧道右侧中间部分下侧土体

继续采用程序建立模型，绘制隧道右侧上下部分土体网格。

gen zon briek p0 6 0 6 p1 21 0 6 p2 6 1 6 p3 6 0 13 size 10 2 6 group outsiderock4

；绘制隧道右侧上侧土体

gen zon brick p0 6 0 −12 p1 21 0 −12 p2 6 1 −12 p3 6 0 −6 size 10 2 5 group outsiderock5

；绘制隧道右侧下侧土体

注意：在以上建面的过程中，p0、p1、p2、p3 四个点的坐标一定要分清楚，且写准确；同时 size，dim 和 rat 的含义及其对应的方向或边也应该清楚，否则会出错；另外，每一个块体间相邻的边划分的单元数要相同；最后必须细分成很多块体，这样才可以保证划分的网格图平行、竖直，同时有利于求解计算。

继续采用程序完成全部模型的建立，如图 10-7 所示。

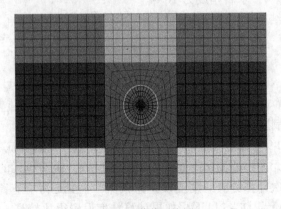

图 10-7　隧道网格图

gen zon reflect dip 90 dd 90 orig 0 0 0 range x −0. 1 6. 1 z6. 1 13. 1

；对称隧道上方浅蓝色部分土体

gen zon reflect dip 90 dd 90 orig 0 0 0 range x −0. 1 6. 1 z −6. 1 −12. 1

；对称隧道下方红色部分土体

gen zon reflect dip 90 dd 90 orig 0 0 0 range x 6. 1 21. 1 z −12. 1 13. 1

；对称隧道右侧=种颜色的部分上体

plot set rotation 0 0 45；显示三维图，绕 z 轴转 45 度

3. 自重应力场模拟计算

（1）加边界条件。

施加重力：

set gravity 0 0−10 ；设置重力加速度为 z 方向−10

施加位移边界条件：

fix z range z −12. 01，−11. 99；设置底边界

fix x range x −21. 01，−20. 99；设置左边界

fix x range x 20. 99，21 .01；设置右边界

fix y range y −0. 01，0. 01；设置前边界

fix y range y 0. 99，1. 01；设置后边界

（2）赋材料参数。

选择材料模型：

model mech mohr；摩尔−库仑模型

赋予材料参数。

Ini density 1800；围岩的密度

prop bulk = 1. 47e8，shear = 5. 6e7，fric = 20，coh = 5. 0e4，tension =1 .0e4

；围岩的体积弹模、剪切弹模、摩擦角、凝聚力、抗拉强度

（3）求解自重应力场。

设置求解精度：

Set mech ratio = le−4；求解精度为 1e−4

求解并保存计算结果：

Solve ；求解计算

Save Gravsol. sav ；计算结果保存在 Gravsol. sav 文件中

计算结果分析：

plot cant zdisp antl on；绘制竖向位移场，如图 10-8 所示

plot cant szz；绘制竖向应力场，如图 10-9 所示

从图 10-8 和图 10-9 可以看出，在自重应力场下，竖向位移和应力场成水平条状分布，在隧道附近区域因单元大小的变化导致有所起伏。所以，说明单元的划分对计算结果的影响比较大。另外，本次计算分析的精度设置比较低，主要是为了节省计算时间，在具体工程计算分析中，建议设为 1E-5 以下。如果计算精度设置得比较高，则单元大小的划分对

计算结果的影响相对就会减小。

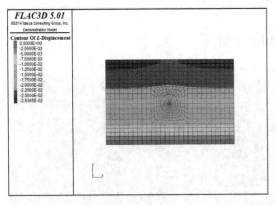

图 10-8 竖向位移(m)

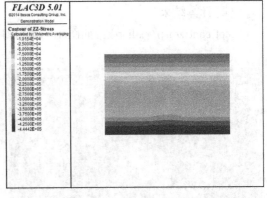

图 10-9 竖向应力(Pa)

从图 10-8 和图 10-9 可看出,在自重应力场条件下,最大的竖向变形为-25.32mm,方向向下,表示下沉;最大竖向应力为-0.45476MPa,表示压应力。在进行开挖模拟计算后,其位移场应减去自重应力场下的位移,而应力场则不用。

4. 隧道开挖模拟计算

(1)毛洞开挖计算。

位移初始化:

initial xdisp=0 ydisp=0 zdisp=0;设置位移为0

(2)隧道开挖。

model null range group insiderock any group conctetliner any;如图 10-10 所示

图 10-10 开挖后的模型

(3)求解计算

Set mech ratio=5e-4;设置计算精度

solve；求解计算。

save Kaiwsol. sav；计算结果保存在 Kaiwsol. sav 文件中。

（4）计算结果。

plot cant zdisp（xdisp）；如图 10-11 和图 10-12 所示；

图 10-11　开挖后的竖向位移(m)　　　　图 10-12　开挖后的水平位移(m)

plot cont szz(sxx)；如图 10-13 和图 10-14 所示。

从图 10-11 至图 10-14 中可以看出，最大竖向位移为-10.56mm，发生在拱顶位置，最大的水平位移为 6.3mm，发生在左右拱脚处；最大竖向应力，拉应力为 0.8kPa，压应力为 0.46MPa；最大水平应力，拉应力为 15.6kPa，压应力为 0.236MPa。

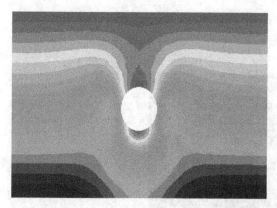
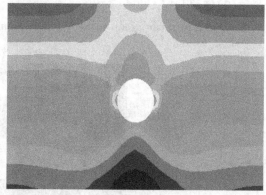

图 10-13　开挖后的竖向应力(Pa)　　　　图 10-14　开挖后的水平应力(Pa)

（5）求解计算。

set mech ratio＝le-4；设置计算精度。

solvc ；求解计算。

save zhihusol. sav ；计算结果保存在 zhihusol. sav 文件中。

（6）计算结果。

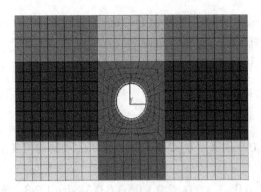

图 10-15　支护后的模型

Plot coot zdisp ；如图 10-16 所示；

plot coot zdisp ；如图 10-17 所示。

图 10-16　支护后的竖向位移(m)

图 10-17　支护后的水平位移(m)

Plot szz ；如图 10-18 所示；

Plot sxx ；如图 10-19 所示。

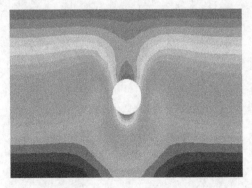

图 10-18　支护后的竖向应力(Pa)

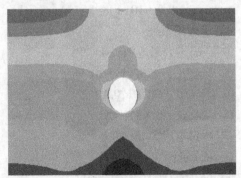

图 10-19　支护后的水平应力(Pa)

　　从图中可以看出，最大竖向位移为-11.71mm，发生在拱顶位置。最大的水平位移为6.23mm，发生在左右拱脚处；最大竖向应力，拉应力为 0.85kPa，压应力为 0.466MPa；最大水平应力，拉应力为 14.5kPa，压应力为 0.24MPa。

5. 本实例的 FLAC 程序

　　;建立模型

　　gen zon radcyl p0 0 0 0 p1 6 0 0 p2 0 1 0 p3 0 0 6& size 4 2 8 4 dim 3 3 3 3 rat l 1 1.2 group outsiderock

　　gen zone cshell p0 0 0 0 p1 3 0 0 p2 0 1 0 p3 0 0 3&size 1 2 8 4 dim 2.7 2.7 2.7 2.7 rat 1 l 1 l group concretliner fill group insiderock

　　gen zon reflect dip 90 dd 90 orig 0 0 0

　　gen zon reflect dip 0 dd 0 ori 6 0 6

　　gen zon brick p0 0 0 6 p1 6 0 6 p2 0 1 6 p3 0 0 13 size 4 2 6 group outsiderock1

　　gen zon brick p0 0 0 -12 pl 6 0 -12 p2 0 1-12 p3 0 0 -6 size 4 2 5 group outsiderock2

　　gen zon brick p0 6 0 0 p1 21 0 0 p2 6 1 0 p3 6 0 6 size 10 2 4 group outsiderock3

　　gen zon reflect dip 0 dd 0 orig 0 0 0 range group outsiderock3

　　gen zon brick p0 6 0 6　p1 21 0 6 p2 6 1 6 p3 6 0 13 size 10 2 6 group outsiderock4

　　gen zon brick p0 6 0 -12 p1 21 0 -12 p2 6 1 -12　p3 6 0 -6 size 10 2 5 group outsiderock5

　　gen zon reflect dip 90 dd 90 orig 0 0 0 range x -0.1 6.1 z 6.1 13.1

　　gen zon reflect dip 90 dd 90 orig 0 0 0 range x -0.l 6.1 z -6.1 -12.1

　　gen zon reflect dip 90 dd 90 orig 0 0 0 range x 6.1 2 1.1 z-12.1 13.1

　　;绘制模型图

　　plot block group

　　plat add axes red

　　;plat set rotation 0 0 45 用于显示模型

　　;设置重力

　　set gravity 0 0 -10

　　;给定边界条件

　　fix z range z -12.01,-11.99

　　fix x range x -20.01,-20.99

　　fix y range y -0.01,0.01

　　fix y range y 0.99,1.0l

　　;求解自重应力场

　　model mohr

　　ini density 1800;围岩的密度

　　prop bulk = 1.47e8,shear = 5.6e7,fric = 20,coh = 5.0e4,tension = 1.0e4;体积、剪切、摩擦角、凝聚力、抗拉强度

set mech ratio＝le-4

solve

save Gravsol. sav

plot cont zdisp outl on

plot cont szz

;毛洞开挖计算

initial xdisp＝0 ydisp＝0 rdisp＝0

model null range group insiderock any group concretliner any

plat block group

plot add axes red

set meth ratio＝5e-4

solve

save Kaiwsol. sav

plot cont zdisp

plot cont sdisp

plot cont szz

plot cont xzz

;模筑衬砌计算

model elas range group concretliner any

plot black group

plot add axes rcd

ini density 2500　range group concretliner any;衬砌混凝土的密度

prop bu1k＝16. 67e9,shear＝12. 5e9; range group concretliner any;衬砌混凝土的体积弹模、剪切弹模

set mech ratio＝1e-4

solve

save zhihusol. sav

plot cont zdisp

plot cont sdisp

plot cont szz

plot cont xzz

;完成计算分析

10.2　FLAC 3D 建模技术

10.2.1　FLAC 3D 的基本建模方法

利用 FLAC 3D 进行数值分析的第一步便是如何将物理系统转化为由实体单元和结构

单元所组合的网格模型(Modeling)，该模型与分析对象的几何外形特征相一致。目前，FLAC 3D 网格模型的建立方法可分为两种，即直接法及间接法。直接法是按照分析对象的几何形状利用 FLAC 3D 内置的网格生成器建模，网格和几何模型同时生成，该方法较适用于简单几何外形的物理系统；而间接法则适用于复杂的、单元数目较多的物理系统，该方法建立网格模型时，像一般计算机绘图软件一样，通过点、线、面、体，先建立对象的几何外形，再进行实体模型的分网(meshing)，以完成网格模型的建立，FLAC 3D 自身不具备间接法建模功能，读者可借助第三方软件与 FLAC 3D 的接入轻松实现。本章主要介绍 FLAC 3D 的网格建模方法，包括利用网格生成器建立简单网格、利用第三方软件进行模型导入以及复杂模型的方法。

FLAC 3D 内置网格生成器中的基本形状网格有 13 种，通过匹配、连接这些基本形状网格单元能够生成一些较为复杂的三维结构网格。网格单元可以归为四大类，即六面块体网格、退化网格、放射网格和交叉网格。

1. 单元网格的生成

生成块体网格(brick)的命令格式如下：

Generate zone brick p0 x0 y0 z0 p1 x1 y1 z1 ... p7 x7 y7 z7 size n1 n2 n3 ratio r1 r2 r3

或者

Generate zone brick p0 x0 y0 z0 p1 x1 y1 z1 ... p7 add x7 y7 z7 size n1 n2 n3 ratio r1 r2 r3

在该命令中，Generate 为"生成网格"之意，可以缩写为 gen，zone 表示该命令文件生成的是实体单元，brick 关键词表明建立的网格采用的是 brick 基本形状，p0，p1，...，p7 块体单元的 8 个控制点，其后跟这些点的三维坐标值 (x_n, y_n, z_n)，含义是由 8 个点可确定一个六面体网格。不过，p0~p7 各点的定义需遵从"右手法则"，不能随意颠倒顺序。如果采用全局坐标系，三维坐标值应为建模空间内的全局三维坐标值；若采用局部坐标系，则除 p0 点采用全局三维坐标值外，其他点的坐标值都必须取其相对于点 p0 的三维坐标值，且在点编号后加关键词 add。size 为定义坐标轴 (x, y, z) 方向网格单元数目的关键词，其后跟划分的单元数目(n1，n2，n3)；ratio 为定义相邻单元尺寸大小比率的关键词，其后跟坐标轴方向相邻网格单元的比率(r1，r2，r3)。

此外，当网格的几何形状为立方体时，上述命令文件可以用下列命令替代，进一步简化，关键词 edge 后跟的 evalue 是立方体的边长。

Generate zone brick p0 x0 y0 z0 edge evalue size n1 n2 n3 ratio r1 r2 r3

除块体网格外，楔形体网格、棱锥体网格和四面体网格可视为块体网格的变种，统称为退化网格，用法与 brick 的用法相类似。此外，FLAC 3D 中为用户提供了一种放射状网格，该类由于基本形状网格区域的内外边长(或对边)大小不等，从而造成剖分后的网格单元呈放射状扩散。这类网格在一些特殊几何形状网格模型(如隧道、硐室模型)的建立过程中经常用到，用法如下：

Generate zone radcy linder p0 x0 y0 p1 x1 y1 z1 p2 x2 y2 z2 ... p11 x11 y11 z11 & dimension d1 d2 d3 d4 size n1 n2 n3 n4 ratio r1 r2 r3 r4 fill group groupname

命令中，关键词 dimension 后跟确定内部区域的边长（或半径）值；关键词 fill 表示对内部区域进行填充，其后如跟关键词 group，则表明对填充区域进行有别于外围材料的命名，组名为 groupname。组名可随意更改，只要它不与 FLAC 3D 中的命令、关键词和内置变量名冲突即可。

交叉网格是 FLAC 3D 中最复杂的基本形状网格，需用的控制点数目最多达 16 个。这类网格主要包括柱形交叉隧道网格和六面体交叉隧道网格，通常用于存在相互交叉的隧道和巷道网格的建立。交叉网格的生成命令文件与前述的柱形隧道外围渐变放射网格极为类似，这里不再赘述。

表 10-2 列出的是生成基本形状网格时常用的关键词。

表 10-2 使用 generate zone 生成基本形状网格的常用关键词

关键词	用途	关键词	用途
Add	用于以 p0 为原点的局部坐标系建模	Group	定义某一范围内的网格组名
Dimension	定义内部区域的尺寸	p1~p16	建立各种形状网格的控制点
Edge	定义网格边长	Ratio	定义相邻网格单元的尺寸大小比率
Fill	定义网格内部填充区域	Size	定义网格在各坐标笔调上的单元数目
copy	复制网格	reflect	镜像网格（dd、dip 或 normal、origin）

其中，dimension 是定义 radtun、rancyl、radbr、cshell、cylint、tunint 基本形状网格内部区域尺寸的关键词，但要注意并不是所有的基本网格都需要用到 dimension。

fill 关键词是填充 radtun、rancyl、radbr、cshell、cylint、tunint 内部区域的，如果没有用，则内部区域不包括单元。

ratio 如果未给定，默认值为 1。size 如果未给定，默认值为 10。

gen zone reflect 网格生成命令中要用到 dd、dip 或 nomal、origin 这些指定面的关键词。

2. 网格的连接

建立复杂几何形状的网格时，单一采用某一基本形状网格有时候难以达到目的，这时就要对基本网格进行匹配、连接，才能得到与分析对象相符的网格形状。使用 generate zone 生成网格时，系统会自动检测连接处的节点，如果已有节点和将要生成的节点的坐标值不超过 $1×10^{-7}$ 时，系统默认它们为相同的点，生成新网格时，在连接处直接使用基本网格节点，不再生成新的节点。如果已有节点和将要生成的节点的坐标值差别较大，超过 $1×10^{-7}$ 时，可借助命令 attach 和 generate merge 来实现基本形状网格的连接。

命令 attach 可以用来连接单元大小不同的基本网格，但对各网格连接面上的单元尺寸有限制，要求它们之间的比率成整数倍，以使得不影响计算结果的精确性。建议正式计算前，先将模型在弹性条件下试运行以检测比率是否合适。如果在连接的网格节点上的位移或应力分布不连续，那么应调整连接面上单元尺寸的比率；如果不连续范围是微小的，或者远远小于计算模型的大小，那么这对计算结果的影响有限，可不进行调整。使用命令

atta 连接网格的常用形式如下：

　　attach face range<...>

　　命令中，range 后跟定义范围的关键词，用来确定连接面的范围。需注意的是，命令 attach 有一定的适用范围，采用它连接后的网格信息不能为镜像（命令 generate reflect）操作所复制。

　　Attach face 命令常用来检查网格模型建立的正确性。如果模型中没有设置接触面，也没有设置特定的单元不连续的情况，直接运行 attach face 命令，可以输出网格中被连接的节点个数，若输出个数为 0，则要特别注意，很可能建模过程中存在一些错误，比如相邻基本形状的网格个数不匹配等，需要仔细检查。

　　下面用一个例子来说明 attach 的用法。连接不同单元大小的命令如下：

Gen zone brick size 4 4 4 P0 0,0,0 p1 4,0,0 p2 0 4, 0 P3 0,0,2

Gen zone brick size 8 8 4 p0 0,0,2 p1 4,0,2 p2 0,4,2 p3 0,0,4

Attach face range z 1.9 2.1

Model elas

Prop bulk 8e9 shear 5e9

Fix z range z −0.1 0.1

Fix x range x −0.1 0.1

Fix x range x 3.9 4.1

Fix y range y −0.1 0.1

Fix y range y 3.9 4.1

Apply szz −1e6 range z 3.9 4.1 x 0,2 y 0,2

Hist unbal

Solve

Save att. sav

建立连续单元网格的命令如下：

Gen zone brick size 8 8 8 p0 0,0,0 p1 4,0,0 p2 0,4,0 p3 0,0,4

Model elas

Prop bulk 8e9 shear 5e9

Fix z range z −0.1 0.1

Fix x range x −0.1 0.1

Fix x range x 3.9 4.1

Fix y range y −0.1 0.1

Fix y range y 3.9 4.1

Apply szz −1e6 range z 3.9 4.1 x 0,2 y 0,2

Hist unbal

Solve

Save noatt. sav

两种情况下模拟的结果基本一致，证明 attach 关键词连接不同单元网格是正确的。

命令 Generate merge 也可以用来连接相邻的基本网格。与 attach 不同的是，Generate merge 合并某一容差范围内的节点，即相邻点间的距离小于设定的容差，它们就会合并成一点。使用 generate zone 生成基本网格后，输入命令：Generate merge vtol，即可实现基本网格间的连接，其中，vtol 为容差，用户可以根据分析需要自行设定。

注意：Generate merge 命令也可用来检查网格模型的正确性。设置一个较小的容差，查看命令的运行结果，如果存在被合并的节点，则说明模型中某些节点的位置很接近，建模时设置的节点坐标可能存在错误，这种情况常常出现在其他软件生成的网格文件导入到 FLAC 3D 后形成的网格模型中，由于不同软件输出的网格信息精度不同，在导入过程中，某些节点的位置坐标会有所偏差，从而在 FLAC 3D 读入时造成网格错误，因此，使用其他软件生成的网格模型必须采用 Generate merge 命令检查其正确性。

10.2.2 其他网格模型的导入

1. FLAC 3D 网格的数据格式

要实现其他软件网格模型的导入，必须了解 FLAC 3D 网格的数据格式。与大多数有限元软件相类似，FLAC 3D 遵循点(gridpoint)、单元(zone)、组(group)的网格数据格式，实体模型完成后，网格点坐标信息、单元信息和模型分组信息以文件形式通过 impgrid 和 expgrid 命令自由导入和输出；文件类型为".flac3d"，读者可以使用记事本、Edit 等文本编辑工具打开。下面以一个简单网格模型为例来说明其 FLAC 3D 网格的数据形式。

例 10-1 一个简单的网格模型。

n ; 开始一个新的分析

gen zone brick &p0 0 0 0 p1 1 0 0 p2 0 1 0 p3 0 0 1 size 1 1 1 group 1；定义网格点生成块形单元，隶属于组 1

gen zone brick &p0 1 0 0 p1 2 0 0 p2 1 1 0 p3 1 0 1 size 1 1 1 group 2；定义网格点生成块形单元，隶属于组 2

expgrid51. flac3d

运行上述命令后，程序会在命令所在文件夹内生成 51. flac3d 文件，即 FLAC 3D 的网格数据，内容如下：

```
* FLAC3D grid produced by FLAC3D
* GRIDPOINTS
G 1 0. 0000000E+000 0. 0000000E+000 0. 0000000E+000
G 2 1. 0000000E+000 0. 0000000E+000 0. 0000000E+000
G 3 0. 0000000E+000 1. 0000000E+000 0. 0000000E+000
G 4 0. 0000000E+000 0. 0000000E+000 1. 0000000E+000
G 5 1. 0000000E+000 0. 0000000E+000 0. 0000000E+000
G 6 0. 0000000E+000 0. 0000000E+000 1. 0000000E+000
G 7 1. 0000000E+000 0. 0000000E+000 1. 0000000E+000
G 8 1. 0000000E+000 1. 0000000E+000 1. 0000000E+000
```

G 9 2. 0000000E+000 0. 0000000E+000 0. 0000000E+000

G 10 2. 0000000E+000 1. 0000000E+000 0. 0000000E+000

G 11 2. 0000000E+000 0. 0000000E+000 1. 0000000E+000

G 12 2. 0000000E+000 1. 0000000E+000 1. 0000000E+000

* ZONES

Z B8 1 1 2 3 4 5 6 7 8

Z B8 2 2 9 5 7 10 8 11 12

* GROUPS

ZGROUP1

1

ZGROUP2

2

第一部分为网格点信息，格式为：网格点（gridpoint）、网格点序号、网格点坐标（x，y，z）；第二部分为单元信息，格式为：单元（zone）、单元类型（brick）、单元序号、组成单元的网格点拓扑信息（Brick 单元由 8 个网格点组成）；第三部分为模型分组信息，格式为：组（zGROUP）、组序号、组所包含的单元序号。本例中 B8 为 8 个网格点的 Brick 单元，除此之外，FLAC 3D 中常用网格的基本单元还有 W-wedge 单元、p5-pyramid 单元、T4-tetrahedral 单元；组成基本单元的各网格点在全局坐标系下按照特定顺序进行编号，即单元的拓扑信息。例 10.1 中所定义的网格模型如图 10-20 所示，读者可以检查 Brick 单元中网格点的拓扑关系，不难发现，全局坐标系下 8 个网格点的排布顺序与 10.1 节一致。

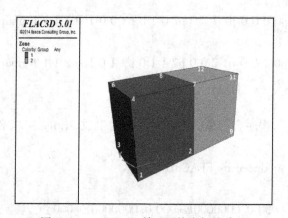

图 10-20　FLAC 3D 单元网格点拓扑关系

2. ANSYS 网格模型的导入

ANSYS 软件是美国 ANSYS 公司开发的大型通用有限元软件。由于 ANSYS 的应用较为成熟，很多专业绘图软件，如 Pro/E、UG、CATIA 以及 AutoCAD 等，都提供与 ANSYS 的对接，为用户建模提供了无限的选择空间。ANSYS 功能完备的前后处理器、强大的图形处理能力和得心应手的实用工具较好地弥补了 FLAC 3D 在前处理方面的不足，通过 ANSYS 模型的导入，读者可以很容易地实现复杂岩土问题的建模，大大缩短采用 FLAC 3D 进行数值问题分析的时间。本节将演示 AutoCAD 二维图形导入 ANSYS，然后在 ANSYS 中进行分网，最后将采集到的网格点和单元信息导入 FLAC 3D 的过程。

1）AutoCAD 图形与 ANSYS 的接入

将 AutoCAD 中的二维图形以".sat"文件格式输出，可直接导入 ANSYS 中去。本节以简单准三维边坡模型为例，分述 AutoCAD 中二维图形导入 ANSYS 中成模、分网、信息输出以及接入 FLAC 3D 的方法。

（1）建立几何模型。图 10-21 所示为 AutoCAD 中二维边坡图形，模型由边坡土体和基岩两种材料组成，基岩厚度为 5m，边坡高 25m，底部计算边界长 60m，坡顶宽 15m。

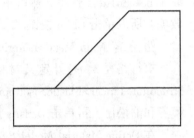

选择图形边界，生成面域。在 AutoCAD 主菜单中执行以下路径：主菜单>输出>其他格式>输入文件名.sat，选择所生成的两个面域后，即可将图 10-21 以".sat"文件的格式输出。

图 10-21　AutoCAD 图形

打开 ANSYS，主界面。执行路径：File > Import > *.SAT。

执行完毕后，二维图形便可导入 ANSYS 中。

接下来基于平面模型在 ANSYS 中采用拉伸（Extrude）的方法，构筑厚度为 5m 的准三维模型，操作如下：

路径 1：Main Menu>Proprocessor> Modeling>Operate>Extrude>Areas>Along Nonmal

执行路径 1，选取两个 Area（面域）中的任一个，在弹出的 Extrude Area by... 对话框中单击 Apply，弹出 Extrude Area along Normal 对话框，在 DIST 选项中输入 5，单击 OK 按钮；回到 Extrude Area by... 对话框，选取另一个 Area，单击 OK 按钮，重复该操作过程，即可完成准三维边坡模型的构筑，如图 10-22 所示。

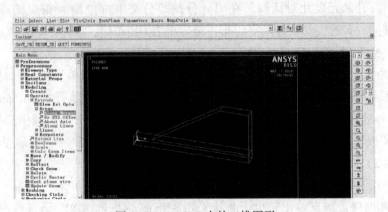

图 10-22　ANSYS 中的三维图形

（2）分网。建立几何模型后，即可进行网格划分。首先，需定义材料类型、实常数以及单元类型。

路径 1：Main Menu>Proproccssor> Element Type>Add/Edit/Delete。

执行路径 1，打开 Element Types 对话框，单击 Add，打开单元类型库对话框，选取 Solid45 单元，单击 OK 按钮后，最后单击 Element Types 对话框中的 Close 按钮，完成单元类型的定义。

路径 2：Main Menu>Proprocessor>Real Constants>Add/Edit/Delete。

执行路径 2，打开 Real constants 对话框，单击 Add 按钮，打开单元类型库对话框，选取 Type1 So1id45 选项，然后单击 OK 按钮，弹出对话框，由于实体 Solid45 单元没有实常数项，所以单击 Close 按钮。

路径 3：Main Menu>material Props>Material Models。

执行路径 3，打开定义材料本构模型对话框，依次执行 Material Models >Available>Structural>Linear>Elastic>Isotropic 选项，弹出线弹性材料模型对话框，按照提示输入弹性模量和泊松比，再单击 Density 选项，打开密度输入对话框，输入密度后单击 OK 按钮。

在 Define Material Model Behavior 对话框的 Material 下拉菜单中选取 New model 选项，打开定义材料编号对话框，接受默认编号"2"，单击 OK 按钮。继续执行 Material Models Available>Structural>Linear>Elastic>Isotropic 选项，按照提示输入弹性模量、泊松比和密度，这里采用的是基岩参数，弹性模量为 15GPa，泊松比为 0.3，密度为 2550kg/m^3，最后关闭定义材料本构模型对话框。

注意：由于分析过程通过 FLAC 3D 实现，所以 ANSYS 分网时采用的本构模型和参数并无实际意义，仅仅是用于区分不同材料而已，读者输入经验参数即可。

定义材料类型、实常数以及单元类型后，通过选择不同材料类别并设置分网的控制尺寸，对不同模型区域进行网格的剖分，如下所述：

路径 4：Main Menu>Meshing>Size Cntls>Manual size>Lines>Picked Lines。

执行路径 4，弹出以线来控制单元尺寸选取对话框，选取要分割的线，然后单击 Apply 按钮，打开单元尺寸对话框。在单元分割等分文本框中输入相应的等分数，然后 OK 按钮，直到所有的线都被分割完为止，最后单击 OK 按钮，如图 10-23 所示。

路径 5：Main Menu>Meshing>Mesh Attributes>Default attribs。

执行路径 5，弹出要划分的单元属性设置对话框，用鼠标在单元类型、材料和实常数中选取边坡模型单元(材料编号为 1)，然后单击 OK 按钮。依次执行 Main Menu>Meshing>Mesh>Volume>Map 选项，弹出划分单元选取对话框，用鼠标在图形区域里选择边坡区域，然后单击 OK 按钮。重复执行路经 5，在单元类型、材料和实常数中选取基岩模型单元(材料编号为 2)，单击 OK 按钮。生成如图 10-24 所示模型。

（3）网格点、单元以及组信息的输出。生成网格模型后，便可采用 Nlist、Elist 命令将模型的单元和网格点信息输出，也可直接采用 ANSYS 内嵌的 APDL 语言编写程序执行此过程。示例如下：

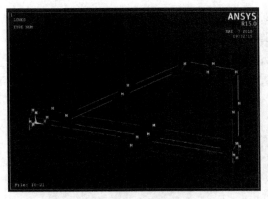

图 10-23　线分控制单元尺寸

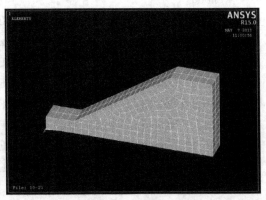

图 10-24　ANSYS 模型网格图

/PREP

＊MSG,ui

ANSYS TO FLAC3D!

NUMMRG,NODE,，，，LOW

NUMMRG,ELEM,，，，LOW

Nsel,all

Esel,all

Node_1 = 1

Node_2 = 2

Node_3 = 3

Node_4 = 4

Node_5 = 5

Node_6 = 6

Node_7 = 7

Node_8 = 8

ACLEAR,ALL　　! 删除面单元,只保留体单元

NUMCMP,ALL　　! 压缩节点号和单元号以及材料号

＊get,NodeNum,node,，NUM,MAX

＊get,EleNum,elem,，NUM,MAX

＊dim,Nodedata,array,NodeNum,3

＊dim,Eledata,array,EleNum,8

＊Dim,Elemat,array,EleNum,l,1

＊do,i,1,NodeNum

＊get,Nodedata(I,1),node,i,LOC,x

＊get,Nodedata(I,2),node,i,LOC,y

＊get,Nodedata(I,3),node,i,LOC,z

```
* cnddo
* vget,EleData(1,node_1),elem,1,NODE,node_1
* vget,EleData(1,node_2),elem,1,NODE,node_2
* vget,EleData(1,node_3),elem,1,NODE,node_3
* vget,EleData(1,node_4),elem,1,NODE,node_4
* vget,EleData(1,node_5),elem,1,NODE,node_5
* vget,EleData(1,node_6),elem,1,NODE,node_6
* vget,EleData(1,node_7),elem,1,NODE,node_7
* vget,EleData(1,node_8),elem,1,NODE,node_8
*vget,EleMat(1),ELEM,1,attR,MAT
```

! 写节点数据到文件,默认保存在 G 盘

```
* CFOPEN,01_nodc,dat,g:\
* vwrite,
(;The nodeinformation file from Ansys)
* Vwrite,nodenum
%i
* vwrite,scqu,NodeData(1,1),NodeData(1,2),Nodedata(1,3)
%I,%G,%G,%G
* cfclos
```

! 写单元数据到文件

```
* CFOPEN,02_ele,dat,g:\
* vwrite,
(';the element information file from ansys')
* vwrite,elenum
%i
* vwrite,sequ,eleData(1,1),EleData(1,2),EleData(1,3),eledata(1,4),EleData(1,5),EleData(1,6),eledata(1,7),eledata(1,8),elemat(1)
%I,%I,%I,%I,%I,%I,%I,%I,%I,%I
* cfclos
* MSG,ui
```

file is created in G:/

执行上述命令流后,程序会在 G 盘根目录下生成记录模型网格点信息和单元信息的文本文件 01_node. dat 和 02_ele. dat。

2)ANSYS 与 FLAC 3D 的接入

根据 FLAC 3D 文件的格式,将文本文件 01_node. dat 和 02_ele. dat 进行改造,读者可以自行编程实现, 思路如下:

读取 01_node. dat 文件, 网格点序号、网格点坐标不变,增加网格点标识(gridpoint);

读取 02_elc. dat 文件, 单元序号不变, 修改单元的拓扑关系, 按照 brick 单元各网格

点的指定排序关系对 02_ele. dat 进行列操作；

增加单元标识（zone）以及单元类型，判断单元网格点的序号，若无重复号，类型为 B8；

若有两对网格点重号，类型为 W6；若有四对网格点重号，类型为 T4；按照指定的排布顺序修改 W6 和 T4 单元的拓扑关系；

读取各单元的材料编号，并记录相同材料的单元序号；

新建文件，将上述信息写入。

注意：很多有限元软件计算将 W6 和 T4 单元视为 8 网格点单元，故在一个单元中网格点可以具有相同的序号，而 FLAC 3D 中则不支持，如某个单元含有相应编号的网格点，读入时系统将提示错误。

至此，AutoCAD-ANSYS-FLAC 3D 的基本建模过程已经介绍完毕，上述方法比较适宜于没有较多三维建模经验的读者。此外，对于较复杂的真三维模型，没有较多 ANSYS 使用经验的读者可以直接利用 AutoCAD 的真三维建模功能，将模型以"sat"文件的形式输出，利用 ANSYS 分网后直接与 FLAC 3D 接入。

10.2.3 FLAC 的单元类型

采用不同的结构材料对岩土体进行加固，是岩土工程分析设计中最重要的内容之一，结构材料形式各异、性质各不相同，它们与岩土体的相互作用机理相当复杂。FLAC 拥有功能强大的结构单元模型，这也是 FLAC 在进行岩土力学与土木工程分析优于某些通用有限元分析软件的重要原因。FLAC 的结构单元包括：梁（beam）单元、锚索（cable）单元、桩（pile）单元、岩石锚杆（rockbolt）单元、二维条形锚（strip）单元、二维支撑（support）单元、衬砌（liner）单元、土工格栅（geogrid）单元、三维壳体（shell）单元等。本节仅对岩土工程常用的梁（beam）单元、衬砌（liner）单元、岩石锚杆（rockbolt）单元、锚索（cable）单元和桩（pile）单元的特性进行介绍，其他更多单元的特性请参考相关专业书籍。

1. 梁单元

FLAC 中的梁（beam）是具有两个端点的标准的二维梁单元，如图 10-25 所示。每个端点具有 3 个自由度（两个线位移，一个角位移）。定义梁单元包括材料和几何特性两个方面，而且假定材料和几何特性在每个单元都没有变化。一般地，假定梁为轴向拉压破坏极限的线弹性材料。如果需要还可以指定最大弯矩（塑性矩）。梁单元具有对称的截面，面积为 A，长度为 L，还有截面惯性矩 I，这些都是基于 a，b 端点定义的。

梁单元节点的运动与网格点的运动类似，附着在网格点上的梁单元节点将轴向及剪切力传递到网格点并随着所附网格点移动。弯矩在梁内附着点向网格传播（假定梁单元节点在黏附点处不是铰接）。但是，附着在网格点上的梁单元节点在梁网连接处都是铰接的，并不能将结构弯矩传递给网格点。

在 FLAC 中使用的梁单元需要输入以下参数：

（1）横截面积；

（2）弹性模量；

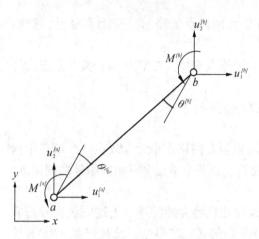

图 10-25　BEAM 单元

（3）截面的二次矩（也就是通常所说的惯性矩）；

（4）塑性矩（可选的，除非特别说明，假设力矩承载能力是足够大的）；

（5）密度（可选的，用于动力学分析和考虑重力荷载）；

（6）热膨胀系数（可选的，用于热力学分析）；

（7）轴向抗拉强度峰值；

（8）轴向抗拉强度残值；

（9）轴向抗拉强度；

（10）列间距。

对于梁单元来说，可以给出矩形单元横截面的高度和宽度（或者是圆形截面的半径），而不是直接给出面积和惯性矩，面积和惯性矩可以自动计算出来。

梁单元的参数可以通过简单计算或者查询手册得到。比如，典型的结构钢筋的杨氏模量为 200GPa，泊松比为 0.3。对于混凝土来说，典型的杨氏模量的值只在 25~35GPa 之间，泊松比在 0.15~0.2 之间，质量密度是 2100~2400kg/m³ 之间。对于复合材料，如钢筋混凝土，应该根据变换式给出。需注意的是，梁单元的公式是一个平面应力公式。如果梁单元是表示在垂直于所分析的平面的方向上是一个连续的结构（如混凝土的隧道衬砌），那么对于杨氏模量的数值 E 应该除以 $1-\mu^2$。以适用于平面应变问题。

2. 衬砌单元

FLAC 和 FLAC 3D 提供了二维和三维衬砌结构单元。衬砌结构单元 LinerSEL 的力学特性可以分为衬砌材料本身对结构的响应和衬砌与 FLAC 3D 网格的相互作用。衬砌是可抵抗表面荷载和弯曲荷载的壳体单元。实际的衬砌可视为粘结在网格表面上多个衬砌单元的集合，LinerSEL 除提供壳体结构的力学特性之外，还考虑了衬砌剪切方向（衬砌结构表面的切平面）的摩擦力与 FLAC 3D 网格间的相互作用，并可施加法向压力和拉力，衬砌结构可在围岩网格中自由破坏。LinerSEL 衬砌用来模拟法线方向上的拉伸或压缩作用，以及衬砌与围岩介质在剪切方向的摩擦力作用等，如喷射混凝土衬砌的隧道和挡土墙。

衬砌是被黏附在 FLAC 3D 的网格表面之上的，应力包括法向应力和剪切应力，与衬砌自身的应力平衡。衬砌-围岩界面的力学行为在每个节点由具有一定拉伸强度的法向弹簧和切向滑块-弹簧模拟。弹簧滑移方向的改变与衬砌-围岩间的剪切位移 u_s 相关。

衬砌单元界面的法向效应与法向连接弹簧参数。单位面积上的刚度 k_n 和拉伸强度 f_t 相关。衬砌围岩面的剪切强度本质上是由黏聚力和摩擦力决定的，是由剪切连接弹簧参数单元面积刚度 k_s 和黏聚力 c，残余黏结力 C_r，摩擦角 φ 以及界面的法向应力 σ_n 确定的。如果衬砌是由拉应力破坏，那么有效黏聚力从 c 降低到 C_r，而且拉伸强度变成零。

在计算衬砌-围岩界面的相对位移时，基于节点连接处计算区域的位移场，采用插值法计算网格的位移。插值法是通过到单元网格点的距离取加权系数实现的，采用同样的插值方法将衬砌围岩界面上产生的力反算到网格点。在计算网格采用大应变模式时，衬砌可以通过插值点位置在网格内移动来模拟大应变滑移。这就允许用户通过衬砌节点和围岩之间的滑移进行大应变计算和衬砌破坏后的行为模拟。在每个衬砌节点和区域表面的连接将被删除，但是，如果节点后来又恢复了与围岩表面的接触，那么连接将重新建立。

每个衬砌单元有如下 12 个特性参数：

(1)Density：质量密度 ρ(可选项，动力学模型或者考虑重力时)$[M/L^3]$；

(2)材料参数杨氏模量 $E[F/L^2]$ 和泊松比 μ。

(3)热膨胀系数 $\alpha[1/T]$。

(4)厚度 $t[L]$。

(5)cs_nuct：法向连接弹簧的拉伸强度(应力单位)$f_t[F/L^2]$。

(6)c_snk：法向连接弹簧的单位面积上的刚度 $k_n[F/L^2]$。

(7)cs_scoh：切向连接弹簧的黏聚力，应力单位 $c[F/L^2]$。

(8)cs_sfric：切向连接弹簧的残余应力 $c_r[F/L^2]$。

(9)cs_sfric：切向连接弹簧的摩擦角 φ。

(10)cs_sk：切向连接弹簧每单位面积的刚度 $k_s[F/L^3]$。

(11)slide：大应变滑移标记，默认为关。

(12)slide tol：允许的大应变滑移值。

材料的组成特性可能是各向同性的，也可能是正交各向异性的，因此必须分别指出。衬砌和网格接触面的法向和剪切效应由 6 个连续弹簧的特性参数控制，它们可分为强度$(f_t，c，c_r，\varphi)$和刚度$(k_n，k_s)$两种参数，选择适当的强度参数比较容易，而选择适当的刚度参数则相对更复杂一些。

通常，希望衬砌接触面区域的刚度比周围材料大，但是在预期荷载作用下则可能发生滑移或张开。在这种情况下，需要为衬砌单元提供一种滑移或者是接触面域内张开的模式。虽然强度参数很重要，但弹性刚度却不怎么重要。推荐使用与最小接触面变形相一致的最低刚度，经验方法就是设置 k_n 和 k_s 值为邻域刚度的计算值。

3. 锚杆单元

岩石锚杆单元是基于桩单元模型建立的，并考虑了轴向、弯曲效应。在法向和切向与岩土介质网格的连接都是经过连接弹簧连接的。岩石锚杆的模型用来分析非线性围压影响、水泥浆或者树脂黏结、拉力破裂特性等。岩石锚杆的其他特性。

(1)岩石锚杆单元轴向在拉伸或压缩应力下达到屈服状态。

(2)可以基于用户自定义的拉应变破坏极限(tfstrain)来模拟岩石锚杆的破坏情况。如果应变超过了极限 tfstrain，那么该岩石锚杆段的力和弯矩都置于零，并且认为岩石锚杆已经破坏。

(3)作用在岩石锚杆的有效侧限应力(杆体围压)是根据安装后的应力变化计算得到

的，而对于桩单元，有效侧限应力的计算是基于桩单元周围区域当前应力确定的。

(4)用户可通过自定义表格(cs_cftable)给出参数修正有效侧限应力。

(5)用户可通过自定义表格 cs_sctable 和 cs_sftable 来确定切向连接弹簧的黏聚力和摩擦角参数与剪切位移的软化函数。

在 FLAC 中岩石锚杆单元需要输入下列参数：

(1)岩石锚杆的横截面积$[L^2]$；

(2)岩石锚杆的截面的惯性矩$[L^4]$；

(3)岩石锚杆的密度(质量/体积，可选项，动力分析和考虑重力荷载情况下)；

(4)岩石锚杆的弹性模量$[应力]$；

(5)间距$[L]$(可选项)；

(6)塑性矩$[力/长度]$；

(7)岩石锚杆的拉力屈服强度$[应力]$；

(8)岩石锚杆的压力屈服强度$[应力]$；

(9)岩石锚杆的拉应变破坏极限；

(10)岩石锚杆的粘结段净长$[L]$；

(11)剪切连接弹簧刚度$[力/岩石锚杆的长度/位移]$；

(12)剪切连接弹簧的黏聚力强度$[力/岩石锚杆的长度]$；

(13)剪切连接弹簧的摩擦系数$[度]$；

(14)剪切连接弹簧与相对剪切位移相关的黏聚力的表格数；

(15)剪切连接弹簧与相对剪切位移相关的摩擦角的表格数；

(16)与偏应力相关的侧限应力系数的表格数；

(17)法向连接弹簧的刚度$[力/岩石锚杆长度/位移]$；

(18)法向连接弹簧的粘聚力(和拉力)强度$[力/岩石锚杆长度]$；

(19)法向连接弹簧的摩擦系数$[度]$。

岩石锚杆单元的半径可以用来代替横截面积，并通过半径可自动求出横截面积和惯性矩。岩石锚杆单元参数的确定与梁单元的方式很类似。用户可限定岩石锚杆节点的塑性矩和塑性铰，与塑性铰相关的软化系数也可由用户定义。

4. 锚索单元

在 FLAC 中锚索单元需要输入如下参数：

(1)锚索的横截面积；

(2)锚索的密度(可选的，用于动力学分析和考虑重力荷载)；

(3)锚索的弹性模量；

(4)锚索的拉伸屈服(力)强度；

(5)锚索的压缩屈服(力)强度；

(6)锚索的外周长；

(7)水泥浆的刚度(力/锚索长度/位移)；

(8)水泥浆的黏聚力；

(9)水泥浆的摩擦阻力;

(10)热膨胀系数(可选的,用于热分析中);

(11)列间距。

也可以列出锚索的半径,而不是面积,这样可以通过计算自动得到锚索的横截面积。如果要考虑水泥浆的摩擦阻力,那么必须单独给出锚索的周长。

岩石中的锚索和锚杆在功能上有两点不同:

一是,低应力场中坚硬岩石的破坏经常是局部化的,多发生在与岩石开挖直接相连的岩石楔形体中。这时锚杆加固岩石边坡的效果在于提高节理面的局部剪切抗力以阻止楔形体位移。在 FLAC 中,可用具有柔性刚度和岩石锚杆单元来模拟这类锚杆行为。

二是,如果弯曲的影响不是很重要,锚索单元就足以模拟锚杆,因为这些锚索单元可以用水泥浆和锚索或者水泥浆和围岩介质之间所提供的黏结剪切抗力来模拟沿着锚杆长度的剪切抗力。在 FLAC 的锚索单元公式推导中,不仅考虑了对局部加固的影响,也考虑了主要沿着全长抵抗变形的作用。

5. 桩单元

在 FLAC 中,桩单元结合了梁单元和锚索单元的特性。桩单元是在每个节点处具有 3 个自由度(2 个位移、1 个转动)的二维单元。一段桩单元是被当作一种没有轴向屈服的线弹性材料,就如梁单元一样,可以指定塑性弯矩和铰接条件。

桩单元在 FLAC 网格中的相互作用是通过剪切和法向的连接弹簧实现的。这种连接弹簧是非线性节点,通过它在桩单元节点和寄宿域网格点之间传递力和运动。剪切连接弹簧的特性与水泥浆的剪切特性的表述很相似。法向连接弹簧的特性包括模拟反向载荷以及在桩和岩土介质网格之间形成的间隙。法向连接弹簧基本上是用来模拟桩周介质对桩的挤压效果,法向的连接弹簧的力-位移法则也可以用外部的 FISH 函数定义。

连接弹簧和 FLAC 中桩单元的关系与 *P-y* 曲线所示载荷-位移关系很类似。但是 *P-y* 曲线试图去模拟分析桩和整体岩土介质间的相互作用。FLAC 的连接弹簧也可以模拟连续墙和介质接触的影响。在这种情况下,建议使用两边带有界面单元的梁单元,因为界面能较好地模拟墙和岩土的分离效应,例如可以这样模拟地下连续墙。

在 FLAC 中,桩单元需要输入以下参数:

(1)桩的横截面积;

(2)桩的截面惯性矩(通常指力矩);

(3)桩的密度(可选项,用于动态分析和重力荷载分析);

(4)桩的弹性模量;

(5)塑性矩(可选项,除非特别说明,可假定塑性矩是足够大的);

(6)桩的外周长(如桩的表面与岩土交界面的周长);

(7)切线耦合弹簧的刚度;

(8)切向耦合弹簧的粘聚强度;

(9)切向耦合弹簧的摩擦阻力;

(10)法向耦合弹簧的刚度;

（11）法向耦合弹簧的黏聚（及抗拉）强度；

（12）法向耦合弹簧的摩擦阻力；

（13）在桩和岩土交界面之间的法向间隙；

（14）列间距。

可以指定桩单元截面的高度和宽度（如果是圆截面则用半径）值来代替面积和惯性矩，面积和惯性矩也可由计算得出。确定桩单元参数和梁单元的方式很类似。桩单元的外部周长和连接弹簧参数的选择应满足桩单元-岩土交界面的接触强度相当，才能进行分析。

桩和岩土共同作用的机理取决于桩是预制的还是现浇。共同作用可用沿桩长的剪切抗力描述。主要承载力由沿桩轴向方向岩上的摩擦或黏结力提供，现浇端承载桩主要通过桩端附近的岩土作为它的主要支撑。

在多数情况下，有关描述桩和岩土共同作用的具体参数不容易取得，但现场岩土性质通常可以通过现场或实验室测试取得。桩和岩土的剪切力能从岩土的参数中估算。如果认为桩-岩土的破坏是发生在岩土中，那么认为 cs_sfric 和 cs_scoh 的值与岩土的内摩擦角（cs_sfric）和岩土黏聚力乘以桩的周长（cs_scoh）有关。如果破坏发生在桩-岩土的接触面，应减少 s_sfric 和 cs_scoh 值来反映桩表面的光滑性。

当对桩施加了侧向荷载，桩和介质之间会产生一个间隙。如果荷载反向，桩在反向对岩土加载前需要把这个间隙先合起来。这个间隙的总数值是一个累积的量。参数 cs_ngap 可以具体指出这个间隙有多大，如果 cs ngap＝0，则可完全忽略这个间隙，这样这个桩总是被认为是与介质接触的，而如果 cs ngap>0，则桩在对岩土能够加载前需要把这个间隙合起来。

10.3　FLAC 3D 在基坑工程中的应用

城市建设的高速发展带来了大量的深基坑工程，这些深基坑通常位于闹市区，基坑周边往往建筑物密集、管线繁多、地铁车站密布、地铁区间隧道纵横交错，这种复杂环境条件下的深基坑工程，基坑变形与环境控制往往是基坑设计施工的关键。数值模拟可有效建立基坑支护结构与土体及周边环境的协同作用模型，考虑真实施工过程的基坑工程数值模拟可为基坑变形预测和基坑施工方案优化提供技术支持。基于三维显式差分算法的 FLAC 3D 在进行大规律弹塑性接触问题分析时，具有常规有限元方法无法比拟的优越性，但 FLAC 3D 基于命令输入的建模方式难以为工程技术人员接受，也造成了工程人员在建立复杂计算模型时费时费力且不直观，从而影响了 FLAC 3D 在基坑工程中的推广应用。本节介绍 FLAC 3D 计算模型的建立方法及基坑数值模拟的技术问题，并通过应用实例说明 FLAC 3D 在基坑工程数值模拟中的应用。

10.3.1　FLAC 3D 基坑模拟基本方法

首先来了解一下基坑模型的基本思路以及在数值仿真中的关键问题。

1. 模型尺寸与边界条件

对平面几何形状规则的长条形基坑，可将基坑模型简化为二维平面应变问题进行分析，而平面几何形状不规则的复杂基坑，应采用考虑基坑周边既有结构的三维空间模型进行分析。当基坑围护结构、支撑结构、土层条件和施工工况等对称时，可考虑模拟的对称性，平面模型可取 1/2 进行分析，三维模型可取 1/2 或 1/4 进行分析，此时对称面应采用对称边界条件。如上述条件有一项不对称，则应采用整体模型进行分析。

计算模型的尺寸大小应根据基坑及其周边环境条件共同确定，软土地区深基坑的三维数值计算及现场监测结果表明：软土地区由基坑开挖引起的地面沉降的影响范围一般不超过 5 倍开挖深度，且地面沉降影响范围同时受到基坑平面规模和基坑长宽比的影响。基坑平面规模越大，沉降影响范围也越大；基坑长宽比越大，长边坑外沉降影响范围也越大。当基坑邻近重要的建筑物、地下市政管线、地铁隧道、高架基础等保护对象时，计算模型也应考虑保护对象的存在对变形的影响。计算模型边界条件的确定一般采用以下方式：地表面边界为自由边界，底部约束竖向位移或采用固端约束，模型竖向截断边界仅约束法向水平位移。

2. 初始边界条件

初始应力条件的确定是数值模拟分析的关键一步，初始地应力场是基坑即将开挖时的地应力场。初始地应力场是基坑弹塑性计算的基础，基坑开挖各阶段的计算都是在此基础上进行的，应根据不同的问题采用不同的手段进行初始地应力场的确定。当地表水平且所有土层和水位与地表平行时，可采用 K_0 系数法确定初始地应力场，而非水平土层分析情况下，则需要采用施加重力场方法确定初始地应力。

计算模型在考虑基坑周边保护对象（既有结构）在内时，保护对象的结构特性和重力是必须考虑的因素。对邻近地面建（构）筑物而言，应考虑建（构）筑物上部荷载、结构和基础刚度对初始地应力的影响；对邻近隧道或地下管线而言，应考虑隧道开挖部分的卸载效应和隧道自身刚度的影响。当基坑周边存在既有结构物时，一般是先模拟这些结构的施工过程，得到其应力场，并将其位移场置零，将此时的应力场作为基坑分析的初始状态。

3. 本构关系选择

土体是一类复杂的天然工程材料，具有复杂的变形特性：土体是多相体，即使最一般的工程条件下也是二相饱和介质，其力学性质受地下水的影响；土体的变形具有高度的非线性和非弹性，又存在塑性体应变和剪胀性；土体的变形依赖于应力路径和应力历史；土体自身具有各向异性及变形的时间相关性等。

由于土体本构模型是岩土工程数值分析的关键，又因为土体变形行为的复杂性，数百年来，人们已经提出了数百种土体本构模型，而每一种本构模型仅代表了岩土类材料特定状态下的变形行为。因此，每种本构模型均有其局限性及特定的适用范围。对于特定的工程分析，在选取土体的本构模型时，需考虑以下两个因素：①土体已知的材料特性；②模型分析的应用条件。表 10-3 列举了岩土工程分析中 FLAC 3D 常用本构模型的特点及应用范围。

表 10-3 　　　　　　　　　　　　**FLAC 3D 常用岩土本构模型**

本构模型	代表性材料	应用示例
空模型	挖空体	孔洞、开挖、后续填土区域
各向同性线弹性模型	线性应力-应变关系的均质、各向同性线弹性体	强度界限以下的人造材料(如钢材)、安全系数分析
正交线弹性模型	具有三个相互垂直的弹性对称面	强度界限以下的柱状玄武岩
横观各向同性弹性模型	弹性各向异性的叠层材料(如板岩)	强度界限以下的叠层材料
Drucker-Prager 模型	极限分析、低摩擦角软黏土	隐式有限元分析与显式拉格朗日分析常用的结果对比模型
Mohr-Coulomb 模型	松散或胶结的颗粒状材料、土体、岩石、混凝土	一般岩土力学分析(如边坡稳定、地下开挖等)
应变硬化/软化 Mohr-Coulomb 模型	具有硬化/软化特性的颗粒状材料	后破坏研究(如渐进塌落分析、屈服矿柱、冒顶等)
Ubiquitous-joint 模型	强度各向异性的叠层材料(如板岩)	紧密层状地层中的开挖
双线性应变硬化/软化 Ubiquitous-joint 模型	非线性硬化或软化叠层材料	叠层材料的后破坏研究
Double-Yield 模型	压力作用下引起永久体积减小的轻胶结颗粒状材料	—
Modified Cam-clay 模型	变形和抗剪强度为体积变形函数的材料	黏土中的岩土工程施工分析
Hoek-Brown 模型	各向同性岩石材料	岩土中的施工分析

　　本节给出了基坑分析中土体本构模型选用建议，如表 10-4 所示，可作为基坑分析时选择本构模型的参考。

表 10-4 　　　　　　　　　　**基坑分析中土体本构模型中选用建议**

本构模型的类型		不适用	适用于初步分析	适用于较精确分析	适用于高级分析
弹性模型	弹性模型	✓			
	横观各向同性弹性模型	✓			
	Ducan-Chang 模型		✓		

本构模型的类型		不适用	适用于初步分析	适用于较精确分析	适用于高级分析
弹性-理想塑性模型	Tresca 模型		✓		
	Mohr-coulomb 模型		✓		
	Drucker-Prager 模型		✓		
化模型	Modified Cam-clay 模型			✓	
	Harding Soil 模型			✓	
小应变模型	Bricks on string 模型				✓
	Harding Soil with small-strain stiffness 模型				✓
	MIT-E3 模型				✓

10.3.2 基坑支护模拟

基坑支护结构一般由具有挡土、止水功能的围护结构和维护围护结构平衡的支锚体系两部分组成，支锚体系是指内支撑体系或锚杆体系。深基坑一般采用内部支护方案，坑外拉锚方案使用较少，在此不进行讨论。本节结合 FLAC 3D 软件，介绍基坑支护结构的模拟技术。FLAC 3D 提供了 6 种支护结构单元：梁(beam)单元、索(cable)单元、桩(pile)单元、壳(shell)单元、土工格栅(geogrid)单元和衬砌(liner)单元。

1. 地下连续墙的模拟

FLAC 3D 中，可采用两种方法模拟地下连续墙：①地下连续墙采用实体单元模拟，而墙与土体之间的相互作用则采用在墙侧面和墙底面设置接触面(interface)来实现。这种方法的优点是物理模型清晰，参数相对较少且易确定。缺点是建模复杂，随着模型中实体单元数量的增加，接触面的数量也在增加，计算不易收敛，从而降低了模型的计算效率；墙体反应的后处理也较复杂，无法直接提取所需的结果，需将应力计算结果转换为内力结果，如轴力、剪力和弯矩等；②地下连续墙采用衬砌(liner)单元模拟，而墙体与土体之间的相互作用则通过衬砌单元节点上的法向和切向连接耦合弹簧来实现。这种方法建模方便(墙简化为平面三角形单元的集合，不需要进行实体建模)，后处理相对方便，计算结果信息较为丰富。

Tsui(1974 年)研究认为，在地下连续墙的厚度方向至少要划分为 2 排实体单元才能模拟墙体的弯矩；Hashash(1992 年)采用 2 排 8 节点实体单元模型平面开挖，可较好地反映墙体的弯矩。当采用实体单元模拟地下连续墙时，基坑开挖过程中，墙内侧面会受到坑内土体对墙体产生的向上的摩擦力，而墙外侧面会受到坑外土体对墙体产生的向下的摩擦力，从而对墙截面中性轴产生附加弯矩。而采用壳体单元来模拟地下连续墙时，壳体的材料参数中可考虑墙的厚度，但在实际计算模型中墙是作为无厚度单元来处理的，因而墙内外土体对墙体产生的摩擦力对墙体不会产生附加弯矩。根据 Zdravdovic(2005 年)对平面开挖基坑的研究，发现分别采用实体单元和采用梁单元(板单元在二维空间退化为梁)所产生的墙体位移差别在 4% 以内，说明二者的差别可以忽略。

因此，地下连续墙建议采用衬砌(liner)单元来模拟。衬砌单元是可承受表面荷载和弯曲荷载的壳体单元。实际的墙体可视为粘结在实体网格表面上多个衬砌单元的集合。衬砌单元除提供壳体结构的力学特性之外，还考虑了衬砌单元切向(衬砌单元的切平面)与实体网格间的摩擦作用，并可承受法向的压力和拉力，同时衬砌单元可在周围介质网格中自由破坏。衬砌单元可用来模拟法向拉伸或压缩作用，及衬砌单元与周围介质在切向的摩擦作用，因此适合于模拟隧道开挖中的衬砌支护及基坑开挖中的围护结构。

2. 钻孔灌注桩的模拟

钻孔灌注桩围护结构虽然由单根桩组成，但它的受力形式与地下连续墙相近。因此可以通过抗弯刚度相等的原则，将钻孔灌注桩围护结构折算成一定厚度的地下连续墙。

设钻孔灌注桩的直径为 D，桩的净距为 t，则单根桩等价为单位长度的地下连续墙，通过抗弯刚度相等原则 $(D+t)h^3/12 = \pi D^4/64$，可得等价后的地下连续墙的折算厚度 $h = 0.838D\sqrt[3]{1/(1+t/D)}$。

3. 水平板支撑的模拟

由于实际工程中水平梁板构件布置的复杂性，常按刚度等效原则将水平梁板简化为壳(shell)单元来模拟。与衬砌单元相似，壳单元也可承受表面荷载和弯曲荷载。实际的水平梁板支撑可视为多个壳单元的集合。FLAC 3D 中的壳单元是一系列由三节点等厚度三角形单元组成，空间任意曲面的结构壳可模拟成一系列三角形壳单元。每个壳单元特性可以为各向同性或正交各向异性，默认情况下为无破坏界限的线弹性材料。可以通过在各壳单元之间加入塑性铰线来模拟壳单元的塑性破坏，也可通过人工设置各壳单元节点间的连接条件来模拟更加复杂的破坏条件。由于壳单元是基于薄壳理论，因此壳单元适用于模拟由横向剪切变形引起的位移能被忽略的薄壳类结构。对于厚壳结构，建议采用实体单元来模拟。

4. 水平梁支撑的模拟

常规基坑开挖过程中，常需要在适当位置对围护结构进行临时钢支撑或混凝土支撑支护。软土地区基坑工程的内支撑系统通常采用混凝土支撑或钢支撑。混凝土支撑系统的平面布置形式多种多样，既可正交布置，也可呈桁架形式布置，适用于平面形状较为复杂的基坑，并且首道支撑可兼作施工栈桥。钢支撑通常采用钢管支撑或型钢支撑，平面多呈正交布置。

钢管支撑采用一定直径和壁厚的钢管(软土地区深基坑常采用 $\phi 609\text{mm} \times 16\text{mm}$ 钢管)，进行适当间距的布置，节间和端头设法兰，端部设活络头施加预应力；混凝土支撑常采用满足一定截面尺寸和强度的现浇混凝土梁进行布置，混凝土支撑的整体刚度一般优于钢支撑，但其存在自重大、难以施加预应力的缺点，且拆除比较困难；围护结构上设钢或混凝土围檩和压顶梁，如采用钢围檩时可采用工字钢，用角钢三角托架托在围护结构上，钢管支撑端部支撑在钢围檩上；三角托架采用膨胀螺栓锚或围护结构的预留钢筋固定在墙体上。待地下结构满足一定强度和刚度条件时，对这些临时支撑进行分段分批拆除或爆破。

计算分析中，临时水平杆支撑建议采用梁（beam）单元模拟。梁单元是通过它的几何形状和材料性质定义的。一般情况下，梁单元是各向同性的线弹性材料，而且没有破坏极限，但如果分析需要，也可以通过塑性铰来指定其最大弯矩（塑性矩）。

5. 桩的模拟

桩埋置于地下，其周围介质不仅作为荷载作用于桩上，而且还约束着桩的移动和变形，由于桩和土体两者材料性质相差很远，在一定的受力条件下有可能在其接触面上产生错动滑移或脱离，这时便需要设置接触面单元。

FLAC 3D 程序中，可采用两种方法模拟工程桩：①桩采用实体单元模拟，而桩与土体之间的相互作用则采用在桩侧和桩底设置接触面（interface）的方法来实现，其接触面理论基于库仑摩擦模型。这种方法的优点是物理模型清晰，参数相对较少且易确定。缺点是建模复杂，随着模型中基桩数量的增加，接触面的数量也在增加，计算不易收敛，从而降低了模型的计算效率；桩基反应的后处理也较复杂，无法直接提取所需的结果，需将应力计算结果转换为内力结果如轴力、弯矩等。②桩采用桩（pile）单元模拟，而桩与土体之间的相互作用则通过桩单元节点上的法向和切向连接弹簧来实现。这种方法建模方便（桩简化为线单元的集合，不需要进行实体建模），后处理相对方便，计算结果信息较为丰富。

基于方法二的优点，计算分析中建议采用桩单元来模拟工程桩。桩单元被看作一种没有轴向屈服的线弹性材料，通过它的几何形状、材料和耦合弹簧的性质进行定义。桩单元除了具有梁单元性质（包括可以指定塑性弯矩和铰接条件）以外，在桩单元节点与周围土体网格之间还会产生法向（垂直于桩轴线）和切向（平行于桩轴线）的相互摩擦作用。而且，除了摩擦效应，端承效应也可以模拟。

桩单元与实体模型网格之间的相互作用（桩-土相互作用）是通过法向和切向的耦合弹簧实现的。

10.3.3 模拟步骤及收敛判据

基坑分步开挖与支护实际上是一个连续施工的过程，但现有基坑工程数值模拟方法均是通过一系列的独立计算步骤来考虑基坑的分步施工，即通过"杀死"和"激活"相应计算单元来考虑土体开挖与支护结构的作用。首先，根据基坑设计方案的几何信息建立计算模型，考虑模型的边界条件划分计算模型网格，网格划分后对土体单元和结构单元赋予相应本构模型和相应模型参数。然后，通过计算循环达到模型的初始地应力平衡。考虑基坑周边建（构）筑物刚度和自重影响时初始地应力平衡计算会引起相应变形，但这部分基坑变形在后续计算中一般不考虑，故模型初始地应力平衡后应将模型位移置零并作为后续分析的初始状态。FLAC 3D 中土体开挖是通过"空单元"来实现，基坑开挖过程中不发挥刚度作用的结构单元被"杀死"，即其刚度为实际刚度乘以一个接近零的系数，结构发挥作用时才被"激活"，即恢复其实际刚度。

就前面讨论的基坑支护结构与土体的接触问题，尽管 FLAC 3D 进行大规模复杂基坑模型的计算不存在收敛性困难的问题，但显式算法在具体计算过程也需注意对计算结果精度的把握。FLAC 3D 采用模型的最大不平衡力来刻画计算的收敛过程，如系统的最大不平衡力随着计算时步的增加逐渐趋于极小值，则计算是稳定和收敛的，否则计算就是不稳定的。但关于最大不平衡力极小值的确定，是分析人员必须把握的问题，默认情况下系统最大不平衡力比为 10^{-5}，对于考虑接触的大规模弹塑模型计算，一般需要大量的计算循环才能达到此极小值。对于基坑分步开挖模拟而言，如果要求每个开挖中间步计算的最大不平衡力都达到此极小值，显然从计算成本上讲是不经济的。本书对实际参与的软土地区几个代表性基坑工程的数值模拟发现，通过人为控制基坑每个开挖步的计算循环数，一般也能达到较好的精度，同时又满足计算成本的要求，建议的基坑开挖中间计算循环数为3000，最后计算步的循环数可适当增加。

10.3.4　应用实例

1. 计算模型及参数

基本分析模型中以一地铁车站基坑为研究对象，基坑平面尺寸为 200m×20m，考虑模型的对称性后取 1/4 模型进行计算。基坑最大开挖深度为 20m，分 7 步开挖。软土地区深基坑的三维数值计算及现场监测结果均表明：软土地区由基坑开挖引起的地面沉降的影响范围一般不超过 5 倍开挖深度，且地面沉降影响范围同时受到基坑平面规模和基坑长宽比的影响。基坑平面规模越大沉降影响范围也越大；基坑长宽比越大，长边基坑外侧沉降影响范围也越大。基本分析模型中基坑长边截断边界距坑边的距离取为 5 倍基坑最终开挖深度，1/4 计算模型的基坑平面尺寸为 100m×10m，1/4 模型总平面尺寸为 200m×110m。

计算模型的下截断边界也是计算分析中需要考虑的因素。本书相关计算分析中发现模型下截断边界对模型的影响要远小于垂直截断边界的影响，一般可取下截断边界至坑底的距离为最终开挖深度的 3~4 倍，本模型中下截断边界至坑底的距离取为 3 倍开挖深度即60m。考虑基坑开挖深度 20m 后，1/4 计算模型的深度方向尺寸为 80m。因此，1/4 计算模型的三维尺寸为 200m×110m×80m，如图 10-26 所示。

计算模型外边界 $x=20m$ 和 $y=110m$ 两个垂直面仅约束边界面法向位移，平面内无约束；模型底部 $z=-80m$ 水平边界采用固定约束；$x=0m$ 和 $y=0m$ 两个对称边界采用对称边界约束条件，如 $x=0m$ 的垂直边界约束 x 向平动自由度，y、z 向的转动自由度，而 x 向转动自由度、y 向及 z 向的平动自由度无约束；$z=0m$ 水平地表面为自由面。

土体采用 8 节点六面体(brick)单元模拟。基本计算模型中不考虑土体的分层以及基坑降水的影响，采用总应力法计算，相应的土体计算参数采用总应力指标。土体本构模型采用基于有效应力分析，并可反映土体硬化特性的修正剑桥模型，由于不考虑地下水作用(孔压为零)，球应力 $p'=p$，而偏应力在任何情况下均满足 $q'=q$。FLAC 3D 中修正剑桥模型共有 10 个模型参数，其中有些参数不需指定，程序会自动确定。土体重度 $\gamma=18kN/m^3$，孔隙比 $e=1.2$，侧压力系数 $K_0=0.5$，其他参数如表 10-5 所示。

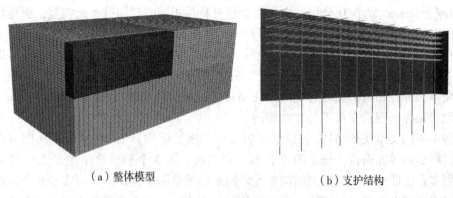

（a）整体模型　　　　　　　　　　　　（b）支护结构

图 10-26　计算模型网格

表 10-5　　　　　　　　　　　　土体本构模型参数

参数	K_{max} (MPa)	ν_0	k	λ	M	P'_{ce} (MPa)	p_1 (kPa)	ν_λ	μ	G (MPa)
值	4.000	自动确定	0.01	0.14	1.2	子程序计算	1	2.68	0.35	自动确定

表 10-5 中，k_{max} 为土体体积模量弹性上界，G 为土体剪切模量，这两个参数在模型中用于质量缩放计算，以保证数值计算的稳定性，λ 为 $v\text{-}\ln p'$ 平面内正常固结线（NCL）的斜率，K 为 $v\text{-}\ln p'$ 平面内回弹线的斜率，v_λ 为正常固结线在单位压力下（$p_1 = 1\text{kPa}$）的比体积，通过 FISH 子程序确定，P'_{c0} 为土体先期固结压力，它控制着初始屈服面的大小，M 为 $p'\text{-}q$ 平面内临界状态线（CSL）的斜率，μ 为土体的泊松比。土体的先期固结压力 p'_{c0} 按正常固结考虑（OCR=1），FISH 子程序也可实现不同的固结状态，只需给定 OCR 即可。

2. 支护结构及接触参数

水平梁支撑采用梁（beam）单元模拟，基坑围护结构采用衬砌（liner）单元模拟，立柱及立柱桩采用桩（pile）单元模拟。FLAC 3D 中的壳单元、衬砌单元和土工格栅（geogrid）单元，均基于薄壳理论。壳单元及衬砌单元可考虑平面外的弯曲和扭转以及平面内的薄膜效应，而格栅单元仅考虑了平面内的薄膜效应。衬砌单元与壳单元的区别在于，衬砌单元可以考虑结构单元与土体间的切向及法向作用，即可以考虑薄壳与土体间的挤压/脱开及黏结/滑移效应。故采用衬砌单元来模拟围护结构是合适的。

桩单元的单元刚度矩阵与梁（beam）单元相同，然而桩单元除了可以模拟梁单元的特性外，还可以模拟桩与土体间的法向（垂直于桩轴）以及切向（平行于桩轴）黏结/摩擦作用效应。

计算模型中，支护结构强度均为 C30 混凝土，考虑工作状态下产生微裂缝的影响，混凝土刚度乘 0.8 折减系数后，弹性模量取为 24GPa，泊松比取为 0.2，密度为

$2500 \mathrm{kg/m^3}$。坑边 $x=100\mathrm{m}$ 和 $y=10\mathrm{m}$ 处为两道连续墙，连续墙深度为 38m，墙体插入比为 0.9，墙厚为 0.8m。为简化分析，立柱与立柱桩特性相同，均用桩单元模型，模型坑内共设 11 根桩，桩直径为 0.8m，水平间距为 9m，自地面起算桩长为 60m。共设 6 道水平支撑，其中第 1 道支撑为 1m×0.8m 钢筋混凝土支撑，其余 5 道支撑为 $\phi609×16\mathrm{mm}$ 钢管支撑，Q235 强度，钢管支撑竖向间距均为 3.3m。第 1 道混凝土支撑水平间距为 9m，基坑端部设角撑，并在相应标高处与坑内立柱刚接；其余 5 道钢管支撑水平间距为 3m，基坑端部也设置角撑，钢管支撑不与立柱相连。

模型中不同类型支护结构(桩、水平板支撑、围护结构)间的连接采用共用节点的办法实现。对结构单元而言，每个节点有 6 个自由度，即 3 个平动自由度和 3 个转动自由度，共用节点法即认为不同类型结构单元之间采用的是刚性连接，从而实现 6 个自由度的传递。当需要实现不同类型结构单元之间的铰接连接时，则不采用共用节点的办法，不同类型结构单元在相同空间位置相交处具有各自的节点，而节点之间通过设置相应的连接(link)条件来实现铰接，此时 3 个平动自由度为刚性(rigid)连接，而 3 个转动自由度为自由(free)连接。

计算模型中，需分别考虑围护结构与土体间及立柱桩与土体的接触问题。模型中采用衬砌单元来模拟围护结构体，FLAC 3D 中的衬砌单元与土体间的切向相互作用具有单面特性，因而不能模拟同时考虑围护结构与内外两侧土体的相互接触算法。在计算模型中，采用以下近似处理办法：衬砌单元建立在墙外土体区域的外表面上，以模拟围护结构与墙外土体的相互接触作用，围护结构与坑内土体的相互接触采用在坑内和坑外土体间建立接触面单元，墙底处衬砌单元节点与坑内外土体网格点耦合，认为墙底处结构单元节点与网格点变形协调。桩单元可直接实现桩–土界面接触算法。计算模型中，$\varphi=14°$（即摩擦系数 $\mu=0.25$），$\tau_{smax}=20\mathrm{kPa}$。

3. 施工工况模拟步骤

基坑施工共分为 1 个初始平衡步和 7 个开挖步，具体计算步骤如表 10-6 所示。基坑开挖前初始地应力平衡时基坑围护结构及坑内立柱桩采用其实际计算参数，而水平支撑刚度取其实际刚度的 10^{-6}（类似于有限元中的"杀死"单元），后续分析中依次恢复其实际刚度并通过 model null 或 delete 命令模拟施工中的水平支撑施加及土体开挖，每步执行计算循环达到最终状态。

表 10-6　　　　　　　　　　　　基坑施工主要步骤

计算步	第步循环数	施工工况
Stage0	3000	考虑围护结构和立柱桩的初始地应力平衡，保留应力场，位移清零
Stage1	3000	开挖第 1 层至第 1 道支撑底面，施工第 1 道混凝土支撑(−1.0m)
Stage2	3000	开挖第 2 层至第 2 道支撑底面，施工第 2 道混凝土支撑(−4.3m)
Stage3	3000	开挖第 3 层至第 3 道支撑底面，施工第 3 道混凝土支撑(−7.6m)

计算步	第步循环数	施工工况
Stage4	3000	开挖第 4 层至第 4 道支撑底面，施工第 4 道混凝土支撑(-10.9m)
Stage5	3000	开挖第 5 层至第 5 道支撑底面，施工第 5 道混凝土支撑(-14.2m)
Stage6	3000	开挖第 6 层至第 6 道支撑底面，施工第 6 道混凝土支撑(-17.5m)
Stage7	3000	开挖第 7 层至基坑底(-20.0m)

分析过程中通过监控最大不平衡力的数值大小来判断分析结果是否达到最终稳定平衡状态。如果该不平衡力大小接近于零，则表明分析模型能达到稳定平衡状态；如果最终该力趋近某一较大的非零常数，模型内部土体发生贯通的塑性流动，则模型不能达到稳定平衡状态，表明基坑由于发生过大变形而发生失稳破坏。如图 10-27 所示，计算模型能达到稳定状态，计算结果收敛。

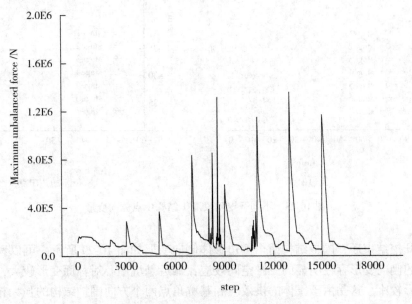

图 10-27　计算最大不平衡力历程

4. 计算结果及分析

（1）围护结构侧向变形。不同开挖阶段基坑长边中点($x=0$m)和短边中点($y=0$m)围护结构的侧向变形($\delta_{h,w}$)变化如图 10-28 所示。可以看出，基坑浅层土体开挖时，基坑围护结构侧向变形类似于悬臂梁，墙顶侧向变形最大，而下部墙体由于土体嵌固作用，侧向变形较小。不同开挖阶段基坑长边与短边的侧变形性态存在差异，以第 1 次开挖（stage1）为例，基坑长边中边墙顶最大侧向变形为 13.6mm，而基坑短边中点墙顶最大侧向变形仅 2.2mm。挖至基坑第 1 道支撑底时，第 1 道混凝土支撑尚未发挥作用，此时基坑围护结构的墙顶侧向变形差异完全由墙体的纵向(水平向)相对刚度决定。基坑长边中点至基坑角点的水平距离为 100m,而基坑短边中点至角点的水平距离为 10m,前者为后者的 10 倍,基坑长边围护结构的纵向刚度约束作用明显弱于短边。结果表明,基坑围护结构的侧向变形的大小与围护结构沿墙体长度方向(水平向)的相对约束作用相关,墙体长度越长,基坑围护结构的变形性态越接近平面应变状态。基坑后续开挖阶段,墙体最大侧向变形点深度逐渐从墙顶向深层土体发展,即墙体最大侧向变形点逐渐下移,开挖至坑底后,基坑长边中点围护结构最大侧向变形为 38.9mm,基坑短边中点围护结构最大侧向变形为 21.4mm。

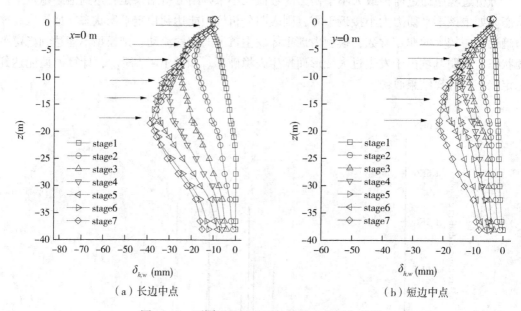

（a）长边中点　　　　　　　　（b）短边中点

图 10-28　不同开挖阶段围护结构中点侧向变形

　　基坑开挖结束后,围护结构两个侧边整体侧向变形如图 10-29 所示。可以看出,基坑围护结构的侧向变形存在明显的三维空间效应,靠近基坑中心对称面变形较大,而基坑角点附近变形较小,这是由于土体的拱效应和基坑角点两个方向围护结构的强大相互支撑作用(拐角刚度强化效应)有效限制了基坑角点围护结构的侧向变形。

　　(2)围护结构竖向变形。不同开挖阶段基坑长边中点($x = 0$m)围护结构的竖向变形($\delta_{v,w}$)变化如图 10-30 所示。当开挖深度小于 10m 时,墙体下沉;当开挖深度大于 10m 时,墙体上抬,因此 10m 开挖深度可看作墙体下沉与上抬的临界开挖深度。这是由于当基坑开挖深度较浅时,土体的侧向卸荷效应明显强于竖向卸荷效应,土体对墙体提供的侧壁摩阻力会因为侧向卸荷而削弱,则围护结构自重作用下产生下沉;随着基坑开挖深度的不断增加,坑内土体的竖向卸载效应越来越明显,导致坑内土体的回弹效应也越来越明显,则墙体在墙底和坑内土体回弹的带动下不断上抬,开挖至坑底后基坑长边中点墙体上抬 10mm,基坑短边中点墙体上抬约 7mm。

　　基坑开挖结束后围护结构整体竖向变形如图 10-31 所示。墙体的竖向变形也存在空间

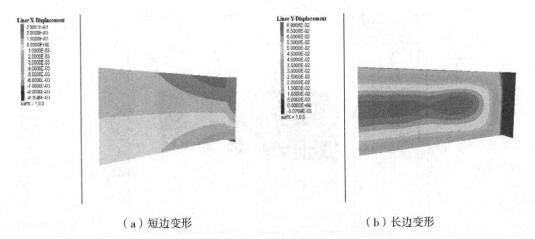

（a）短边变形   （b）长边变形

图 10-29   开挖结束后围护结构整体侧向变形

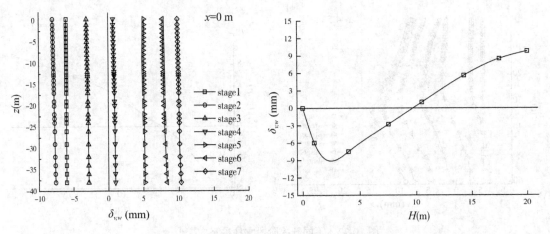

图 10-30   不同开挖阶段围护结构中点竖向变形

效应，基坑长边的竖向变形要明显大于基坑短边的竖向上抬变形。由于地下连续墙的整体刚度较大，围护结构同一断面沿深度方向的竖向变形差异较小。

（3）立柱及立柱桩竖向变形。计算模型中，立柱与立柱桩均统一采用桩单元模拟，共有 11 根桩，现取最接近基坑中心（$x = 4.5 \text{m}$）的立柱桩进行变形分析。不同开挖阶段立柱桩的竖向变形（$\delta_{v,p}$）变化如图 10-32 所示。与基坑围护结构竖向变形相似，基坑浅层土体开挖阶段，立柱桩下沉；深层土体开挖阶段，立柱桩上抬。由于第 1 道混凝土支撑的自重部分是通过立柱桩传递给深层土体，桩顶受到向下的集中力作用；同时，坑底土体的回弹与隆起变形又通过桩周的摩擦力传递给桩，产生向上的作用力。因此，坑内立柱桩的最大上抬变形点不是位于桩顶，而是位于基坑开挖面以下。开挖结束后，立柱桩桩身最大上抬变形为 14.3mm，桩顶上抬变形仅 9mm 。由于立柱桩的竖向抗压强度明显小于地下连续墙，因此桩身弹性压缩变形较大，达 5.3mm 。

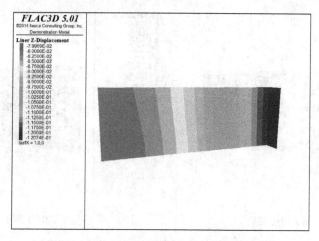

图 10-31　开挖结束后围护结构整体竖向变形

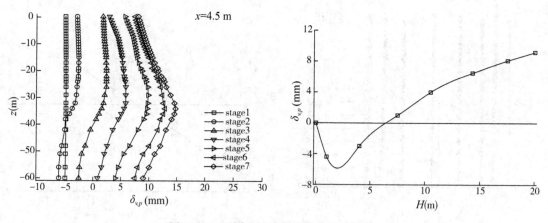

图 10-32　不同开挖阶段立柱桩竖向变形

浅层土体开挖阶段(stage1-stage2),桩顶下沉,这是由于基坑浅层土体开挖时,坑底土体的竖向卸荷效应并不明显,坑外土体以侧向卸荷为主。开挖至每 1 道支撑底面施工第 1 道支撑后,第 1 道混凝土支撑重力由基坑围护结构和坑内立柱桩共同承担,使得桩顶下沉;后续开挖阶段,随着基坑竖向卸荷效应的不断增强,坑底土体的隆起变形不断增大,从而带动坑内立柱桩上抬,最终桩顶上抬 9mm。

(4)地面沉降。不同开挖阶段基坑长边中点($x=0$ m)和短边中点($y=0$ m)地面沉降(δ_v)变化如图 10-33 所示。开挖至坑底后,基坑长边外最大地面沉降为 29.5mm,基坑短边外最大地面沉降仅为 14.6mm,基坑长边中点的地面沉降明显大于基坑短边中点的地面沉降,基坑长边外地面沉降影响范围也明显大于基坑短边外地面沉降影响范围。浅层土体开挖时,最大地面沉降点位置距围护结构较近;随着挖土深度的不断增加,最大地面沉降位置也逐渐远离围护结构,当土体开挖深度达 10m 左右,最大地面沉降点位置几乎不再变化，地面沉降的影响范围也随着基坑开挖深度的增加而增大。基坑开挖至坑底后，基坑长边中点外距坑边 100m 边界处的地面沉降值也较大，而非逐步收敛于零，这是由于计算模型边界条件的简化(竖向可自由变形)及修正剑桥模型不能反映土体的小变形特性。

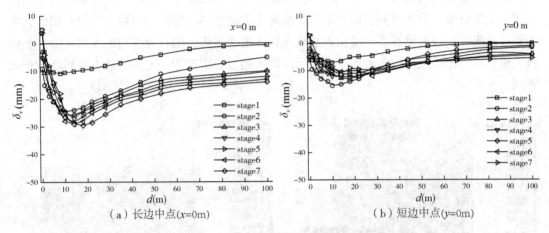

图 10-33　不同开挖阶段基坑中点地面沉降

基坑开挖结束后地表整体沉降形态如图 10-34 所示。可以看出，坑外地面沉降也具有明显的三维空间效应，靠近基坑一长边中点附近地面沉降最大，基坑短边中点附近地面沉降较小，而基坑角点附近地面沉降最小，这与基坑围护结构的侧向变形规律基本一致。

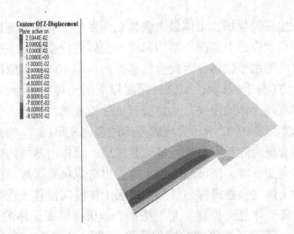

图 10-34　开挖结束后地面整体沉降(放大 200 倍)

（5）坑外土体变形。

①坑外土体竖向变形。图 10-35 为开挖至坑底后 $x=0$m 中心对称面坑外土体的竖向变形分布。坑外浅层土体产生沉降，但沿水平方向最大沉降点位置位于距坑边一定距离处；坑外深层土体产生隆起，沿水平方向最大隆起位置位于坑边土体与围护结构的接触处。

基坑外侧土体的深层沉降监测结果表明，深层土体开挖时地表至一定深度范围内的土体会发生沉降，且最大土体沉降深度约为基坑开挖深度的 2/3，而基坑最终开挖面以下坑外土体会发生一定程度的隆起，其现场实测结果与本文数值计算结果的规律基本一致。

②坑外土体侧向变形。图 10-36 所示为基坑开挖至坑底后 $x = 0\text{m}$ 中心对称面坑外土体的侧向变形分布。在邻近基坑围护结构处坑外土体的整体变形形状与墙体的变形相似，均为深层凸出型，最大侧移点深度位于基坑最终开挖面附近；随着至坑边距离的增加，土体最大侧移点的位置逐步向地表面过渡，当此距离超过一定范围，土体的最大侧移点位于地表面。

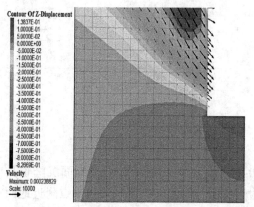

图 10-35　长边中点($x = 0\text{m}$)坑外土体竖向变形　　　图 10-36　长边中点($x = 0\text{m}$)坑外土体侧向变形

根据坑外土体的位移矢量场，土体最大侧移点深度位于坑底开挖面附近。基坑开挖过程中，坑内土体的卸荷效应是引起围护结构和坑外土体侧向变形的主要原因。坑外土体既有竖向位移又有向坑内的水平位移，因此总位移方向如图 10-36 中位移矢量所示。临界深度以下的土体向斜下方(右下)移动，而临界深度以下的土体向斜上方(右上)移动，其共同作用的结果是引起坑外土体的损失，从而引起坑外地表的沉降。

(6)坑底土体隆起。图 10-37 所示为坑底土体的竖向变形($\delta_{v,b}$)的变化。由于开挖的卸荷效应，坑底土体均表现为隆起。另外，基坑开挖后，墙体向基坑内变位，在坑底面以下部分的墙体向基坑方向变形时，挤推墙前的土体，也造成坑底隆起。由于计算模型中考虑了围护结构与坑内外土体的接触滑移与脱开，坑底土体竖向位移表现为整体向上回弹，基坑墙边($x = 100\text{m}$)坑底土体竖向位移与基坑中心($x = 0\text{m}$)坑底土体的竖向位移差别不大。坑底土体的整体回弹值随着开挖深度的增加表现为非线性增长，随着开挖深度的不断增加，坑底土体的回弹增量有减小的趋势。从坑底土体的整体隆起变形来看，基坑角点土体由于受到墙体向坑内的双向推挤作用，隆起变形最大。

5. 计算命令

new

res model. sav

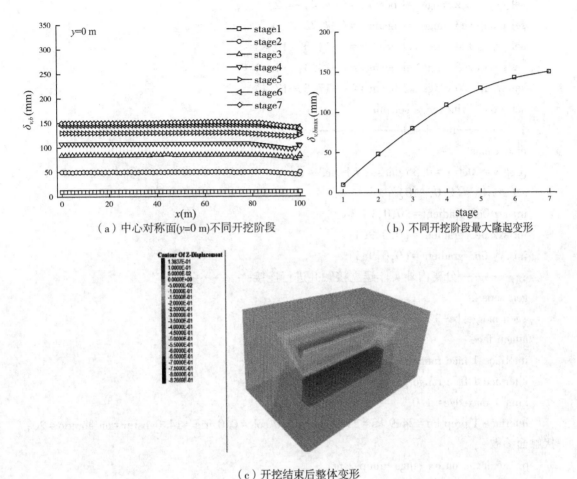

（a）中心对称面(y=0 m)不同开挖阶段　　　　　（b）不同开挖阶段最大隆起变形

（c）开挖结束后整体变形

图 10-37　坑底土体竖向变形

```
;-------土层分组-----------
range name soil_out group 1
range name soil_in group 2
range name exca1 group 2 z=(-1.0,0.0)
range name exea2 group 2 z=(-4.3,-1.0)
range name exca3 group 2 z=(-7.6,-4.3)
range name exca4 group 2 z=(-10.9,-7.6)
range name exca5 group 2 z=(-14.2,-10.9)
range name exca6 group 2 z=(-17.5,-14.2)
range name exca7 group 2 z=(-20.0,-17.5)
sel group wall range sel liner
sel group zc1 range sel beam z=(-1.1,-0.9)
```

sel group zc2 range sel beam z = (−4. 4, −4. 2)

sel group zc3 range sel beam z = (−7. 7, 7. 5)

sel group zc4 range sel beam z = (−11. 0, −10. 8)

sel group zc5 range sel beam z = (−14. 3, −14. 1)

sel group zc6 range sel beam z = (−17. 6, −17. 4)

sel group lizhu range sel pile

;--------initial state----------

model elas

prop y = 40e6 p = 0. 35 density = 1. 8e3

set gravity = (0,0,−10)

ini szz 0e3 gradient = (0,0,18e3)

ini sxx 0e3 gradient = (0,0,9e3)

ini syy 0e3 gradient = (0,0,9e3)

;--------分离内外实体建立接触并进行连接----------

gen sepa 2

;gen merge 1e−3 range z = (−38. 1,−37. 9)

attach face

interface 1 face range group 1 x = (99. 9,100. 1)

interface 1 face range group 1 y = (9. 9,10. 1)

inter 1 maxedge = 1. 0

interface 1 prop kn = 24e9 ks = 24e9 tens = 0. 0 coh = 0. 0 fric = 14. 0 bslip = on sbratio = 20;

接触面参数

p1 sur lcyan ou on range group 2 not

;pl add atta

p1 add inter ou on

set outp attach_i nterface. jpg

;p1 ha

;------结构单元局部坐标方向------

cyc 0

sel node fix lsys

;------结构单元节点边界条件------

sel node fix x yr zr range sel liner x = (−0. 1,0. 1)

sel node fix x yr zr range sel liner y = (−0. 1,0. 1)

sel node fix y x z xr zr range sel beam y = (−0. 1,0. 1)

sel node inixpos add 0. 0 range sel liner

sel node ini xpos add 0. 0 range sel pile

;------实体网格边界条件------

fix x range x = (−0. 1,0. 1)

fix x range x = (199. 9, 200. 1)

fix y range y = (−0. 1,0. 1)

fix y range y = (109. 9, 110. 1)

fix x y z range z = (−80. 1,−79. 9)

sel liner prop iso = (24e9,0. 2) thick = 0. 8 density = 2:5e3 cs_ncut = le6 cs_ nk = 24e9 cs_

scoh = 20e6

&cs_scohres = 0. 0 cs_sfric = 14. 0 cs_sk = 24e9 slide = on slide_tol = le−3 range

group wall

sel pile prop emod = 24e9 nu = 0. 2 xcarea = 0. 503 xciz = 2. 0le−2 xciy = 2:01e−2 xcj =

4. 02e−2&

density = 2. 5e3 perim = 2. 513 cs_scoh = 25. 1e3 cs_sfric = 14:0 cs_sk = 24e9&

cs_ncoh = 1e10 cs_nfric = 0. 0 cs_ngap = off cs_nk = 24e9 slide = on range group lizhu

;注 cs_scoh = tau_max * perimeter

sel beam prop emod = le−10 nu = 0. 3 density = 0. 0 ran sel beam

;--------重新设置墙底约束----------

sel dele link range sel liner z = (−38. 1,−37. 9)

sel link net range sel liner z = (−38. 1,−37. 9)

;--------重新设置桩底约束---------

sel dele link range selpile z = (−60. 1,−59. 9)

sel link net range sel pile z = (−60. 1,−59. 9)

hist unbal

set hist_rep 20

p1 hist 1

set meth damp combined

sel set damp combined

step 2000

save initial. sav

;--------开挖计算-------

ini xdisp = 0. 0 ydisp = 0. 0 zdisp = 0. 0

ini xvel = 0. 0 yvel = 0. 0   zvel = 0. 0

sel node ini xdisp = 0. 0 ydisp = 0. 0 zdisp = 0. 0

sel node ini xvel = 0. 0 yvel = 0. 0 zvel = 0. 0

ini state = 0

p1 se ba wh

;--------删除连接面---------

atta dele range z = (−37. 9,0. 1)

;------重新调整围护墙接触参数至实际状态-------

sel liner prop iso = (24e9,0. 2) thick = 0. 8 density = 2. 5e3 cs_ncut = 0. 0 cs_ nk = 24e9&

```
cs_scoh = 20e3 cs_scohres = 0. 0 cs_sfric = 14. 0 cs_sk = 24e9 slide = on slide_tol = le−3 range
group wall
    p1 hist 1
    ;−−−−−−−−第 1 次开挖−−−−−−−−
    model null range excal
    step 3000
    sel beam prop emod = 24e9 nu = 0. 2 density = 2. 5e3 range group zcl
    save stagel. sav
    ;−−−−−−−−第 2—6 次开挖−−−−−−−−
    def staged_excavation
    loop n(2,6)
    exca = 'exca'+string(n)
    zc = 'zc'+string(n)
    stage = 'stage'+string(n)+'. sav'
    command
    model null range exca
    step 3000
    sel beam prop emod = 210e9 nu = 0. 3 density = 7. 8e3 range group zc
    save stage;中间状态可不保存
    endcommand
```

10.4　FLAC 3D 在边坡工程中的应用

为满足工程需要而对自然边坡进行改造，称为边坡工程。根据边坡对工程影响的时间差别，可分为永久边坡和临时边坡类；根据边坡与工程的关系，可分为建筑物地基边坡（必须满足稳定和有限变形要求）、建筑物邻近边坡（须满足稳定要求）和对建筑物影响较小的延伸边坡（允许有一定限度的破坏）。FLAC 3D 不但能处理一般的大变形问题而且能模拟岩体沿某一弱面产生的滑动变形，还能针对不同材料特性，使用相应的本构方程来比较真实地反映实际材料的动态行为。此外，该数值分析方法还可考虑锚杆、挡土墙等支护结构与围岩的相互作用，所以能很好地模拟边坡破坏及治理受力特性。本节介绍 FLAC 3D 在边坡稳定性分析中的应用。

10.4.1　边坡稳定性的强度折减法

近年来，随着计算机技术和数值分析方法的发展，采用强度折减法计算边坡的安全系数正逐渐成为新的趋势，该方法无需事先假定滑移面的形状和位置，能够反映岩土材料应力、变形等的信息。但是，FLAC 3D 实施强度折减时，计算速度较慢。因此，本节将采用 FISH 语言对 FLAC 3D 强度折减法进行二次开发，使用户能够自定义折减系数的上下限以及计算精度，从而提高计算速度。

另外，强度折减法分析的关键问题是如何判断边坡达到临界失稳状态，本节将讨论塑性区贯通判据，监测点位移突变判据，计算不收敛判据在 FLAC 3D 中的实施情况，还将给出相应的计算程序和计算方法。

1. 强度折减法基本原理

强度折减法将边坡的安全系数定义为使边坡刚好达到临界破坏状态时，对其强度参数进行折减的程度。若边坡采用 Mohr-Coulomb 准则，影响其稳定性的强度参数是黏结力 c 和内摩擦角 φ，将坡体原始黏结力 c^0 和内摩擦角 φ^0 同时除以一折减系数 K，然后进行数值分析。通过不断增大 K 反复分析直至边坡达到临界破坏状态。假设此时黏结力和内摩擦角为 c^{cr} 和 φ^{cr}，由于边坡处于临界状态，所对应的安全系数 $K^{cr} = 1$，可得原始边坡对应的安全系数为：

$$F = \frac{K}{K^{cr}} = K = \frac{c^0}{c^{cr}} = \frac{\tan\varphi^0}{\tan\varphi^{cr}} \tag{10-1}$$

2. 计算模型介绍

以均质边坡作为分析对象，该边坡高 20m，坡角为 45°。按照平面应变建立计算模型，如图 10-38 所示。由于模型尺寸对结果有一定影响，取坡脚到左侧边界距离为 30m，坡顶到右侧边界距离为 55m，坡脚向下边界延伸一个坡高距离 20m。岩土参数为：重度 25kN/m³，压缩模量 E 为 10MPa，泊松比 μ 为 0.3，黏结力 c 为 42kPa，内摩擦角 φ 为 17°，抗拉强度 σ_t 为 10kPa。边界条件为下部固定，左右两侧水平约束，上部为自由边界；采用 Mohr-Coulomb 准则，初始应力场按自重应力场考虑；计算收敛准则为不平衡力比率满足 10^{-5} 的求解要求，计算时步上限为 30000steps。

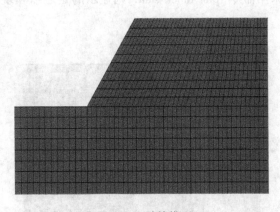

图 10-38 计算模型

计算参数命令流如下：
E1 = 10.0E6
POI1 = 0.30

COH1 = 42. 0E3

WEIGHT1 = 25E3

DILA1 = 47. 0 * DILAIN1

Fri1 = 0. 01e6

Grav0 = −9. 80

Dens1 = −weight1/grav0

K1 = e1/(3 * (1−2 * poi1))

G1 = e1/(2 * (1+poi1))

模型出图命令流如下：

P1 = set back white

Set plot bitmap size(800,510)

Plot set caption sze 37；设置图例数字大小(default = 35,范围 10~50)

Mainwin size 11 position 0 0. 8 ; command window

Plot set center 35 0 20

P1 set mag 1. 10

P1 set title 1. 10

计算模型

P1 block group

Plot hard 'base' file 计算模型 . bmp

3. 边坡失稳判据

(1)塑性区贯通。FLAC 3D 中塑性区可记录之前达到塑性区的区域，也可记录目前达到塑性区的区域，若采用命令[plot block state]则显示的是之前和现在所有的塑性区的区域，如图 10-39 所示。

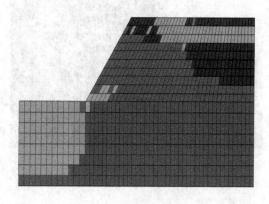

图 10-39　塑性区显示区域

边坡失稳破坏可以看作塑性区逐渐发展、扩大直至贯通而进入完全塑流状态、无法继续承受荷载的过程。此判据认为，随着折减系数的增大，坡体内部分区域将产生不同程度的塑性变形，若发生塑性变形的区域相互贯通，则表明边坡发生整体失稳。通过数值计算，得到塑性区贯通情况与折减系数的关系如图 10-40 所示，其中折减系数 K 增加的梯度为 0.005。从图中可以看出，随着 K 的增大，剪切塑性区从坡脚往坡体上缘延伸，拉伸塑性区的面积逐渐增大；当 $K<10.075$ 时，边坡塑性区尚未贯通，当 $K\geqslant 10.075$ 时，边坡内的塑性区全部贯通并迅速扩展；但 K 在 $1.075\sim1.095$ 范围内，塑性区贯通，r_a 仍能满足 10^{-5} 的 FLAC3D 默认求解要求，只是计算的迭代次数逐渐增大；并且，当 $K<1.095$ 时，系统不平衡力逐渐减小，最终均趋近于 0；当 $K=1.095$ 时，最终系统不平衡力略微增大，但仍能满足边坡的求解要求，并且存在继续减小的趋势；直到 $K=1.100$ 时，系统不平衡力明显增大，并且不断振荡，边坡求解无法达到计算精度，表征系统失效，具体如图 10-41 所示。按照以上折减梯度，本模型塑性区判据得到的安全系数为 $F_{塑性区贯通}=1.075$。

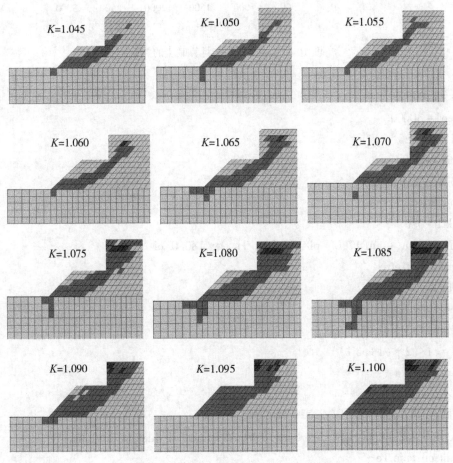

图 10-40 塑性区贯通情况与折减系数

强度折减塑性区计算命令流如下：

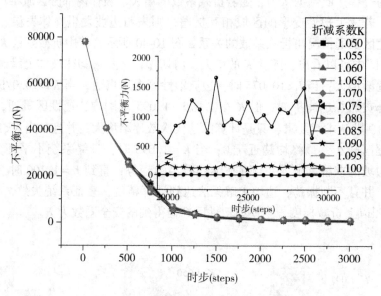

图 10-41　不平衡力与计算时步的关系

Ks = 1. 045

Step1 = 30000

E1 = 10. 0e6

Poi1 = 0. 30

Coh1 = 42. 0e3/ks

Weight1 = 25e3

Dila1 = 0. 0

Fri1 = (atan((tan(17. 0 ∗ pi/180. 0)) /ks)) ∗ 180. 0/pi

Ten1 = 0. 01e6

Grav0 = −9. 80

Dens1 = −weight1/grav0

K1 = e1/(3 ∗ (1−2 ∗ poi1))

G1 = e1/(2 ∗ (1+poi1))

Command

Hist reset

Model mohr ;采用摩托尔-库仑模型

Pro bulk k1 she g1 dens dens1 coh coh1 &friction fri1 dilation dila1 tens ten1

Et mech ratio 1e−5

Solve step step1

End command

注意：每改变一次折减系数 K_s，将得到不同的塑性区分布。

（2）计算不收敛判据。边坡失稳，滑体滑出，滑体由稳定静止状态变为运动状态，同时产生很大的且无限发展的位移，这就是边坡破坏的特征。数值方法通过强度折减使边坡达到极限破坏状态，滑动面上的位移和塑性应变将产生突变，且此位移和塑性应变的大小不再是一个定值，程序无法从数值方程组中找到一个既能满足静力平衡又能满足应力-应变关系和强度准则的解，此时，不管是从力的收敛标准还是从位移收敛标准来判断数值计算，都不收敛。此判据认为，在边坡破坏之前计算收敛，破坏之后计算不收敛，表征滑面上岩土体无限流动，因此可把静力平衡方程组是否有解，数值计算是否收敛，作为边坡破坏的依据。判据实施过程中，对给定精度要求，具体求解流程如图 10-42 所示，确定 K_1，K_2 时，先设 $K=1$：若计算收敛，$K_1=1$，$K_2=K_c$，K_c 为试算得到位的某一较大值；若计算不收敛，$K_1=0$。

二分法计算安全系数过程中，各折减时步所保存的 K 值如表 10-7 所示。计算得到的安全系数为 $F_{二分法}=(K_1+K_2)/2=1.0986$。从判据的实施过程可以看出，若折减系数的上下限取值不同，将导致最终结果的不同，但若系统给定的误差精度 η 足够小，则同样能得到十分接近的结果。

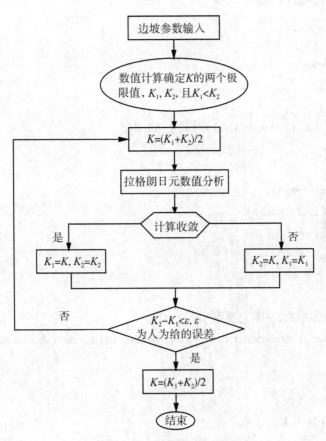

图 10-42　安全系数求解流程

表 10-7　　　　　　　　　　　　各折减时步对应的折减系数

折减时步	1	2	3	4	5	6
K	1.0000	2.0000	1.5000	1.2500	1.1250	1.0625
折减时步	7	8	9	10	11	12
K	1.0938	1.1094	1.1016	1.0977	1.0996	1.0986

计算不收敛判据命令流如下：

```
;strength reduction method
Step1 = 30000
Ait1 = 0.001  ;精度
K11 = 0.0;lower bound
K12 = 20.0    ; upper bound
Ks = (k11+k12)/2
Loop while(k12−k11)>ait1
E1 = 10.0e6
Poi1 = 0.30
Coh1 = 42.0e3/ks
Weight1 = 25e3
Dila1 = 0.0
Fri1 = (atan((tan(17.0 * pi/180))/ks))180.0/pi
Ten1 = 0.01e6
Grav0 = −9.8
Dens1 = −weight1/grav0
K1 = e1/(3 * (1−2 * poi1))
G1 = e1/(2 * (1+poi1))
Command
Hist reset
Model null
Model mohr ;采用摩尔-库仑模型
Pro bulk k1 she g1 dens dens1 coh coh1 & friction fri1 dilation dila1 tens ten1
Endcommand
Command
Fix x range x −0.1 0.1
Fix x range x 104.9 105.1
Fix y
Fix x y z range z −0.1 0.1
Set grav 0 0 grav0
```

Hist unbal

Set unbal

Set mech ratio 1e−5

Solve step step1

;hist write 1 file filetxt1

Endcommand

;收敛

If mech_ratio<1.0e−5

K11＝ks

K12＝k12

Else

K12＝ks

K11＝k11

Endif

Ks＝(k11+k12)/2

endloop

注意：命令流中的 step1 步数根据试算确定，精度 ait1 根据大家的要求自行设定。

（3）位移突变。由理想弹塑性材料构成的边坡进入极限状态时，必然是其中一部分岩土材料相对于另一部分发生无限制的滑移。这就清楚地显示了体系的一部分相对于另一部分的滑移。通过在坡体内布置若干监测点，可发现这些点的位移随折减系数的增大而存在突变现象，以此作为失稳判据可反映边坡的变形过程。本节通过编写 FISH 程序，取出相应点位移随折减系数的变化过程，并通过双曲线拟合方程分析位移突变判据，以得到安全系数。

由数值计算，当边坡破坏时出现一条滑移线，如图 10-43 所示，称其为临界滑移线。在滑移线内外布置若干点，具体位置见图 10-8：坡面上、中、下处分别布置 3 个监测点，以此 3 个监测点为基准沿水平方向每隔 10m 另布置 6 个监测点，整个坡体监测点数目为9 个。

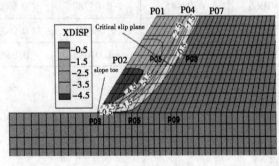

图 10-43 监测点布置

通过 FLAC 3D 自带的 FISH 语言，开发数据记录工具。记录不同监测点的水平位移与折减系数的关系如图 10-44 所示。从图中可见，只有点 1、2、4、5 的位移曲线存在突变特征，所以定性上可认为这几个点作为监测点是有效的。

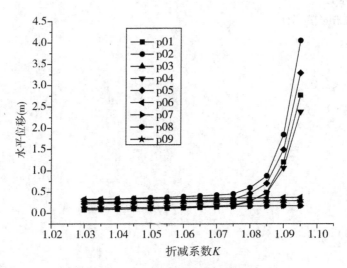

图 10-44　水平位移和折减系数的关系

计算结果见表 10-8，R^2 接近 1，可见上述确定的方程对数据拟合的效果较好；水平位移方式下斜率越大的曲线得到的安全系数越小，但所得安全系数的相对差值 $(F_{max} - F_{min})/F_{min} \times 100\% = 0.010\%$，变化幅度十分微小，因此在实际使用中可认为是相等的，从而定量上说明了点 1、2、4、5 均可作为监测点。考虑到坡顶的位置较易确定，且必在滑移线之内，建议对于一般边坡选坡顶作为监测点。

表 10-8　　　　　　　　　　　不同监测点水平位移方式 δ-K 曲线拟合结果

点号	a	b	c	相关系数 R_2	安全系数 F
1	−0.91063	−0.10062	0.09918	0.98729	1.09814
2	−0.91066	0.07485	−0.05787	0.98843	1.09810
4	−0.91057	−0.04401	0.04658	0.98777	1.09821
5	−0.91062	0.02062	−1.01015	0.98839	1.09815

取点位移命令流如下：

```
Def mon_point
I = 0
Iii = ks
File1 = ' 水平位移 '+'. txt'
Array buf1(1)
```

```
Buf1(1)='安全系数'+' '+'点1'+' '+'点2'+' '+'点3'+' '+'点4'+' '+'点
5'+' '+'点6'+' '+'点7'+' '+'点8'+' '+'点9'+'\n'
Buf1(1)=buf1(1)+string(iii)+''
Dis=10.0
Zlength=10.0
I=0
Loop while i<=2
X001=x03+i*dis
X002=x03-zlength*1/tan(af)+i*dis
X003=x03-zlength*2/tan(af)+i*dis
Z001=z03
Z002=x03-zlength*1
Z003=z03-zlength*2
Y001=0.0
;
P01=gp_near(x001,y001,z001)
P02=gp_near(x002,y001,z002)
P03=gp_near(x003,y001,z003)
X1=abs(gp_xdis(p01))
X2=abs(gp_xdisp(p02))
X3=abs(gp_xdisp(p03))
Buf1(1)=buf1(1)+' '+strin(x1)+' '+string(x2)+' '+string(x3) +' '
i=i+1
endloop
;
Status=open(file1,1,1)
Status=write(buf1,1)
Status=close
End
Mon_point
Return
```

10.4.2 边坡滑动面确定方法

使用强度折减法计算边坡达到临界状态时，存在多个特征量来表征滑动面，如根据临界破坏状态的塑性区、剪切应变分布云图等可视化技术大致估计潜在滑动面。但滑动面上的点可能产生剪切破坏，也可能产生拉伸破坏。因此，剪应变小的点也可能因为发生拉伸破坏而位于滑动面上，采用剪应变增量的方法进行滑动面确定可能无法得到滑面上缘的位置，且只能大致估计滑动面的位置，却无法对其进行量化。本书将基于边坡失稳变形机理确定滑动面，并且对影响边坡安全系数和滑动面的影响因素进行分析，分析的思路为固定其他参数，只改变其中一个参数，分析这个参数的变化对边坡安全系数和滑移面的影响。影响因素包括黏结力、内摩擦角、抗拉强度、剪胀角和弹性模量。

1. 单一滑动面

边坡高 20m，坡角为 45°，按照平面应变建立计算模型，如图 10-45 所示。由于模型尺寸对结果有一定影响，取坡脚到左侧边界距离为 30m，坡顶到右侧边界距离为 55m，坡脚向下边界延伸一个坡高距离 20m。岩土体参数为：重度 $\gamma = 25\text{kN/m}^3$，弹性模量 $E = 10\text{MPa}$，泊松比 $\mu = 0.3$，黏结力 $c = 42\text{kPa}$，内摩擦角 $\varphi = 17°$，抗拉强度 $\sigma_t = 10\text{kPa}$。边界条件为下部固定，左右两侧水平约束，上部为自由边界；采用 Mohr-Coulomb 准则，初始应力场按自重应力场考虑；计算收敛准则为不平衡力比率满足 10^{-5} 的求解要求。

将应变增量云图放大，导入 tecplot 显示等值线，得到图 10-46。

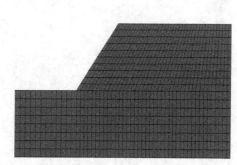

图 10-45　平面应变模型

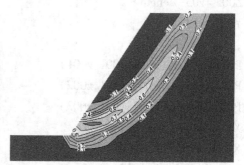

图 10-46　剪应变增量云图

众多的试验研究及工程实践表明，当边坡失稳时，会产生明显的局部化剪切变形。这种局部化现象一旦发生，变形将会相应地集中在局部化变形区域内，而区域外的变形相当于卸载后的刚体运动，滑坡体将沿某一滑动面滑出。滑动面两侧沿滑动面方向的位移相当明显，存在较大的变化梯度，如图 10-47 所示。

当边坡达到临界失稳状态时，必然是其一部分岩土体相对于另一部分发生无限制的滑移，并且由强度折减法得到边坡临界状态的位移图（图 10-48）显示，滑动体上各点的位移包括两个部分：单元的变形和潜在滑体的滑动，当边坡处于临界破坏状态时，第二部分引起的节点位移远大于第一部分。

因此，可采用边坡的位移等值线对滑动面进行判断。如图 10-48 所示。此边坡体以位移值为 0.5 的等值线为界，被明显地分为两部分：滑体和稳定体。在滑移面附近，等值线最为密集，且越往星空面靠近位移值越大，说明该处发生滑动；而滑体以外的稳定体上，位移值均相同，且无其他等值线分布，从而表征该部分相对于滑体部分处于稳定状态，因此，可将两部分之间的分界线定义为滑动面，并利用自编 FISH 程序将该曲线和边坡线数据取出，得到图 10-49，从而将滑动面上各点的位置量化。

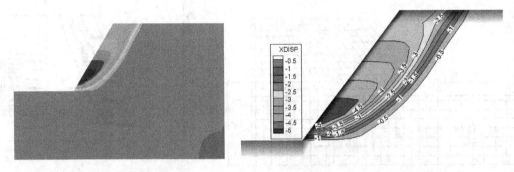

图 10-47 边坡破坏示意图　　　　　　图 10-48 位移等值线云图

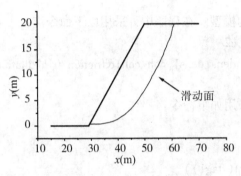

图 10-49 边坡单一滑动面位置

2. 多滑动面确定

为使滑坡工程的治理达到安全、经济的目的，弄清滑动面位置和形状则至为重要，特别是弄清可能存在多个潜在剪出口和滑动面的复杂典型滑坡，则更为关键。为准确设置支挡结构，必须弄清滑体有几条次生滑动面，确定其潜在剪出口的位置以及各条滑动面发生滑动的次序。为此，不仅要找出最先滑动的滑动面，还要找出安全系数小于设定安全系数的所有滑动面。因为对最先滑动的滑动面进行支护后，后滑的次生滑动面仍可能滑动，只有当所有滑动面都进行支挡后，才能确保滑坡稳定。

为此，有经验的工程技术人员常会依据其经验在一些可能产生次生滑动面的地方布置一些人为滑动面，通过稳定分析来判断是否为次生滑动面；或者采用商业程序，在一些可能滑动的范围内布点，通过搜索来判定是否有次生滑动面。这些方法不仅烦琐，而且还要求工程技术人员有足够的工程经验，使用极为不便。由于剪出口以下岩土体并不发生破坏，其抗剪强度参数并不影响其上滑动面位置，从而可将这部分岩土体材料设为弹性介质。因此，改变弹性介质的范围即可改变边坡滑动面的位置，从而实现多滑动面的确定。

具体方法如图 10-50 所示，将模型底部以上 h_e 高度范围内的岩土体设为弹性介质，并不断改变 h_e，得到不同滑动面对应的安全系数，如表 10-9 所示，滑动面位置如图 10-51 所示。

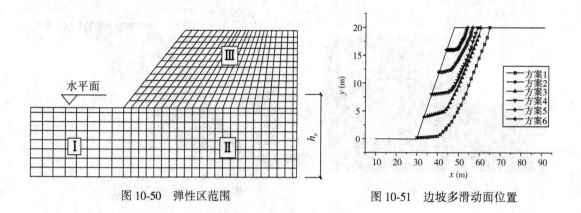

图 10-50　弹性区范围　　　　　　　　图 10-51　边坡多滑动面位置

设置不同位置的本构模型。在程序中，采用以下命令流：

Model elas range z z1 z2

Pro bulk K1 she G1 dens dens1 coh coh1&friction fri1 dilation dila1 tens ten1 range z 0.0 20.0

而安全系数的记录采用如下命令：

Def mon_point

File0 = ' 安全系数 '+'. txt'

;buf1 = 'buf'+string(int(flag1))

Array buf1(1)

Buf1(1) = ' 项目号　　安全系数\n'

Buf1(1) = buf1(1)+string(flag001) +''+string(ks)

;

Status = open(file0,1,1)

Status = write(buf1,1)

　Status = close

End

Mon_point

Return

表 10-9　　　　　　　　　　　　　**弹性区高度与安全系数的关系**

方案	H_e(m)	安全系数 F	方案	H_e(m)	安全系数 F	方案	H_e(m)	安全系数 F
1	0	1.0985	3	24	1.2729	5	32	2.2415
2	20	1.0989	4	28	1.5732	6	36	5.7870

从表 10-9 中可以看出，方案 1 和方案 2 得到的安全系数相同，这是由于原始边坡滑动面上各点位置均位于水平面以上，若水平面以下部分设置为弹性介质(方案 2)并不能改

变滑动面的位置及边坡的安全系数。进一步增加 h_e，边坡的整体安全系数逐渐增大，方案 2～方案 5 的安全系数与方案 1 安全系数的差值分别为 0.0004，0.1744，0.4747，1.1430，4.6885，可见，增加相同的 h_e，安全系数的变化梯度越来越大。另外，从图 10-51 中可以看出，随着 h_e 的增加，滑动面的剪出口不断上移，且滑动面上缘离坡顶越来越近，滑动面变得越来越陡。

◎ 习题与思考题

用 FISH 语言编写的修正剑桥模型子程序。

程序如下：

```
;---------------Modified cam-clay 本构模型---------------
model cam-clay
;cam-clay 模型则不需定义弹性模量((E、G、K)等参数,自动计算
;cam-clay 模型中需确定 8 个模型参数(①-⑧),手册 property 中的初始比体积 cᵥ(v0)
和 shear 无须给定
def install_prop
    pnt = zone_head
loop while  pnt # null
    abs_sxx = abs(z_sxx(pnt))
    abs_syy = abs(z_syy(pnt))
    abs_szz = abs(z_szz(pnt))
    p0 = (abs_sxx+ abs_syy+ abs_szz)/3.0
;cam-clay 模型中 p、q 均须为正值,p0 由初应力场确定,故 cam-clam 定义模型参数前
须先已知初应力
    p0_effective = p0-z_pp(pnt)
    q0 = sqrt(((abs_sxx-abs_syy)^2+(abs_syy-abs_szz) ^2+(abs_szz-abs_sxx) ^2) * 0.5)
    z_prop(pnt,'mm') = 6.0 * sin(fai * degrad)/(3.0-sin(fai * degrade))    ;①注三角函数
中需将角度转化为弧度
    temp1 = q0/(z_prop(pnt,'mm') * p0_ effective)
    pc0 = p0_effective * (1.0+temp1 ^2) * OCR ;先期有效固结压力,用于确定屈服面
    v0 = 1.0+ _e0
    z_prop(pnt;'cam_cp') = p0_ effective ;重要参数,否则不能正确计算有效应力,提示出
错"Mean
;effective pressure is negative"
    z_prop(pnt,'mpc') = pc0
    z_prop(pnt,'poisson') = p_ ratio
    z_prop(pnt,'lambda') = _ - lambda
    z_prop(pnt,'kappa') = -kappa
    z_prop(pnt,'mpl') = _mp1
```

z_ prop(pnt,$'mv\_1'$) = v0_lambda * ln(2. 0 * _cu/(z_prop(pnt, $'mm'$) * _mpl)) + (_lambda-_kappa) * ln(2. 0)

z_prop(pnt, $'bulk\_ bound'$) = 100 * 40e6

;z_prop(pnt,$'bulk\_bound'$) = 100 * (s_mod+4. 0/3. 0 * s_mod) ;弹性体模上界 Kmax

;自动确定 Kmax 时会出现"property bad"错误提示

;因为弹性上界对计算结果无影响,在不提示 Kmax 太小的情况下,取值越小计算收敛越快

pnt = z_next(pnt)

endloop

end

setp_ratio = 0. 35 fai = 34. 5 _lambda = 0. 14 _kappa = 0. 01_mp1 = 1e3 _e0 = 1. 2 _cu = 10e3 OCR = 1. 0;模型所需参数

install_prop

第 11 章　MIDAS 建模方法与应用实例

11.1　MIDAS CIVIL 简介

11.1.1　MIDAS/CIVIL 软件概况

MIDAS 系列软件是以有限元为理论基础开发的分析和设计软件。早在 1989 年，韩国浦项集团就成立 CAD/CAE 研发机构开始专门研发 MIDAS 系列软件，于 2000 年 9 月正式成立 Information Technology Co., Ltd. (简称 Midas IT)。目前 MIDAS 系列软件包含建筑 (Gen)，桥梁(Civil)，岩土隧道(GTS)，机械(MEC)，基础(SDS)和有限元网格划分 (FX+)等多种模块。

MIDAS/CIVIL 是 MIDAS 系列软件中的一个模块，适用于桥梁结构、地下结构、工业建筑、机场、大坝、港口等结构的分析与设计。特别是针对桥梁结构，MIDAS/CIVIL 结合我国的规范与用户习惯，在建模、分析、后处理、设计等方面提供了很多便利的功能，目前广泛应用于公路、铁路，市政和水利等工程领域。

MIDAS CIVIL 的主要特点如下：

(1)提供菜单、表格、文本、导入 CAD 和部分其他程序文件等灵活多样的建模功能。

(2)提供刚构桥、板型桥、箱形暗渠、顶推法桥梁、悬臂法桥梁、移动支架/满堂支架法桥梁、悬索桥和斜拉桥的建模助手。

(3)提供中国、美国、英国、德国、日本、韩国等国家的材料和截面数据库，以及混凝土收缩和徐变规范、移动荷载规范。

(4)提供桁架、一般梁/变截面梁、平面应力/平面应变、只受拉/只受压、间隙、钩、索。加劲板轴对称、板(厚板/薄板、面内/面外厚度，正交各向异性)、实体单元(六面体、楔形、四面体)等工程实际所需的各种有限元建模。

(5)提供静力分析(线性静力分析、热应力分析)、动力分析(自由振动分析、反应谱分析、时程分析)、静力弹塑性分析、动力弹塑性分析、动力边界非线性分析、几何非线性分析(P-delta 分析、大位移分析)、优化索力、屈曲分析、移动荷载分析(影响线分析、影响面分析)、支座沉降分析、热传导分析(热传导、热对流、热辐射)水化热分析(温度应力、管冷)，以及施工阶段分析和联合截面施工阶段分析等功能。

(6)在后处理中，可以根据设计规范自动生成荷载组合，也可以添加和修改荷载组合。

(7)可以输出各种结构的反力、位移、内力和应力图形，表格和文本；提供静力和动力分析的动画文件；提供移动荷载追踪器的功能，可找出指定单元发生最大内力(位移)时，移动荷载作用的位置；提供局部方向内力的合力功能，可将板单元或实体单元上任意位置的节点力组合成内力。

(8)可在进行结构分析后对多种形式的梁、柱截面进行设计和验算。

11.1.2　MIDAS/CIVIL 文件系统

MIDAS/CIVIL 所使用的文件种类多达 20 多种，下面仅介绍其中的主要文件种类及用途。

1. 数据文件

数据文件主要包括 MCB 和 MCT 两种格式。MCB 文件为二进制文件，前处理模式下的建模成果及一些求解设置全保存在该格式文件中；MCT 文件为文本文件，可以通过 MCT 命令或文本编辑器对其进行修改。该文件包含的也是前处理模式下的建模成果及一些求解设置，但因为是以命令形式保存，其文件规模要比 MCB 文件小很多。该文件可从模型中导出，也可以导入生成模型。

2. 分析结果文件

fn. ca1——静力分析过程中生成的结果数据；

fn. ca2——时间依存性分析过程中所生成的各时间段分析结果；

fn. ca3——移动荷载分析和影响线(影响面)分析生成的所有数据；

fn. ca4——几何非线性分析过程中生成的所有数据；

fn. ca5——Pushover 分析过程中生成的所有数据；

fn. ca6——施工阶段分析过程中所生成的所有数据；

fn. out——结构分析过程中输出的各种信息及相关数据。

3. 图形文件

模型窗口的图形数据可以 EMF(enhanced meta file)格式保存。转换 EMF 文件为 DXF 文件实现文件格式的转换。模型或计算结果云图等可以保存为 bmp、jpg、dxf 和 dwg 等多种格式。

4. 数据转换文件

MIDAS CIVIL 可以导入 MCT 文件以及用其他软件建立的如 dxf、s2k 和 stf 格式文件。可以实现和 AutoCAD、SAP2000 以及 STAAD 的数据交换。

5. 其他文件

文件 fn. bom 保存建模中所有构件的重量数据和材料目录。文件 fn. sgs 保存 MIDAS CIVIL 的地震加速度和反应谱生成模块所算出的地震数据。文件 fn. spd 是保存地震反应谱分析中所需的反应谱数据文件。文件 fn. thd 是保存时间依存分析所需的时间荷载函数相关数据文件。复杂建模助手输入的数据以 *. wzd 格式的文件保存。

11.1.3 数据输入

MIDAS CIVIL 为了方便用户，提供了多种数据的输入方式，比如对话框、表格窗口、MCT 命令窗口、模型窗口等，以下给出需要注意的问题及使用技巧：

(1)在一个数据输入栏中同时输入几个数据时，使用逗号或空格间隔。

(2)在输入位置数据或构件的截面和材料时，可以在模型窗口用鼠标左键简单指定输入的对象。

(3)在输入长度或具有方向性的增量时，可以使用鼠标编辑功能在模型窗口用鼠标指定输入对象的起点和终点取代直接在键盘上的输入。

在输入长度数据时，如果需反复输入相同的长度，只要输入"反复次数@ 长度"即可。例如，将"20，25，22.3，22.3，22.3，22.3，88"写成"20，25，5@22.3，88"。

(4)将选择的数据直接用键盘输入时，如果要输入的节点号或单元号是连续的号码或以一定的增量增加，就可以简单地以"开始号 to(t)结束号"或"开始号 to(t)结束号 by 增量"的形式输入。例如，可将"21，22，…，54，55，56"写成"21 to 56"或"21 t 56"将"35，40，45，50，55，60"写成"35 to 60 by 5"或"35 t 60 by 5"。

(5)可以输入计算式，工学上使用的大部分计算符号和括号可以使用。

11.1.4 MIDAS/CIVIL 建模的一般过程

1. 问题描述

如图 11-1 所示，长 12m 工字形钢梁，两端简支，跨中受集中荷载 $p = 15kN$，截面：HM 594×302×14/23，材料参数：弹性模量 $E = 2.06 \times 10^5 MPa$，泊松比 $\mu = 0.3$，线膨胀系数 $\alpha = 1.2 \times 10^{-5}/\text{℃}$，钢的重度 $\gamma = 76.98kN/m^3$。

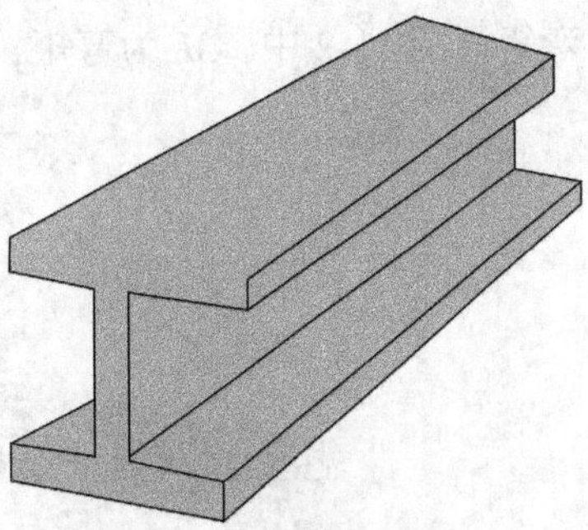

图 11-1　简支梁计算模型

2. 建立模型

(1)设定操作环境。建立新项目，定义单位体系：kN (力)，m(长度)。

(2)确定结构类型。本例题的模型处于整体坐标系 (global coordinate system, GCS)的 X-Z 平面，故可将结构指定为二维结构(X-Z Plane)。X 方向表示为杆系单元的长度方向，Z 方向为竖直方向。

(3)定义材料。使用 Civil 数据库中内含的材料 Q235 定义材料。

(4)定义截面。使用 Civil 数据库中内含的截面类型 1，截面参数：HM594×302×14/23。

(5)输入节点和单元。在建立、复制节点和单元或者输入荷载等建模过程中，需输入坐标、距离、节点或单元的编号等数据。为使用鼠标编辑功能需将捕捉功能激活，根据需要也可定义用户坐标系(user-defined coordinate system, UCS)。点栅格是为了方便建模而在 UCS 的 X-Y 平面内显示虚拟参照点。激活点栅格捕捉功能，鼠标就会捕捉距离其最近的参照点。

建立节点：用户坐标系 *X-Z* 平面（原点：0，0，0，角度 0），通过坐标录入、复制等方法建立节点。

建立单元：在"捕捉点"被激活的状态下利用"建立单元"功能输入梁单元。选择单元类型：一般梁/变截面梁，材料类型：Q235，截面 1：HM 594×302×14/23，勾选"交叉分割"选项，直接连接单元的起点 1 和终点 7，在各节点处会自动分割生成 6 个单元。

（6）输入边界条件。使用一般支承输入边界条件，即将节点 1 的 D_x，D_z 自由度约束，把节点 7 的 D_z 自由度约束，使其成为简支梁。因为已将结构类型定义为 *X-Z* 平面，故不需对 D_y，R_x，R_z 自由度再做约束。

（7）输入荷载。输入节点、梁单元、压力等荷载前，需先定义静力荷载工况。

（8）运行结构分析。建立简支梁单元、输入边界条件和荷载后，即可运行结构分析。

3. 结果查看

查看反力：结果/反力/弯矩→荷载工况/荷载组合>ST：活荷载；反力>FXYZ→显示类型>数值（开），图例（开）。

查看变形和位移：节点号（关）→结果/位移/变形形状→荷载工况/组合>ST：活荷载；成分>DXYZ→显示组成>变形（开）；变形前（开）图例（开）→数值>小数点（3）；指数型（开）→最大值最小值>最大绝对值；显示范围（%）（1）。

查看内力。构件内力根据相应单元的单元坐标系输出。首先确认单元坐标系，并查看弯矩。图 11-2 中，M_y 为弯矩，F_z 为剪力，F_x 为轴力。

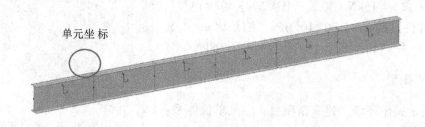

图 11-2　确认单元坐标系

查看弯矩的步骤：结果/内力/梁单元内力图→荷载工况/荷载组合>ST：活荷载；内力>M_y→显示选项>5 点（开）；线涂色（开）；系数（1）→显示类型>等值线图（开）；图例（开）。

查看剪力的步骤：结果/内力/ 梁单元内力图→荷载组合/荷载工况>ST：活荷载；内力>F_z→显示选项>5 点（开）；线涂色（开）；系数（1）→显示类型>等值线图（开）；数值（开），图例（开）→数值>小数点（3）；指数型（关）→最大值最小值>最大绝对值（开）；显示范围（%）（1）。

查看应力。构件的应力成分中，S_{ax} 为单元坐标系 *x* 轴方向的轴向应力，S_{sy}，S_{sz} 分别为

单元坐标系 y、z 轴方向的剪切应力，S_{by}、S_{bz} 分别为单元坐标系 y、z 轴方向的弯曲应力。

Combined 为组合应力，显示 $S_{ax} \pm S_{by} \pm S_{bz}$ 中的最大或最小值。

下面选择 S_{bz} 成分查看弯曲应力。

结果/应力/梁单元应力→荷载工况/荷载组合>ST：活荷载；应力>Sbz→显示类型>变形(开)；图例(开)，其结果如图 11-3 所示。

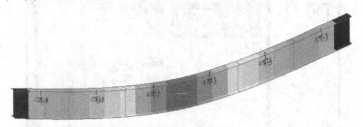

图 11-3　梁单元的弯曲应力

下面介绍梁单元细部分析(beam detail analysis)。MIDAS/CIVIL 可使用梁单元细部分析查看梁单元细部的位移、剪力、弯矩、最大应力的分布及截面内应力分布等。

在梁单元细部分析画面下端选择截面表单，图形上就会给出左侧截面应力栏中选择的相应应力结果(图 11-4)。

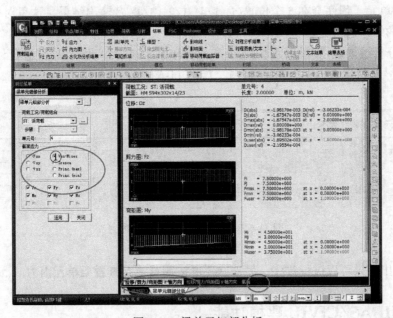

图 11-4　梁单元细部分析

结果/梁单元细部分析→荷载工况/荷载组合>ST：活荷载；单元号(1)(4)→截面应力>Von-Mises。

可通过移动图 11-4 中②，查看梁单元 i 端到 j 端任意位置的结果，如图 11-5 所示。

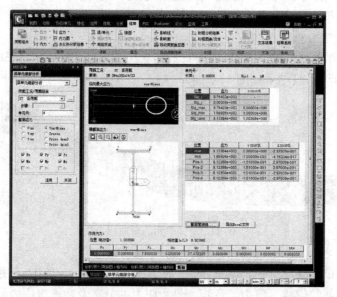

图 11-5　梁的详细分析结果

表格查看结果。MIDAS/CIVIL 可以对所有分析结果通过表格查看。

对于梁单元，程序会在 5 个位置(i, 1/4, 1/2, 3/4, j)输出结果。这里对 1~3 号单元的 i 端和 j 的结果进行查看。

结果/分析结果表格/梁单元/内力→节点或单元(1to3)→荷载工况/组合>ST：活荷载(开)→位置号>位置 i(开)，位置 j(开)，如图 11-6 所示。

单元	荷载	位置	轴向 (kN)	剪力-y (kN)	剪力-z (kN)	扭矩 (kN*m)	弯矩-y (kN*m)	弯矩-z (kN*m)
1	活荷载	I[1]	0.00	0.00	-7.50	0.00	0.00	0.00
1	活荷载	J[2]	0.00	0.00	-7.50	0.00	15.00	0.00
2	活荷载	I[2]	0.00	0.00	-7.50	0.00	15.00	0.00
2	活荷载	J[3]	0.00	0.00	-7.50	0.00	30.00	0.00
3	活荷载	I[3]	0.00	0.00	-7.50	0.00	30.00	0.00
3	活荷载	J[4]	0.00	0.00	-7.50	0.00	45.00	0.00

图 11-6　1~3 号梁单元的构件内力

表格输出结果可以进行排序。另外，还可按荷载工况查看梁单元内力。

11. 2　MIDAS/CIVIL 建模功能

11. 2. 1　MIDAS/CIVIL 单元类型

MIDAS CIVIL 提供了以下几种单元类型：桁架单元、只受拉单元(包含钩单元)、索单元、只受压单元(包含间隙单元)、梁单元/变截面梁单元、平面应力单元、板单元、平面应变单元、平面轴对称单元和实体单元 10 种类型。

1. 桁架单元

该单元由 2 个节点构成，它只能传递轴向拉力和压力。通常利用该单元做空间桁架结构或交叉支撑结构分析。

单元建立：建立单元、定义材料特性、定义截面特性和输入初拉力荷载。

单元输出：单元的输出内力符号如图 11-7 所示，图中以箭头指示方向为正"+"。

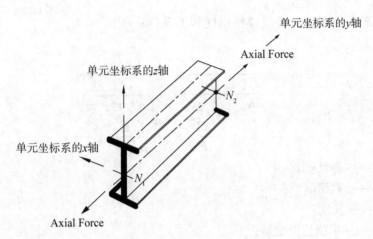

图 11-7　桁架单元坐标系及输出内力符号规定

2. 只受拉单元

只受拉单元由 2 个节点构成，它只能传递轴向拉力，如图 11-8 所示。利用只受拉单元可模拟两种构件：桁架，用于定义只能受拉的桁架单元；钩：具有一定的初始间隙，变形达到初始间隙之后才开始承受拉力。

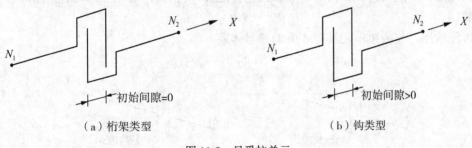

（a）桁架类型　　　　　　　　　　　（b）钩类型

图 11-8　只受拉单元

单元建立：定义迭代分析时的收敛误差；定义材料特性、定义截面特性和输入初拉力荷载。

单元输出：与"桁架单元"具有相同的符号体系。

3. 索单元

该单元由 2 个节点构成，它只能传递单元的轴向拉力，如图 11-9 所示。利用该单元可以模拟随张拉力大小刚度发生变化的索结构。做线性分析时，索单元转换为等效桁架单元；做几何非线性分析时，该单元自动转化为弹性悬索单元。

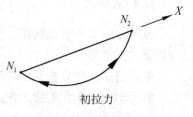

图 11-9　索单元

等效桁架单元的刚度由一般弹性刚度和下垂（sag）刚度组成。

$$K_{comb} = \cfrac{1}{\cfrac{1}{K_{sag}} + \cfrac{1}{K_{elastic}}} = \cfrac{EA}{L\left[1 + \cfrac{\omega^2 L^2 EA}{12T^3}\right]} \tag{11-1}$$

$$K_{elastic} = \frac{EA}{L}, \quad K_{sag} = \frac{12T^3}{\omega^2 L^3} \tag{11-2}$$

式中，E——弹性模量；

A——截面面积；

L——长度；

ω——单位长度重量；

T——拉力。

4. 只受压单元

该单元由 2 个节点构成，它只能传递单元的轴向压力，如图 11-10 所示。利用只受压单元，可模拟两种构件：桁架：在桁架结构里对只承受压力的桁架可以利用该单元做结构分析；间隙：具有一定的初始间距，施加压力变形达到初始间距以后才开始承受压力的构件。

单元建立：定义迭代分析时的收敛误差；定义材料的特性，定义截面特性和输入初拉力荷载。

单元输出：与桁架单元具有相同的符号体系。

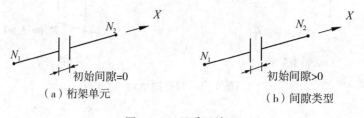

（a）桁架单元　　　　（b）间隙类型

图 11-10　只受压单元

5. 梁单元

该单元由 2 个节点构成，它具有拉、压、剪、弯、扭的刚度。当截面面积不沿长度方向发生变化时，只需定义一个截面特性。当截面面积沿长度方向发生变化时，需要分别定义两端的截面特性。利用 MIDAS CIVIL 分析变截面梁时，截面面积、有效抗剪面积及截面的抗扭刚度都是 x 轴方向的线性函数。而抗弯惯性矩沿 x 轴方向可由用户选择为 1 次、2 次和 3 次方程。

建立单元：定义材料的特性、截面特性；释放梁端约束、梁两端的接触状态（滑动、滚动、铰接等）；梁端部刚域、梁两端的节点偏心功能；输入梁单元荷载，分配楼面荷载，初拉力荷载，温度梯度荷载，定义梁截面的非线性温度和钢束预应力荷载。

单元输出：输出的单元内力符号如图 11-11 所示，箭头指向为正（+）。构件应力的正负号规定与单元内力符号规定相同。但在弯矩作用下截面上产生应力时，则以受拉为正、受压为负来规定其符号。

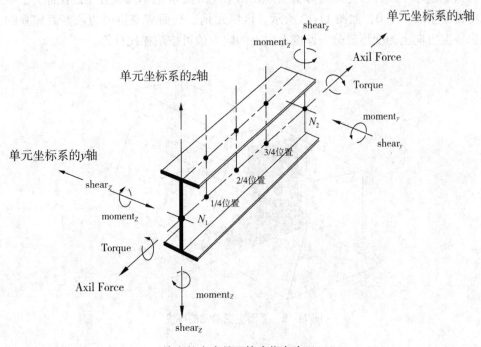

* 输出的内力是以箭头指向为正（ψ）

图 11-11　梁单元的单元坐标系及单元内力符号规定

6. 平面应力单元

该单元由同一平面上的 3 个或 4 个节点构成，只能承受平面方向作用力，利用它可以模拟具有均匀厚度的薄板。平面应力单元使用了非协调性的等参数平面应力表达形式，因此在厚度方向上不存在应力，该方向上的变形可利用泊松比计算。

单元的形状为四边形时，节点 N_1、N_2、N_3、N_4 是依次按右手螺旋法则按顺序排列，这时以单元中心为原点，拇指指向为 z 轴。以节点 N_1 和 N_4 的连线中心点为起始点，节点

N_2 和 N_3 的连线的中心点为终点，连接这两点的方向定义为 x 轴方向，依据右手螺旋法则垂直于 x 轴的方向定义为 y 轴。对于三角形单元，以三角形中心为原点平行于 N_1、N_2 两点的连线方向为 x 轴，按右手螺旋法则定义 y、z 轴。

建立单元：定义材料的特性，输入单元截面厚度；输入与单元边线垂直的荷载。

单元输出：平面应力单元的单元内力和应力可按以下方式输出，其符号及方向依据单元坐标系或全局坐标系，下面以单元坐标系为基准给予说明：

在节点处输出单元内力；在节点及单元中心处输出单元应力。

节点处的单元内力是由节点位移乘以节点刚度得到的。

节点及单元中心的单元应力是在单元的高斯点上计算应力后按外推法计算得到的。

7. 平面应变单元

在工程中，利用平面应变单元可模拟大坝或隧道。本单元不能同其他有限单元混合使用，且只能应用于线性静定结构分析。MIDAS CIVIL 要求把单元设在 x-z 平面上，单元的厚度将自动生成为 1.0，如图 11-12 所示。该单元是以平面应变特征为依据而建立的，它不考虑厚度方向上的变形成分，厚度方向上的应力值可按泊松比计算。

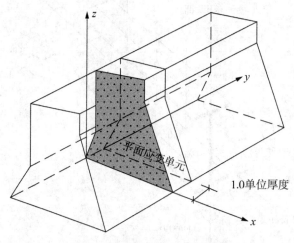

图 11-12　平面应变单元的厚度

建立单元：输入材料的物理特性，输入沿单元边分布的压力荷载。

单元输出：平面应变单元的单元内力及应力按以下方式输出，其符号及方向依据单元坐标系或全局坐标系。

8. 轴对称单元

当结构的形状、材料、荷载条件都对称于某一个轴时，可采用轴对称单元做结构分析。本单元不能同其他单元混合使用，它只适用于做结构的线性静定分析。轴对称单元是将三维轴对称空间模型考虑到轴对称特点后，理想化为二维平面单元。利用 MIDAS CIVIL 软件分析轴对称结构时，把对称轴定义为全局坐标系的 Z 轴，把单元定义在 X-Z 平面的 Z

轴右侧的平面上。此时，半径方向就是全局坐标系的 X 轴，所有节点的 X 坐标值取为正值（$X \geqslant 0$）。软件将自动生成 1 弧度的轴对称单元的厚度如图 11-13 所示。单元沿圆周方向的位移、剪应变及剪应力都取为零。

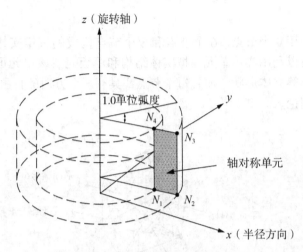

图 11-13 轴对称单元的单元厚度

建立单元：输入材料的物理特性和输入沿单元边长分布的压力荷载。

单元输出：轴对称单元的单元内力及应力按以下方式输出，其符号及方向依据单元坐标系或全局坐标系。

9. 板单元

板单元是由同一平面上的 3 个到 4 个节点构成的平板单元（plate element），在工程中，可以利用它解决平面张拉、平面压缩、平面剪切及平板沿厚度方向的弯曲、剪切等结构问题。MIDAS CIVIL 板单元使用的平面外刚度分为 DKT/DKQ（discrete kichhoff element）薄板单元和 DKMT/DKMQ（Discrete Kirchhoff-Mindlin Element）厚板单元。薄板单元根据 Kirchhoff Plate Theory 理论开发；厚板单元依据 Mindlin-Reissner Plate Theory 理论开发。无论是薄板还是厚板单元均能够正确反映其剪切应变，能够计算出较准确的结果。

四边形单元节点不在同一平面时，可考虑翘曲效应。板单元可输入两种厚度，一个是为了计算平面内的刚度，另一个是为了计算平面外刚度。计算结构的自重、质量时，默认取用前者。

单元建立：输入材料的物理特性，单元厚度，平面内或平面外的压力荷载和温度梯度。

单元输出：输出单元内力及应力，其符号及方向依据单元坐标系或整体坐标系。下面以单元坐标系为基准进行说明：

在节点处输出单元内力；

在节点和单元中心处输出单位长度内力；

在节点及单元中心处输出截面上部和截面下部的应力；

节点的单元内力是该节点的位移乘以该节点的刚度而得到的；

节点和单元中心处的单位长度内力有平面内内力和平面外内力；

节点和单元中心的应力是把在该单元高斯点上应力按外推法计算得到的。

10. 实体单元

该单元是分别利用 4 个节点、6 个节点和 8 个节点构成的三维实体单元，如图 11-14 所示。实际工程中可以利用实体单元模拟实体结构和厚板壳。该单元可以有 3 角形锥体、三角形柱体和六面体等立体形状，而且每个节点都具有三个方向的自由度。实体单元使用了非协调性等参数理论。

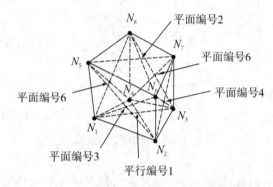

（a）8个节点单元(Hexahedron)

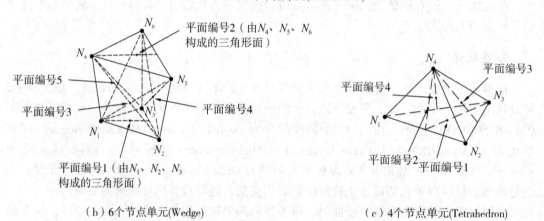

（b）6个节点单元(Wedge)　　　　　　　　（c）4个节点单元(Tetrahedron)

图 11-14　三维块体单元的种类及节点编号顺序

该单元的自由度以全局坐标系为基准，实体单元是满足右手螺旋法则的空间直角坐标系。它是以单元的中心为原点，把编号为 1 的平面看作是板单元时，该单元的坐标方向就作为实体单元的坐标轴方向。

单元建立：输入材料的物理特性，垂直于单元表面的压力荷载。单元荷载是以压力的形式作用于单元各表面，如图 11-15 所示。

单元输出：三维实体单元的单元内力及应力，其符号及方向依据单元坐标系或全局坐标系。

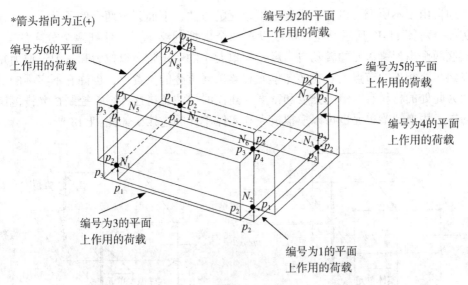

图 11-15　作用于三维实体单元表面上的压力荷载

在节点处输出节点单元内力；

在节点及单元中心位置上输出三维应力；

节点处的单元内力是由该节点的位移乘以该节点的刚度得到的；

节点和单元中心的应力以高斯点应力按外推法计算得到的。

11. 不同单元之间的连接

当模型中出现两种以上的单元类型时，由于单元类型的节点自由度数不同，存在单元的连接问题，即自由度不协调的问题。比如板单元没有绕其单元坐标系 z 轴的旋转自由度，如与三维梁单元连接，那么其公用节点处对梁单元来讲，就缺少一个旋转约束而成铰接；同理，由于实体单元没有旋转自由度，若板单元与实体单元连接，则很容易导致某个方向出现铰行为；而梁单元和实体单元连接时，三个方向都会出现铰行为，图 11-16 所示。

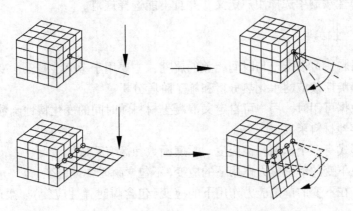

图 11-16　梁、板分别与实体单元直接连接

处理自由度不协调可以使用设置虚拟单元的方法，下面列举两个例子。

例如，对图 11-17 所示结构，可以设置两个虚拟的梁单元，伸到两个分离的节点上，并释放这两个虚拟梁单元的转动自由度。梁单元中的弯矩就会以拉力和压力形成力矩的方式传递到与之相连的节点上。在实体单元和梁单元重叠的位置处，也许有不实际的额外刚度。因为此处的材料有双倍的强度和密度，建模时要注意将这种影响控制在允许范围内。

同样，用虚拟梁单元也可以模拟板壳和实体单元的连接，如图 11-18 所示。

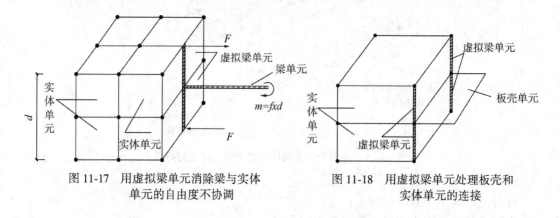

图 11-17　用虚拟梁单元消除梁与实体　　　　图 11-18　用虚拟梁单元处理板壳和
　　　　　　单元的自由度不协调　　　　　　　　　　　　　实体单元的连接

11.2.2　材料定义

1. 一般材料定义

计算单元的刚度时，需要输入材料特性和截面特性。MIDAS CIVIL 可以分析各向同性和正交各向异性材料的结构。在进行静力材料非线性分析时，需要定义塑性材料模型。

这里的一般材料是指工程中常用的处于线弹性阶段的材料。可以添加新材料、编辑、删除和复制已经定义的材料，也可以从其他模型中导入材料。弹性数据中可以选择设计类型(混凝土、钢材、组合材料和用户定义)。这里选择的材料仅用于分析。设计时，可另外选择材料。选择材料设计类型后，可以选择国内外规范中的材料标准。正交各向异性材料定义只能在弹性数据中选择用户定义，并且不能选择规范。

2. 时间依存性材料

对混凝土材料，可以指定与时间相关的属性，主要用于考虑混凝土徐变、收缩以及强度和弹性模量等龄期效应的水化热分析和施工阶段分析。

当有试验数据可用时，用户可自定义混凝土材料随时间的变化特性函数，也可从系统中选择时间依存性材料函数。

徐变数据形式有三个选项：徐变度、柔度函数和徐变系数。

徐变度：在不变的单位应力作用下的应变(不包含瞬时弹性应变)。

柔度系数：在不变的单位应力作用下的应变(包含瞬时弹性应变)。柔度系数＝应变+徐变度。

徐变系数：徐变与弹性应变的比。徐变系数=徐变度×开始加载时的弹性模量。

徐变数据也可以导入，将经常使用的徐变系数存储为文件。当需要时导入使用。文件扩展名为 TDM，数据格式可参考 MIDAS CIVIL 的在线帮助。

3. 塑性材料定义

塑性材料用在材料非线性分析中，目前的 MIDAS CIVIL 版本中静力材料非线性功能仅适用于板单元、实体单元、平面应力和平面应变单元。

MIDAS CIVIL 提供 4 种塑性材料模型：Tresca、Von Mises、Mohr-Coulomb 和 Drucker-Prager，其中 Tresca 和 Von Mises 这两种模型适用于具有塑性不可压缩性的可锻金属材料。Mohr-Coulomb 和 Drucker-Prager 这两种模型适用于脆性材料，例如混凝土、岩石、土等这两类材料的特性是具有体积塑性应变。

11. 2. 3 截面定义

对桁架、只受拉单元、只受压单元、索、间隙、钩、梁等线单元。有限元分析模型中缺少截面信息，所以其截面数据需要用户给定。对板单元，模型中缺少厚度信息，其厚度需要用户给定。实体单元是根据空间布置的节点包围而成的。几何信息全面，则不需要输入截面和厚度数据。

对桁架、只受拉单元、只受压单元、索、间隙、钩等单元截面特性是指其截面面积。使用这些单元进行结构分析时，在计算过程中仅使用截面面积数据。但为了显示截面形状，同时也要输入截面尺寸数据。对梁单元，截面特性是指其截面面积、抗弯惯性矩，抗扭惯性矩、有效剪切面积和截面面积矩等。

MIDAS CIVIL 可以利用三种方法输入截面特性：只输入截面的主要尺寸或导入截面，程序自动计算截面特性；选用规范数据库中的标准截面，程序自动计算截面特性；用户直接输入截面特性值。截面特性中的数据计算依据的是单元坐标系。

1. 普通截面

在截面数据对话框中有数据库/用户、数值、组合截面、型钢组合、设计截面、变截面和联合截面等属性页。

在定义钢混凝土组合截面时需要参照对话框中的图形输入混凝土截面和钢材截面的外形尺寸。在钢材数据可以选择数据库和用户，即可以从数据库(含多国标准)中选择标准的钢材截面，也可以自定义钢材截面。

混凝土刚度折减系数：换算刚度时，混凝土截面刚度的折减值，一般取 0.8~1.0。混凝土截面刚度折减就是弹性模量的折减，是考虑混凝土长期效应和混凝土徐变的影响。在施工计算中，因为混凝土是新浇筑或龄期较短。一般不予以折减；在设计计算中，要考虑长期效应，混凝土刚度折减系数一般取 0.85。

在 MIDAS CIVIL 中，计算钢-混凝土截面刚度时，只能将混凝土截面换算为等效钢材截面。混凝土截面的面积等效为原来的 E_c/E_s 倍，其合力作用位置不变，并据此计算等效后总的截面特性。之所以等效，就是因为计算所用的力学公式要求截面是匀质的。

　　线单元的有限元模型是一条线，需要指定其截面。在模型窗口显示的线单元是以截面位置为基准生成的，其位置是可以改变的，即所谓修改截面偏心，更改截面的偏心不会改变截面特性值，但会影响杆件的相对位置、截面重心位置等，从而影响荷载作用位置，最终影响计算结果，即截面偏心影响荷载作用位置。偏心的默认值为截面质心，若要修改偏心的位置，可点击修改偏心按钮来实现。使用消隐功能，确认生成的截面形状。

2. 变截面

　　线单元模型中任意两个节点处的截面 I 和截面 J 是可以变化的，但两端的截面必须是截面形状相同的，用户需要输入两端的截面名称和相关数据，可以选择两端截面形状有前述数据库/用户、数值、设计截面和联合截面所对应的截面。当选择数据库/用户和数值对应截面形状时，除任意截面需要用户直接输入两端截面特性值外，用户可选择数值、用户和数据库输入两端截面。当选择设计截面和联合截面对应的截面形状时，用户除可以直接输入截面几何尺寸外，还可以选择导入 I 截面和 J 截面，但是这里导入的是在本模型事先定义的设计截面和联合截面对应的截面形状，而不是从外部其他模型导入截面。

　　一旦输入变截面构件两端的截面尺寸，即认为截面特性沿构件长度方向从 I 端到 J 端是变化的。程序默认为横截面积、有效抗剪面积和扭转惯性矩沿单元局部坐标系 x 轴方向从 I 端到 J 端按线性变化；而抗弯惯性矩在截面改变方向上可以选择按线性抛物线和三次曲线变化。所以，定义变截面数据时，还要输入对单元局部坐标系 y/z 轴的抗弯惯性矩沿单元长度方向的变化规律，可以选择一次方程、二次方程和三次方程。

3. 联合截面

　　联合截面用于模拟由多片纵梁组成的叠合梁中单片纵梁的截面特性，所以定义截面时，对话框中显示的是单片纵梁形状。联合截面中的截面类型有：钢-箱型、钢-工字形、组合-工字形、组合-T 形、组合-PSL、组合一般和用户自定义。

　　MIDAS CIVIL 按照换算截面特性计算钢混叠合梁的刚度，得到荷载作用下的内力和变形，对每个位置的正应力进行全截面积分，得到该位置的轴力和弯矩。钢混叠合梁计算联合截面刚度时，将混凝土换算为钢材计算。

　　联合截面的功能比较强大。可以模拟钢混叠合结构和混混组合结构（公路规范 JTG D62—2004 关于组合梁专门提到混混组合式受弯结构），用施工阶段联合截面模拟其结构的施工过程。强大的 SPC 组合截面定义功能，可以定义任意形状的组合截面，因此可以准确地对组合梁结构进行施工阶段分析以及成桥状态下的静、动力分析，还可以用于 T-梁、箱梁翼缘加长、旧桥加固（混凝土梁加钢板或混凝土结构加厚补强），可以在联合后截面的混凝土板上配筋。

　　施工阶段实现的联合截面可以使用联合截面，也可以自定义联合前的截面，然后在施工阶段再联合。例如，预弯组合梁可用施工阶段联合截面中的自定义组合截面功能实现。预弯组合梁结构亦简称为预弯梁，是利用配置在混凝土中钢梁自身变形，对混凝土施加预应力的型钢混凝土结构。预弯组合梁一般为由预弯曲的工字形钢梁一、二期混凝土组成的组合结构，如图 11-19 所示。

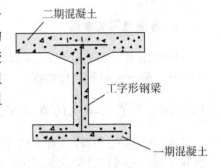

二期混凝土

工字形钢梁

一期混凝土

图 11-19 预弯组合梁

4. 自定义截面–截面特性值计算器（SPC）

对于一些特殊截面可以通过程序自带的截面特性计算器（sectional property calculator，SPC）功能来计算这些截面的截面特性值，并导入到程序中定义新的截面。截面特性计算器是有效、快速计算复杂截面特性的工具。其功能简化了截面数据的输入，主要有：

（1）使用输入 Import 功能可以导入 AutoCAD 的 DXF 文件。

（2）SPC 可以对输入的截面进行完全自动的网格划分。

（3）能够计算由不同材料组成的联合截面。

对于一般截面通过生成 Plane 形式截面来计算截面特性，对于薄壁结构采用 Line 形式生成截面并计算截面特性。

5. 截面特性调整系数

截面特性调整系数用来调整线单元(桁架单元、只受拉单元、只受压单元、索单元、间隙单元、钩单元、梁单元)的截面特性，新截面特性=原截面特性×截面特性调整系数。关于截面特性调整系数对话框中各项的含义，可参见软件的在线帮助手册。

6. 截面钢筋

截面钢筋功能用来输入设计截面以及联合截面的普通钢筋数据和设计截面竖向顶应力钢筋数据。可输入设计截面的纵向(顺桥方向)钢筋、抗剪钢筋、腹板竖向预应力钢筋、抗扭钢筋(抗扭箍筋和杭扭纵筋)联合截面的纵向钢筋等。输入的纵向钢筋，反映在计算截面刚度和截面设计中，还可以考虑钢筋对混凝土的收缩/徐变的影响，即在施工阶段分析控制中。勾选考虑钢筋的约束效果。关于截面钢筋定义中参数的含义，可参见在线帮助手册中的相关内容。

7. 截面表格

可以用电子表格显示截面数据。不管截面是如何定义的，总表描述已定义的所有截面特性，要修改或增加截面数据，都不能在总表中进行。可以在 Excel 中按各个分表格数据格式填写数据，然后通过拷贝、粘贴的方式导入截面分表格中，截面分表格中的数据也可以拷贝到 Excel 中。为了确定格式，一般可先定义一个截面，再将截面分表格中的数据拷贝到 Excel 中，然后修改和增删，最后粘贴回截面分表格中。

8. 厚度及厚度表格

厚度用来输入平面单元(平面应力单元，板单元)的厚度数据。厚度表格是用电子表格定义、修改或增删厚度数据，可以实现与 Excel 的数据交换。

11.2.4　节点与单元的直接建立

MIDAS CIVIL 软件具有 CAD 程序的大部分功能，可以像画图一样非常容易地建立节点和单元，还可以直接或间接地从其他 CAD 软件或有限元软件导入模型。

1. 节点建立与修改

关于对节点的操作命令包括建立、删除、复制和移动、旋转、投影和镜像等。建立节点可以直接输入坐标，选择复制次数。在距离中输入增量，再点击适用按钮，就可以一下子建立多个节点。

直接输入坐标建立节点时，默认坐标系是全局坐标系。先定义好用户坐标系再转换到用户坐标系时，输入的坐标就是按用户坐标系确定的。使用用户坐标系建立模型时非常方便。

还可以用复制已有节点、分割已有节点(在两个节点间按相等或不相等的间距生成新的节点)等方法来建立新的节点，另外，在复制单元的同时，程序会自动生成构成单元的节点。节点建立过程中，可能会出现节点号不连续的情况，可以通过对选择节点进行重新编号或紧凑节点编号来进行编辑。

2. 单元建立与修改

在 MIDAS CIVIL 中直接建立单元时，主要使用两种方法：一是先建立节点，再利用节点建立单元；二是使用栅格同时建立节点和单元，这一方法效率较高而常被采用。这两种方法都需要先启动单元建立命令再操作。

建立桁架单元等线单元时，为了确定其截面的方位，可以选择 Beta(β) 角、参考点和参考向量三种方式中的任一种，默认是用 β 角来确定截面方位，需要输入 β 角的值，一般选默认的零即可(如截面方向有误再修改 β 角的值)。

建立线单元和平面单元均可以用鼠标编辑功能直接在模型窗口中选择节点或其他捕捉点。但是用"建立"命令建立实体单元，必须有空间立体的节点才行，有时很不方便。直接在 MIDAS CIVIL 中建立单元常用的方法还有复制、分割、镜像和扩展等。目前，软件提供平面单元的网格划分功能，网格划分可以生成平面单元。需要注意的是，使用镜像功能复制单元时，新生成的单元的局部坐标系方向与源单元的局部坐标系方向相反，因此需要调整单元的局部坐标系方向使得输出的单元内力方向统一。

用扩展命令是建立板特别是实体单元常用的方法。扩展命令的扩展类型包括节点→线单元，线单元→平面单元和平面单元→实体单元，即可以从节点扩展成线单元，从线单元扩展成面单元，从面单元扩展成实体单元。扩展的方式包括复制和移动、旋转和投影。

其他单元的操作命令执行方式在软件的在线帮助中都有详细说明。

3. 结构组

为了调取、修改、显示和输出一些具有相同或相似特征的构件，将组成该构件的一些节点和单元定义成一个结构组，也可以编辑和删除已建立的结构组。对复杂的模型，当分析和设计中需要反复使用某些单元和节点时，可以将其定义为一个结构组，然后可以直接使用该结构组名称进行选择(选择属性)，或只激活该结构组(激活属性)。该功能可以用于定义桥梁各施工阶段的结构。

在生成结构组之前，需要先定义结构组的名称，并选择组内的节点和单元，然后在树形菜单的组树中使用拖放功能将节点和单元赋予相应的结构组。

在桥梁建模助手中可自动生成预应力箱形桥梁的各结构组。在 AutoCAD 的 DXF 文件中不同的层导入 MIDAS 后自动成为不同的结构组。

4. 平面单元的网格划分功能

MIDAS CIVIL 可以通过自动网格划分得到平面单元，网格划分能力的强弱是评判现代有限元软件功能的一个重要指标。目前只能对平面单元划分网格，其他单元可用单元的分割功能达到细分单元的目的。如 ANSYS 类似，平面单元网格划分有两种方式：自动网格平面区域和映射网格 4 节点区域。网格只能对平面而不能对曲面进行划分。由于网格划分情况复杂，需详细阅读用户手册。

5. 模型导入，导出与数据合并

MIDAS CIVIL 具有从其他软件导入模型和导出模型到其他软件的功能。还可以与其他模型合并数据文件。可以通过导入 AutoCAD 的 DXF 文件来建立线单元、从 SAP2000 和 STAAD 中导入有限元模型或导入 MCT 命令文件建立模型。若导入前模型窗口中已有模型，则导入的模型可以添加到既有的模型中，可以导出自身模型成 MCT 文件和 AutoCAD 的 DXF 文件。还有一个非常重要的功能是将框架单元转化为实体单元或板单元(仅适用于 PSC 截面)，然后利用 MIDAS/FEA 软件打开。转化为实体单元后的文件扩展名为 mcs，转化为板单元后的文件扩展名为 mcp。

合并数据文件的功能可以实现模型的组装，不同的人员或相同人员在不同时间分别建立模型的一部分，然后再组装，这样往往可以提高建模效率。注意：不能合并荷载数据。

6. 检查结构数据

比较复杂的模型，特别是从 CAD 软件导入的模型和经过复制、移动或其他操作的模型，比较容易出现单元重复等的错误现象。MIDAS CIVIL 提供了检查结构数据的功能。如果在同一位置存在两个以上单元，可用检查，并删除重复输入的单元功能检查并删除重叠的单元。

平面或实体类型单元中与相邻单元不连接的边缘，即自由边。显示自由边功能用于检查平面单元中的建模错误。

实体类型单元中与相邻单元不连接的面，即自由面。显示自由面功能用于检查实体单元的建模错误。

根据视图方向，板单元垂直于单元坐标系 z 轴的两个面将显示两种不同的颜色。用户可以使用检查单元局部坐标轴功能方便地查看板单元的单元坐标轴，而不必分别查看每个单元的单元坐标轴。

11.2.5　建模助手

建模助手是 MIDAS CIVIL 提供的快速建模功能，为一些典型的结构模型提供了简便快捷的建模手段。本节仅介绍预应力混凝土(PSC)桥梁建模助手中部分内容，关于建模助手中各参数的详细说明，可参考软件的在线帮助手册。建模助手所能建立的模型绝大多数可以用手工实现，其建立的模型也可以用手工方法修改。

使用 PSC 桥梁建模助手可以快速建立预应力混凝土桥梁的模型，包括桥跨布置信息、截面信息、普通(纵向和抗剪)钢筋信息、边界条件信息和有效宽度信息等，但是预应力钢筋的信息需要手工建立。可用截面类型包括设计截面中的单箱单室、双室、三室、多室，以及 T 形、钢腹板箱梁类型。该建模助手的特点是建立的预应力混凝土桥梁截面中腹板、顶板和底板分别可以不同次数变化其厚度(变截面组功能无法解决此问题)，以便建立出更精确的模型，还可以自动生成有效宽度信息。

PSC 桥梁建模助手需要完成以下三个方面的信息填写：

1. 跨度信息

在使用 PSC 桥梁建模助手之前，首先要确定桥梁的跨度信息包括端部、中间支承的数量、位置、跨径等，需要先将桥梁的线模型建立好，即节点、单元和支撑情况必须先定义。一个完整桥梁模型所有单元必须是连续的，中间不能断开，且梁单元的单元坐标系 x 轴方向要一致。

分配单元中跨度可由单元长度自动计算，也可以用户定义，如图 11-20 所示。"用单元长度计算跨度"根据中间支撑条件确定跨度，从端点到第一个支撑点算为一跨，各个支撑点之间都算一跨。勾选"精确跨度"后，可以输入用户自定义的跨度，每跨跨度可以和"用单元长度计算跨度"不同，但跨度数要与"用单元长度计算跨度"中一致。第 n 跨尾端到梁起始端的距离在用户自定义跨度信息后，都将按式(11-3)计算，定义变截面梁以及钢筋信息的输入、有效宽度系数的计算等都要用到该值。

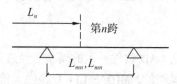

图 11-20　从梁起端到某截面的距离计算图示

$$L'_n = (L_{m1} + L_{m2} + \cdots + L_{mn}) + \left[L_n - (L_{s1} + L_{s2} + \cdots + L_{sn-1}) \right] \times \frac{L_{mn}}{L_{sn}} \qquad (11-3)$$

式中，L'_n——用户自定义的跨度信息后、梁起始端到第 n 跨尾端的距离；

L_n——按梁单元长度计算跨度时，梁起始端到第 n 跨尾端的距离；

L_{mn}——第 n 跨的按单元长度计算的跨度，即该跨单元长度之和；

L_{sn}——第 n 跨的用户定义跨度，该跨没有自定义跨度时等于 L_{mn}。

"多片梁的内部方向"选项是为在计算 T 形梁截面的有效宽度系数时，区分两侧翼缘的位置，即 T 形截面的悬臂翼缘方向和内侧翼缘方向。在此，选择质心至桥梁内侧的方向即可。

点击"添加"按钮，就会将上述跨度信息添加到梁信息栏中。最后关闭跨度信息对话框。

2. 截面和钢筋

在此定义变截面梁和输入普通钢筋数据。使用 PSC 桥梁建模助手，可以使截面的各个部位(比如顶板，底板和腹板)都以不同的规律变化，所以能够建立出更精确的模型。使用 PSC 截面钢筋功能输入普通钢筋的数据(纵向、抗剪)时，是对每个截面一对一地输入钢筋数据。特别是对变截面梁而言，用户将要进行重复的数据输入工作。而使用 PSC 桥梁建模助手，只需输入一次钢筋数据，然后利用此数据程序自动进行单元分割，自动生成每个变截面相应的钢筋数据。

截面和钢筋对话框的截面属性页如图 11-21 所示。

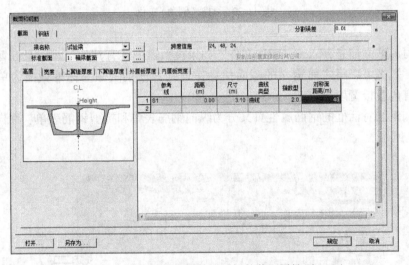

图 11-21　截面和钢筋对话框的截面属性页

首先，选择梁名称，即在跨度信息对话框中定义的梁名称。通过梁名称，可将跨度信息对话框中定义的所有信息传递过来。若之前没有定义跨度信息，则可以点击梁名称右侧按钮，弹出跨度信息对话框来定义。

其次，选择标准截面，即选择之前定义的 PSC 桥梁的一个典型截面。如还没有定义标准截面，可以点击其右侧的按钮，进入截面定义对话框定义。如前所述，可用截面类型包括设计截面中的单箱单室、双室、三室、多室，以及 T 形、钢腹板箱梁类型。

再次，需要逐个填写各个控制截面的各项截面信息。对变截面梁，其控制截面是指截面变化规律发生变化的截面，比如直线和曲线的交界截面、腹板厚度发生变化的截面等。因为变化规律不同，所以高度、宽度、上翼缘厚度、下翼缘厚度、外腹板厚度和内腹板厚度都有自己相对独立的控制截面，当然它们的控制截面数量也是不同的。每个控制截面都需要填写参考线、距离、尺寸、曲线类型、指数型和对称面距离等内容。对上下翼缘厚度表单，还有加腋变化选项需选择。

控制截面的位置是通过先确定参考线，然后根据参考线到该截面的距离确定。程序默认参考线为梁的起始与终结截面和有边界条件的截面，编号从梁起端（一般为模型窗口左端）开始到梁终端依次为 S_1，S_2，…。尺寸即该截面的高度（对应高度表单）、宽度（对应宽度表单）和上翼缘厚度（对应上翼缘厚度表单）等的数值。曲线类型是当前位置至下一个位置的曲线变化类型。指数型指曲线变化次数。勾选"加腋变化"选项时，上下翼缘厚度变化的同时，加腋长度也变化（图 11-22），我国大部分桥梁不勾选此选项。

（a）勾选加腋变化时倒角长坡随着翼缘厚度变化　　　（b）不勾选加腋变化时倒角长坡随着翼缘厚度变化

图 11-22　加腋（倒角）变化

将填写的截面信息存入 ∗.WZD 文件。如果模型窗中还有其他模型，且在截面信息中有了定义，那么可以将之前定义的截面信息拷贝到其他梁。如果标准截面为单箱多室截面，则会有内腹板宽度表单。

截面和钢筋对话框的钢筋属性页又分为纵向钢筋表单和抗剪钢筋表单，纵向钢筋表单如图 11-23 所示。

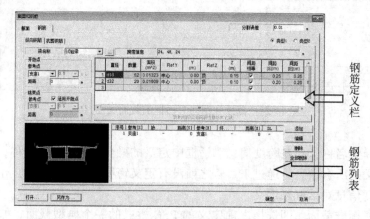

图 11-23　纵向钢筋表单

在纵向钢筋表单中，首先要选择梁名称。然后定义纵筋的开始点与结束点，以确定其在顺桥向的位置。最后填写纵向钢筋在梁截面上的信息，以确定纵筋的面积、位置和间距等信息。

纵筋的开始点位置可以由参考点以及参考点至开始点的距离确定。参考点可以是支点或某跨跨长比例点，分别对应下拉条中的支座 i 和跨度 i。当选择跨度 i 时，其后的 $0.5×L$ 被激活，如图 11-23 所示，可以选择跨度 i 的起点、1/10 点、2/10 点等作为参考点，纵筋的结束点位置确定方法与开始点相同，如结束点的参考点与开始点的参考点是同一点时，勾选适用开始点选项即可。关于纵筋的直径、数量、位置和间距等与定义截面时截面钢筋的填写方法一样。

开始点和结束点截面相同的顶板和底板纵向钢筋可以一起在图 11-23 的"纵筋定义栏"中定义，然后再点击添加按钮，将"纵筋定义栏"中的所有钢筋作为一个"组"加入到"纵筋列表中"。

截面和钢筋对话框的钢筋属性页中抗剪钢筋表单如图 11-24 所示。

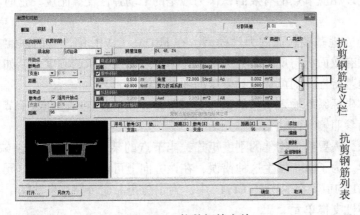

图 11-24 抗剪钢筋表单

抗剪钢筋表单的填写方法与纵向钢筋表单的填写方法基本一样，不同的仅是钢筋定义栏内容。抗剪钢筋中弯起筋、腹板钢筋、抗扭钢筋和箍筋等的定义方法与注意事项可参看软件在线帮助手册。

11.3 边界条件

11.3.1 支承边界条件

在 MIDAS CIVIL 中，把边界条件分为节点边界条件和单元边界条件。节点边界条件包括自由度约束、弹性支撑单元和弹性连接单元。单元边界条件包括单元端部释放，梁端部偏心和刚性连接。

1. 自由度约束

利用自由度约束功能可以约束节点的位移；或者当缺少自由度的单元之间相互连接时，利用此功能可约束节点自由度，以防止发生奇异。可沿整体坐标系或节点坐标系方向约束节点 6 个方向的自由度。

2. 弹性支撑单元

在结构的边界及弹性地基梁的支撑位置上，通常利用弹性支撑单元建立结构计算模型。在缺少自由度的单元之间相互连结的节点上，为了防止出现奇异，也可使用弹性支撑单元。在整体坐标系上任意节点的 6 个自由度方向上都可以输入弹性支撑单元。其中，平动刚度是按发生单位位移时所施加的力的大小输入，而转角刚度则是按发生单位旋转角时所施加的弯矩的大小输入。

平动弹性支撑在实际工程中通常用来模拟桩或地基。当建立弹性地基模型时，利用地基的反力系数乘以相应节点的有效面积作为地基的平动弹性支撑刚度。这时，地基只能抵抗压力的作用。

为了便于建立地基接触面的力学模型，在 MIDAS CIVIL 中设有面弹性支承功能。软件自动把节点的有效面积与反力系数的乘积作为节点弹性支承的刚度值。如果需要考虑只能传递压力的地基特性，则可选择只受压的弹性支撑单元。

通常在整体坐标系下输入节点的弹性支撑单元。如果节点内已经赋予节点坐标系，则以节点坐标系为参照输入弹性支撑单元。

在分析阶段，需要整合构件的刚度矩阵，当节点的某一自由度方向上缺少刚度成分，将可能出现奇异。为了防止发生这种错误，在该方向上可设置弹性支撑单元，其刚度大小取 0.0001~0.001 的值。在 MIDAS CIVIL 中，为了防止上述奇异，自动赋予刚度大小不影响计算精度的弹性支撑单元。

3. 分布弹性支承

考虑地基与上部结构的相互作用时，一般通过弹簧来模拟地基。当结构建立在弹性地基上面时，通常使用文克尔弹簧模型。

文克尔模型的基本假定如下：

(1)土体表面任一点的压力强度与该点的沉降成正比；

(2)弹性地基由互相独立的弹簧构成。

文克尔地基弹簧可使用于线单元、板以及实体单元上。对于线单元，假定弹簧设置在具有一定宽度的长度方向上；对于板或实体单元，假定分配在单元表面上。

11.3.2　连接单元

1. 弹性连接

弹性连接单元是把两个节点按用户所要求的刚度连接而形成的有限计算单元。虽然对两个节点可以利用桁架单元或梁单元连接，但这些单元不能充分反映各轴向及旋转方向的刚度。以单元坐标系为坐标参数所输入的弹性连接单元具有 6 个参数，即 3 个轴向位移刚度值和 3 个沿轴旋转的转角刚度。弹性连接单元可按发生单位位移时所施加的力的大小输入位移刚度。弹性连接单元可以作为只受拉或只受压的单元使用，这时只能输入单元坐标系的 x 轴向的线刚度。

在桥梁结构中的上部结构和下部桥墩之间的垫板以及弹性地基梁下地基的接触面等，都可以利用弹性连接单元建立计算模型。如果选用刚性连接选项，相当于把两个节点连接成刚体连接。

2. 一般连接

一般连接主要用于模拟减隔振装置、只受压/只受拉弹簧、塑性铰、地基弹簧等，一般连接由连接两个节点的 6 个弹簧构成，与梁单元具有相同的单元坐标系。

根据作用类型大体分为单元型和内力型。

单元型的一般连接单元提供的类型有弹簧、线性阻尼器、弹簧和线性阻尼器三种。弹簧仅有 6 个方向的线性刚度，线性阻尼器仅有 6 个方向的线性阻尼特性。弹簧和线性阻尼器是将弹簧和线性阻尼器并列连接的形态。单元型的一般连接单元，通常用于模拟线性特性的构件，也可以通过定义弹簧的非弹性铰特性将其作为非线性单元使用。

内力型连接包括黏弹性消能器、间隙、钩、滞后系统、铅芯橡胶支座隔振装置以及摩擦摆隔振装置六种类型。

11.3.3 其他边界条件

1. 单元端部释放

单元间相连位置的力学模型是根据单元自由度和端部约束条件建立的。利用单元端部释放功能，可以建立单元约束条件。可以使用单元端部释放功能的单元有梁单元和板单元。

梁单元上两个节点的所有自由度方向上都可使用单元端部释放功能。如果在梁单元的两个节点上释放所有旋转自由度，结构间的连接将变成铰接。

在板单元的节点上，除了沿垂直于平面的轴旋转自由度以外，在所有的自由度方向上都可以输入单元端部释放。如果在形成板单元的所有节点上输入平面外弯曲自由度方向的单元端部释放，结构将形成类似平面应力单元的连接形式。

图 11-25 所示为桥梁结构的梁(板)与桥墩的连接形式。

2. 考虑刚域效果

通常分析刚架结构时，构件的长度取用构件轴线之间的距离。而实际结构在端部存在偏心或在梁柱交接处形成刚域，使得实际的构件长度比轴间距小，实际变形和内力比计算结果小。MIDAS CIVIL 为了考虑这种刚域效果，采取两种解决方法(图 11-26)：自动考虑梁端偏移距离和用户直接输入梁端偏移距离。MIDAS CIVIL 仅对梁单元考虑梁柱交接处刚性域效果。

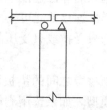

（a）桥梁结构的梁与桥墩的连接形式

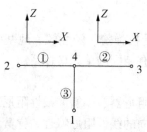

释放单元①上节点 4 的端部约束 F_x，M_y

释放单元②上节点 4 的端部约束 M_y

（b）利用梁单元的力学模型

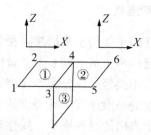

释放单元①上节点 3、4 的端部约束 F_x，M_y

释放单元②上节点 3、4 的端部约束 M_y

（c）利用板单元的力学模型

图 11-25　梁单元和板单元端部连接部位的力学模型

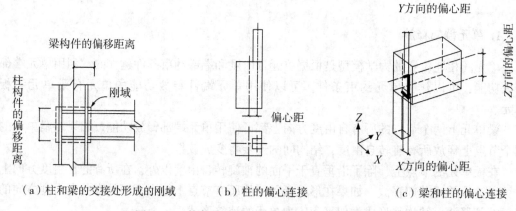

（a）柱和梁的交接处形成的刚域　　　（b）柱的偏心连接　　　（c）梁和柱的偏心连接

图 11-26　构件之间偏心连接时的偏移距离（偏心）

　　自动考虑刚域效果时，如果在构件内力的输出位置命令中选择"修正后刚域"，单元的刚度、自重、分布荷载以及构件内力输出位置都随修正后的偏移距离 $ZF(R_i+R_j)$ 而变化。如果在构件内力的输出位置命令中选择"刚域"，则利用修正系数只调整构件的有效计算长度，单元的自重、分布荷载以及构件内力输出位置均为刚性域的边界位置（构件的净距）。

3. 主从节点

刚性连接功能就是用来约束结构之间的相对几何移动。

刚性连接由一个主节点和一个或多个从属节点构成。刚性连接有以下四种类型：刚体连接、刚性平面连接、刚性平动连接、刚性旋转连接。

刚体连接就是主节点和从属节点以三维刚体约束方式连接，各节点之间的距离保持不变。主节点与从属节点之间的相互约束方程式如下：

$$U_{Xs} = U_{Xm} + R_{Ym}\Delta Z - R_{Zm}\Delta Y$$
$$U_{Ys} = U_{Ym} + R_{Zm}\Delta X - R_{Xm}\Delta Z \qquad (11\text{-}4)$$
$$R_{Zs} = R_{Zm} + R_{Xm}\Delta Y - R_{Ym}\Delta X$$

$$R_{Xs} = R_{Xm}$$
$$R_{Ys} = R_{Ym} \qquad (11\text{-}5)$$
$$R_{Zs} = R_{Zm}$$

这里，$\Delta X = X_m - X_s$，$\Delta Y = Y_m - Y_s$，$\Delta Z = Z_m - Z_s$

式中，下角标 m、s 各表示主节点和从属节点的属性；U_x、U_y、U_z 表示沿整体坐标系 X、Y、Z 轴方向的平动位移；R_x、R_y、R_z 表示绕整体坐标系 X、Y、Z 轴旋转的转角位移；X_m、Y_m、Z_m 表示主节点的坐标；X_s、Y_s、Z_s 表示从属节点的坐标。

当主结构的刚度远大于其他构件的刚度从而可以忽略主结构的变形时，可使用刚体连接。

图 11-27 所示是利用刚体连接和刚性平面连接功能的例子。图 11-27(a)是把方管结构利用两种有限单元建立的计算模型。在需要精度较高的部位采用了板单元，而其他部位采用了梁单元，把梁单元放置到方管的轴线上，梁单元和板单元利用刚体连接功能形成刚体连接形式。图 11-27(b)是二维平面内的两个偏心柱在连接部位为了考虑其偏心效果，采用刚性平面连接功能连接的例子。在任意平面内采用刚性连接功能时，必须做到约束平面内的两个方向的平动位移和沿垂直于该平面的轴旋转的转角位移。同样，当要求做到如图 11-27(b)所示的所有方向上的成分都进行刚体连接时，必须约束全部的 6 个自由度。

结构动态分析时，若使用了几何约束条件，主节点的位置应该与所有从属节点的质心相一致。

4. 支座的强制位移

已知被约束自由度的位移，在进行这一位移作用下结构力学分析时，可使用程序中的支座强制位移功能。

下列实际工程中可使用支座强制位移功能：

(1)已有的建筑物发生位移，需要对其作详细的安全诊断工作；

(2)把整体分析的位移值作为精确分析模型的边界条件；

(3)已有的建筑物(桥梁)发生支座下沉需要对其作受力分析。

MIDAS CIVIL 可以给不同的荷载工况输入不同的支座强制位移。在给没有被约束的自

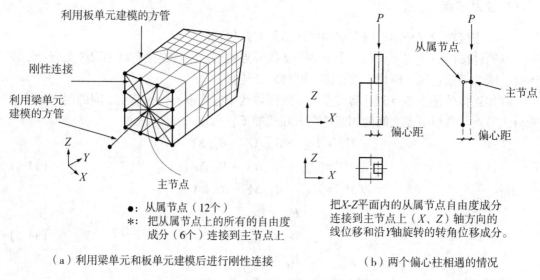

　●：从属节点（12 个）
　*：把从属节点上的所有的自由度
　　　成分（6 个）连接到主节点上

把 X-Z 平面内的从属节点自由度成分
连接到主节点上（X，Z）轴方向的
线位移和沿 Y 轴旋转的转角位移成分。

（a）利用梁单元和板单元建模后进行刚性连接　　　（b）两个偏心柱相遇的情况

图 11-27　利用刚体连接功能

由度输入强制位移条件时，程序会自动先约束该自由度而后再赋予其强制位移。

即便是微小的强制位移，对结构的影响也会较大，因此应该使用精确的位移值，尽可能输入节点的 6 个自由度的所有位移大小。在评价结构的安全性时，当测定结构的旋转位移有困难时，也可以仅测定结构的平动位移得到近似的分析结果，但这时应检查分析后的变形状态和实际的变形状态是否接近。

11.3.4　荷载

MIDAS CIVIL 的荷载包括各种静力荷载、动力荷载、温度荷载及施工阶段分析、移动荷载分析、水化热分析和几何非线性分析所需数据的输入功能等。本节只介绍部分静力荷载。

1. 静力荷载工况

荷载必须属于某个荷载工况，静力荷载工况的类型较多。在荷载组合命令中，将根据各国设计规范中的规定，使用列表自动生成荷载组合。因为自动生成荷载组合的依据为静力荷载的类型，所以当用户使用自动生成的荷载组合时，需要在此正确选择荷载工况类型。遇到不常用的荷载类型，可在表中输入用户定义的荷载。自动生成荷载组合时，不考虑用户自定义荷载工况类型。

在进行施工阶段分析时，程序内部将自动生成多个荷载工况。故在定义荷载类型时，MIDAS CIVIL 建议将施工阶段中激活的自重、二期恒载、预应力、临时荷载等定义为"施工阶段荷载(CS)"，以防止在使用自动生成荷载组合时可能导致重复考虑以上荷载。施工阶段荷载(CS)类型只在施工阶段分析中使用，对于施工阶段分析后的成桥阶段模型，不论是否被激活，该荷载不会发生作用，故在施工阶段中，激活和钝化的荷载一定要定义为施工阶段荷载(CS)。

2. 自重

MIDAS CIVIL 对结构的自重荷载可以通过程序自动计算。计算的依据是材料的重度、截面面积、单元构件长度和自重系数。

在定义自重时，首先要定义荷载工况名称，并定义自重所属的荷载组，然后输入自重系数。对于荷载系数，通常在 Z 方向输入 -1 即可，通常考虑模型的重力作用方向都是竖直向下，而程序默认的整体坐标系 Z 的正方向是竖直向上的。如果自重作用，要考虑结构的重度与材料定义时的重度不同，这里自重系数只要输入计算自重时要考虑的重度与材料定义的重度之比就可以了。

3. 支座强制位移

在桥梁发生支座沉降、结构发生位移或把整体结构分析所得到位移值作为精确分析局部结构的边界条件时，可以使用支座强制位移功能。在 MIDAS CIVIL 中，将强制位移作为一种荷载工况考虑，因此强制位移可与其他荷载工况进行组合。如果对某节点赋予强制位移，相应的节点自由度自动被约束。被赋予强制位移节点特征类似于支座，对其他工况或荷载组合，均按支座处理。

4. 节点荷载

节点荷载分节点体力和节点荷载。

节点体力：该功能可以将在节点上的节点质量、荷载转换的质量、结构质量转换成任意方向的节点荷载。可任意定义体力系数，最终的节点荷载=质量×重力加速度 g×体力系数。在进行 Pushover 分析时，想要根据质量分配荷载时，可选择按荷载工况定义 Pushover 荷载，并选择节点体力工况即可。

节点荷载：节点荷载的类型包括节点集中力和节点集中力矩，并且参考坐标系一直为整体坐标系，不受定义的其他坐标系的影响。定义的节点荷载要属于某荷载工况和荷载组。

5. 梁单元荷载

梁单元荷载是指可以直接定义在梁单元上的荷载和可以转换到梁单元上的荷载，包括梁单元荷载、连续梁单元荷载，标准梁单元荷载、楼面荷载和装饰材料荷载。梁单元荷载也可以用表格的形式定义或修改。

6. 压力荷载

压力荷载是指作用在板单元或实体单元上的垂直作用面(或边)的荷载，包括一般接触压力、流体压力和土压力荷载。压力荷载可以按均匀分布或线性分布输入程序将自动将其转换为等效节点力。在单元上输入压力荷载前，必须选择单元。压力荷载分为线荷载与面荷载。在建模过程中，不必在荷载作用点位置建立节点和网格，只需指定荷载位置就可以施加平面荷载，减少工作量和建模的烦琐。程序会根据板单元和实体单元的刚度，自动将输入的平面荷载转换为节点荷载。

11.4 MIDAS/CIVIL 用于桥梁施工过程分析

悬索桥、斜拉桥、预应力梁桥等桥梁结构的施工阶段和成桥阶段的结构体系会发生较大变化，施工过程中临时桥墩、临时拉索等设置和拆除、上部结构和桥墩的支承条件的变化等，对结构的内力和位移的影响也非常大。另外，施工过程中，随着材料的材龄发生变化，构件的弹性模量和强度也会发生变化。混凝土徐变、收缩、老化，预应力钢束的松弛等都会引起结构内力的重分配并对位移产生影响。基于上述原因，桥梁的最大应力有可能发生在施工过程中，所以除了对桥梁的成桥阶段进行验算以外，对桥梁的施工过程也应进行承载力验算。

MIDAS CIVIL 的施工阶段中考虑的内容如下：（1）材料的时间依存特性，如混凝土徐变、收缩和强度变化；（2）结构模型的变化，如单元、荷载和边界条件的变化。

11.4.1 施工阶段的定义与构成

MIDAS CIVIL 中的施工阶段类型有基本阶段、施工阶段和最终阶段，各类型的特点如下：

1. 基本阶段

没有定义施工阶段时，按基本阶段模型进行分析；定义了施工阶段时，基本阶段模型用于定义单元组、边界组和荷载组。

2. 施工阶段

可定义各阶段中要激活或钝化的单元组、边界组和荷载组。

3. 最终阶段

程序将最终施工阶段模型作为成桥阶段模型进行其他荷载分析、移动荷载分析、反应谱分析。

各单元组、边界组、荷载组由同时激活或钝化的单元、边界和荷载组成。

如图 11-28 所示，MIDAS CIVIL 中，施工阶段的时间可使用各阶段的持续时间定义，持续时间可为 0。每个施工阶段默认有开始和结束步骤，每个阶段内可以有子步骤。单元组默认只能在开始步骤激活，边界组激活时，可选择边界位置是变形前还是变形后，荷载组可选择在开始、结束、子步骤内激活或钝化。

单元、边界和荷载的变化建议定义在每个施工阶段的开始步骤，即将单元、边界、荷载发生变化的时刻定义为施工阶段。

单元和边界的变化只能发生在施工阶段的开始步骤，如果有必要，荷载可以在施工阶段中生成子步骤后在子步骤上加载。荷载加载到子步骤上是为了减少施工阶段数，对单元

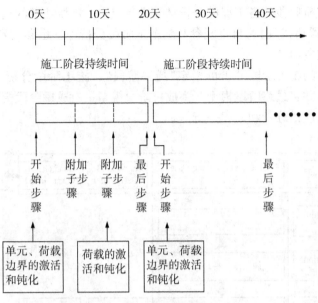

图 11-28 施工阶段的构成示意图

和边界条件没有变化，只是加载时间不同的情况可用子步骤来模拟。

定义子步骤可以较为精确地计算收缩和徐变，但过多的子步骤会造成分析时间过长。

单元时间依存特性与开始受荷时刻的材龄相关，在 MIDAS CIVIL 中，用户只需定义单元激活时的材龄即可。

如前所述，当考虑混凝土强度变化时，如果激活单元时的材龄过小(如 0 或 1 天)时，材料强度会非常低造成结构位移过大。因此，一般将拆模前的混凝土作为荷载处理，拆模后单元开始受力时将单元激活。单元钝化时应力重新分配率为 100%，表示将钝化构件的应力全部分配到剩余构件中；重新分配率为 0% 时，表示应力不分配给剩余构件。

激活边界组时，如果选择了"变形前"，表示将位置已经发生变化的边界节点使用强制位移方法强行拉回到建模点位置后赋予边界约束的方法；"变形后"则表示将边界位置放在位置已经发生变化的位置。

当考虑时间依存效果时，前次阶段的结构和荷载的变化对后面的施工阶段会产生影响。此时，不能将各施工阶段的模型作为一个独立的模型进行分析，而是应将各阶段变化的结构和荷载引起的应力、内力、位移与前次阶段的相应结果进行累加，即采用程序中的累加模型进行分析。

在任意施工阶段中激活的荷载如果没有钝化，则始终存在于模型中，单元一旦被激活，就只能被钝化，如果不钝化，单元则始终存在于模型中，所以在各阶段只需要激活增加的单元。

荷载工况类型为施工阶段荷载时，该荷载只能作用在施工阶段，其他荷载工况既能作用在施工阶段，也能作用在成桥阶段。如图 11-29 所示，施工阶段荷载结果将保存在一个施工阶段工况结果中，这是因为考虑时间依存效果的分析属于非线性分析，不能严格区分各工况的结果。如图 11-29 所示，施工阶段结果分为合计结果、最大值和最小值结果。施工阶段结果可与成桥阶段的各工况的分析结果进行组合。需要注意的是，当自重荷载工况类型不是"施工阶段荷载"时，自重既参与到施工阶段分析中，也参与到成桥阶段分析中，此时不要将二者重复组合。

MIDAS CIVIL 的施工阶段分析可指定"最终阶段"，施工阶段分析将分析到被指定为最终阶段的阶段，并将最终阶段模型视为成桥阶段模型。对成桥阶段模型，可进行其他荷载工况的分析、反应谱分析和时程分析等。

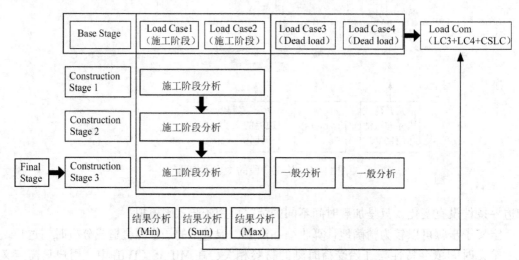

图 11-29　施工阶段分析结果的荷载组合示意图

11.4.2　非线性施工阶段分析

当施工阶段中结构有可能发生大变形时，要考虑几何非线性分析。考虑几何非线性影响的方法有独立模型和累加模型。

1. 独立模型

一般可用于结构的变形受结构、荷载、边界变化历程影响较小的结构，如悬索结构。用每个阶段的所有单元、荷载、边界构成的模型做静力几何非线性分析，结果不受前面阶段分析结果的影响，因此不能考虑材料的收缩和徐变、强度的变化等时间依存特性。

采用独立模型的施工阶段分析功能可用于悬索桥的倒拆分析。

独立模型方式的倒拆分析步骤如下：

(1) 程序内部建立各施工阶段模型。

(2) 根据输入初始刚度的方法建立外力和内力。

当输入大变形计算用的几何刚度初始荷载时，不输入荷载也可以建立成桥阶段模型。此时，成桥阶段的外部荷载和内力可通过初始内力计算。各施工阶段可通过钝化构件或激活荷载定义。当输入大变形计算用的平衡单元节点内力时，可通过定义外部荷载建立成桥阶段模型。此时，成桥阶段的外部荷载为用户输入的荷载，内力使用用户输入的平衡单元节点内力计算。各施工阶段可通过钝化荷载或构件定义。

2. 累加模型

施工阶段可按一般线性施工阶段分析方法定义，但在各施工阶段分析中，可以考虑几何非线性。各阶段由前阶段的平衡状态上增加单元、荷载、边界条件来定义，即将前阶段收敛的荷载和内力作为本阶段的初始状态进行分析。累加模型可以考虑混凝土材料的收缩和徐变等时间依存特性。各阶段的分析为几何非线性静力分析。

累加模型主要用于桥梁的正装分析，步骤如下：

(1)利用前阶段的平衡状态下的内力、位移、荷载计算本阶段的初始状态。

(2)使用本阶段激活的构件和荷载建立本阶段的分析模型。使用前阶段的位移计算本阶段激活构件的初始切线方向位移。将本阶段激活的荷载和前阶段的外力相加构成本阶段的外力。钢束荷载、徐变、收缩引起的荷载视为内力。

(3)利用本阶段的外力和内力进行静力几何非线性分析，获得本阶段的平衡状态。

(4)保存本阶段结果和下一个阶段分析所需的数据。

施工阶段数据处理流程如图 11-30 所示。目前，非线性累加模型仅适用于桁架和梁单元。

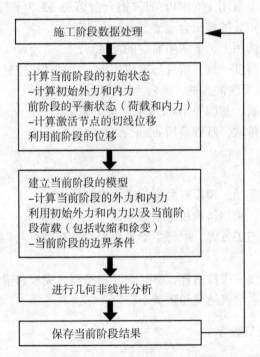

图 11-30　非线性施工阶段累加模型分析过程示意图

11.5　自锚式悬索桥模拟分析实例

11.5.1　工程概况

鹅公岩轨道专用桥连接九龙坡区和南岸区，是轨道环线跨越长江的重要控制性节点工程。轨道专用桥位于既有鹅公岩长江公路大桥上游侧，两座桥梁的中心距仅 70m，梁间净距不到 45m。新桥采用与老桥同跨径布置，以满足通航和行洪要求。新桥的建设对于缓解市内交通、加强各区域之间联系、改善投资环境、促进城市经济发展具有重要意义。

1. 主桥结构

新建轨道专用桥采用自锚式悬索桥方案，桥梁跨径、主缆矢跨比 1/10，桥宽 22m。桥跨布置 50+210+600+210+50＝1120（m），钢-混凝土混合梁自锚式悬索桥。

主梁采用钢箱梁，梁高 4.5m，梁宽 22m（含风嘴），采用六腹板断面。标准节段梁长 15m。

主缆锚固段及锚跨采用预应力混凝土结构，混凝土箱梁与钢箱梁之间设钢混结合段。

主缆计算跨度为：210m+600m+210m，矢跨比为 1/10。塔顶处主缆 IP 点高程均为 321.63m，主缆矢跨比 1/10，两根主缆的中心间距 19.5m，吊杆间距 15m。主缆及吊杆采用高强平行钢丝束，主缆采用 1860MPa 的锌铝合金镀层 ϕ5.3 平行钢丝，共 92 股，每股 127 丝；吊杆采用 1770MPa 的锌铝合金镀层 ϕ7 平行钢丝。

索夹采用销接式，选用上、下两半对合的型式。

东西两个桥塔塔顶高度一致，塔身外观成门形，桥塔两侧立柱，竖向内收。

主塔基础采用 ϕ3m 灌注嵌岩桩，承台为钢筋混凝土结构。

锚墩采用双柱式桥墩，基础采用 ϕ2m 灌注嵌岩桩。

过渡墩采用双柱式桥墩，基础采用 ϕ2m 灌注嵌岩桩。

2. 主要施工工艺

围堰法施工钻孔桩基础，爬模或翻模施工主塔和桥墩。

塔上施工临时钢塔，采用斜拉法施工主梁。

边跨主梁采用顶推施工方案，中跨主梁悬拼采用架梁吊机和临时斜拉索扣挂施工，先边跨合龙，再中跨合龙。

主梁合龙后挂设主缆，张拉吊杆，拆除临时斜拉索，完成自锚式悬索桥的体系转换。

施工轨道系及桥面系附属结构和防护工程。

3. 主要构件材料及参数

混凝土：索塔、混凝土梁采用 C55 混凝土，边墩、承台和填芯混凝土采用 C40 混凝土，各种标号混凝土主要力学参数见表 11-1。

表 11-1   混凝土材料力学参数

混凝土标号	C60	C55	C40	C35
应用结构	主塔底	主塔、主梁	桥墩、承台	桩基
弹性模量 E(MPa)	36000	35500	32500	31500
剪切模量 G(MPa)	14400	14200	13000	12600
泊松比 μ	0.2	0.2	0.2	0.2
轴心抗压强度设计值(MPa)	27.5	25.3	18.4	16.7
抗拉设计强度(MPa)	2.04	1.96	1.65	1.57
热膨胀系数 α(℃)	0.000010	0.000010	0.000010	0.000010

结构钢材：主梁及临时塔采用 Q345qD，Q420qE 桥用结构钢，其主要物理力学参数见表 11-2。

表 11-2   结构钢材料力学性能参数

钢种	Q345qD	Q420qE
应用结构	主梁、临时塔	主梁、临时塔
弹性模量 E(MPa)	206000	206000
剪切模量 G(MPa)	79000	79000
泊松比 μ	0.3	0.3
轴心容许应力 $[\sigma]$(MPa)	200	230
弯曲容许应力 $[\sigma_w]$(MPa)	210	240
容许剪应力 $[\tau]$(MPa)	120	140
屈服应力(MPa)	345	420
热膨胀系数 α(℃)	0.000012	0.000012

主缆用钢材：主缆采用 ϕ5.3mm 高强度平行钢丝，其主要力学性能指标见表 11-3。

表 11-3   主缆材料力学性能参数

材料	高强钢丝
应用结构	主缆
弹性模量 E(MPa)	200000
标准强度 σ_y(MPa)	1860
热膨胀系数 α(℃)	0.000012

斜拉索、吊索用钢材：悬索桥吊索材料采用 $\phi7mm$ 高强度平行钢丝，其主要力学性能指标见表 11-4。

表 11-4　　　　　　　　　　　　吊索材料力学性能参数

材料	高强钢丝
应用结构	吊索
弹性模量 $E(MPa)$	200000
标准强度 $\sigma_y(MPa)$	1770
热膨胀系数 $\alpha(℃)$	0.000012

斜拉索用钢材：临时斜拉桥拉索材料采用 $\phi7mm$ 平行钢丝，其主要力学性能指标见表 11-5。

表 11-5　　　　　　　　　　　　斜拉索材料力学性能参数

材料	平行钢丝
应用结构	斜拉索
弹性模量 $E(MPa)$	200000
标准强度 $\sigma_y(MPa)$	1670
热膨胀系数 $\alpha(℃)$	0.000012

4. 控制标准

(1)吊索、斜拉索安全系数(安装：2.0，成桥：3.0)，主缆安全系数：2.5；

(2)主塔顶位移(±30cm)；

(3)主塔-主梁相交截面，主梁-混凝土结合截面，主塔代表性截面(Ⅰ、Ⅱ、Ⅲ)应力：一般不出现拉应力即：$\sigma_{轴压}+\sigma_{弯拉}≤0$，特殊情况不大于 0.7 抗拉强度，C55、C60 轴心抗拉强度设计值分别为 1.96MPa 和 2.04MPa；

(4)主缆钢丝与鞍槽之间抗滑移系数 $\mu=0.15$，主缆钢丝在鞍槽内的抗滑安全系数 $K≥2.0$；

(5)主梁弯曲应力：$1.1[\sigma]=264MPa$；

(6)临时钢塔与永久塔交接面控制弯矩 $2×5000t·m$；

(7)锚固段斜拉索的最大张力 $≤650t$。

5. 主桥约束系统

(1)边墩(P11、P16)：竖向支承(15000kN 球钢抗拉支座，抗拉 3000kN)，横桥向限位挡块，顺桥向活动。

（2）锚跨边墩（P12、P15）：竖向支承（60000kN 球钢抗拉支座），横桥向限位挡块，顺桥向活动。

（3）主塔墩（P13、P14）：竖向支承（17500kN 球钢抗拉支座，抗拉 3500kN），横桥向限位支座（10000kN），顺桥向黏滞阻尼器。

11.5.2 基于 MIDAS 平台的模拟技术

1. 所用单元类型

（1）索单元/桁架单元。作线性分析时，索单元可以作为等效桁架单元考虑；作几何非线性分析时，该单元自动转化为弹性悬索结构单元。主要用于斜拉桥拉索、悬索桥主缆和吊索的模拟。

（2）梁单元。分析变截面梁时，截面面积、有效抗剪截面及截面的抗扭刚度都视为是沿 x 向的线性函数。而横截面面积对该截面的主轴计算的截面惯性矩，随用户选择的不同，沿 x 轴方向可以形成为 1 次、2 次和 3 次函数。计算中主要用于主塔（变截面）包括临时塔，加筋梁（变截面）的模拟。

（3）只受压单元。本次分析主要用于主梁支架的模拟。

（4）三维实体单元。本次主要用于模拟临时斜拉索下锚点局部应力分析。

（5）温度杆单元。温度杆（expand-shrink beam element）是一种具有随温度升降而胀缩，且具有很大拉压弹性刚度的梁单元。这种单元是本次计算为方便模拟索鞍顶推过程而专门设计的一种单元。索鞍顶推过程中温度升降模拟顶推位移量，而由此产生的反力由梁单元承担。

2. 约束与连接

（1）刚性连接。本次计算中主要用于主塔与加筋梁的交点，主梁与主缆锚固点的连接。

（2）弹性连接中的刚性连接。本次计算主要用于模拟主塔顶与主缆索鞍连接，主塔与加筋梁的横向约束。

弹性连接中的刚性连接与前述刚体连接的主要区别在于，弹性连接中的刚性连接只是使得被连接的两个节点具有相同的自由度，没有刚性连接的从属关系，一般用于一个节点已经有约束的情况；另一点区别在于作非线性迭代运算时，弹性连接中的刚性连接易产生不收敛（相当于在刚度矩阵中主元乘大法的作用），而刚性连接就不存在此问题。

（3）释放端部约束。单元与单元之间是通过节点连接的。一个单元上的荷载能否传递到相邻单元，是根据单元的自由度和端部约束条件而建立的。利用单元端部释放功能，就可建立单元的约束条件。本次计算中主要用于悬索桥倒拆分析中主缆索鞍的拆除、正装分析中主缆与索鞍的安装模拟。

3. 索鞍顶推模拟

在悬索桥主梁吊装阶段，主缆拉力变化较大，使得桥塔不断发生纵向位移。为保证在施工中桥塔始终处于良好的受力状态，主索鞍的顶推时机、顶推量的选择成为主梁吊装施工阶段最重要的监控内容之一。然而，索鞍的顶推相当于计算模型单元中节点的分离，这从有限元理论上讲不符合逻辑，因此流行的通用商业软件中均没有此功能。实际工程应用时，需计算人员根据其力学特性另行开发。本书经过大量分析研究，提出一种温度杆单元的方法实现索鞍顶推过程的精确模拟。

温度杆是一种具有随温度升降而胀缩，且具有很大拉压弹性刚度的梁单元。该单元的基本原理为通过单元的升降温来实现主塔与主缆间的顶推过程。

$$\Delta L = l\alpha\Delta t \tag{11-6}$$

式中，α 为线膨胀系数，可自定义为 $1/℃$；l 为单元的长度，m，其值应大于索鞍顶推量；Δt 为单元的升降温，根据顶推位移计算确定。

温度杆单元的截面面积 A 为 1 个单位，弹性模量比一般梁单元大 6~8 个数量级。

用这种温度杆单元连接索鞍与主塔，索鞍顶推时，由温度单元的温度升降模拟顶推位移量，而索鞍与主塔锁定时，因温度杆的弹性模量（相对于普通弹性单元）无限大，相当于刚性连接，从而有效实现索鞍顶推过程的模拟。

4. 施工工况模拟

自锚式悬索桥的施工分析是一个计算和施工相互影响的过程，只能通过有限元分析方法进行。由于该过程中存在多种非线性的影响，施工过程的计算不能采用线性叠加方法，必须采用平衡迭代方法计算全部荷载共同作用下的平衡状态，每次施加的荷载必须在已有的结构平衡状态的基础上施加，作用后的结构将达到另一个平衡状态。原平衡状态为结构内力与全部外荷载平衡的状态，新的荷载施加后，会打破原平衡状态，使结构内力在新的变形状态下与新旧荷载达到平衡，在这个过程中原荷载的等效节点荷载矢量也发生了变化。

随着施工过程的推进，结构体系中构件数量逐渐增加，同时边界条件也随之发生变化。这种结构构件或边界条件的变化如果用常规的结构设计方法，需建立相应于不同阶段的模型进行分析计算，但局限性在于这数个模型之间没有关联性，因而无法反映施工过程中结构的累加效应。

MIDAS/CIVIL 软件中强大的"激活"与"钝化"功能，能有效解决索桥结构体系施工阶段构件与边界条件不断变化的过程模拟问题。所谓"钝化"，是将结构体系中本阶段不参与工作的元素从模型中作虚化处理。被钝化的单元是将刚度矩阵乘以一个很小的数（1×10^{-8}）后再引入总刚矩阵，并不是真正将其从模型中删除。被钝化的单元荷载等于零，不包括在荷载向量中，但是仍然可以利用列表显示它们。钝化的单元的质量、阻尼等特性均等于 0，单元的应变也等于 0。MIDAS/CIVIL 可将钝化的单元重新"激活"，重新激活的单元也是在第一次求解前早就建好的单元。当被钝化的单元重新激活时，其刚度、质量、单元载荷等都将恢复其原始值。

进行施工阶段分析时，一般要定义组信息。"组"是 MIDAS/CIVIL 一个非常有特色的概念，它可以将一些节点和单元定义为一个结构组，以便于建模、修改和输出；也可将在同一施工阶段同时施加或同时撤除的边界条件定义为一个边界组；对于在同一施工阶段施加或撤除的荷载，定义为一个荷载组；对于受力性能相同、预应力损失情况一致的钢束，定义为一个钢束组。组的定义极大地方便了施工阶段的定义。

通过在各施工阶段激活和钝化相应的结构组、边界组、荷载组，来建立施工阶段模型。在每个施工阶段，还可分为多个子步骤，在每个子步骤可激活和钝化荷载组。

本次悬索桥体系转换过程模拟中大量使用 MIDAS/CIVIL 的激活与钝化技术，实现施工各工况力学特性的分析计算。

5. 无应力长度的灵活应用

所谓无应力长度，是指杆或索在受力变形之前处于一种无应力状态时的几何长度。灵活有效地运用无应力长度，可以有效解决传统有限元模拟技术的诸多难题，下面，以本次模拟计算遇到的两种典型问题予以说明。

1) 不同初始模型的耦合问题

根据自锚式悬索桥"先梁后缆"的成桥特点，本次采用斜拉悬拼法架设主梁，合拢后再架设主缆，之后再张拉吊索，实现体系转换。按传统有限元建模思想，整个体系转换过程只能一次建立所有单元模型，然后根据工况进行单元"生"与"死"处理。问题是悬索桥与斜拉桥为两套体系，斜拉桥并非是一次成桥，且需多次调整索力才能达到理想状态；悬索桥的空缆线形是先进行成桥计算与吊索索力优化，之后得到合理成桥状态，经倒拆分析后得到。因此，一个整体模型无法实现上述复杂的工况变化过程。两者分别独立建模，并按上述顺序进行斜拉桥成桥与悬索桥空缆线形计算。两个独立模型又无法耦合在一起，进行后续张拉过程模拟计算。无应力长度的灵活应用，就可以有效解决这一难题。其基本思路：先按条件分别独立建模，完成斜拉桥成桥计算与悬索桥空缆线形计算。然后提取斜拉桥成桥的几何构形与悬索桥空缆的几何构形，各单元的无应力长度，用斜拉桥成桥的几何构形与悬索桥空缆的几何构形建立一新的几何模型，将各单元的无应力长度，赋予对应单元(主要是索单元)，进行新一轮次的迭代计算，所得结果即为耦合模型。

2) 吊索的张拉

无应力状态法是以桥梁结构各构件的无应力长度和曲率不变为基础，将桥梁结构的成桥状态和施工各阶段中间状态联系起来，这种方法特别适用于自锚式悬索桥的施工控制。

吊索无应力长度是吊索张拉过程中一个比较稳定的控制量。吊索的张拉过程也是一个改变吊索无应力长度的过程，吊索的无应力长度在指定荷载条件下与吊索张拉力存在着一一对应的关系。

自锚式悬索桥吊索的张拉实际上是一个改变其自身无应力长度的过程。一般意义的吊索张拉，是直接改变吊索的内力值；张拉吊索时，同样又是一个改变吊索无应力长度的过程。吊索内力值和无应力吊索长度具有同等性和互换性。吊索的无应力长度量只有在张拉自身时才会变化，随着其他吊索的张拉吊索的张拉力会发生改变，但吊索无应力长度却仍保持原有的数值。而当外荷载一定时，吊索的长度调整又必然唯一地对应一个吊索内力值的变化，这又体现了吊索内力值和无应力吊索长度的互换性，为实际施工控制过程中吊索的张拉调整提供了方便。

11.5.3　悬索桥成桥状态分析

1. 悬索桥成桥分析模型

几何参数：鹅公岩桥几何模型以设计成桥为基础，主要几何参数列于表 11-6。

表 11-6　　　　　　　　　　　鹅公岩桥设计成桥几何参数

序号	参数名称	参数值	序号	参数名称	参数值
1	跨径(m)	50+210+600+210+50	7	东岸承台标高	+164.000
2	主缆矢跨比	1/10	8	西岸锚点中心	$X=-513.000$，$Y=\pm9.750$，$Z=250.728$
3	主缆间距(m)	19.5	9	西岸散索点	$X=-495.000$，$Y=\pm9.750$，$Z=254.530$
4	吊杆间距(m)	15.0	10	东岸锚点中心	$X=513.000$，$Y=\pm9.750$，$Z=248.329$
5	塔顶 IP 点标高	+321.630	11	东岸散索点	$X=495.000$，$Y=\pm9.750$，$Z=252.546$
6	西岸承台标高(m)	+170.000			

边界条件：鹅公岩桥结构计算力学模型边界条件如表 11-7 所示。

表 11-7　　　　　　　　　　　鹅公岩桥计算边界条件

序号	点位	约束条件	序号	点位	约束条件
1	西岸锚固点	$D_x=0^*$，$R_x=1^*$ $D_y=0$，$R_y=$弹性约束 $D_z=1$，$R_z=1$	6	东岸锚固点	$D_x=0^*$，$R_x=1^*$ $D_y=0$，$R_y=$弹性约束 $D_z=1$，$R_z=1$
2	西岸散索点	局部坐标系 下沿切向释放	7	东岸散索点	局部坐标系下沿切向释放
3	西岸塔梁交点	塔梁主从约束， 在纵桥释放	8	东岸塔梁交点	塔梁主从约束， 在纵桥释放
4	主缆与塔 顶交点	倒拆时纵桥向释放， 张拉时温度杆连接	9	主缆与塔 顶交点	倒拆时纵桥向释放， 张拉时温度杆连接
5	西岸塔底	$D_x=1$，$R_x=1$ $D_y=1$，$R_y=1$ $D_z=1$，$R_z=1$	10	东岸塔底	$D_x=1$，$R_x=1$ $D_y=1$，$R_y=1$ $D_z=1$，$R_z=1$

*注："0"代表释放，"1"代表约束。

计算模型：借助 MIDAS/CIVIL 建模助手，建立初始模型，根据实际情况进行精细化修改后，进行静力平衡分析，可得到 MIDAS/CIVIL 环境中的悬索桥成桥计算模型，梁单元 330个，主缆索单元 132 个，吊索单元 122 个，节点 597 个，如图 11-31、图 11-32 所示。

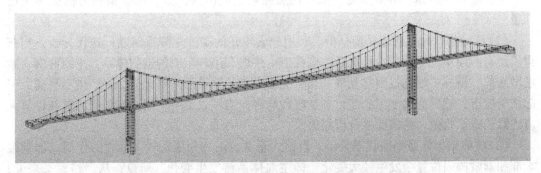

图 11-31　鹅公岩桥成桥有限元计算模型透视图

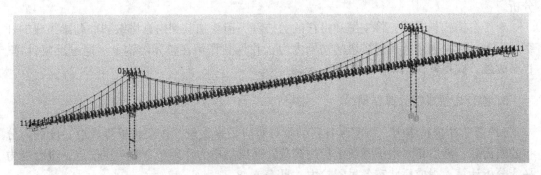

图 11-32　鹅公岩桥成桥有限元计算模型线框图

2. 成桥状态分析方法

在整桥材料、截面布置、几何控制点坐标设定的情况下，一组吊索力对应着一种成桥状态。满足要求的成桥状态可能有多种，设计时，经过比较分析，选择合适的状态作为合理成桥状态。成桥吊索力的选择，又与初始索力密切相关。因此，初始索力的确定，对自锚式悬索成桥状态至关重要。

悬索桥吊索初始状态的确定有很多方法，常用的有均布质量法、刚性支承连续梁法和弯曲能量最小法等。

MIDAS/CIVIL 软件的建模助手采用的是基于均布质量法确定吊索初始索力的成桥内力分析方法。详细的分析过程参见《MIDAS/CIVIL 分析设计原理》相关内容，在此仅介绍其基本思路与方法。

MIDAS/CIVIL 进行成桥平衡状态分析时包括三大步骤：

（1）使用简化的索平衡状态分析方法（Ohtsuki 方法）进行简化的初始平衡分析，其基本假定如下：

①吊杆仅在横桥向倾斜，始终垂直于顺桥向；

②主缆张力沿顺桥向分量在全跨相同；

③主缆与吊杆的连接节点之间的索呈直线形状，而非抛物线形状；

④主缆两端坐标、跨中垂度、吊杆在加劲梁上的吊点位置、加劲梁的恒荷载等为已知量。

（2）精确的索体系初始平衡分析。利用悬索单元的柔度矩阵重新进行迭代分析，当获得了所有主缆单元的无应力长之后，则构成由主缆和吊杆组成的索的体系，主缆两端、索塔墩底部、吊杆下端均按固接处理。当将无应力索长赋予悬索单元时，将产生不平衡力引起结构变形，然后通过坐标的变化判断收敛与否，当不收敛时，则更新坐标，重新计算无应力索长直至收敛，建模助手分析结束。

（3）整体结构体系平衡状态分析。自锚式悬索桥的加劲梁受较大轴力的作用，加劲梁端部和索墩锚固位置会发生较大变化，即主缆体系将发生变化，所以，从严格意义来说，前面建模助手获得的索体系和无应力长与实际并不相符，必须对整体结构重新进行精密分析。

对于自锚式悬索桥，将主缆和吊杆的力按静力荷载加载到由索塔墩和加劲梁组成的杆系结构上，计算加劲梁和索塔墩的初始内力，并将其作用在整体结构上。通过反复计算，直至收敛，获得整体结构的初始平衡状态。

3. 鹅公岩桥成桥计算结果

（1）悬索桥成桥索力。将实际各箱梁段与对应吊索重量，按梁长折算成沿长度均匀分布的线荷载，然后将每根吊索所承担的荷载转换成集中力作用于主缆对应吊点，进行静力平衡分析计算，得成桥状态各吊索拉力，见表 11-8。

表 11-8　　　　　　　　　　　　按质量均布法计算成桥索力

西岸侧		主跨				东岸侧	
编号	索力（kN）	编号	索力（kN）	编号	索力（kN）	编号	索力（kN）
LS11	3382	LM19	2325	RM19	2325	RS11	3382
LS10	2170	LM18	2306	RM18	2306	RS10	2170
LS9	2155	LM17	2265	RM17	2265	RS9	2155
LS8	2168	LM16	2244	RM16	2244	RS8	2167
LS7	2221	LM15	2264	RM15	2264	RS7	2220
LS6	2272	LM14	2319	RM14	2319	RS6	2272
LS5	2286	LM13	2372	RM13	2372	RS5	2286
LS4	2309	LM12	2392	RM12	2392	RS4	2308
LS3	2353	LM11	2393	RM11	2393	RS3	2353

西岸侧		主跨				东岸侧	
编号	索力(kN)	编号	索力(kN)	编号	索力(kN)	编号	索力(kN)
LS2	2426	LM10	2396	RM10	2396	RS2	2425
LS1	2447	LM9	2399	RM9	2399	RS1	2446
		LM8	2402	RM8	2402		
		LM7	2405	RM7	2405		
		LM6	2408	RM6	2408		
		LM5	2395	RM5	2395		
		LM4	2366	RM4	2366		
		LM3	2349	RM3	2349		
		LM2	2329	RM2	2329		
		LM1	2297	RM1	2297		
		M0	2280				

(2)悬索桥成桥线形。根据悬索桥静力平衡分析计算结果，参照悬链线法计算结果，综合确定成桥状态主缆各吊点坐标，见表11-9。

表11-9　　　　　按质量均布法计算成桥主缆吊点坐标

节点	X	Y	Z	节点	X	Y	Z
锚固中心	−513.000	0.000	250.728	RM1	15.000	0.000	261.776
散索点	−495.000	0.000	254.530	RM2	30.000	0.000	262.213
LS11	−465.000	0.000	261.681	RM3	45.000	0.000	262.947
LS10	−450.000	0.000	265.690	RM4	60.000	0.000	263.980
LS9	−435.000	0.000	269.980	RM5	75.000	0.000	265.313
LS8	−420.000	0.000	274.549	RM6	90.000	0.000	266.950
LS7	−405.000	0.000	279.399	RM7	105.000	0.000	268.892
LS6	−390.000	0.000	284.536	RM8	120.000	0.000	271.139
LS5	−375.000	0.000	289.965	RM9	135.000	0.000	273.692
LS4	−360.000	0.000	295.690	RM10	150.000	0.000	276.549
LS3	−345.000	0.000	301.713	RM11	165.000	0.000	279.711
LS2	−330.000	0.000	308.039	RM12	180.000	0.000	283.177
LS1	−315.000	0.000	314.677	RM13	195.000	0.000	286.948

节点	X	Y	Z	节点	X	Y	Z
塔顶 IP	−300.000	0.000	321.630	RM14	210.000	0.000	291.022
LM19	−285.000	0.000	315.790	RM15	225.000	0.000	295.393
LM18	−270.000	0.000	310.250	RM16	240.000	0.000	300.055
LM17	−255.000	0.000	305.007	RM17	255.000	0.000	305.007
LM16	−240.000	0.000	300.056	RM18	270.000	0.000	310.250
LM15	−225.000	0.000	295.393	RM19	285.000	0.000	315.790
LM14	−210.000	0.000	291.022	塔顶 IP	300.000	0.000	321.630
LM13	−195.000	0.000	286.948	RS1	315.000	0.000	314.524
LM12	−180.000	0.000	283.177	RS2	330.000	0.000	307.733
LM11	−165.000	0.000	279.711	RS3	345.000	0.000	301.254
LM10	−150.000	0.000	276.549	RS4	360.000	0.000	295.078
LM9	−135.000	0.000	273.692	RS5	375.000	0.000	289.201
LM8	−120.000	0.000	271.139	RS6	390.000	0.000	283.618
LM7	−105.000	0.000	268.892	RS7	405.000	0.000	278.329
LM6	−90.000	0.000	266.950	RS8	420.000	0.000	273.327
LM5	−75.000	0.000	265.313	RS9	435.000	0.000	268.606
LM4	−60.000	0.000	263.980	RS10	450.000	0.000	264.163
LM3	−45.000	0.000	262.947	RS11	465.000	0.000	260.001
LM2	−30.000	0.000	262.213	散索点	495.000	0.000	252.546
LM1	−15.000	0.000	261.776	锚固中点	513.000	0.000	248.329
跨中吊点	0.000	0.000	261.630				

11.5.4　空缆状态分析

1. 悬索桥空缆线形

以成桥恒载状态为基础，通过拆除吊杆的倒退分析，可得到自锚式悬索桥空缆状态的计算结果。为了模拟吊杆张拉过程中的索鞍顶推调整，必须使主缆相对于塔顶可以自由滑动，模型中通过刚性连接释放纵向约束来实现；为了模拟散索点与散索套支架间的相对滑移，模型中通过斜向(垂直于散索套滑移平面)刚性连接释放切向约束来实现，如图 11-33 所示。倒拆第一步、第二步与空缆状态模型分别如图 11-34～图 11-36 所示。

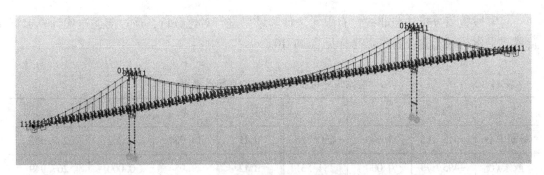

图 11-33 悬索桥成桥计算线框模型图

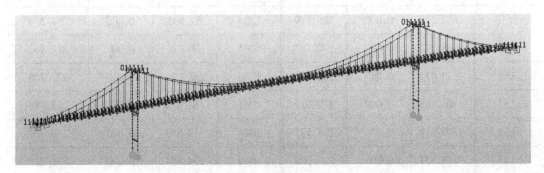

图 11-34 吊索倒拆第一步

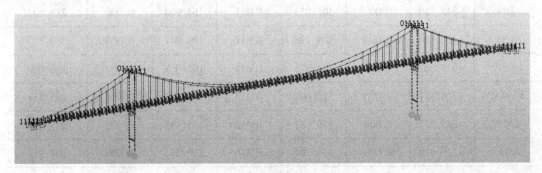

图 11-35 吊索倒拆第二步

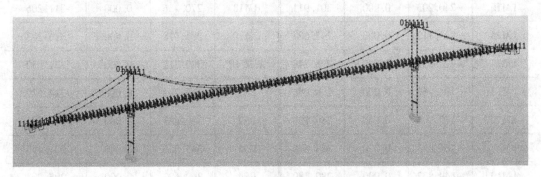

图 11-36 吊索倒拆完成(空缆状态)

　　将索段数值分析法与非线性有限元法计算结果进行对比分析，通过前述迭代计算求解自锚式悬索桥线形空缆各吊点坐标见表 11-10。

表 11-10　　　　　　　　　　　　按均匀分布质量法计算空缆吊点坐标

节点	X	Y	Z	节点	X	Y	Z
锚固中心	−513.183	0.000	250.728	RM1	14.987	0.000	267.551
散索点	−495.179	0.000	254.531	RM2	29.954	0.000	267.949
LS11	−465.283	0.000	261.803	RM3	44.923	0.000	268.613
LS10	−450.330	0.000	265.849	RM4	59.895	0.000	269.544
LS9	−435.376	0.000	270.167	RM5	74.873	0.000	270.742
LS8	−420.422	0.000	274.760	RM6	89.856	0.000	272.208
LS7	−405.468	0.000	279.629	RM7	104.846	0.000	273.944
LS6	−390.511	0.000	284.777	RM8	119.845	0.000	275.951
LS5	−375.551	0.000	290.205	RM9	134.854	0.000	278.229
LS4	−360.588	0.000	295.917	RM10	149.873	0.000	280.780
LS3	−345.620	0.000	301.913	RM11	164.904	0.000	283.607
LS2	−330.646	0.000	308.198	RM12	179.947	0.000	286.709
LS1	−315.663	0.000	314.776	RM13	195.003	0.000	290.089
塔顶 IP	−300.671	0.000	321.649	RM14	210.072	0.000	293.749
LM19	−285.537	0.000	316.281	RM15	225.153	0.000	297.690
LM18	−270.415	0.000	311.204	RM16	240.244	0.000	301.912
LM17	−255.304	0.000	306.415	RM17	255.345	0.000	306.416
LM16	−240.203	0.000	301.911	RM18	270.456	0.000	311.206
LM15	−225.112	0.000	297.689	RM19	285.578	0.000	316.283
LM14	−210.031	0.000	293.748	塔顶 IP	300.712	0.000	321.650
LM13	−194.962	0.000	290.088	RS1	315.702	0.000	314.620
LM12	−179.906	0.000	286.708	RS2	330.683	0.000	307.885
LM11	−164.863	0.000	283.606	RS3	345.656	0.000	301.445
LM10	−149.832	0.000	280.780	RS4	360.623	0.000	295.293

节点	X	Y	Z	节点	X	Y	Z
LM9	−134.813	0.000	278.228	RS5	375.586	0.000	289.428
LM8	−119.804	0.000	275.950	RS6	390.545	0.000	283.846
LM7	−104.805	0.000	273.944	RS7	405.501	0.000	278.546
LM6	−89.815	0.000	272.208	RS8	420.455	0.000	273.525
LM5	−74.832	0.000	270.742	RS9	435.409	0.000	268.781
LM4	−59.855	0.000	269.544	RS10	450.362	0.000	264.312
LM3	−44.882	0.000	268.613	RS11	465.315	0.000	260.118
LM2	−29.913	0.000	267.949	散索点	495.212	0.000	252.548
LM1	−14.946	0.000	267.551	锚固中点	513.216	0.000	248.329
跨中吊点	0.020	0.000	267.419				

2. 其他指标

成桥主缆长度：1066.501m；

主缆无应力长度：1063.739m；

成桥主缆弹性伸长量：2.762m；

锚固点主缆拉力：左岸 $F_左 = 136837\text{kN}$；右岸 $F_右 = 137159\text{kN}$；

主缆索鞍预偏量：左侧塔顶0.671m；右侧塔顶0.712m；

空缆有应力长度：1064.101m；

空缆弹性伸长量：0.353m；

空缆锚固点拉力：左侧 $F_左 = 17471\text{kN}$，右岸 $F_右 = 17508\text{kN}$。

11.5.5 体系转换过程模拟

1. 耦合模型建立

由于斜拉桥初始线形是根据经验取得的，空缆线形分析是借助悬索桥成桥模型经倒拆分析得到的，这两者都是独立的模型，必须通过一定的方法将两者融合，才能建立统一的计算模型，即耦合模型，作为后期吊索安装计算的基础模型。本次研究采用的是无应力控制法，即以斜拉桥成桥为基础，将倒拆得到的悬索桥空缆控制点与斜拉桥的控制点重合，赋予各节段的无应力长度，形成索单元，得到初始构形。将主塔顶节点与主缆索鞍理论交点用前述设计的温度控制单元连接，温度杆的长度为索鞍预偏量的2倍，主缆锚固点与主梁端部连接，经 MIDAS/CIVIL 软件的几何非线性计算即可得到耦合模型。

基于 MIDAS/CIVIL 平台，按上述方法所得基础线形的耦合模型如图 11-37 所示。

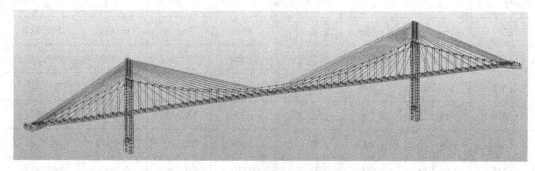

图 11-37　耦合计算模型透视图

对应斜拉桥的索力与空缆线形坐标分别见表 11-11 和表 11-12。

表 11-11 　　　　　　　　　　　　对应的斜拉索索力

西岸侧				东岸侧			
编号	索力（kN）	编号	索力（kN）	编号	索力（kN）	编号	索力（kN）
WM1	3279	WK1	2230	EK1	2322	EM1	3450
WM2	4895	WK2	5521	EK2	5674	EM2	4434
WM3	5058	WK3	4699	EK3	4855	EM3	4256
WM4	4868	WK4	3237	EK4	3192	EM4	4865
WM5	4964	WK5	3223	EK5	3236	EM5	5141
WM6	5241	WK6	4897	EK6	4745	EM6	5503
WM7	5320	WK7	5688	EK7	5539	EM7	5436
WM8	5229	WK8	5390	EK8	5533	EM8	5365
WM9	5091	WK9	5239	EK9	4782	EM9	5219
WM10	4965	WK10	4828	EK10	5091	EM10	5059
WM11	4846	WK11	4871	EK11	4920	EM11	4921
WM12	4716	WK12	4793	EK12	4894	EM12	4784
WM13	4609	WK13	4532	EK13	4588	EM13	4623
WM14	4498	WK14	4288	EK14	4303	EM14	4462
WM15	4349	WK15	4152	WK15	4125	WM15	4337
WM16	4238	WK16	3884	WK16	3843	WM16	4199

表 11-12 对应的空缆吊点坐标

节点	X	Y	Z	节点	X	Y	Z
锚固中心	−513.167	0.000	250.728	RM1	15.036	0.000	266.238
散索点	−495.165	0.000	254.565	RM2	30.001	0.000	266.645
LS11	−465.349	0.000	261.529	RM3	44.963	0.000	267.325
LS10	−450.479	0.000	265.570	RM4	59.926	0.000	268.276
LS9	−435.593	0.000	269.931	RM5	74.891	0.000	269.500
LS8	−420.686	0.000	274.576	RM6	89.859	0.000	270.998
LS7	−405.749	0.000	279.482	RM7	104.835	0.000	272.771
LS6	−390.777	0.000	284.636	RM8	119.820	0.000	274.820
LS5	−375.762	0.000	290.040	RM9	134.817	0.000	277.147
LS4	−360.708	0.000	295.705	RM10	149.827	0.000	279.754
LS3	−345.671	0.000	301.657	RM11	164.853	0.000	282.644
LS2	−330.546	0.000	307.929	RM12	179.893	0.000	285.817
LS1	−315.483	0.000	314.571	RM13	194.948	0.000	289.276
塔顶 IP	−300.468	0.000	321.642	RM14	210.015	0.000	293.022
LM19	−285.335	0.000	316.127	RM15	225.090	0.000	297.057
LM18	−270.218	0.000	310.915	RM16	240.170	0.000	301.381
LM17	−255.117	0.000	306.003	RM17	255.258	0.000	305.998
LM16	−240.028	0.000	301.387	RM18	270.359	0.000	310.912
LM15	−224.948	0.000	297.064	RM19	285.474	0.000	316.126
LM14	−209.873	0.000	293.030	塔顶 IP	300.604	0.000	321.643
LM13	−194.806	0.000	289.285	RS1	315.561	0.000	314.461
LM12	−179.752	0.000	285.826	RS2	330.565	0.000	307.694
LM11	−164.711	0.000	282.653	RS3	345.587	0.000	301.287
LM10	−149.685	0.000	279.764	RS4	360.614	0.000	295.192
LM9	−134.675	0.000	277.157	RS5	375.631	0.000	289.376
LM8	−119.679	0.000	274.829	RS6	390.624	0.000	283.818
LM7	−104.694	0.000	272.779	RS7	405.590	0.000	278.506
LM6	−89.718	0.000	271.005	RS8	420.535	0.000	273.440
LM5	−74.750	0.000	269.506	RS9	435.463	0.000	268.634
LM4	−59.785	0.000	268.281	RS10	450.378	0.000	264.109
LM3	−44.823	0.000	267.328	RS11	465.282	0.000	259.901

节点	X	Y	Z	节点	X	Y	Z
LM2	−29.860	0.000	266.648	散索点	495.172	0.000	252.585
LM1	−14.895	0.000	266.239	锚固中点	513.173	0.000	248.329
跨中吊点	0.070	0.000	266.103				

2. 体系转换方案

鹅公岩轨道专用桥施工体系转换方案主要包括：斜拉索的拆卸方案和吊索张拉方案。吊索张拉方案又细分为主梁线形，吊索张拉顺序，同时张拉吊杆数与索鞍顶推次数等几个主要环节与子方案。这些方案的选择与确定，涉及施工技术、投入的设备材料、工期、管理复杂程度与结构安全等诸多方面。结构安全又是众多因素中最重要、最为复杂的因素之一。为此，必须对每一方案的每一施工步骤结构的力学行为进行跟踪模拟，计算影响结构安全的强度与位移指标，对照相应的规范与设计预先确定的控制值，从而选择经济合理、结构安全，能达到设计成桥线形与内力状态的施工方案。

(1)吊索张拉的原则。与其他类型的自锚式悬索桥类似，双塔三跨平面主缆自锚式悬索桥体系转换方案确定应遵守以下原则：

目标原则：体系转换后(即吊索张拉完成时)悬索桥各构件的受力和线形符合设计或规范要求。

受力安全原则：吊索张拉过程中各参数满足前述控制标准。

经济原则：张拉千斤顶数量、接长杆的长度尽量少或者短。

工期满足要求原则：吊索张拉次数、鞍座顶推次数、吊索张拉千斤顶的移动总距离尽量短或者千斤顶数量尽量少；尽量减少吊索反复张拉次数。

(2)方案初选。由于该桥选定先斜拉，后悬索的体系转换方法，空缆线形与成桥主缆线形最大高差达 4.7m 之多。由前述吊索张拉过程中位移、索力变化的力学分析可知，主缆成桥与空缆状态相差越大，接长杆的用量与吊索张拉到位的轮次就越多。主缆线形与空缆线形的状态是设计目标确定的，不能改变，但斜拉桥是临时结构，只要最终能达到成桥目标线形，其初始线形可根据施工需要进行调整。经分析研究，斜拉桥的成桥线形与拆除二期恒载的线形高差较大(最大相差 1.14m)。若能将初始线形改为拆除二期恒载的线形，相应接长杆的用量将大为减少，同时吊索张拉到位的轮次也将随之减少。这样就存在如下三种比较初始线形方案：

线形Ⅰ：先将斜拉桥按成桥线形架设，后张拉吊索，完成后拆除临时斜拉索，加二期恒载；

线形Ⅱ：先将斜拉桥按拆除二期恒载的线形架设，后张拉吊索，完成后拆除临时斜拉索，加二期恒载；

线形Ⅲ：先将斜拉桥按成桥线形架设，后通过调整斜拉索索力(16#~6#)，将主梁线形拉升至接近去二期恒载的线形，完成吊索张拉后拆除临时斜拉索，加二期恒载。

根据上述体系转换思路、转换过程及其力学特点、体系转换确定应遵守的原则，选择几种较优的代表性方案或思路进行计算分析，论证和具体调整确定。

方案Ⅰ：以拆除二期恒载的斜拉桥线形为基础，先中跨从塔边开始顺次张拉若干能一次到位的吊索，每次张拉一根，然后边跨从塔边开始向塔梁锚固点推进，中跨从余下吊点开始向跨中推进，一侧一根对称张拉，完成后拆除临时斜拉桥，加二期恒载。

方案Ⅱ：以悬索桥成桥线形为基础，中跨从塔边开始顺次张拉，边跨从塔边开始向塔梁锚固点推进，一侧一根对称张拉，完成后拆除临时斜拉桥，加二期恒载。

方案Ⅲ：以悬索桥成桥线形为基础，先将桥梁线形通过调整16#~6#斜拉索索力达到或接近斜拉桥拆除二期恒载的主梁线形，然后，中跨从塔边开始顺次张拉若干能一次到位的吊索，每次张拉一根，边跨从塔边开始向塔梁锚固点推进，中跨从余下吊点开始向跨中推进，一侧一根对称张拉，完成后拆除临时斜拉桥，加二期恒载。

（3）方案Ⅲ流程。方案Ⅲ以悬索桥成桥线形为基础，先将桥梁线形通过调整16#~6#斜拉索索力达到或接近斜拉桥拆除二期恒载的主梁线形，然后，中跨从塔边开始顺次张拉若干能一次到位的吊索，每次张拉一根，边跨从塔边开始向塔梁锚固点推进，中跨从余下吊点开始向跨中推进，一侧一根对称张拉，完成后拆除临时斜拉桥，加二期恒载。具体施工张拉流程见表11-13。

表11-13　　　　　　　　　　　　吊索张拉方案Ⅲ施工流程

阶段	操作内容
0	斜拉桥成桥
1	张拉#16斜拉索
2	张拉#15斜拉索
3	张拉#14斜拉索
4	张拉#13斜拉索
5	张拉#12斜拉索
6	张拉#11斜拉索
7	张拉#10斜拉索
8	张拉#9斜拉索
9	张拉#8斜拉索
10	张拉#7斜拉索
11	张拉#6斜拉索
12	架设主缆
13	安装索夹（所有索夹）
14	第1次顶推，左桥塔13.2cm；右桥塔17.0cm，顶推力参考值170t
15	中跨吊索#19安装到位

续表

阶段	操作内容
16	中跨吊索#18 安装到位
17	中跨吊索#17 安装到位
18	第 2 次顶推，左桥塔 7.1cm；右桥塔 7.8cm，顶推力参考值 110t
19	中跨吊索#16 安装到位
20	中跨吊索#15 安装到位
21	第 3 次顶推，左桥塔 9.1cm；右桥塔 5.2cm，顶推力参考值 120t
22	中跨吊索#14 安装到位
23	中跨吊索#13 安装到位
24	第 4 次顶推，左桥塔 6.1cm；右桥塔 9.2cm，顶推力参考值 140t
25	中跨吊索#12 安装到位
26	边跨吊索#1 安装到位+中跨吊索#11 安装到位
27	第 5 次顶推，左桥塔 4.7cm；右桥塔 5.8cm，顶推力参考值 170t
28	边跨吊索#2 安装到位+中跨吊索#10 安装到位
29	边跨吊索#3 安装到位+中跨吊索#9（1 张）张拉 3500
30	边跨吊索#4 安装到位+中跨吊索#8（1 张）张拉 3500
31	中吊索#9（2 张）张拉到位
32	边跨吊索#5 安装到位+中跨吊索#7（1 张）张拉 3500
33	第 6 次顶推，左桥塔 5.1cm；右桥塔 7.6cm，顶推力参考值 250t
34	中跨吊索#8（2 张）张拉到位
35	边跨吊索#6（1 张）张拉 3000+中跨吊索#6（1 张）张拉 3500
36	边跨吊索#7（1 张）张拉 3000+中跨吊索#5（1 张）张拉 3500
37	边跨吊索#6（2 张）张拉到位
38	中跨吊索#6（2 张）张拉 3500
39	中跨吊索#7（2 张）张拉到位
40	第 7 次顶推，左桥塔 3.0cm；右桥塔 7.2cm，顶推力参考值 320t
41	边跨吊索#8（1 张）张拉 3000+中跨吊索#4（1 张）张拉 3500
42	边跨吊索#7（2 张）张拉到位
43	中跨吊索#5（2 张）张拉到位
44	中跨吊索#6（3 张）张拉到位
45	边跨吊索#9 安装到位+中跨吊索#3 张拉到位
46	边跨吊索#8（2 张）张拉到位

阶段	操作内容
47	中跨吊索#4(2 张)张拉到位
48	边跨吊索#10 安装到位+中跨吊索#2 安装到位
49	边跨吊索#11 安装到位+中跨吊索#1 安装到位
50	中跨吊索#M0 安装到位
51	第 8 次顶推,左桥塔 1.4cm;右桥塔 2.0cm,顶推力参考值 320t
52	拆#16 斜拉索
53	拆#15 斜拉索
54	拆#14 斜拉索
55	拆#13 斜拉索
56	拆#12 斜拉索
57	拆#11 斜拉索
58	拆#10 斜拉索
59	拆#9 斜拉索
60	拆#8 斜拉索
61	拆#7 斜拉索
62	拆#6 斜拉索
63	拆#5 斜拉索
64	拆#4 斜拉索
65	拆#3 斜拉索
66	拆#2 斜拉索
67	拆#1 斜拉索
68	第 9 次顶推,左桥塔 1.0cm;右桥塔 3.7cm,顶推力参考值 310t
69	拆临时塔
70	铺二期成桥,拆支架

11.5.6 分析结果

1. 张拉过程中的控制指标

按表 11-13 所列施工流程,进行施工过程模拟,经整理所得吊索张拉过程中各吊索出现的最大索力与最小索力,同时给出各吊杆第一次张拉时需要的接长杆长度,见表 11-14。

表 11-14　　　　　　　　　　　　　　　吊索张拉方案Ⅲ施工模拟结果

吊索编号	吊索拉长及接长杆数			吊索张拉力	
	需接长长度（m）	需 1m 接长杆数（根）	需接长杆数（根）	最大张拉力（kN）	最终张拉力（kN）
LS11	0.2389	1	2	4208	4208
LS10	0.4375	1	2	3325	3325
LS9	0.9234	1	2	4024	2988
LS8	1.0598	2	4	3118	2860
LS7	1.0895	2	4	3058	2776
LS6	1.0151	2	4	3069	2829
LS5	1.0749	2	4	3910	2762
LS4	1.0126	2	4	3306	2587
LS3	0.9327	1	2	2431	2431
LS2	0.7986	1	2	2622	2622
LS1	0.6670	1	2	3136	3136
LM19	0.5859	1	2	3298	3298
LM18	0.5333	1	2	2702	2702
LM17	0.5820	1	2	2468	2468
LM16	0.7770	1	2	2332	2332
LM15	0.6686	1	2	2211	2211
LM14	0.7259	1	2	2284	2284
LM13	0.8345	1	2	2417	2417
LM12	0.8808	1	2	2488	2488
LM11	0.9878	1	2	2838	2629
LM10	1.0913	2	4	2838	2467
LM9	1.2656	2	4	3489	2732
LM8	1.4827	2	4	3492	2644
LM7	1.7344	2	4	3591	2654
LM6	1.8807	2	4	3594	2657
LM5	1.7261	2	4	3637	2524
LM4	1.6133	2	4	3486	2313
LM3	0.8942	1	2	2834	2224
LM2	0.3240	1	2	2008	2008

吊索编号	吊索拉长及接长杆数			吊索张拉力	
	需接长长度（m）	需1m接长杆数（根）	需接长杆数（根）	最大张拉力（kN）	最终张拉力（kN）
LM1	0.1466	1	2	1860	1860
M0	0.0384	1	2	1823	1823
RM1	0.1444	1	2	1872	1872
RM2	0.3193	1	2	2008	2008
RM3	0.8834	1	2	2842	2244
RM4	1.5966	2	4	3481	2306
RM5	1.7057	2	4	3638	2498
RM6	1.8433	2	4	3613	2648
RM7	1.7050	2	4	3605	2683
RM8	1.4568	2	4	3507	2640
RM9	1.2530	2	4	3518	2732
RM10	1.0773	2	4	2847	2457
RM11	0.9677	1	2	2622	2622
RM12	0.8641	1	2	2508	2508
RM13	0.8218	1	2	2424	2424
RM14	0.7142	1	2	2277	2277
RM15	0.6588	1	2	2213	2213
RM16	0.7453	1	2	2328	2328
RM17	0.5788	1	2	2472	2472
RM18	0.5326	1	2	2680	2680
RM19	0.5854	1	2	3290	3290
RS1	0.5691	1	2	3133	3133
RS2	0.6660	1	2	2616	2616
RS3	0.7396	1	2	2262	2262
RS4	0.8050	1	2	2683	2251
RS5	0.8783	1	2	3252	2388
RS6	0.8398	1	2	3049	2392
RS7	0.8083	1	2	3066	2344

吊索编号	吊索拉长及接长杆数			吊索张拉力	
	需接长长度 （m）	需 1m 接长杆数 （根）	需接长杆数 （根）	最大张拉力 （kN）	最终张拉力 （kN）
RS8	0.7252	1	2	3107	2533
RS9	0.6118	1	2	3158	2555
RS10	0.4062	1	2	2981	2981
RS11	0.2181	1	2	3964	3964

　　随着吊索张拉过程进展，斜拉桥索力也在不断改变，斜拉索索力是否超限，也是施工过程模拟必须考虑并加以控制的参量。吊索张拉方案Ⅲ模拟计算过程中斜拉索索力变化见表 11-15。

表 11-15　　　　　　　　　　　张拉方案Ⅲ施工阶段斜拉索索力模拟结果

斜拉索编号	初始索力 （kN）	最小索力 （kN）	最大索力 （kN）	斜拉索编号	初始索力 （kN）	最小索力 （kN）	最大索力 （kN）
WM1	3297	2389	3360	WK1	2177	1177	2292
WM2	4910	1641	4948	WK2	5731	1389	5941
WM3	5104	1183	5104	WK3	5658	725	5717
WM4	4953	1768	4953	WK4	4761	641	4760
WM5	5049	2549	5049	WK5	4541	932	4541
WM6	5070	2908	5241	WK6	4517	2444	4928
WM7	5176	3086	5320	WK7	4622	2637	5942
WM8	5067	2566	5229	WK8	4754	2447	5938
WM9	4934	2470	5115	WK9	4864	2416	5991
WM10	4813	2385	4816	WK10	4899	2180	5728
WM11	4698	2305	5027	WK11	4750	2353	5870
WM12	4573	2227	4856	WK12	4581	2436	5910
WM13	4471	2161	4778	WK13	4365	2376	5779
WM14	4363	2090	4684	WK14	4180	2343	5664
WM15	4219	1990	4551	WK15	4020	2404	5645
WM16	4189	2323	4410	WK16	3981	2524	5188

　　吊索张拉过程中各主要控制截面的应力计算结果见表 11-16。临时钢塔底最大弯矩

49457kN·m，钢混结合段最大弯矩−112982kN·m。

表 11-16　　　　　　　　　　张拉方案Ⅲ施工阶段控制性截面应力

序号	位置	最小应力（MPa）		最大应力（MPa）	
		应力值	发生阶段	应力值	发生阶段
1	塔梁交接面	52.00	成桥	148.00	62
2	主塔塔底	1.16	51	6.48	51
3	主塔截面 1（标高 222.42m）	0.92	51	4.71	51
4	主塔截面 2（标高 264.98m）	0.97	51	3.45	51
5	主塔截面 3（标高 288.50m）	1.16	49	2.83	49
6	主塔截面 4（标高 308.95m）	1.09	60	2.63	60
7	主梁跨中截面	51.70	6	133.00	50

2. 变形、内力时程分析

吊索张拉过程中，梁、塔、墩的内力与变形，吊索索力、斜拉索索力及主缆线形、主梁线形将会发生多次变化。分析与掌握选定方案各实施过程中各构件的内力、变形分布规律，有利于施工过程中的安全与质量控制。本章就方案Ⅲ施工过程有关安全控制参数的变化特征予以分析。

1）主梁线形

线形作为桥梁结构的重要因素之一，采用吊索张拉施工方法的钢箱梁自锚式悬索桥，从梁段的制造拼装到最终成桥，加劲梁线形将会发生多次变化。尤其是在吊索张拉阶段，加劲梁线形变化情况复杂，施工控制过程中需要不断监测加劲梁的线形与应力变化情况，检验实际受力是否安全与合理。

主梁几个主要步骤的线形变化特征如图 11-38 所示。图中纵横坐标比例相差较大，所以曲线有些失真，但变化规律仍很清晰。

图 11-38 所示为临时斜拉桥的初始线形，补张拉 16#～6#斜拉索之后的线形，中跨19#～12#吊索安装到位，吊索全部安装完成，斜拉索拆除完成以及悬索桥成桥等阶段主梁线形。从图中可以看出，临时斜拉桥比悬索桥成桥略高，补张拉后，中跨跨中抬升约1.14m，随吊索张拉推进主梁高度继续上升，直至张拉完毕，中跨主梁上升达3.28m。拆除斜拉索后，主桥又回到补张拉提升前的位置，加二期恒载后，主梁线形基本接近设计悬索桥线形。其中误差需稍微调整吊索索力，即可达到设计目标。

2）主缆线形

设计成桥主缆线形为多段悬链线，从空缆到成桥，主缆线形将会发生多次变化，施工过程中实测主缆线形与目标线形越吻合，成桥吊杆力就越均匀，加劲梁的受力就越合理。线形控制是自锚式悬索桥施工控制的另一个内容。另外，由于吊索张拉的控制以无应力索

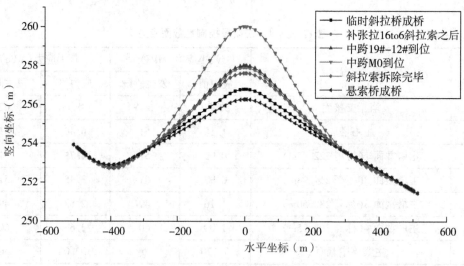

图 11-38　主梁线形–时程曲线

长控制为主，张拉过程中主缆线形的监测就显得尤为重要，尤其是索夹实际位置直接影响到张拉时索长的控制量。

张拉方案Ⅲ计算主缆垂度–时程关系曲线，如图 11-39 所示。

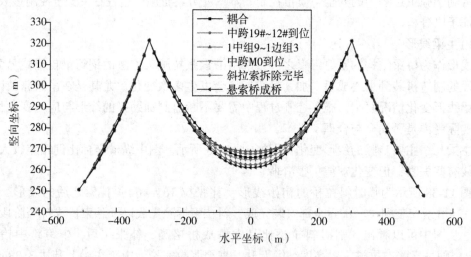

图 11-39　主缆垂度–时程曲线

从图 11-39 可以清晰看出，主缆线形的变形随施工过程的推进，逐步接近成桥线形，其中，拆除斜拉索阶段主缆下降量最大，中跨跨中最大点本阶段下降 2.4m。

3）主塔顶点位移

在索塔的施工控制中，索鞍偏移量及索塔应力和索鞍的顶推次数密切相关。如果能实现鞍座与塔顶间的自由滑移，索水平分力几乎平衡，塔顶偏移量很小。考虑到结构的安全性和经济合理性，施工过程中需要将索鞍临时固定并通过顶推复原。因此，也就带来了索鞍两侧主缆水平分力不平衡的问题，需要时刻监测索塔的位移变化情况。

由于鹅公岩桥左右岸非严格对称，施工过程中左右塔顶位移变化略有不同。左侧永久塔顶、临时塔顶水平位移-时程曲线如图 11-40 所示。右侧永久塔顶与临时塔顶水平位移-时程曲线如图 11-41 所示。

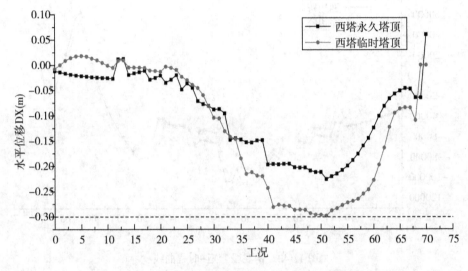

图 11-40　西塔塔顶与临时塔顶水平位移-时程曲线

从图 11-40 和图 11-41 中可以清晰地看出，整个施工过程永久塔顶的位移，都控制在 ±30cm 范围之内。临时钢塔顶由于位于永久塔顶之上，右侧钢塔顶最大水平位移接近 37cm。

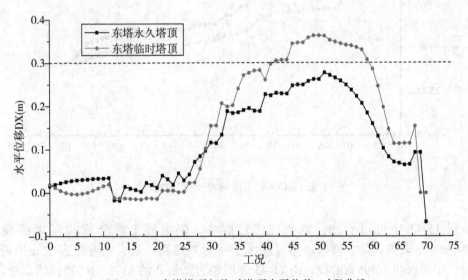

图 11-41　东塔塔顶与临时塔顶水平位移-时程曲线

4）主梁控制截面内力

主梁钢–混凝土结合段弯矩：鹅公岩桥左右锚固段为钢筋混凝土结构、主梁为钢箱梁，因此有一段钢混凝土结合段，也是加筋梁的结构弱面，施工过程中必须重点监控。计算左右岸主梁钢-混凝土结合段弯矩-时程曲线，轴力-时程曲线分别如图 11-42 和图 11-43 所示。

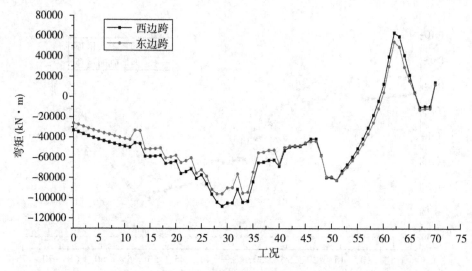

图 11-42　钢混段弯矩–时程曲线

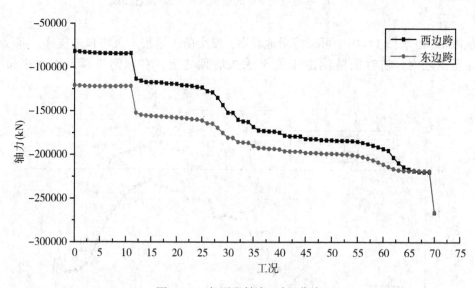

图 11-43　钢混段轴力–时程曲线

从图 11-42 中可以看出，整个施工过程中，钢混凝土结合段的弯矩都控制在 ±100000kN·m 之内，其中负弯矩绝对值大于正弯矩绝对，最大负弯矩发生在边跨张拉 LS3#索，中跨张拉 LM9#索阶段。图 11-43 表明轴力从最初的 81761kN（斜拉桥成桥阶段）

逐阶段增加至 266638kN(加二期恒载)。

主梁中跨代表性截面内力:中跨 1/4、1/2、3/4 跨弯矩-时程曲线,轴力-时程曲线和应力-时程曲线,如图 11-44~图 11-46 所示。

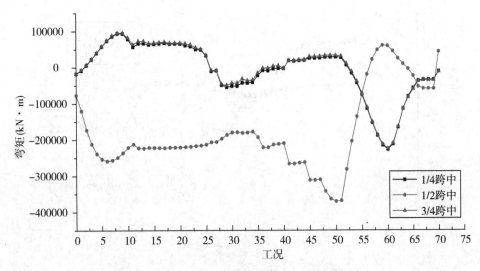

图 11-44　中跨控制截面弯矩-时程曲线

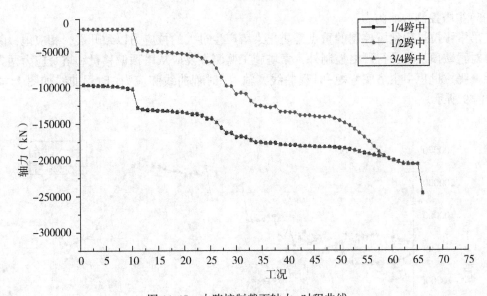

图 11-45　中跨控制截面轴力-时程曲线

从图 11-44 中可以看出,中跨主梁 1/4 跨与 3/4 跨弯矩变化趋势相同,稳定在 100000kN·m 范围内,拆除斜拉索阶段弯矩有急剧变化,之后又回到成桥水平。跨中弯矩较大,且大多时段均为负弯,最大达到 370263kN·m,拆除斜拉索后弯矩变小,趋于成桥水平。图 11-45 表明轴力随施工阶段的推进逐步增加,至成桥阶段最大达到

265556kN，且 3 个截面轴力基本相同，这与理论状态基本吻合。图 11-46 表明主梁截面应力与弯矩变化趋势相同，这也与理论解基本吻合。

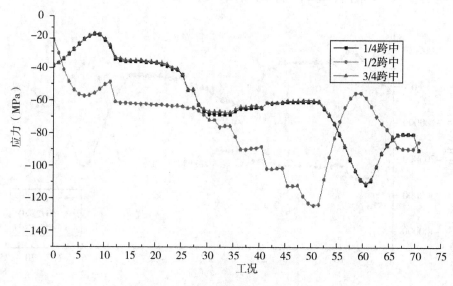

图 11-46　中跨控制截面应力–时程曲线

5）主塔控制截面内力

吊索张拉过程索塔控制的重点是防止索塔产生过大的拉应力以致开裂，相应地，除了需要对索鞍顶推量进行严格控制外，索塔施工监测主要应从塔顶偏移量和塔身应力两方面着手。张拉过程中主塔底弯矩–时程曲线，轴力–时程曲线和应力–时程曲线如图 11-47~图 11-49 所示。

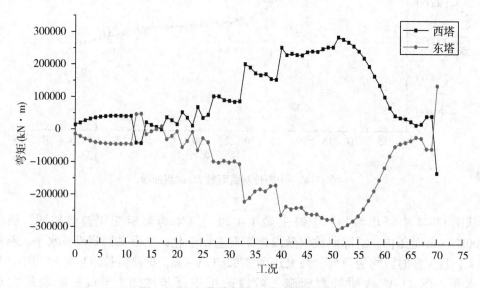

图 11-47　主塔塔底截面弯矩–时程曲线

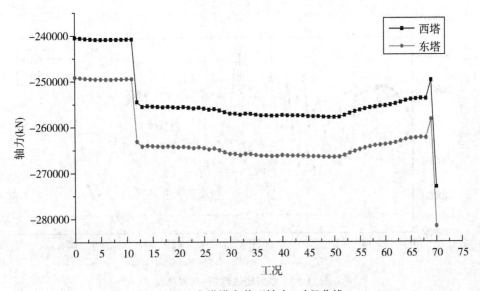

图 11-48　主塔塔底截面轴力–时程曲线

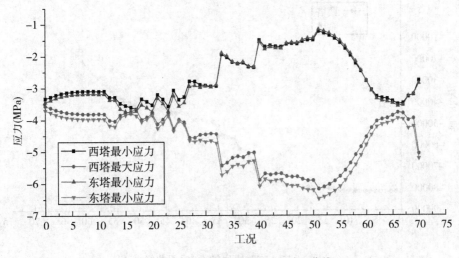

图 11-49　主塔塔底截面应力–时程曲线

从图 11-47~图 11-49 可以看出，东西塔弯矩均控制在 300000kN·m 范围内，对应最大压应力 7MPa，不出现拉应力。压应力均在控制标准值范围内。

6）临时钢塔控制截面内力

临时斜拉桥是本桥施工方法特有的临时结构，钢塔底部与永久塔连接处为控制弱面，其内力是本桥施工过程必须严格控制的重要参数。张拉过程中，临时塔底弯矩–时程曲线、轴力–时程曲线和应力–时程曲线，如图 11-50~图 11-52 所示。

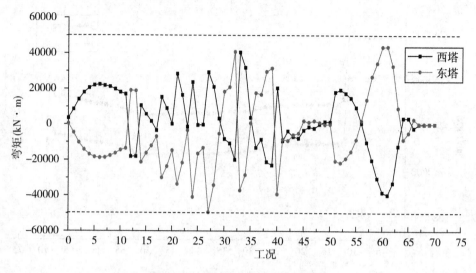

图 11-50　临时塔底弯矩–时程曲线

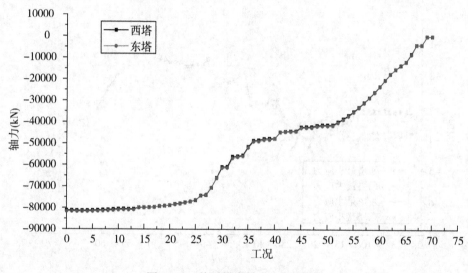

图 11-51　临时塔底轴力–时程曲线

　　从图 11-50 ~ 图 11-52 可以看出，随着吊索的张拉，加筋梁重量逐渐转移至主缆上，临时钢塔的轴力与压应力逐渐减小，但弯矩随工作进展波动较大，因此吊索张拉过程中临时钢塔的稳定控制比强度控制更为重要。

　　7）张拉过程中斜拉索索力变化

　　临时斜拉桥是本桥施工方法特有的临时结构，斜拉索索力的监控，一方面，为了保证主梁线形、内力符合设计要求；另一方面，斜拉索索力对锚固点的强度，临时钢塔的安全具有重要的影响，同时为张拉与拆除斜拉索设备配置提供依据。因此，斜拉索索力是施中监测与调整的重要控制参数之一。

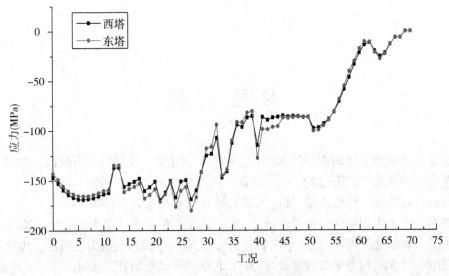

图 11-52　临时塔底应力-时程曲线

8)张拉过程中吊索索力变化

自锚式悬索桥吊索索力是设计的重要参数,是施工监控实施中监测与调整的重要控制参数之一。索力量测效果将直接对结构的施工质量和施工状态产生影响。根据吊索索力的相邻影响原理,施工监测时需要重点关注所张吊索及相邻吊索索力值,检验吊索张拉的实际效果。

参 考 文 献

[1] 龙驭球, 包世华. 结构力学教程(第二版)[M]. 北京: 高等教育出版社, 2006.

[2] 徐芝伦. 弹性力学(第三版)[M]. 北京: 高等教育出版社, 1990.

[3] 刘北辰, 陆鸿森. 弹性力学[M]. 北京: 冶金工业出版社, 1979.

[4] 赵更新. 土木工程结构分析程序设计[M]. 北京: 中国水利电力出版社, 2002.

[5] 朱伯芳. 有限元原理与应用(第四版)[M]. 北京: 中国水利电力出版社, 2004.

[6] 王新堂. 计算结构力学与程序设计[M]. 北京: 科学出版社, 2001.

[7] 王勖成. 有限单元法[M]. 北京: 清华大学出版社, 2004.

[8] 王祖城, 汪家才. 弹性和塑性理论及有限单元法[M]. 北京: 冶金工业出版社, 1983.

[9] 陈道礼, 饶刚, 魏国前. 结构分析有限元法的基本原理及工程应用[M]. 北京: 冶金工业出版社, 2012.

[10] 刘尔烈, 崔恩第, 徐振铎. 有限单元法及程序设计(第二版)[M]. 天津: 天津大学出版社, 2006.

[11] 王焕定, 焦兆平. 有限单元法基础[M]. 北京: 高等教育出版社, 2002.

[12] 王元汉, 李丽平, 李银平. 有限元法基础与程序设计[M]. 广州: 华南理工大学出版社, 2001.

[13] Zienkiewicz O C. The Finite Element Method(4th ed)[M]. London: McGraw-Hill, 1990.

[14] Hinton E, Owen D R J. Finite Element Programming[M]. London: Academic Press, 1977.

[15] Rao S S. The Finnite Element Method in Engineering (Second Edition) [M]. Oxford: Pergamon Press, 1989.

[16] Owen D R J, Hinton E. Finite Element in Plasticity, Theory and Practice[M]. Swansea: Pineridge Press, 1980.

[17] Ted Belytschko, Wing Kam Liu, Brian Moran. 连续体和结构的非线性有限元[M]. 庄茁, 译. 北京: 清华大学出版社, 2002.

[18] 朱加铭, 欧贵宝, 何蕴增. 有限元与边界元法[M]. 哈尔滨: 哈尔滨工程大学出版社, 2002.

[19] 王金安, 王树仁, 冯锦艳. 岩土工程数值计算方法实用教程[M]. 北京: 科学出版社, 2010.

[20] 廖红建, 王铁行. 岩土工程数值分析[M]. 北京: 机械工业出版社, 2006.

[21] 颜庆津. 数值分析(第三版)[M]. 北京: 北京航空航天大学出版社, 2006.

[22] 卢廷浩. 岩土数值分析[M]. 北京: 中国水利电力出版社, 2008.

［23］江见鲸，何放龙，何益斌，等．有限元法及其应用［M］．北京：机械工业出版社，2006．

［24］谢康和，周健．岩土工程有限元分析理论与应用［M］．北京：科学出版社，2002．

［25］雷晓燕．岩土工程数值计算［M］．北京：中国铁道出版社，1999．

［26］周维垣，杨强．岩石力学数值计算方法［M］．北京：中国电力出版社，2005．

［27］李元松，张电吉，张小敏等．高等岩土力学［M］．武汉：武汉大学出版社，2013．

［28］张文生．科学计算中的偏微分方程有限差分法［M］．北京：高等教育出版社，2006．

［29］葛德彪，闫玉波．电磁波时域有限差分方法［M］．西安：西安电子科技大学出版社，2005．

［30］S L Crouch, A M Starfield. Boundary Element Method in Solid Mechanics［M］. George Allen & Unwin Ltd, 1983.

［31］G N Pande, G Beer, J R Williams. Numerical Methods in Rock Mechanics［M］. London：John Wiley & Sons, 1990.

［32］Smith I M, Griffiths D V. 有限元方法编程(第三版)［M］．王崧，周坚鑫，王来，等译．北京：电子工业出版社，2003．

［33］郑颖人，朱合华，方正昌，等．地下工程围岩稳定性分析与设计［M］．北京：人民交通出版社，2012．

［34］唐辉明，晏鄂川，胡新丽．工程地质数值模拟的理论与方法［M］．武汉：中国地质大学出版社，2002．

［35］王永嘉，刑纪波．离散单元法及其在岩土力学中的应用［M］．沈阳：东北工学院出版社，1991．

［36］郑颖人．岩土数值极限分析方法的发展与应用［J］．岩石力学与工程学报，2012，31(7)．

［37］宋雅坤，郑颖人，赵尚毅．有限元强度折减法在三维边坡中的应用与研究［J］．地下空间与工程学报，2006(5)．

［38］赵尚毅，郑颖人，邓卫东．用有限元强度折减法进行节理岩质边坡稳定性分析［J］．岩石力学与工程学报，2003，22(2)．

［39］赵尚毅，郑颖人，张玉芳．极限分析有限元法讲座(Ⅱ)——有限元强度折减法中边坡失稳的判据探讨［J］．岩土力学，26(2)．

［40］郑宏，李春光，李焯芬等．求解安全系数的有限元法［J］．岩土工程学报，2002，24(5)．

［41］赵尚毅，郑颖人，时卫民，等．用有限元强度折减法求边坡稳定安全系数［J］．岩土工程学报，2002，4(3)．

［42］P A Cundall. Distinct Element Methods of Rock and Soil Structure［J］. Analytical & Computational Methods in Engineering Rock Mechanics, 1987.

［43］刘金龙，栾茂田，赵少飞，等．关于强度折减有限元方法中边坡失稳判据的讨论［J］．岩土力学，2005，26(8)．

［44］栾茂田，武亚军，年廷凯．强度折减有限元法中边坡失稳的塑性区判据及其应用［J］．

防灾减灾工程学 报，2003，23(3)．

[45]刘坤．ANSYS 有限元法精解[M]．北京：国防科技出版社，2005．

[46]李围．ANSYS 土木工程应用实例[M]．北京：中国水利水电出版社，2007．

[47]胡仁喜，康士庭．ANSYS13.0 土木工程有限元分析从入门到精通[M]．北京：机械工业出版社，2012．

[48]郑岩，顾松东，吴斌．MARC2001 从入门到精通[M]．北京：中国水利水电出版社，2003．

[49]博弈创作室．ANSYS9.0 经典产品高级分析技术与实例详解[M]．北京：中国水利水电出版社，2005．

[50]阚前华，谭长建，张娟，等．ANSYS 高级工程应用实例分析与二次开发[M]．北京：电子工业出版社，2006．

[51]王新敏．ANSYS 工程结构数值分析[M]．北京：人民交通出版社，2007．

[52]黄忠文，李元松，郑贤中．弹塑性力学有限元法及 ANSYS 应用[M]．武汉：湖北科学技术出版社，2011．

[53]ANSYS 中国公司．ANSYS 基本过程手册，2000．

[54]ANSYS 中国公司．ANSYS 非线性分析指南，2000．

[55]ANSYS 中国公司．ANSYS 高级技术分析指南，2000．

[56]ANSYS 中国公司．ANSYS 动力分析指南，2000．

[57]ANSYS 中国公司．ANSYS 建模及网格划分指南，2000．

[58]江见鲸．钢筋混凝土结构非线性有限元分析[M]．西安：陕西科学技术出版社，1994．

[59]吕西林．钢筋混凝土结构非线性有限元理论与应用[M]．上海：同济大学出版社，1997．

[60]黄吉锋．钢筋混凝土结构非线性有限元分析及有限单元构造方法的研究[D]．中国建筑科学研究院，2001．

[61]李绍俊．基于 ANSYS 的碳纤维布加固的钢筋混凝土梁的有限元分析[D]．辽宁工程技术大学，2005．

[62]钟裔龙．钢筋混凝土剪力墙结构数值试验方法研究[D]．广州大学，2007．

[63]刘波，韩彦辉．FLAC 原理、实例与应用指南[M]．北京：人民交通出版社，2005．

[64]孙书伟，林杭，任连伟．FLAC3D 在岩土工程中的应用[M]．北京：中国水利水电出版社，2011．

[65]李围．隧道及地下工程 FLAC 解析方法[M]．北京：中国水利水电出版社，2009．

[66]彭文斌．FLAC3D 实用教程[M]．北京：机械工业出版社，2008．

[67]陈育民．FLAC 及 FLAC3D 基础与工程实例[M]．北京：中国水利水电出版社，2009．

[68] Itasca Consulting Group, Inc. Fast Language Analysis of Continua in 2 Dimensions, Version 5.0, User's Mannual[R]. Itasca Consulting Group, Inc. , 2005.

[69] Itasca Consulting Group, Inc. Fast Language Analysis of Continua In 3 Dimensions, Version 3.0, User's Mannual[R]. Itasca Consulting Group, Inc. , 2005.

[70] 胡斌，张倬元，黄润秋，等. FLAC3D 前处理程序的开发及仿真效果检验[J]. 岩石力学与工程学报，2002，21(9).

[71] 寇晓东，周维垣，杨若琼. FLAC3D 进行三峡船闸高边坡稳定性分析[J]. 岩石力学与工程学报，2001，20(1).

[72] 廖秋林，曾钱帮，刘彤，等. 基于 ANSYS 平台复杂地质体 FLAC3D 模型的自动生成[J]. 岩石力学与工程学报，2005，24(6).

[73] Han Y, Hart R. Application of a Simple Hysteretic Damping Formulation in Dynamic Continuum. Simulations[A]. 4th International FLAC Symposium on Numerical Modeling in Geomechanics, Madrid, Spain: Itasca Consulting Group, 2006.

[74] Christine Detournay, Edward Dzik. FLAC3D Training Course University of Mississippi[R]. Itasca Consulting Group, Inc., 2009.

[75] 葛俊颖. 桥梁工程软件 MIDAS CIVIL 使用指南[M]. 北京：人民交通出版社，2015.

[76] 邱顺冬. 桥梁工程软件 Midas Civil 常见问题解答[M]. 北京：人民交通出版社，2009.

[77] 邱顺冬. 桥梁工程软件 Midas-Civil 应用工程实例[M]. 北京：人民交通出版社，2011.

[78] 北京迈达斯技术有限公司. Midas Civil2010-悬索桥成桥阶段和施工阶段分析，2010.

[79] 葛耀君. 分段施工桥梁分析与控制[M]. 北京：人民交通出版社，2003.

[80] 蔺鹏臻，等. 桥梁结构有限元分析[M]. 北京科学出版社，2008.

[81] 项海帆. 高等桥梁结构理论[M]. 北京：人民交通出版社，2001.

[82] 张哲. 混凝土自锚式悬索桥[M]. 北京：人民交通出版社，2005，11.

[83] 贺拴海. 桥梁结构理论与计算方法[M]. 北京：人民交通出版社，2003，08.

[84] 王浩，李爱群. ANSYS 大跨度桥梁高等有限元分析与工程实例[M]. 北京：中国建筑工业出版社，2014.

[85] 徐君兰. 大跨度桥梁施工控制[M]. 北京：人民交通出版社，2000.

[86] 向中富. 桥梁施工控制技术[M]. 北京：人民交通出版社，2001.

[87] Saafan S A. Theoretical Analysis of Suspension Bridges[J]. Proc, ASCE., 1966, 92(3).

[88] 王应良. 大跨度斜拉桥考虑几何非线性的静、动力分析和钢箱梁的第二体系应力研究[D]. 西南交通大学，2000.

[89] 范立础，杜国华，马健中. 斜拉桥索力优化及非线性理想倒退分析[J]. 重庆交通学院学报，1992，11 (1).

[90] 杜国华，姜林. 斜拉桥的合理索力及其施工张拉力[J]. 桥梁建设，1989(3).

[91] 肖汝诚，项海帆. 斜拉桥索力优化的影响矩阵法[J]. 同济大学学报，1998，26(3).

[92] 杜蓬娟，张哲，谭素杰. 斜拉桥合理成桥状态索力确定的优化方法[J]. 公路交通科技，2005，22(7).

[93] 颜东煌，李学文，刘光栋. 用应力平衡法确定斜拉桥主梁的合理成桥状态[J]. 中国公路学报，2000，13(3).

[94] Lee T Y, Kim Y H, Kang S W. Optimization of Tensioning Strategy for Asymmetric Cable-stayed Bridge and Its Effect on Construction Process[J]. Structural and Multidisciplinary optimization, 2008, 35(6).

[95] 陈德伟, 范立础. 确定预应力混凝土斜拉桥恒载初始索力的方法[J]. 同济大学学报, 1998, 26(2).

[96] 张峻峰, 丁志威, 罗学成. 基于影响矩阵法的斜拉桥成桥索力优化[J]. 交通科技, 2011, 246(3).

[97] 肖汝诚, 项海帆. 斜拉桥索力优化及其工程应用[J]. 计算力学学报, 1998, 15(1).

[98] Sung Y C, Chang D W, Teo E H. Optimum Post-tensioning Cable Force of Mau-Lo Hsicable-stayed Bridge[J]. Engineering Structures, 2006, 28(10).

[99] Torilk, Ikeda K. Study of the Optimum Design Method for Cable-stayed Bridge[J]. International Conference on Cable-stayed Bridge, 1987.

[100] 谢支钢, 赵拥军. 基于"零位移法+应力平衡法"确定叠合梁斜拉桥的合理成桥索力[J]. 中国市政工程, 2012 (2).

[101] 秦顺全, 林国雄. 斜拉桥安装计算——倒拆法与无应力状态控制法评述[C]. 全国桥梁结构学术大会, 1992.

[102] 颜东煌, 刘光栋. 确定斜拉桥合理施工状态的正装迭代法[J]. 中国公路学报, 1999, 12(2).

[103] 颜东煌. 斜拉桥合理成桥状态的确定方法和施工控制理论研究[D]. 长沙: 湖南大学, 2001.

[104] 秦顺全. 斜拉桥安装无应力状态控制法[J]. 桥梁建设, 2003(2).

[105] D Janjic, M Pircher, H Pircher. Optimization of Cable Tensioning in Cable-stayed Bridges[J]. Journal of Bridge Engineering, 2003(8).

[106] 辛克贵, 冯仲. 大跨度斜拉桥的施工非线性倒拆分析[J]. 工程力学, 2004, 21(5).

[107] 李乔, 单德山, 卜一之. 大跨度桥梁施工控制倒拆分析法的闭合条件[C]. 第十七届全国桥梁学术会议论文集, 2006.

[108] 吴运宏, 岳青, 江湧. 基于无应力状态法的钢箱梁斜拉桥成桥目标线形的实现[J]. 桥梁建设, 2012, 42(005).

[109] 潘永仁. 悬索桥的几何非线性分析及工程控制[D]. 同济大学, 1996.

[110] 陈仁福. 大跨悬索桥理论[M]. 成都: 西南交通大学出版社, 1994.

[111] 沈锐利. 悬索桥主缆系统设计及架设计算方法研究[J]. 土木工程学报, 1996, 29(2).

[112] 罗喜恒, 肖汝诚, 项海帆. 用于悬索桥非线性分析的鞍座—索单元[J]. 土木工程学报, 2000, 38(6).

[113] 杨孟刚, 陈政清. 基于U.L.列式的两节点悬链线索元非线性有限元分析[J]. 土木工程学报, 2003, 36(8).

[114] 谭冬莲. 大跨径自锚式悬索桥合理成桥状态的确定方法[J]. 中国公路学报, 2005, 18(2).

[115] 狄谨，武隽. 自锚式悬索桥主缆线形计算方法[J]. 交通运输工程学报，2004，4 (3).

[116] 胡建华，唐茂林，彭世恩等. 自锚式悬索桥恒载吊索力的设计方法研究[J]. 桥梁建设，2007(2).

[117] 董石麟，张志宏，李元齐. 空间网格结构几何非线性有限元分析方法的研究[J]. 计算力学学报，2002，8，19(3).

[118] 陈政清，曾庆元，颜全胜. 空间杆系结构大挠度问题内力分析的 U.L. 列式法[J]. 土木工程学报，1992，25 (5).

[119] 刘泵，许克宾. 杆系结构非线性分析中 T.L. 列式与 U.L. 列式[J]. 工程力学，2000，1.

[120] 朱军，周光荣. 空间桁架结构大位移问题的有限元分析方法[J]. 计算力学学报，2000，3.

[121] 肖汝诚. 确定大跨径桥梁结构合理设计状态的理论与方法研究[D]. 同济大学，1996.

[122] 秦顺全. 分阶段成形结构过程控制的无应力状态控制法[J]. 中国工程科学，2009，11(10).

[123] 苑仁安. 斜拉桥施工控制——无应力状态法理论与应用[D]. 西南交通大学，2013.

[124] 胡建华. 现代自锚式悬索桥理论与应用[M]. 北京：人民交通出版社，2008.

[125] 余昆，李景成. 基于无应力状态法的悬臂拼装斜拉桥的线形控制[J]. 桥梁建设，2012，42 (3).

[126] 杨继承. 大节段吊装的独塔自锚式悬索桥吊索张拉施工控制研究[D]. 长安大学，2011.

[127] 宋旭明. 大跨度自锚式悬索桥受力特性与极限承载力研究[D]. 中南大学，2009.

[128] 朱建甫. 自锚式悬索桥吊索安装施工控制研究[D]. 西南交通大学，2008.

[129] 邱文亮，张哲. 自锚式悬索桥施工中吊索张拉方法研究[J]. 大连理工大学学报，2007，47(4).

[130] 李传习，柯红军，杨武，贺君，李红利. 黄河桃花峪自锚式悬索桥体系转换方案的比较研究[J]. 土木工程学报，2014，47(9).

[131] 李传习，柯红军，刘建，等. 平胜大桥体系转换施工控制的关键技术[J]. 土木工程学报，2008，41(4).

[132] 袁明，王同民，黄晓航. 大跨自锚式悬索桥吊索张拉与体系转换技术研究[J]. 世界桥梁，2015，43(3).